现代肉羊生产技术大全

魏彩虹　刘丑生　主编

中国农业出版社

组编单位：中国农业科学院北京畜牧兽医研究所

总 策 划：杜立新

主　　编：魏彩虹　刘丑生

副 主 编：任航行　曾维斌

编　　者：杜立新　魏彩虹　刘丑生　任航行
曾维斌　倪和民　王艳萍　朱芳贤
陆　健　许海涛　张　莉　赵福平
王玉琴　马友记

前　言

我国是世界上绵、山羊遗传资源最丰富的国家之一。绵羊品种71个，其中地方品种42个，培育品种21个，引进品种8个；山羊品种69个，其中地方品种58个，培育品种8个，引进品种3个。中国已成为世界上绵、山羊饲养量、出栏量、羊肉产量最多的国家，肉羊数量、羊肉产量持续稳步增长。2012年全国羊出栏约2.71亿只、存栏约2.85亿只，其中绵羊存栏约1.44亿只，山羊存栏约1.41亿只。2012年全国羊肉产量401万t。我国肉羊饲养方式转变明显加快，规模化程度大大提高。牧区肉羊饲养由粗牧方式逐步向舍饲和半舍饲转变；农区、半农区着重推广肉羊科学饲养管理技术，通过良种良法相配套，羊肉产量明显提高，品质明显改善。

但是，与发达国家相比，我国养羊业的品种改良进展缓慢，生产方式落后，规模化饲养程度不高，饲养标准应用滞后，饲料转化效率不高，个体生产能力低。如2011年绵羊平均胴体重，中国为15.4kg，而美国约为33.8kg，许多因素制约着我国肉羊业的发展。

本书主要介绍了肉羊的养殖概况、品种、体躯结构与生物学特性、生长发育规律和影响因素、营养需要和饲料、集约化饲养管理技术、繁殖生理与人工授精、繁殖新技术、遗传改良与杂交利用、羊肉品质与质量控制、肉羊场建设与环境控制、肉羊保健与疫病防治等内容，同时注重结合实际生产，收录了一些图片，对指导肉羊生产可以起到积极作用。本书可作为动物科学、动物生产系统工程等专业师生的参考用书。

本书特别介绍了美国、英国、澳大利亚、新西兰等国的肉羊发展最新动态与先进技术，以及澳大利亚、美国的国家肉羊改良计划，以期给中国的养羊业一些启示。同时，本书列出了我国肉羊遗传改良规划和种羊生产性能测定方法，也引入了美国、澳大利亚、加拿大肉羊体况评分办法及图谱。本书将肉羊的生长发育规律和影响因素单列一章，介绍了肉羊生长发育的分子调控机制以及美国 NRC《肉用山羊饲养标准》（2007 版）。在饲养管理方面重点介绍了近几年我国肉羊饲养研究成果与澳大利亚肉羊饲喂系统。在繁殖部分增加了内窥镜胚胎移植和子宫角输精技术，并介绍了农业行业标准《牛羊胚胎质量检测技术规程》（NY/T 1674—2008 ）。在羊场建设方面，介绍了中国农业科学院北京畜牧兽医研究所承担拟定的农业行业标准《标准化养殖场　肉羊》（待发布），以及国外肉羊的羊舍设计、设备等。

魏彩虹　刘丑生

中国农业科学院北京畜牧兽医研究所

2014 年 10 月 30 日

目　录

第一章　养羊概况

一、世界养羊业的现状及发展趋势

（一）绵、山羊分布

在世界范围内，绵、山羊的分布具有明显的区域性，这与区域内的自然生态条件、农业生产体制、民族宗教习俗等因素有关。

1. 不同自然地理区域的绵、山羊分布

（1）绵羊的分布　以南半球和北半球的南、北回归线至南、北纬60°之间的带状区域内最多，称为绵羊带。该区域内的温度及其他生态条件对绵羊的生活最适宜。其中，北半球绵羊最为集中的国家为独联体成员国、英国、法国、西班牙、中国、印度、土耳其、埃塞俄比亚、摩洛哥等；南半球的国家为澳大利亚、新西兰、阿根廷、巴西、乌拉圭、南非等。

（2）山羊的分布　比绵羊分布更为广泛，主要集中在南、北纬60°之间的带状区域内，称为山羊带。据统计，全世界有50%以上的山羊生活在南、北回归线之间的干热地带；饲养山羊最多的地区为亚洲和非洲，分别约占世界总量的64%和30%；饲养山羊较多的国家有印度、中国、巴基斯坦、苏丹、孟加拉国、尼日利亚等。

2. 不同经济水平区域的绵、山羊分布　经济发达国家的绵羊、山羊饲养量分别占世界总量的36.59%和4.07%；而发展中国家的绵羊和山羊饲养量几乎相等，但却集中了世界山羊总量的95.93%。当然，存栏量并不取决于国家经济的发达程度，而是与其现行的生产系统和生态环境相适应。

（二）生产现状及水平

从整体上看（表1-1至表1-3），羊存栏数量及产品产量在20世纪80年代前上升较快，而进入90年代以来基本保持稳定；绵羊和山羊存栏数量也有明显不同的变化，基本态势为绵羊数量呈下降趋势，而山羊数量呈稳定增长势头。

1. 羊肉　世界羊肉产量自20世纪70年代中期一直呈稳定增长趋势，其中发展中国家增长较快，而发达国家则在90年代呈稳中稍降的走势；同时山羊肉增长的势头要大于绵羊肉。中国是世界上羊肉生产量最大的国家，约占世界总量的23%。

2. 羊毛 世界羊毛产量在20世纪80年代末达到高峰，随后一直呈下降趋势。绵羊毛生产量最大的国家为大洋洲的澳大利亚，占世界总产量的28.88%；其次是亚洲的中国，占12.46%；第三名是新西兰，占10.99%。

3. 羊奶 世界羊奶产量也呈稳定增长趋势，其中发展中国家增长较快，山羊奶仍以商业性利用为主。在欧洲，绵羊奶仍占一定优势，占其羊奶总产量的60%以上。羊奶生产较多的国家有印度、伊朗和苏丹等，绵羊奶产量较多的国家为土耳其、伊朗和意大利，山羊奶产量较多的国家是印度、苏丹和孟加拉国。

表 1-1 世界不同国家 30 年来羊存栏量

	绵羊（万只）				山羊（万只）			
	1980年	1990年	2000年	2010年	1980年	1990年	2000年	2010年
世界	109 646.3	120 659.5	105 790.8	107 832.66	46 250.8	58 335.8	72 000.8	90 984.72
中国	10 256.82	11 350.84	13 109.54	13 402.12	8 076.23	9 831.34	14 840.05	15 070.65
澳大利亚	13 598.50	17 029.66	11 569.30	6 808.55	18.11	56.04	20.00	45.00
印度	4 497.00	4 870.00	5 790.00	7 399.10	8 690.00	11 320.00	12 300.00	15 400.00
伊朗	3 450.00	4 458.14	5 500.00	4 950.00	1 735.80	2 474.77	2 600.00	2 300.00
新西兰	6 877.18	5 785.22	4 580.00	3 256.26	5.26	106.29	18.60	9.52
苏丹	1 762.30	2 070.00	4 280.00	5 207.90	1 274.80	1 527.68	3 780.00	4 344.10
英国	2 160.90	4 382.80	4 226.10	3 108.40	0.00	11.40	7.71	8.45
南非	3 164.10	3 266.50	2 870.00	2 450.10	579.40	610.00	650.00	627.48
巴基斯坦	2 143.90	2 569.80	2 410.00	2 775.70	2 495.30	3 544.60	4 740.00	5 985.80
埃塞俄比亚	0.00	0.00	2 100.00	2 597.99	0.00	0.00	1 680.00	2 196.07
尼日利亚	805.00	1 246.00	2 050.00	3 742.26	1 129.70	2 332.10	2 430.00	5 652.41
巴西	1 838.10	2 001.45	1 500.00	1 738.06	832.60	1 189.46	850.00	931.27
俄罗斯	0.00	0.00	1 400.00	1 984.97	0.00	0.00	172.00	213.66
法国	1 191.10	1 120.88	1 000.44	792.21	112.52	122.60	119.05	143.76
美国	1 269.90	1 135.80	721.50	562.00	140.00	190.00	135.00	303.80
德国	312.47	413.52	210.00	208.54	6.11	9.00	13.50	14.99
孟加拉国	58.80	87.30	112.10	182.00	920.80	2 103.10	3 380.00	5 140.00

注：0.00表示数值极小或没有统计。

资料来源：联合国粮食及农业组织统计数据库（FAOSTAT），2013。

表 1-2 1961—2011 年世界羊产品产量

年份	羊肉（万 t）		鲜羊奶（万 t）		原毛（万 t）	生羊皮（万 t）		
	总计	山羊肉	总计	山羊奶		总计	绵羊皮	山羊皮
1961	603.55	110.52	1 208.26	697.28	261.92	116.25	92.81	23.44
1965	621.35	117.59	1 230.70	672.27	273.57	120.40	95.51	24.89
1970	682.79	129.45	1 195.63	647.57	293.26	136.46	108.94	27.52
1975	679.95	149.19	1 257.20	671.09	273.81	137.42	105.42	32.00
1980	735.60	171.02	1 454.53	771.82	279.44	146.92	110.45	36.47
1985	826.66	205.09	1 565.40	840.97	295.70	165.74	122.19	43.55
1990	968.94	265.40	1 796.35	996.23	334.75	178.48	122.39	56.09
1995	1 062.12	333.18	1 971.62	1 170.96	257.46	236.43	165.90	70.53
2000	1 130.95	371.30	2 005.79	1 206.60	232.33	229.49	149.75	79.74
2005	1 273.56	468.43	2 398.09	1 502.27	226.37	286.82	182.04	104.78
2011	1 302.59	511.44	2 511.82	1 585.56	198.57	287.94	174.13	113.81

资料来源：FAOSTAT，2013。

表 1-3 世界主要养羊国家的羊肉生产情况表

项目	年份	中国	印度	澳大利亚	新西兰	英国	南非	俄罗斯	美国	德国
羊肉产量（万 t）	2000	265.40	69.62	65.65	52.69	35.90	14.76	15.60	10.34	4.53
	2011	393.96	89.99	53.77	46.65	28.9	16.54	18.9	7.63	4.03
山羊肉产量（万 t）	2000	120.40	46.70	0.81	0.16	0.00	3.56	1.70	0.00	0.03
	2011	188.96	59.66	2	0.12	0.00	3.46	1.83	0.00	0.05
平均胴体重（kg）	2011	15.4	10.6	22.4	19.2	20.0	22.3	18.9	33.8	20.4

注：0.00 表示数值极小或没有统计。

资料来源：FAOSTAT，2013。

4. 羊皮 世界生羊皮的产量总体呈上升趋势，这与羊肉的产量变化是一致的。中国是羊皮生产量最多的国家，约占世界总量的 22%，且绵羊皮和山羊皮产量几乎相同；印度排第二位，其山羊皮产量约为绵羊皮的 2.5 倍；大洋洲的澳大利亚和新西兰分别排在第三和第四位，分别约占世界总量的 6%和 4%，几乎全部为绵羊皮。

（三）主要养羊国家肉羊生产概况

1. 澳大利亚 以饲养细毛羊（即美利奴羊）为主，其绵羊存栏量、羊毛总产量和单产、羊毛质量均处于世界领先地位，羊毛生产是澳大利亚最著名和最成功的农业产业，长期被视为国家经济的支柱。进入到 21 世纪后，随着竞争的加剧和可替代纤维的质量提高，羊毛的价值开始下降，羊群数量急剧减少，然而澳大利亚羊肉产业发展迅速，以高质量羊肉产品在世界羊肉贸易中占据重要地位。随着羊毛产量进入到周期性低谷，许多放牧人把山羊看作是一个潜在的可替代的收入源泉，饲养的山羊数量急速增加，山羊群体质量提高。2011 年澳大利亚绵山羊存栏 7 759.88 万只，其中绵羊 7 309.88 万只，生产绵山羊肉 53.77 万 t，羊平均胴体重 22.4kg，向 25 个国家出口绵山羊肉33.5 万 t，绵羊肉（主要是羔羊肉）出口量占世界第二位，山羊肉出口量占世界第一位，并向 15 个国家出口约 5 万只活羊。

(1) 澳大利亚重视绵羊育种工作，经过 100 多年的努力，培育成世界上最著名的毛用型品种——澳洲美利奴羊，其产毛性能在原有基础上提高 4 倍多。澳洲美利奴羊由原来的强毛型、中毛型和细毛型，培育成超细毛型、布鲁拉（多胎）型、有色型和无角型等新类型。

澳大利亚建立了国家肉羊品种的 LAMBPLAN 育种管理系统，可以大范围提供有关绵羊重要经济性状简单、实用的育种值信息。羔羊肉产业发展迅速，羔羊肉在国内和国际上的需求量非常大，在羔羊生产过程中建立了高效的杂交繁育体系，1 代杂交边区莱斯特羊×美利奴母羊已经成为产业重要的部分，其他品种，如 Finn、East Friesian、Coopworth、Dohne、Samm 也是重要的 1 代杂交品种的父本。每年大约1 200万 1 代杂交母羊与来自 3 代短毛品种的终端父本交配，最普遍的终端父本品种包括无角陶赛特羊、有角陶赛特羊、黑头萨福克羊、白萨福克羊及特克赛尔羊等，为国内和国外市场提供快速生长、体大而瘦肉多的优质羔羊肉。

(2) 澳大利亚有着世界上最先进的家畜人工繁育技术，这包括三方面：人工授精、胚胎移植和超声波妊娠诊断。采用经过遗传性能检测的公羊的精液进行人工授精，已广泛用于快速获得具有显著遗传性能的后代。通过对品种数据库进行估计育种值（EBV）估算，生产者可以识别性状优良的个体，开展遗传改良。胚胎移植技术已经给整个产业带来巨大的利润。该技术已经广泛用于引进新的绵羊和山羊品种，利用遗传性能优越的母畜获得更高产的后裔。绵羊的超声波妊娠诊断使生产者可以更好监管产羔及对羊群的繁殖性能进行评价。

(3) 澳大利亚建立了质量保证和动物健康的强制标准和管理系统，形成世界上对肉类质量控制最严格的产业体系。澳大利亚在国际上被公认为没有重大动物疾病，不存在由 OIE（世界动物卫生组织）定义的“目录 A”内的所有疾病。制订了针对绵羊和山羊生产的独立审核的食品安全系统即家畜生产保证(LPA)，LPA 贯穿了整个供应链，包括生产、运输、加工和出口，可指导生产者做好确保食品安全生产的要求规定的记录，建立了完善的追踪系统，国家家畜识别系统（NLIS）是澳大利亚对国内家畜进行识别和追踪的系统，能追踪家畜从出生至加工处理的全过程。

（4）区域分布合理，专业化分工较细，依靠操作机械化，提高劳动生产率。羊场根据经营目的和方式的不同而划分为多个专业化类型，主要包括培育和出售种公羊的种羊场、以生产羊毛为主的经济羊场、生产肥羔（主要是杂种羔羊）的专业化羊场、饲养老龄美利奴羊的育肥场等。针对劳动力缺乏和羊群规模较大的实际情况，澳大利亚实现了牧草收获、饲料加工、剪毛及羊毛打包等环节的机械化操作。例如，采用围栏放牧，每名牧工配备牧羊犬可管理绵羊2 000～4 000只。

2. 新西兰　2011年绵山羊存栏3 121.827万只，其中绵羊3 113.23万只，生产绵山羊肉46.65万t，羊平均胴体重19.2kg。羊肉（主要是羔羊肉）出口量占世界第一位。新西兰养羊业的主要特点为：

（1）加强品种培育，突出羊肉生产。新西兰全国共有27个绵羊品种，以罗姆尼羊等半细毛羊品种及德赖斯代尔羊为主，20世纪70年代培育出考力代羊、波德代羊等半细毛羊品种及德赖斯代尔羊、土吉代羊等地毯毛用羊；在羊肉生产上，主要利用陶赛特羊及其杂种母羊同萨福克或汉普夏公羊杂交生产二元或三元杂交肉用羔羊，并形成了“草原区繁殖纯种、农业区杂交育肥”的易地肉羊生产模式。

（2）注重草场改良，实行分区轮牧。新西兰长期坚持引种牧草和集约化经营，目前全国已有2/3的草地经过改良成为人工和半人工草地，再通过分区轮牧而极大地提高了载畜量，优良的人工草地每亩* 地可养繁殖母羊1.3～1.6只，较好的人工草地可养繁殖母羊0.7～0.8只，是世界上养羊密度最高的国家之一。

（3）社会化服务体系比较完善，生产效率较高。新西兰草场面积的90%以上建有围栏和供水系统，其生产过程的主要环节如饲喂、饮水、剪毛、药浴等基本实现了机械化，每个牧工可以管理数千只羊；全国有数千家各种专业性服务公司，为各种牧场（如种羊场、繁殖场、育肥场等）提供多种多样的服务工作。

3. 美国　养羊业主要是肉羊生产，羊肉自给率达90%以上，且以专业化育肥羔羊规模大著称。2011年绵山羊存栏848万只，其中绵羊548万只，生产绵山羊肉7.63万t，羊平均胴体重33.8kg。美国养羊业集约化生产的主要

* 亩为非法定计量单位，1亩＝667m²。

特点有以下几点。

(1) 良种化程度高，采用了先进的育种技术。目前利用的品种多为生产性能优良的肉用羊，如专门的父系有萨福克羊、汉普夏羊、南丘羊、蒙特代羊、雪洛普夏羊等，专门的母系有兰布里耶羊、考力代羊、兰德瑞斯羊、波利帕依羊等，兼用品种主要有陶赛特羊、林肯羊等，通过二元或三元杂交生产的杂种羔羊，经育肥一般在6月龄左右、体重在40kg左右时上市。

美国国家羊群改良计划（National sheep improvement program，NSIP）始于1986年，为绵羊生产者和育种协会提供估计育种值（EBV），并帮助生产者使用这些估计育种值开展选种。2010年6月，NSIP和澳大利亚肉畜饲养协会（Meat & Livestock Australia，MLA）签署了一项协议，组成了一个新的羔羊计划估计育种值（LAMBPLAN EBV），为全国羊群改良计划（NSIP）的客户报告了终端父本品种的两个不同指数，Carcass Plus和LAMB2020，应用于美国肉羊育种生产。

(2) 羊的营养需要研究世界领先，并应用于生产实践。康奈尔净碳水化合物与蛋白质体系（CNCPS）中饲料能量、蛋白质营养价值的评定及其需要量的估计，充分体现了动态观点，强调饲料、动物及饲养三者间的相互作用，同时将羊的蛋白质营养延伸到小肠可吸收氨基酸方面，建立了可代谢蛋白质（MP）和瘤胃可降解摄入蛋白质（DIP）等新的营养体系。NRC（美国国家研究委员会）颁布了《肉用山羊营养需要》（2007版）。

(3) 母羊繁殖效率高。肉羊生产中，普遍推行密集产羔技术，即羔羊30日龄断乳、母羊一年两产或三年五产等，基本能做到全年均衡生产杂种羔羊。

(4) 批量生产肥羔。美国肉羊育肥主要有草地放牧育肥、易地式玉米地带育肥和开放式集约化育肥三种形式。集约化育肥程度较高，特别是一些大型羔羊育肥场，育肥羊既不放牧也不喂青饲料，日粮主要由全价配合饲料及优质干草组成，完全按照羊的饲养标准实行强度育肥，每年可育肥羔羊5批左右。

4. 英国 英国养羊业的显著特点是重肉轻毛，生产肥羔。羊肉占养羊产值的85%以上，其中又以羔羊肉为主，占90%。2011年绵山羊存栏3 171.9万只，其中绵羊3 163.4万只，生产绵山羊肉28.9万t。羊平均胴体重20.0kg。作为一个工业发达的国家，其养羊业的主要特点如下。

(1) 品种类型多，且对世界绵羊育种影响大。英国气候温暖湿润，牧草生长繁茂，英国现在共有90个绵羊品种，另外还有300多个杂种，分布在约52 000个农场中。边区莱斯特羊曾长期是当家的长毛品种，但现在的数量很少。为提高胴体瘦肉率，从荷兰和法国引进特克赛尔羊，该品种开始作为杂交母本，但由于其生长速度快、有很高的胴体瘦肉率、杂种优势明显而成为杂交终端父本，英国近乎一半的母羊是由特克赛尔公羊和萨福克公羊两个品种配的。从法国引进的夏洛来羊是目前使用数量排在第5位的公羊品种。

（2）利用地区优势，广泛开展经济杂交。以饲养条件较差的山地品种（如苏格兰黑面羊等）为母本，以饲料条件和气候条件较好的丘陵地区长毛种（如边区莱斯特羊等）为父本；其杂交后代母羊被出售到平原集约养羊区，再用终端品种（如萨福克等）公羊杂交，杂交后代羊全部育肥出售，从而形成了利用不同生态区域特点的既独立又连贯的肉羊杂交繁育体系。在品种杂交组合中，杂种母本选择繁殖率200%以上，终端父本选择与肥羔生产方向一致、产肉性能相似的公羊，使得肥羔的体重在12～16周龄达到16～21kg，以便屠宰后的肥羔供应国内或国际市场。

（3）英国养羊业的饲养规模大，机械化水平高，集约经营，专业化和社会化程度高。大型的羊肉加工厂不断涌现。羊肉加工厂一般集供料、供水、通风、清粪、屠宰、加工、包装于一体，全部实行机械化、自动化作业。

（四）发展趋势

1. 生产方向由毛用为主转向肉毛兼用 世界养羊业长期以来一直以羊毛生产为主，羊肉生产则为从属地位。从20世纪50年代开始，由于合成化纤工业的发展和毛纺工业技术水平的进步，纺织业原料供应体系发生结构性变化，使以细毛生产为主体的世界养羊业受到冲击，导致羊毛生产经济效益下降。与此同时，国际市场对半细毛和羊肉需求量增加，加之半细毛羊品种良好的肉用性能表现，使养羊业转向毛肉兼用方向发展。到20世纪70年代中期，羔羊肉生产因其生产周期短、肉质细嫩多汁、饲料报酬高、便于集约化饲养等特点，而得以迅速发展，形成了肥羔生产集约化和专业化趋向。进入80年代中期，随着肉羊专门化品种的育成和肉羊饲养技术的提高，肉羊生产成为养羊业的主流，其生产体系也逐步建立和完善。但绵羊遗传改良实践证明，羊毛生产性状和羊肉生产性状能够在同一品种中得以有机结合；适宜的经济杂交组合（如澳大利亚的边陶美杂交模式，美国的波利帕依羊和英国的科尔布雷德羊）也能体现出高效益的肉毛均衡生产优势。因此，以获得最佳整体效益为目的的未来养羊业的生产方向必然是肉毛兼用。

2. 经营方式从粗放式饲养发展为集约化生产 自20世纪70年代以来，养羊业与经济的紧密结合及国际贸易量增加，促进了世界养羊业的快速发展，到80年代初，一些发达国家已实现了以集约化经营为特征的现代养羊生产，即运用现代科学技术和现代工业来装备养羊业，运用先进的科学方法来组织和管理养羊生产，以提高养羊业的生产率和商品率，具体表现在品种良种化、草地改良化、主要生产环节操作机械化、饲养标准化和采用先进的饲养管理技术等方面。当然，养羊业的集约化程度因各国自然条件不同而差异很大，即使是发达国家因不同区域生态条件差异也形成适应性分工。例如，细毛羊多在粗放经营地区，肉毛兼用或毛肉兼用半细毛羊多养在半集约化经营地区，肉用羊和肥羔生产多在集约经营地区饲养。

随着养羊业商品经济时代的到来以及畜牧业生产结构的调整和持续发展观点的引入，预计未来养羊业将通过与农业生产系统其他生态因子和资源的合理配置，达到以更低的资源消耗获得更多更好羊产品的目标，其集约化生产将更为完善。

3. 山羊生产潜力将会得到普遍的重视与开发 山羊以其固有的生物学特性，如分布广泛、繁殖力强、体小易管、耐粗饲和抗逆性强等，正在逐步引起世界各国的广泛重视。发达国家和发展中国家的山羊数量呈现出同步增长的趋势。山羊能适应多种从粗放到集约条件的生产系统，并给人类提供肉、奶、皮、绒等多样化的产品。

4. 羊肉生产从成年羊肉转向羔羊肉 羔羊肉具有精肉多、脂肪少、鲜嫩多汁、易消化、膻味小等优点，颇受国际市场的欢迎。另外，羔羊阶段具有增重速度快、饲料报酬高、产品成本低、便于集约化饲养等特点。因此，近年来羔羊肉生产发展较快。草地畜牧业发达国家大都在着力培育具有早熟、常年发情、多胎等特点的肉用羊品种基础上，建立了各种形式的羔羊肉生产体系，其社会分工和专业化生产的特点十分明显，有的羊场专门从事羔羊的繁殖生产，实行密集产羔，销售羔羊；有的羊场则专门进行羔羊肥育，大的羔羊育肥场每批可育肥万只以上，每年育肥 3～5 批，基本达到羔羊肉生产工厂化、饲养标准化、产品规格化的集约化水平，实现了周转快、产品率高、成本低、经济效益好的高效养羊生产。

二、我国肉羊产业结构与现状

（一）我国肉羊生产现状

20 世纪 80 年代以前，我国的养羊业主要以羊毛生产为主，随着国际养羊业的主导方向变化，出现了由毛用转向肉毛兼用及肉主毛从的发展趋势。伴随着我国社会经济的发展，城乡居民经济收入增加和生活水平的提高，食物消费结构的调整，对蛋白质含量高、胆固醇含量低、营养丰富的羊肉需求量明显增加，养羊业也因此而获得了新的发展机遇。

20 世纪 80 年代末以来，中国已成为世界上绵山羊饲养量、出栏量、羊肉产量最多的国家。2012 年全国羊出栏 2.71 亿只、存栏 2.85 亿只，其中绵羊存栏 1.44 亿只、山羊存栏 1.41 亿只。2012 年羊肉产量 401 万 t。与此同时，羊肉在我国肉类产量中的比重不断提高，由 1985 年的 3.10%提高到 2012 年的 4.95%。

1. 肉羊数量、羊肉产量持续稳步增长　20 世纪 90 年代以来，肉羊存栏量、羊肉产量均有不同幅度的增长（表 1-4）。1990 年我国肉羊存栏量为 2.1 亿只，2004 年达到 3.04 亿只的历史最高水平，2011 年为 2.82 亿只。与此同时，我国羊肉产量呈直线增加趋势，由 1990 年的 106.8 万 t，提高到 2011 年的 393.1 万 t，从肉羊存栏量增长和羊肉产量增长的对比可知，我国肉羊生产水平在不断提高。

表 1-4　我国肉羊历年生产情况一览表

	1990	2000	2002	2003	2004	2005	2006	2007	2008	2009	2010	2011
年末存栏量（百万只）	210	279	282	293	304	298	284	286	281	285	281	282
羊肉总产量（万 t）	106.8	264.1	283.5	308.7	332.9	350.1	363.8	382.6	380.3	389.4	398.9	393.1

数据来源：《中国统计年鉴》（1998—2011）。

2. 肉羊业在畜牧业中的地位稳步上升　我国肉羊生产快速发展，肉羊业在畜牧业中的地位也在稳步上升。从羊肉占肉类比重和肉羊产值占畜牧业产值来看（表 1-5），2000 年我国羊肉产量占肉类产量的比重为 4.39%，肉羊业产值占畜牧业产值的比重为 4.76%，在 2000—2010 年间这两个指标呈升高趋势，2010 年分别为 5.03%和 6.71%。

表 1-5　我国肉羊生产在畜牧业中比重变化

年份	2000	2003	2004	2005	2006	2007	2009	2010
肉类产量（万 t）	6 013.9	6 443.3	6 608.7	6 938.9	7 089	6 865.7	7 649.7	7 925.8
羊肉产量（万 t）	264.1	308.7	332.9	350.1	363.8	382.6	389.4	398.9
羊肉占肉类比重（%）	4.39	4.79	5.04	5.05	5.13	5.57	5.10	5.03
畜牧业产值（亿元）	7 393.1	9 538.8	12 143.8	13 310.8	13 640.2	16 124.9	19 468	20 826
肉羊产值（亿元）	352	557.3	648.1	739.5	836.8	896.9	1 182	1 399
肉羊占畜牧业比重（%）	4.76	5.84	5.34	5.56	6.13	5.56	6.07	6.71

数据来源：《中国农村统计年鉴》（2001—2010）。

3. 饲养方式以散养为主，规模化程度有所提高　我国农牧户养殖以小规模为主，总体来看，饲养的规模化程度不断提高，特别是在广大农区，养殖小区大批出现。从表 1-6 可以看到，与 2005 年相比，我国 2010 年肉羊年出栏量在100～499只、500～999只、1 000只以上的都有所提高。2011年肉羊年出栏30只以上的占51.14%，比2005年上升5个百分点。

表1-6　我国肉羊养殖规模分布

年份	年出栏数1～29只		30～99只		100～499只		500～999只		1 000只以上	
	场数（万户）	出栏数（万只）	场数（万户）	出栏数（万只）	场数（万户）	出栏数（万只）	场数（万户）	出栏数（万只）	场数（万户）	出栏数（万只）
2005	—	—	163.73	8 845.57	22.11	4 323.19	1.37	815.21	0.23	329.3
2007	2 393.44	20 923.53	159.95	8 553.59	23.35	4 480.01	1.68	1 256.4	0.25	411.1
2010	1 979.52	17 713.20	160.20	8 965.2	24.63	5 730.6	1.73	1 207.5	0.37	985.2
2011	1 887.83	—	164.49	—	25.92	—	2.19	—	0.47	—

数据来源：《中国畜牧业年鉴》（2007）、《中国畜牧业年鉴》（2012）。

4. 区域化优势增强、规模化与组织化程度有所提高　肉羊生产向内蒙古、新疆、甘肃、山东、河北、河南、安徽、四川、云南、黑龙江等地区不断集中，牧区肉羊生产有向内蒙古、新疆这两个传统养羊大区集中的趋势，而农区有进一步向山东、河南、四川、河北这四个农业大省集中的态势。牧区的肉羊生产较为集中，具有相对规模优势，仍具备较强的区域性比较优势（图1-1，表1-7）。

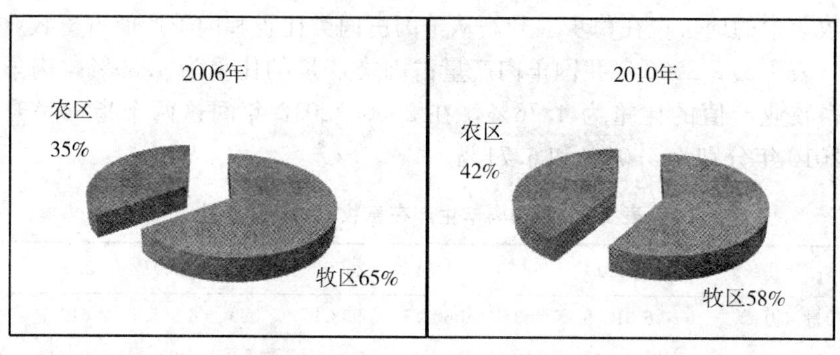

图1-1　2010年全国前十位产区中牧区与农区分别占的比重

数据来源：《中国畜牧业统计》（2010）

表1-7　2010年全国前十位产区占羊肉产量的比重

单位：万t

	内蒙古	新疆	山东	河北	河南	四川	甘肃	安徽	云南	黑龙江	合计
羊肉产量	89.2	47.0	47.0	29.3	25.2	24.8	15.6	14.2	12.9	12.1	317.3
比例（%）	22.36	11.77	8.19	7.35	6.32	6.22	3.91	3.56	3.23	3.04	75.95

数据来源：《中国畜牧业统计》（2010）。

5. 产业布局优化，综合能力不断提高　我国肉羊产业布局不断优化，已初步形成中东部农牧交错带优势区、中原优势区、西北优势区和西南优势区这四大优势区域。肉羊优势区有几大特点：第一，羊肉产量连续增长。优势区域对周边地区乃至全国养羊业的带动和辐射作用日益增强。第二，良种覆盖率迅速提高。在积极引进肉羊良种、加强肉羊原种场、繁育场建设的基础上，加快了肉羊杂交改良步伐，肉羊的良种供种能力明显提高。第三，饲养方式转变明显加快。牧区肉羊饲养由粗放放牧方式逐步向舍饲和半舍饲转变；农区半农区着重推广肉羊科学饲养管理技术，通过良种良法相配套，瘦肉率明显提高，羊肉品质明显改善。第四，肉羊饲养组织化程度提高。龙头企业向肉羊优势产区内集聚，“龙头企业＋专业合作经济组织＋农户”等形式的利益联结机制已建立，推进了专业化、规模化养殖，增加了农户和羊肉加工营销企业的经济效益。第五，一批知名品牌开始涌现。各优势区重视对本地品牌的宣传。龙头企业的品牌意识不断增强，优势区域内涌现出一批比较有影响力的地方肉羊品牌产品，但目前具有竞争优势和知名的品牌产品还极度缺乏。

6. 羊肉产品的消费特征　羊肉消费量呈上升趋势，消费方式日渐多样化，羊肉产品消费在城乡之间、地域之间和不同收入人群之间存在差异。民族、地域、经济发展水平、生活习惯对消费偏好存在明显影响。西藏、内蒙古、青海、宁夏和新疆等地城乡居民人均羊肉消费量显著高于南方居民，随着人民生活水平的提高，大城市居民人均羊肉消费量显著提高。

羊肉的消费支出，北方约为南方的2倍，内蒙古、青海、宁夏和新疆的城镇居民人均牛羊肉支出是南方平均水平的5倍，其中人均羊肉支出为南方的16倍。根据食物平衡法测算，2000—2010年内蒙古等7省、自治区羊肉人均消费量年增长6%，人均羊肉消费量为12.07kg。近20年来我国羊肉产量和消费量如图1-2所示。

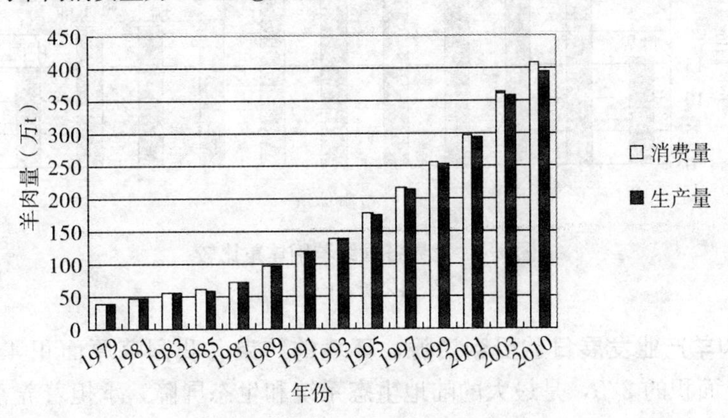

图1-2　1979—2010年我国羊肉产量和消费量变化

资料来源：《中国畜牧业统计》(2010)

（二）我国肉羊生产存在的问题

1. 生产方式落后，生产规模较小 由于目前养羊业的生产方式主要是牧区仍以自由放牧为主，农区以庭院式饲养为主，生产水平比较低下。与发达国家相比，饲养措施不规范，个体生产能力低，饲料转化效率不高，胴体重偏低（图 1-3，图 1-4）。2012 年，肉羊胴体重世界平均水平 13kg，中国为 14kg，发达国家达到 20kg 以上，其中，澳大利亚 25kg，德国 21kg。我国高档羊肉的比例不足 5%。规模化饲养程度不高、饲养标准制定滞后以及疾病等制约着肉羊业的发展。

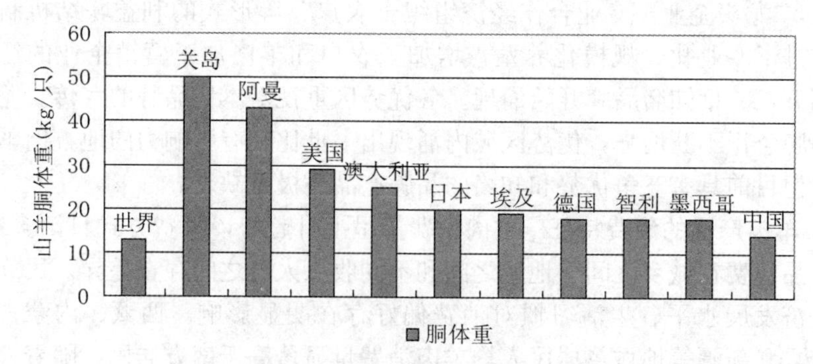

图 1-3 世界各国山羊胴体重比较

资料来源：FAO

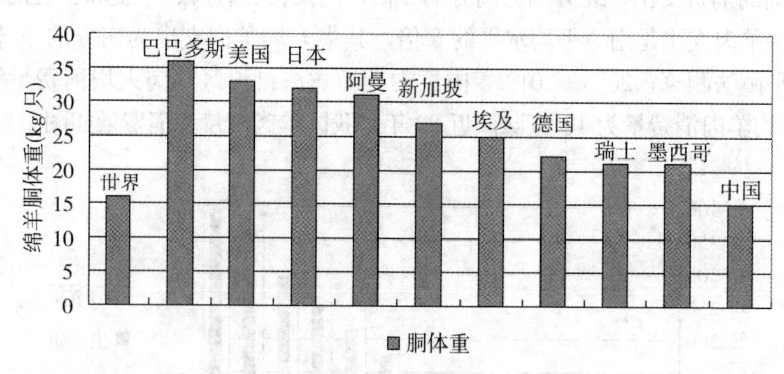

图 1-4 世界各国绵羊胴体重比较

资料来源：FAO

2. 肉羊产业发展日益受到资源、环境的约束 我国草原面积 4 亿 hm^2，约占国土面积的 2/5，是最大的陆地生态系统和生态屏障，承担着养蓄江河源头、防风固沙的重要作用。草原也是中国中西部地区农牧民赖以生存的生产资料，是多元民族文化的物质载体。

近年来，随着全球变暖、生产活动扩大以及超载过牧等众多原因，中国的草原生态危机日益加剧。全国90%以上的可利用天然草原出现不同程度退化，人草畜矛盾突出，2010年重点草原牲畜超载率为30%，草原畜牧业生产力不断下降。在甘肃、内蒙古、西藏、宁夏、新疆等地，由草原问题而引发的经济、社会矛盾也日益增多。

2000—2010年全国羊肉产量年均增速为4.2%。由于实施草原生态补助奖励政策，主产省区羊肉生产增长空间很有限，其他区域受养殖比较效益下降、能繁母羊数量减少等因素的影响，羊肉产量增幅将放缓。

3. 现代化屠宰加工竞争不过私屠乱宰 小规模生产、肉羊加工业的原料缺乏、优质肥羔供应的严重不足。大部分现代屠宰加工企业的生产加工能力只能利用20%～30%，90%的企业没有建立自己的研发机构，技术创新能力较弱，现有产品90%以上为热鲜肉，而冷鲜肉、调理肉等精深加工产品缺乏，产品普遍存在货架期短、品质不稳定、包装粗糙、质量安全性差等问题。

4. 养殖者粪污处理意识薄弱 由于畜禽养殖污染处理成本偏高，部分畜禽养殖者粪污处理意识薄弱，设施设备和技术力量缺乏，畜禽养殖污染已经成为制约现代畜牧业发展的瓶颈。

（三）我国绵山羊育种现状与未来发展方向

1. 我国绵山羊育种现状 自20世纪50年代以来，我国绵羊遗传改良大致经历了三个阶段：第一阶段以国内品种选育为主，选育了滩羊、湖羊等一批地方品种；第二阶段，引入国外品种杂交改良地方品种和培育新品种并重，特别是在1977年制定了《全国家畜改良区域规划》后，提出不同地区肉羊的选育方向，地方品种的选育方向已由外形一致转向产品质量提高上；第三阶段2000年以后生产方向由毛用向肉用方向改变，形成“以肉为主，肉主毛从，肉毛兼顾，综合开发”的生产方向，中原、内蒙古中东部和东北、西北和西南五个肉羊优势区域生产格局基本形成，我国羊业也已成为继家禽业之后在我国发展最快的畜牧行业。

（1）遗传资源丰富 我国的绵山羊遗传资源十分丰富，地方绵山羊品种具有许多优良和独特的性状，例如小尾寒羊、湖羊的高繁殖性能，滩羊的优秀裘皮性能，苏尼特羊、乌珠穆沁羊、阿勒泰羊、多浪羊等所产羊肉色泽纯正、肉质鲜嫩多汁。丰富的绵山羊遗传资源有力地保障和促进了肉羊生产的发展，对发挥区域优势、形成特色产业提供有利支撑，也为养羊业可持续发展奠定了坚实的基础。

（2）资源保护和良种繁育体系初步建立 自20世纪80年代以来，中央和省级政府先后投入资金改建和完善种羊场，各级政府和各类企业建立了一大批原种扩繁场。农业部公布了包括小尾寒羊、湖羊等在内的21个地方羊品种为国家级畜禽保护品种；建立了国家级家畜遗传资源基因库，保存30多个羊品种的遗传物质；确立了13个保种场和3个保护区。由此初步形成了以国家级重点种羊场为核心，省级种羊繁育场相配套，资源保护与开发相结合，与畜牧业区域生产格局相适应的羊良种繁育体系。

2. 我国羊育种存在的问题 尽管我国在引入国外优良品种、开展杂交改良、新品种培育以及地方品种选育提高方面做了大量的工作，取得了显著成效，但时至今日，我国羊良种化程度依然不高，大大影响了我国养羊业的总体生产水平和产品质量，使我国养羊业水平与发达国家相比差距较大。具体表现在以下几个方面。

(1) *投入严重不足、基础设施薄弱* 我国肉用羊主产区多处于偏远、贫困和落后地区、牧区和农牧交错带，这些地区经济欠发达，地方政府、企业和养羊户都缺乏经济实力，在育种经费、人力等投入上落后于猪、禽等，致使种羊场、繁育场、改良站等基础建设缺乏资金投入，种羊生产和利用的配套设施非常落后。肉羊良种繁育和杂交利用体系建设缺乏规划，没有根据优势区域发展需要按原种场、繁育场、改良站（种公羊站）和人工授精站（点）的梯级进行。由于体制、机制、投入、工作等方面的因素，许多企业投资建设的种羊场以炒种为主，市场行情好时抬高种羊价格，市场行情不好时转行，所发挥的作用有限；许多国有育种场和扩繁场或名不符实，或倒闭破产，或虽能维持，但处境艰难；许多基层技术服务推广单位工作条件差，队伍不稳，服务不到位，没有起到应起的作用。

(2) *种质创新研究和育种水平与生产需求差距巨大* 我国肉用羊的育种水平不仅落后于发达国家，同时落后于我国猪、牛、鸡等畜禽育种水平，与生产的实际需求也差距巨大。我国拥有丰富的羊种资源，但是资源的挖掘利用和创新能力不强，除对繁殖性状研究较为系统外，其他高产及优质、抗逆性状及杂交组合的筛选等一直未得到系统的研究。我国优质高产肉绵羊育种工作刚刚起步，主要用引入品种与本地品种杂交进行杂交育种，选育的技术和方法不先进，尚未培育出拥有自主知识产权的优质肉用绵羊品种。已培育出的巴美肉羊等新品种，其生产力最多只能达到二流水平，仍需选育提高。另外，我国肉用绵羊育种研究力量分散，育种技术研究基础非常薄弱。我国开展育种的科研、教学、国有事业单位虽多，但纵向经费支持得不到保证，育种工作进展缓慢。从事育种的单位基本上各自为政，没有分工协作，更没有开展联合育种。由于大型育种场少，育种工作的组织尚未突破目前体制上的障碍，常常使育种工作前功尽弃。

（3）良种体系不健全 良种繁育体系是推广和普及良种的重要载体，在实现良种化的工作中起着十分重要的作用，但是，从总体上看，我国肉用绵羊良种繁育体系极不健全。育种技术研究课题重复；许多基层技术服务推广单位工作条件差，队伍不稳定，服务不到位，没有起到应起的作用。

（4）地方资源选育利用不够 我国肉用绵羊资源丰富，地方品种的优良特性除繁殖力高外，还有品质优良、抗应激、适应性强等特性。但对这些优良特性的开发还不够充分。由于经费短缺，选育提高进展缓慢，培育出的一些新品种其生产性能与国外品种相比仍相差甚远。由于国外品种具有良好的生产性能，所以20世纪我国出现了大量引种的浪潮，我国现有一些优秀的地方肉用绵羊品种由于“只繁不育”和地域限制，逐步失去其竞争优势。国内品种选育提高和杂交利用都非常滞后，遗传潜力尚未发挥。

（5）引进品种重引轻选 近年来，国家和地方大量引进许多优秀肉用绵羊品种，但由于缺乏有组织的选育工作，群体近交衰退严重，生产性能大幅度下降，加之在杂交利用上未进行规模性的配合力测定，存在很大的盲目性，杂交后代生产性能呈现下降趋势。全国羊改良育种方向和区域规划不清，杂交改良普遍开展，但杂乱无章，谱系不清，形不成优势区域或相对成规模、上水平、相对一致的区域性杂交体系。

（6）尚未实施肉羊性能测定和品种登记，种羊质量没有保证 由于我国尚未实行肉用绵羊生产性能测定和品种登记制度，种羊从羊场直接流入市场，对种羊质量缺乏有效的监督，以次充好、以假乱真现象常有发生。从总体上看，我国肉用绵羊的良种繁育水平与世界先进水平相比还有很大的差距，种羊繁育体系处于初级阶段。在种羊育种中普遍存在“重引进，轻选育”，肉羊育种和生产企业的规模化、产业化水平都有待进一步提高。

3. 我国绵山羊育种未来发展方向 要立足现有品种资源，加强育种的规划和指导，明确育种方向，推进良种登记、性能测定和遗传评估工作，促进新品种培育和引入品种的联合育种，加强配套系生产，提高绵羊生产性能，逐步缩小与发达国家差距。

（1）加快地方品种的遗传改良 绵羊遗传改良的基本思路是；重视地方良种和引进品种资源的保护和选育提高，在选择特点明显、适应性强、分布较广的地方品种开展品种选育的同时，充分利用国内国外资源培育适合我国不同生态经济条件的肉羊新品种；搞好超细型细毛羊品种选育，不断提高羊毛（绒）品质和净毛率，提高羊毛（绒）竞争力和市场占有率；实现优质肉羊、细毛羊快速繁育和推广，提高羊个体生产能力和产品质量，增加养羊业整体效益，满足国内日益增长的优质羊产品市场需求，促进我国养羊业的持续发展。

（2）进行新品种培育　美国农业部的统计资料表明，在畜牧业的发展过程中，品种的贡献率在40 %以上，这一数据充分表明肉用新品种的培育是肉羊业发展应该首先解决的第一要素。至今，我国仍然没有一个在国际肉羊市场上被广泛认可的优质肉羊品种。这与中国作为一个肉羊生产和消费大国的地位极不相符。近年来我国也一直在支持肉羊品种选育研究工作，但大部分科研计划都是3～5年的期限，大多数品种都是采用简单的杂交选育而成，主要性状的生产潜力未充分发掘出来。优质肉羊新品种培育是一个相对耗时的重大系统工程，需要多代人持之以恒的努力。因此，在品种培育方面很有必要进行原始创新。应选择科研实力强，同时有前期研究基础与合适育种基地的科研团队，对研究计划进行考核进而分阶段持续地支持，力争在10～15年培育成具有自主知识产权的优良肉羊品种。这对于进一步提高农牧民收入，增强我国肉羊业在国际市场中的竞争力，同时摆脱多年来从国外引进种肉羊的被动局面具有重要的社会意义和经济意义。

（3）加强配套系生产　利用杂交优势生产羊肉，应根据不同品种特性并结合当地生态条件来确定合适的杂交组合。一般以生产羊肉为主的养羊业，需发挥当地品种应有的作用，以当地母羊为杂交生产的母本，以引进的国外优良肉用品种作为杂交生产父本，建立肉羊杂交生产体系。

经济杂交的目的是通过品种间的杂种优势利用生产商品肉羊，最常采用的方式有两个品种简单杂交和两个以上品种的轮回杂交。其中简单杂交后代全部用于育肥生产，而轮回杂交后代的母羔，除部分优秀个体用于下轮杂交繁殖外，其余的母羔和全部公羔也直接用于育肥生产。

肉羊杂交已成为获取量多、质优羊肉的主要手段。多数国家的绵羊肉生产以三元杂交为主，终端品种多用萨福克羊、无角或有角陶赛特羊、汉普夏羊、杜泊羊等。

由于经济杂交，特别是配套系所产生的杂交后代在生活力、抗病力、繁殖力、育肥性能、胴体品质等方面均比亲本具有不同程度的提高，因而成为当今肉羊生产中所普遍采用的一项实用技术。在西欧、大洋洲、美洲等肉羊生产发达地区，用经济杂交生产肥羔肉的比率已高达75%以上。利用杂种优势和品种间的互补效应，一方面可以用来提高繁殖力、成活率和总生产力，进行更经济、更有效的生产；另一方面可通过选择来提高断奶后的生长速度和产肉性状。

三、现代养羊生产概念

（一）现代养羊概念

现代养羊是指改变传统靠天养羊的观念，运用现代科学技术和现代工业来装备养羊业；运用先进的科学方法来组织和管理养羊生产，以提高养羊业的生产率和商品率，以最低的资源消耗获得最多的羊产品，以求获得最佳经济效益、社会效益和生态效益。

（二）现代养羊特征

养羊业的发展由于各种外部原因及其自身特点，现代化程度远不及其他家禽家畜（如鸡、猪等）饲养业，但现代养羊业仍然不同于传统养羊业，有其自身特征。

1. 集约化程度高 主要体现为品种良种化、草地改良化和主要生产环节机械化。集约化经营是现代养羊业的主要特征。集约化经营在畜牧生产中是指在一定的草场、土地或建筑面积基础上，集中投入较多的生产资料，采用先进的科学技术进行畜牧生产的经营方式。在养羊业上，集约化经营主要表现为：羊品种良种化、草地改良化、主要生产环节机械化、饲养标准化并广泛采用先进的饲养管理技术。

世界各养羊发达国家集约化养羊的形式，因各国的条件不同而有所差异。我国的现代养羊业目前仍处于萌芽状态，整体上集约化程度较低，在今后发展中，应注意结合我国的具体情况，根据地区、资源及自然气候等特点采取不同形式的集约化养羊模式。在牧区，饲料来源主要靠草地，精料资源缺少，目前的品种大多属毛用型品种，因此，集约化经营的饲养方式应以放牧为主，要集中力量加强草原建设，改良现有天然草地，建立半人工及人工草地，并实现围栏化和分区轮牧，提高良种羊的覆盖率，对当年羔羊实行放牧加补饲的方法，提高羔羊当年出栏率，减轻枯草季节草场的压力。在半农半牧区，自然条件相对较好，有一定的精饲料来源，实现集约化养羊的主要环节应是建立高产人工草地，采用放牧加舍饲相结合的饲养方式，生产方向上应肉毛相结合，可适当提高肉用羊的比例。在农区，精饲料资源丰富，但没有放牧草场，因此，应发展集约化程度较高的舍饲养羊业，以产肉为主，在充分利用农作物秸秆的同时，应广泛采用配合饲料。同时可以建立规模化育肥基地，实行羊的异地育肥，最终实现技术和资金集约型养羊生产。

2. 生产水平和生产效率高 现代养羊的最终目的是利用较少的资源消耗获得较多的羊产品，因此，生产水平和生产效率是养羊业发达程度的重要指标。养羊业发达国家，都是以高生产水平和高效率为特征的。鉴于我国的实际情况，比如劳动力资源丰富，自然资源相对匮乏，资金不足等，在生产效率上主要应强调物化劳动的高效率，而不要片面追求活劳动的高效率。

3. 现代养羊的其他特征 现代养羊的内涵十分广泛，除以上内容外，经营管理的科学化、生产分工专业化、产品规格化和服务社会化等也都是现代养羊的重要组成内容。

（三）现代养羊应具备的条件

进行现代化养羊至少应具备两方面的条件，一是物质条件，如饲料资源和资金；二是科学技术和经营管理。国内外养羊实践证明：不具备条件而盲目引进、盲目饲养的做法是不切实际的主观行为，是不可能成功的。

1. 物质条件 实现现代养羊业首要的条件是要有丰富的饲料资源。饲料是养羊业的物质基础，无论什么形式、规模的养羊生产，只有在饲料数量和质量得到充分保证的前提下，才有可能获得好的生产效果，养羊业发达国家无一不是以发展饲料生产为先导的。因此，在发展我国现代养羊业的过程中，必须强调“以草定畜，以产定畜”。在牧区除有足够的放牧草地外，还必须备足冬春季节的补饲用草，同时，也要有一定的精料贮备。在农区，在强调充分利用农作物秸秆的同时，也必须注意到秸秆作为饲草的营养价值毕竟很低，不能满足羊的营养需求，必须配合一定量的精料才能达到有效利用秸秆资源的目的，否则只能使农区的养羊业在高消耗低产出的基础上维持简单生产。目前，饲料供给不足是制约我国养羊生产的主要因素。

现代化养羊也需要一定的资金投入，养羊业的集约化程度越高、生产水平越高，需要的资金投入就越大。资金投入不足是导致我国养羊业长期停留在靠天养羊、低水平生产的又一主要因素。

2. 科学技术和经营管理 科学技术是进行现代养羊的先决条件。现代养羊生产需要综合应用多学科的先进技术，养羊生产者不仅要掌握养羊科学技术，还要懂得科学的经营管理。因此，加强我国养羊科学研究，开展专业化和职业化教育，培养多层次专业人才，是发展我国现代养羊业的重要措施。

（四）现代肉羊生产的对策

1. 建立适用的性能测定、育种评估体系，实现肉羊品种良种化。适应市场需求、生产方式的变化，引进并推行优质高效肉羊良种，开展良种登记，推进全国肉羊遗传改良计划，采用新设备开展大规模的生产性能测定，研发或引进适合我国肉羊育种值评估的多性状动物模型 BLUP（最佳线性无偏预测）遗传评估体系，结合分子标记辅助选择或标记辅助导入，培育出高产优质新品种（品系），以及适应不同市场需求的肉羊专门化品种（品系），通过人工授精技术和胚胎工程快速推广优秀种羊基因，不断提高种羊质量，逐步建立起优质肉羊的良种繁育体系。开展专门化品种（品系）的配合力测定，开展杂种优势利用，建立高效肉羊生产体系，从而提高我国肉羊产品的市场竞争力 。

2. 充分开发利用当地饲料资源，采用先进的营养评价体系，实现日粮全价化。推进反刍动物新蛋白质及能量体系理论实用化，开展瘤胃降解试验、消化代谢试验、屠宰试验等综合系列研究，制定符合我国不同肉羊类群生产实际的小肠可消化粗蛋白质及肉羊能量单位需要量的饲养标准，加大力度研究肉羊常用饲料、新开发饲料的营养价值参数，建立日粮营养调控技术体系，研制肉羊复合型预混料和肉羊高效蛋白质补充料，建立优质高效肉羊生产饲料配方库，建立高效肉羊生产体系。

3. 因地制宜进行羊舍设计改造，配备科学、先进的设施设备，实现养殖设施科学化。设计改造养殖场内部格局，做到布局合理，满足防疫要求；因地制宜对圈舍进行标准化设计改造，配备自动饲喂设施及温度、湿度、光照调节、有害气体等数字化监控设施设备，引进养殖过程环境控制技术，为畜禽提供适宜的生长环境。养殖场选址布局科学合理，畜禽圈舍、饲养和环境控制等生产设施设备满足标准化生产需要。

4. 制定并实施科学规范的畜禽饲养管理规程，推进建立畜产品可追溯体系，实现生产管理规范化。对生产工程、投入品购进和使用进行动态监控、记录，建立完善的养殖档案、生产记录数据库，定期不定期抽取样本送检测机构进行质量安全检测。

5. 实施疫病综合防控措施，实现疾病防疫制度化。制定严格的防疫制度，更新改造兽医室等防疫消毒设施设备，实施畜禽疫病综合防控措施，对病死畜禽进行无害化处理。

6. 采用先进的粪污处理技术及设施设备，实现粪污处理无害化。因地制宜采用沼气厌氧处理、静态通气堆肥等粪污处理技术及相关配套设施设备，实现粪污无害化处理。

7. 采用农牧结合养殖技术，探索生态养羊业的发展。推广优质牧草品种，实施牧草轮作模式，以草定畜，调整羊群结构，推进种养生态循环经济模式。

第二章　主要的羊品种

全世界现有主要绵羊品种 629 个，山羊品种 150 多个。我国于 2006 年全面开展了第二次全国畜禽遗传资源普查，共调查了 1 200 多个畜禽品种（资源），并编写了《中国畜禽遗传资源志　羊志》，收集绵羊品种 71 个，其中地方品种 42 个，培育品种 21 个，引进品种 8 个；山羊品种 69 个，其中地方品种 58 个，培育品种 8 个，引进品种 3 个。绵羊品种有毛用（地毯毛）、肉用（粗毛、脂尾）、裘皮和羔皮用羊。其中产于江苏、浙江的湖羊是著名的羔皮羊品种，湖羊和小尾寒羊均具有早熟、一胎多羔，属高繁殖力品种。产于青藏高原的草地型藏羊，毛长、弹性好，是优质地毯毛羊，对高寒地区恶劣气候环境和粗放的饲养管理条件具有良好的适应能力。宁夏的滩羊生产白色二毛裘皮享誉国内外，肉质优良。著名的山羊品种有中卫山羊、辽宁绒山羊、济宁青山羊、内蒙古绒山羊、成都麻羊。中卫山羊生产白色二毛裘皮，花穗弯曲美观，排列整齐。辽宁绒山羊具有产绒量高、绒毛长等特点。济宁青山羊被毛由黑白二色毛混生，呈青、粉青或铁青色，以细长毛的青猾皮质量最好，母羊产羔率为 270%，一年两胎。成都麻羊皮板致密、耐磨，可分层剥离使用，产羔率 210%，一年两胎。

近年来，国家畜禽遗传资源委员会鉴定了一些新的培育品种和遗传资源，如南江黄羊、巴美肉羊、兰坪乌骨羊、渝东黑山羊等。2006 年中华人民共和国农业部公告（第 662 号）确定 138 个畜禽品种为国家级畜禽遗传资源保护品种，其中包括地方羊品种 21 个：乌珠穆沁羊、和田羊、多浪羊、贵德黑裘皮羊、滩羊、兰州大尾羊、岷县黑裘皮羊、同羊、汉中绵羊、大尾寒羊、小尾寒羊、西藏羊（草地型）、湖羊、辽宁绒山羊、内蒙古绒山羊（阿尔巴斯型、阿拉善型、二狼山型）、中卫山羊、西藏山羊、济宁青山羊、长江三角洲白山羊（笔料毛型）、圭山山羊、雷州山羊。

第一节　肉用绵羊品种

一、主要的引进绵羊品种

1. 无角陶赛特羊（Poll Dorset）　属短毛型肉毛兼用绵羊品种，是澳大利亚于20世纪50年代通过有角陶赛特羊导入雷兰羊、考力代羊，经系统选育形成的。该品种体型大、肌肉丰满、被毛全白、温驯易管理，用作肉羔生产比较理想的终端杂交父系品种。新西兰、美国、加拿大等国家也有饲养。

无角陶赛特羊面部、四肢及被毛为白色，皮肤粉红色。体质结实，头短而宽，公、母羊均无角，颈短、粗，胸宽深，背腰平直，后躯丰满，四肢粗短，整个躯体呈圆桶状。无角陶赛特羊体格较大，成年公羊体重90～110kg，成年母羊为65～75kg。生长发育快，早熟，能全年发情配种产羔。经过肥育的4月龄羔羊，胴体重公羔为22.0kg，母羔为19.7kg，而且胴体质量高。成年母羊产毛量2.3～3.0kg，毛长7.0～9.0cm，毛纤维直径30μm，净毛率60%～65%。母羊为非季节性繁育，产羔率为140%～150%。

我国多地先后引入，与当地绵羊杂交，对提高生长速度、增加产肉量，效果显著。

2. 特克赛尔羊（Texel） 属短毛型肉毛兼用绵羊品种。原产于荷兰，19世纪中叶，用林肯羊、莱斯特羊与荷兰沿海低湿地区晚熟但毛质好的马尔盛夫羊杂交，经长期选择和培育而成。该品种肌肉生长速度快，眼肌面积大，肉骨比和屠宰率高，适应性强、耐粗饲，尤其对寒冷气候有良好的适应性。在肉羊生产中，可以作为杂交的第一父系品种，也可作为三元杂交的终端父系品种。

该品种羊全身毛白色，鼻镜、眼圈部、唇皮肤为黑色，蹄质为黑色。公、母羊均无角。体质结实，结构匀称、协调。头清秀、无长毛，鼻梁平直而宽，眼大有神，口方，耳中等大，肩宽深，鬐甲宽平，胸拱圆，颈宽深，头、颈、肩结合良好，背腰宽广平直，肋骨开张良好，腹大而紧凑，臀宽深，前躯丰满，后躯发达，体躯肌肉附着良好，四肢健壮，蹄质结实。3月龄断奶羔羊体重可达34kg，胴体重17kg以上。断奶前羔羊日增重341g，断奶后一个月内公羔日增重282g，母羔236g。6～7月龄达50～60kg，周岁公羊体重78.6kg，母羊66.0kg，成年公羊体重110～130kg，母羊70～90kg。胴体中肌肉量很高，分割率也很高。其眼肌面积在肉用品种中是很突出的。特克赛尔肉羊肉呈大理石状，无膻味，肉质细嫩。成年公羊平均产毛量5～6kg，母羊4.5kg，净毛率60%，羊毛长度10～15cm。公、母羔4～5月龄即有性行为，7月龄性成熟，正常情况下，母羊10～12月龄初配，全年发情。

特克赛尔羊对热应激反应较强，在气温30℃以上应采取必要的防暑措施，避免高温造成损失。

3. 萨福克羊（Suffolk） 属短毛型肉毛兼用绵羊品种。萨福克羊是体型最大的肉用羊品种。萨福克羊是英国于1850—1930年由南丘羊和诺福克羊杂交育成的。澳洲白萨福克羊是在原有基础上导入白头和多产基因新培育而成。萨福克羊具有适应性强、生长速度快、产肉多等特点，适于作羊肉生产的终端父本。

其外貌特征为全身白色，头及四肢为黑色且无毛。体躯强壮、高大，背腰平直，萨福克成年公羊体重可达100～136kg、母羊70～96kg，用其作终端父本与长毛种半细毛羊杂交，4～5月龄杂交羔羊体重可达35～40kg，胴体重18～20kg。毛纤维直径30～35μm，毛纤维长度7.5～10cm，成年母羊产毛量2.5～3.0kg，产羔率130%～165%。

萨福克羊与国内细毛杂种羊、哈萨克羊、阿勒泰羊、蒙古羊、滩羊等杂交，在相同的饲养管理条件下，杂种羔羊具有明显的肉用体型。杂种一代羔羊4～6月龄平均体重高于国内品种3～8kg，胴体重高1～5kg，净肉重高1～5kg。利用这种方式进行专门化的羊肉生产，羔羊当年即可出栏屠宰，使羊肉生产水平和效率显著提高。萨福克羊的生产性能特点有利于工厂化高效养羊，也是我国肉羊生产的主要终端父本品种。

4. 杜泊羊（Dorper） 属肉用绵羊品种。杜泊肉用绵羊原产于南非，是由有角陶赛特羊和波斯黑头羊杂交育成。体格大，体质好，体躯长、宽、深，形似圆桶状，肢短骨细。经济早熟是杜泊羊的最大优点。

杜泊羊分为白头杜泊羊和黑头杜泊羊两种，这两种羊体躯和四肢皆为白色。头顶部平直、长度适中，额宽，鼻梁隆起，耳大稍垂。颈粗短，肩宽厚，背平直，肋骨拱圆，前胸丰满，后躯肌肉发达。四肢强健而长度适中，肢势端正。中等以上营养条件下，断奶重34～45kg，哺乳期平均日增重350～450g；周岁重：公羊80～85kg，母羊64～78kg；成年公羊体重100～120kg，母羊85～90kg,周岁前以体高、体长增长最快；1～1.5岁主要增长宽和深，胸围很大。杜泊羊以产羔羊肉见长，胴体肉质细嫩、多汁、色鲜、瘦肉率高，被国际誉为“钻石级肉”。4月龄屠宰率51%，净肉率45%。杜泊羊性成熟，公羊为5～6月龄，母羊为5月龄；体成熟，公、母羊分别为12～14月龄和8～10月龄；杜泊羊为常年发情，产羔间隔8个月，可两年三产。该品种具有很好的保姆性与泌乳力，这是羔羊成活率高的重要因素，产羔率平均177%。

杜泊羊产肉性能好，遗传性能很稳定，无论纯繁后代还是改良后代，都表现出极好的生产性能与适应能力。

5. 德国美利奴羊（German Mutton Merino） 属肉毛兼用美利奴羊，原产于德国，主要分布在萨克森州农区。德国美利奴羊是用泊列考斯羊和英国莱斯特公羊与德国原有的美利奴羊杂交培育而成。其特点是体格大，成熟早，胸宽深，背腰平直，肌肉丰满，后躯发育良好，公、母羊均无角。该品种对干燥气候有良好的适应能力且耐粗饲。

公、母羊被毛白色。成年公羊体重90～100kg，母羊60～65kg。产肉较多，在良好的饲养条件下，日增重 300～350g。德国美利奴羊生长发育快，早熟，6 月龄羔羊体重可达 40～45kg，胴体重 19～23kg，屠宰率 47%～51%。成年公、母羊剪毛量分别为 10～11kg 和 4.5～5kg，毛长分别为 8～10cm 和 6～8cm，毛纤维直径 19.1～25μm。繁殖力高，成熟早，产羔率在 200%左右。

我国在 20 世纪 50 年代末和 60 年代初由德国引入千余只。1995 年，我国从德国引入美利奴羊，饲养在黑龙江和内蒙古。用德国美利奴羊与细毛羊杂交，可显著提高产肉性能，其杂交一代 6 月龄体重可达 35kg。对这一品种资源要充分利用，可用于改良农区、半农半牧区的粗毛羊或细杂母羊，增加羊肉产量，是最值得大力推广和利用的品种。

6. 夏洛来羊（Mouton Charoais）　属肉用绵羊品种。产于法国中部的夏洛来丘陵和谷地，以英国莱斯特羊、南丘羊为父本，当地的细毛羊为母本杂交育成，是 1974 年法国农业部正式批准的品种。

夏洛来羊具有典型的品种特征，肉用体型好，体躯长，背腰肌肉丰满，胸宽而深，肩宽很厚，臀部宽大，肌肉发达。头部毛极短，略带粉色或灰色，有的羊带黑色斑点，额宽，两眼眼眶距离大，耳细长，四肢毛短，肢势端正。成年公羊体重 110～140kg。母羊品种特性：早熟，耐粗饲、采食能力强，对寒冷潮湿或干热气候表现较好的适应性，是生产肥羔的优良品种。

我国在 20 世纪 80 年代末和 90 年代初，由内蒙古畜牧科学院引入夏洛来羊，同当地粗毛羊和细杂羊杂交生产肉羔，效果很好。

7. 罗姆尼羊（Romney）　属长毛型肉毛兼用半细毛羊。罗姆尼羊育成于英国东南部的肯特郡，在英国又称肯特羊，是 19 世纪用莱斯特公羊改良当地羊，经长期选育而成的肉毛兼用绵羊。目前世界各国大量饲养罗姆尼羊，供毛用和肉用，其中以新西兰饲养数量最多，约占新西兰绵羊总数的 45%。罗姆尼羊毛是新西兰的主要羊毛品种，也是国际羊毛市场半细毛的主要商品之一。阿根廷、乌拉圭、澳大利亚、美国、加拿大等国家也有饲养。罗姆尼羊既适应潮湿的低牧地，又能适应较寒冷的高原条件，抗病力强，但对高温和过旱的地区适应性较差。

罗姆尼羊毛套毛全部由白色同质毛组成。罗姆尼羊的羊毛属长毛型羊毛，是制造粗绒线、长毛绒、毛毯及工业用呢等的优良原料。毛纤维直径 30～40μm；长度 11～15cm，最长可达 20cm；毛丛呈圆形结构，有较大的波形卷曲和较好的光泽，油汗含量较少，净毛率 65%～80%，年剪毛量 4～6kg。

我国从 1966 年开始先后从英国、新西兰、澳大利亚引进种羊，分别在内蒙古、山东、青海、云南、江苏、甘肃等省（自治区）饲养，用以培育半细毛羊品种。其中以在东南沿海和西南各省的适应性较好。青海半细毛羊和内蒙古半细毛羊都是以罗姆尼羊为主要父本培育而成。

8. 边区莱斯特羊（Border Leicester） 属长毛型肉毛兼用绵羊品种。19世纪中叶，在英国北部苏格兰，用莱斯特羊与山地雪伏特品种母羊杂交培育而成，1860年为与莱斯特羊相区别，称为边区莱斯特半细毛羊。该品种是半细毛羊新品种的主要父系之一，也是羊肉生产杂交组合中重要的品种。

边区莱斯特半细毛羊体质结实，体型结构良好，体躯长，背宽平，公、母羊均无角，鼻梁隆起，两耳竖立，头部及四肢无羊毛覆盖。成年公羊体重90～140kg，成年母羊为60～80kg，幼年时期有很高的早熟性，4～5月龄羔羊的胴体重20～22kg。剪毛量成年公羊5～9kg，成年母羊3～5kg，净毛率65%～68%；毛长20～25cm，毛纤维直径32～38μm。产羔率150%～200%。

从1966年起，我国曾几次从英国和澳大利亚引入，经过20多年的饲养实践，在四川、云南等省繁育效果比较好，而饲养在青海、内蒙古的则比较差。

9. 波德代羊（Borderdale） 1930年以来，在新西兰南岛用边区莱斯特品种公羊与考力代品种母羊杂交，在一代杂种中严格地进行选择，横交固定至4～5代，经培育成为新品种。

波德代羊被毛白色，体格中上等，体躯长而宽平，后躯丰满，脸部及四肢下部无被毛覆盖。成年公羊体重85～95kg，成年母羊为50～60kg；剪毛量成年公羔7～8kg，成年母羊4～5kg；毛长10～15cm，毛纤维直径30～35μm，净毛率70%。波德代羊母羊泌乳量高，羔羊生长发育快，所产肥羔胴体长，肉用品质好，母羔8月龄可长到45kg。产羔率110%～130%，最高可达180%。

2000年1月，赵有璋教授将波德代羊品种首次引入我国，投放在甘肃省永昌肉用种羊场。波德代羊适应性强，耐干旱、耐粗饲，母羊难产少，同时羔羊成活率高，早熟，合群性好，普遍受到养羊主的欢迎。波德代羊与地方绵羊杂交改良，杂种羊肉用体型明显，生长发育快，耐粗抗逆，受到广大养羊户的欢迎，已在甘肃、新疆、青海等地推广。

10. 澳洲白绵羊（Australian White Sheep） 是特别培育的一个肉羊品种，该品种培育使澳大利亚商品肉羊生产体系由肉毛兼用向粗毛型专门化肉羊的方向发展（而非传统的毛用羊群）。“澳洲白”是澳大利亚第一个利用现代基因测定手段培育的品种。该品种的培育前后花了13年时间，这一时期，澳大利亚致力于发展一个可自我更新的粗毛型肉羊生产体系，生产短粗毛型、高品质羊肉的专门化肉羊。最初采用白杜泊公羊与澳洲美利奴母羊级进杂交（1996年澳大利亚专门从南非进口了白杜泊绵羊），以降低肉羊的管理成本、减少投入，但自动掉毛的表现并不理想。之后用澳洲美利奴母羊与万瑞（Van Rooy）绵羊品种的公羊交配。万瑞绵羊是南非经过人工改良、依据特殊标准选取的粗毛型、肥尾型的绵羊品种，1997 年自南非引入澳大利亚。通过美利奴母羊和万瑞绵羊杂交后的杂交母羊，再用白杜泊公羊进行杂交，之后用白杜泊公羊进行级进杂交。经过三元杂交后能生产出最好的肉羊肥羔。杂交后代表现出个体大、强壮、母性好、高产和性成熟早、易掉毛且羊毛量少等特点，但是羊肉产出量和纯种杜泊羊相比，或者和白杜泊羊与美利奴羊杂交一代羔羊相比有不足之处。之后又导入了特克赛尔羊的美丽臀和无角陶赛特的 LoinMAX。该品种培育中通过对多个品种羊特定肌肉生长基因标记和抗寄生虫基因标记的选择（MyoMAX、LoinMAX 和 WormSTAR）培育而成，2009 年 10 月在澳大利亚注册。其特点是体型大、生长快、成熟早、全年发情，有很好的自动掉毛能力。在放牧条件下 5～6 月龄胴体重可达到 23kg，舍饲条件下，该品种 6 月龄胴体重可达 26kg，且脂肪覆盖符合出口羊胴体标准。该品种用于三元配套杂交进行商品生产时，不会随后代形体变小，能够保持迅速成长、体型高大和体重大的特点，此品种能够在各种养殖条件下用作三元配套杂交的终端父本。

二、地方绵羊品种

1. 蒙古羊　蒙古羊产于蒙古高原，是一个十分古老的地方品种，也是在中国分布最广的一个绵羊品种，除分布在内蒙古自治区外，东北、华北、西北均有分布。蒙古羊属短脂尾羊，其体型外貌由于所处自然生态条件、饲养管理水平不同而有较大差别。一般表现为体质结实，骨骼健壮，头略显狭长。公羊多有角，母羊多无角或有小角，鼻梁隆起，颈长短适中，胸深，肋骨不够开张，背腰平直，四肢细长而强健。体躯被毛多为白色，头、颈与四肢则多有黑或褐色斑块。

蒙古羊被毛属异质毛，一年春秋共剪两次毛，成年公羊剪毛量 1.5～2.2kg，成年母羊为 1～1.8kg。蒙古羊从东北向西南体型由大变小。苏尼特左旗成年公、母羊平均体重为 99.7kg 和 54.2kg；乌兰察布市公、母羊为 49kg 和 38kg；阿拉善左旗成年公、母羊为 47kg 和 32kg。蒙古羊的产肉性能较好。成年羯羊屠宰前体重为 67.6kg，胴体重 36.8kg，屠宰率 54.4%，净肉重 27.5kg，净肉率 40.7%；1.5 岁羯羊分别为 51.6kg、26.0kg、50.4%、19.5kg、37.8%。繁殖力不高，产羔率低，一般一胎一羔。

2. 哈萨克羊　属肉脂兼用地方绵羊品种。哈萨克羊主要分布在新疆天山北麓、阿尔泰山南麓和塔城等地，甘肃、青海、新疆三省（自治区）交界处亦有少量分布。产区气候变化剧烈，夏热冬寒。哈萨克羊的饲养管理粗放，终年放牧，很少补饲，一般没有羊舍。哈萨克羊体格结实，四肢高，善于行走爬山，在夏、秋较短暂的季节具有迅速积聚脂肪的能力。

哈萨克羊异质被毛，毛色棕褐色，纯白或纯黑的个体很少。体质结实，公羊多有粗大的螺旋形角，母羊多数无角，鼻梁明显隆起，耳大下垂。背腰平直，四肢高、粗壮结实。脂肪沉积于尾根而形成肥大椭圆形脂臀，称为“肥臀羊”，具有较高的肉脂生产性能。成年公、母羊春季平均体重为 73.4kg 和 52.5kg，周岁公、母羊为 42.95kg 和 40.80kg。成年公、母羊剪毛量 2.6kg 和 1.9kg。哈萨克羊肌肉发达，后躯发育好，产肉性能高，屠宰率 45.5%。产羔率为 101.24%。

3. 西藏羊 西藏羊又称藏羊，藏系羊，是中国三大粗毛绵羊品种之一。西藏羊产于青藏高原的西藏和青海，四川、甘肃、云南和贵州等省也有分布。由于藏羊分布面积很广，各地的海拔、水热条件差异大，在长期的自然和人工选择下，形成了一些各具特点的自然类群。主要有高原型（草地型）和山谷型两大类型。各地根据本地的特点，又将藏羊分列出一些中间或独具特点的类型。如西藏将藏羊分为雅鲁藏布型藏羊、三江型西藏羊；青海省分出欧拉型藏羊；甘肃省将草地型西藏羊分成甘加型、欧拉型和乔科型三个型；云南省分出一个腾冲型；四川省分出山地型西藏羊。

（1）高原型（草地型） 这一类型是藏羊的主体，数量最多。西藏境内主要分布于冈底斯山、念青唐古拉山以北的藏北高原和雅鲁藏布江地带；青海境内主要分布在海北、海南、海西、黄南、玉树、果洛六州的广阔高寒牧区；四川境内分布在甘孜、阿坝州北部牧区。产区海拔 2 500～5 000m，多数地区年均气温－1.9～6.0℃，年降水量 300～800mm，相对湿度 40%～70%。草场类型有高原草原草场、高原荒漠草场、亚高山草甸草场、半干旱草场等。甘肃草地型藏羊有欧拉羊、乔科羊和甘加羊 3 种类型。主要分布在甘南藏族自治州的各县；欧拉型藏羊是藏系绵羊的一个特殊生态类型，主产于甘肃省的玛曲县及毗邻地区，青海省的河南蒙古族自治县和久治县也有分布。欧拉型羊具有草地型藏羊的外形特征，体格高大粗壮，头稍狭长，多数具肉髯。公羊前胸着生黄褐色毛，而母羊不明显。被毛短，死毛含量很高，头、颈、四肢多为黄褐色花斑，全白色羊极少。成年公羊体重 51.0kg，剪毛重 1.4～1.72kg，成年母羊体重 43.6kg，剪毛量 0.84～1.20kg。欧拉型藏羊产肉性能较好，成年羯羊宰前活重 76.55kg，胴体重 35.18kg，屠宰率为 45.96%。乔科羊是藏族人民长期以来在海拔3 300～3 600m的青藏高原恶劣气候条件下培育形成的优良地方品种，对本地区严酷的气候条件有着很强的适应能力。乔科羊主产于青藏高原东麓的甘肃省甘南州玛曲、碌曲两县。年平均气温 1.1℃，高寒潮湿、气候多变、无绝对无霜期。甘加羊史称白石小尾藏羊，主要分布于夏河县甘加地区。

甘加羊属肉毛兼用型，体格较小而紧凑，头略短而稍宽；肉质营养丰富，肉味鲜美、风味独特。但长期以来因小群闭锁饲养、近亲繁殖，品种退化严重，体格变小、增长速度慢、饲料报酬率低、出栏率低，经济效益低。

高原型藏羊体躯被毛以白色为主，体质结实，体格高大，四肢较长，体躯近似方形。公、母羊均有角，公羊角长而粗壮，呈螺旋状向左右平伸，母羊角细而短，多数呈螺旋状向外上方斜伸。鼻梁隆起，耳大。前胸开阔，背腰平直，十字部稍高，紧贴臀部有扁锥形小尾。被毛异质，毛纤维长，两型毛含量高，光泽和弹性好，强度大，两型毛和有髓毛较粗，绒毛比例适中，因此由它织成的产品有良好的回弹力和耐磨性，是织造地毯、提花毛毯等的上等原料。这一类型藏羊所产羊毛，即为著名的“西宁毛”。高原型藏羊成年公、母羊体重约为51.0kg和43.6kg。屠宰率43.0%～47.5%。公、母羊剪毛量为1.40～1.72kg和0.84～1.20kg。高原型藏羊繁殖力不高，母羊每年产羔一次，每次产羔一只。

（2）山谷型　主要分布在青海省南部的班玛地区，四川省阿坝南部牧区，云南的昭通、曲靖、丽江等地区及保山市腾冲县等。产区海拔在1 800～4 000m,主要是高山峡谷地带，气候垂直变化明显。年平均气温2.4～13℃，年降水量为500～800mm。草场以草甸草场和灌丛草场为主。山谷型藏羊被毛主要有白色、黑色和花色，体格较小，结构紧凑，体躯呈圆桶状，颈稍长，背腰平直。头呈三角形，公羊多有角、短小、向后上方弯曲，母羊多无角，四肢矫健有力，善爬山远牧。被毛多呈毛丛结构，普遍有干死毛，毛质较差。剪毛量一般0.8～1.5kg。成年公羊体重40.65kg，成年母羊为31.66kg。屠宰率约为48%。

藏羊对高寒地区恶劣气候环境和粗放的饲养管理条件具有良好的适应能力，是产区人民赖以为生的重要畜种之一。

4. 滩羊　属裘皮用地方绵羊品种。分布于宁夏和甘肃、内蒙古、陕西等地。产区海拔1 000～2 000m，气候干旱，年降水量为180～300mm，昼夜温差大。产区植被稀疏低矮，产草量低，但干物质含量高，蛋白质丰富，饲用价值较高。特别是它的二毛裘皮和羔羊肉久负盛名。

二毛皮是滩羊主要产品，是羔羊生后30d左右（一般在24～35d）宰杀剥取的羔皮。这时平均活重6.51kg，毛股长度达8～9cm。毛股紧实，有美丽的花穗，毛色洁白，光泽悦目，毛皮轻便，十分美观，具有保暖、结实、轻便和不毡结等特点。宁夏境内的黄河以西，贺兰山以东的平罗、贺兰等地所产二毛皮质量最好。环县滩羊大约在清代，就形成了以生产轻裘皮为特色的滩羊品种，其毛裘皮因具有毛色洁白、富有光泽、花穗美观、久穿不毡、轻柔保暖等特点而久负盛名，被誉为“裘中之珍”。

久负盛名的“靖远羊羔肉”，采用独特的滩羊品种，独特的加工方法，具有独特的药膳滋补价值。靖远滩羊肉肌理细腻，骨肉匀称，极易煮烂，入口滑嫩细软，其产羔到出栏屠宰，生长期限为30～50d，肉质鲜嫩，营养丰富，无膻味，是滋补佳品。2002年国家工商局批准了“靖远羊羔肉”地理标志商标。

滩羊被毛绝大多数为白色，头部、眼周围和两颊多有褐色、黑色、黄色斑块或斑点，两耳、嘴端、四蹄上部也有类似的色斑，纯黑、纯白者极少。体格中等，体质结实。公羊鼻梁隆起，有螺旋形大角向外伸展，母羊一般无角或有小角。背腰平直，体躯窄长，四肢较短，尾长下垂，尾根宽阔，尾尖细长呈S形弯曲或钩状弯曲，达飞节以下。成年公羊体重47.0kg，成年母羊35.0kg。被毛异质，成年公羊剪毛量1.6～2.65kg，成年母羊0.7～2.0kg。屠宰率成年羯羊为45.0%，成年母羊为40.0%。滩羊一般年产一胎。产羔率101.0～103.0%。

5. 小尾寒羊 我国著名的地方优良绵羊品种。小尾寒羊主要分布在山东省西南部，河南新乡、开封地区，河北南部、东部和东北部，安徽、江苏北部等。产区属黄淮海冲积平原比较发达的农业区，也是我国小麦、杂粮和经济作物主产区之一。海拔低，土质肥沃，气候温和。

小尾寒羊毛色多为白色，少数在头部及四肢有黑褐色斑块。体质结实，身躯高大，四肢较长。短脂尾，尾长在飞节以上。鼻梁隆起，耳大下垂，公羊有螺旋形角，母羊有小角。公羊前胸较深，背腰平直。小尾寒羊生长发育快，3月龄断奶公、母羔平均体重即可达到27.8kg和25.20kg，周岁公、母羊体重为60.8kg和4l.3kg，成年公、母羊为94.1kg和48.7kg。小尾寒羊产肉性能好，3月龄羔羊屠宰率为50.60%，净肉率为39.21%，周岁公羊为55.60%和45.89%。小尾寒羊全年发情，性成熟早，母羊5～6月龄即可发情，公羊7～8月龄可配种。母羊可一年两胎或两年三胎。每胎多产2～3羔，最多可产7羔，产羔率为270%左右。

6. 乌珠穆沁羊 属肉脂兼用短脂尾粗毛羊地方绵羊品种。乌珠穆沁羊主产于内蒙古自治区锡林郭勒盟东北部乌珠穆沁草原，主要分布在东乌珠穆沁旗和西乌珠穆沁旗，以及毗邻的锡林浩特市、阿巴嘎旗部分地区。产区处于蒙古高原东南部，海拔800～1 200m。气候寒冷，最低温度达－40℃。草原类型为森林草原、典型草原、干旱草原。乌珠穆沁羊具有多脊椎的特性，多胸椎（T14）和多腰椎（L7）个体比例大约为57%，多胸椎个体比例为17.36%～28.1%，多腰椎个体比例为39%～41%，T13L7、T14L6、T14L7多脊椎羊的比例分别为36.6%、17.4%、3.1%。多胸椎是隐性遗传，纯合子表型为多脊椎。乌珠穆沁羊多脊椎个体除了在适应性上有优势外，在产肉性能上也有优势，多1～2个椎骨的羊，净肉量也比普通羊多2～4kg。

乌珠穆沁羊体躯白色，头颈黑色者占62%左右。体质结实，体格高大，体躯长，背腰宽平，肌肉丰满。公羊多数有角，呈螺旋形，母羊多数无角。耳大下垂，鼻梁隆起。胸宽深，肋骨开张良好，背腰宽平，后躯发育良好，有较好的肉用羊体型。尾肥大，尾中部有一纵沟，将尾分成左右两半。乌珠穆沁羊生长发育较快，早熟，肉用性能好。6～7月龄的公、母羊体重达39.6kg和35.9kg。成年公羊体重77.6kg，成年母羊为59.3kg，屠宰率50.0%～51.4%。乌珠穆沁成年公、母羊年平均剪毛量为1.9kg和1.4kg。产羔率100.69%。

7. 呼伦贝尔羊 属肉用型地方绵羊品种。2002年通过了内蒙古自治区审定验收，2009年通过国家畜禽遗传资源委员会审定。呼伦贝尔羊产于呼伦贝尔市新巴尔虎左旗、新巴尔虎右旗、陈巴尔虎旗和鄂温克族自治区旗。产区呼伦贝尔草原地处亚洲中部的蒙古高原，是世界著名的高原牧场，草原上均为多年生草本优质牧草，无污染，营养丰富。该品种耐寒耐粗饲，能够抵御恶劣的环境，善于行走采食，保育性强，抓膘速度快，羔羊成活率高，肉质好且无膻味。牧区特大雪灾中，细毛羊及改良羊的死亡率局部达到50%～60%，而呼伦贝尔羊的死亡率在15%以下。呼伦贝尔羊能够在20cm深的雪地里长时间刨雪吃草，维持生命。

呼伦贝尔羊体格强壮，结构匀称，由半椭圆状尾（巴尔虎品系）和小桃状尾（短尾品系）两种品系组成。两个品系除具备品种共同的特性外，巴尔虎品系羊的鬐甲和十字部高度基本相等，尾相对大而下垂，尾端两边往中心缩成半圆状，使尾的整体呈半椭圆状，臀部向后略显突出；短尾品系羊的鬐甲略低于十字部高度，向前倾斜，尾短小扁宽，侧面看臀部和飞节呈直线。成年公羊平均体重79.0kg，母羊62.2kg，平均屠宰率53.8%，净肉率42.9%。肉质鲜美，营养丰富，肉无膻味。各种氨基酸含量较高，特别是谷氨酸和天冬氨酸的相对含量比其他羊肉高，使呼伦贝尔羊肉鲜美可口，味道特别好。产羔率为110%。

8. 苏尼特羊 苏尼特羊（也称戈壁羊）是蒙古羊的优良类群，形成的历史悠久。在放牧条件下，经过长期的自然选择和人工选育，成为耐寒、抗旱、生长发育快、生命力强、最能适应荒漠半荒漠草原的一个肉用地方良种。2010年通过国家畜禽遗传资源委员会的审定。

主要分布在内蒙古自治区锡林郭勒盟苏尼特左旗、苏尼特右旗，乌兰察布市四子王旗，包头市达尔罕茂明安联合旗和巴彦淖尔市的乌拉特中旗等地。

苏尼特羊被毛为异质毛，毛色洁白，头颈部、腕关节和飞节以下部、脐带周围有有色毛。体格大，体质结实，结构匀称，公母羊均无角，头大小适中，鼻梁隆起，耳大下垂，眼大明亮，颈部粗短。种公羊颈部发达，毛长达 15～30cm。背腰平直，体躯宽长，呈长方形，尻稍高于鬐甲，后躯发达，大腿肌肉丰满，四肢强壮有力，脂尾小、呈纵椭圆形，中部无纵沟，尾端细而尖且向一侧弯曲。成年公羊平均体重 82.2kg，成年母羊平均体重 52.9kg，育成公羊平均体重 59.13kg，育成母羊 49.48kg。该羊产肉性能好，10 月份屠宰成年羯羊、18 月龄羯羊和 8 月龄羔羊，胴体重分别为 36.08kg、27.72kg 和 20.14kg；屠宰率分别为 55.19%、50.09%和 48.20%。苏尼特羊产肉性能好，瘦肉率高，含蛋白质多，低脂肪，膻味轻，各种氨基酸含量较高，特别是谷氨酸和天冬氨酸的含量比其他羊肉高，肉鲜味浓，是制作"涮羊肉"的最佳原料。苏尼特羊一年剪 2 次毛，成年公羊平均剪毛量为 1.7kg，成年母羊 1.35kg。苏尼特羊繁殖能力中等，经产母羊的产羔率为 110%。

9. 多浪羊 属肉脂兼用型绵羊品种，主要分布在新疆塔克拉玛干沙漠的西南边缘，叶尔羌河流域的麦盖提、巴楚、岳普湖、莎车等县。因其中心产区在麦盖提县，故又称麦盖提羊。多浪羊是 1919 年和 1944 年用阿富汗的瓦尔吉尔肥羊与当地土种羊杂交，经 70 余年的精心选育培育而成。

多浪羊出生羔羊全身被毛多为褐色或棕黄色，也有少数为黑色、深褐色，个别为白色。第一次剪毛后，体躯毛色多变为灰白色或白色，但头部、耳及四肢仍保持初生时毛色，一般终生不变。头较长，鼻梁隆起，耳大下垂，眼大有神，公羊无角或有小角，母羊皆无角，颈窄而细长，胸深宽，肩宽，肋骨拱圆，背腰平直，躯干长，后躯肌肉发达，尾大而不下垂，尾沟深，四肢高而有力，蹄质结实。肉用性能良好，周岁体重，公羊为 59.2kg，母羊为 53.6kg。成年体重公羊为 98.4kg，母羊为 74.3kg。成年屠宰率公羊为 59.8%，母羊为 55.2%。多浪羊性成熟早，母羊常年发情，繁殖性能高。初配年龄一般为 8 月龄，大部分母羊可以两年三产，饲养条件好时一年可两产，双羔率可达50%～60%。80%以上的母羊能保持多胎的特性，产羔率在 200%以上。

10. 和田羊 和田羊是短脂尾粗毛羊，以产优质地毯毛著称，主要分布在新疆南部的和田地区。根据考古出土文物，和田地区在东汉时期就饲养有可供手工织制毛织品的白羊。产区属大陆性荒漠气候，干旱炎热多风，光热资源丰富。主要养羊区在南部高山区、中低山草场区及中部平原耕作区。南部高山区 4 000m以下的河谷灌丛和河谷草甸可以放牧；南部中低山草场区属夏牧场，海拔1 440～2 500m的山地荒漠草场，牧草产量和质量低，作为冬春草场。中部平原耕作区海拔 1 300m，植被类型以盐化草甸为主。

和田羊毛色杂，全白者占21.86%，体白而头肢杂色的占55.54%，全黑或体躯有色的占22.60%。头部清秀，额平，脸狭长，鼻梁隆起，耳大下垂，公羊多数有螺旋形角，母羊多数无角。胸深而窄，肋骨不够开张。四肢细长，蹄质结实，短脂尾。成年公羊体重38.95kg，成年母羊33.76kg。组成被毛纤维类型中，以无髓毛和两型毛为主，干死毛少，是制造地毯的优良原料。成年公羊剪毛量1.62kg，成年母羊1.22kg。产羔率101.52%。

和田羊对荒漠、半荒漠草原的生态环境及低营养水平的饲养条件，具有较强的适应能力。

11. 阿勒泰羊 阿勒泰羊是哈萨克羊中的一个优良分支，属肉脂兼用粗毛羊。主要分布在新疆维吾尔自治区北部阿勒泰地区。该品种对产区严酷的生态条件适应性强。

阿勒泰羊背毛41.0%为棕褐色，头毛为黄色或黑色，体躯毛为白色的占27%，其余的为纯白、纯黑羊，比例相当。体格大，体质结实。公羊鼻梁隆起，具有较大的螺旋形角，母羊60%以上的个体有角，耳大下垂。胸宽深，背平直，肌肉发育良好。四肢高而结实，股部肌肉丰满，沉积在尾根基部的脂肪形成方圆形大尾，下缘正中有一浅沟将其分成对称的两半。母羊乳房大，发育良好。成年公、母羊平均体重为98.6kg和77.4kg；1.5岁公、母羊为61.1kg和52.8kg；4月龄断奶公、母羔为38.93kg和36.6kg。屠宰率：3～4岁羯羊为53.0%，1.5岁羯羊为50.0%。阿勒泰羊毛质较差，用以擀毡。成年公、母羊剪毛量为2.4kg和2.0kg。产羔率为110.0%。

12. 贵德黑裘皮羊 亦称“贵德黑紫羔羊”或“青海黑藏羊”，属于皮肉兼用型品种，以生产黑色二毛皮著称。主要分布在青海海南藏族自治州的贵南、贵德、同德等县。

贵德黑裘皮羊毛色及皮肤为黑色。毛色初生时为纯黑色，随年龄增长，逐渐发生变化。体格大，肉质好，成年公羊体重49.7kg，成年母羊体重40.0kg，屠宰率43%～46%。剪毛量：成年公羊1.8kg，成年母羊1.5kg。贵德黑紫羔皮，主要是指羔羊生后一个月左右所产的二毛皮，其特点是，毛股长4～7cm，每厘米有弯曲1.73个，分布于毛股的上1/3或1/4处。毛黑艳，光泽悦目，图案美观，皮板致密，保暖性强，干皮面积为1 765cm^2。产羔率101.0%。

13. 兰州大尾羊 兰州大尾羊主要分布在甘肃省兰州市郊区及毗邻县市。具有生长发育快、易肥育、肉脂率高、肉质鲜嫩等特点。

兰州大尾羊被毛异质、纯白色。头大小适中，公母羊均无角，鼻梁隆起，眼大，颈粗长，胸宽深，肋骨开张良好，背腰平直，四肢高，脂尾肥大、达飞节。成年公羊体重57.9kg；成年母羊体重44.4kg。纤维类型重量百分比中，公羊绒毛 67.2%，两型毛 17.72%；母羊绒毛 65.0%，两型毛 17.5%。剪毛量：成年公羊 2.4kg，成年母羊 1.5kg。产羔率 117.0%。屠宰率：10 月龄羯羊 60.3%，成年羯羊 63.1%。

14. 岷县黑裘皮羊 属裘皮用地方绵羊品种。产于甘肃省洮河中、上游的岷县和岷江上游一带，分布于岷县洮河两岸、宕昌县、临潭县、临洮县及渭源县部分地区。

被毛纯黑，羔羊出生后被毛黝黑发亮，大部分个体毛色终生不变。体型偏细致，体格健壮，头清秀，鼻梁隆起，公羊角向后向外呈螺旋状弯曲，母羊多数无角，颈长适中，背腰平直，尻微斜，四肢端正，短瘦尾呈锥形。成年公羊体重 31.1 kg，母羊体重 27.5 kg，成年羯羊屠宰率为 44.2%。羔羊出生后 60d 左右，毛长不低于 7 cm时生产的皮张称为“二毛裘皮”，具有毛股尖端为环形或半环形、毛色乌黑、光亮柔和、毛股清晰等特点。

15. 同羊 同羊又名同州羊，据考证该羊已有 1 200 多年的历史。主要分布在陕西渭南、咸阳两地区北部各县，延安地区南部和秦岭山区有少量分布。产区属半干旱农区，地形多为沟壑纵横山地，海拔 1 000m 左右。

全身被毛洁白，同羊有“耳茧、尾扇、角栗、肋筲”四大外貌特征。耳大而薄（形如茧壳），向下倾斜。公、母羊均无角。颈较长，部分个体颈下有一对肉垂。胸部较宽深，肋骨细如筋，开张良好。背部公羊微凹，母羊短直较宽，腹部圆大。尾大如扇，按其长度是否超过飞节，可分为长脂尾和短脂尾两大类型，90%以上为短脂尾。周岁公、母羊平均体重为 33.10kg 和 29.14kg；成年公、母羊体重为 68.0kg 和 47.2kg。成年公、母羊剪毛量分别为 1.40kg 和 1.20kg。毛纤维类型重量百分比：绒毛占 81.12%～90.77%，两型毛占 5.77%～17.53%。成年公、母羊羊毛细度分别为 23.61μm 和 23.05μm。周岁公、母羊羊毛长度均在 9.0cm 以上。净毛率平均为 55.35%。同羊肉肥嫩多汁，瘦肉绯红，肌纤维细嫩，烹之易烂，食之可口。具有陕西关中独特地方风味的羊肉泡馍、腊羊肉和水盆羊肉等食品，皆以同羊肉为上选。周岁羯羊屠宰率为 51.75%，成年羯羊为 57.64%，净肉率 41.11%。同羊生后 6～7 月龄即达性成熟，1.5 岁配种。全年可多次发情、配种，一般两年三胎，但产羔率很低，一般一胎一羔。

16. 汉中绵羊 属肉脂兼用粗毛型绵羊品种。产于陕西省汉中市的宁强县，主要分布于宁强县的燕子砭、安乐河和勉县朱家河、小砭河一带的浅山丘陵和中低山区。

被毛以白色为主，富有光泽。体质结实，体格中等，头较狭长，呈三角形，鼻梁隆起，耳大下垂，极少部分公羊有较细的倒八字角，母羊无角。体躯呈长方形，胸深，肋拱起，背腰平直，尻斜，短瘦尾呈锥形。成年公羊体重 33.6kg，母羊 26.1kg。产毛量：公羊 1.4kg，母羊 1.3kg。成年羊屠宰率 47.0%。

17. 广灵大尾羊　主要分布在山西省广灵、浑源、阳高、怀仁等地区。成年公羊体重 51.9kg，成年母羊 43.4kg。被毛白色异质，但干死毛含量很低，剪毛量成年公羊 1.39kg，成年母羊 0.83kg，净毛率 68.6%。成熟早，产肉性能好，10 月龄羯羊屠宰率 54.0%，脂尾重 3.2kg，成年羯羊的上述指标相应为屠宰率 52.3%、脂尾重 2.8kg。产羔率为 102%。

18. 大尾寒羊　大尾寒羊主要分布于河北南部的邯郸、邢台和沧州地区的部分县，山东聊城地区、临清、冠县、高唐以及河南的郏县等地。产区为华北平原腹地，土壤肥沃，水利资源丰富，气候温暖，是比较发达的农业区。除有丰富的农副产品外，还可利用小片休闲地、路旁、河堤以及相当面积的草滩和荒地进行放牧。

大尾寒羊头稍长，鼻梁隆起，耳大下垂，公、母羊均无角。体躯矮小，颈细长，胸窄，前躯发育差，后肢发育良好，尻部倾斜，乳房发育良好。尾大肥厚，超过飞节，有的接近或拖及地面。被毛白色，少数羊头、四肢及体躯有色斑。成年公、母羊平均体重为 72.0kg 和 52.0kg，周岁公、母羊为 41.6kg 和 29.2kg。一般成年母羊尾重 10kg 左右，种公羊最重者达 35kg。成年公、母羊年平均剪毛量为 3.30kg 和 2.70kg，毛长约为 10.40cm 和 10.20cm。早熟，肉用性能好，6～8 月龄公羊屠宰率 52.23%，2～3.5 岁公羊为 54.76%。大尾寒羊性成熟早，母羊一般为 5～7 月龄，公羊为 6～8 月龄，母羊初配年龄为10～12 月龄，公羊 1.5～2 岁开始配种。一年四季均可发情配种，可年产两胎或两年三产。产羔率 185%～205%。

19. 洼地绵羊　属肉毛兼用型绵羊品种。产于滨州市黄河以北的滨城、沾化、无棣、阳信、惠民等地。被毛白色，少数个体头部有黑褐色斑点。头大小适中，头颈结合良好；公羊颈粗壮，母羊颈细长，公、母羊均无角，鼻梁微隆起，耳大稍下垂；背腰平直，发育良好，前胸较窄，后躯发达，体躯侧视呈长方形；四肢较短，蹄质坚硬；属短脂尾型，脂尾肥厚，呈方圆形，尾沟明显，尾尖上翻，紧贴在尾沟中，尾宽大于尾长，尾长不过飞节，尾底向内上方卷曲。成年羊体重：公羊 63.87kg，母羊 42.08kg。产毛量：公羊 2.09kg，母羊 1.85kg。屠宰率一般为 48.19%。产羔率为 243.75%。

20. 兰坪乌骨羊　为藏系短毛型山地粗毛羊。2001 年在云南省怒江傈僳族自治州兰坪白族普米族自治县首次发现，是藏系羊中的部分羊只基因突变而产生了的，是世界绝无仅有的地方珍稀物种资源。乌骨羊生长在海拔2 600～

3 500m的玉屏山脉，饲养范围目前为2个乡镇、5个行政村，60km范围。当地的粮食作物主要为马铃薯、苦荞、燕麦等。牧场植被主要为高山草甸草场、竹类、箐谷灌木、云南松、刺栗、林间草场。乌骨羊乌骨乌肉特征明显，遗传稳定。经过分析测定，乌骨绵羊的乌质是由高含量的黑色素引起的，而这种乌质性状具可遗传性，是十分珍稀的遗传资源。乌骨羊肉质鲜美，黑色素含量丰富，具有医疗、美容及保健功能。

乌骨羊毛色纯黑色者占30%、纯白色占35%、黑白杂花占35%，无角占90%，少数有角的角呈半螺旋状向两侧后弯，颈短无皱褶，鬐甲低小，胸深宽、背平直、腹大而不下垂，体躯相对较短，四肢粗壮有力，尾短小呈圆锥形，头及四肢被毛覆盖较差。成年羊体重38～58kg，6月龄重22kg，12月龄重25～36kg。母羊初配年龄12月龄，多数母羊二年三胎，产羔率90%以上。

乌骨羊体大膘肥，抗病力强，耐粗饲，适应性强，对寒冷、潮湿、干燥气候均能适应。

21. 湖羊 湖羊产于太湖流域，分布在浙江省的湖州市、嘉兴、杭州，江苏省的吴江以及上海的部分郊区县。湖羊以生长发育快、成熟早、四季发情、多胎多产、所产羔皮花纹美观而著称，为我国特有的羔皮用绵羊品种，也是目前世界上少有的白色羔皮品种。产区为蚕桑和稻田集约化的农业生产区，气候湿润，雨量充沛。

湖羊头狭长，鼻梁隆起，眼大突出，耳大下垂（部分地区湖羊耳小，甚至无突出的耳），公、母羊均无角。颈细长，胸狭窄，背平直，四肢纤细。短脂尾，尾大呈扁圆形，尾尖上翘。全身白色，少数个体的眼圈及四肢有黑、褐色斑点。成年公羊体重为72～80kg，成年母羊为42～55kg。湖羊生长发育快，在较好饲养管理条件下，6月龄羔羊体重可达到成年羊体重的87.0%。湖羊毛属异质毛，成年公、母羊年平均剪毛量为1.7kg和1.2kg。净毛率50%左右。成年母羊的屠宰率为54%～56%。羔羊生后1～2d内宰剥的羔皮称为“小湖羊皮”，为我国传统出口商品。羔羊生后60d以内宰剥的皮称为“袍羔皮”，皮板轻薄，毛细柔，光泽好，也是上好的裘皮原料。湖羊繁殖能力强，母性好，性成熟早，母羊4～5月龄性成熟。公羊一般在8月龄、母羊在6月龄配种。四季发情，可年产两胎或两年三胎，每胎多产，产羔率平均为229%。

湖羊对潮湿、多雨的亚热带产区气候和常年舍饲的饲养管理方式适应性强。

三、培育绵羊品种

1. 新疆细毛羊 属毛肉兼用型细毛羊培育品种。1954年育成于新疆维吾尔自治区巩乃斯种羊场，是我国育成的第一个细毛羊品种。新疆细毛羊的育种工作始于1934年。当时从苏联引入了高加索羊、泊列考斯羊等绵羊品种，与哈萨克羊和蒙古羊进行杂交改良。用高加索羊、泊列考斯细毛公羊分两个父系进行级进杂交。1954年经农业部批准成为新品种，命名为“新疆毛肉兼用细毛羊”，简称“新疆细毛羊”。1981年国家标准局正式颁布了《新疆细毛羊》(GB 2426—1981)。新疆细毛羊是我国育成历史最久，数量最多的细毛羊品种，具有较好的毛肉生产性能及经济效益。它的适应性强，抗逆性好，具有许多外来品种所不及的优点。

新疆细毛羊体躯全白，有的个体的眼圈、耳、唇部皮肤有小的色斑。体质结实，结构匀称。公羊鼻梁微有隆起，母羊鼻梁呈直线或几乎呈直线。公羊大多数有螺旋形角，母羊大部分无角或只有小角。公羊颈部有1～2个完全或不完全的横皱褶，母羊有一个横皱褶或发达的纵皱褶，体躯无皱褶，皮肤宽松。胸宽深，背直而宽，腹线平直，体躯深长，后躯丰满。四肢结实，肢势端正。毛被闭合性良好。羊毛着生头部至两眼连线，前肢到腕关节，后肢至飞节或以下，腹毛着生良好。新疆细毛羊的主要生产性能如下：周岁公羊剪毛后体重42.5kg，最高100.0kg；周岁母羊35.9kg，最高69.0kg；成年公羊88.0kg，最高143.0kg；成年母羊48.6kg，最高94.0kg。周岁公羊剪毛量4.9kg，最高17.0kg，周岁母羊4.5kg，最高12.9kg；成年公羊11.57kg，最高21.2kg；成年母羊5.24kg，最高12.9kg。净毛率48.06%～51.53%。12个月羊毛长度周岁公羊7.8cm，周岁母羊7.7cm；成年公羊9.4cm，成羊母羊7.2cm。羊毛主体细度64支，64～66支的羊毛占80%以上，66支毛的平均直径21.0μm。经产母羊产羔率130%左右。2.5岁以上的羯羊经夏季牧场放牧后的屠宰率为49.47%～51.39%。

2. 中国美利奴羊　属毛肉兼用型细毛羊品种。中国美利奴羊是1972—1985年在新疆的巩乃斯种羊场、紫泥泉种羊场、内蒙古嘎达苏种畜场和吉林查干花种畜场联合育成。1972年，国家克服了种种困难，从澳大利亚引进29只澳洲美利奴品种公羊，分配给新疆、吉林、内蒙古和黑龙江等地饲养。1985年命名为“中国美利奴羊”。中国美利奴羊再按育种场所在地区区分为中国美利奴新疆型、军垦型、内蒙古科尔沁型和吉林型。中国美利奴羊的育成历时13年。

羊毛经过试纺，64支的羊毛平均细度22μm，单纤维强度在8.4g以上，伸度46%以上，卷曲弹性率92%以上，净毛率55%左右。2.5岁羊屠宰前平均体重42.8kg，胴体重18.5kg，净肉重15.2kg，屠宰率43.4%，净肉率35.5%。适合在干旱草原地区饲养。

3. 内蒙古细毛羊 属毛肉兼用型细毛羊品种。内蒙古细毛羊育成于内蒙古自治区锡林郭勒盟的典型草原地带。产区位于蒙古高原北部。内蒙古细毛羊是以苏联美利奴羊、高加索羊、新疆细毛羊和德国美利奴羊与当地蒙古羊母羊，采用育成杂交方法育成。杂交改良工作始于 1952 年，1976 年经内蒙古自治区政府正式批准命名为“内蒙古毛肉兼用细毛羊”，简称“内蒙古细毛羊”。

内蒙古细毛羊体质结实，结构匀称。育成公、母羊平均体重为 41.2kg 和 35.4kg，剪毛量平均为 5.4kg 和 4.7kg。成年公、母羊平均体重为 91.4kg 和 45.9kg，剪毛量 11.0kg 和 6.6kg，平均毛长为 8～9cm 和 7.2cm。羊毛细度 60～64 支，64 支为主。64 支的毛纤维断裂强度为 6.8g，伸度为 39.7%～44.7%，净毛率为 36%～45%。1.5 岁羯羊屠宰前平均体重为 49.98kg，屠宰率为 44.9%；4.5 岁羯羊相应为 80.8kg 和 48.4%；5 月龄放牧肥育的羯羔相应平均体重为 39.2kg 和屠宰率 44.1%。经产母羊的产羔率为 110%～123%。

内蒙古细毛羊适应性很强，在产区冬、春严酷的条件下，只要适当补饲，幼畜保育率能达 95%以上。

4. 甘肃高山细毛羊 属毛肉兼用细毛羊品种。甘肃高山细毛羊育成于甘肃皇城绵羊育种试验场。1981 年甘肃省人民政府正式批准为新品种，命名为“甘肃高山细毛羊”。甘肃高山细毛羊对海拔 2 600m 以上的高寒山区适应性良好。

甘肃高山细毛羊的育成主要经历了三个阶段。自 1950 年开始的杂交改良阶段，以“新疆细毛羊×蒙古羊”和“新疆细毛羊×高加索细毛羊与蒙古羊”杂交育成。甘肃高山细毛羊体格中等，体质结实，结构匀称，体躯长，胸宽深，后躯丰满。公羊有螺旋形大角，母羊无角或有小角。成年公、母羊剪毛后体重为 85.0kg 和 40.0kg，剪毛量为 8.5kg 和 4.4kg，平均毛丛长度 8.24cm 和 7.4cm。主体细度 64 支。经产母羊的产羔率为 110%。本品种羊产肉和沉积脂肪能力良好，肉质鲜嫩，膻味较轻。在终年放牧条件下，成年羯羊宰前活重 57.6kg，胴体重 25.9kg，屠宰率为 44.4%～50.2%。

5. 青海细毛羊 毛肉兼用型细毛羊培育品种。20 世纪 50 年代开始，青海省刚察县境内的青海省三角城种羊场，用新疆细毛羊、高加索细毛羊、萨尔细毛羊为父系，西藏羊为母系，进行复杂育成杂交，于 1976 年育成，全名为“青海毛肉兼用细毛羊”，简称“青海细毛羊”。

成年公羊剪毛后体重 72.2kg，成年母羊 43.02kg；成年公羊剪毛量 8.6kg，成年母羊 4.96kg，净毛率 47.3%。成年公羊羊毛长度 9.62cm，成年母羊 8.67cm，羊毛细度 60～64 支。产羔率 102%～107%，屠宰率 44.41%。

青海毛肉兼用细毛羊体质结实，对高寒牧区自然条件有很好的适应能力，善于登山远牧，耐粗放管理，在终年放牧、冬春少量补饲情况下，具有良好的忍耐力和抗病力，对海拔3 000m左右的高寒地区有良好的适应性。

6. 青海高原半细毛羊　青海高原半细毛羊于1987年育成，经青海省政府批准命名，是“青海高原毛肉兼用半细毛羊品种”的简称。育种基地主要分布于青海的海南藏族自治州、海北藏族自治州和海西蒙古族藏族自治州。产区地势高寒，冬春营地在海拔2 700～3 200m，夏季牧地在海拔4 000m以上。羊群终年放牧。

该品种羊育种工作于1963年开始。先用新疆细毛羊和茨盖羊与当地的藏羊和蒙古羊杂交，后又引入罗姆尼羊增加羊毛的纤维直径，然后在海北、海南地区用含有1/2罗姆尼羊血液，海西地区含1/4罗姆尼羊血液的基础上横交固定而成。因含罗姆尼羊血液不同，青海高原半细毛羊分为罗茨新藏和茨新藏两个类型。成年公羊剪毛后体重70.1kg，成年母羊为37.0kg。成年羯羊屠宰率48.69％。剪毛量成年公羊5.98kg，成年母羊3.10kg。净毛率60.8％。成年公羊羊毛长度11.7cm，成年母羊10.01cm。羊毛细度50～56支，以56～58支为主。公母羊一般都在1.5岁时第一次配种，多产单羔。

青海高原半细毛羊对海拔3 000m左右的青藏高原严酷的生态环境适应性强，抗逆性好。

7. 阿勒泰肉用细毛羊　阿勒泰肉用细毛羊是在新疆自1987年开始，在原杂种细毛羊的基础上，引入国外肉用品种羊（林肯羊、德国美利奴羊）血液而选育成功的肉用型细毛羊。1993年9月通过农业部鉴定。1994年由新疆生产建设兵团正式命名为“阿勒泰肉用细毛羊”。该品种对高纬度寒冷地区、冷季饲料不足的地区具有良好的适应性。

阿勒泰肉用细毛羊体质健壮，体格大，结构匀称，胸宽深，背腰平直，体躯深长，发育良好。公母羊均无角，公羊鼻梁微微隆起，母羊鼻梁呈直线，眼圈、耳、肩部等有小色斑，颈部皮肤宽松或有纵皱褶，四肢结实，蹄质致密坚实，尾长。成年公羊剪毛后体重97.4kg，毛长9.4cm，净毛量5.12kg；成年母羊剪毛后体重75.5kg，毛长7.3cm，净毛量2.2kg。羊毛细度22.74μm，主体细度64支。该羊生长发育快，公羔初生重4.86kg，母羔4.52kg；断奶公羊体重平均为29.9kg，母羊25.61kg；周岁公羊体重平均为48.4kg，母羊34.1kg。舍饲6.5月龄羔羊屠宰率52.9％，成年羯羊屠宰率56.7％。肉品质好，羔羊肉质细嫩，脂肪少，且均匀分布于肌肉间，使肌肉呈大理石状。产羔率128％～152％。

8. 凉山半细毛羊　凉山半细毛羊是在原有细毛羊与本地山谷型藏羊杂交改良基础上，引进边区莱斯特羊和林肯羊与之进行复杂杂交，于1997年培育成的长毛型半细毛羊新品种，属毛肉兼用羊。1995年底通过鉴定验收。主要分布在昭觉、会东、金阳、美姑、越西、布拖等县。具有成熟早、肉用性能好、适应性强、耐粗放饲养等特点。凉山半细毛羊在我国南方中、高山及海拔2 000m的温暖湿润型农区和半农半牧区可进行放牧饲养或半放牧半舍饲饲养，而且适应性良好。

凉山半细毛羊被毛白色、同质，光泽强，匀度好。体质结实，结构匀称，体格大小中等。公母羊均无角，头毛着生至两眼连线；前额有小绺毛。四肢坚实，具有良好的肉用体型。羊毛呈较大波浪形，辫型毛丛结构，腹毛着生良好。胸部宽深，背腰平直，体躯呈圆桶状，姿势端正。全身被毛呈辫状。成年公羊体重63.6kg，成年母羊48.2kg；成年公羊毛长17.1cm，母羊14.6cm；成年公羊剪毛量6.49kg，母羊平均3.96kg。羊毛细度48～50支，净毛率66.7%。肥育性能好，6～8月龄肥羔胴体重可达30～33kg，屠宰率50.7%。产羔率105.7%。

9. 云南半细毛羊 属毛肉兼用型培育绵羊品种。云南半细毛羊原产于云南省的昭通地区。自20世纪60年代后期，用长毛型半细毛羊（罗姆尼、林肯等）为父系，当地粗毛羊为母系，级进杂交再横交固定而育成。1996年鉴定验收，2000年7月被国家畜禽品种审定委员会正式命名为“云南半细毛羊”。具有生产性能好、羊毛品质优良、适应性强等特点。

云南半细毛羊是国内培育的第一个半细毛羊新品种，羊毛细度48～50支。云南半细毛羊头中等大小，羊毛覆盖至两眼连线，背腰平直，肋骨拱张良好，四肢短，羊毛覆盖至飞节以上。成年公羊平均体重55kg，成年母羊平均体重47kg。10月龄羯羊屠宰率55.76%，净肉率41.2%。成年公羊剪毛量6.55kg，成年母羊剪毛量4.84kg，毛丛长度14～16cm。母羊集中在春秋两个季节发情，产羔率106%～118%。

10. 新吉细毛羊 属毛用型培育绵羊品种。从20世纪90年代初期开始，新疆畜牧科学院、新疆农垦科学院和吉林农业科学院联合培育。经过科研人员近十年的研究繁育，被毛细度达到80支以上，净毛率65%的超细型细毛羊。

新吉细毛羊体型呈长方形，皮肤宽松但无明显的皱褶，被毛着生丰满，头毛密长、着生至两眼连线，四肢毛着生至蹄甲上方。背腰平直，颈部发达，四肢结实。公羊颈部纵皱褶明显，在纵皱褶中有1～2个横皱褶。母羊颈部有纵皱褶。公羊多数有角为螺旋形，少数无角；母羊无角。成年公羊12月龄毛长10cm以上，剪毛量8～12kg，净毛率60%～65%，剪毛后体重75～80kg。成年母羊12月龄毛长8～10cm，剪毛量5.5～8kg，净毛率55%～60%，剪毛后体重50～55kg。

11. 巴美肉羊 属肉毛兼用培育绵羊品种。培育地为内蒙古自治区巴彦淖尔市。20世纪60年代初，当地有计划地引进了林肯羊、边区莱斯特羊、罗姆尼羊、澳洲美利奴羊等半细毛、细毛羊杂交改良当地蒙古羊，形成一定数量的毛肉兼用型群体。1992年开始采用德国肉用美利奴种公羊级进杂交培育，于2007年通过国家畜禽遗传资源委员会审定。具有适合舍饲圈养、耐粗饲、采食能力强，适应范围广、适合农牧区舍饲半舍饲饲养，羔羊育肥快，肉质鲜嫩、无膻味、口感好，是生产高档羊肉产品的优良品种。

巴美肉羊被毛白色。体型外貌一致，体格较大，体质结实，结构匀称，胸部宽而深，背部平直，臀部宽广，四肢结实、相对较长，肌肉丰满，肉用体型明显，具有早熟性，生长发育速度较快，产肉性能高。成年公羊平均体重101.2kg，成年母羊平均体重71.2kg，育成母羊平均体重50.8kg，育成公羊71.2kg。繁殖率较高，性成熟早，经产羊达两年三胎。

12. 昭乌达肉羊 属肉毛兼用培育绵羊品种。培育地为内蒙古自治区赤峰市。“昭乌达肉羊”是以改良细毛羊为母本、德国美利奴羊为父本，经级进杂交、横交固定、选育提高三个育种阶段，形成肉用特征明显、遗传性能稳定的群体。2011年通过国家畜禽遗传资源委员会羊专业委员会审定。主要特点是：肉毛兼用、生长发育快、繁殖率高、胴体肉质好。昭乌达肉羊适合我国北方草原牧区和半农半牧区放牧加补饲饲养。既适合规模化、标准化生产，又适于广大农民分户饲养。

昭乌达肉羊被毛白色。具有早熟性，无角，颈部无皱褶（或有1～2个不明显的皱褶），头部至两眼连线、前肢至腕关节和后肢至飞节均覆盖有细毛。体格较大，体质结实，结构匀称，胸部宽而深，背部平直，臀部宽广，四肢结实，后肢健壮，肌肉丰满，肉用体型明显，被毛洁白、密度适中，细度均匀，以64支纱为主，有明显的正常弯曲，油汗呈白色或乳白色，腹毛着生呈毛丛结构。成年公羊平均体重95.74kg，成年母羊平均体重55.65kg，育成公羊平均体重71.2kg，育成母羊平均体重45kg。平均繁殖成活率137.6%。

13. 彭波半细毛羊 属毛肉兼用型培育绵羊品种。彭波半细毛羊是在1960年引进的苏联美利奴和新疆细毛羊杂交改良当地河谷型绵羊的基础上，1974年引入了茨盖羊、边区莱斯特羊等半细毛羊品种进行多品种复合杂交育成的半细毛羊新品种。2008年2月，农业部第990号公告公布了这一新品种。培育地位于拉萨市东北方向，拉萨河上游及澎波河流域，林周县被念青唐古拉山支脉卡拉山分为南北两部，北部属于高山草地，且有良好的植被和灌木丛覆盖，以牧业为主，平均海拔4 200m，气候干燥，年均气温2.9℃。南部属于典型的河谷，分布着大面积湿地，以农业为主，平均海拔3 860m，气候温和，水量较充沛，年均气温5.8℃。该品种对当地高海拔的放牧条件具有良好的耐粗饲和抗病能力。

该品种毛色为白色。以毛用为主，具有良好的产毛性能。彭波半细毛羊一级成年公、母羊毛长分别为10.56cm、10.8cm。剪毛量分别5.0kg、2.5kg，剪毛后体重分别71.2kg、29.1kg，净毛率60%，羊毛细度48～58支。

第二节　肉用山羊品种

一、引进山羊品种

1. 波尔山羊（Boer Goat）　波尔山羊原产于南非，该羊主要来自霍屯督山羊，自20世纪20年代起开始培育，1959年成立波尔山羊品种协会，目前该品种有4个类型：长毛型、无角型、普通型和改良型。

波尔山羊体躯白色，头、耳红色，有色部位不能超过肩胛部。头大壮实，眼棕色，鼻大、稍弯曲、鼻孔宽，前额突出明显。角中度长而粗壮，向后逐渐弯曲。耳长适中、向下垂。颈粗壮、肌肉丰满。胸宽深，背长而宽深，肋骨拱张良好，腰丰满。尻宽长，腿肌发达。皮肤柔软松弛，胸及颈部有较多皱褶，母羊乳房发育良好。公羊睾丸大小适中、匀称。

波尔山羊生长发育快，属于早熟品种。3月龄断奶重公羊为23.6～25.7kg，母羊为19.5～21.0kg；周岁公羊为50～70kg，母羊为45～65kg；成年公羊为90～130kg，母羊为60～90kg。周岁羊屠宰率为52%左右。波尔山羊初情期为4月龄，母羊全年发情，但多集中在夏秋季节，产羔率175%～250%，双羔率为60%～70%。波尔山羊耐湿热环境，但对湿冷并存环境适应力较差。

2. Kiko山羊　Kiko山羊原产于新西兰，是一种大型早熟肉用山羊。体躯白色，有角，耳竖立。早期生长速度快，肌肉发达，体格健壮，机敏好动。成熟公羊体重可达136kg，成熟母羊可达90kg。适合于炎热高温的热带湿热气候，抗体内寄生虫，很少发生腐蹄病。有极强的杂交优势。

3. 努比亚奶山羊（Nubian）　原产于非洲东北部的埃及、苏丹及邻近的埃塞俄比亚、利比亚、阿尔及利亚等国，在英国、美国、印度、东欧及南非等地区都有分布。努比亚奶山羊原产于干旱炎热地区，因而耐热性好，深受我国养殖户的喜爱。

努比亚奶山羊毛色较杂，有暗红色、棕色、乳白色、灰白色、黑色及各种斑块杂色，以暗红色居多，被毛细短、有光泽。头短小，鼻梁隆起，耳大下垂，颈长，躯干较短，尻短而斜，四肢细长。公、母羊无须无角。努比亚奶山羊成年公羊体重 80kg，成年母羊体重为 55kg。母羊乳房发育良好，多呈球形。泌乳期一般 5～6 个月，产奶量一般 300～800kg。我国四川省饲养的努比亚奶山羊，平均一胎 261d，产奶 375.7kg，二胎 257d，产奶 445.3kg。

20 世纪 80 年代中后期，广西壮族自治区、四川省简阳市、湖北省房县从英国和澳大利亚等国引入饲养。同地方山羊杂交提高当地山羊肉用性能和繁殖性能，并且取得了显著效果。

二、我国的山羊品种

1. 辽宁绒山羊　辽宁绒山羊是中国最优秀的绒肉兼用山羊品种。原产于辽宁省辽东半岛步云山周围，中心产区为盖州东部山区。该品种于 1959 年地方良种普查时在原盖县首先发现，1964 年上报农业部批准为良种绒山羊品种。1965 年在上级有关部门的支持下，原盖县、复县成立了绒山羊育种站（场），开展了选育工作，加强了饲养管理，使该品种的数量得到迅速增加，质量上也有很大提高。20 世纪 90 年代初产区延伸到新宾、本溪、桓仁等地区，形成一条绒山羊分布带。该区属湿润暖温带气候，冬夏温差大，地势复杂，植被覆盖 80%以上，产草量高，饲料资源丰富。

辽宁绒山羊公、母均有角，有髯，体躯结构匀称，体质结实，体格较大，被毛为全白色，外层为粗毛，具有丝光光泽，内层为绒毛。成年公羊平均产绒量为 570g，成年母羊产绒量为 490g。绒毛自然长度约 5.5cm，伸直长度为 8～9cm。细度在 16.5μm 左右。公羊最高个体产绒量达 1 510g，母羊达 805g。净绒率达 70%以上。该品种产肉性能也较好，成年公、母羊体重分别为 52kg 和 45kg，羯羊屠宰率为 52%，母羊为 49.30%。羔羊 5 月龄左右性成熟，一般在 1.5 岁初配，配种多在冬季小雪后进行，产羔率为 110%～120%，羔羊成活率为 95%以上。

1976 年以来，陕西、甘肃、新疆等 17 省（自治区）曾先后引种，用以改良本地山羊，提高产绒量，收到了良好效果。

2. 内蒙古绒山羊　内蒙古绒山羊系古老亚洲山羊的一支。内蒙古绒山羊属绒肉兼用型品种，具有较高的产绒量，而且绒的质量最好，纤维细，质地柔软，被誉为“纤维宝石”“软黄金”，是国际上最享盛誉的毛纤维。该品种主要分布在内蒙古自治区西部地区，根据产区不同特点，将内蒙古绒山羊分为三个类型，即阿尔巴斯型、阿拉善型和二狼山型。阿尔巴斯型主要分布在鄂尔多斯市的鄂托克旗、鄂托克前旗、杭锦旗等地；阿拉善型主要分布在阿拉善盟的阿拉善左旗、阿拉善右旗和额济纳旗；二狼山型主要分布在巴彦淖尔市的乌拉特中旗、乌拉特后旗、乌拉特前旗和磴口县等地。这些地区气候干燥，气温低，温差大，风大沙多，而且年降水量少，因此牧草资源较为贫乏，但绒的品质却十分优良。内蒙古绒山羊常年生活在贫瘠的荒漠、半荒漠草原，适应性非常强，特别耐粗饲，易饲养。

内蒙古绒山羊体质结实，体躯深而长，背腰平直，臀斜，四肢端正，蹄质结实，尾短而上翘。面微凹而清秀，眼大有神。公、母羊均有角，公羊角粗大，母羊角细小，两角向上向后向外伸展，为倒八字形。被毛纯白，分内外两层，外层由光泽良好的粗毛组成，内层由纤细的绒毛组成。根据粗毛的长短而分为长毛型和短毛型两类。长毛型又称山地型，主要分布在山区，粗毛长达15～20cm以上，且有良好丝光。短毛型主要分布在梁地和滩地，粗毛短而粗硬，长度为8～14cm。内蒙古绒山羊成年公、母羊平均体重为47.8（26.5～75.0）kg和27.4（17.5～46.5）kg。平均抓绒量为385g和305g，部分高产公羊产绒量达1 000g以上，母羊达550g以上，绒毛平均长度分别为7.6cm和6.6cm，绒毛平均细度分别为15.6μm和14.6μm。内蒙古绒山羊具有绒细、绒毛强度好、伸度大、净绒率高等特点，同时有肉质细嫩、肌肉脂肪分布均匀的特点，屠宰率在45%左右。产羔率为103%～105%。

3. 西藏山羊 西藏山羊是青藏高原上一个古老的地方品种。主要分布于西藏自治区，四川省甘孜、阿坝州，青海省玉树、果洛藏族自治州等地，其中以西藏为最多，此外甘肃甘南藏族自治州也有少量分布。分布区大部分地方气候寒冷，年平均气温在0℃以下，属干旱或半干旱气候，年降水量50～200cm，海拔多数在3 500～5 000m。对高寒缺氧、高海拔的特殊生态环境具有良好的适应性，被看作是中国宝贵的遗传资源。

西藏山羊公、母羊均有角，耳长而灵活，额部微突，鼻梁平直，有较长额毛。体格较小，成年公、母羊平均体重分别为26.6kg和20.2kg。全身被毛分为两层，外层粗毛长而直，以白色和黑色居多，少数为褐色和青色等。内层绒毛纤细柔软，光泽柔和，弯曲多呈浅弯，手感好，富有弹性，平均细度为15.24μm。成年公羊平均产原绒224g，成年母羊产原绒208g，但地区及个体间差异很大。产羔率为110%～135%。

4. 中卫山羊 中心产区是宁夏的中卫市和甘肃的景泰、靖远县及与其毗邻的宁夏的中宁、同心、海原，甘肃的皋兰、会宁，内蒙古自治区的阿拉善左旗等地。产区属于半荒漠地带。由于终年放牧在荒漠草原或干旱草原上，中卫山羊具有体质结实、耐寒、抗暑、抗病力强、耐粗饲等优良特性。

该品种被毛纯白，光泽悦目。成年羊头清秀，面部平直，额部有丛毛一束。公、母羊均有角，向后上方并向外延伸呈半螺旋状。体躯短深近方形，结构匀称，结合良好，四肢端正，蹄质结实。体格中等，成年公羊体重30～

40kg，母羊体重 25～35kg。被毛分内外两层，外层为粗毛，光泽悦目，长 25cm 左右，细度为 50～56μm，具波浪状弯曲；内层为绒毛，纤细柔软，光泽丝性，长 6～7cm，细度 12～14μm。中卫山羊的代表性产品是羔羊生后 1 月龄左右，毛长达到 7.5cm 左右时宰杀剥取的毛皮，因用手捻摸毛股时有粗糙感觉，故又称为“沙毛裘皮”。其裘皮的被毛呈毛股结构，毛股上有 3～4 个波浪形弯曲，最多可有 6～7 个。毛股紧实，花色艳丽。适时屠宰得到的裘皮，具有美观、轻便、结实、保暖和不擀毡等特点。成熟较早，母羊 7 月龄左右即可配种繁殖，多为单羔，产羔率 103%。

5. 子午岭黑山羊　子午岭黑山羊是我国一个历史悠久的地方山羊品种，以盛产西路黑猾子皮和紫绒而著称。原产于甘肃省庆阳市的华池、环县、合水县，陕西省北部的榆林和延安市，两省原分别称其为陇东黑山羊和陕北黑山羊。两地羊只体型外貌和生产性能基本一致。子午岭黑山羊分布于黄土高原的子午岭山区，境内山大沟深、沟壑纵横，海拔 1 200～1 600m，属大陆性气候，温差大。

子午岭黑山羊被毛以黑色为主，黑色个体占 77%，其余为青色、白色和杂色。冬季被毛分内外两层，外层为粗长毛，内层为细绒毛。公、母均有角、有髯，体格中等，体躯结实紧凑，体重较小，春季成年公、母平均体重为 34.1kg 和 24.9kg。成年羯羊屠宰率为 47.6%。成年公羊产绒量为 190g，母羊为 185g。羊绒分紫绒和青绒两种，平均伸直长度为 4.77cm，细度 14.04μm。子午岭山羊羔皮（商业上称猾子皮）为黑色，光泽明亮，花案美观。该品种 6 月龄性成熟，周岁左右可配种，一般一年一胎，产羔率为 102%～104%。

6. 陕南白山羊　属肉用型地方山羊品种，主要分布于陕西省南部地区的秦巴山区的安康、商洛、汉中三地区 28 个县，其中以镇巴、旬阳、紫阳、白河、洛南、镇安、山阳、平利等县较为集中。羊只质量以汉江两岸较好。产区属亚热带气候，年降水量 721～1 237mm，气候湿润。草地类型以山地草丛类、山地灌木草丛类、山地稀树草丛类为主。陕南白山羊耐粗饲，耐湿热。

陕南白山羊白色个体占 90%以上，黑色羊只约占 5%，杂色个体约占 4%。体质结实，头大小适中，额微凸，鼻梁平直，两耳灵活，公、母羊均有髯，部分有肉垂。不同类型成年羊体重有一定差异，有角长毛型羊体格较大，其公羊体重为 39.8kg，母羊为 30.3kg；有角短毛型体重较小，成年公、母羊体重分别为 32.9kg 和 29.8kg，但短毛型羊比长毛型羊生长发育快，特别是周岁前的无角短毛羊生长速度较为突出，各类型成年羊屠宰率在 51.78%～53.84%。上等膘情的 6 月龄去势公羔活重可达 20～23kg，屠宰率达 46%，净肉率达 34%。肉质细嫩，脂肪分布均匀，膻味小。其板皮质地致密，厚薄均匀，弹性好，拉力强，是制革业的优质原料。陕南白山羊性成熟早，公羔4～5月龄性成熟，母羔3～4月龄能配种受孕，但公羊的适宜初配年龄在周岁以后，母羊在8～10月龄。该品种全年发情，但主要集中在5～10月份。一般可年产两胎，初产羊多产单羔，经产羊多产双羔，平均产羔率为259%。

7. 吕梁黑山羊 分布于山西省晋西黄土高原的吕梁山一带的地方山羊品种。其主产区为吕梁地区，临汾地区的永和、汾西、大宁、蒲县、乡宁、吉县等七个县和忻县地区的岢岚、静乐、五寨、神池、宁武等5个县也有分布。产区沟壑纵横，梁峁林立，植被稀疏，且以灌木为主。

吕梁黑山羊被毛以黑色为主，占60%。青色羊只占28%，其次为棕色、白色和杂色。头部清秀，额稍宽，眼大有神，耳薄而灵活。公、母羊均有角，体格中等，体质结实，全身各部位结构匀称。后躯高于前躯，体长大于体高，整个体躯呈长方形。四肢端正而强健有力，能适应陡坡放牧。周岁公、母羊平均体重为14.34～16.05kg和14.06～14.60kg。成年公、母羊体重为35.15～36.35kg和28.34～35.62kg，放牧条件下的成年羯羊屠宰率为52.6%，周岁羯羊为45.8%。该品种一般在5～6月龄性成熟，但初配年龄为1.5岁以后。繁殖季节性较明显，配种集中在秋末和冬初。其产羔率为94%～105%。

8. 黎城大青羊 主要产于山西省黎城县的地方山羊品种，与黎城县相邻的河北省涉县、武安等地也有饲养。黎城县位于山西省东南边缘，属太行山区。境内多山，生长有山羊喜食的荆条、马棘等灌木杂草，但四季气候变化较大，春季干旱多风，夏、秋季多雨或干旱，冬季寒冷少雪。属暖温带大陆性气候。

黎城大青羊被毛外层的粗毛长而光亮，多呈青色、雪青色，肉层绒毛色紫质优。头大小适中，额宽，鼻梁稍凹。眼大微突，耳向两侧伸展。公、母羊均有角，无角个体较少见。前胸宽厚，背腰平直，肋骨拱张好，臀部丰满稍斜，四肢粗壮。周岁公、母羊平均体重为17.55kg和16.20kg，成年公、母羊平均体重为37.55kg和30.15kg。放牧条件下的6月龄羯羊屠宰率为48.1%，净肉率为36.8%。成年羊屠宰率为51.5%，净肉率为42%。其肉质好，膻味小。公、母羊性成熟年龄均为4～5月龄，但初配年龄在1.5岁左右。一般为年产一胎，繁殖率为110%。

9. 阳城白山羊 阳城白山羊主产区为山西省南端的阳城、沁水和垣曲三县。该区地处太行、太岳、中条三大山脉之间，沁河贯穿其间，山峦起伏，沟壑纵横，坡陡沟深，灌木丛生，海拔多在600～1 500m。年平均气温10～12℃，无霜期180～190d，年降水量650～850mm，春季干旱多风，秋季多雨湿润。羊只主要分布在靠近太岳山和中条山的丘陵地带。

阳城白山羊被毛白色，分内外两层，但整个体躯被毛稀疏，产绒量低，仅为30～50g。外层长毛较粗硬。体格中等，体质结实，四肢健壮。公羊有粗大而向后向外弯曲的角。母羊多数有向上直立或向后弯曲的角，少数母羊有小角或无角。前额有菊花状长卷毛。成年公、母羊平均产毛量为350g和280g。阳城白山羊羔羊初生重为1.84～1.94kg。公、母羊周岁体重分别为17.7kg和18.8kg，体高为48.5cm和48.0cm。体长为50.4cm和50.1cm；成年公、母羊体重分别为38.9kg和32.5kg，体高为59.6cm和56.6cm，体长为62.7cm和62.0cm。周岁前公、母羊各性状指标几乎无差异。放牧条件下的7月龄羯羊的屠宰率为47.7%，成年羯羊为51.5%，其肉质细嫩，膻味较小。阳城白山羊4～6月龄性成熟，1.5岁后开始配种。繁殖的季节性较明显，配种多集中在10～11月份，平均产羔率为103%～105%。

10. 承德无角山羊　承德无角山羊是河北省的地方山羊品种。其特点是：无角，性情温驯，合群性强，肉用性能好，对林木破坏性小，易管理。由于产区属燕山山脉的冀北山区，故又叫燕山无角山羊。境内山脉连绵，西北部高，东南部低，地貌较复杂，海拔高度为350～2 050m，属季风大陆性气候，受西伯利亚冷气团及副热带太平洋气团的影响较重，上半年多南风，比较湿润，下半年多西北风，比较干燥。

承德山羊黑色羊只占70%以上，其余为白色和杂色。公、母羊均无角，但有角痕，有髯。全身结构匀称，体躯深阔，成年公、母羊平均体重为57.1kg和42.8kg，产绒量为240g和110g。周岁公、母羊体重分别为32kg和27kg。屠宰率：成年母羊为53.4%，公羊为43.4%，羯羊为50%。羊肉细嫩，脂肪分布均匀，膻味小。产羔率110%。

11. 太行山山羊　太行山山羊是河北省太行山上的古老羊种，属肉毛皮兼用型地方山羊品种。因主产区为河北省邯郸地区的武安县以及相邻的涉县和磁县等地，故又称为武安山羊。产区位于太行山脉中段的东侧。境内峡谷连绵，遍布陡崖峭壁，岩石裸露，海拔200～1 000m。属内陆性气候，温暖而干燥。

多数羊只体躯为青灰色，头、尾、四肢下部以黑色为主，被当地群众俗称为黑面黑腿大青羊；其次为黑色、白色、黑白花色等。幼龄羔羊多为褐色，两周岁以后变为青灰色或黑色。太行山山羊体质结实，骨骼粗壮，体躯结构紧凑，近似圆桶形，皮肤松软富有弹性。公、母羊均有髯，有较长的角，角平均长度为26.1cm，最长达53cm。成年公、母羊体重分别为42.7kg和37.8kg。成年羯羊屠宰率为49.1%，8月龄羯羊为39.9%。羊肉呈深红色，味道鲜美，颇受人们的青睐。板皮厚而致密，质地柔韧。该品种一年一胎，产羔率为112%。

12. 济宁青山羊 济宁青山羊产于山东省西南部，主要分布在菏泽、济宁地区。该区为黄河下游冲积平原，地势平坦，属于半湿润温暖型气候，具有大陆性气候特点。气候特点是夏季温暖多雨，冬季寒冷干燥。该区农业发达，农副产品丰富，林草茂密，为济宁青山羊的培育和品种特性的形成创造了良好的条件。

济宁青山羊是一个以多胎高产和生产优质猾子皮著称于世的小型山羊品种。由于黑白毛纤维混生比例不同，被毛分为正青、铁青和粉青三色，其中以正青色居多。毛色与羊只年龄有关，年龄越大，毛色越深。该品种另一个较突出的特征是：被毛、嘴唇、角、蹄为青色，而前膝为黑色，被简单地描述为“四青一黑”。公、母羊均有角和髯，公羊角粗长，母羊角短细。公羊颈粗短，前胸发达，前高后低；母羊颈细长，后躯较宽深。四肢结实，尾小上翘。成年公羊平均体重30kg，成年母羊平均体重26kg。羔羊多在产后1～2d内屠宰，所产的羔皮毛色光润，人工不能染制，并有美丽的波浪状花纹，在国内外市场上很受欢迎，也是我国传统的具有百年出口历史的商品。济宁青山羊3～4月龄性成熟，可全年发情配种，产羔率可达273%，产三羔和四羔的母羊分别占52.81%和31.46%。

13. 鲁北白山羊 鲁北白山羊属皮肉兼用型品种，主要分布在山东省滨州、德州和东营地区。产区位于黄河下游、渤海南岸，为黄河冲积平原，属温带季风半湿润气候。

鲁北白山羊全身白色，头小而清秀，上宽下窄，呈三角形，额部有一丛长毛覆盖，颌下有髯。羊群有角和无角个体各占一半。公羊颈部粗短，前躯发达，背腰平直，胸前、腹下和四肢有长毛，母羊角细小，颈细长，前躯较窄，后躯发育较好。成年公、母羊平均体重达41.07kg和30.68kg。周岁公、母羊体重分别为33.88kg和22.52kg。屠宰率以3月龄羔羊为最高，达44.64%，周岁羊为40.14%。板皮属汉口路，质地细密，拉力强，弹性好，折叠无白线。该品种性成熟较早，5～6月龄配种，周岁前产羔，可全年发情配种，多产双羔、三羔，偶有产五羔和六羔的个体，经产母羊胎产羔率为231.86%。

14. 沂蒙黑山羊 属肉皮兼用型地方山羊品种。沂蒙黑山羊主要分布于山东泰沂山区，中心产区为沂源县。沂源县山区平均海拔400m，属暖温带季风区域，大陆性气候，草场面积占土地总面积的50%左右，植物种类多，牧草资源丰富，以禾本科为主，豆科类次之。羊只全年放牧。

沂蒙黑山羊被毛黑色个体占一半，其余有青灰色、棕红色。头短额宽，眼大有神，大多羊只有角，有髯。体格较大，颈肩结合良好，背腰平直，胸深阔，体躯结构匀称。周岁公羊体重为 26.4kg 和 18.7kg；成年公、母羊为 32.4kg 和 25.9kg。羔羊适宜屠宰期为 6～10 月龄，屠宰率为 46%～51.2%，羊肉色泽鲜红，肉质细嫩，味道鲜美，膻味小。板皮厚度均匀，弹性好。羔皮可制作裘皮大衣。该品种性成熟早，公羊 6～7 月龄、母羊 4～5 月龄性成熟。公、母羊初配年龄分别在周岁和 10 月龄。可全年发情，多数羊只两年产三胎，繁殖率为 120%。

15. 尧山白山羊　当地称“牛腿山羊”，2009 年国家畜禽遗传资源委员会定名为尧山白山羊。属于肉皮兼用型遗传资源。产于河南省鲁山县西部山区。鲁山县地处河南省中西部，伏牛山东麓，海拔为 92～2 153m，属亚热带向暖温带过渡地区，四季分明。中心产区属高寒山区，山势陡峭，道路崎岖，植物种类多。具有体型大、增重快、肉质好、抗病能力强等特点。

尧山白山羊被毛纯白，皮肤为白色。体格较大，侧视呈长方形，正视近似圆桶形。头短额宽，有角羊占 90.7%，以倒八字角为主，蜡黄色；鼻梁隆起，耳小、直立。颈短而粗，无皱纹，颈肩结合良好。体质结实，背腰宽平，腹部紧凑，全身肌肉丰满，臀部和后腿肌肉发达（似“牛腿”），故称其为鲁山“牛腿山羊”。四肢粗壮，蹄质结实，为琥珀色或蜡黄色。尾短瘦。成年羊体重：公羊 55.2kg，母羊 40.9kg。周岁公羊体重 23.0kg，周岁母羊 20.6kg，周岁羯羊的屠宰率为 54.7%，净肉率 43.1%。年平均产毛（绒）量：公羊 600g，母羊 300g。性成熟一般为 3～4 月龄，母羊常年发情，但以春秋两季较多，母羊初配年龄为 5～7 月龄，一般母羊一年产两胎或两年产 3 胎。母羊平均产羔率为 126%。

16. 伏牛白山羊　属皮肉兼用型山羊。分布于河南省豫西、豫西南地区伏牛山区。被毛纯白，分有角和无角两种类型。其头中等大小，面略凹、有髯，颈肩略窄，体格中等，体躯较长，背腰平直且结合良好，后躯发育好。四肢端正，蹄质坚实。体质结实，结构匀称，皮肤紧凑。成年羊体重：公羊 44.8kg，母羊 37.3kg。周岁羊的屠宰率：公羊 51.3%，母羊 47.6%；净肉率：公羊 41.1%，母羊 37.2%。所产板皮肉面为浅黄色，油滑光亮。伏牛山羊毛长 15～20cm，最长达 45cm。当绒毛长出，粗毛长至 15～20cm 时，可取皮制裘或褥子，作山区防寒之用。该羊性成熟较早，母羊初配年龄为 5～6 月龄。伏牛山北麓的羊只产羔率为 121%，南麓羊只产羔率为 174%。

17. 黄淮山羊　黄淮山羊属皮肉兼用型地方山羊品种。包括河南省的槐山羊、安徽省的阜阳山羊和江苏的徐淮山羊，中心产区是河南省周口地区的沈丘、淮阳、项城、郸城等县和安徽省阜阳等地。产区黄淮冲积平原属暖温带季风半湿润气候，海拔 20～100m，羊只以舍饲为主。

黄淮山羊被毛以纯白色为主，约占 90%，其余为黑色、青色、棕色和花色。有无角和有角两种类型，无角型羊颈长、腿长、身躯长，有角型羊颈短、腿短、体躯短。这两种类型的公、母羊均有髯，额宽，鼻直，面部微凹，身体各部位结构匀称，呈圆桶形。成年公、母羊体重分别为 49kg 和 38kg。羔羊生长快，9 月龄体重可达成年体重的 90%左右。当地羊只一般在 7～10 月龄屠宰，屠宰率为 49.8%，净肉率为 40.5%，该品种作为羔羊肉生产具有一定优势。其板皮质量好，在国际市场上享有很高声誉。该品种繁殖力高，3～4 月龄性成熟，半岁后可配种，全年发情，一年可产两胎或两年产三胎，胎产羔率为 239%。

18. 马头山羊 是我国著名的肉用型山羊品种。分布于湖北省的十堰、恩施地区和湖南省常德、怀化地区，以及湘西土家族苗族自治州，产区属亚热带气候，马头山羊一般生活在海拔 300～1 000m地带，年降水量 800～1 600mm。草山草坡植被繁茂，多灌木。具有早熟、繁殖力高、产肉性能和板皮品质好等特性。

马头山羊被毛以白色为主，其次为黑色、麻色及杂色，毛短粗。体格大，头大小适中，公、母羊均无角，有的有退化的角痕，两耳向前略下垂，颌下有髯，少数羊颈下有一对肉垂。公羊颈粗短，母羊颈细长，胸部发达，体躯呈长方形，后躯发育良好。马头山羊 2 月龄断奶的羯羔在放牧和补饲条件下，7 月龄体重可达 23kg，胴体重 10.5kg，屠宰率 52.34%；成年公羊体重 43.8kg，成年母羊 35.3kg。成年羯羊屠宰率 60%左右。板皮幅面大，毛洁白、弹性好。该品种性成熟早，马头山羊公羔 4～6 月龄性成熟，母羔 4～8 月龄初次发情，公羊初配年龄应在周岁以上，母羊应在 10 月龄以后。四季发情，但以春、秋两季比较集中，一般两年产三胎，也可一年产两胎，产羔率 190%～200%。

该品种已被浙江、贵州、广西、四川等省（自治区）引进，羊肉经天津出口伊拉克、叙利亚等国家，在国际市场上享有较好的声誉。

19. 宜昌白山羊 宜昌白山羊属皮肉兼用型。分布于湖北省西南部山地的宜昌、恩施两地，主产区为宜昌长阳土家族自治县，该区属亚热带大陆性季风气候，兼有暖温带与冷温带气候，海拔 33.6～3 052m。

宜昌白山羊被毛为白色，公羊毛较长，母羊毛短。公、母羊均有角，背腰平直，后躯丰满，四肢强健，行动敏捷，善于攀登。成年公羊平均体重为 35.7kg，母羊为 27.0kg。周岁羊屠宰率为 47.41%，2～3 岁成年羊屠宰率为为 56.39%。肉质细嫩，味道鲜美，营养丰富。板皮厚薄均匀，纤维细致，质地坚韧、柔软，拉力强。宜昌白山羊板皮在国内外皮革市场上享有盛誉，被称为“宜昌路山羊板皮”，畅销日本、东南亚等地。性成熟早，繁殖性能好，可全年四季发情，两年产三胎的母羊占70%，平均胎产羔率为172.7%。

20. 武雪山羊　武雪山羊属肉皮兼用品种。主要产于湖南省武陵山与雪峰山系，分布于湘西、怀化、邵阳、娄底、益阳、常德等地。

该品种白色羊只占90%左右，其余为黑色和麻色。体质结实，骨骼发达。头清秀，中等大小。鼻梁稍隆起，耳向两侧伸展。公、母羊均有角和髯，颈稍长，背腰平直，尻斜，四肢粗短。体躯结构好。成年公羊体重31.46kg，成年母羊体重29.57kg。成年羯羊屠宰率达48.7%，母羊为44.3%。7月龄羯羊屠宰率为36.6%。该品种板皮质地细致而柔软，厚度均匀，弹性好。

21. 湘东黑山羊　又称浏阳黑山羊，属肉皮兼用型地方山羊品种。主要分布于湖南浏阳、醴陵、株洲、长沙及平江等地，属中亚热带湿润季风气候区，春温多变，夏秋多旱。羊只主要饲养在河谷地带，以拴系放牧为主。

湘东黑山羊被毛黑而有光泽，冬季被毛内层着生绒毛，长度2～5cm，次年3～4月份自行脱落。头部清秀，眼大有神；公、母羊均有角，角形稍扁，呈黑灰色；颈细长，颈肩结合良好，胸部狭窄，后躯较前躯发达，体躯稍显楔形。湘东黑山羊体格较小，周岁公、母羊体重分别为20.86kg和19.95kg；成年公母羊的体重分别为37.05kg和28.75kg。成年羯羊屠宰率为44.78%，母羊为39.6%。产区群众喜欢在“起伏”时宰羊，宰杀的羊大部分为羔羊，称为“伏羊”。板皮厚而结实，油质细嫩。该品种羊繁殖性能好，性成熟早，羔羊一般6～8月龄开始配种，公羊利用年限较短，一般为3年，母羊可利用6～8年，一年四季均可发情配种，但多数集中在春秋两季，平均产羔率为193%。

22. 长江三角洲白山羊　又称海门山羊，属肉、皮、毛兼用型山羊地方品种，是我国生产笔料毛的独特品种。主要分布在江苏省的南通、苏州、扬州、镇江，浙江省的嘉兴、杭州、宁波、绍兴，以及上海市郊县。该品种在产区以舍饲为主。

该品种羊毛色洁白。全身被毛紧密，富有光泽，大多数公羊有较长的额毛，颈、背、胸部生长长毛。体格中等偏小，公、母羊均有角、有髯，头呈三角形，面微凹。利用当年公羔去势后秋末屠宰，用70℃温水烫羊连表皮将毛推下，成块的毛称“块毛”，毛锋明光透亮，为制作高档毛笔的原料。成年公羊体重为35.9kg，母羊为20.0kg，周岁羊体重为15～16kg，周岁羊屠宰率（带皮）为49%，成年羊为52%。板皮肥壮厚实，有油性，质地致密柔韧。该羊繁殖能力强，大多两年产三胎，产羔率230%左右。

23. 建昌黑山羊 属肉皮兼用品种，分布四川省凉山彝族自治州的会理、会东等县。凉山彝族自治州位于云贵高原和青藏高原的横断山脉延伸地带。境内山峦起伏，沟壑纵横，大小凉山重岩叠嶂，属亚热带气候，冬无严寒，夏无酷暑，气候温和，海拔2 500m，羊只终年放牧。

建昌黑山羊被毛黑色，富有光泽。公、母羊大多数有角、有髯。头大小适中，呈三角形。体躯匀称紧凑，四肢强健有力，行动灵活，适应山区放牧饲养。周岁公、母羊平均体重分别为32.2kg和29.1kg；成年公羊体重为42.1kg，母羊为38.9kg。周岁羯羊屠宰率为45.1%，净肉率为32.9%。肉质细嫩，肌肉脂肪含量均匀。板皮品质较好，厚薄均匀，富有弹性。平均产羔率为116%。

24. 川东白山羊 属肉皮兼用型品种。主要分布于四川达州及重庆的万州、涪陵和永川地区，是四川、重庆路板皮的主要来源。产区境内山高谷深，海拔100～3 000m。该品种主要分布在500～1 500m的低山和丘陵地带，羊只终年放牧。

川东白山羊白色个体占70%以上，其余为黑色、黑白花和杂色。被分为大型和小型两个类型。大型白山羊主要分布在重庆合川区，公、母羊均有角、有髯，体格较大。小型白山羊数量多，分布面广，大部羊只被毛内有较短的绒毛；公母羊均有角，但角较短，胸深，背平，体形近似圆桶状。大型成年公、母平均体重分别为43.4kg和40.8kg，小型成年公、母羊仅为20kg左右。板皮皮层紧密，厚度均匀，光洁度好，柔软而韧性大，其中以青壮年羊只板皮品质为最佳。该品种的平均屠宰率为45%左右，产羔率为202%。

25. 成都麻羊 属于皮肉兼用型山羊品种，具有产肉、产乳性能高，板皮质量好，繁殖力高，适应性强，遗传性稳定等特点。主要分布于成都平原及邻近的丘陵和低山地区。产区海拔471～1 500m，平原区农业发达，农副产品丰富；山丘地区，有较宽广的林间草地和灌丛草场，羊只终年不断青饲料。

成都麻羊全身被以棕黄色短毛。羊毛光泽好，一根纤维表现出三种颜色，即毛尖为黑色，中段为棕黄色，下段为黑灰色。由于整个被毛表现为带黑麻色调的棕黄色，故被称为“麻羊”。成都麻羊公、母羊大多数有角，无角羊占30%左右，部分羊有肉垂。公羊前躯发达，体躯呈长方形。母羊后躯深广，乳房发育良好，体躯略呈楔形。不同地区的羊只体格大小有一定差异，成都、温江两地麻羊体格较大，该品种成年公、母羊平均体重为43.02kg和32.6kg。日平均产奶1.2kg，乳脂率6.74%（5.0%～8.2%）。成年羯羊屠宰率为54.34%，净肉率为37.95%。麻羊皮板组织致密，强度大，质地柔软。其繁殖力强，55%的母羊一年产两胎，初产母羊产羔率为176%，经产母羊产羔率为224%。

26. 板角山羊 板角山羊因长有一对长而扁平的角而得名，属肉皮兼用型品种。主要产地为四川省万源市，重庆的城口、巫溪和武隆县，海拔高度450～1 500m，最高2 670m，境内群山林立，沟谷窄深，地形复杂，气候变化大。

板角山羊有角，有髯，大部分个体为白色，成年公羊体重45kg，母羊35kg；成年羯羊屠宰率为55.68%，净肉率为42.01%。板皮质地致密，弹性好，张幅大。该品种6月龄性成熟，初配年龄一般在周岁左右。其繁殖力较高，一般两年产三胎，产羔率为184%。

27. 古蔺马羊 属于肉皮兼用型山羊。主要产于四川古蔺县，该县位于四川南部边缘山区，与云贵高原接壤，属大娄山脉尾部。海拔300～1 843m。境内山峦起伏，河谷交错。年降水量1 000mm左右，青草季节长，羊只终年放牧。

古蔺马羊被毛主要有两种颜色，一种为灰麻色，另一种是黄褐色，群众称其为茶褐羊。公、母羊均无角，头形似马头，大小适中。额微突，鼻梁平直，面部两侧各有一条白色毛带，俗称狸面。公、母羊均有髯。胸部宽深，背腰平直，四肢较长。古蔺马羊成年公羊体重为39.80kg，母羊为36.52kg。周岁羯羊屠宰率为57.39%。该品种板皮面积大，品质好。母羊可四季发情，一般一年产两胎，平均产羔率为213.9%，产羔季节集中在早春和秋末。

28. 川南黑山羊 属肉皮兼用山羊品种。分布于自贡市的沿滩区、贡井区、大安区、自流井区，宜宾市的长宁县、屏山县、南溪县和泸州市的江阳区、纳溪区、合江县等。产区位于四川南部盆地向山地过渡地带，海拔236.9～1 000.2m。气候温和，雨量充沛，属中亚热带季风气候区。全身被毛呈黑色、富有光泽。成年羊换毛季节有少量毛纤维末梢呈棕色。成年公羊有毛髯，颈、肩、股部着生蓑衣状长毛，沿背脊有粗黑长毛。公羊多有胡须，母羊少有胡须。体质结实，体型中等，结构匀称。多数有角，公羊角粗大，向后下弯曲，呈镰刀形；母羊角较小，呈八字形。头大小适中，额宽，面平，鼻梁微隆，竖耳。川南黑山羊是属于早期生长快的品种，3月龄体重可达到13～14kg，周岁公羊体重31.2kg，母羊体重30.5kg；成年公羊体重47kg，母羊体重39.58kg。产羔率高，初产产羔率185%，经产产羔率213.9%。一只母羊一胎最少可产2只，多的4～5只，平均一年两胎半能产6只左右。

29. 渝东黑山羊 属肉皮兼用型地方山羊品种，2009年5月通过国家畜禽遗传资源委员会羊专业委员会现场审定。渝东黑山羊分布于武陵山系的涪陵、丰都县、武隆、黔江、彭水、酉阳地区和贵州省少数区县。渝东黑山羊具有屠宰率高、适应性强、耐粗饲、易管理、繁殖力较强、配合力好、生长发育较快等优良特征，其独有的特性和优良的品质，极具开发利用价值。

渝东黑山羊全身被毛黑色，成年公羊被毛较粗长，母羊被毛较短；头呈三角形，中等大小；鼻梁平直，两耳直立向上；多数公母羊有角和胡须；头颈躯干结合紧凑，后躯略高于前躯，腰背平直，胸较宽深，肋骨拱张，臀部稍有倾斜；后肢结实，蹄质坚实，尾短直立。渝东黑山羊成年体重公羊39.51kg，母羊34.31kg。12月龄屠宰率为48.35%，净肉率为38.88%。公羊5～7月龄性成熟，母羊4～6月龄开始发情，初产母羊产羔率136.37%，经产母羊产羔率194.37%。

30. 大足黑山羊 属于肉皮兼用型地方优良山羊品种。2009年10月，通过国家畜禽遗传资源委员会审定。大足黑山羊主要分布于大足区及相邻的安岳县和荣昌县的少量乡镇。大足黑山羊繁殖性能高，产羔率是国内山羊品种和类群中最高的种群之一，是难得的遗传资源，对南方湿热环境具有良好的适应能力。

全身被毛黑色、较短，肤色灰白，头形清秀，颈细长，额平、狭窄，多数有角有髯，角灰色、较细、向侧后上方伸展呈倒八字形；鼻梁平直，耳窄、长，向前外侧方伸出；乳房大、发育良好，呈梨形。体质结实，结构匀称；成年公羊体型较大，颈长，毛长而密，颈部皮肤无皱褶，少数有肉垂；躯体呈长方形，胸宽深，肋骨拱张，背腰平直，尻略斜；四肢较长，蹄质坚硬，呈黑色；尾短尖；两侧睾丸发育对称，呈椭圆形。正常饲养条件下，成年公母羊体重分别为59.5kg和40.2kg，2月龄断奶重公、母羔分别达10.4kg和9.6kg。成年羊屠宰率不低于43.48%，净肉率不低于31.76%；成年羯羊屠宰率不低于44.45%，净肉率不低于32.25%。初产母羊产羔率达到218%、经产母羊双羔率达272%，二年三胎。

31. 酉州乌羊 属肉皮兼用型地方遗传资源。产于重庆市酉阳土家族苗族自治县。该品种全身皮肤及可视黏膜为黑色。多数全身被毛白色，背脊有一条黑色脊线，两眼线为黑色。体格较小，结构紧凑。两耳向上直立。公羊均有角，角粗大、向上向后向外伸展，少数母羊无角。公羊有额毛和胡须。少数母羊有胡须和肉垂。胸部发达，背腰平直，后躯略高、尻斜，四肢粗壮有力，蹄质坚实。周岁公母羊体重平均为27.5kg和23.2kg，成年公母羊体重平均为36.4kg和31.2kg；周岁羊屠宰率可达45%～48%，净肉率为32%，成年羊屠宰率达48%～50%，净肉率达35%，成年羯羊屠宰可达52%，净肉率为36.5%。板皮质量好，细致紧密拉力强。母羊6～8月龄就达到性成熟，一般一年二胎，产羔率为170%。

32. 贵州白山羊　属肉皮兼用型地方山羊品种，主要产于贵州省遵义、铜仁地区。产区高山连绵，土层瘠薄，基岩裸露面积大，年降水量1 000～1 200mm，草场主要为灌丛草地和疏林草地。该品种既可放牧，也可圈养，适应性较强。

贵州白山羊多数为白色，少数为麻色、黑色或杂色。公、母羊均有角，无角个体占8%以下，被毛较短。产肉性能好，成年公羊体重34.8kg，成年母羊30.8kg。1岁羯羊屠宰率为53.3%，成年羊为57.9%。板皮质地紧密、细致、拉力强，板幅较大。贵州白山羊性成熟早，产羔率高。母羔4月龄、公羔2月龄即有性行为表现。一般在半岁以后开始配种。母羊可终年发情，春、秋两季较为集中，大多数羊只两年产三胎，产羔率273.6%。

33. 贵州黑山羊　属肉皮兼用型地方山羊品种。原产于威宁、赫章、水城、盘县等地，分布在贵州西部的毕节市、六盘水市、黔西南布依族苗族自治州、黔南布依族苗族自治州和安顺市等地。

被毛以黑色为主，有少量的褐色、白色和体花，分为长毛型、半长毛型和短毛型三种。体格中等，体质结实。头形略显狭长，额平，大多数有角，角扁平或半圆形，向后向外扭转延伸。鼻梁平直，耳小、平伸。颌下有须，部分羊颈下有肉垂。胸部狭窄，背腰平直，腹围相对较大，后躯略高，斜尻。四肢略显细长，但坚实有力，蹄质结实。成年体重：公羊43.30kg，母羊35.13kg。成年公羊屠宰率43.71%，净肉率31.44%。母羊可全年发情，多数在春秋两季，产羔率103.75%。

34. 圭山山羊　圭山山羊又名路南乳山羊，属乳肉兼用型地方山羊品种。产区以云南石林彝族自治县（原路南县）为中心，分布于彝族支系撒尼人聚居的宜良、弥勒、泸西、陆良、师宗等县。路南县地处亚热带地区，圭山山羊分布在海拔1 800～2 400m的山区。

圭山山羊头小而干燥，额宽，耳大灵活而不下垂，鼻直，眼大有神。颈扁浅，胸宽深，背腰平直，腹大充实。四肢结实，蹄坚实呈黑色。公、母羊均有角、有髯，被毛粗短而富有光泽，皮肤薄而有弹性，黑色羊只占70%，其余为棕色和青色。母羊乳房圆大紧凑，发育中等。成年公、母羊平均体重分别为48.6kg和42.5kg。屠宰率为44.39%和40.60%。母羊除哺喂羔羊外，一个泌乳期还可挤乳45～90kg，日产乳0.5～1kg，平均乳脂率为5.08%，个别优秀个体日产乳量可达4.7kg。该品种以放牧为主，发病少，抗逆性强。初配年龄在1.5～2岁，一年一胎，产羔率为155.9%。

35. 云岭山羊　云岭山羊是云南省数量最多、分布面积最广的肉皮兼用型地方山羊品种。主产区为云岭山系及其余脉的哀牢山、无量山和乌蒙山延伸地区，海拔1 300～2 500m，雨量充沛，气候温和，四季常青，可终年放牧。

云岭山羊头大小适中，呈楔形，额稍凸，鼻梁平直，鼻孔大。成年公、母羊有髯，大部分有角，角扁长而稍有弯曲。被毛粗而有光泽，毛色以黑色为主，还有少量的黑黄花、黄白花、黄色、杂色。羊只的腹毛及四肢内侧呈对称性的淡黄色。青色羊只的腹毛趋向白色，该品种四肢粗短结实，肢势端正，蹄质坚实、呈黑色。周岁公羊体重为22.68kg，周岁母羊体重为20.48kg，成年公羊体重为39kg。屠宰率为47.4%。板皮质地细致、紧密，品质优良。云岭山羊一般在7～8月龄后初配，年产两胎或两年产三胎，年产两胎的母羊约占10%，双羔率为50%左右。

36. 临沧长毛山羊 因其被毛较长而被称为临沧长毛山羊，属于肉毛兼用地方山羊品种。主要分布于临沧、大理、丽江，多数分布在海拔2 000m以上的高寒贫瘠山区，适应性较强。

临沧长毛山羊被毛长而多呈黑色，羊只顺风奔驰时，被毛逆立，体态十分雄壮有力。公、母羊均有角，角扁长。额宽眼大，胸宽深，背腰宽长，各部位结合良好。四肢粗壮。成年公羊肩、臀、腹、股四部位毛长分别为26.75cm、29.13cm、25.13cm和34.0cm，成年母羊相应部位毛长分别为11.56cm、15.68cm、14.06cm和19.68cm。成年公、母羊体重分别为44.0kg和39.56kg。

37. 马关无角山羊 马关无角山羊主要分布于云南省东南部的文山州马关县。产区海拔700～1 700m，气候温和。境内多山，耕地和草地面积小，多呈零星分布，草地以灌丛为多，大家畜采食困难，较适合放牧山羊。产区苗族群众喜欢饲养磊羊，即2～3岁羯羊，最大体重可达90kg。

马关无角山羊被毛色泽较杂，其中黑色羊只占45.69%，黑白花色占27.15%。公、母羊均无角，但部分有髯，颈下有两个对称的肉垂。头较短，母羊前额有V字形（无角公羊配无角母羊）或U形（有角公羊配无角母羊）隆起，公羔隆起不明显。颈细长，背平直，后躯较发达。四肢结实，蹄色黑而质坚。马关无角山羊成年公羊体重为44.5～54.6kg，羯羊为58.0～95.2kg，母羊为38.7～47.0kg。该品种肉质好，膻味小，成年母羊屠宰率为42.08%。繁殖力高，性成熟早，3月龄母羊即可配种受胎，大部分羊只一年产两胎，产双羔的母羊占到77.41%，也有产三羔、四羔和五羔的记录。

38. 昭通山羊 属肉皮兼用型地方山羊品种。主要分布于云南省昭通地区的巧家、彝良、鲁甸、大关、昭阳、永善、镇雄等地。昭通地区位于云贵高原北部，境内山峦重叠，峰高谷深，地形地貌复杂，海拔267～4 040m，气候变化较大，有寒、温、热3种气候带。昭通山羊主要饲养在海拔1 300～2 500m

的山区。该品种能适应高原气候，耐粗饲，抗病力强。

昭通山羊被毛较杂，有黑色、黑白花色、褐色、黄色等。褐色和黄色山羊通常从额部到尾根有条深色背线。多数有角，头颈长短适中，有髯，鼻梁直。体型结构匀称，四肢健壮。周岁公、母羊体重分别为 24.09kg 和 20.98kg。成年公、母羊体重为为 42.7kg 和 40.76kg。6 月龄羔羊屠宰率为 48.20%，周岁羊屠宰率为 54.99%，成年羊为 57.26%，羯羊一般在两岁以内出售。母羊利用年限为 11～12 年。产羔率较高，成年母羊多产双羔。

39. 龙陵山羊　属肉皮兼用型地方山羊品种。主要产于云南省龙陵县，属热带、亚热带雨林山地生态类型，龙陵山羊产区海拔平均高度为 1 851m（683～3 763m）。

龙陵山羊被毛除头部、四肢和头至尾背线为黑色外，其余全身各部位皆为红褐色或黄褐色短毛。体格较大，公羊多数有角、有髯，额有卷毛。母羊多数个体无角，有髯，额较短。周岁公、母羊体重为 37kg 和 33kg。成年公、母羊平均体重为 50kg 和 43kg。成年母羊屠宰率为 42%～45%，育肥羯羊为50%～55%。肉质细嫩，膻味小，板皮坚实、致密。该品种一般初配年龄在 8 月龄左右，多在春季配种，产羔率为 122%。

40. 弥勒红骨山羊　属肉乳兼用型地方资源。产于云南红河州弥勒县。该品种山羊骨头呈红色，牙龈、牙齿呈粉红色，羊肉微量元素锶、锌的含量高于普通品种。红骨羊是中国少有的特色羊品种之一，其抗病能力强，性情温驯，耐粗饲，适宜放牧，也适宜圈养，合群性强、易管理，且肉质鲜、口感嫩。

被毛以红褐色或黄褐色为主，有黑色背线，少数黑色。体型中等，体质结实，近似于长方形。头小，额稍内凹，呈楔形。鼻直。耳小直立。公母羊均有髯有角，角多呈倒八字形向外螺旋扭转。胸宽深，肋骨拱张良好。背腰平直，尻稍斜，腹大充实。四肢粗壮结实。经产母羊乳房较大。成年体重：公羊 37.5kg，母羊 30.8kg。成年羊屠宰率：公羊 36.79%，母羊 28.7%。母羊常年发情；经产母羊产羔率为 160%。

41. 隆林山羊　属肉皮兼用型地方山羊品种。主要产于广西壮族自治区隆林各族自治县。该县地处云贵高原东南部边缘。海拔 600～1 800m，山岭连绵，地形复杂。该品种具有生长发育快、产肉性能好、繁殖力高、适应性强等特点。

隆林山羊被毛较杂，有白色、黑花色、褐色和黑色等。公、母羊均有角，特别是腹下和四肢上部毛粗而长。体格健壮，结构匀称，羔羊生长发育较快，6 月龄公羔可达 21.05kg，母羔达 17.06kg；成年公羊平均体重为 42.5kg，母羊平均为 33.29kg，个体差异较大。该品种肌肉丰满，胴体脂肪分布均匀，肌纤维细，肉质好，膻味小。屠宰率较高，8 月龄公、母羊分别为 48.64%和 46.13%，成年公、母羊为 53.37%和 46.64%，羯羊为 57.85%。隆林山羊性成熟早，母羊可全年发情，一般两年产 3 胎，每胎多产双羔，平均产羔率为 195%。

42. 都安山羊 属肉皮兼用型地方山羊品种。主要产于广西都安瑶族自治县，分布于该县附近的马山、巴马、东兰、平果、忻城等县。属南亚热带湿润型气候，年平均降水量 1 731.3mm，产区大部分面积为峰丛石山区，羊只终年放牧。

该品种被毛色泽不一，有白色、黑色、麻色和杂色等。公、母羊均有角、有髯，头中等大小，颈粗，胸深，后躯发达，四肢较短。成年公、母羊体重分别为 40kg 和 27kg，成年羊屠宰率为 45%～50%，净肉率为 30%左右。肉质细嫩。板皮薄而轻韧，弹性好，纤维细致，是高级制革原料和出口畅销产品。当地群众宰羊吃肉，不剥皮，习惯于烫毛后连皮食用。该品种 5～6 月龄性成熟，一般在周岁左右配种，可四季发情，但大部分羊只集中在 3～5 月份和8～10 月份配种，产羔率为 130%。

43. 雷州山羊 属肉皮兼用型地方山羊品种。雷州山羊原产广东省湛江地区的徐闻县，分布于雷州半岛和海南省。具有成熟早、生长发育快、肉质和板皮品质好、繁殖率高等特点。

雷州山羊被毛多为黑色，也有少量麻色或褐色者，为短毛型品种，无绒毛，被毛有光泽。公、母羊均有角，公羊角粗大，长 20～40cm。颈细长，耳中等大，向两侧直立开张，颌下有髯。背腰平直，臀部倾斜，胸稍窄，腹大，乳房发育较好，呈球形。成年公羊体重 44.0kg，母羊 37.7kg，屠宰率 50%～60%，育肥羯羊屠宰率高达 70%，肉纤维细嫩，脂肪分布均匀，呈深褐至棕红色，肉味鲜美，膻味小。产奶量较高，板皮轻便，弹性好。雷州山羊性成熟早，5～8 月龄配种，有部分羊 1 岁即可产羔。多数母羊一年二产，少数二年三产，产羔率 150%～200%。

雷州山羊耐湿热，耐粗饲，适应性和抗病力强，是适应热带地区的地方优良肉用山羊品种。

44. 福清山羊 福清山羊是福建省地方山羊品种，当地群众称之为高山羊或花生羊。主要分布于福建省东南沿海，中心产区为福清市、平潭县。福清市依山靠海，境内以缓坡丘陵地为主，平潭县地处岛屿，两县隔海相望。海拔 10m 左右，产区属南亚热带季风气候，年降水量 1 000～1 800mm。

福清山羊被毛有深浅不同的三种颜色，即灰白色、灰褐色和深褐色。有角个体占 77%～88%，部分羊只有肉垂。颈长度适中，背腰微凹，尻矮斜。四肢健壮，善攀登。被毛短密，冷季长出底绒。成年公羊体重为30kg，母羊为26kg。经过育肥的8月龄羯羊平均体重23kg。成年公羊屠宰率（不剥皮）为55.84%，母羊为47.67%。该品种性成熟早，母羊3月龄出现初情表现，一般在6月龄以后配种，可全年发情，平均胎产羔率236%。

45. 简阳大耳羊　属培育肉用型山羊品种。美国努比亚奶山羊与简阳本地羊杂交选育而成，早在抗日战争时期，宋美龄访问美国时，美国政府赠送给宋美龄40只努比亚奶山羊，后放养在简阳龙泉山脉一带与简阳本地山羊进行了杂交横交，1982年鉴定并命名为“简阳大耳羊”。1984年和1985年又从美国引进一批努比亚奶山羊，通过进一步杂交改良，形成了含有较高努比亚奶山羊血缘的群体。主要分布于四川省简阳市境内。该羊既适应放牧，也可圈羊、拴养。具有体格高大、生长速度快、产羔率高、适应性强、肉质好、膻味低、风味独特、板皮质量优良等特点。

简阳大耳羊被毛以褐色和黑色为主。头呈三角形，面似骆驼，鼻梁微隆，有角或无角，耳长17～19cm、宽8～9cm、下垂，故被称为“简阳大耳羊”。体格大，结构匀称，前胸宽深，背腰平直，四肢粗壮，蹄质坚硬。成年公、母羊体重分别为73.92kg和47.53kg。屠宰率：周岁羯羊为48.8%，成年羊为54%。肉质好，膻味小。板皮质量好。简阳大耳羊性成熟早，一般公羊8～9月龄、母羊6～7月龄可开始配种，一般两年产三胎，产羔率为200%左右。

46. 南江黄羊　属培育肉用型山羊品种。南江黄羊是在四川大巴山区培育成的一个优良肉用型山羊品种，是用成都麻羊和含努比亚奶山羊基因的杂种公羊与当地山羊及金堂黑山羊杂交，并采用性状对比观测、限值留种继代、综合指数选种、分段选择培育以及品系繁育等方法培育而成。南江黄羊具有较强的生态适应性，特别适合在我国南方饲养。

南江黄羊被毛黄色，毛短、富有光泽，被毛内层着生短的浅灰色绒毛。公母羊均多数有角，少数无角。南江黄羊体格高大，前胸深宽，颈肩结合良好，外观平滑，无明显过渡，背腰平直。南江黄羊生长发育较快，公、母羔6月龄体重可分别达到26.58kg和22.51kg，周岁时达到37.61kg和30.53kg，成年时达到66.87kg和45.64kg。南江黄羊最佳屠宰期应为8～10月龄，其肉质鲜嫩，营养丰富，胆固醇含量低，膻味小。放牧加补饲条件下的8月龄和10月龄羯羊的屠宰率分别为47.63%和47.70%。成年羊屠宰率达55.65%，最佳屠宰期为8～10月龄。其板皮品质优良，质地柔软，弹性较好。南江黄羊性成熟早，母羊最佳初配年龄为6～8月龄，公羊为12～18月龄。群体平均产羔率为205.42%。

第三章 羊的体躯结构与生物学特性

第一节 羊的体躯结构

一、体表各部位名称

在养羊生产中，常常需要利用羊体各部位的名称来区别和记载羊的外貌特征和生长发育情况。因此，必须掌握绵、山羊体表各部位的名称。绵、山羊各部位名称为：头、眼、鼻、嘴、颈、肩、胸、前肢、体侧、腹、阴囊、后肢、飞节、尾、臀、腰、背、鬐甲。

下面是羊体体尺的几个主要测定项目的测量方法：

体高：由鬐甲最高点至地面的垂直距离。

十字部高：由十字部至地面的垂直距离。

体长：由肩端至坐骨结节后端的直线距离。

胸深：由肩胛骨后缘垂直体轴绕1周的周长。

胸宽：肩胛骨后缘的胸部宽度。

管围：管部最细处的周长，一般在左前腿管骨最细处测量。

尾长：脂尾内侧的自然长度。

二、羊的皮肤构造

皮肤是羊体的最外层，它直接受到外界环境中各种物理化学因素的刺激，并引起有机体发生复杂的反射性反应。因此，皮肤的结构并非是一成不变的，而是随着外界环境和羊体本身生理状态等条件的变化而发生变化。

羊的皮肤按其构造，从外向内可分为表皮、真皮和皮下结缔组织三部分。各部分均有明显的区别。

（一）表皮

位于皮肤表层，附着于真皮之上。由多层扁平细胞组成，表皮约占皮肤厚度的1%。在显微镜下整个表皮由外向内可分为：角质层、颗粒层、生发层三层。

1. 角质层 位于皮肤表面，由扁平的角质化细胞组成，它对皮肤具有保护作用。可防止外界环境中物理和化学因素对有机体的影响。此层极易脱落，形成皮屑。

2. 颗粒层　由一层或数层梭状细胞组成。细胞内具有透明角质蛋白所构成的圆形颗粒，嗜酸性。细胞核通常皱缩，有分解的趋势，这是细胞角质化开始的征兆。

3. 生发层　是表皮的最下层，由多层柔软椭圆形的非角质细胞所组成。填充在真皮乳头层之上，生发层细胞不断分裂，形成新的细胞，这一层在表皮中其机能是很重要的。

表皮层中没有血管，生发层细胞的营养物质是由分布大量血管和淋巴管的真皮层来供应的。

（二）真皮

真皮位于表皮下面，是皮肤最厚的一层，约占皮肤总厚度的84%。由致密结缔组织构成，含有大量的胶质纤维和弹性纤维，细胞成分较少。真皮坚韧而富有弹性，构成表皮坚实的支架，皮革就是由真皮鞣制而成。真皮层密布血管、淋巴管、神经、毛囊、脂腺和汗腺等，其表面具有一层膜，叫基底膜。表皮最下层的细胞固定在此薄膜上。真皮由乳头层和网状层构成。

1. 乳头层　乳头层由网状和部分疏松结缔组织构成，并含有少量弹性纤维。此层具有各种大小不同的真皮乳头，位于真皮与表皮的交界处，并分别嵌入表皮相应的凹入部分。乳头层分布有大量血管和神经末梢，为皮肤最敏感和富有血管的部分。亦有人把这层称为毛发层，因为它是羊毛生长的基础部位。

2. 网状层　位于乳头层之下，是真皮的主要部分。由致密的结缔组织所组成，含有大量的胶原纤维束。纤维束呈垂直且大部分平行排列，互相交错，形成网状。其下部与皮下结缔组织相连。

网状层的厚度决定着羊皮的品质与结实性，一般来说，夏秋季节的真皮网状层比冬春季节厚，公羊的真皮网状层比母羊的厚。

（三）皮下结缔组织

位于真皮网状层之下，皮下结缔组织由疏松、网状的结缔组织构成，占皮肤总厚度的15%左右。这部分组织联系着真皮和体躯，由于它的结构疏松，而使皮肤在一定程度上可以滑动，以防止或减轻机械性损伤。皮下结缔组织内常常可以聚积一些脂肪。肉羊育肥时脂肪聚积在这一层内。

羊只皮肤的薄厚常随其所处生态条件的不同而有所不同。在同一地区，则随品种的不同而异。在同一品种内，也因性别、年龄以及个体的不同而有区别。

一般说来，寒冷地区羊只的皮肤较温暖地区厚；粗毛羊较细毛羊厚；羊体易于暴露和容易受到外界刺激的部位（背部、体侧）比不易暴露和不易受到外界刺激的部位（腹部、四肢内侧）皮肤厚。

薄而松软的皮肤是肉用羊理想的皮肤。

三、羊的内部结构

（一）骨骼

羊的骨骼是羊运动系统的重要组成部分，除具有支持身体、保护内脏和运动等功能外，还参与钙磷代谢与平衡。骨髓有造血功能。

羊的骨骼可分为中轴骨和四肢骨两大部分，中轴骨包括头骨和躯干骨，四肢骨包括前肢骨和后肢骨。

羊的躯干骨由颈椎、胸椎、腰椎、荐椎、尾椎以及肋骨和胸骨组成。羊的颈椎有7枚，很少有变异。胸椎一般有13枚，但变异较大，有时可有14枚甚至12枚。腰椎有6～7枚，但多为6枚。荐椎一般有4枚。绵羊的尾椎变异很大，最少3枚，最多可达24枚；山羊的尾椎变异较小，一般为8～11枚。肋骨的对数与胸椎的数目一致，一般为13对，有时可为14或者12对，最后1对或2对常为浮肋，羊的胸骨由6～8块胸骨片和软骨构成，前部为胸骨柄，中部为胸骨体，后部为圆形的剑状软骨。

前肢骨包括肩胛骨、肱骨、前臂骨（包括桡骨和尺骨）和前脚骨（包括腕骨、掌骨、指骨和籽骨）。

后肢骨包括髋骨、股骨、髌骨、腓骨和胫骨、跗骨、跖骨、近籽骨、趾骨和远籽骨。其中跗骨由跟骨和5块短骨组成，趾骨由6块短趾骨组成。

（二）肌肉

羊的全身肌肉按所在部位可分为头部肌肉、躯干肌肉、前肢肌肉和后肢肌肉。在头、颈等部位还有皮肌。

1. 皮肌 皮肌为分布于浅筋膜中的薄层骨骼肌，大部分与皮肤深面紧密相连。皮肌并不覆盖全身，根据其部位可分为面皮肌、颈皮肌、肩臂皮肌及躯干皮肌。皮肌的作用是使皮肤颤动，以驱除蚊蝇及抖掉灰尘及水滴等。

2. 头部肌肉 主要分为面部肌和咀嚼肌。面部肌，位于口腔、鼻孔、眼孔周围的肌肉，分为开张自然孔的开肌和关闭自然孔的括约肌。咀嚼肌是使下颌发生运动的肌肉，可分为闭口肌和开口肌。

3. 躯干的主要肌肉 可分为脊柱肌、颈腹侧肌、胸壁肌和腹壁肌。

（1）脊柱肌 支配脊柱活动的肌肉，可分为背侧肌和腹侧肌。

脊柱背侧肌：位于脊柱的背侧，很发达，尤其在颈部。其作用是：两侧同时收缩时，可伸脊柱、举头颈；一侧肌肉收缩时，脊柱可向一侧偏。主要包括如下两块肌肉：

背最长肌：是体内最大的肌肉，呈三棱形，位于胸椎、腰椎的棘突两侧的三棱形沟内。起于髂骨前缘及腰荐椎，向前止于最后颈椎及前部肋骨近端。

髂肋肌：位于背最长肌的外侧，由一系列斜向前下方的肌束组成。髂肋肌与背最长肌之间的肌沟，称为髂肋肌沟。

脊柱腹侧肌：不发达，仅存于颈部和腰部。位于颈部的有颈长肌，位于腰部的有腰小肌和腰大肌。腰小肌狭长，位于腰椎腹侧面的两侧；腰大肌较大，位于腰椎横突腹外侧。

（2）颈腹侧肌　位于颈部气管、食管的腹外侧，呈长带状肌肉。主要肌肉有胸头肌、肩胛舌骨肌和胸骨甲状舌骨肌。

（3）胸壁肌　主要有肋间外肌、肋间内肌和膈。

肋间外肌：位于肋间隙的表层，肌纤维由前上方斜向后下方。收缩时，牵引肋骨向前外方移动，使胸腔横径扩大，助吸气。

肋间内肌：位于肋间外肌的深面，肌纤维由后上方斜向前下方。收缩时，牵引肋骨向后内方移动，使胸腔缩小，助呼气。

膈：为一大圆形板状肌，位于胸腹腔之间，又叫横膈膜。膈由周围的肌质部和中央的腱质部构成。腱质部由强韧的腱膜构成，凸向胸腔。收缩时，膈顶后移，扩大胸腔纵径，助吸气；舒张时，膈顶回位，助呼气。膈上有3个裂孔：上方是主动脉裂孔，中间是食管裂孔，下方是腔静脉裂孔，分别有主动脉、食管和后腔静脉通过。

（4）腹壁肌　腹壁肌构成腹腔的侧壁和底壁，由4层纤维方向不同的薄板状肌构成。由外向内依次是：腹外斜肌、腹内斜肌、腹直肌和腹横肌。其表面覆盖有一层坚韧的腹壁筋膜，称为腹黄膜，有协助腹壁支持内脏的作用。

腹股沟管位于股内侧，为腹外斜肌和腹内斜肌之间的一个斜行裂隙。管的内口通腹腔，称腹环；外口通皮下，称皮下环。腹股沟管是胎儿时期睾丸从腹腔堕入阴囊的通道。公羊的腹股沟管内有精索。羊出生后如果腹环过大，小肠易进入腹股沟管内，形成疝。

4. 前肢的主要肌肉　前肢的主要肌肉可分为肩带肌和作用于前肢各关节的肌肉。

（1）肩带肌　连接前肢与躯干的肌肉，大多数为板状肌。起于躯干骨，止于肩胛骨、臂骨及前臂骨。根据其位置可分为背侧肌群和腹侧肌群。

背侧肌群主要有斜方肌、菱形肌、臂头肌和背阔肌。

斜方肌：为扁平的三角形肌，起于项韧带索状部、棘上韧带，止于肩胛冈。斜方肌分为颈、胸两部，颈斜方肌纤维由前上方斜向后下方，胸斜方肌纤维由后上方斜向前下方。

菱形肌：位于斜方肌和肩胛骨的深面，起于项韧带索状部、棘上韧带，止于肩胛软骨内侧面。

臂头肌：呈长而宽的带状，位于颈侧部浅层，自头伸延至臂，构成颈静脉沟的上界。起于枕骨、颞骨和下颌骨，止于臂骨。

背阔肌：位于胸侧壁的上部，为三角形的大板状肌，肌纤维由后上方斜向前下方，部分被躯干皮肌和臂三头肌覆盖。主体部分起自腰背筋膜，止于臂骨内侧。

腹侧肌群　主要有腹侧锯肌和胸肌。

腹侧锯肌：为一宽大的扇形肌，下缘呈锯齿状。腹侧锯肌分为颈、胸两部分，颈腹侧锯肌位于颈部外侧，发达，几乎全为肌质；胸腹侧锯肌位于胸外侧，较薄，表面和内部混有厚而坚韧的腱层。

胸肌：位于胸壁腹侧与肩臂内侧之间的强大肌群，分胸浅肌和胸深肌两层。有内收和摆动前肢的作用。

(2) *肩部肌*　为作用于肩关节的肌肉，分布于肩胛骨的外侧面及内侧面，起于肩胛骨，止于臂骨，跨越肩关节，可伸、屈肩关节和内收、外展前肢。

冈上肌：位于冈上窝内，全为肌质。起于冈上窝和肩胛软骨，止于臂骨的内、外侧结节。有伸展及固定肩关节的作用。

冈下肌：位于冈下窝内，大部分被三角肌覆盖。作用为外展及固定肩关节。

三角肌：位于冈下肌的浅层，呈三角形，以腱膜起于肩胛冈、肩胛骨后角及肩峰，止于臂骨三角肌结节。有屈肩关节的作用。

肩胛下肌：位于肩胛骨内侧的冈下窝内，可内收前肢。

大圆肌：位于肩胛下肌后方，呈带状，有屈肩关节的作用。

(3) *臂部肌*　分布于臂骨周围，主要作用于肘关节。

臂三头肌：位于肩胛骨后缘与臂骨形成的夹角内，呈三角形，是前肢最大的一块肌肉。它以长头和内、外侧头分别起于肩胛骨及臂骨的内外侧，止于尺骨的鹰嘴。有伸肘关节的作用。

前臂筋膜张肌：位于臂三头肌后缘，为一狭长肌肉。起于肩胛骨后角，止于鹰嘴。可伸肘关节。

臂二头肌：位于臂骨前面，呈纺锤形。起于肩胛结节，止于桡骨近端前内侧。有屈肘关节的作用。

臂肌：位于臂骨前内侧的肌沟内，有屈肘关节的作用。

(4) *前臂及前脚部肌*　为作用于腕关节、指关节的肌肉，分为背外侧肌群和掌侧肌群。这部分肌肉的肌腹多在前臂部，至腕关节附近移行为腱。

背外侧肌群：背外侧肌群的肌腹位于前臂部上部的背外侧，是腕、指关节的伸肌。由前向后依次是腕桡侧伸肌、指内侧伸肌、指总伸肌、指外侧伸肌和腕斜伸肌。

掌侧肌群：掌侧肌群的肌腹位于前臂骨的掌侧面，是腕、指关节的屈肌。包括腕外侧屈肌、腕尺侧屈肌、腕桡侧屈肌、指浅屈肌和指深屈肌。

5. 后肢的主要肌肉　后肢肌肉较前肢发达，是推动躯体前进的主要动力。后肢肌肉可分为臀股部肌、小腿部肌及后脚部肌。

（1）臀股部肌　为全身最发达的肌群，构成臀部和股部。起于荐骨、髂骨，止于股骨、小腿骨和跗骨。主要作用于髋关节、膝关节。

臀肌：发达，起于髂骨翼和荐坐韧带，前与背最长肌筋膜相连，止于股骨大转子。臀肌有伸髋结节作用，并参与竖立、踢蹴及推进躯干的作用。

股二头肌：长而宽大，位于臀肌之后。起点有两个肌头：椎骨头起于荐骨，坐骨头起于坐骨结节。向下以腱膜止于膝部、胫部及跟结节。该肌有伸髋结节、膝关节及跗关节的作用。

半腱肌：位于股二头肌之后，起自坐骨结节，以腱膜止于胫骨嵴及跟结节。作用同股二头肌。

半膜肌：位于半腱肌的后内侧，起自坐骨结节，止于股骨远端、胫骨近端内侧。作用同股二头肌。

股阔筋膜张肌：位于股部前方浅层，起于髋结节，向下呈扇形展开。上部为肌质，较厚，向下延续为阔筋膜，止于髌骨和胫骨近端。有屈髋关节、伸膝关节的作用。

股四头肌：强大，位于股骨的前方和两侧，被阔筋膜张肌覆盖。有4个肌头，即直头、内侧头、外侧头和中间头。直头起于髂骨体；其余3头分别起于股骨的外侧、内侧及前面，向下共同止于髌骨。有伸膝关节的作用。

股薄肌；薄而宽，位于股内侧皮下，有内收后肢的作用。

内收肌：呈三棱形，位于半膜肌前方，耻骨肌后面，有内收后肢的作用。

（2）小腿及后脚部肌　多为纺锤形，起自股骨、小腿骨，止于跗骨、跖骨和趾骨，有伸、屈跗关节和趾关节的作用。这部分肌肉的肌腹多位于小腿上部，在跗关节附近变为肌腱。肌腱在通过跗关节处大部分包有腱鞘。可分为背外侧肌群和跖侧肌群。

背外侧肌群：肌腹位于小腿上部的背外侧，包括屈跗关节的肌肉和伸趾关节的肌肉。屈跗关节的肌肉有3块，即第三腓骨肌、胫骨前肌、腓骨长肌。伸趾关节的肌肉有3块，即趾内侧伸肌（第三趾固有伸肌）、趾长伸肌、趾外侧伸肌（第四趾固有伸肌）。

跖侧肌群：肌腹位于小腿上部的跖侧，主要有腓肠肌、趾浅屈肌、趾深屈肌。其中腓肠肌发达，肌腹呈纺锤形，有内、外两个肌头分别起于股骨远端，在小腿中部合为一束，止于跟结节。有伸跗关节的作用。

跟键：为圆形强韧肌腱，由腓肠肌腱、趾浅屈肌腱、股二头肌腱、半腱肌腱合为一束，连于跟结节上。有伸跗关节的作用。

（三）消化器官

羊的消化器官包括口腔、咽、食管、胃、小肠、大肠和肛门。其中羊胃是由瘤胃、网胃、瓣胃和皱胃4个胃组成。

1. 嘴和牙齿 绵、山羊嘴不同于牛等反刍动物，在解剖特点上具有分裂的上唇，这使得绵、山羊能够更加灵巧地利用嘴唇控制食物，选择牧草，并具有较强的采食低草、贴近地面放牧的能力。

绵、山羊采食时，利用上唇、舌和下门齿摄取食物。羊无上切齿和上犬齿，下犬齿进化变成第4对下切齿，因此羊等反刍家畜不同于其他家畜，具有4对共8枚下切齿，切齿是单根牙齿，下颌臼齿是双根牙齿，上颌臼齿是3根牙齿。

羊的牙齿与年龄判定：羔羊有20颗乳牙，其中出生时就有1对门牙，生后1个月其余3对门牙出齐。根据门牙更换的情况可判断羊的年龄，中间的1对门牙更换成永久门齿时为1.0 ～1.5岁，长出2对门牙为1.5～2.0岁，长出3对门牙时为2.5岁左右，长出4对门牙（俗称齐口）时为3～4岁。绵、山羊齐口后的不同时期，4对门齿依次开始松动和脱落，这时的羊称为“缺口”羊，缺口一般发生在5～6岁。在放牧条件下，缺口会影响羊的采食及饲草利用效率，进而影响羊的生产性能，但在舍饲条件下，这种影响很小。

2. 胃 前胃包括瘤胃、网胃和瓣胃，前胃无腺体。瘤胃是前胃中最大的胃，是羊等反刍动物的特有消化器官。绵羊的瘤胃容积有10～11L，山羊的稍小，瘤胃的最大解剖特点是内表面布满无数密集的乳头。瘤胃含有大量的微生物，包括细菌、原虫和厌氧真菌等。这些微生物几乎有消化饲草饲料中各类营养物质的能力，羊食入的饲料在瘤胃中经各类微生物的作用被分解，一部分分解产物被微生物用于合成微生物体蛋白。羊的皱胃又称为真胃，容积2L左右，有腺体。

3. 肠 肠可分为小肠和大肠两部分。小肠又分为十二脂肠、空肠和回肠3段。小肠内表面密布肠绒毛和肠腺，是消化吸收食物的主要部位；大肠又分为盲肠、结肠和直肠3段，其主经功能是吸收水分、形成粪便，并有一定的消化纤维素和吸收挥发性脂肪酸的能力。

羊的小肠长约25m，其中空肠最长，约24m，十二指肠约0.5m，回肠约

0.3m，羊的大肠 8～10m，其中盲肠约 0.3m，结肠 7.5～8.0m，直肠约 0.2m。

4. 肝和胰腺 肝和胰腺也是羊的重要器官。羊的肝脏重 550～700g，分泌的胆汁储存在位于肝脏脏面的胆囊内，胆汁经胆管进入十二指肠，胆汁是羊消化吸收脂肪的重要消化液。胰脏分泌的消化液是胰液，它含有胰蛋白酶，有消化蛋白质的功能。肝脏和胰脏除具有消化功能外，还有许多其他重要功能，如解毒和参与体内多种营养物质代谢等。

第二节 羊的行为学特性

羊的行为学特性如下：

1. 喜干厌湿 羊的牧地、圈舍和休息场，都以高燥为宜。久居泥泞潮湿之地，则羊只易患寄生虫病和腐蹄病，甚至毛质降低，脱毛加重。肉用羊和肉毛兼用羊则喜欢温暖、湿润、全年温差较小的气候，但长毛肉用种的罗姆尼羊，较能耐湿热气候和适应沼泽地区，对腐蹄病有较强的抵抗力。根据羊对于湿度的适应性，一般相对湿度高于 85%时为高湿环境，低于 50%时为低湿环境。我国北方很多地区相对湿度为 40%～60%（仅冬、春两季有时可高达 75%），其他时间都在 40%～60%，故适于养羊特别是养细毛羊；而在南方的高湿高热地区，则较适于养山羊和肉用羊。

2. 食物谱广 羊的颜面细长，嘴尖，唇薄齿利，上唇中央有一中央纵沟，运动灵活，下颌门齿向外有一定的倾斜度，故对采食地面低草、小草、花蕾和灌木枝叶很有利，对草籽的咀嚼也很充分。因为羊善于啃食很短的牧草，故可以进行牛羊混牧，或不能放牧马、牛的短草牧场也可放羊。绵羊和山羊的采食特点有明显不同，山羊后肢能站立，有助于采食高处的灌木或乔木的嫩幼枝叶，而绵羊只能采食地面上或低处的杂草与枝叶；绵羊与山羊合群放牧时，山羊总是走在前面抢食，而绵羊则慢慢跟随后边低头啃食；山羊舌上苦味感受器发达，对各种苦味植物较乐意采食。

3. 合群性强 羊的群居行为很强，很容易建立起群体结构，主要通过视、听、嗅、触等感官活动，来传递和接受各种信息，以保持和调整群体成员之间的活动，头羊和群体内的优胜序列有助于维系此结构。在自然群体中，羊群的头羊多是由体魄健壮、年龄较大、子孙较多的母羊来担任，也可利用山羊行动敏捷、易于训练及记忆力好的特点选作头羊。利用合群性，在羊群出圈、入圈、过河、过桥、饮水、换草场、运羊等活动时，只要控制头羊先行，其他羊只即跟随头羊前进并发出保持联系的叫声，为生产中的大群放牧提供了方便。

但由于群居行为强，羊群间距离近时容易混群，故在管理上应避免混群。另外，应注意经常掉队的羊，往往不是因病伤，就是老弱跟不上群。

4. 嗅觉灵敏 羊的嗅觉比视觉和听觉灵敏，羔羊出生后与母羊接触几分钟，母羊就能通过嗅觉鉴别出自己的羔羊。羔羊吮乳时，母羊总要先嗅一嗅其臀尾部，以辨别是不是自己的羔羊，利用这一点可在生产中寄养羔羊，即在被寄养的孤羔和多胎羔身上涂抹保姆羊的羊水或尿液，寄养容易成功。羊在采食时，能依据植物的气味和外表细致地区别出各种植物或同一植物的不同品种(系)，选择含蛋白质多、粗纤维少、没有异味和毒性的牧草采食。

5. 善于游走 游走有助于增加放牧羊只的采食空间，特别是牧区的羊终年以放牧为主，需长途跋涉才能吃饱喝好，故常常一日往返里程6～10km。山羊喜登高，善跳跃，采食范围可达崇山峻岭，悬岩峭壁，如山羊可行走60°的陡坡，而绵羊则需斜向作之字形游走。

6. 适应能力强 主要表现在耐粗饲、耐渴、耐寒等方面，羊在极端恶劣条件下，能依靠粗劣的秸秆、树叶维持生命。与绵羊相比，山羊更能耐粗饲，除能采食各种杂草外，还能啃食草根树皮。羊的耐渴性较强，尤其是当夏秋季缺水时，能在黎明时分，沿牧场快速移动，用唇和舌采集牧草叶片上凝结的露珠。在牧场放牧，可几天乃至十几天不饮水。绵羊由于有厚密的被毛和较多的皮下脂肪，以减少体热散发，故其耐寒性高于山羊。

第三节 羊的消化生理特性

一、羊消化器官的特点

羊属于反刍类家畜，具有复胃，分为瘤胃、网胃、瓣胃和皱胃四个室。其中，前三个称为前胃，无胃腺，犹如单胃的无腺区；皱胃称为真胃，胃壁黏膜有腺体，其功能与单胃动物相同。据测定，绵羊的胃总容积约为30L，山羊为16L左右，各胃室容积占总容积比例明显不同。瘤胃容积大，其功能是储藏在较短时间内采食的未经充分咀嚼而咽下的大量牧草，待休息时反刍；内有大量的能够分解消化食物的微生物。瓣胃黏膜形成新月状的瓣叶，对食物起机械消化作用。皱胃黏膜腺体分泌胃液，主要是盐酸和胃蛋白酶，对食物进行化学性消化。

羊的小肠细长曲折，约为25m，相当于体长的25倍左右。胃内容物进入小肠后，经各种消化液（胰液和肠液等）进行化学性消化，分解的营养物质被小肠吸收。未被消化吸收的食物，由于小肠的蠕动而被排入大肠。

大肠的直径比小肠大，长度比小肠短，约为8.5m。大肠的主要功能是吸收水分和形成粪便。在小肠末被消化的食物进入大肠，也可在大肠微生物和由小肠带入大肠各种酶的作用下，继续消化吸收，余下部分排出体外。

二、羊消化生理特点

（一）唾液及唾液分泌

羊的唾液主要由腮腺、颌下腺和舌下腺分泌，无色透明，具有润湿饲料、溶解食物、杀菌和保护口腔的作用。羊的唾液呈弱碱性，尤其腮腺分泌的唾液pH 高达 8.1，这是由于唾液当中含有大量的碳酸氢盐和磷酸盐，故可中和瘤胃发酵产生的有机酸，以维持瘤胃内的酸碱平衡。羊的唾液当中不含有唾液淀粉酶，但在哺乳阶段分泌的唾液中含有一种独特的脂肪酶，以利于对乳脂的消化。羊唾液中含的有机物主要是黏蛋白，无机物主要有 钾、钠、钙、镁等的氯化物，另外还含有尿素，唾液是瘤胃-肝脏氮素循环中的尿素回到瘤胃的主要途径。

（二）反刍

反刍是指草食动物在食物消化前把食团吐出经过再咀嚼和再咽下的活动，是饲料刺激网胃、瘤胃前庭和食管的黏膜引起的反射性逆呕。反刍是羊的重要消化生理特点，反刍停止是疾病征兆，不反刍会引起瘤胃臌气。

羔羊出生后，40d 左右开始出现反刍行为。羔羊在哺乳期，早期补饲容易消化的植物性饲料，能刺激前胃的发育，可提早出现反刍行为。反刍多发生在吃草之后。吃草之后，稍有休息，便开始反刍。反刍中也可随时转入吃草。反刍姿势多为侧卧式，少数为站立。反刍时间与采食牧草时间的比例为（0.5～1.0）∶1。

（三）瘤胃微生物的作用

瘤胃环境适宜于瘤胃微生物的栖息繁殖。瘤胃内存在大量细菌和原虫，每毫升内容物约有细菌 10^{10}～10^{11}个，原虫 10^5～10^6 个。原虫中主要是纤毛虫，其体积大，是细菌的 1 000 倍。瘤胃是一个复杂的生态系统，反刍家畜摄取大量的草料并将其转化为畜产品，主要靠瘤胃（包括网胃）内复杂的消化代谢过程。瘤胃内微生物的主要营养作用是：

1. 消化碳水化合物，尤其是纤维素 食入的碳水化合物，在瘤胃内由于受到多种微生物分泌酶的综合作用，使其发酵和分解，并形成挥发性低级脂肪酸（VFA）如乙酸、丙酸、丁酸等，这些酸被瘤胃壁吸收，通过血液循环，参与代谢，是羊体最重要的能量来源。据测定，由于瘤胃微生物的发酵作用，羊采食的饲草饲料中有 55%～95%的碳水化合物、70%～95%的纤维素被消化。

2. 利用植物性蛋白质和非蛋白氮构成微生物蛋白质 饲料中的植物性蛋白质，通过瘤胃微生物分泌酶的作用，最后被分解为肽、氨基酸和氨；饲料中的非蛋白氮物质（NPN）如酰胺、尿素等，也被分解为氨。这些分解产物，在瘤胃内，在能源供应充足和具有一定数量的蛋白质条件下，瘤胃微生物可将其合成微生物蛋白质（其中细菌蛋白质为主要成分）。微生物蛋白质含有各种必需氨基酸，其比例合适，组成较稳定，生物学价值高。它随食糜进入皱胃和小肠，作为蛋白质饲料被消化。因而，通过瘤胃微生物作用，提高了植物性蛋白质的营养价值。同时，在养羊业中，可利用部分非蛋白氮（尿素、铵盐等）作为补充饲料代替部分植物性蛋白质。瘤胃内可合成10种必需氨基酸，这保证了绵羊对必需氨基酸的需要。

3. 对脂类有氢化作用 可以将牧草中不饱和脂肪酸转变成羊体内的硬脂酸。同时，瘤胃微生物亦能合成脂肪酸。Sutton（1970）测定，绵羊每天可合成长链脂肪酸22g左右。

4. 合成B族维生素 主要包括维生素B_1、B_2、B_6、B_{12}、泛酸和烟酸等，同时还能合成维生素K。这些维生素合成后，一部分在瘤胃中被吸收，其余在肠道中被吸收、利用。

（四）瘤胃消化的机制

主要通过羔羊瘤胃液pH、总挥发性脂肪酸及其组分、总氮、氨氮、尿素氮、蛋白质浓度等各项指标的动态变化规律来研究瘤胃的发酵。瘤胃液pH是一项反映瘤胃发酵水平的综合指标，它受日粮性质、唾液分泌、瘤胃内挥发性脂肪酸及其他有机酸的生成、吸收和排除的影响。羔羊瘤胃内正常pH范围为5.5～7.5，有利于微生物正常活动。喂低质草料时，瘤胃液pH较高；粗饲料经粉碎或制粒，导致pH降低；饲喂精料比例较高的饲粮时，pH常较低，且食后下降速度快，但强烈发酵的持续期较短。瘤胃pH随采食而呈周期性变化，取决于饲粮性质和摄食后的时间，通常于饲喂后2～6h达最低值。不同饲粮组合影响羔羊瘤胃液pH，郝正里等（2002）研究证明，采食含小麦饲粮的羔羊瘤胃pH低于采食含甜菜渣饲粮，而采食含大豆粕饲粮的羔羊瘤胃液pH下降幅度也有高于菜籽粕。

若适度提高丙酸浓度，调控瘤胃发酵模式，可达到提高纤维物质利用率的目的。Merchen等（1986）用高粗料和高精料羯羊日粮做对比试验，结果表明瘤胃内总VFA浓度不受影响；喂高精料时日粮乙酸和丁酸的浓度显著降低，丙酸浓度显著提高。一般地说，反刍动物在高饲养水平条件下，易发酵碳水化合物的添加会降低瘤胃液的pH，进而抑制瘤胃内微生物的活性，使得微生物发酵降解粗饲料纤维的能力减弱；与此同时，高饲养水平下的添加非结构性碳水化合物（NSC）会使瘤胃内 VFA 发酵以丙酸为主，降低乙酸与丙酸的比值，可能导致粗饲料中的纤维物质过瘤胃数量增加，影响纤维物质在反刍动物瘤胃内的发酵与降解。而在中等或者偏低的饲养水平条件下，若日粮中具备有足量而合理的氮源，须同时提供适宜的易发酵碳水化合物，以保证瘤胃内微生物的能量供给并保持较高的活性，从而有利于瘤胃微生物对粗饲料中纤维物质的发酵与降解。

饲喂青粗饲料时瘤胃发酵产生的乙酸高达 70%，丙酸仅占 20%左右；喂精料时相反，乙酸和丙酸约分别占 50%与 40%；饲喂混合饲粮时，随精料比例增加乙酸比例下降，而丙酸比例上升，将谷物粉碎后加工成颗粒料，同不加工相比，乙酸比例下降，丙酸比例升高。郝正里等（2002）研究证明，采食甜菜渣饲粮后丁酸比例显著大于含小麦饲粮，采食小麦饲粮后有丙酸高于甜菜渣饲粮的趋势。谭支良、卢德勋等（2000）研究了在绵羊中等或者偏低的饲养水平下，当结构性碳水化合物：非结构性碳水化合物比例为 2.64：1 时，丙酸所占的百分比最高；而消化动态学的研究亦表明，使整个胃区发酵达到最佳的结构性碳水化合物：非结构性碳水化合物比例亦是 2.64：1，日粮中确实存在一个适宜的 SC 和 NSC 的比例，有利于提高粗饲料中纤维物质的利用效率。

瘤胃内容物氨含量变化很大，一般为 100～500mg/L；食后 1～2h 达峰值。以精料为主的全饲粮颗粒饲料，采食快，使瘤胃内容物迅速被稀释，且瘤胃微生物能很快从易消化碳水化合物发酵中获得充足的能量，有效地利用氨合成蛋白质，故采食后氨氮浓度反而下降；数小时后速效能源已大部被分解，能量供应状况下降，剩余氨积累，瘤胃液氨氮浓度遂上升。采食含大豆粕饲粮羔羊瘤胃氨氮含量明显高于采食含菜籽粕饲粮的羔羊，可能与大豆粕粗蛋白质含量及降解率均高有关。绵羊日粮中一定范围内的结构性碳水化合物：非结构性碳水化合物比例对瘤胃内 pH 和氨氮（NH_3-N）浓度的影响不显著，但会改变瘤胃内 VFA 的摩尔比例。

第四章　肉羊的生长发育规律和影响因素

第一节　肉羊的生长发育规律

一、肉羊的生长发育

羊的生长发育具有明显的阶段性。各阶段的长短因品种而异，且可通过一定的饲养管理条件加快或延迟。

羊的肌肉、脂肪、骨骼等组织器官以及外形在各生理阶段的生长发育不是等比例的，即生长发育的各生理阶段具有不平衡性。如，胚胎期羊的外周骨（四肢骨）生长强度大，主轴骨生长缓慢，羊出生后则相反。因此，羔羊出生时体型表现为头大，四肢高，体躯相对短而狭窄，随着年龄的增加，则各部分比例趋于协调，达到品种特征。

（一）体重增长

生产上一般以初生重、断奶重、屠宰活重以及平均日增重反映羊的体重增长及发育状况。体重增长受遗传基础和饲养管理两方面因素的影响，增重为高遗传力性状，是选种的主要指标之一。

1. 胎儿期　在妊娠初期，母羊怀孕后 2 个月前，胎儿生长缓慢，以后逐渐加快。维持生命活动的重要器官如头部、四肢等的发育较早，而肌肉、脂肪发育较迟。羔羊的初生重与断奶重呈正相关，因此，在妊娠后期应供给母羊充足的养分。利用 B 型超声波诊断仪 5MHz 探头最早探查到湖羊胎儿胎体的时间为妊娠第 18～19 天，胎体反射内出现有规律快速闪烁的小光点即胎心搏动。至妊娠第 23 天，探查到了胎体反射，胎体平均长 0.63cm，从妊娠第 36 天开始能分清胎头和躯体，此时胎儿四肢肢芽明显，胎体增长很快，妊娠 40d 以后胎儿体长超过探头探查范围，再测不到胎体全长。

绵羊胎儿在妊娠最后 60d 内曲线冠臀长度（Curved crown-rump length，CRL）和胸围的变化，是研究胎儿生长发育的重要指标。母体营养水平与胎儿生长率有密切关系，降低母体营养水平可使胎儿生长率明显降低，母体营养不足超过 3 周后即使加强营养，胎儿生长率也不能恢复。绵羊胎儿在第 125 天以前生长迅速，CRL 增长率在第 116～120 天为 5.50mm/d，第 121～125 天为 3.63mm/d，以后变得稍缓慢而较平稳（第 126～130 天增长率 2.12mm/d，第

131～135 天为 2.18mm/d）直至分娩或分娩前几天。胎儿生长率变慢的原因，可能是在此期间胎盘生长受到限制，不能满足胎儿快速生长的营养需要。已有报道绵羊胎盘重量在怀孕最后 50～60d 保持相对稳定，胎盘重量与胎儿 CRL 和体增重呈明显的正相关，在怀孕后期手术摘除部分子宫肉阜使胎盘重量减小，可造成绵羊胎儿实验性生长停滞。另外，怀孕最后两周胎儿内分泌机能发生明显变化，改变了代谢物质的利用方式，也可能是生长率变缓慢的原因。

2. 哺乳期 体重占成年体重的 28 %左右，是羊一生中生长发育的重要阶段，也是定向培育的关键时期。此阶段增重的顺序是内脏＞骨骼＞肌肉＞脂肪，体重随年龄迅速增长。羊从初生重 3.1kg 左右，增长到断奶重 9.6kg 左右，相对增长率为 532%。

3. 幼年期（断奶后至配种前） 体重约占成年体重 70%，这一阶段性发育已趋于成熟，但仍是羊增重最快的阶段，日增重约为 180g。增重的顺序为生殖系统＞内脏＞肌肉＞骨骼＞脂肪。其营养来源由单纯靠母乳过渡到完全吃植物性饲料，且采食量不断增加，消化能力大大增强，骨骼、肌肉及各组织器官生长迅速，特别是消化和生殖器官；绝对增重逐渐上升，并为未来的泌乳、生殖和体质外型奠定基础。

4. 青年期（12～24 月龄） 青年羊体重占成年羊体重的 85%左右。这个时期，羊的生长发育接近成熟，体型基本定型，生殖器官已发育完善，绝对增重达到高峰，以后增重缓慢。增重的顺序是肌肉＞脂肪＞骨骼＞生殖器官＞内脏。

5. 成年期 这一阶段的前期，体重还会有缓慢上升，48 月龄后增长基本停滞。此期的特点是各种组织器官的结构和机能发育完善，新陈代谢水平稳定；生殖机能活动最旺盛：体型已定型且开始沉积脂肪。如何有效地发挥这一时期生活力、生殖力、生产力的作用，并尽量延长其持续时间，是在生产实践中应切实注意的问题。

（二）体组织的生长发育

皮肤和肌肉无论在胚胎期还是生后期，生长强度都占优势，脂肪组织在生长后期才加快生长。脂肪沉积的部位也随年龄不同而有区别，一般先贮存在内脏器官附近，其次在肌肉之间，继而在皮下，最后贮积于肌肉纤维中。

1. 肌肉的生长发育 肌肉的生长有两种途径：一是肌纤维大小不变，即纤维数目增加导致肌肉量增大。二是肌纤维数不变，肌纤维直径或者横截面积变大而使肌肉含量增加。哺乳动物肌肉量的增加通常都包含这两种类型。出生前主要是骨骼肌纤维在增加，但也伴随着肌纤维直径的增加。出生时大部分动物的肌纤维数已基本恒定，以后主要是靠增加原有肌纤维的直径或者横截面积而使整个肌肉束变大而使肌肉含量增加。因此，胚胎和胎儿期间是骨骼肌生长发育的关键时期。研究表明，肌肉组织中含有不同的细胞亚群，包括成肌细胞、肌卫星细胞、多能性前体细胞、多潜能干细胞等。肌源干细胞目前已被广泛证明具有横向分化潜能，能够分化为3个胚层的组织细胞类型，包括脂肪细胞、骨细胞、软骨细胞、内皮细胞、神经胶质细胞及血细胞等。成肌细胞是主要的肌干细胞，是肌再生修复的主要种子细胞，起源于胚胎中胚层的干细胞。

肌肉的生长主要是肌纤维体积增大、增粗，因此随羔羊年龄增大，肉质的纹理变粗。因而，羔羊肉肌纤维细嫩，而老羊肉肌纤维粗糙；初生羔羊肌肉生长速度快于骨骼，体重逐渐增加。

2. 骨骼生长发育 羊在出生后体型及各部位的比例都会发生很大的变化。这种变化主要是躯体各部位骨骼的生长变化引起的。羊在胚胎期，生长速度最快的骨骼是四肢骨，主轴骨生长较慢；出生以后则相反，主轴骨生长加快，四肢骨生长缓慢。就体躯部位而言，出生时头和四肢发育快，躯干较短而浅，腿部发育差；生后首先是体高和体长增加，其后是深度和宽度增加，二者有规律地更替。刚出生的羔羊骨骼已经能够负担整个体重，四肢的相对长度高于成年羊，以保证随母羊哺乳。

3. 脂肪的沉积 脂肪在羊体生长过程中的作用主要是保护关节的润滑、保护神经和血管及贮存能量。从初生到12月龄，脂肪沉积缓慢，但仍稍快于骨骼，以后逐渐加快。脂肪沉积的部位也随羊只不同而有区别。一般首先贮存于内脏器官附近，肠系膜脂肪和腹肪首先沉积，其次在肌肉之间，继而在皮下，最后积贮于肌肉纤维中，形成肌肉大理石纹。所以越早熟的品种，其肉质越细嫩。年老的羊经过肥育，达到脂肪沉积于肌纤维间，肉质也可变嫩些。生产实践中，利用羊只这些生长发育规律合理组织生产，将会收到良好的效果。

（三）组织器官的生长发育

羊的组织器官生长发育也具有不均衡性，不同组织器官的生长速度是不相同的。各器官生长发育的迟早和快慢，主要决定于该器官的来源及其形成时间。在个体发育中出现较早而结束较晚的器官，生长发育较缓慢，如脑和神经系统；相反，凡出现较晚的器官，它们生长发育则较快，结束也较早，如生殖器官。

二、生长发育受阻

动物在生长发育过程中，由于饲养不良或其他原因，引起某些组织器官和部位直到成年后还显得很不协调，这种现象叫做发育受阻或发育不全。各部位发育受阻的程度，与其生长强度成正比，与其生物学意义成反比。即该阶段生长强度最大的部分如遇不良条件，受阻程度最大，那些维持生命和繁殖后代的重要器官，则受阻程度相对较小。发育受阻可分为以下 3 种类型：

1. 胚胎型　草食动物在胚胎后期四肢骨生长最旺盛，如母体此时营养不良，则此部分的受阻程度最大。直到成年时仍具有头大体短、尻部低、四肢短、关节粗大等胚胎早期的特征。

2. 幼稚型　生后由于营养不良，使体躯的长度、深度和宽度发育受阻，成年后仍具有躯短肢长、胸浅背窄等幼龄时期的特征。

3. 综合型　生前生后都营养不良，使以上两种特征兼而有之。特点是体躯短小，体重不大，晚熟，生产力低。

三、羊的补偿生长

补偿生长是指家畜在生长期内，受到营养供给的限制（或营养缺乏），适应较低的营养水平，表现为增重很慢或处于维持水平或减重，在经受这样一段时间的营养限制后，如果营养状况恢复，家畜所表现出的高于正常生长速度的加速生长，有的称为追赶生长。补偿生长的幅度受到受限制时的年龄、限制时间和限制程度等因素的影响，而幼畜不可能完全补偿以前受限制的生长。对于放牧家畜，如牛、羊，由于受牧草生长的季节性影响，可能经常遭受不同程度的营养限制，经常表现出补偿生长现象。

（一）对营养受限制的反应

1. 完全补偿生长　在重新获得营养后，受限制羊加速生长并持续足够长的时间，以获得与同龄未受限制家畜相同的体重。

2. 不完全补偿生长　恢复营养后，受限制家畜虽有加速生长，但并未达到同龄未受限制家畜的相同体重，另一种情况是受限制羊除恢复营养后的初始阶段外，并无加速生长。

3. 无补偿生长　在恢复营养后，受限制羊的生长速度与未受限制者相比并无差异，这种结果在绵、山羊上都有反映，并易产生永久性生长停滞。

（二）影响补偿生长的因素

影响补偿生长的因素很多，主要因素有年龄、营养受限的程度和持续时间等。

1. 营养受限的年龄阶段　在早期发育的关键阶段受到营养限制的羔羊，可能会对饲喂限制和重新饲喂不起作用。一般认为，在生后不久遭受营养限制的牛羊就不可能有补偿生长，成为永久性生长受阻，另外成熟或接近成熟的家畜亦没有补偿生长能力。然而，也有一些初生时遭受营养限制的家畜表现出部分补偿生长的例子，但补偿反应的幅度很低或补偿反应仅存在于恢复营养后很短的时间内。Suiter 和 McDonald (1987) 发现，7 月龄体重 27kg 的美利奴羊对圈舍的重新饲喂反应很小。有研究认为，在断奶前不应该有营养限制，否则会使羔羊体重更轻、脂肪更多（D. Pethick，2006）。Oddy (2006) 认为，假如羔羊在断奶后得以很好的生长，则断奶后的生长减缓可以通过舍饲的补偿来抵消，此减缓期的生长以瘦肉为主，故更有意义。Ryan 等（1993）研究了去势的美利奴羔羊和赫里福牛的补偿生长实验，结果发现羔羊的补偿期比牛的要短，且在重新饲喂后期，补偿动物仍然比对照组体重轻。补偿生长得以被发现是由于其饲料转化率较高的原因。

2. 营养限制的严重程度 家畜恢复营养后的补偿生长反应是两个因子的函数，即受限制家畜的生长速度高于对照者的差值及该差值维持的时间。营养受限程度的加重，可导致补偿生长持续时间的延长，而不是生长能力的提高。处于相似发育阶段的羊，经受类似程度的营养限制及相似的持续时间后，其补偿反应方式相似，而且绵羊在 10～12 个月能够完全补偿生长。

补偿生长的程度和类型与营养限制的严重程度有关，但已有资料证明，遭受严重限制的家畜恢复后的加速生长不会高于受限制较轻者，并且前者持续时间更长。

3. 营养受限的持续时间 延长某一特定营养限制的时间（不改变程度），可能引起恢复后更快的加速生长。营养受限结束后，已下降的维持需要可用于生产的能量增多，而用于补偿生长的能量则因采食量增多而受采食时间的影响，存在一个适应过程，这个适应时间越长，已下降的维持需要增至限制前的水平所需时间就越多，对补偿生长的贡献就越大。

四、影响肉羊生长发育的因素

在集约化养殖体系中，影响羔羊日增重的因素包括品种与基因型、杂种优势、年龄、性别、营养、干物质采食量、饲料类型和日粮配比、适应性等。

（一）遗传

肉用羊的生长发育与遗传基础有密切关系。魏彩虹（2008）比较了陶赛特羊、特克赛尔羊及小尾寒羊的生长发育性能和适应性，结果表明，无角陶赛特羊和特克赛尔羊两个引进品种胸围、体长、管围 3 个生长发育指标均优于小尾寒羊，以初生重和断奶重最为明显，其中无角陶赛特羊初生重比小尾寒羊高 0.78kg，特克赛尔羊比小尾寒羊高 0.44kg，差异显著；无角陶赛特羊断奶重比小尾寒羊高 14.43kg，特克赛尔羊比小尾寒羊高 14.93kg，差异极显著。两个引进品种间无差异。育肥后无角陶赛特羊、特克赛尔羊胴体重、腰肌重、大腿重和眼肌面积显著高于小尾寒羊。背膘厚在三者之间差异显著，以特克赛尔羊屠宰性状最高，无角陶赛特羊次之，小尾寒羊最低。冯涛、赵有璋等（2004）试验波德代羊和无角陶赛特羊两个品种与当地蒙古羊杂交，两个品种在羔羊肥育生产中均是理想的父本，育肥性能差异不显著。杨健、荣威恒（2007）试验结果：陶赛特羊×蒙古杂种羊、特克赛尔羊×蒙古杂种羊及杜泊羊×蒙古杂种羊 F_1 代哺乳期日增重较高；德国美利奴羊×蒙古杂种羊 F_1 代断乳日增重、屠宰前体重较高；德国美利奴羊×蒙古杂种羊、陶赛特羊×蒙古杂种羊及杜泊羊×蒙古杂种羊 F_1 代胴体重、屠宰率及净肉率较高。李占斌、郭建平（2008）试验无角陶赛特绵羊与小尾寒羊杂交育肥，在增重速度、饲料报酬、产肉性能、肉品质方面，均优于特克赛尔与小尾寒羊杂交的羔羊和对照组小尾寒羊。

（二）性别

性别在绝大多数产肉动物的种类中对生长速度起重要作用。性别对活重增长和外形的变化，可有两种影响：一是雄性和雌性间遗传上的差异，这是遗传影响；一是由于激素的作用，这是内部环境的影响。在多数情况下，由于公、母羊体躯各部位和组织的生长速度不同，故各发育阶段的体格大小很不一样。羊的初生重一般公畜较母畜大，公羔就比母羔重约5%。公羔营养物质代谢旺盛导致其采食量提高。公羔采食量高是其生长发育比羯羔快的原因之一。公羔比羯羔生长发育快，采食量、日增重及饲料转化率高。在同等营养水平和相同饲养条件下进行羔羊肥育时，公羔比羯羔采食量大，饲料转化率高，因而增重高，育肥公羔比育肥羯羔经济效益高。公羔与羯羔的产肉性能证明在优良的饲养条件下，当年公羔比羯羔、母羔生长发育快，产肉性能高。魏彩虹等（2008）比较了陶赛特羊、特克赛尔羊及小尾寒羊3个品种，公羊的增重效果明显高于母羊。尹君亮等用晚春羔进行当年舍饲育肥试验，表明公羔较羯羔增重快，其体重较大组公羔日均增重为222g，羯羔为209g；体重较小组分别为214g和200g；公羔羊增重速度均高于母羔羊。

（三）母体大小

母体的大小和胚胎的生长强度有密切关系，即母体愈大，胎儿生长愈快，此即所谓的“母壮自然儿肥”。如肉用体重的大小，与其所生羔羊的初生重、断奶重和周岁重，都有较强的正相关。凡初产时体重大的母羊，在其后各产次的大部分羔羊中，断乳和周岁发育也较好。

（四）育肥月龄与初始体重

断奶体重是育肥期羔羊增重的最重要的预测指标之一。冯涛、赵有璋等（2004）在3、5月龄羔羊肥育试验中，试验组的平均增重接近，但以3月龄的经济效益最高，故羔羊肥育时，日龄越小，羔羊肥育期的增重也越大，经济效益也就越好。Linden 等人（2006）调查了不同年龄羔羊饲养期的体重增加情况，发现体重较大的羔羊增长速度比年轻的羔羊更快。在断奶时按体重分为重、中、轻体重三组，在进入舍饲育肥时，三组羔羊的平均体重需达到 37kg。重型组的体重在 14 周龄时达到进入舍饲育肥的标准，中等重量组的羔羊在 21 周龄后进入舍饲场，而第三组羔羊在 28 周龄后才达到 37kg。郭天龙、金海等（2012）试验结果显示：在补饲的 2 个试验组中，补饲到 50d 时（即羔羊 5 月龄）羔羊增重速度达到最大，之后补饲增重效果下降，即羔羊在 5 月龄前补饲可以发挥羔羊生理最大增重机能，该阶段补饲，饲料转化率最高，然后饲料转化率开始下降。贾少敏、唐玉双、张英杰（2012）探讨了年龄对优质陶赛特羊与小尾寒羊杂交二代横交固定后母羔（陶寒母羔）屠宰性能的影响，选取同等饲养条件下的 3 月龄和 4 月龄陶寒母羔各 6 只，结果表明，4 月龄羔羊的宰前活重、胴体重分别比 3 月龄高 38.34%和 50.47 %，4 月龄羔羊的屠宰性能高于 3 月龄。随着年龄的增长，血液、毛皮、心脏、肝、肾、其他内脏（肺、脾、肠系膜）、消化道（瘤胃、网胃、瓣胃、皱胃、小肠、大肠）等一些屠宰指标呈现累积生长的变化规律。因此，陶赛特羊×小尾寒羊母羔的屠宰性能明显受年龄的影响。

（五）饲养

饲养因素是影响生长发育的重要因素之一。饲养因素包括营养水平、饲料品质、日粮结构、精粗料比例、饲喂时间与次数、饲粮物理状态成形与否等。试验证明，只有合理的饲养方法和全价的营养水平，才能使动物正常生长发育，使经济性状的遗传潜能得以充分表现。用不同的营养水平喂养动物，可以控制各种组织和器官的生长发育。无论是肥育羔羊或成年羊，供给的营养物质必须超过它本身维持需要所需的营养物质，方有可能在体内蓄积肌肉和脂肪。肥育羔羊包括生长过程和肥育过程。就羔羊的“增重”而言，来源于生长部分和育肥部分。“生长”是肌肉组织和骨骼的增加，“肥育”是脂肪的增加，肌肉组织主要是蛋白质，骨骼则由钙、磷所构成。对于成年羊来说，体重的增加，则限于脂肪的增加，没有“生长”因素在内。因此，就可以知道肥育羔羊比肥育成年羊需要更多的蛋白质，就肥育效果而言，肥育羔羊比成年羊更为有利，因为羔羊增重比成年羊快。

动物为维持生命活动都必须消耗一定数量的能量、蛋白质及其他营养物质，它们生产性能的高低则取决于在维持需要以上的采食量和转化营养物质的能力。国内外许多研究表明，以精料为主进行舍饲育肥时，由于饲料具有较高的营养水平，羔羊能获得较多的干物质、能量和蛋白质，故增重快肉质好而且经济效益高。羔羊 4 周龄后，尤其是羔羊已经适应补饲料的采食以后，初生重对羔羊生长发育的影响逐渐减轻，而日粮的营养水平对羔羊的增重起主要的影响作用。姚树清等（1994）用陶赛特羊×小尾寒羊杂种一代羔羊进行了不同营养水平的对比饲喂试验，高营养组（代谢能为每千克干物质 11.12MJ，粗蛋白质为 20.5%）1～6 月龄羔羊体重比低营养组（按照当地一般的饲料水平，代谢能为每千克干物质 10.84MJ，粗蛋白质为 9.38%）分别提高 32.71%、32.59%、27.88%、32.56%、38.14%和 40.91%，达到极显著水平。王文奇、侯广田等（2012）研究了不同饲喂水平间，羔羊采食量、体重和全期日增重差异均显著，随着采食水平的增加，羔羊每个月末体重也呈现直线上升趋势，羔羊日增重呈上升的趋势，自由采食组（AL 组）日增重达 310g，70 % AL 组达 160g，而40 % AL 组日增重基本维持 0 增重水平。

当饲料供应不足时，腰部和骨盆等晚熟部位生长首先被抑制以保证机体对热能和蛋白质的需求。不同的饲喂模式可导致不同的生长发育结果。许多抗生素通过减少疾病的影响来增加生长速度和饲养的效率。在羊中，它们也能改变瘤胃中的微生物群落从而提高饲养效率，在饲料、矿物质添加物以及水中可加入少量的抗生素。

相比于单一配比饲料，选用三种颗粒料的饲喂方式，更能提高羔羊的日增重。独栏强化饲喂表明在舍饲初期，可提高日增重。

（六）抗逆性与适应能力

羔羊对日粮和喂养体系的适应性，以及在舍饲条件下合群性和生理因素，也是影响日增重的主要因素。胆小易受惊的羔羊，采食量容易受到影响，影响日增重。

第二节　生长发育的分子调控机制

生长发育性状是一个受遗传和环境因素共同作用和相互作用的复杂性状，尽管利用全基因组关联研究可分析基因组上所有基因，筛选出那些与某类性状关联的单核苷酸多态性（Single nucleotide polymorpshism，SNP），但很难综合评价某个基因对其确切的作用。要找到与生长发育相关的精准基因是羊育种工作者的研究目标之一。

一、绵羊生长发育的主效基因

近些年，人们对基因表达调控的研究主要集中在转录因子介导的基因转录调控方面，最受关注的是与编码蛋白质相关的基因，它们约占整个基因组的 2%。

1. Callipyge 基因

（1）Callipyge 基因座的定位　绵羊染色体近端粒区具有一个高度保守的结

构域。Cockett（1994）等首次将双肌臀（Callipyge，CLPG）基因座定位于绵羊18号染色体的端粒区。Segers（2000）等构建了包含CLPG座位的BAC克隆，其中的500 kb被完全测序，结果表明CLPG突变位于18号染色体的DLK1-GTL2印记区内。这个结构域内含有大量印记化基因，这些印记化基因的表达产物在生长发育过程中起着重要的调节作用。迄今，在DLK1-GTL2印记区已发现了约40个miRNA，多位于Mirg的内含子内。

（2）*Callipyge的遗传方式* Callipyge基因遗传方式比较独特，表型呈父本极性超显性遗传，不遵循一般的遗传定律。只有从父本接受了Callipyge基因（C），从母本接受了野生型等位基因（N）的杂合绵羊（CN）才具有Callipyge表型，而反交杂种绵羊（NC）表型正常。Cockett（1994）等把具有Callipyge表型的公羊与正常母羊进行杂交，共产下203只（49.2%）具有Callipyge表型的羊和209只（50.8%）正常羊，且与性别无关。这个1∶1的分离率使得研究者们认为这是一个常染色体决定的基因。然而在回交的时候，用正常公羊（clpg/clpg）与Callipyge母羊杂交，却没有得到有Callipyge表型的羊，这又不符合常染色体决定的模式。在检测了正反交所形成的后代基因型后，人们发现clpg/clpg（公）×CLPG/clpg（母）得到的是正常表型羊，即从母亲那里遗传了Callipyge突变基因的羊不表达Callipyge表型，相反只有从父亲那里遗传了相同突变的羊才表达Callipyge表型，这是一种极性超显性。

（3）*Callipyge基因突变* 为了寻找CLPG突变，Freking等对包含有DLK1、GTL2、PEG11、MEG8和antiPEG11这5个基因的200kb序列进行测序比较，发现位于GTL2上游32.8kb处的A→G单碱基突变可能是造成Callipyge表型的原因。这意味着A→G的单碱基突变发生在羊的早期发育过程当中，也就是引起突变的原因。目前，该突变被命名为SNP^{CLPG}。在DLK1-GTL2印记化结构域内，父源等位基因表达的蛋白质编码基因有DLK1、DIO3、PEG11以及Begain等，由于基因印记（DNA甲基化），这些蛋白质编码基因在母源染色单体中均不表达。因此，推测SNP^{CLPG}可能位于一个顺式长范围调控元件内，而调控元件可以控制该区域内的基因表达。此外，该调控元件的功能也可能和年龄有关，因为绵羊骨骼肌组织中印记区的基因表达通常是出生后负调节。研究表明，DLK1突变影响绵羊胎儿前体骨细胞的增殖，与双肌臀羊肌肉肥大增生有关。为了进一步研究DLK1蛋白和肌肥大增生（双肌臀性状）间的关系。Davis等（2004）进行了转基因小鼠试验，结果表达细胞膜结合形式DLK1蛋白的转基因小鼠，由于肌纤维直径增大而表现为肌肥大增生。这说明是DLK1蛋白的异位表达引起了双肌臀羊肌肉肥大增生。

（4）*Callipyge基因的遗传效应* 对Callipyge基因遗传效应的研究已经涉

及肉用型、毛用型和多胎类型等多个绵羊品种。研究结果表明，Callipyge 基因最显著的遗传效应是提高双肌臀羊的瘦肉率。此外，还对屠宰率、胴体性状等有一定影响。

Callipyge 基因使双肌臀羊某些部位的肌肉过度发育而显著增大，但各部分肌肉受到影响并不完全相同。受较大影响的是腰部和腿部的肌肉（背最长肌、股三头肌、股二头肌、半膜肌和半腱肌。第一个显著增大的肌肉块是背最长肌，第二个显著增大的肌肉块是臀肌，最后一个显著增大的肌肉块是腿间的肌肉。Freking 等报道，在 214.9 日龄时，与正常羊相比，双肌臀羊胴体无脂肪瘦肉多了 7.3%，而脂肪却少了 7.2%。正是由于肌肉的过度发育而脂肪总量却相应减少，从而使双肌臀羊具有较高的瘦肉率。

Callipyge 绵羊的屠宰率比正常羊高，主要是由于 Callipyge 羊的头和毛皮较轻。Jackson（1997）也报道，双肌臀羊在 54.5kg 重时的屠宰率比正常羊分别高 2.3%和 3.4%（$P<0.001$）。研究表明：Callipyge 绵羊的屠宰率比正常羊高的原因可能是双肌臀羊的毛皮、内脏器官及肾周脂肪重量的降低。Freking（1998）等研究结果表明，双肌臀羊的毛皮重、肝脏重比正常羊都低。

Callipyge 基因对胴体性状有很大影响，Callipyge 羊的蛋白质增长率比正常羊高，尤其是 23 周龄前，Callipyge 羊的瘦肉增长速度明显较高。当胴体重相同时，Callipyge 羊的胴体每增加 1kg，就增加 36g 灰分、373g 脂肪、148g 蛋白质和 445g 水，与此相应的正常胴体的增加量分别为 37、484、115 和 365g。Callipyge 羊的蛋白质增长率比正常羊高，尤其是 23 周龄前，Callipyge 基因对骨重的作用很小或没有。双肌臀羊具有较少的单链饱和脂肪酸和较多的不饱和脂肪酸。随着消费者的营养意识增强和对无脂肪瘦肉需求的增加，双肌臀羊可能会很容易被接受。

Callipyge 基因对肉质有不利影响，Callipyge 羊腰肉的大理石状评分较低，肉汁少，肌内脂肪少，香味不浓。Callipyge 羊胴体较正常胴体背最长肌的剪切力大。Koohmarale 等报道 Callipyge 基因会提高部分肌肉的硬度，尤其是对背最长肌作用显著。Callipyge 绵羊的腰肉和腿肌的硬度较高，这是由于钙蛋白酶抑制蛋白和 m-钙蛋白酶活力水平的提高会降低死后蛋白水解的速度和程度，从而提高肉的硬度。Freking（1998）报道，Callipyge 羊胴体的钙蛋白酶抑制蛋白活动水平在 0 d 和 7 d 分别比正常胴体高 58%和 88%。所以可认为，钙蛋白酶抑制蛋白的活动是引起 Callipyge 胴体硬度提高的生化原因之一。目前，已经研究出一些单一或综合的方法来提高双肌臀肉背最长肌嫩度。但这些方法只能在一定程度上缓解肌肉的坚硬，处理后的肌肉嫩度仍低于正常肌肉。

2. 肌肉生长抑制素基因　肌肉生长抑制素（Myostatin，MSTN）又名

GDF-8（生长分化因子-8），作为骨骼肌特异性生长发育的负调控因子，遗传突变功能失活后能够产生肌肉急剧增加的“双肌表型”。1997年，美国约翰霍普金斯大学医学院McPherron科研小组在研究TGF-β（转化生长因-β子超家族）时在该家族的保守区域发现了这个基因，通过测序鉴别出它属于转化生长因子TGF-β超家族的一名成员。迄今为止，已经发现绵羊、牛、犬、大鼠及德国的一名4岁儿童均携带有遗传突变而功能失活的Myostatin基因，从而产生肌肉急剧增加的“双肌表型”。

肌肉生长抑制素是一种分泌型多肽，具有TGF-β超基因家族成员共同的特征：①N端有一段信号肽序列，可以跨过内质网；②紧挨着生物活性区有由4个氨基酸残基（RSRR）组成的蛋白酶加工位点；③C-末端包含9个保守的半胱氨酸残基的生物活性区，靠分子间的二硫键形成二聚体。该基因在绵羊与牛的序列中仅存在1～3bp的差别，在人、大鼠、小鼠、猪和鸡的同源相似性达到100%高度保守。Myostatin基因 cDNA 全长1 128bp,具有一个完整的开放阅读框架（ORF）编码376个氨基酸，主要在哺乳动物的骨骼肌中表达。

Myostatin基因敲除后的小鼠肌肉量显著增加的同时，脂肪形成减少，并且瘦蛋白（Leptin）的分泌降低。在12周龄的Myostatin基因敲除小鼠体内检测到这两种蛋白质相对于野生型小鼠明显减少。骨骼肌中敲除Myostatin的小鼠中，除了肌肉含量增加以外，胰岛素敏感性和葡萄糖摄取量增加，脂肪含量减少，可以作为治疗糖尿病的理想靶标基因。肌肉的增生来源于肌纤维数目的增加，而肌肉肥大是在原有肌纤维数目不变的情况下肌肉量的增多。肌肉增生通常是在成肌细胞的增殖和分化水平上调控，而肌肉肥大是在成熟的骨骼肌纤维水平上来调控。特克赛尔绵羊因其肉质丰腴而闻名，2006年Clop A等发现正是由于该羊的肌肉生长抑制素基因的3’-UTR（非翻译区）发生了一个G到A的碱基突变，导致Mir1和mir206在骨骼肌中高度表达，抑制Myostatin基因的转录，从而使特克赛尔绵羊肌肉硕腴，享有“双肌绵羊”的美誉。

3. BTG/TOB家族 BTG/TOB家族在细胞的生长中起到抗增殖的作用，对BTG/TOB家族进行基因的蛋白产物预测，利用Align软件对进化过程中被代替的频率标准进行多重比对，发现这些基因家族成员的蛋白序列，存在两个进化高度保守的同源区，两个保守的结构域是在氨基末端区域存在，分别命名为box A和box B。尤其是box B对蛋白复合体的形成起重要作用，进而调节蛋白质的生物活性，进一步可能抑制细胞增殖作用。BTG1（B-cell translocation gene 1，B细胞易位基因1）是抗增殖基因BTG/TOB家族的一员。1991年Rimokh等人后来克隆并发现了B淋巴细胞MYC基因座上慢性白血病中染色体易位的具有抗增殖作用的基因BTG1，这个基因与PC3/TIS21基因具有

65%的同源性。最引人注意的是 BTG1 表达谱生肌节处的表达。最近研究，BTG1 在心脏形成过程中、鸡原肠胚和生肌节处表达。研究发现，在培养的成肌细胞中，BTG1 刺激细胞核受体的转录活性 T3。T3 可以增加 BTG1 在细胞核的积累。BTG1 主要调节细胞增殖和分化，主要在静止期和分化期的细胞中表达，当细胞进入增殖周期时 BTG1 被下调，体外的基因转染试验表明，BTG1 负向调节细胞增殖。BTG2、TIS21 和 PC3 基因的发现是用不同的方法在不同的实验室克隆出来。BTG/TOB 家族被称为“APRO”，这个家族的基因具有抗增殖作用，目前人类在细胞中已经确立了 6 种不同的蛋白在此家族中存在，在不同的物种中发现了此家族的成员不少于 20 种。

Fletcher 等（1991）利用促进肿瘤生长的 TPA（12-O-tetradecanoylphorbol-13-acetate）诱导鼠 Swiss 3T3 细胞时获得了同源基因序列，命名为 TIS21（ TPA-induced sequence 21），Zhu 等（1998）用 p73 和 p53 诱导了与人类具有同源性的 BTG2。BTG2 在人类染色体 1q32 位点已经被成功克隆。研究结果还发现，BTG2 在 N 端除了有 box A 和 box B 结构外，还有第三个结构区域 box C，而且这个结构在其抑制 WEHI-231 细胞生长功能中发挥了重要作用。研究结果表明，BTG2 含有 p53 野生型基因的反应元件。

BTG/TOB 家族能够促进神经元的分化发育，研究结果表表明，BTG2 参与了神经元细胞的发育分化，其具有抗增殖和促分化的作用。BTG2 生物学功能主要包括促分化、抗凋亡和抗增殖作用。BTG mRNA 在神经系统中只在那些能分化为神经元的神经上皮细胞中表达，BTG2 发挥其抗增殖的作用是通过阻碍 G1 到 S 期的进程完成的。

胡静静等（2005）用高密度寡核苷酸芯片技术研究了大鼠胚胎胰腺中晚期（E12. 5、E18. 5、E15. 5）细胞的发育分化及功能代谢，并且对基因的表达趋势进行了研究。用获得的基因信息对国家生物技术信息中心（NCBI）等公共数据库进行检索，结果发现 BTG2 对细胞的分化、增殖和凋亡起调节作用。BTG2 有可能在大鼠胚胎胰腺内外分泌细胞发育分化的各个阶段起到了促进作用。

Matsuda 等（2001）研究发现 BTG2 结合了同源基因 Hoxb9，而用以此调控神经细胞的转录活性。研究证明了 Hox 基因是参与胚胎时期神经主轴区域化的基因，Hoxb9 基因靶向断裂会引起第一、二肋骨的生长发育缺陷。更多的研究证明 PC3/BTG/TOB 还共同参与了胚胎干细胞、肌细胞和造血干细胞等多种细胞的分化发育。

BTG2 基因能够修复 DNA 损伤，当 DNA 损伤和细胞处于应激状态下时，BTG2 被诱导能迅速活化。紫外线照射、电离辐射照射、化学物质等都是

DNA损伤剂，这些DNA损伤剂可以直接诱导BTG/TOB家族的活化，主要是通过抑制细胞周期素D1使细胞周期停滞在G1期，从而使DNA复制受到抑制，受损的细胞可以得到充分的休息；另一方面抑制周期素D1可活化增殖细胞核抗原（PCNA）一起对损伤DNA进行修复，因此联系细胞周期和DNA损伤修复的桥梁是PC3。

BTG家族与肌肉生长发育有密切关系，很多基因参与了肌细胞的循环过程，因为肌细胞循环过程是一个非常重要而复杂的过程，有很多抗增殖基因参与了细胞循环调节，并在其中起了很重要的作用，这些基因控制细胞分化、生长和凋亡。研究结果表明：BTG/TOB家族对肌肉生长有影响，BTG2过量表达能使体尺减小的频率上升，可能其对动物的生长有影响。另有研究表明，大理石花纹不同的两组牛，有77个能够差异表达的基因，里面有44个是新基因，其中35个已知的基因中就有BTG2，它可能与脂肪细胞的连接聚集有关系，然后影响了肌间脂肪沉积。大量的研究表明，BTG1在调控肌细胞的生长发育上起到重要作用，BTG1过量表达将抑制肌原细胞的增殖，而且使肌原细胞进入分化状态。研究结果表明，用不同生长速度的猪建立的LongSAGE库中筛选到了多个差异表达的基因，这些差异表达的基因对猪生长发育有调控作用，这些基因中就包括BTG家族。Zheng（2007）等研究表明，BTG2和BTG3在小鼠成肌细胞C2C12分化过程中都被诱导表达，说明这两个基因在肌细胞分化过程中起重要作用，另外研究结果表明，BTG3抑制猪次级肌纤维的增殖，BTG2抑制猪初级肌纤维的增殖，推测这两个基因尤其是BTG3可能在猪骨骼肌早期肌纤维的生长中起作用，有可能影响猪的肉产量。小鼠TOB2基因在胚胎骨骼肌中表达量非常高，说明它在骨骼肌的发育过程中也起到了重要作用。

4. FST基因 卵泡抑素（Follistatin，FST）又称FSH抑制蛋白（FSH-supressing protein，FSP），是一种糖基化单链多肽，富含半胱氨酸，FST对促卵泡素（FSH）具有较强的抑制作用。FST主要通过颉颃TGF-β超家族中多个成员，包括 生长分化因子-9（Differentiation factor-9，GDF-9）、骨骼趋向因子（Bone morphogenetic protein，BMP）和MSTN（GDF-8）等而实现其生理作用。FST在各种动物体内的作用主要体现在对肌肉发育和繁殖性能的影响上。研究表明，MSTN是肌肉发育负向调控因子。FST基因又是负向调控MSTN基因，FST调控主要通过FST的N端结构域结合MSTN的C端并抑制MSTN与受体的结合来调节肌肉骨骼肌的发育，从而促进生长发育。

FST由单基因编码，在几乎所有的高等动物组织中都能表达，具有重要的生理调控作用。研究结果表明，转基因动物中FST基因对动物的受精率和繁殖性能有明显影响，这种影响主要表现在卵母细胞的成熟和卵泡的发育方面，它是通过中和卵丘上的颗粒细胞产生的活化素蛋白（Activin）来实现。近年的研究结果发现：过量表达的FST基因会导致动物肌肉产量的增加。缺失FST基因会导致肌肉发育不良；FST基因可通过促进卫星细胞增殖从而促使肌肉肥大。

目前FST序列已经在牛、猪以及鱼中被克隆。Rebhan等通过原核表达获得了肌抑素（Myostatin，MSTN）纯化蛋白和鱼的FST，并使FST与MSTN在体外的结合得以成功实现，这说明外源蛋白在提高动物肌肉产量方面存在一定可行性。FST主要通过结合Activin来对动物繁殖性能进行调控，因为FST和Activin都存在于动物的卵泡中。刘贺贺等（2011）研究发现，鸭N端结构域（N-domain）与哺乳动物和鸡等均具有较高的同源性，在保守结构域预测并发现鸭FST 3个结构域，两两相似性在30%以上，10个半胱氨酸残基的位置一致。Nakatani等（2008）研究表明，在FST 3个结构域中，DomainⅠ能够影响肌肉的发育，这可能与MSTN的结合有关，而DomainⅡ、Do-mainⅢ与繁殖存在关系，这可能是Activin结合的主要区域。刘贺贺等（2011）发现鸭的FST与鼠DomainⅠ结构较相似，而DomainⅡ、Do-mainⅢ与鼠的差异较大。这表明鸭与鼠的DomainⅡ、Do-mainⅢ的差异，可能是鼠与鸭的繁殖差异的分子基础不一样。

5. Pax基因 Pax（Paired box）因子是类非常保守的转录因子，最初发现Pax基因是控制果蝇早期发育的分节基因，Pax基因参与细胞内信号传导的高级调控，这个基因的分节基因包括Paired（prd）、Gooseberry-distal（gsb-d）和Gooseberry-proximal（gsb-p），它们均编码含3个α螺旋的128个氨基酸的保守结构域，它们构成了一个重要的蛋白家族，这类因子属于螺旋-转角-螺旋蛋白，广泛存在于动物体内，在脊椎动物中共包含9个成员（Pax1～Pax9），按基因发现时间顺序，分别定名为Pax1～Pax9。现在人们研究最多的是Pax1和Pax7基因，Pax基因目前认为是一类重要的转录调控因子，各自发挥着重要作用。在胚胎发育过程中对细胞分化、更新、凋亡等都起十分重要的调控作用。王秀等（2008）认为，Pax基因家族在动物胚胎发育以及个体成熟过程中起重要作用，非正常剪接体往往会导致个体先天性畸形、遗传性疾病以及恶性肿瘤的发生。其中Pax3、Pax7和Pax9均表达于生皮肌节细胞，研究表明，Pax因子的非正常表达会导致多种器官组织发育畸形，Pax2表达可作为这类肿瘤侵袭的一个标志。因为研究发现Pax2表达水平与Ki-67相关，目前认为Ki-67高表达与肾癌高恶性度有关。Pax7能使多能干细胞转变为生肌细胞，也与中枢神经系统和骨骼肌的发育有关，它是生肌性诱导物，Pax3和Pax7与癌症的发病有关。

小鼠中Pax1主要参与胸骨、肢芽、肩胛骨、胸骨带和盆骨带的发育生长调控；Pax2基因与肾脏的发育密切相关，与肾脏发育有关，前期这个基因调节肾单位前体细胞增殖和中肾管形成。活跃于围绕输尿管的后肾浓缩物和上皮衍生物中。Pax2突变型小鼠最初也能够形成输尿管。Pax3对脊椎动物四肢肌肉的形成起重要作用，研究结果表明，在体节形成过程中Pax3都有表达，然而表达很快在背部体节和生皮肌节中受到限制，Pax3和Pax7发育早期在体节普遍表达，次之在肌节的骨骼肌细胞中表达，当肌细胞分化为肌浆蛋白时候，Pax3在体节中又强烈表达，Pax3与肌肉发育早期阶段密切相关，并对轴下肌肉系统的发育有着重要作用。Pax4和Pax6对胰腺和肠胃道发育的影响，Pax4和Pax6从胰芽发育的初始阶段就开始表达，当Pax4和Pax6同时缺失时，胰腺中胰岛细胞的分化趋向紊乱，Pax4和Pax6还参与内分泌细胞形成肠胃道表皮的发育过程。Pax6被认为是晶状体形成的主导基因。

一些参与动物眼发育的保守基因都含有Pax6基因编码蛋白的结合位点。Singh等（2002）发现，含有标准型Pax6但缺失剪接体Pax6（5a）的小鼠表现出角膜、晶状体、虹膜发育不全。Pax8对肾脏发育也有一定调控作用，但其影响效果远不如Pax2明显。Pax9的调控范围则包括头部、尾部、肢芽、食道、牙齿和咽喉。王秀等（2008）研究发现，Pax基因的选择性剪接并不仅仅是序列上的差别，它的真正意义在于功能上的分流管理，其多种剪接体往往和不同疾病发生机制相关，对于研究发育调控以及相关疾病的预防治疗具有重要意义。

魏彩虹（2012）等对肉羊胎儿期调控骨骼肌发育的相关基因进行了研究，选取骨骼肌生长差异显著的两个国内外品种特克赛尔羊和乌珠穆沁羊，取85、100、120和135日龄的半腱肌、半膜肌、背最长肌、股四头肌和股二头肌五个部位的肌肉样品，用荧光定量PCR研究了胎儿不同骨骼肌中FMOD、FST、BTG2、BTG3、DLK1和MSTN基因的表达调控机制及早期肌肉发育规律。结果表明，特克赛尔羊和乌珠穆沁羊两个绵羊品种的各个骨骼肌组织生长发育具有时段特征。随着胎儿日龄增加，DLK1基因在半腱肌（120日龄）、半膜肌（120日龄）、背最长肌（100日龄和135日龄）、股四头肌（85日龄）和股二头肌骨骼肌（135日龄）中表达量呈增加趋势，同时在特克赛尔羊中的表达量高于乌珠穆沁羊。MSTN基因的表达量特克赛尔羊高于乌珠穆沁羊，在背最长肌与股二头肌中的表达量低于半腱肌、半膜肌和股四头肌中的表达量。85、100、120和135日龄阶段的半腱肌、半膜肌、背最长肌、股四头肌和股二头肌5个部位BTG2基因在特克赛尔羊中的表达量均高于乌珠穆沁羊，然而在120和135日龄阶段的半腱肌、半膜肌、背最长肌、股四头肌和股二头肌5

个部位中 BTG3 基因在特克赛尔羊中的表达量低于乌珠穆沁羊。FST 基因在半腱肌、半膜肌、背最长肌、股四头肌和股二头肌骨骼肌中表达量比较高，相对表达量大约是 MSTN、BTG2、BTG3 和 DLK1 基因在特克赛尔羊和乌珠穆沁绵羊品种肌肉组织中的 10～20 倍，且特克赛尔羊表达量高于乌珠穆沁羊。FST 基因可能在肌肉发育方面起到重要的作用。从整体分析而言，FMOD 基因在股四头肌中表达量较高，而在其他 4 种肌肉组织中相对表达量比较低，且在乌珠穆沁羊表达量高于特克赛尔羊。

二、小分子非编码 RNA 和长链非编码 RNA 对生长发育的调控

越来越多的证据表明，一度被认为是 DNA 和蛋白质之间的“过渡”的 RNA 在生命进程中扮演的角色远比人们设想的要多，最近发现的小分子非编码 RNA（Small noncoding RNA）和长链非编码 RNA（long noncoding RNA，lncRNA），包括 microRNA（miRNA）、hsRNA（heterochromatin associated small RNA）、piRNA、（piwi-interacting RNA）和 esiRNA（endogenous siRNA）等，它们分别在转录水平、转录后水平及表观遗传水平等方面控制基因的表达，组成了 RNA 调控网络，在细胞增殖和分化、干细胞维持、个体发育、代谢、信号转导等几乎所有重要生命活动中发挥关键的调控作用。这些非编码 RNA 的发现，揭示了真核生物的一种新基因表达调控方式，并促使非编码 RNA 研究成为后基因组时代一个重要的生命科学研究前沿。

人们不断发现许多 lncRNA 不仅在特定的发育阶段出现，或具有组织或细胞特异性，还有很多 lncRNA 具有保守的二级结构、剪切形式以及精确的亚细胞定位。Pauli 等（2012）对胚胎发育过程中 lncRNA 的研究发现，lncRNA 和蛋白编码基因相比在相对狭窄的时间窗中表达，在胚胎早期特别丰富。一些 lncRNA 的表达具有组织特异性，并具有独特的亚细胞定位模式。lncRNA 具有复杂的二级和三级结构，这赋予 lncRNA 特殊的结合功能。如 lnCRNA-repA 通过形成带有 4 个发夹结构的二聚体才能与 PRC2 结合；lncRNA-Gas5 的发夹结构能够诱导糖皮质激素受体远离它在 DNA 上的靶位点，如果发夹缺失，它与 DNA 的结合和转录抑制功能将受到糖皮质激素的影响。lncRNA 可以通过竞争性结合相应的 miRNA，通过对该 miRNA 转录后的调控来影响肌肉的生长发育。Jalali 等（2013）证实，lncRNA 能够竞争性地与其他 noncoding RNA（包括 microRNA）结合来共同调控基因的表达。Karreth 等（2011）研究表明，一类称为竞争性内源 RNA（ceRNA）的 lncRNA，与 miRNA 结合可阻碍 miRNA 作用于靶基因，进而保证相应靶基因的转录后表达。Cesana 等（2011）在研究骨骼肌生长发育时，发现特异性表达的细胞质长链

非编码RNAlinc-MD1可发挥ceRNA活性，通过结合mir133和mir135实现对肌肉特异性基因即转录调控因子MAML1和MEF2C的表达调控。

另外，lncRNA可作为诱饵分子对骨骼肌生长发育和细胞凋亡产生影响。如lncRNA-Gas5是哺乳动物肌肉生长和细胞凋亡的关键调控因子，Gas5通过模拟糖皮质激素应答元件来结合糖皮质激素受体的DNA结构域，阻止糖皮质激素受体与糖皮质激素应答元件的相互作用，从而抑制下游基因的表达，促进细胞凋亡的发生。Huarte等（2010）发现，p53直接诱导长链基因间非编码RNA p21的表达，lncRNA-p21与核不均一核糖核蛋-K（hnRNP-K）结合可抑制p53信号通路下游基因的表达，从而调控p53介导的细胞凋亡。早期认为原位调控是lncRNA调控生长发育的唯一机制，近期的研究发现lncRNA可能存在远程调控生长发育机制。它通过招募形成染色质修饰复合物而沉默邻近基因转录，例如IGF2R反义RNA（AIR）、XIST等，Hox基因反义基因间RNA（HOTAIR）的发现提示lncRNA存在远程调控生长发育机制。同源异型基因Hox在远程调控细胞增殖与定向分化中起关键作用。

第三节　环境条件对肉羊生长发育的影响

一、温度

在自然生态因素中，气温是对绵、山羊影响最大的生态因子，它在绵、山羊的生活中起着重要的作用，直接或间接地影响着绵、山羊的生长、发育、形态、生活状况、生存、行为、生产力以及绵、山羊的分布等。在不同的纬度，不同的海拔高度，甚至在同一地区的不同季节，或者在同一天中的不同时间，气温都有差异。气温的变化，在不同程度上影响着绵、山羊的新陈代谢，进而影响着绵、山羊的生长、繁殖等生命活动。

每一种生物，都有其致命的低温，即冻死的温度；致命的高温，即热死的温度；最低有效温度，即生物维持长期积极生命活动的最低温度；最高有效温度，即能维持长期积极生命活动的最高温度。理想温度即最适温度，指恒温动物借助于物理调节方法来维持体温正常的环境温度。当气温下降，散热增加时，必须提高代谢率，增加产热量，以维持体温的恒定。开始提高代谢率的外界温度，称为临界温度，如果气温升高，机体散热受阻，物理调节方法不能维持体温恒定，体内蓄热，体温升高，代谢率亦因而提高。因气温升高而引起的代谢率升高的环境温度称为过高温度（也称临界温度）。临界温度与过高温度之间的气温，为最适温度。绵、山羊的下限临界温度受很多因素的影响：在维持饲养时，下限温度较高，在20℃时绵羊能维持体温；自由采食时，下限温度为13℃；饥饿时下限温度为30℃；羊毛长度从1 mm增加到100 mm时，下限温度由28℃下降到−3℃；绵、山羊的品种、性别、年龄、饲养水平不同，下限温度也不同；另外，随着刮风、下雨以及其他环境因素的影响，绵、山羊的下限温度还会发生变化。因此，绵、山羊的适宜温度是：绵羊−3～23℃，羔羊29～30℃。

当气温比绵、山羊活动适宜温度稍低时，机体为了适应低温环境，必须加强体内新陈代谢作用，食欲旺盛，消化能力增强，以提高对外界低温环境的抵抗力。但是，过度的低温，特别是风速大、空气湿度大的环境对绵、山羊危害较大。当环境温度过低时，畜体散热过多，出现肌肉收缩，躯体蜷曲，若仍不能保持正常体温时，就会打寒战，严重时脉搏缓慢，新陈代谢降低，呼吸变慢，血液循环失调，尿增多，最后冻僵而死。

当环境温度升高，绵、山羊的采食行为和采食量随之下降，甚至停止采食，喘息。日最高气温≥30℃时，羊只散热发生困难，放牧采食常常受到影响，往往使羊只掉膘或中暑；甚至发生"热射病"。"热射病"是因天气潮湿闷热，机体产热大于散热，使体内积热而引起中枢神经系统紊乱的疾病。由于外界温度过高，羊舍内潮湿、闷热、拥挤、狭小，或车船运动时通风不良，热在体内蓄积所致。魏彩虹等（2008）研究了北京周边地区夏季高温对肉羊生长的影响，育肥结束屠宰体重分别为小尾寒羊母羊22.83kg，公羊28.33kg，陶赛特羊母羊34.33kg，公羊35.17kg，特克赛尔羊母羊33.25kg，公羊37.17kg，表明公羊炎热季节增重效果明显高于母羊，平均日增重陶赛特羊为95.12g，特克赛尔羊为94.82g，以小尾寒羊最好，可达103.12g，这表明小尾寒羊对夏季炎热天气适应性更强。

我国西北地区，绵羊夏季放牧多选择在高山牧场上，因为高山地区气候凉爽、雨水较多、牧草繁茂、蚊蝇很少，羊只新陈代谢旺盛，几乎终日采食不息，容易抓膘长肉，是夏季绵羊放牧比较理想的地方。新疆巩乃斯种羊场的新疆细毛羊群，每年通过3个月左右的夏季牧场放牧抓膘，每只羊平均增重都在13kg以上。

环境温度对羊的繁殖也有明显的影响。在夏季，将公羊饲养在7.2～8.9℃的降温室内，精液品质显著提高，与母羊交配后的受精率达64.2%，而不降温的对照组仅为26%。根据研究，当气温高到26.7℃，已达到公羊精液品质下降的临界温度。当气温在35℃或以上时，美利奴公羊的精液品质恶化，失去受精能力。在纬度35℃地区，公羊有夏季不育现象。气温对母羊的发情表现也有明显影响，当气温下降到11～13℃时，每天每群羊中发情母羊只数较高，当气温升高到15～17℃时，每天每群羊中发情母羊只数较低；而在高温条件下，母羊的受胎和妊娠会受到影响，尤其在配种前后一段时间内，特别是在配种后胚胎附植于子宫前的几天内，是引起胚胎死亡的关键时期。

为了克服高温季节对羊群的危害，需要采取以下措施：①抓早牧、晚牧和夜牧；②在放牧地设遮阳凉棚；③把羊群赶入树林较多、通风良好的树荫下乘凉休息；④高温季节到来之前剪一次夏毛；⑤羊舍设置通风和淋湿设备。

根据赵有璋等有关研究资料，在我国不同生产类型的绵羊对气温适应的生态幅度列入表 4-1 中。

表 4-1　不同生产类型绵羊对气温适应的生态幅度

单位：℃

绵羊类型	掉膘极端低温	掉膘极端高温	抓膘气温	最适宜抓膘气温
细毛羊	≤−5	≥25	8～22	14～22
早熟肉用羊	≤−5	≥25	8～22	14～22
卡拉库尔羊	≤−10	≥32	8～22	14～22
粗毛肉用羊	≤−15	≥30	8～24	14～22

二、湿度

空气相对湿度的大小，直接影响着羊只体热的散发。在一般温度条件下，空气湿度对羊体热的调节没有影响，但在高温时，羊主要靠蒸发散热（绵羊的蒸发冷却中 20％靠出汗，80％靠呼吸蒸发），而蒸发散热量是与畜体蒸发面（皮肤和呼吸道）的水汽压与空气的水汽压之差成反比，空气水汽压升高，畜体蒸发面水汽压与空气水汽压之差减少，因而蒸发散热量亦减少，所以在高温高湿的环境中，羊散热更为困难。当羊散热受到抑制时，引起体温升高，皮肤充血，呼吸困难，中枢神经因受体内高温的影响，机能失调，最后致死。在低温高湿的情况下，羊易患各种呼吸道疾病，如感冒、神经痛、风湿痛、关节炎和肌肉炎等。

在一般情况下，较干燥的大气环境对于绵羊的健康较为有利，尤其是在低温的情况下更是如此。只有在气温特别高时，空气的过分干燥就会引起一定的危害。如会使羊散失水分过多，新陈代谢作用减弱，容易干渴，要求大量饮水；空气干燥，尘埃增多，眼角膜发炎，影响羊的视力；高温干燥的环境，还能严重地使皮肤和外露的黏膜发生干裂，从而减弱皮肤和黏膜对微生物的防卫能力。

羊舍湿度太高，特别是在夏秋季节多雨潮湿的草场上，常常引起严重的腐蹄病和寄生虫病，尤其是蠕虫病。阴雨连绵，使土壤、道路泥泞，羊群游走放牧不便，影响羊群的采食和健康。降雪是天然降水的重要组成部分，但是降雪过大，则掩埋牧草，羊群采食困难，对冬春季节羊群的放牧带来严重的影响，造成所谓“白灾”；降水过少，气候干燥，地面及牧场尘土飞扬，引起沙尘暴，即所谓“黑灾”，同样影响羊群的放牧和健康。

三、光照

光是生命的一个极为重要的环境因子，它能影响绵、山羊有机体的物理和化学变化，产生各种各样的生态学反应。夏季天气炎热，日照强烈，阳光直晒羊的头部，容易引起“日射病”。“日射病”是因羊的头部被日光直射，引起脑及脑膜充血的急性病变；主要表现是食欲减退，步态不稳，心跳加速，呼吸次数增多，体温升高，后期常因虚脱而卧地不起，或突然倒地不动。

光照对绵、山羊的繁殖有明显的影响。在自然条件下，一般公羊的精液质量在秋季日照缩短时（秋分）最好，如果人为地增加秋季光照量，能使公羊性活动及精液质量发生改变。母羊的性活动显著受日照长短的影响，配种季节通常是在白昼逐渐变短时开始。分布在太湖流域的湖羊具有四季发情的特点，但是，其发情、排卵数还是在日照时数由长变短的秋季最高。张泉福等（1983）试验，连续观测一年，并在6～7月份（夏季）、9～10月份（秋季）、12月至次年1月份（冬季）以腹部手术法，3～4月份（春季）用屠宰法观测卵巢上的黄体数作为排卵数，试验结果：排卵数春季为（1.93±0.18）个（总数29个），夏季为（2.27±0.15）个（总数34个），秋季为（2.53±0.17）个（总数38个），冬季为（2.40±0.19）个（总数36个），试验表明，短日照有利于湖羊卵泡的发育与排出。

四、气体

（一）风的作用

风作为生态因子有多方面的作用，但是，在一般情况下，风对羊的生长发育和繁殖没有直接的影响，而是加速羊体内水分的蒸发和热量的散失间接影响羊的热能代谢和水分代谢。在有风或风力甚大的条件下，温度和湿度对畜体的影响与无风或风力不大的情况下是不同的。风有助于羊的放牧，也可以影响羊的放牧。据研究，当风力一般在3级（3.4～5.4m/s）以下时，有利于羊的放牧；夏季气温较高时，羊群可以适应4～5级（5.5～7.9m/s至8.0～10.7m/s）的风力；在冬春季节的寒冷时期，羊群如遇上4级以上的北风，就有不良的影响；若发生6～7级（10.8～13.8m/s至13.9～17.1m/s）的大风时，羊群就不能在放牧场上正常活动，甚至引起惊慌，使羊群失去控制而发生“炸群”。

如果大风、降温再加降雨或降雪，形成冷雨或风雪灾害，可导致巨大损失，特别是在产羔或剪毛抓绒时期。正在牧地上放牧的羊群，遇到大风雪总是惊恐万状，顺风狂奔，很难赶回棚圈。由于风雪迷茫，不辨方向，羊群在奔跑中极易掉进山沟，陷入雪坑；同时，由于长时间的狂奔，体力过度消耗，加上出汗使身体表面受湿，受寒风侵袭而容易冻死。另外，羊在大风雪侵袭下，容易发生呼吸道、消化道疾病，如肺炎等。当风与沙或尘土结合时，形成风沙或沙尘暴造成所谓“黑灾”时，不仅破坏草场，而且对任何家畜都有害，近些年来，我国西北、华北等地区，多次发生沙尘暴，使该地区正常的生产和生活深受其害。

大气污染物质可借助于风力扩大污染地区，危害人类及家畜正常的生存环境。

（二）有害气体

羊圈内由于羊群的呼吸、排泄等有机物分解等的影响而使畜舍内空气的成分变化较大，有害气体的浓度也较大。畜舍内外有害气体的差异首先表现为舍内 NH_3 与 H_2S 含量大幅度增加，其次为 CO_2、H_2O、CO、CH_4、粪臭素等含量增加，空气中 O_2 含量下降。对于封闭式畜舍，如果通风不良、卫生管理差、畜禽饲养密集，这些有害气体浓度增大容易诱发呼吸道疾病，影响羊的健康，尤其在冬季，通风和保温发生矛盾时，许多养殖户为了保温，而忽视了羊圈的通风换气，致使羊圈内有害气体浓度过高，使羊群产肉性能下降，养羊生产效益降低。有效消除和控制羊圈内的有害气体，是养羊饲养管理中的重要环节。

1. 有害气体的种类与危害

（1）氨气　在羊舍内，氨主要由含氮有机物（如粪、尿、饲料、垫草等）分解产生，其含量的多少，取决于羊群的密度、羊舍地面的结构、舍内通风换气等情况，在温暖、空气潮湿的畜舍内氨浓度一般较高，封闭程度高又通风不良时，由于水汽不易逸散，氨气的浓度将升高。

在畜舍中，氨常被溶解或吸附在潮湿的地面、墙壁和家畜的呼吸道黏膜上。氨被吸入呼吸系统后，可引起上呼吸道黏膜充血、喉间水肿、支气管炎；氨气吸入肺部，可通过肺泡上皮组织，引起碱性化学性灼伤，使组织溶解、坏死；进入血液后，可与血红蛋白结合成碱性高铁血红蛋白，降低血液的输氧能力，导致组织缺氧；氨还能引起中枢神经系统麻痹、中毒性肝病、心肌损伤等症状。家畜长期处于含低浓度氨的空气中，对结核病和其他传染病的抵抗力显著减弱。在氨的毒害下，炭疽杆菌、大肠杆菌、肺炎球菌的感染过程将显著加快。

（2）硫化氢　羊舍中，硫化氢主要是由含硫有机物分解而来 。在羊采食富含蛋白质的饲料而消化不良时，可由肠道排出大量的硫化氢。在通风良好的畜舍中，硫化氢浓度可在 15.58mg/m^3 以下，如果通风不良或管理不善，则硫化氢浓度大为增加，甚至达到中毒的程度。硫化氢气体产生于地面和畜床，而且密度较大，故愈接近地面，硫化氢气体浓度愈大。

硫化氢主要是刺激动物呼吸系统及其他系统黏膜，易溶于动物黏膜体液中，与黏液中的钠离子结合生成硫化钠，引起眼结膜炎，表现流泪、角膜混浊、羞明等症状；硫化氢还引起鼻炎、气管炎、咽喉灼伤甚至肺水肿。经常吸入低浓度的硫化氢，可出现植物性神经紊乱，偶尔发生多发性神经炎。硫化氢在肺泡内很快被吸收进入血液内，氧化成硫酸盐或硫代硫酸盐等；游离在血液中的硫化氢，能进入细胞，和氧化型细胞色素氧化酶中的三价铁结合，使酶失去活性，影响细胞的氧化过程，造成组织缺氧。所以，长期处在低浓度硫化氢的环境中的羊群，体质将变弱、抗病力下降，易发生肠胃病、心脏衰弱等。高浓度的硫化氢可直接抑制呼吸中枢，引起窒息和死亡 。

(3) 二氧化碳 主要由羊新陈代谢后呼吸排出。当羊圈空间狭小、饲养密度过大、通风不良时，会使舍内二氧化碳浓度过高，造成羊窒息死亡。

二氧化碳本身无毒性，它的危害主要是造成动物缺氧，引起慢性毒害。家畜长期在缺氧环境中，表现为精神委顿，食欲减退，体质下降，生产力降低，对疾病的抵抗力减弱，特别易感染结核病等传染病。成年绵羊在二氧化碳浓度分别为 4%、8%、12%、16%、18% 时，每千克体重的干物质采食量和总能、粗蛋白质、粗纤维都随二氧化碳浓度增加而下降。

在一般畜舍中，二氧化碳浓度很少会达到引起家畜中毒的程度 。畜舍中二氧化碳浓度常与空气中氨、硫化氢和微生物含量成正相关，二氧化碳浓度在一定程度上可以反映畜舍空气污浊程度，因此，二氧化碳的增减可作为评定畜舍空气卫生状况的一项间接指标。

(4) 一氧化碳 多因初春羊圈内温度低、生煤火管理不当使煤炭燃烧不完全而产生，加之羊圈通风不良，常造成羊一氧化碳中毒，严重时则发生大批死亡。

一氧化碳对血液和神经系统具有毒害作用，它与铁离子作用，抑制细胞的含铁呼吸酶。一氧化碳通过肺泡进入血液循环系统，与血红蛋白和肌红蛋白可逆性结合。一氧化碳与血红蛋白的结合力要比氧和血红蛋白的结合力大 200～300 倍，形成相对稳定的碳氧血红蛋白（COHb）。这种 COHb 不易解离，不仅减少了血细胞的携氧功能，而且还能抑制和减缓氧合血红蛋白的解离与氧的释放，造成机体急性缺氧，发生血管和神经细胞的机能障碍，机体各部脏器的功能失调，出现呼吸、循环和神经系统的病变。中枢神经系统对缺氧最为敏感，缺氧后，可发生血管壁细胞变性，渗透性增高，严重者呈脑水肿，大脑及脊髓有不同程度的充血、出血和血栓形成。COHb 的解离速度是氧合血红蛋白的1/3 600，因此，一氧化碳中毒后对机体有持久的毒害作用。一氧化碳的危害性主要取决于空气中一氧化碳的浓度和接触的时间。血液中 COHb 的含量与空气中一氧化碳的浓度呈正相关。中毒症状则取决于血液中 COHb 的含量。当血液中的 COHb 浓度达 5% 时，冠状动脉血流量显著增加，COHb 浓度达10%时，冠状动脉血流量可增加 25%，易导致心肌损伤。

(5) *其他* 甲烷由粪便在肠道内发酵随粪便排出和粪便在羊圈内较长时间堆积发酵产生。甲烷气体也会对羊体产生不良刺激。另外，羊舍中的甲醛气体，多为用甲醛熏蒸消毒羊圈时排放不全的残留气体，浓度较高，同样会引发眼和呼吸道疾患。

2. 减少羊舍中有害气体的方法 消除羊舍中的有害气体是改善其环境的一项重要措施，由于产生有害气体的途径多种多样，因而消除有害气体也必须从多方面入手，采取综合措施。

(1) *日常管理* 做到及时排除粪污、通风、保温 、隔热、防潮，以利于有害气体的排出 。采用粪和尿、水分离的干清粪工艺和相应的清粪排污设施，确保畜舍粪尿和污水及时排出，以减少有害气体和水汽产生，注意畜舍防潮、保暖，勤换垫料与垫草。

在规模化集约化羊场，冬季畜舍密闭、通风不良、换气量小、饲养密度过大，产生有害气体量超过正常换气量，易导致空气污浊，适当降低饲养密度可以减少羊舍有害气体含量。采用科学的方法合理组织通风换气方式，保证气流均匀不留死角，可及时排出羊舍有害气体。在条件许可的情况下，尽量采用可对进入空气进行加热或降温处理，以提高污浊空气排出量，减少畜舍污浊空气。

(2) *清除方法* 生物除臭法是应当首推的环保养殖新技术。研究发现，很多有益微生物可以提高饲料蛋白质利用率，减少粪便中氨的排放量，可以抑制细菌产生有害气体，降低空气中有害气体含量。目前常用的有益微生物制剂类型很多，如复合微生物制剂等。具体使用可根据产品说明拌料饲喂或拌水饮喂，亦可喷洒羊舍，除臭效果显著。

气体吸附法是利用沸石、丝兰提取物、木炭、活性炭、煤渣、生石灰等具有吸附作用的物质吸附空气中的有害气体。方法是利用网袋装入木炭悬挂在羊舍内或在地面适当撒上一些活性炭、煤渣、生石灰等，均可不同程度地消除羊舍中的有害气体。另外，利用过氧化氢、高锰酸钾、硫酸铜、乙酸等具有抑臭作用的化学物质，通过杀菌消毒，抑制有害细菌的活动，达到抑制和降低羊舍内有害气体生产的目的。

五、海拔高度

海拔高度对家畜的影响，也就是垂直带引起家畜特征、特性的变化，乃是因为不同海拔高度上的气温、气压、供氧，以及降水和湿度等条件的不同而引起的。如在海平面时，空气的含氧量为20.9%，氧分压为2万Pa，而海拔高度升高到3 000m时，空气的含氧量减少31%，氧分压下降到1.47万Pa，到5 000m时，含氧量减少47%，氧分压下降到1.13万Pa。海拔高度对绵、山羊的生态作用，影响羊品种的分布，如藏山羊和藏绵羊分布于西藏、青海、甘肃、四川、云南等海拔2 500～4 500m。

长期饲养在低海拔地区的绵、山羊，当向高海拔地区引种时，有的品种或个体由于对高海拔地区大气中含氧量的减少而产生一系列的不适应，主要表现是：皮肤、口腔和鼻腔等黏膜血管扩张，甚至破裂出血，机体疲乏，精神委顿，呼吸和心跳加快等，这种现象称为高山反应或叫高山病。另外，高山病在地势险峻、气候湿润的高山地区比地势平坦、气候干燥的高原地区要明显，冬季比夏季明显，这与畜体在寒冷的环境中耗氧量增加，以及上呼吸道容易感染有关。因此，在海拔3 000m以上的高原地区或山区，在发展畜牧业或进行季节性放牧时，应防止高山病发生，通过逐渐过渡，使绵、山羊机体对缺氧的条件逐渐适应，慢慢习惯低气压的生态环境。尤其要注意，非高原绵、山羊品种引入高原或高山地区要充分考虑其生态适应性，因为每个绵、山羊品种都有本身的生态特性，不合适的引种往往会导致繁殖力衰退，生产力下降，发病率提高，死亡率加大，甚至整个品种根本不能生存下去。

六、季节

季节实际上是各种自然气候因子在一定时间、区域或特定环境条件下，综合形成的外界环境因素，它对羊的生态作用，实际上是各种环境因素综合地对绵、山羊发生的作用。牧草和饲料作物的生产及蕴藏量受气候季节变化的影响，在较高纬度地区，羊的食物在夏、秋季节比较丰富，但在冬季，天然牧草枯萎，如果此时缺乏补饲条件，羊不仅生产力下降，而且明显消瘦，甚至死亡，这种现象在草原牧区和半农半牧区表现尤为突出，即所谓的“夏饱、秋肥、冬瘦、春乏”。

因此，研究“季节”这一生态因子的变化规律，把季节变化特点与养羊业生产紧密结合起来，合理组织一年中养羊业生产的各个环节，充分发挥季节优势，积极发展季节畜牧业，对我国肉羊业生产的发展将有着重要的现实意义。

我国广大的农牧区从牧草返青到当年枯草期一般是 6 个月左右，而羔羊在出生后的最初几个月生长最快，因此，使羔羊充分利用青草生长茂盛期迅速增加体重，在当年体重达到最高时进行屠宰，这样就可以避免枯草期后冬春草场不足使羔羊体重逐渐下降的损失，又能合理利用夏秋季农用产品饲喂羔羊。关键是选择良好的配种时期，根据当地情况合理利用牧草生长季节的优势，生产的羔羊适时屠宰。一般冬羔比春羔好，早春比晚春羔好。因此，开展羔羊肥育时以在 7～8 月配种最为适宜。屠宰应选在其出生后的 4～6 月龄。因为这时期是饲料报酬最高、生长速度达最高峰的时期。

第五章　肉羊的营养需要和饲料

第一节　肉羊营养需要

能量、蛋白质、矿物质、维生素和水是羊所需的5种营养物质。羊对这些营养物质的需要可分为维持需要和生产需要。维持需要是指羊为维持正常生理活动，体重不增不减，也不进行生产时所需的营养物质量。羊的生产需要指羊在进行生长、繁殖、泌乳和产毛时对营养物质的需要量。

由于羊的营养需要量大都是在实验室条件下通过大量试验，并用一定数学方法（如析因法等）得到的估计值，一定程度上受试验手段和方法的影响，加之羊的饲料组成及生存环境变异性很大，因此在实际使用时应做一定的调整。

一、能量

目前表示能量需要的常用指标有代谢能和净能两大类。由于不同饲料在不同生产目的情况下代谢能转化为净能的效率差异很大，因此，采用净能指标较为准确。羊的维持、生长、繁殖、产奶和产毛所需净能需分别进行测定和计算。维持能量需要和生产能量需要的总和就是羊的能量需要量。

羊的代谢能（MJ/kg）＝消化能（MJ/kg）×0.82

1kg总消化养分（TDN）＝18.41MJ消化能

1. 维持能量需要　一般认为羊维持需要的能量与代谢体重（活体重的0.75次方）在一定的活体重范围内呈直线相关关系，美国国家研究委员会（NRC）认为其关系可用下面的数字表达式表示：

$$NE_m = 234.19 \times W^{0.75}$$

式中，NE_m为维持净能（kJ）；W为活体重（kg）。

2. 生长能量需要　NRC认为，中等体型的绵羊（成年体重为110kg）在空腹体重20～50kg的范围内用于组织成长的能量需要量为：

$$NE_g = 409LWG \times W^{0.75}$$

式中，NE_g为生长净能（kJ/d）；LWG为活体增重（g）；$W^{0.75}$为代谢体重（kg）。

对于大型（成年体重大于110kg）和小型绵羊（成年体重小于110kg），成年体重每增加或加少 10kg，生长净能的需要量相应减少或增加 87.82×LWG×$W^{0.75}$。

有人认为同一品种公羊每千克增重所需要的能量是母羊的 0.82 倍，但 NRC 考虑到目前没有足够的研究资料能证明此数据，因此公羊和母羊仍采用相同的能量需要量。

3. 妊娠的能量需要 NRC 认为羊妊娠前 15 周由于胎儿的绝对生长很小，所以能量需要较少。给予维持能量加少量的母体增重需要，即可满足妊娠前期的能量需要。在妊娠后期由于胎儿的生长较快，因此需额外补充能量，以满足胎儿生长的需要。

4. 产奶的能量需要 绵羊在产后 12 周泌乳期内，代谢能转化为泌乳净能的效率为 65%～83%，但该值因饲料不同差异很大。

5. 产毛的能量需要 NRC 认为产毛只需要很少的能量，占总需要能量的比例很小，因此，产毛的能量需要没有列入饲料标准中。

二、蛋白质

羊的蛋白质需要主要基于表观消化试验的粗蛋白质和可消化粗蛋白质体系，由于以上两种蛋白质指标不能真实反映反刍动物蛋白质消化代谢的实质，从 20 世纪 80 年代以来提出了以小肠蛋白为基础的反刍动物新蛋白体系。

（一）粗蛋白质（g）和可消化粗蛋白质（g）

1. 粗蛋白质（g）和可消化粗蛋白质（g） 两者的关系式可表达为：

可消化粗蛋白质（g）＝0.87×粗蛋白质（g）－2.64

现按 NRC 的计算公式说明羊的蛋白质需要量。

粗蛋白质需要量＝（PD＋MFP＋EUP＋DL＋Wool）/NPV

式中，PD 为羊每日的蛋白质沉积量，MFP 为粪中代谢蛋白质的日排出量，EUP 为尿内源蛋白质的日排出量，DL 为每日皮肤脱落的蛋白质量，Wool 为羊毛生长每日沉积的蛋白质，NPV 为蛋白质的净能效率，单位皆为 g/d。

其中，PD 可由下式推得：

PD＝日增重（kg）×（268－29.2×ECOG）

式中，ECOG 即日增重的能量含量（Energy content of gain），可由下式推出：

$$ECOG = NE_g / 4.182DG$$

式中，DG 为日增重（g/d）；NG_g 为生长净能需要量（kJ/d）。

对于妊娠母羊，在妊娠前期设定为每日 2.95g，后期为 16.75g（后 4 周），对于怀双羔的母羊可以按比例提高。

对于哺乳母羊，按产单羔时每天泌乳 1.74kg、双羔时 2.60kg、乳中粗蛋白质含量 47.875g/L 计算。青年哺乳母羊的泌乳量按上述数据的 70%计算。

在“粗蛋白质需要量”公式中，MFP、EUP、DL 可通过下列公式求得：

MFP（g/d）＝每千克进食干物质中 33.44

EUP（g/d）＝0.14675×活体重（kg）＋3.375

$$DL\ (g/d) = 0.1125 \times W^{0.75}$$

在“粗蛋白质需要量”公式中，Wool 的设定，假设成年羊每年产毛 4kg，每天羊毛中沉积的粗蛋白质量为 6.8g。

在“粗蛋白质需要量”公式中 NPV 是根据粗蛋白质真消化率 0.85，生物学效价 0.66 计算而得，其值为 0.561。

2. 小肠可消化蛋白质营养体系

（1）*饲料小肠可消化粗蛋白质* 进入到反刍家畜小肠消化道并在小肠中被消化的粗蛋白质为小肠可消化粗蛋白质，简写为 IDCP，由饲料瘤胃非降解蛋白质（UDP）、瘤胃微生物粗蛋白质（MCP）及小肠内源性粗蛋白质组成，单位为 g，在具体测算中，小肠内源性粗蛋白质可暂忽略不计。IDCP 具体按下式计算：

$$IDCP = UDP \times Idgl + MCP \times 0.7$$

式中：UDP——饲料瘤胃非降解粗蛋白质量，单位为 g；

MCP——瘤胃微生物粗蛋白质产生量，单位为 g；

Idgl——饲料瘤胃非降解蛋白质在小肠的平均消化率，暂建议取值为 0.68；

0.7——瘤胃微生物粗蛋白质在小肠的平均消化率建议值。

（2）*瘤胃有效降解粗蛋白质* 饲料粗蛋白质在瘤胃中被降解的部分，又称饲料瘤胃有效降解粗蛋白质，英文简称为 ERDP，采用瘤胃尼龙袋培养法测定。具体按下式测算：

$$dg_t = a + b \times (1 - e^{-c \times t})$$

$$ERDP = CP \times [a + b \times c / (c + k_p)]$$

式中：dg_t——饲料粗蛋白质在瘤胃中第 1 时间点的动态消失率；

t——饲料粗蛋白质在瘤胃中的停留时间，单位为 h；

a——可迅速降解的可溶性粗蛋白质和非蛋白氮部分；

b——具有一定降解速率的非可溶性可降解粗蛋白质部分；

c——b 部分降解速率（h^{-1}），也可以用 kd 表示；

CP——饲料粗蛋白质，单位为 g；

k_p——瘤胃食糜向后段消化道的外流速度，具体按下式计算。

$$k_p = -0.024 + 0.179 \times (1 - e^{-0.278 \times L})$$

式中：k_p——瘤胃食糜向后段消化道的外流速度，单位为 h^{-1}；

L——饲养水平，由给饲动物日粮中总代谢能需要量除以维持代谢能需要量计算而得。

（3）瘤胃微生物粗蛋白质　在瘤胃发酵过程中产生并进入小肠的瘤胃微生物来源粗蛋白质，即为瘤胃微生物蛋白质（MCP），按下式计算：

$$MCP=(423.43\times DEI-1.29)\times 6.25$$

式中：MCP——瘤胃微生物粗蛋白质，单位为 g/d；

DEI——每日饲料消化能进食量，单位为 MJ/d。

（4）肉用绵羊小肠可消化粗蛋白质需要量　肉羊小肠可消化粗蛋白质需要量评定是在消化代谢试验、比较屠宰等试验的基础上，采用析因法得到不同生产水平下日粮小肠可消化粗蛋白质供给量转化为维持净蛋白质（NP_m）、增重净蛋白质（NP_g）、妊娠净蛋白质（NP_c）、产奶净蛋白质（NP_L）、产毛净蛋白质（NP_w）的量和效率（kn）后推算获得。计算如下式：

$$IDCP\ (g/d)=NP_m/kn_l+NP_g/kn_f+NP_c/kn_c+NP_L/kn_l+NP_w/kn_w$$

式中，kn_m、kn_f、kn_c、kn_l、kn_w 分别为小肠可消化粗蛋白质分别转化为 NP_m、NP_g、NP_c、NP_l、NP_w 的效率，数值分别为 1.0、0.59、0.85、0.85、0.26。NP_m、NP_g、NP_c、Nh_L、NP_w 具体计算公式（AFRC，1993）如下式：

$$NP_m\ (g/d)=2.187\times LBW^{0.75}$$

公羔、羯羔、育成公羊增重净蛋白质需要量：

$$NP_g\ (g/d)=ADG\times(160.4-1.22\times LBW+0.0105\times LBW^2)$$

母羔增重净蛋白质需要量：

$$NP_g\ (g/d)=ADG\times(156.1-1.94\times LBW+0.0173\times LBW^2)$$

育成母羊增重净蛋白质需要量：

$$NE_g\ (MJ/d)=ADG\times(2.1+0.45\times LBW)$$

妊娠净蛋白质需要量：

$$NP_c\ (g/d)=TPt\times 0.067\times e^{-0.00601\times t}$$

产奶净蛋白质需要量：

$$NP_L\ (g/d)=48.9\times Y$$

除育成母羊 $IDCP_w$ 取 5.3g/d 外，其他肉用绵羊产毛小肠可消化粗蛋白质需要量计算如下：

$$IDCP_w\ (g/d)=NP_w/0.26$$

$$IDCP\ (g/d)=11.54+0.3846\times NP_g$$

式中：LBW——动物活体重，单位为 kg；

ADG——平均日增重，单位为 kg/d；

t——妊娠天数，单位为 d；

TP_t——第 t 天妊娠胎儿的总蛋白质值，单位为 g；

Y——每日产奶量，单位为 kg/d。

我国《肉羊饲养标准》（NY/T 816—2004）中列出了肉羊常用饲料成分与饲料蛋白质瘤胃动态降解参数，可查阅。

3. 法国农业科学院粗蛋白质尼龙袋法估算体系　反刍动物的瘤胃动态降解动力学体系已逐步应用在饲料配方设计与生产实践中。瘤胃降解蛋白质（RDP）和瘤胃非降解蛋白质（RUP）是饲料粗蛋白中两个功能截然不同的组分。饲料粗蛋白质在瘤胃中可降解部分即瘤胃降解蛋白质（RDP），为微生物的生长和微生物蛋白质的合成提供了所需的肽、游离氨基酸和氨。饲料粗蛋白中瘤胃非降解部分可直接进入小肠被吸收。

中国农业科学院北京畜牧兽医研究所、中国饲料数据库情报网中心（http：//www.chinafeeddata.org.cn 或者 http：//animal.agridata.cn）公布的中国饲料成分及营养价值表（2011，表 9 反刍动物饲料尼龙袋法的瘤胃养分降解动力学参数）列出了法国农业科学院（INRA，2004）总结的反刍动物饲料中粗蛋白质等养分采用尼龙袋法估算的动力学参数 a，b，c 和有效的降解率数据。采用的估算模型及参数意义如下：养分（干物质、粗蛋白质或淀粉）随时间（t，h）的降解规律服从：$a+b\ (1-e^{ct})$。式中：a 为快速可溶且完全在瘤胃降解的部分（%）；b 为不溶但潜在可以降解的部分（%）；c 为 b 部分在瘤胃的降解速率即 kd（%/h）。DM、CP 或 ST 在瘤胃的有效降解率 DDM、RUP 或 DST 的估测公式：DDM（%DM）$=a+[(b\times c)/(k_p+c)]$。其中：k_p 为瘤胃饲料颗粒即食糜向后段消化道的外流速度。一般情况下，平均可固定 k_p 为 0.06/h。RUP 和 DST 与 DDM 的计算一样。DDM、RUP 和 DST 数据是基于降解底物的比例而言的，需要折算才可转化为占饲喂状态的比例。

4. NRC（2007）可代谢蛋白质（MP）和可降解摄入蛋白质（DIP）体系　反刍动物对蛋白质的需要量分为粗蛋白质（CP）、可代谢蛋白质（MP）和可降解摄入蛋白质（DIP）。由于最低可降解摄入蛋白质的需要，粗蛋白（CP）的需要量因非降解摄入蛋白质（UIP）的比例的不同而不同。

（1）绵羊生长/育肥绵羊　NRC（2000）对代谢蛋白质摄入（MPI）进行估测。CNCPS（康奈尔净碳水化合物-净蛋白质体系，Cannas 等，2004）的维持的代谢蛋白质（MP_m）需求是以代谢粪粗蛋白质（MFCP）、代谢尿粗蛋白质（EUCP）和皮屑粗蛋白质三者的估测为基础的。皮屑粗蛋白质丢失采用 $0.2\times BW^{0.6}$ 来估计。用于皮屑的代谢蛋白的效率 0.6。MFCP 采用 15.2g/kg DMI（表示每千克干物质采食量 15.2g）来估计，且代谢蛋白使用的效率为

0.7，而 EUCP（g/d）来自于方程 3.375+（0.147×FBW，kg），代谢蛋白的效率 0.67。

增重或动员的组织中以正常体重（FBW）或平均日增重（ADG）为基础的蛋白浓度假定为在空腹体重基础上的 92%，这伴随着 ADG 用于决定组织动员时净蛋白获得或代替维持蛋白（NP_{g-used}）。NP_{g-used} 除以用于增重或维持的代谢蛋白的效率的 0.7，进而得到用于增加或动员的代谢蛋白（MP_{g-used}）。

维持的代谢蛋白需求是 2.51g/kg $BW^{0.75}$ [表示每千克代谢体重（$BW^{0.75}$）2.51g]，而增重的代谢蛋白需求是 0.225g/g ADG（表示每克平均日增重 0.225g）。

EUCP（g/d）=3.375+（0.147×FBW），式中 FBW 单位为 kg。

MFCP（g/d）=15.2×DMI，式中 DMI 单位为 kg。

MP_m（g/d）=（SF－CP_E/0.6）+（U－CP_E/0.67）+（F－CP_E/0.67）。

增加的代谢蛋白质（MP）需求，或者用于维持的动员蛋白质 MP_g（g/d）=NP_g/0.7。

总的代谢蛋白质需求 MP_{req}（g/d）=MP_m+MP_g。

代谢蛋白质和粗蛋白质：尽管 MP 需求是强烈推荐，但是，对于一些使用者而言，MP 需求的应用可能还存在困难。因此，Sahlu 等（2004）采用了一个简单的转换，MP 到 CP（粗蛋白质）需求的转换公式是：CP=MP/[(64+0.16×%UIP)/100]，式中 UIP 指非降解摄入蛋白质。例如，当 MP 需求为 100 和食物 UIP 浓度是 CP 的 70%，则 CP 需求是 145g。

瘤胃降解的摄入蛋白质：根据食物总消化养分（TDN）浓度加上对有效的中性洗涤纤维（eNDF）的校正，如下：

DIP 需求（% TDN）=（0.13×TDN,% DM）－0.022×（20－eNDF,% DM），eNDF<20

式中，DIP 指瘤胃降解的摄入蛋白质，DM 指干物质。

（2）山羊维持、生长的代谢蛋白质*

①维持代谢蛋白质

成年和哺乳：

MFCP：2.67% DMI（DMI 指干物质采食量）

真蛋白质消化率：88%

EUCP：1.031g/kg $BW^{0.75}$ [表示每千克代谢体重（$BW^{0.75}$）1.031g]

---

* 对山羊蛋白质需求的推荐是主要根据 Sahlu 和他同事总结的报告。

MP_m：MFCP＋EUCP＋（0.2g/kg $BW^{0.60}$）

生长期：3.07g/kg $BW^{0.75}$

②生长的代谢蛋白

乳用和地方品种：0.290g/g ADG

肉用：0.404g/g ADG

代谢蛋白质和粗蛋白质的转换：尽管MP需求是强烈推荐，但MP需求的应用还存在困难。因此，Sahlu等（2004）采用一个简单的MP到CP需求的转换公式是：CP＝MP/［（64＋0.16×％UIP）/100］。例如，当MP需求为100和食物UIP浓度是CP的70％，则CP需求是145g。

瘤胃降解的摄入蛋白质：对山羊的DIP需求还没有进行大量的研究。当前推荐的山羊DIP需求是TDN摄入的9％。但是，必须注意许多因素影响DIP需求和氮回收到瘤胃中的能力。

（二）必需氨基酸与氨基酸平衡

赖氨酸和蛋氨酸为第一限制性氨基酸，而将小肠可消化真蛋白中的这两种氨基酸的比例作为氨基酸平衡的基础，赖氨酸和蛋氨酸的阈值分别为6.8％和2.0％，理想值为7.3％和2.5％。

优质鱼粉粗蛋白质中的赖氨酸和蛋氨酸含量可高达8.3％和3％，所以用鱼粉去调节日粮小肠可消化粗蛋白质中的比例就比较容易。对全植物性日粮，则须根据各种饲料中的赖氨酸、蛋氨酸含量加以合理配合，棉籽粕则由于赖氨酸、蛋氨酸含量较低，会使小肠可消化粗蛋白质中的赖氨酸、蛋氨酸的比例偏低，达不到需要。因此在无鱼粉的条件下，可采用以下措施：

1. 由于工业生产的赖氨酸和蛋氨酸在瘤胃中会很快被降解，因此应添加过瘤胃保护的赖氨酸和蛋氨酸。

2. 将赖氨酸和蛋氨酸含量高的饼粕进行过瘤胃保护。

3. 尽量选用瘤胃蛋白质降解率低而赖氨酸、蛋氨酸含量高的饼粕，同时配合瘤胃蛋白降解率高的其他饼粕和可利用碳水化合物，以达到较高的瘤胃微生物蛋白合成量和小肠赖氨酸、蛋氨酸。

4. 由于瘤胃微生物蛋白质的赖氨酸、蛋氨酸含量很高，为了降低饲料成本，可用糊化淀粉缓释尿素为瘤胃微生物同时提供氮源和能量，取代一部分饼粕，而对豆粕进行过瘤胃保护，从而使小肠蛋白质中含有较高的赖氨酸、蛋氨酸。

三、脂肪与必需脂肪酸

脂肪是构成机体组织的重要成分，所有器官和组织都含有脂肪。脂肪是体内贮存能量的最好形式，是脂溶性维生素A、维生素D、维生素E、维生素K的溶剂。另外还可提供机体内不能合成，必须由饲料中供给的必需脂肪酸。在羊产品中如奶、肉中也含有大量的脂肪。

必需脂肪酸（Essential fatty acid，EFA）是指机体生命活动必不可少，但机体自身又不能合成，必须由食物供给的多不饱和脂肪酸（PUFA）。必需脂肪酸主要包括两种，一种是ω-3系列的α-亚麻酸（18：3），一种是ω-6系列的亚油酸（18：2）。只要饲料中α-亚麻酸供给充足，机体内就可用其合成所需的ω-3系列的脂肪酸，如EPA、DHA（深海鱼油的主要成分）。也就是说α-亚麻酸是ω-3的前体。ω-6系列的亚油酸亦同理。大豆内亚油酸和α-亚麻酸最为丰富，而且比例也比较好，菜籽也含较多的这两种必需脂肪酸，而花生、玉米、葵花籽等却只含有亚油酸，几乎不含α-亚麻酸。

常用饲料中主要EFA亚油酸比较丰富。一般以玉米、燕麦为主要能源或以谷类籽实及其副产品为主的饲粮都能满足亚油酸需要。非反刍动物和幼龄反刍动物能从饲料中获得所需要的EFA。瘤胃微生物合成的脂肪能满足宿主动物脂肪需要的20%，其中细菌合成占4%，原生动物合成占16%，后者合成的脂肪中亚油酸含量可高达20%，加上饲料脂肪在瘤胃中未被氢化部分，以及反刍动物能有效地利用EFA，在正常饲养条件下，反刍动物不会发生EFA缺乏。幼龄、生长快和妊娠动物可能缺乏EFA，表现出一系列病理变化。幼年反刍动物缺乏EFA，主要可见表现是：皮肤损害，出现角质鳞片，体内水分经皮肤损失增加，毛细管变得脆弱，动物免疫力下降，生长受阻，繁殖力下降，产奶减少，甚至死亡。幼龄、生长迅速的动物反应更敏感。

绵山羊必需脂肪酸需求数值，大约为非反刍动物的一半。绵山羊在刚出生时对必需脂肪酸需求量较高。新生绵山羊最小亚油酸需求估测为0.068g/kg $BW^{0.75}$［表示每千克代谢体重（$BW^{0.75}$）0.068g］。母畜乳汁能满足哺乳绵山羊的必需脂肪酸需求。青年的绵山羊能有效地对利用和储存日粮中亚油酸。7日龄的小山羊必需脂肪酸需求可通过饲喂乳汁替代品来满足，乳汁替代品必须含大量的亚油酸和α-亚麻酸。生长期绵山羊断奶后亚油酸需求量是0.055g/kg $BW^{0.75}$［表示每千克代谢体重（$BW^{0.75}$）0.055g］。成年绵山羊的必需脂肪酸需求大幅度减少，因为生理需求将从细胞生长转换到细胞膜类脂的维持。估计需要量为0.02g/kg $BW^{0.75}$［表示每千克代谢体重（$BW^{0.75}$）0.02g］。Cheng等（2005）估测母羊在怀孕早期亚油酸的肠道供应从1.3g/d增加到8.5g/d。母羊在妊娠后期，亚油酸到达小肠时估计从2.5g/d增加至13.7g/d。亚油酸需求量并不能准确估计，但是有证据显示绵山羊亚油酸需求在妊娠期可能会增加。在怀孕期的最后45d，通过增加日粮中亚油酸2.3%（总脂肪增加3%）

将会提高羔羊的存活率，这种反应可能是由于新生羔羊亚油酸的增加所致。新生胎儿的亚麻酸显著提高可能是通过提供妊娠后期绵羊和山羊的类脂供给，极大地增加了母体血浆的亚麻酸水平。

共轭亚油酸（Conjugated linoleic acid，简称CLA）是亚油酸的同分异构体。CLA最早是从牛、羊反刍动物体内发现的，被认为是由反刍动物瘤胃中的微生物将亚油酸代谢转化而成。CLA具有降低动物和人体脂肪而增加肌肉、降低血脂、抗动脉粥样硬化、提高骨质密度、调节血糖、调节血压等多种重要生理功能。羊的饲养方式、饲料组成不同，影响羊肉食品中CLA的含量。由于吃青草少，舍饲羊羊肉中CLA的含量较低。放牧的羊，因季节不同而不同，春末到秋，由于牧草生长旺盛，CLA含量大约是冬季的2倍。通过日粮调控可以改变脂肪酸的组成。

四、碳水化合物与纤维素

碳水化合物亦称糖类化合物，包括葡萄糖、蔗糖、淀粉和纤维素等。碳水化合物是维持生命活动所需能量的主要来源，不仅是营养物质，有些还具有特殊的生理活性。碳水化合物是植物体的主要成分，是畜禽饲料中最重要的能量来源。碳水化合物根据其结构特性可划分为非结构性碳水化合物（Non-stuctural carbohydrate，NSC）和结构性碳水化合物（Stuctural carbohydrate，SC）。NSC主要由可溶性糖、淀粉、果胶等易被消化的部分组成；SC存在于细胞壁中，主要为纤维素、半纤维素及木质素。可溶性糖和淀粉容易消化和溶解，经消化道酶水解产生葡萄糖，吸收为血糖；半纤维素与纤维素、木质素结合构成植物细胞壁，在羊消化道中经微生物酵解为挥发性脂肪酸。植物性饲料经中性洗涤剂（3%十二烷基磺酸钠）分解则大部分细胞内容物溶解于洗涤剂中，其中包括脂肪、可溶性糖、淀粉和蛋白质，统称之为中性洗涤剂溶解物，而不溶解的残渣为中性洗涤纤维（NDF），这部分主要是细胞壁部分，如半纤维素、纤维素、木质素、硅酸盐和极少量的蛋白质。酸性洗涤剂可将中性洗涤纤维（Neutral detergent fiber，NDF）中各组分进一步分解。植物性饲料可溶于酸性洗涤剂的部分称为酸性洗涤剂溶解物，主要有中性洗涤剂溶解物和半纤维素，剩余的残渣称为酸性洗涤纤维（Acid detergent fiber，ADF），其中含有纤维素、木质素和硅酸盐，中性洗涤纤维（NDF）与酸性洗涤纤维（ADF）值之差即饲料中的半纤维素含量。酸性洗涤纤维经72%硫酸的消化，则纤维素被溶解，其残渣为木质素和硅酸盐，从酸性洗涤纤维（ADF）值中减去72%硫酸消化后残渣部分则为饲料中纤维素的含量。将经72%硫酸消化后的残渣灰化，灰分则为饲料中硅酸盐的含量，而在灰化中逸出的部分即为酸性洗涤木质素（Acid detergent lignin，ADL）的含量。

反刍动物日粮中的纤维素，在断奶前刺激瘤胃的生长和发育；断奶后，刺激瘤胃蠕动和唾液生产，维持瘤胃的缓冲环境（维持瘤胃 pH）。在集约化育肥羔羊的日粮要保证适宜比例的纤维素，在自由采食饲喂中采用高品质粗饲料或干草颗粒型饲料中提高粒径大小。理想的情况下日粮中粗饲料比例应为20%，NDF 最低 27%～30%，应足以维持瘤胃 pH。

五、矿物质

羊需要多种矿物质，矿物质是组成羊体不可缺少的部分，参与羊的神经及肌肉系统、营养的消化、运输及代谢、体内酸碱平衡等活动，也是体内多种酶的重要组成成分和激活因子。矿物质营养缺乏或过量都会影响羊的生长发育、繁殖和产品生产，严重时导致羊的死亡。现已证明，至少 15 种矿物质元素是羊体所必需的（表 5-1），其中常量元素 7 种，包括钠、钾、钙、镁、氯、磷和硫；微量元素 8 种，包括碘、铁、钼、铜、钴、锰、锌、硒。

表 5-1　矿物质需要量

元素	NRC（2007）	中国《肉羊饲养标准》（NY/T 816—2004）	法国 AEC（1993）
镁（g/kg DM）	1.2		
钠（g/kg DM）	0.6		
钾（g/kg DM）	5.2		
硫（g/kg DM）	2.2		
锰（mg/kg）	20		30
铁（mg/kg）	30		30
锌（mg/kg）	23	29～52	50
铜（mg/kg）	8～10	11～19	7.0
钴（mg/kg）	0.15	0.2～0.35	0.1
硒（mg/kg）	0.12	0.18～0.31	0.1
碘（mg/kg）	0.18～0.27	0.94～1.7	0.1

集约型育肥系统的羔羊日粮中矿物质和微量元素需要量，变化相当大，使许多生产者无法确定适当的浓度和最低成本。有的集约化饲养场常常为育肥羔羊使用专门为当地制定的矿物质补充剂，以提高生长率和饲料转化率。矿物质是以粉末或液体形式提供的，可以作为一个独立的产品使用，有的混在日粮里；有的液体矿物质也可为定期注射；有的做成“弹丸”，投入瘤胃缓释；有

的和疫苗复合制剂一起投入。一定要防止重叠添加，以免造成采用量超过实际需要量，甚至中毒。

1. 钠和氯　钠和氯是维持渗透压、调解酸碱平衡、控制水代谢的主要元素。此外，氯还参与胃液盐酸形成，而盐酸有活化胃蛋白酶的功能。在羔羊育肥高谷物为主日粮中，食盐对瘤胃酸中毒有缓冲作用，食盐增加瘤胃内容物流动速度，因此提高瘤胃了的 pH。植物性饲料中的钠和氯的含量较少，羔羊日粮中食盐的缺乏可导致干物质摄入量减少，因而影响增重速度。补饲食盐是对羊补充钠和氯最普遍有效的方法。一般认为在日粮干物质中添加 0.5%～1% 的食盐即可满足羊对钠和氯的需要。有学者建议育肥羔羊的日粮，可以食盐添加到 1.5%，以防止泌尿系结石的形成。食盐对羊很有吸引力，在自由采食的情况下要注意，常常会发生采食食盐超过羊的实际需要量。

2. 钙和磷　钙和磷是形成骨骼和牙齿的主要成分，少量钙存在于血清及软组织中，少量磷以磷脂的形式存在于细胞膜中和以核蛋白形式存在于细胞核中。在快速生长的羔羊，钙对骨骼的生长发育、肌肉功能，以及降低泌尿系统结石的发病率是重要的。饲料中正常的钙磷比例应为 2∶1。钙和磷的消化与吸收关系密切，日粮中钙镁的含量对磷的吸收影响很大，高钙、高镁不利于磷的吸收。

在放牧条件下，羊很少发生钙、磷缺乏，这可能与羊喜欢采食含钙、磷较多的食物有关。在舍饲条件下，以谷物精饲料为主日粮中应注意补充钙。奶山羊由于奶中的钙、磷含量较高，应注意钙、磷补充，如长期供应不足，将造成体内钙、磷贮存严重降低，最终导致溶骨症。

石灰石粉（含 35%～38%钙）是最经济的钙来源，另外，贝壳、蛋壳粉、石膏（含钙 23%，硫 18%）和磷酸氢钙（含钙 22%，含磷 18%）也是主要的钙来源。但是，在集约化育肥羔羊日粮中很少需要添加磷酸氢钙，否则会造成日粮钙磷比例不平衡，因为磷不容易缺乏。如果已经添加了足量的硫，还以石膏提供钙源可能会引起硒缺乏。钙供给过量，由于影响其他矿物质元素的吸收以及抑制瘤胃微生物生长繁殖，对羊也是有害的。羊缺乏钙、磷的主要症状是佝偻病，并伴有生长缓慢，食欲减退等症状。

3. 钾　钾的主要功能是维持体内渗透压和酸碱平衡。在一般情况下，饲料中的钾可以满足羊的需要。日粮应注意补充过量的钾会减少镁的吸收。缺钾影响干物质采食量，可以降低生长率。钾的来源包括氯化钾或碘化钾。羊对钾的需要量为饲料干物质的 0.5%～0.8%。

4. 镁　镁是骨骼和牙齿的成分之一，也是体内许多酶的重要成分，具有维持神经系统正常功能的作用。羊缺乏镁引起代谢失调。缺镁的症状包括过度流涎，走路蹒跚，肌肉抽搐，伴随剧烈痉挛，四肢强直，食欲不振和死亡，也称青草抽搐症。镁缺乏症常发生在绵羊产羔后第一个月泌乳高峰期或哺乳双羔的母羊。但慢性症状不容易鉴别，往往出现食欲减退、掉膘等症状。由于羊对嫩草中镁的利用率较低，因此在早春放牧期，羊也常发生上述缺镁症状。镁缺乏症可出现在瘤胃高水平氨的反应，如饲喂高蛋白饲料。

通过测定血清含量可以鉴定羊是否缺镁。正常情况下，血清含量为1.8～3.2mg/mL，如果降低到1.0mg/mL以下，常常出现上述临床症状。治疗羊缺镁病可皮下注射硫酸镁药剂，以放牧为主的羊可以对牧草施镁肥防治缺镁病。

5. 硫 硫是绵、山羊必需矿物质元素之一。羊毛（绒）纤维的主要成分是角蛋白，角蛋白中含硫量比较高，以胱氨酸、半胱氨酸和蛋氨酸形式存在，硫还参与氨基酸、维生素和激素的代谢，并具有促进瘤胃微生物生长的作用。然而硫在常见牧草和一般饲料中含量较低，仅为毛纤维含硫量的1/10左右。在放牧和舍饲情况下，天然饲料含硫量均不能满足羊毛（绒）最大生长需要，因此，硫成为绵、山羊羊毛纤维生长的主要限制因素。无论有机硫还是无机硫，被羊采食后均降解成硫化物，然后合成含硫氨基酸。补充含硫氨基酸可显著提高羊毛产量和毛的含硫量。在快速生长的羔羊日粮需要补充硫，尤其是以尿素作为非蛋白氮的来源时，必须补饲硫，否则瘤胃中氮与硫的比例不当，而不能被瘤胃微生物有效利用。绵羊硫的需要量为日粮干物质的0.14%～0.26%，适宜日粮氮硫比例（N：S）为（10～13）：1。

6. 碘 碘是甲状腺素的成分，主要参与体内物质代谢过程。碘缺乏表现为明显的地域性，如我国新疆南部、陕西南部和山西东南部等部分地区缺碘，其土壤、牧草和饮水中碘含量较低。羊缺碘时表现为甲状腺肿大、生长缓慢、繁殖性能降低、新生羔羊衰弱、无毛，成年绵羊羊毛质量下降、产毛量低。羔羊放牧芸薹属，如油菜可导致碘缺乏。正常成年羊每100mL血清中碘含量为3～4mg，低于此数值是缺碘的标志。在缺碘地区，给羊添食含碘的食盐可有效预防缺碘。一般推荐的碘需要量为每千克干物质中0.15mg。

7. 铜 铜与红细胞和血红蛋白生成有关，是黄嘌呤氧化酶及硝酸还原酶的组成成分，与羊毛的生长关系密切。日粮中钼和硫的浓度影响铜吸收，因为钼和硫可与铜形成不溶性的复合物。日粮中锌、铁和钙含量也影响铜的吸收，当这些元素在日粮中的含量高时，铜的吸收率下降。羊缺铜现象报道得较多，其症状是出生羔羊后肢运动失调（Neonatal ataxia）或瘫痪，甚至贫血或骨骼变形造成骨折。在新疆准噶尔盆地南缘、塔里木盆地北缘，以及新疆东部的许多盐渍化芦苇草甸地区，由于缺铜，经常流行或散发一种称为“摆腰病”，发病率为2%～80%，给病羊灌服1%的硫酸铜，有较好的疗效。预防羊缺铜可补饲硫酸铜或对草地施含铜的肥料。

8. 钴　钴参与血红蛋白和红细胞的形成。钴对于羊等反刍动物还有特别的意义，它对瘤胃微生物分解纤维素有促进作用，直接影响维生素B_{12}合成量，钴也对瘤胃蛋白质的合成及尿素酶的活性有较大影响。羊缺钴表现为食欲减退、生长受阻、饲料利用率低，成年羊体重下降、贫血，繁殖力、泌乳量和产毛量降低，严重缺钴时会阻碍羊对饲料的正常消化，造成流产、青年羊死亡。血液中的含量可作为羊体是否缺钴的标志，血清中钴含量0.25～0.30μg/L为缺钴的界限，若低于0.20μg/L为严重缺钴。缺钴可通过口服或注射维生素B_{12}来补充，也可用氧化钴制成钴丸，使其在瘤胃中慢慢释放，达到补钴的目的。羊的钴需要量一般为每千克饲料干物质0.1mg。

9. 硒　硒是谷胱甘肽过氧化酶发挥活性所必需的微量元素，硒对瘤胃微生物的蛋白质合成有促进作用。脱碘酶的活性受硒营养水平的调节，影响动物的生长发育。硒也与动物冷应激状态下产热代谢有关，缺硒的动物在冷应激状态下产热能力降低，这对于我国北方寒冷地区特别是牧区提高羔羊成活率有重要指导意义。血清谷胱甘肽过氧化物酶的活性是硒的检测指标。缺硒对羔羊生长有严重影响，主要表现是白肌病，羔羊生长缓慢。此病多发生在羔羊出生后2～8周龄，死亡率很高。缺硒也影响母羊的繁殖能力。缺硒有明显的地域性，常和土壤中硒的含量有关，甘肃省玛曲县周围地区严重缺硒，土壤中含硒量低于0.1mg/kg，从外地引入的新疆细毛羊、茨盖羊及其杂交羊常发生营养性肌肉萎缩，即白肌病，造成羔羊的大批死亡。采用亚硒酸钠预防，每只羊皮下注射1%的亚硒酸钠水溶液0.5mL；或每季度补饲一次，每次补饲剂量哺乳羔羊为3～5mg，育成羊为5～10mg，收到了很好的效果。缺硒症有的可以采用"硒弹丸"，投到瘤胃使其在瘤胃中慢慢释放，达到补硒的目的；也有的采取硒与疫苗复合制剂补充。在正常情况下，缺硒与维生素E的缺乏有关。以日粮干物质计算，每千克日粮中硒含量超过4mg时即引起羊硒中毒，将严重危害羊的健康。一般情况下硒中毒会使羊出现脱毛、蹄溃烂、繁殖力下降等症状。

10. 锌　锌是体内多种酶（如碳酸酐酶、羧肽酶）和激素（胰岛素、胰高血糖素）的组成成分，对羊的睾丸发育和精子形成以及羊毛的生长有作用。缺锌使生长羔羊的采食量下降，降低机体对营养物质的利用率，增加氮和硫的尿排量。锌缺乏使羊角化不全、掉毛、精子畸形、公羊睾丸萎缩、母羊繁殖力下降。锌需要量为每千克饲料干物质20～33mg，也有人推荐绵羊日粮的最佳锌含量为每千克干物质50mg。

11. 铁　铁主要参与血红蛋白的形成，铁也是多种氧化酶和细胞色素酶的成分。缺铁的典型症状是贫血。一般情况下，由于牧草中铁的含量较高，因而放牧羊不易发生缺铁，哺乳羔羊和饲养在漏缝地板的舍饲羊易发生缺铁。需要量为每千克饲料干物质 30mg。

12. 锰 锰主要影响骨骼的发育和繁殖力。妊娠期锰的缺乏，可引起羔羊出生时骨骼畸形。缺锰导致羊繁殖力下降的现象在养羊实践中常有发生，长期饲喂锰含量低于 8mg/kg 的日粮，会导致青年母羊初情期推迟、受胎率降低、妊娠母羊流产率升高、公羔比例增大且母羔死亡率高于公羔的现象。饲料中钙和铁的含量影响羊对锰的需求量。对成年羊而言，羊毛中锰含量对饲料锰供给量很敏感，因此可作为羊锰营养状况的指标。

矿物质营养的吸收、代谢以及在体内的作用很复杂，它们之间有些存在颉颃作用，有些存在协调作用，因此某些元素的缺乏或过量可导致另一些元素的缺乏或过量。此外，各种饲料原料中矿物质元素的有效性差别很大，目前大多数矿物质营养的确切需要量还不清楚，各种资料推荐的数据也很不一致。在实践中应结合当地饲料资源特点及羊的生产表现进行适当调整。表 5-2 至表 5-6 是常见矿物质添加剂对羊的生物学价值。供生产实践中参考。

表 5-2 绵羊等反刍家畜对不同来源钙的生物学利用率

钙来源	生物学利用率（%）
碳酸钙	100
石灰石	88～93
骨粉	133～138
磷酸氢钙	95～140
磷酸二氢钙	120～140
苜蓿干草	78～80
鸡爪草干草	98～100

资料来源：谢选武等，《反刍动物饲料》，四川科学技术出版社，1989。

表 5-3 不同来源磷的生物学利用率（反刍家畜）

磷来源	生物学利用率（%）
磷酸二氢钙	100
磷酸氢钙	100
骨粉	92
植酸钙	60

资料来源：谢选武等，《反刍动物饲料》，四川科学技术出版社，1989。

表 5-4　不同来源镁的生物学利用率（反刍家畜）

镁来源	生物学利用率（%）
氧化镁（试剂级）	100
氧化镁（饲料级）	85
硫酸镁	58～113
碳酸镁	86～113
白云石	28
氯化镁	98～100
乳酸镁	98
磷酸镁	100
饲草	10～25
谷实类和精料	30～40

资料来源：谢选武等，《反刍动物饲料》，四川科学技术出版社，1989。

表 5-5　不同来源硫的生物学利用率（反刍家畜）

硫来源	生物学利用率（%）
蛋氨酸	100
硫元素	30～40
硫酸钙	60～80
硫酸铵	60～80
硫酸钾	60～80

资料来源：谢选武等，《反刍动物饲料》，四川科学技术出版社，1989。

表 5-6　一些微量元素添加剂的生物学效价

元素名称	来源	生物学效价
硒	亚硒酸钠	100
	硒元素	7
	玉米中的硒	86
铁	硫酸亚铁	100
	硫酸铁	83
	氧化铁	4
	氯化铁	44
铜		硫酸铜、氯化铜、氧化铜、碳酸铜
锌		氧化锌、硫酸锌和碳酸锌的效价一样
钴		硫酸钴与氧化钴等效

资料来源：谢选武等，《反刍动物饲料》，四川科学技术出版社，1989。

六、维生素

维生素是维持羊的生理机能所必需的具有高度生物活性的低分子有机化合物，其主要功能是控制、调节代谢作用，维生素供应不足可引起体内营养物质代谢紊乱。维生素分为水溶性和脂溶性两大类。脂溶性维生素可溶于脂肪，羊体内有一定的贮存，包括维生素 A、维生素 D、维生素 E、维生素 K 四种。常见饲料中缺乏脂溶性维生素 A、维生素 D、维生素 E，因此，养羊生产中一般较重视维生素 A、维生素 D、维生素 E（表 5-7）。水溶性维生素可溶于水，体内不能贮存，日粮中必须经常供给。羊体内可以合成维生素 C，羊瘤胃微生物可合成 B 族维生素和维生素 K，一般情况下，不需要补充。在羔羊阶段因为瘤胃微生物区系尚未建立，无法合成 B 族维生素和维生素 K，所以需要由饲粮提供。特别是在由放牧转为舍饲后，羊容易发生维生素缺乏症，主要表现为生长发育缓慢，甚至消瘦，生产性能降低，抗病力弱。

表 5-7 维生素需要量

种 类	NRC（2007）	中国《肉羊饲养标准》（NY/T 816—2004）	法国 AEC（1993）
维生素 A/视黄醇（IU/d）	470～1 410	940～2 350	8 000～15 000
维生素 D_3/胆钙化醇（IU/d）		111～278	1 500～3 000
维生素 E/生育酚（IU/d）	10～20	12～23	30～40

1. 维生素 A 植物含有胡萝卜素，动物可将其转化为维生素 A，维持上皮组织的健康，维持正常的视觉，与免疫细胞的功能有关，促进生长发育。缺乏症表现为干眼病、夜盲症，上皮组织角质化，抗病力弱，生产性能降低。在青绿饲料、胡萝卜、黄玉米、鱼肝油含量高。干旱受灾地区需要补充维生素 A。

2. 维生素 D 促进钙磷吸收与骨骼的形成。晒太阳少时易缺乏维生素 D，发生佝偻病或骨质疏松症。有日光照射时维生素 D 可在体内合成。维生素 D 缺乏是少见的，羔羊放牧时摄入的绿色牧草和干草可以满足其要求，足够的维生素 D 可维持 6～15 周。但是在舍饲育肥时，应考虑补充维生素 D。

3. 维生素 E 一种抗氧化剂，清除自由基，保护细胞膜的完整性，与硒互补。维持正常的生殖机能，防止肌肉萎缩。维生素 E 对酸、热稳定，对碱不稳定，易氧化。缺乏症为步态僵硬、肌肉营养不良或白肌病，生殖机能障碍。主要来源为植物油、青绿饲料、小麦胚、合成的维生素 E。

4. 维生素 B_1（硫胺素）　维持正常的碳水化合物代谢。维持神经、血液循环、消化系统的正常功能。对热和酸稳定。遇碱易分解，温度高于100℃时被破坏。主要来源为青绿饲料、糠麸类饲料、合成的维生素 B_1。在饲料突然发生变化，牧场育肥的羔羊会发生维生素 B_1 缺乏症。饲喂发霉的干草或青贮也可以诱发维生素 B_1 缺乏症。

5. 维生素 B_{12}（钴胺素）　对核酸的合成、含硫氨基酸代谢、脂肪与碳水化合物代谢有重要作用。与红细胞的形成有关。强酸、日光、氧化剂、还原剂均可破坏其活性。缺乏症为生长停滞，贫血，皮炎，后肢运动失调，繁殖率降低。主要来源是动物性饲料及维生素 B_{12} 制剂。

6. 维生素 C（抗坏血酸）　参与机体一系列代谢，有抗氧化作用。易被氧化剂破坏。缺乏症为贫血、出血、抗病力降低。大多数家畜体内能合成。

七、水

水是羊体器官、组织和体液的主要成分，约占体重的一半。水是羊体内的主要溶剂，各种营养物质在体内的消化、吸收、运输及代谢等一系列生理活动都需要水。水对体温的调节也有重要作用，尤其是在环境温度较高时，水分的蒸发保持体温的恒定。水也参与维持机体渗透压和体内各种生化反应。消耗的水量与机体代谢水平、生理阶段、环境温度、体重、水中盐含量、水的温度、水的输送装置、水槽的大小、流动速率、饲料组成、基因型和剪毛等有关。羊的生产水平高时需水量大，妊娠和泌乳需水量比空怀母羊的需水量大（约增加1倍），环境温度升高需水量增加（表5-8），采食量大时需水量也大，一般情况下，成年羊的需水量为干物质采食量的2～3倍。由于水来源广泛，在生产中往往重视不够，常因饮水不足引起生产力下降。为达到最佳生产效果，天气温暖时，应给放牧羊每日至少饮2次水。

快速育肥羔羊每天摄入的总水量与干物质采食量呈正相关，因此生长率和水的需求随着干物质日粮采食量而增加。水对羔羊的生存是至关重要的，因为水可以达到活重的50%～80%，体内水分超过10%的损失可能是致命的。每只羔羊每天平均需水3～4L，寒冷季节3～6L，酷热季节6～9L。为了优化干物质摄入量，水中总可溶性盐类应不超过0.35%，镁含量应小于0.025%。规模化羔羊的育肥需要提供干净的水，一个正规的饲养场规定水槽应该每天清洗1次，在尘土飞扬的条件下需要频繁清洗。要确保管道埋在地下，尽可能保持低水温。水储存槽中，要储备至少3d以上水量，包括可能损失的水量，并要定期更换，定期清洗水储存槽。

表 5-8 断奶羊在各种平均环境温度下的水需要量

环境温度（℃）	<15	20	25	30	35
水需要量（L/kg DM）	2	2.5	3.5	5	7

资料来源：San Jolly，2007。

第二节 羊的饲养标准

羊的饲养标准就是羊的营养需要量。它是根据羊的品种、性别、年龄、体重生理状况、生产方向和水平，科学合理地规定每只羊每天应通过饲料给予的各种营养物质的数量。饲养标准是进行科学养羊的依据和重要参数，对于饲料资源的合理利用、充分发挥羊的生产潜力、降低饲养成本具有重要意义。

饲养标准的内容分两部分：一是羊的营养需要量，二是羊的各种饲料营养价值，这两部分必须结合使用。

一、绵羊的饲养标准

（一）中国肉用绵羊的饲养标准

中国农业科学院北京畜牧兽医研究所、内蒙古畜牧科学院的学者研究并编制了中国《肉羊饲养标准》（NY/T 816—2004），在此列出肉用绵羊的饲养标准供参考。

1. 生长肥育羔羊 4～20kg 体重阶段生长肥育绵羊羔羊不同日增重下日粮干物质进食量和消化能、代谢能、粗蛋白质、钙、总磷、食用盐每日营养需要量见表 5-9。

表 5-9 生长肥育绵羊羔羊每日营养需要量

体重（kg）	日增重（kg/d）	DMI（kg/d）	DE（MJ/d）	ME（MJ/d）	粗蛋白质（g/d）	钙（g/d）	总磷（g/d）	食用盐（g/d）
4	0.1	0.12	1.92	1.88	35	0.9	0.5	0.6
4	0.2	0.12	2.80	2.72	62	0.9	0.5	0.6
4	0.3	0.12	3.68	3.56	90	0.9	0.5	0.6
6	0.1	0.13	2.55	2.47	36	1.0	0.5	0.6
6	0.2	0.13	3.34	3.36	62	1.0	0.5	0.6
6	0.3	0.13	4.18	3.77	88	1.0	0.5	0.6

（续）

体重（kg）	日增重（kg/d）	DMI（kg/d）	DE（MJ/d）	ME（MJ/d）	粗蛋白质（g/d）	钙（g/d）	总磷（g/d）	食用盐（g/d）
8	0.1	0.16	3.10	3.01	36	1.3	0.7	0.7
8	0.2	0.16	4.06	3.93	62	1.3	0.7	0.7
8	0.3	0.16	5.02	4.60	88	1.3	0.7	0.7
10	0.1	0.24	3.97	3.60	54	1.4	0.75	1.1
10	0.2	0.24	5.02	4.60	87	1.4	0.75	1.1
10	0.3	0.24	8.28	5.86	121	1.4	0.75	1.1
12	0.1	0.32	4.60	4.14	56	1.5	0.8	1.3
12	0.2	0.32	5.44	5.02	90	1.5	0.8	1.3
12	0.3	0.32	7.11	8.28	122	1.5	0.8	1.3
14	0.1	0.4	5.02	4.60	59	1.8	1.2	1.7
14	0.2	0.4	8.28	5.86	91	1.8	1.2	1.7
14	0.3	0.4	7.53	6.69	123	1.8	1.2	1.7
16	0.1	0.48	5.44	5.02	60	2.2	1.5	2.0
16	0.2	0.48	7.11	8.28	92	2.2	1.5	2.0
16	0.3	0.48	8.37	7.53	124	2.2	1.5	2.0
18	0.1	0.56	8.28	5.86	63	2.5	1.7	2.3
18	0.2	0.56	7.95	7.11	95	2.5	1.7	2.3
18	0.3	0.56	8.79	7.95	127	2.5	1.7	2.3
20	0.1	0.64	7.11	8.28	65	2.9	1.9	2.6
20	0.2	0.64	8.37	7.53	96	2.9	1.9	2.6
20	0.3	0.64	9.62	8.79	128	2.9	1.9	2.6

2. 育成母羊　25～50kg体重阶段绵羊育成母羊日粮干物质进食量和消化能、代谢能、粗蛋白质、钙、磷、食用盐每日营养需要见表5-10。

表5-10　育成母羊每日营养需要量

体重（kg）	日增重（kg/d）	DMI（kg/d）	DE（MJ/d）	ME（MJ/d）	粗蛋白质（g/d）	钙（g/d）	总磷（g/d）	食用盐（g/d）
25	0	0.8	5.86	4.60	47	3.6	1.8	3.3
25	0.03	0.8	6.70	5.44	69	3.6	1.8	3.3
25	0.06	0.8	7.11	5.86	90	3.6	1.8	3.3
25	0.09	0.8	8.37	6.69	112	3.6	1.8	3.3

（续）

体重（kg）	日增重（kg/d）	DMI（kg/d）	DE（MJ/d）	ME（MJ/d）	粗蛋白质（g/d）	钙（g/d）	总磷（g/d）	食用盐（g/d）
30	0	1.0	6.70	5.44	54	4.0	2.0	4.1
30	0.03	1.0	7.95	6.28	75	4.0	2.0	4.1
30	0.06	1.0	8.79	7.11	96	4.0	2.0	4.1
30	0.09	1.0	9.20	7.53	117	4.0	2.0	4.1
35	0	1.2	7.95	6.28	61	4.5	2.3	5.0
35	0.03	1.2	8.79	7.11	82	4.5	2.3	5.0
35	0.06	1.2	9.62	7.95	103	4.5	2.3	5.0
35	0.09	1.2	10.88	8.79	123	4.5	2.3	5.0
40	0	1.4	8.37	6.69	67	4.5	2.3	5.8
40	0.03	1.4	9.62	7.95	88	4.5	2.3	5.8
40	0.06	1.4	10.88	8.79	108	4.5	2.3	5.8
40	0.09	1.4	12.55	10.04	129	4.5	2.3	5.8
45	0	1.5	9.20	8.79	94	5.0	2.5	6.2
45	0.03	1.5	10.88	9.62	114	5.0	2.5	6.2
45	0.06	1.5	11.71	10.88	135	5.0	2.5	6.2
45	0.09	1.5	13.39	12.10	80	5.0	2.5	6.2
50	0	1.6	9.62	7.95	80	5.0	2.5	6.6
50	0.03	1.6	11.30	9.20	100	5.0	2.5	6.6
50	0.06	1.6	13.39	10.88	120	5.0	2.5	6.6
50	0.09	1.6	15.06	12.13	140	5.0	2.5	6.6

3. 育成公羊 20～70kg体重阶段绵羊育成母羊日粮干物质进食量和消化能、代谢能、粗蛋白质、钙、总磷、食用盐每日营养需要量见表5-11。

表5-11 育成公绵羊营养需要量

体重（kg）	日增重（kg/d）	DMI（kg/d）	DE（MJ/d）	ME（MJ/d）	粗蛋白质（g/d）	钙（g/d）	总磷（g/d）	食用盐（g/d）
20	0.05	0.9	8.17	6.70	95	2.4	1.1	7.6
20	0.10	0.9	9.76	8.00	114	3.3	1.5	7.6
20	0.15	1.0	12.20	10.00	132	4.3	2.0	7.6
25	0.05	1.0	8.78	7.20	105	2.8	1.3	7.6
25	0.10	1.0	10.98	9.00	123	3.7	1.7	7.6
25	0.15	1.1	13.54	11.10	142	4.6	2.1	7.6

（续）

体重（kg）	日增重（kg/d）	DMI（kg/d）	DE（MJ/d）	ME（MJ/d）	粗蛋白质（g/d）	钙（g/d）	总磷（g/d）	食用盐（g/d）
30	0.05	1.1	10.37	8.50	114	3.2	1.4	8.6
30	0.10	1.1	12.20	10.00	132	4.1	1.9	8.6
30	0.15	1.2	14.76	12.10	150	5.0	2.3	8.6
35	0.05	1.2	11.34	9.30	122	3.5	1.6	8.6
35	0.10	1.2	13.29	10.90	140	4.5	2.0	8.6
35	0.15	1.3	16.10	13.20	159	5.4	2.5	8.6
40	0.05	1.3	12.44	10.20	130	3.9	1.8	9.6
40	0.10	1.3	14.39	11.80	149	4.8	2.2	9.6
40	0.15	1.3	17.32	14.20	167	5.8	2.6	9.6
45	0.05	1.3	13.54	11.10	138	4.3	1.9	9.6
45	0.10	1.3	15.49	12.70	156	5.2	2.9	9.6
45	0.15	1.4	18.66	15.30	175	6.1	2.8	9.6
50	0.05	1.4	14.39	11.80	146	4.7	2.1	11.0
50	0.10	1.4	16.59	13.60	165	5.6	2.5	11.0
50	0.15	1.5	19.76	16.20	182	6.5	3.0	11.0
55	0.05	1.5	15.37	12.60	153	5.0	2.3	11.0
55	0.10	1.5	17.68	14.50	172	6.0	2.7	11.0
55	0.15	1.6	20.98	17.20	190	6.9	3.1	11.0
60	0.05	1.6	16.34	13.40	161	5.4	2.4	12.0
60	0.10	1.6	18.78	15.40	179	6.3	2.9	12.0
60	0.15	1.7	22.20	18.20	198	7.3	3.3	12.0
65	0.05	1.7	17.32	14.20	168	5.7	2.6	12.0
65	0.10	1.7	19.88	16.30	187	6.7	3.0	12.0
65	0.15	1.8	23.54	19.30	205	7.6	3.4	12.0
70	0.05	1.8	18.29	15.00	175	6.2	2.8	12.0
70	0.10	1.8	20.85	17.10	194	7.1	3.2	12.0
70	0.15	1.9	24.76	20.30	212	8.0	3.6	12.0

4. 育肥羊　20～45kg体重阶段舍饲育肥羊日粮干物质进食量和消化能、代谢能、粗蛋白质、钙、总磷、食用盐每日营养需要量见表5-12。

表 5-12　育肥羊每日营养需要量

体重 (kg)	日增重 (kg/d)	DMI (kg/d)	DE (MJ/d)	ME (MJ/d)	粗蛋白质 (g/d)	钙 (g/d)	总磷 (g/d)	食用盐 (g/d)
20	0.10	0.8	9.00	8.40	111	1.9	1.8	7.6
20	0.20	0.9	11.30	9.30	158	2.8	2.4	7.6
20	0.30	1.0	13.60	11.20	183	3.8	3.1	7.6
20	0.45	1.0	15.01	11.82	210	4.6	3.7	7.6
25	0.10	0.9	10.50	8.60	121	2.2	2	7.6
25	0.20	1.0	13.32	10.80	168	3.2	2.7	7.6
25	0.30	1.1	15.80	13.00	191	4.3	3.4	7.6
25	0.45	1.1	17.45	14.35	218	5.4	4.2	7.6
30	0.10	1.0	12.00	9.80	132	2.5	2.2	8.6
30	0.20	1.1	15.00	12.30	178	3.6	3	8.6
30	0.30	1.2	18.10	14.80	200	4.8	3.8	8.6
30	0.45	1.2	19.95	16.34	351	6.0	4.6	8.6
35	0.10	1.2	13.40	11.10	141	2.8	2.5	8.6
35	0.20	1.3	16.90	13.80	187	4.0	3.3	8.6
35	0.30	1.3	18.20	16.60	207	5.2	4.1	8.6
35	0.45	1.3	20.19	18.26	233	6.4	5.0	8.6
40	0.10	1.3	14.90	12.20	143	3.1	2.7	9.6
40	0.20	1.3	18.80	15.30	183	4.4	3.6	9.6
40	0.30	1.4	22.60	18.40	204	5.7	4.5	9.6
40	0.45	1.4	24.99	20.30	227	7.0	5.4	9.6
45	0.10	1.4	16.40	13.40	152	3.4	2.9	9.6
45	0.20	1.4	20.60	16.80	192	4.8	3.9	9.6
45	0.30	1.5	24.80	20.30	210	6.2	4.9	9.6
45	0.45	1.5	27.38	22.39	233	7.4	6.0	9.6
50	0.10	1.5	17.90	14.60	159	3.7	3.2	11.0
50	0.20	1.6	22.50	18.30	198	5.2	4.2	11.0
50	0.30	1.6	27.20	22.10	215	6.7	5.2	11.0
50	0.45	1.6	30.03	24.38	237	8.5	6.5	11.0

5. 妊娠母羊　不同妊娠阶段妊娠母羊日粮干物质进食量和消化能、代谢能、粗蛋白质、钙、总磷、食用盐每日营养需要量见表 5-13。

表 5-13　妊娠母绵羊每日营养需要量

妊娠阶段	体重(kg)	DMI(kg/d)	DE(MJ/d)	ME(MJ/d)	粗蛋白质(g/d)	钙(g/d)	总磷(g/d)	食用盐(g/d)
前期[a]	40	1.6	12.55	10.46	116	3.0	2.0	6.6
	50	1.8	15.06	12.55	124	3.2	2.5	7.5
	60	2.0	15.90	13.39	132	4.0	3.0	8.3
	70	2.2	16.74	14.23	141	4.5	3.5	9.1
后期[b]	40	1.8	15.06	12.55	146	6.0	3.5	7.5
	45	1.9	15.90	13.39	152	6.5	3.7	7.9
	50	2.0	16.74	14.23	159	7.0	3.9	8.3
	55	2.1	17.99	15.06	165	7.5	4.1	8.7
	60	2.2	18.83	15.90	172	8.0	4.3	9.1
	65	2.3	19.66	16.74	180	8.5	4.5	9.5
	70	2.4	20.92	17.57	187	9.0	4.7	9.9
后期[c]	40	1.8	16.74	14.23	167	7.0	4.0	7.9
	45	1.9	17.99	15.06	176	7.5	4.3	8.3
	50	2.0	19.25	16.32	184	8.0	4.6	8.7
	55	2.1	20.50	17.15	193	8.5	5.0	9.1
	60	2.2	21.76	18.41	203	9.0	5.3	9.5
	65	2.3	22.59	19.25	214	9.5	5.4	9.9
	70	2.4	24.27	20.50	226	10.0	5.6	11.0

注：a 指妊娠期的第 1 至第 3 个月；b 指母羊怀单羔妊娠期的第 4 至第 5 个月；c 指母羊怀双羔妊娠期的第 4 至第 5 个月。

6. 泌乳母羊　40～70kg 泌乳母羊的日粮干物质进食量和消化能、代谢能、粗蛋白质、钙、总磷、食用盐每日营养所需量见表 5-14。

表 5-14　泌乳母羊每日营养需要量

体重(kg)	日泌乳量(kg/d)	DMI(kg/d)	DE(MJ/d)	ME(MJ/d)	粗蛋白质(g/d)	钙(g/d)	总磷(g/d)	食用盐(g/d)
40	0.2	2.0	12.97	10.46	119	7.0	4.3	8.3
40	0.4	2.0	15.48	12.55	139	7.0	4.3	8.3
40	0.6	2.0	17.99	14.64	157	7.0	4.3	8.3
40	0.8	2.0	20.50	16.74	176	7.0	4.3	8.3
40	1.0	2.0	23.01	18.83	196	7.0	4.3	8.3
40	1.2	2.0	25.94	20.92	216	7.0	4.3	8.3
40	1.4	2.0	28.45	23.01	236	7.0	4.3	8.3
40	1.6	2.0	30.96	25.10	254	7.0	4.3	8.3
40	1.8	2.0	33.47	27.20	274	7.0	4.3	8.3

（续）

体重（kg）	日泌乳量（kg/d）	DMI（kg/d）	DE（MJ/d）	ME（MJ/d）	粗蛋白质（g/d）	钙（g/d）	总磷（g/d）	食用盐（g/d）
50	0.2	2.2	15.06	12.13	122	7.5	4.7	9.1
50	0.4	2.2	17.57	14.23	142	7.5	4.7	9.1
50	0.6	2.2	20.08	16.32	162	7.5	4.7	9.1
50	0.8	2.2	22.59	18.41	180	7.5	4.7	9.1
50	1.0	2.2	25.10	20.50	200	7.5	4.7	9.1
50	1.2	2.2	28.03	22.59	219	7.5	4.7	9.1
50	1.4	2.2	30.54	24.69	239	7.5	4.7	9.1
50	1.6	2.2	33.05	26.78	257	7.5	4.7	9.1
50	1.8	2.2	35.56	28.87	277	7.5	4.7	9.1
60	0.2	2.4	16.32	13.39	125	8.0	5.1	9.9
60	0.4	2.4	19.25	15.48	145	8.0	5.1	9.9
60	0.6	2.4	21.76	17.57	165	8.0	5.1	9.9
60	0.8	2.4	24.27	19.66	183	8.0	5.1	9.9
60	1.0	2.4	26.78	21.76	203	8.0	5.1	9.9
60	1.2	2.4	29.29	23.85	223	8.0	5.1	9.9
60	1.4	2.4	31.80	25.94	241	8.0	5.1	9.9
60	1.6	2.4	34.73	28.03	261	8.0	5.1	9.9
60	1.8	2.4	37.24	30.12	275	8.0	5.1	9.9
70	0.2	2.6	17.99	14.64	129	8.5	5.6	11.0
70	0.4	2.6	20.50	16.70	148	8.5	5.6	11.0
70	0.6	2.6	23.01	18.83	166	8.5	5.6	11.0
70	0.8	2.6	25.94	20.92	186	8.5	5.6	11.0
70	1.0	2.6	28.45	23.01	206	8.5	5.6	11.0
70	1.2	2.6	30.96	25.10	226	8.5	5.6	11.0
70	1.4	2.6	33.89	27.61	244	8.5	5.6	11.0
70	1.6	2.6	36.40	29.71	264	8.5	5.6	11.0
70	1.8	2.6	39.33	31.80	284	8.5	5.6	11.0

（二）美国 NRC（2007）绵羊的营养需要量

1. 成年母绵羊和 1 岁绵羊　见表 5-15。

表 5-15　成年母绵羊和 1 岁绵羊维持和哺乳的营养需要

体重	日增重 (g/d)	日粮干物质采食量 (kg)	能量需要 ME (Mcal* /d)	蛋白质需要 CP 20% UIP (g/d)	CP 40% UIP (g/d)	CP 60% UIP (g/d)	MP (g/d)	DIP (g/d)	矿物质需要 Ca (g/d)	P (g/d)	维生素需要 维生素 A (RE[a]/d)	维生素 E (IU/d)
成年母绵羊												
仅维持												
40	0	0.77	1.48	59	56	54	40	53	1.8	1.3	1 256	212
60	0	1.05	2.01	79	76	72	53	72	2.2	1.8	1 884	318
80	0	1.30	2.49	98	94	90	66	90	2.6	2.2	2 512	424
100	0	1.54	2.94	116	111	106	78	106	3.0	2.7	3 140	530
140	0	1.98	3.79	151	145	138	102	136	3.7	3.5	4 396	742
配种												
40	20	0.85	1.63	69	66	63	46	59	2.1	1.5	1 256	212
60	26	1.15	2.21	93	89	85	62	80	2.6	2.1	1 884	318
80	32	1.43	2.74	115	110	105	77	99	3.1	2.7	2 512	424
100	38	1.69	3.24	137	130	125	92	117	3.6	3.2	3 140	530
140	50	2.18	4.16	177	169	162	119	150	4.5	4.2	4 396	742
妊娠前期（单胎；体重 3.9～7.5kg）												
40	18	0.99	1.89	82	79	75	55	68	3.4	2.4	1 256	212
60	24	1.31	2.51	108	103	99	73	91	4.2	3.2	1 884	318
80	30	1.61	3.08	132	126	120	89	110	4.9	3.9	2 512	424
100	35	1.89	3.61	154	147	141	104	130	5.5	4.5	3 140	530
140	46	2.39	4.85	196	187	179	132	165	6.7	5.7	4 396	742
妊娠前期（两胎；体重 3.4～6.6kg）												
40	30	1.15	2.20	100	95	91	67	79	4.8	3.2	1 256	212
60	40	1.51	2.89	129	124	118	87	104	5.9	4.2	1 884	318
80	50	1.84	3.52	157	150	143	105	127	7.0	5.1	2 512	424
100	59	2.15	4.10	182	174	167	123	148	7.9	5.9	3 140	530
140	76	2.71	5.18	231	220	211	155	187	9.5	7.3	4 396	742

* cal 为我国非法定计量单位，1cal=4.184J。

（续）

体重	日增重 (g/d)	日粮干物质采食量 (kg)	能量需要 ME (Mcal/d)	蛋白质需要					矿物质需要		维生素需要	
				CP 20% UIP (g/d)	CP 40% UIP (g/d)	CP 60% UIP (g/d)	MP (g/d)	DIP (g/d)	Ca (g/d)	P (g/d)	维生素A (RE[a]/d)	维生素E (IU/d)
妊娠后期（单胎；体重3.9～7.5kg）												
40	71	1.00	2.38	101	96	92	68	86	4.3	2.6	1 820	224
60	97	1.63	3.11	141	134	129	95	112	5.7	4.0	2 730	336
80	120	1.98	3.78	170	163	155	114	136	6.6	4.8	3 640	448
100	142	2.30	4.40	198	189	180	133	158	7.5	5.5	4 550	560
140	183	2.89	5.52	284	237	226	167	199	9.0	6.9	6 370	784
妊娠后期（两胎；体重3.4～6.6kg）												
40	119	1.06	3.05	128	123	117	86	110	6.3	3.4	1 820	224
60	161	1.65	3.94	173	165	158	116	142	8.1	4.8	2 730	336
80	200	1.99	4.75	208	198	189	139	171	9.4	5.8	3 640	448
100	236	2.87	5.48	258	246	236	173	198	11.3	7.7	4 550	560
140	304	3.57	6.83	321	307	293	216	246	13.6	9.5	6 370	784
哺乳前期（单胎；产奶量1.18～2.21kg/d）												
40	−24	1.40	3.35	224	213	204	150	121	6.0	5.0	2 140	224
60	−29	1.80	4.31	281	268	257	189	155	7.3	6.3	3 210	336
80	−33	2.15	5.15	330	315	302	222	186	8.5	7.4	4 280	448
100	−37	2.48	5.92	376	359	343	253	213	9.5	8.5	5 350	560
140	−44	3.82	7.30	483	461	441	324	263	12.3	11.7	7 490	784
哺乳中期（单胎；产奶量0.47～0.89kg/d）												
40	0	1.20	2.30	134	128	123	90	83	3.5	3.1	2 140	224
60	0	1.58	3.02	172	164	157	116	109	4.3	4.0	3 210	336
80	0	1.91	3.66	206	196	188	138	132	5.0	4.8	4 280	448
100	0	2.22	4.25	237	226	216	159	153	5.6	5.6	5 350	560
140	0	2.79	5.34	294	281	269	198	193	6.8	6.9	7 490	784
哺乳中期（两胎；产奶量0.79～1.48kg/d）												
40	0	1.50	2.86	186	177	170	125	103	4.9	4.3	2 140	224
60	0	1.94	3.70	235	224	214	158	133	6.0	5.5	3 210	336
80	0	2.33	4.45	278	265	254	187	160	6.9	6.6	4 280	448
100	0	2.68	5.13	317	303	289	213	185	7.8	7.5	5 350	560
140	0	3.33	6.37	389	371	355	261	230	9.3	9.2	7 490	784

（续）

体重	日增重(g/d)	日粮干物质采食量(kg)	能量需要 ME (Mcal/d)	蛋白质需要					矿物质需要		维生素需要	
				CP 20% UIP (g/d)	CP 40% UIP (g/d)	CP 60% UIP (g/d)	MP (g/d)	DIP (g/d)	Ca (g/d)	P (g/d)	维生素A (RE[a]/d)	维生素E (IU/d)
1岁农场母羊												
仅维持												
40	0	0.8216	1.57	60	58	55	41	57	1.8	1.4	1 256	212
60	0	1.1136	2.13	81	77	74	54	77	2.3	1.9	1 884	318
80	0	1.3818	2.64	101	96	92	68	95	2.7	2.4	2 512	424
100	0	1.6335	3.12	119	114	109	80	113	3.1	2.9	3 140	530
120	0	1.8729	3.58	137	131	126	92	129	3.5	3.3	3 768	636
哺乳前期（单胎；产奶量 0.71～1.22kg/d）												
40	−14	1.41	2.70	167	159	152	112	97	4.5	4.0	2 140	224
60	−17	1.84	3.51	211	202	193	142	127	5.5	5.1	3 210	336
80	−20	2.21	4.23	250	239	228	168	152	6.4	6.1	4 280	448
100	−22	2.56	4.90	287	274	262	193	177	7.2	7.0	5 350	560
120	−24	2.88	5.51	320	305	292	215	199	8.0	7.8	6 420	672
哺乳中期（单胎；产奶量 0.47～0.82kg/d）												
40	0	1.25	2.38	135	129	124	91	86	3.5	3.2	2 140	224
60	0	1.64	3.13	174	166	159	117	113	4.4	4.1	3 210	336
80	0	1.99	3.80	208	198	190	139	137	5.1	5.0	4 280	448
100	0	2.31	4.42	239	228	218	161	159	5.7	5.7	5 350	560
120	0	2.61	4.99	268	256	245	180	180	6.3	6.4	6 420	672
哺乳中期（两胎；产奶量 0.79～1.37kg/d）												
40	0	1.54	2.94	187	178	171	125	106	4.9	4.4	2 140	224
60	0	1.99	3.81	236	225	216	159	137	6.0	5.6	3 210	336
80	0	2.40	4.59	280	267	255	188	165	7.0	7.2	4 280	448
100	0	2.77	5.29	319	305	291	214	191	7.9	7.7	5 350	560
120	0	3.12	5.96	356	340	325	240	215	8.7	8.6	6 420	672

注：[a]RE 为视黄醇当量，等于 1.0μg 反式视黄醇，5.0μg β-胡萝卜素，7.5μg 其他类胡萝卜素。

2. 生长羔羊 见表5-16。

表5-16 生长羔羊维持和哺乳的营养需要

体重(kg)	日增重(g/d)	日粮干物质采食量(kg)	能量需要			蛋白质需要					矿物质需要		维生素需要	
			ME(Mcal/d)	NEM(Mcal/d)	NEG(Mcal/d)	CP 20% UIP(g/d)	CP 40% UIP(g/d)	CP 60% UIP(g/d)	MP(g/d)	DIP(g/d)	Ca(g/d)	P(g/d)	维生素A(RE[a]/d)	维生素E(IU/d)
4月龄(成熟度=0.3,晚熟)														
20	100	0.57	1.09	0.20	0.21	76	73	69	51	39	2.3	1.5	2 000	200
20	100	0.57	1.09	0.20	0.21	76	73	69	51	39	2.3	1.5	2 000	200
20	200	0.59	1.42	0.21	0.42	116	111	106	78	51	3.7	2.5	2 000	200
20	300	0.61	1.74	0.21	0.63	155	18	142	104	63	5.1	3.5	2 000	200
30	200	1.05	2.02	0.29	0.42	137	131	125	92	73	4.1	2.9	3 000	300
30	300	0.88	2.10	0.29	0.63	169	162	155	114	76	5.3	3.8	3 000	300
30	400	1.12	2.67	0.30	0.84	218	208	199	146	96	6.9	5.0	3 000	300
40	300	1.54	2.94	0.38	0.63	199	190	182	134	106	5.9	4.4	4 000	400
40	500	1.40	3.35	0.39	1.05	271	259	248	182	121	8.6	6.3	4 000	400
50	250	1.38	2.64	0.44	0.53	177	169	161	119	95	5.1	3.8	5 000	500
50	400	1.21	2.89	0.45	0.84	228	218	208	153	104	7.0	5.1	5 000	500
50	600	1.69	4.04	0.48	1.26	325	310	297	219	146	10.2	7.6	5 000	500
60	250	1.43	2.74	0.50	0.53	182	174	166	122	99	5.1	3.8	6 000	600
60	300	1.65	3.15	0.52	0.63	210	201	192	141	114	6.0	4.5	6 000	600
60	400	2.08	3.98	0.55	0.84	266	254	243	179	143	7.8	5.9	6 000	600
60	500	1.49	3.57	0.53	1.05	282	269	257	190	129	8.7	6.4	6 000	600
60	600	1.74	4.15	0.55	1.26	330	315	302	222	150	10.3	7.6	6 000	600
70	200	1.26	2.42	0.55	0.42	159	152	146	107	87	4.3	3.1	7 000	700
70	300	1.70	3.25	0.58	0.63	216	206	197	145	117	6.1	4.6	7 000	700
70	400	2.14	4.08	0.62	0.84	272	259	248	183	147	7.9	6.0	7 000	700
70	500	2.57	4.92	0.65	1.05	328	313	300	220	177	9.6	7.4	7 000	700
80	150	1.09	2.08	0.59	0.32	137	130	125	92	75	3.4	2.5	8 000	800
80	200	1.31	2.50	0.61	0.42	165	157	150	111	90	4.3	3.2	8 000	800
80	300	1.75	3.34	0.64	0.63	221	211	202	149	121	6.1	4.6	8 000	800
80	400	2.19	4.19	0.68	0.84	277	265	253	186	151	7.9	6.0	8 000	800
80	500	2.63	5.03	0.72	1.05	334	318	305	224	181	9.7	7.5	8 000	800

（续）

体重(kg)	日增重(g/d)	日粮干物质采食量(kg)	能量需要 ME(Mcal/d)	NEM(Mcal/d)	NEG(Mcal/d)	蛋白质需要 CP 20% UIP(g/d)	CP 40% UIP(g/d)	CP 60% UIP(g/d)	MP(g/d)	DIP(g/d)	矿物质需要 Ca(g/d)	P(g/d)	维生素需要 维生素A(RE[a]/d)	维生素E(IU/d)
4月龄（成熟度＝0.6，早熟）														
20	100	0.63	1.51	0.21	0.46	70	66	64	47	55	2.1	1.5	2 000	200
20	200	0.83	2.39	0.22	0.91	106	101	97	71	86	3.4	2.7	2 000	200
20	300	1.20	3.44	0.24	1.37	149	142	136	100	124	4.9	4.0	2 000	200
30	200	1.20	2.86	0.31	0.91	125	119	114	84	103	3.7	3.0	3 000	300
30	300	1.25	3.57	0.32	1.37	155	148	141	104	129	4.9	4.0	3 000	300
30	400	1.62	4.63	0.35	1.83	198	189	181	133	167	6.4	5.4	3 000	300
40	250	1.50	3.60	0.40	1.14	155	148	142	104	130	4.6	3.8	4 000	400
40	300	1.29	3.69	0.40	1.37	160	153	146	108	133	5.0	4.1	4 000	400
40	400	1.66	4.76	0.43	1.83	204	195	186	137	172	6.4	5.4	4 000	400
40	500	2.03	5.83	0.46	2.28	247	236	226	166	210	7.9	6.7	4 000	400
50	250	1.55	3.71	0.47	1.14	161	154	147	108	134	4.6	3.8	5 000	500
50	300	1.81	4.34	0.49	1.37	186	178	170	125	156	5.4	4.6	5 000	500
50	400	1.70	4.88	0.51	1.83	209	200	191	141	176	6.5	5.4	5 000	500
50	500	2.08	5.96	0.54	2.28	253	242	231	170	215	8.0	6.8	5 000	500
50	600	2.45	7.04	0.58	2.74	297	283	271	199	254	9.5	8.1	5 000	500
60	250	1.60	3.82	0.54	1.14	167	159	152	112	138	4.7	3.9	6 000	600
60	300	1.86	4.45	0.57	1.37	192	183	175	129	160	5.5	4.6	6 000	600
60	400	2.39	5.71	0.61	1.83	242	231	221	163	206	7.1	6.1	6 000	600
60	500	2.12	6.08	0.62	2.28	259	247	236	174	219	8.0	6.8	6 000	600
60	600	2.50	7.17	0.66	2.74	302	289	276	203	258	9.5	8.1	6 000	600
70	150	1.81	3.46	0.59	0.68	152	145	139	102	125	3.7	3.1	7 000	700
70	200	2.28	4.37	0.63	0.91	186	177	170	125	157	4.7	4.1	7 000	700
70	300	1.81	4.55	0.63	1.37	197	188	180	133	164	5.5	4.7	7 000	700
70	4 000	2.44	5.82	0.69	1.83	248	237	226	167	210	7.1	6.1	7 000	700
70	500	2.16	6.20	0.70	2.28	264	252	241	178	224	8.0	6.8	7 000	700
80	150	1.86	3.56	0.65	0.68	157	150	144	106	128	3.8	3.2	8 000	800
80	200	2.34	4.47	0.69	0.91	192	183	175	129	161	4.8	4.1	8 000	800
80	300	1.95	4.66	0.70	1.37	203	194	185	136	168	5.6	4.7	8 000	800
80	400	2.48	5.94	0.76	1.83	253	242	231	170	214	7.2	6.2	8 000	800
80	500	3.02	7.21	0.82	2.28	304	290	278	204	260	8.8	7.7	8 000	800

注：[a]RE为视黄醇当量，等于1.0μg反式视黄醇，5.0μg β胡萝卜素，7.5μg其他类胡萝卜素。

二、山羊饲养标准

相对于绵羊而言，人们对山羊营养研究的重视程度很低，山羊饲养标准的许多数据都是借用绵羊或奶牛的数据，因此，山羊的饲养标准较绵羊的饲养标准略显粗糙。这里引用中国《肉羊饲养标准》(NY/T 816—2004)、美国 NRC《肉用山羊饲养标准》(2007 版) 供参考。

(一) 中国肉用山羊饲养标准

1. 生长育肥山羊羔羊 见表 5-17。

表 5-17 生长育肥山羊羔羊每日营养需要量

体重 (kg)	日增重 (kg/d)	DMI (kg/d)	DE (MJ/d)	ME (MJ/d)	粗蛋白质 (g/d)	钙 (g/d)	总磷 (g/d)	食用盐 (g/d)
1	0	0.12	0.55	0.46	3	0.1	0.0	0.6
1	0.02	0.12	0.71	0.60	9	0.8	0.5	0.6
1	0.04	0.12	0.89	0.75	14	1.5	1.0	0.6
2	0	0.13	0.90	0.76	5	0.1	0.1	0.7
2	0.02	0.13	1.08	0.91	11	0.8	0.6	0.7
2	0.04	0.13	1.26	1.06	16	1.6	1.0	0.7
2	0.06	0.13	1.43	1.20	22	2.3	1.5	0.7
4	0	0.18	1.64	1.38	9	0.3	0.2	0.9
4	0.02	0.18	1.93	1.62	16	1.0	0.7	0.9
4	0.04	0.18	2.20	1.85	22	1.7	1.1	0.9
4	0.06	0.18	2.48	2.08	29	2.4	1.6	0.9
4	0.08	0.18	2.76	2.32	35	3.1	2.1	0.9
6	0	0.27	2.29	1.88	11	0.4	0.3	1.3
6	0.02	0.27	2.32	1.90	22	1.1	0.7	1.3
6	0.04	0.27	3.06	2.51	33	1.8	1.2	1.3
6	0.06	0.27	3.79	3.11	44	2.5	1.7	1.3
6	0.08	0.27	4.54	3.72	55	3.3	2.2	1.3
6	0.10	0.27	5.27	4.32	67	4.0	2.6	1.3
8	0	0.33	1.96	1.61	13	0.5	0.4	1.7
8	0.02	0.33	3.05	2.5	24	1.2	0.8	1.7
8	0.04	0.33	4.11	3.37	36	2.0	1.3	1.7
8	0.06	0.33	5.18	4.25	47	2.7	1.8	1.7
8	0.08	0.33	6.26	5.13	58	3.4	2.3	1.7
8	0.10	0.33	7.33	6.01	69	4.1	2.7	1.7

（续）

体重 (kg)	日增重 (kg/d)	DMI (kg/d)	DE (MJ/d)	ME (MJ/d)	粗蛋白质 (g/d)	钙 (g/d)	总磷 (g/d)	食用盐 (g/d)
10	0	0.46	2.33	1.91	16	0.7	0.4	2.3
10	0.02	0.48	3.73	3.06	27	1.4	0.9	2.4
10	0.04	0.50	5.15	4.22	38	2.1	1.4	2.5
10	0.06	0.52	6.55	5.37	49	2.8	1.9	2.6
10	0.08	0.54	7.96	6.53	60	3.5	2.3	2.7
10	0.10	0.56	9.38	7.69	72	4.2	2.8	2.8
12	0	0.48	2.67	2.19	18	0.8	0.5	2.4
12	0.02	0.50	4.41	3.62	29	1.5	1.0	2.5
12	0.04	0.52	6.16	5.05	40	2.2	1.5	2.6
12	0.06	0.54	7.90	6.48	52	2.9	2.0	2.7
12	0.08	0.56	9.65	7.91	63	3.7	2.4	2.8
12	0.10	0.58	11.40	9.35	74	4.4	2.9	2.9
14	0	0.50	2.99	2.45	20	0.9	0.6	2.5
14	0.02	0.52	5.07	4.16	31	1.6	1.1	2.6
14	0.04	0.54	7.16	5.87	43	2.4	1.6	2.7
14	0.06	0.56	9.24	7.58	54	3.1	2.0	2.8
14	0.08	0.58	11.33	9.29	65	3.8	2.5	2.9
14	0.10	0.60	13.40	10.99	76	4.5	3.0	3.0
16	0	0.52	3.30	2.71	22	1.1	0.7	2.6
16	0.02	0.54	5.73	4.70	34	1.8	1.2	2.7
16	0.04	0.56	8.15	6.68	45	2.5	1.7	2.8
16	0.06	0.58	10.56	8.66	56	3.2	2.1	2.9
16	0.08	0.60	12.99	10.65	67	3.9	2.6	3.0
16	0.10	0.62	15.43	12.65	78	4.6	3.1	3.1

注 1：表中 0～8kg 体重阶段肉用山羊羔羊日粮干物质进食量（DMI）按每千克代谢体重 0.07kg 估算；体重大于 10kg 时，按中国农业科学院北京畜牧兽医研究所 2003 年提供的如下公式计算获得：

$$DMI=(26.45\times W^{0.75}+0.99\times ADG)/1\,000$$

式中：DMI——干物质进食量（kg/d）；

W—— 体重（kg）；

ADG——日增重（g/d）。

注 2：表中代谢能（ME）、粗蛋白质（CP）数值参考自杨在宾等（1997）对青山羊数据资料。

注 3：表中消化能（DE）需要量数值根据 ME/0.82 估算得到。

注 4：表中钙需要量由估算得到，总磷需要量根据钙磷为 1.5∶1 估算获得。

注 5：日粮中添加的食用盐应符合 GB 5461—2000 中的规定。

2. 15～30kg 体重阶段育肥山羊 见表5-18。

表5-18 育肥山羊每日营养需要量

体重（kg）	日增重（kg/d）	DMI（kg/d）	DE（MJ/d）	ME（MJ/d）	粗蛋白质（g/d）	钙（g/d）	总磷（g/d）	食用盐（g/d）
15	0	0.51	5.36	4.40	43	1.0	0.7	2.6
15	0.05	0.56	5.83	4.78	54	2.8	1.9	2.8
15	0.10	0.61	6.29	5.15	64	4.6	3.0	3.1
15	0.15	0.66	6.75	5.54	74	6.4	4.2	3.3
15	0.20	0.71	7.21	5.91	84	8.1	5.4	3.6
20	0	0.56	6.44	5.28	47	1.3	0.9	2.8
20	0.05	0.61	6.91	5.66	57	3.1	2.1	3.1
20	0.10	0.66	7.37	6.04	67	4.9	3.3	3.3
20	0.15	0.71	7.83	6.42	77	6.7	4.5	3.6
20	0.20	0.76	8.29	6.80	87	8.5	5.6	3.8
25	0	0.61	7.46	6.12	50	1.7	1.1	3.0
25	0.05	0.66	7.92	6.49	60	3.5	2.3	3.3
25	0.10	0.71	8.38	6.87	70	5.2	3.5	3.5
25	0.15	0.76	8.84	7.25	81	7.0	4.7	3.8
25	0.20	0.81	9.31	7.63	91	8.8	5.9	4.0
30	0	0.65	8.42	6.90	53	2.0	1.3	3.3
30	0.05	0.70	8.88	7.28	63	3.8	2.5	3.5
30	0.10	0.75	9.35	7.66	74	5.6	3.7	3.8
30	0.15	0.80	9.81	8.04	84	7.4	4.9	4.0
30	0.20	0.85	10.27	8.42	94	9.1	6.1	4.2

注1：表中干物质进食量（DMI）、消化能（DE）、代谢能（ME）、粗蛋白质（CP）数值来源于中国农业科学院北京畜牧兽医研究所（2003），具体的计算公式如下：

$$DMI=(26.45\times W^{0.75}+0.99\times ADG)/1\,000$$

$$DE=4.184\times(140.61\times LBW^{0.75}+2.21\times ADG+210.3)/1\,000$$

$$ME=4.184\times(0.475\times ADG+95.19)\times LBW^{0.75}/1\,000$$

$$CP=28.86+1.905\times LBW^{0.75}+0.202\times ADG$$

式中：DMI——干物质进食量（kg/d）；

DE——消化能（MJ/d）；

ME——代谢能（MJ/d）；

CP——粗蛋白质（g/d）；

LBW——活体重（kg）

ADG——平均日增重（g/d）。

注2：表中钙、总磷每日需要量由估算获得。

注3：日粮中添加的食用盐应符合GB 5461—2000中的规定。

3. 后备公山羊　见表5-19。

表5-19　后备公山羊每日营养需要量

体重 (kg)	日增重 (kg/d)	DMI (kg/d)	DE (MJ/d)	ME (MJ/d)	粗蛋白质 (g/d)	钙 (g/d)	总磷 (g/d)	食用盐 (g/d)
12	0	0.48	3.78	3.10	24	0.8	0.5	2.4
12	0.02	0.50	4.10	3.36	32	1.5	1.0	2.5
12	0.04	0.52	4.43	3.63	40	2.2	1.5	2.6
12	0.06	0.54	4.73	3.89	49	2.9	2.0	2.7
12	0.08	0.56	5.06	4.15	57	3.7	2.4	2.8
12	0.10	0.58	5.38	4.41	66	4.4	2.9	2.9
15	0	0.51	4.48	3.67	28	1.0	0.7	2.6
15	0.02	0.53	5.28	4.33	36	1.7	1.1	2.7
15	0.04	0.55	6.10	5.00	45	2.4	1.6	2.8
15	0.06	0.57	5.70	4.67	53	3.1	2.1	2.9
15	0.08	0.59	7.72	6.33	61	3.9	2.6	3.0
15	0.10	0.61	8.54	7.00	70	4.6	3.0	3.1
18	0	0.54	5.12	4.20	32	1.2	0.8	2.7
18	0.02	0.56	6.44	5.28	40	1.9	1.3	2.8
18	0.04	0.58	7.74	6.35	49	2.6	1.8	2.9
18	0.06	0.60	9.05	7.42	57	3.3	2.2	3.0
18	0.08	0.62	10.35	8.49	66	4.1	2.7	3.1
18	0.10	0.64	11.66	9.56	74	4.8	3.2	3.2
21	0	0.57	5.76	4.72	36	1.4	0.9	2.9
21	0.02	0.59	7.56	6.20	44	2.1	1.4	3.0
21	0.04	0.61	9.35	7.67	53	2.8	1.9	3.1
21	0.06	0.63	11.16	9.15	61	3.5	2.4	3.2
21	0.08	0.65	12.96	10.63	70	4.3	2.8	3.3
21	0.10	0.67	14.76	12.10	78	5.0	3.3	3.4
24	0	0.60	6.37	5.22	40	1.6	1.1	3.0
24	0.02	0.62	8.66	7.10	48	2.3	1.5	3.1
24	0.04	0.64	10.95	8.98	56	3.0	2.0	3.2
24	0.06	0.66	13.27	10.88	65	3.7	2.5	3.3
24	0.08	0.68	15.54	12.74	73	4.5	3.0	3.4
24	0.10	0.70	17.83	14.62	82	5.2	3.4	3.5

注：日粮中添加的食用盐应符合GB 5461—2000中的规定。

4. 妊娠期母山羊　见表5-20。

表 5-20 妊娠期母山羊每日营养需要量

妊娠阶段	体重(kg)	DMI(kg/d)	DE(MJ/d)	ME(MJ/d)	粗蛋白质(g/d)	钙(g/d)	总磷(g/d)	食用盐(g/d)
空怀期	10	0.39	3.37	2.76	34	4.5	3.0	2.0
	15	0.53	4.54	3.72	43	4.8	3.2	2.7
	20	0.66	5.62	4.61	52	5.2	3.4	3.3
	25	0.78	6.63	5.44	60	5.5	3.7	3.9
	30	0.90	7.59	6.22	67	5.8	3.9	4.5
1～90d	10	0.39	4.80	3.94	55	4.5	3.0	2.0
	15	0.53	6.82	5.59	65	4.8	3.2	2.7
	20	0.66	8.72	7.15	73	5.2	3.4	3.3
	25	0.78	10.56	8.66	81	5.5	3.7	3.9
	30	0.90	12.34	10.12	89	5.8	3.9	4.5
91～120d	15	0.53	7.55	6.19	97	4.8	3.2	2.7
	20	0.66	9.51	7.8	105	5.2	3.4	3.3
	25	0.78	11.39	9.34	113	5.5	3.7	3.9
	30	0.90	13.20	10.28	121	5.8	3.9	4.5
120d以上	15	0.53	8.54	7.0	124	4.8	3.2	2.7
	20	0.66	10.54	8.64	132	5.2	3.4	3.3
	25	0.78	12.43	10.19	140	5.5	3.7	3.9
	30	0.90	14.27	11.7	148	5.8	3.9	4.5

注：日粮中添加的食用盐应符合 GB 5461—2000 中的规定。

5. 泌乳前期母山羊 见表 5-21。

表 5-21 泌乳前期母山羊每日营养需要量

体重(kg)	泌乳量(kg/d)	DMI(kg/d)	DE(MJ/d)	ME(MJ/d)	粗蛋白质(g/d)	钙(g/d)	总磷(g/d)	食用盐(g/d)
10	0	0.39	3.12	2.56	24	0.7	0.4	2.0
10	0.50	0.39	5.37	4.70	73	2.8	1.8	2.0
10	0.75	0.39	7.04	5.77	97	3.8	2.5	2.0
10	1.00	0.39	8.34	6.84	122	4.8	3.2	2.0
10	1.25	0.39	9.65	7.91	146	5.9	3.9	2.0
10	1.50	0.39	10.95	8.89	170	6.9	4.6	2.0

（续）

体重（kg）	泌乳量（kg/d）	DMI（kg/d）	DE（MJ/d）	ME（MJ/d）	粗蛋白质（g/d）	钙（g/d）	总磷（g/d）	食用盐（g/d）
15	0	0.53	4.24	3.48	33	1.0	0.7	2.7
15	0.50	0.53	6.48	5.61	31	3.1	2.1	2.7
15	0.75	0.53	8.15	6.68	106	4.1	2.8	2.7
15	1.00	0.53	9.45	7.75	130	5.2	3.4	2.7
15	1.25	0.53	10.76	8.82	154	6.2	4.1	2.7
15	1.50	0.53	12.06	9.89	179	7.3	4.8	2.7
20	0	0.66	5.26	4.31	40	1.3	0.9	3.3
20	0.50	0.66	7.87	6.45	89	3.4	2.3	3.3
20	0.75	0.66	9.17	7.52	114	4.5	3.0	3.3
20	1.00	0.66	10.48	8.59	138	5.5	3.7	3.3
20	1.25	0.66	11.78	9.66	162	6.5	4.4	3.3
20	1.50	0.66	13.09	10.37	187	7.6	5.1	3.3
25	0	0.78	6.22	5.10	48	1.7	1.1	3.9
25	0.50	0.78	8.83	7.24	97	3.8	2.5	3.9
25	0.75	0.78	10.13	8.31	121	4.8	3.2	3.9
25	1.00	0.78	11.44	9.38	145	5.8	3.9	3.9
25	1.25	0.78	12.73	10.44	170	6.9	4.6	3.9
25	1.50	0.78	14.04	11.51	194	7.9	5.3	3.9
30	0	0.90	6.70	5.49	55	2.0	1.3	4.5
30	0.50	0.90	9.73	7.98	104	4.1	2.7	4.5
30	0.75	0.90	11.04	9.05	128	5.1	3.4	4.5
30	1.00	0.90	12.34	10.12	152	6.2	4.1	4.5
30	1.25	0.90	13.65	11.19	177	7.2	4.8	4.5
30	1.50	0.90	14.95	12.26	201	8.3	5.5	4.5

注 1：泌乳前期指泌乳第 1 至第 30 天。

注 2：日粮中添加的食用盐应符合 GB 5461—2000 中的规定。

6. 泌乳后期母山羊 见表 5-22。

表 5-22 泌乳后期母山羊每日营养需要量

LBW (kg)	泌乳量 (kg/d)	DMI (kg/d)	DE (MJ/d)	ME (MJ/d)	粗蛋白质 (g/d)	钙 (g/d)	总磷 (g/d)	食用盐 (g/d)
10	0	0.39	3.71	3.04	22	0.7	0.4	2.0
10	0.15	0.39	4.67	3.83	48	1.3	0.9	2.0
10	0.25	0.39	5.30	4.35	65	1.7	1.1	2.0
10	0.50	0.39	6.90	5.66	108	2.8	1.8	2.0
10	0.75	0.39	8.50	6.97	151	3.8	2.5	2.0
10	1.00	0.39	10.10	8.28	194	4.8	3.2	2.0
15	0	0.53	5.02	4.12	30	1.0	0.7	2.7
15	0.15	0.53	5.99	4.91	55	1.6	1.1	2.7
15	0.25	0.53	6.62	5.43	73	2.0	1.4	2.7
15	0.50	0.53	8.22	6.74	116	3.1	2.1	2.7
15	0.75	0.53	9.82	8.05	159	4.1	2.8	2.7
15	1.00	0.53	11.41	9.36	201	5.2	3.4	2.7
20	0	0.66	6.24	5.12	37	1.3	0.9	3.3
20	0.15	0.66	7.20	5.9	63	2.0	1.3	3.3
20	0.25	0.66	7.84	6.43	80	2.4	1.6	3.3
20	0.50	0.66	9.44	7.74	123	3.4	2.3	3.3
20	0.75	0.66	11.04	9.05	166	4.5	3.0	3.3
20	1.00	0.66	12.63	10.36	209	5.5	3.7	3.3
25	0	0.78	7.38	6.05	44	1.7	1.1	3.9
25	0.15	0.78	8.34	6.84	69	2.3	1.5	3.9
25	0.25	0.78	8.98	7.36	87	2.7	1.5	3.9
25	0.50	0.78	10.57	8.67	129	3.8	2.5	3.9
25	0.75	0.78	12.17	9.98	172	4.8	3.2	3.9
25	1.00	0.78	13.77	11.29	215	5.8	3.9	3.9
30	0	0.90	8.46	6.94	50	2.0	1.3	4.5
30	0.15	0.90	9.41	7.72	76	2.6	1.8	4.5
30	0.25	0.90	10.06	8.25	93	3.0	2.0	4.5
30	0.50	0.90	11.66	9.56	136	4.1	2.7	4.5
30	0.75	0.90	13.24	10.86	179	5.1	3.4	4.5
30	1.00	0.90	14.85	12.18	222	6.2	4.1	4.5

注 1：泌乳后期指泌乳第 31 至第 70 天。

注 2：日粮中添加的食用盐应符合 GB 5461—2000 中的规定。

（二）美国NRC（2007）肉用山羊的营养需要量

1. 母山羊　见表5-23。

表5-23　母山羊的营养需要量

体重	每日干物质采食量（kg）	能量需要ME（Mcal/d）	蛋白质需要					矿物质需要		维生素需要	
			CP 20% UIP（g/d）	CP 40% UIP（g/d）	CP 60% UIP（g/d）	MP（g/d）	DIP（g/d）	Ca（g/d）	P（g/d）	维生素A（RE[a]/d）	维生素E（IU/d）
成年母山羊仅维持（非奶用）											
20	0.5	0.96	36	35	33	24	24	1.2	0.8	628	106
40	0.84	1.61	61	58	55	41	40	1.7	1.3	1 256	212
60	1.14	2.18	82	78	75	55	54	2.1	1.7	1 884	318
80	1.41	2.70	101	97	93	68	67	2.5	2.0	2 512	424
90	1.54	2.95	111	106	101	74	74	2.6	2.2	2 826	477
成年母山羊繁殖（非奶用）											
20	0.55	1.05	40	38	36	27	26	1.3	0.9	628	106
40	0.92	1.77	67	64	61	45	44	1.8	1.4	1 256	212
60	1.25	2.40	90	86	82	60	60	2.2	1.8	1 884	318
80	1.55	2.97	111	106	102	75	74	2.7	2.2	2 512	424
90	1.70	3.25	122	116	111	82	81	2.9	2.4	2 826	477
（非奶用）成年母山羊妊娠前期（单胎；体重2.3～5.2kg）											
20	0.61	1.16	58	55	53	39	29	3.3	1.7	628	106
40	0.99	1.90	92	88	84	62	47	3.9	2.2	1 256	212
60	1.33	2.54	121	115	110	81	63	4.3	2.7	1 884	318
80	1.63	3.12	146	140	134	98	78	4.7	3.1	2 512	424
90	1.77	3.39	158	151	144	106	85	4.9	3.3	2 826	477
（非奶用）成年母山羊妊娠前期（两胎；体重2.1～4.8kg）											
20	0.66	1.27	69	66	63	46	32	4.9	2.4	628	106
40	1.07	2.05	107	102	97	72	51	5.5	2.9	1 256	212
60	1.43	2.73	140	134	128	94	68	6.0	3.4	1 884	318
80	1.75	3.35	170	162	155	114	84	6.4	3.8	2 512	424
90	1.19	3.65	184	175	168	123	91	6.7	4.0	2 826	477

（续）

体重	每日干物质采食量（kg）	能量需要 ME（Mcal/d）	蛋白质需要					矿物质需要		维生素需要	
			CP 20% UIP（g/d）	CP 40% UIP（g/d）	CP 60% UIP（g/d）	MP（g/d）	DIP（g/d）	Ca（g/d）	P（g/d）	维生素 A（RE[a]/d）	维生素 E（IU/d）
（非奶用）成年母山羊妊娠后期（单胎；体重 2.3～5.2 kg）											
20	0.64	1.54	84	80	76	56	38	3.4	1.7	910	112
40	1.03	2.45	129	123	118	87	61	3.9	2.3	1 820	224
60	1.68	3.21	178	170	163	120	80	4.8	3.1	2 730	336
80	2.04	3.91	213	204	195	143	97	5.3	3.6	3 640	448
90	2.21	4.23	229	219	209	154	105	5.5	3.9	4 095	504
（非奶用）成年母山羊妊娠后期（两胎；体重 2.1～4.8kg）											
20	0.62	1.78	102	98	93	69	44	4.9	2.3	910	112
40	1.16	2.77	160	153	146	107	69	5.6	3.0	1 820	224
60	1.52	3.64	206	197	188	139	91	6.1	3.5	2 730	336
80	2.32	4.43	266	254	243	179	111	7.2	4.6	3 640	448
90	2.51	4.79	286	273	261	192	120	7.5	4.9	4 095	504
（非奶用）成年母山羊哺乳前期（产奶量 0.55～1.25kg/d）											
20	0.73	1.39	86	82	79	58	35	4.6	2.7	1 070	112
40	1.17	2.24	133	127	122	90	56	5.2	3.2	2 140	224
60	1.55	2.96	172	165	157	116	74	5.8	3.8	3 120	336
80	1.90	3.62	208	198	190	140	90	6.2	4.2	4 280	448
90	2.05	3.92	224	214	204	150	98	6.5	4.4	4 815	504
（非奶用）成年母山羊哺乳前期（两胎；产奶量 0.91～2.08kg/d）											
20	0.66	1.59	108	104	99	73	40	7.6	4.1	1 070	112
40	1.32	2.53	176	168	160	118	63	8.6	5.0	2 140	224
60	1.75	3.34	207	216	207	152	83	9.2	5.6	3 210	336
80	2.11	4.04	270	258	246	181	101	9.7	6.1	4 280	448
90	2.29	4.39	291	277	265	195	109	9.9	6.3	4 815	504

（续）

体重	每日干物质采食量 (kg)	能量需要 ME (Mcal/d)	蛋白质需要 CP 20% UIP (g/d)	CP 40% UIP (g/d)	CP 60% UIP (g/d)	MP (g/d)	DIP (g/d)	矿物质需要 Ca (g/d)	P (g/d)	维生素需要 维生素A (RE[a]/d)	维生素E (IU/d)
（非奶用）成年母山羊哺乳中期（单胎；产奶量0.37～0.84kg/d）											
20	0.74	1.42	78	74	71	52	35	4.6	2.7	1 070	112
40	1.19	2.28	121	116	111	81	57	5.3	3.3	2 140	224
60	1.58	3.02	157	150	143	106	75	5.8	3.8	3 120	336
80	1.92	3.68	189	180	172	127	92	6.3	4.3	4 280	448
90	2.09	4.00	205	196	187	138	100	6.5	4.5	4 815	504
（非奶用）成年母山羊哺乳中期（两胎；产奶量0.61～1.40kg/d）											
20	0.90	1.72	105	100	96	70	43	8.0	4.4	1 070	112
40	1.42	2.72	160	153	146	108	68	8.7	5.1	2 140	224
60	1.87	3.58	208	198	190	139	89	9.3	5.7	3 210	336
80	2.27	4.34	248	237	227	167	108	9.9	6.3	4 280	448
90	2.46	4.70	268	256	245	180	117	10.1	6.5	4 815	504
（非奶用）成年母山羊哺乳后期（单胎；产奶量0.18～0.41kg/d）											
20	0.67	1.27	63	60	57	42	32	4.5	2.6	1 070	112
40	1.08	2.07	99	95	90	67	52	5.1	3.1	2 140	224
60	1.44	2.76	130	124	119	88	69	5.6	3.6	3 210	336
80	1.77	3.39	159	151	145	107	85	6.1	4.1	4 280	448
90	1.92	3.68	171	163	156	115	92	6.3	4.3	4 815	504
（非奶用）成年母山羊哺乳后期（两胎；产奶量0.30～0.69kg/d）											
20	0.79	1.51	82	79	75	55	38	7.8	4.3	1 070	112
40	1.27	2.42	128	122	117	86	60	8.5	4.9	2 140	224
60	1.67	3.20	166	159	152	112	80	9.0	5.5	3 120	336
80	2.04	3.90	200	191	183	135	97	9.6	6.0	4 280	448
90	2.21	4.23	217	207	198	146	106	9.8	6.2	4 815	504

注：[a]RE为视黄醇当量，等于1.0μg反式视黄醇，5.0μg β-胡萝卜素，7.5μg其他类胡萝卜素。

2. 波尔山羊 见表5-24。

表5-24 建议的波尔山羊的营养需要量

体重(kg)	日增重(g/d)	每日干物质采食量(kg)	能量需要 ME(Mcal/d)	蛋白质需要					矿物质需要		维生素需要	
				CP 20% UIP(g/d)	CP 40% UIP(g/d)	CP 60% UIP(g/d)	MP(g/d)	DIP(g/d)	Ca(g/d)	P(g/d)	维生素A(RE[a]/d)	维生素E(IU/d)
10	100	0.36	1.16	86	82	78	58	29	3.5	1.5	1 000	100
10	200	0.52	1.71	146	139	133	98	43	6.1	2.7	1 000	100
15	100	0.57	1.38	95	91	87	64	34	3.7	1.8	1 500	150
15	200	0.59	1.93	155	148	142	104	48	6.2	2.8	1 500	150
20	100	0.65	1.57	103	99	94	69	39	3.9	1.9	2 000	200
20	200	0.66	2.13	163	156	149	110	53	6.3	2.9	2 000	200
20	250	0.74	2.40	194	185	177	130	60	7.6	3.4	2 000	200
25	100	0.73	1.76	111	106	102	75	44	4.0	2.0	2 500	250
25	200	0.96	2.31	171	164	156	115	58	6.7	3.3	2 500	250
25	250	0.80	2.59	201	192	184	135	65	7.7	3.5	2 500	250
30	100	1.11	1.94	119	113	108	80	48	4.5	2.5	3 000	300
30	200	1.04	2.49	179	171	163	120	62	6.8	3.4	3 000	300
30	300	0.94	3.04	239	228	218	161	76	9.1	4.2	3 000	300
35	100	1.20	2.11	126	120	115	85	53	4.6	2.7	3 500	350
35	200	1.10	2.66	186	178	170	125	66	6.9	3.5	3 500	350
35	300	1.34	3.21	246	235	225	165	80	9.7	4.7	3 500	350
40	100	1.29	2.27	133	127	121	89	57	4.7	2.8	4 000	400
40	200	1.17	2.82	193	184	176	130	70	7.0	3.6	4 000	400
40	300	1.41	3.37	253	242	231	170	84	9.8	4.8	4 000	400

注：[a]RE为视黄醇当量，等于1.0μg反式视黄醇，5.0μg β-胡萝卜素，7.5μg其他类胡萝卜素。

第三节 肉羊常用饲料

一、青绿饲料

主要包括天然牧草、农作物秸秆、树叶及林产类、叶菜、瓜果类、根茎类，水分含量在60%以上的青绿多汁饲料。

青绿饲料的营养特性：第一，含水量高。陆生植物的含水量为75%～90%，而水生植物约为95%。因此鲜草的能量含量低，如以干物质计算，其能量含量为8 400～12 600kJ/kg。第二，蛋白质含量高，质量好。青绿饲料中蛋白质含量丰富，以干物质计，禾本科牧草和蔬菜类含量为13%～15%，豆科牧草中含量为18%～24%。蛋白质中氨化物占总氮量的30%～60%，绵羊对此类粗蛋白的利用率较。第三，粗纤维含量变化大。幼嫩的青绿饲料粗纤维含量较低，木质素少，无氮浸出物高。但随着植物的生长和老化，其粗纤维和木质素含量逐渐增加，动物对其消化率下降。第四，钙磷比例适宜。青绿饲料中钙磷含量占鲜样的1.5%～2.5%，是家畜的良好来源，且其比例适宜。第五，维生素含量丰富。特别是胡萝卜素含量较高，每千克饲料中含50～80mg。在正常采食情况下，放牧家畜采食的胡萝卜素可超过其需要量的100倍。另外，B族维生素及维生素C、维生素E、维生素K含量也较多，但缺乏维生素B_6及维生素D。

二、粗饲料

凡饲料干物质中粗纤维含量在18%以上的都属于粗饲料。它主要包括干草、纤维性农副产品（秸秆、秕壳类等）和林业产品（树枝、树叶）3大类。

粗饲料的营养特性：第一，豆科牧草干草的蛋白质和矿物质含量比禾本科干草丰富。苜蓿是一种非常重要的豆科牧草，营养价值较高，许多国家都用它来调制干草。第二，农副产品和林业类粗饲料粗纤维含量高（30%～35%），通过动物消化道的速度非常缓慢，适口性较差，动物大多不愿采食，在饲喂时要限制其用量。第三，秸秆类饲料蛋白质含量较低，特别是禾本科秸秆的粗蛋白质含量只有3.2%～6.2%，豆科作物的粗蛋白质含量稍高，为6.8%～11.0%。另外，粗饲料中胡萝卜素含量较低，一般为2～5mg/kg。第四，粗饲料是一种大容积性饲料，这种饲料可刺激动物的消化道充分发育，使其具有较大的生理有效容量。另外，胃肠道的正常蠕动、粪便的正常形成和排出都需要一定量的粗纤维性物质。因此，肉羊饲料中必须有一定量的粗饲料。羊常用粗饲料营养成分见表5-25。

三、青贮饲料

青贮饲料指由新鲜的天然植物性饲料，或者是在新鲜的植物性饲料中加入各种辅料（如麦麸、玉米粉、尿素、糖蜜）、防腐剂及其他青贮添加剂后，在厌氧环境下，让乳酸菌大量繁殖，将饲料中的糖类转变成乳酸；当乳酸累积到一定浓度而使青贮物中的pH下降到3.8～4.2时，可抑制其他有害微生物（如腐败菌、霉菌等）的繁殖，达到长期保存青绿饲料的目的。

表 5-25　常用粗饲料营养成分

饲料名称	饲料描述	干物质 DM（%）	消化能（MJ/kg）	粗蛋白质 CP（%）	粗纤维 CF（%）	中性洗涤纤维 NDF（%）	酸性洗涤纤维 ADF（%）	钙 Ca（%）	总磷 P（%）
苜蓿干草	等外品	88.7	7.67	11.6	43.3	53.5	39.6	1.24	0.39
沙打旺	盛花期，晒制	92.4	10.46	15.7	25.8	—	—	0.36	0.18
黑麦草	冬黑麦	87.8	10.42	17.0	20.4	—	—	0.39	0.24
谷草	粟茎叶，晒制	90.7	6.33	4.5	32.6	67.8	46.1	0.34	0.03
苜蓿干草	中苜蓿 2 号	92.4	9.79	16.8	29.5	47.1	38.3	1.95	0.28
羊草	以禾本科为主，晒制	91.6	8.78	7.4	29.4	56.9	34.5	0.37	0.18
稻草	晚稻，成熟	89.4	4.84	2.5	24.1	77.5	48.8	0.07	0.05
稻草	晒干，成熟	90.3	4.64	6.2	27.0	67.5	45.4	0.56	0.17
玉米秸	收获后茎叶	90.0	5.83	5.9	24.9	59.5	36.3	—	—
甘薯蔓	成熟期，以 80%茎为主	88.0	7.53	8.1	28.5	—	—	1.55	0.11
小麦秸	春小麦	89.6	4.28	2.6	31.9	72.6	52.0	0.05	0.06
大豆秸	枯黄期，老叶	85.9	8.49	11.3	28.8	—	—	1.31	0.22
花生蔓	成熟期，伏花生	91.3	9.48	11.0	29.6	—	—	2.46	0.04
大豆皮	晒干，成熟	91.0	11.25	18.8	25.4	—	—	—	0.35
向日葵仁饼	壳仁比为 35：55，3 级	88.0	8.79	29.0	20.4	41.4	29.6	0.24	0.87
玉米青贮	乳熟期，全株	23.0	2.21	2.8	8.0	—	—	0.18	0.05

资料来源：中国饲料数据库情报网中心《中国饲料成分及营养价值表》。

青贮饲料的营养特性：第一，青贮饲料本身干物质的营养成分与原料饲料有很大的差别。青贮饲料的粗蛋白质主要由非蛋白氮组成；而无氮浸出物中，糖分极少，乳酸和醋酸含量相当高。第二，青贮饲料与原料相比，蛋白质的消化率非常接近。但青贮饲料中粗蛋白质被动物利用的效率比原料要低。这可能是由于青贮料中能量物质含量不高，供能不足，降低了瘤胃中微生物蛋白质合成效率的缘故。因此，在饲喂青贮饲料时，必须添加易发酵的碳水化合物，以满足微生物对非蛋白氮的利用。第三，制作良好的青贮饲料代谢能值（以干物质计）为10.0～12.5MJ/kg，这主要取决于收割时成熟阶段和保藏方法。青贮饲料代谢能在维持和育肥时利用效率分别为0.68和0.43。第四，许多试验表明，羊对青贮饲料干物质的采食量比原料和同源干草都要低。这可能是受这些因素的影响：一是青贮饲料的酸度，采食后，瘤胃中酸度增加，体液中酸碱平衡紧张；二是青贮饲料中酪酸梭菌的发酵，酪酸梭菌发酵过程产生不良气味，而且有毒，这都对采食量有影响。

四、能量饲料

干物质中粗纤维含量小于18%或细胞壁含量小于35%，同时粗蛋白质含量小于20%的谷实类（如小麦、玉米、大麦、高粱、稻谷等），糠麸类（如麦麸、米糠、玉米皮等），淀粉质的块根块茎类（如马铃薯、木薯、甘薯等），糟渣类（如醋渣、酒糟、甜菜渣等）均属于能量饲料。

能量饲料的营养特性：第一，能值高。这类饲料中无氮浸出物含量均较高（糠麸类除外），且其中主要是淀粉，可利用能值高，每千克的消化能为10.5～14.3MJ。第二，粗蛋白质和必需氨基酸含量低。按干物质计算，粗蛋白质一般为8.9%～13.5%。同时，蛋白质的品质差，主要表现在必需氨基酸不平衡，尤其缺乏赖氨酸和色氨酸。第三，粗纤维含量低。粗纤维含量为1.5%～12%，故有机物质消化率高，且适口性好。第四，粗灰分含量低。粗灰分含量一般为1%～4%，其中钙低于0.1%，磷稍高些，但大多为植酸磷，利用率仅为总磷的1/3。因此在日粮中应注意钙和磷的补加。第五，维生素含量不平衡。这类饲料维生素A和维生素D含量不足，但富含B族维生素和维生素E，如糠麸类中B族维生素含量较丰富。

五、蛋白质饲料

干物质中粗纤维含量小于18%，同时粗蛋白质含量在20%以上的饲料，均属蛋白质饲料。生产中常用的蛋白质饲料主要有植物性蛋白质饲料、动物性蛋白质饲料、非蛋白氮及单细胞蛋白质饲料。

（一）植物性蛋白质饲料

主要指饼粕类。油籽压榨取油后的副产品称为饼，如大豆饼、菜籽饼等；预压浸提取油后的副产品称为粕，如豆粕、棉粕等。

植物性蛋白饲料的营养特性：第一，大豆饼粕的粗蛋白质含量高（40%～47%），品质好。赖氨酸、精氨酸、亮氨酸和异亮氨酸的含量高，且比例适当。第二，菜籽饼粕中粗蛋白质含量一般为36%～39%，蛋白质消化率比豆粕略低，必需氨基酸的组成和比例不亚于豆粕，但蛋氨酸的含量稍低，使用时需适当补加。第三，去壳的棉仁饼粕，粗蛋白质含量在40%以上，未去壳的棉饼粕只有24%。赖氨酸、蛋氨酸的含量低，精氨酸的含量较高。在用棉粕为主要蛋白质来源时，需要补加赖氨酸和蛋氨酸。第四，饼粕类饲料均不同程度地存在抗营养因子，如大豆饼粕中的抗胰蛋白酶、菜籽饼粕中的硫葡萄糖苷和棉籽饼粕中游离棉酚等，在使用时注意消除。

（二）动物性蛋白质饲料

主要指用作饲料的水产品、畜禽加工副产品及乳、丝工业的副产品等，如鱼粉、肉骨粉、血粉、羽毛粉、乳清粉、蚕蛹粉等。

动物性饲料的营养特性：第一，蛋白质含量高，为40%～85%；第二，灰分含量较高，钙磷含量丰富且比例适当；第三，脂肪含量较高，易出现酸败。

（三）非蛋白氮饲料

主要是指蛋白质之外的其他含氮物，如尿素、硫酸铵、磷酸氢二铵等。

非蛋白氮的营养特性：第一，粗蛋白质含量高。如尿素中粗蛋白质含量相当于豆粕的7倍。第二，味苦，适口性差。第三，不含能量，在使用中应注意补加能量物质。第四，缺乏矿物元素，特别要注意补充硫、磷。

（四）单细胞蛋白质

利用糖、氮、烃类等物质，通过工业方式，培养能利用这些物质的细菌、酵母等微生物，制成单细胞蛋白质，如饲料酵母。这种蛋白质的生物学效价高，生产率高，世界各国对单细胞蛋白质的生产都十分重视。

单细胞蛋白质的营养特性：第一，由于单细胞蛋白质是由能独立生存的单细胞构成，所以产品中含有丰富的酶系，各种营养成分也比较协调。第二，含有丰富的B族维生素、氨基酸和矿物质，粗纤维含量较低。第三，单细胞蛋白质中赖氨酸含量高，蛋氨酸含量低。第四，单细胞蛋白质具有独特的风味，对增进动物的食欲有良好的效果。

六、多汁饲料

多汁饲料包括块根、块茎及瓜类等饲料，其特点是水分含量高，在自然状态下，一般水分含量为75%～90%；干物质中富含淀粉和可溶性糖，纤维素含量低，一般不超过10%；粗蛋白质含量低，只有1%～2%；矿物质含量不一致，缺少钙、磷、钠，而钾的含量丰富；维生素含量因种类不同而差别很大，胡萝卜中含有丰富的维生素尤以含胡萝卜素最多，甜菜中仅含维生素C。多汁饲料适口性好，能刺激肉羊食欲，有机物质消化率高。

胡萝卜是肉羊生产中最常用的多汁饲料。胡萝卜由于水分含量高，容积大，在生产实践中并不依赖它供给能量，其重要作用是在冬春季节供给胡萝卜素。

七、矿物质饲料

凡天然可供饲用的矿物（如白云石、大理石、石灰石等）、动物性加工副产品（如贝壳粉、蛋壳粉、骨粉等）和矿物盐类均属矿物质饲料。

矿物质饲料的营养特性：矿物质饲料可以补充动植物饲料中某些矿物元素含量的不足。如钙源性饲料常用来补充钙元素的不足；磷源性饲料用来补充磷的不足；其他矿物质如硫酸铜、硫酸亚铁、硫酸锌、硫酸锰、硫酸镁、亚硒酸钠、碘化钾等都可补充相应微量元素的不足。

微量元素盐砖，是补充反刍动物微量元素的简易方法。反刍动物用的复合盐，最好使用瘤胃中易溶解的硫酸盐。饲料砖能为瘤胃提供良好的发酵环境，促进瘤胃微生物的大量繁殖，增加采食量和促进纤维性饲料的消化、吸收和利用。饲料砖一般有矿物质盐砖、精料补充料砖和驱虫药砖。可放于羊舍或饲槽内供羊自由舔食，饲喂方法简单，但要防雨水浸泡。

八、维生素饲料

指工业提取的或人工合成的饲用维生素，如维生素A醋酸酯、胆钙化醇醋酸酯等。维生素饲料的营养特性：第一，维生素在饲料中的用量非常小；第二，常以单独一种或复合维生素的形式添加到配合饲料中，用以补充其不足。

羊的瘤胃微生物可以合成维生素K和B族维生素，肝、肾中可合成维生素C，一般除羔羊外，不需额外添加，当青饲料不足时应考虑添加维生素A、维生素D和维生素E。

九、饲料添加剂

指为补充饲料中所含养分的不足，平衡营养，改善和提高饲料品质，促进动物生长发育，提高动物生产效率等的需要，而向饲料中添加的少量或微量可食物质。

饲料添加剂的营养特性：第一，补充饲料营养成分，如氨基酸添加剂、维生素添加剂、矿物质添加剂等；第二，促进饲料所含成分的有效利用，如抗生素、生长促进剂、食欲增进剂等；第三，防止饲料品质下降，如防霉剂、黏结剂等。

饲料添加剂可用于预防酸中毒、尿结石的形成，或者作为一种额外的蛋白质来源。某些专用产品能提高生长速度和饲料转化率，并且减轻某些毒素的作用。然而，酸中毒的有效预防方法是在日粮中提供口感好的纤维素，从而促进反刍和唾液生成。市面上有很多类型的产品，能被添加到快速生长羔羊的日粮中，要么作为一个单独的剂量添加使用，要么添加到矿物预混合物或者浓缩液中。这些添加物包括：碳酸氢钠、膨润土、石灰石、酸缓冲液、氯化铵/硫酸铵、盐、尿素、电解质、沸石、抗生素、益生菌等。

1. 碳酸氢钠 碳酸氢钠可以中和由糖类发酵产生的酸类。然而，每千克的饲料产生 7～12 mol 的挥发性的脂肪酸，碳酸氢钠以日粮量的 2%的比例添加，产生大约 0.2 mol 的碳酸氢盐，因此，对瘤胃酸度不可能有显著的作用。碳酸氢钠的缓冲作用和氯化钠相似，被认为能增加瘤胃的渗透压，水的附着和增加瘤胃的流出速度。这增加了瘤胃液体稀释速率，促进了瘤胃 pH 的在正常范围内的维持。

碳酸氢钠以 3%或 2%添加可以增加羔羊的生长和饲料转化率。然而也易诱发羔羊尿结石的形成。添加碳酸氢钠对淀粉类的消化率有一个显著的改善。特别是在高淀粉日粮中，有能提高预防酸中毒的效果。

2. 膨润土 膨润土是一种黏土矿物，能改变瘤胃消化吸收矿物和氨类的速度，常常添加到日粮中以降低酸中毒的发生率。它可以改变瘤胃发酵的形式，减少乳酸的产生，而以醋酸盐的形式产生。膨润土和碳酸氢钠联合添加到试验组可使干物质摄入提高 19%，平均日增重提高 37%。膨润土改善了瘤胃中原生动物的环境，导致了原生动物蛋白从瘤胃到肠道的流动增加，从而提高日增重、干物质摄入和饲料转化率。

3. 石灰石 迅速生长的羔羊要求增加钙的补充，以保证钙磷比例到接近 2∶1的平衡。石灰石能提供 30%～38%的钙。大多数情况下羔羊日粮添加的石灰石需要很高的一个比例，以至少 1%的剂量添加。尽管石灰石在瘤胃中有生碱的作用，但是在维持 pH 或者缓冲作用中效果很差。日粮中 2%的石灰石添加不能够预防瘤胃中酸中毒的发生。

4. 酸缓冲剂　酸缓冲剂是一种商业化的瘤胃缓冲剂，来源于粉碎的富含钙（28%）和镁（4.4%）的钙化海草。酸缓冲剂有一个大的表面积，像一个蜂巢状的结构，它能吸收和中和酸，并且比碳酸氢钠有 2.5 倍的缓冲能力。酸缓冲剂已经被研究证明能使羊的活体体重显著增加，缩短育肥天数，并且提高饲料转化率。

5. 氯化铵和硫酸铵　氯化铵或者硫酸铵以 0.5%的比例添加到迅速生长的羔羊的浓缩型饲料中，可以防止尿结石的形成。氯化铵比硫酸铵效果更好。

6. 氯化钠　氯化钠经常被添加到肉羊日粮中以刺激干物质和水的摄入量，预防泌尿系统结石形成。瘤胃中的氯化钠还有缓冲作用。用于快速生长羔羊的小麦基础日粮的推荐量为 1%（NRC，1985）。

7. 尿素　是最常用的添加在日粮中的非蛋白氮源。尿素添加到快速生长羔羊的日粮中，作为一种瘤胃细菌氮的来源，能够促进细菌蛋白质的合成。然而，为了避免氨毒性，要求有容易发酵的碳水化合物同步摄入，例如谷物或者糖浆。高谷物型日粮提供了瘤胃可发酵的碳水化合物的充分供给，能加强瘤胃细菌充分利用非蛋白氮源。

在植物蛋白质价格上涨或者供给很有限的情况下，包含尿素的羔羊日粮可为羔羊提供非蛋白氮源。在谷物型的日粮中补充硫，可以避免尿素中毒。

8. 抗生素类　维吉霉素是一种抗生素，添加在羔羊日粮中，用于预防谷物饲养开始阶段乳酸酸中毒。它选择性地抑制革兰氏阳性菌、乳酸菌。在反刍开始阶段至谷物日粮饲喂期间，使用维吉霉素对减少死亡率有显著效果。有的国家对维吉霉素的使用仅限于兽医。然而，维吉霉素添加在以大麦为主的饲粮中不能抑制瘤胃中的乳酸菌群或者预防乳酸酸中毒。维吉霉素可能使肠道中广谱革兰氏阳性菌产生抗药性，对人类有重要威胁。

离子载体是一类抗生素，它们能够破坏进出微生物细胞的离子流。离子载体常常被饲料公司添加到反刍动物的日粮中，可以控制或者预防球虫病和提高饲料转化效率。

在绵羊日粮中可利用的离子载体包括莫能菌素钠和拉沙里菌素钠。尽管给断奶的小羊添加莫能菌素可用来提高饲料转化率、提高增重和降低能量消耗，但是莫能菌素的长期使用可能引起一系列问题，因此，欧盟从 2006 年 1 月开始禁止使用。拉沙里菌素钠添加到绵羊和小羔羊的日粮中用于控制酸中毒，并且能够提高饲料转化率和增重。

十、羊的常用饲料营养价值

饲料的营养价值是饲料配制的基础，需要时可查阅有关资料和网站。中国农业科学院北京畜牧兽医研究所动物营养学国家重点实验室、中国饲料数据库情报网中心每年发布《中国饲料成分及营养价值表》，同时可以参考美国Feedstuffs饲料成分分析表、法国饲料原料数据库。表5-26为羊主要饲料成分及营养价值表。

十一、有害物质与饲料中毒的防治

1. 黄曲霉毒素（Aflatoxin）**中毒** 生长在饲料中的黄曲霉（*Aspergillus flavus*）和寄生曲霉代谢产生的一组化学结构类似的产物，特曲霉也能产生黄曲霉毒素，但产量较少。玉米、花生、大豆、稻谷中常发现黄曲霉毒素。一般在热带和亚热带地区，饲料中黄曲霉毒素的检出率比较高。黄曲霉毒素中毒是对人畜具有严重危害性的一种霉败饲料中毒病。黄曲霉毒素 B_1 的毒性和致癌性最强。

黄曲霉毒素中毒幼畜多为急性中毒，没有明显的临床症状而突然死亡。该毒素主要引起肝细胞变性、坏死、肝组织出血、胆管和肝细胞增生。临床上以全身出血、消化机能紊乱、腹水、神经症状等为特征。玉米赤霉烯酮中毒又称F-2毒素中毒。本病以阴道肿胀、流产、乳房肿大、过早发情等雌激素综合征为临床特征。病程稍长的食欲消失、鸣叫，有明显黄疸，死亡率可达100%。慢性中毒可见消瘦、贫血、衰弱，病程长的发展为肝硬化甚至肝癌。

一旦发生黄曲霉毒素中毒，应立即更换饲料。发病后给予病畜适量的盐类泻剂，并进行对症治疗。彻底清除禽舍粪便，集中用漂白粉处理，被毒素污染的用具等可用2%次氯酸溶液消毒。

2. 游离棉酚（Free gossypol，FG）**中毒** 属于天然次生性外源性污染有毒有害物质。棉酚（GSPL）是一种不溶于水而溶于有机溶剂的黄褐色聚酚色素，含有正、反两种同分异构体。我国种植的棉花品种属于有腺体棉，棉仁中含有1.0%～2.0%的棉酚。棉酚按其存在形式分为游离棉酚（FG）和结合棉酚（Bound gossypol，BG），一般游离棉酚占棉籽仁干重的0.85%，结合棉酚占0.5%左右。摄入游离棉酚后，在很短时间内就会在肝脏、胸肌、肾脏等体组织中蓄积。

不同加工方法所生产的棉籽饼粕的游离棉酚含量也不相同，螺旋压榨法生产的棉籽饼的游离棉酚含最少，其次是预压浸提法，直接浸提法生产的棉籽粕的游离棉酚含量最高。

表 5-26　羊主要饲料成分及营养价值表

饲料名称	饲料描述	消化能 DM (MJ/kg)	干物质 DM（%）	粗蛋白质 CP（%）	粗纤维 CF（%）	粗灰分 Ash（%）	钙 Ca（%）	总磷 P（%）	有效磷 P（%）	赖氨酸 Lys（%）	蛋氨酸 Met（%）
玉米	成熟，1 级	14.27	86.0	8.7	1.6	1.4	0.02	0.27	0.11	0.24	0.18
玉米	成熟，2 级	14.14	86.0	7.8	1.6	1.3	0.02	0.27	0.11	0.23	0.15
小麦	混合小麦，成熟，2 级	14.23	88.0	13.4	1.9	1.9	0.17	0.41	0.13	0.35	0.21
大麦（裸）	裸大麦，成熟，2 级	13.43	87.0	13.0	2.0	2.2	0.04	0.39	0.13	0.44	0.14
大麦（皮）	皮大麦，成熟，1 级	13.22	87.0	11.0	4.8	2.4	0.09	0.33	0.12	0.42	0.18
稻谷	成熟，晒干，2 级	12.64	86.0	7.8	8.2	4.6	0.03	0.36	0.15	0.29	0.19
糙米	除去外壳的大米，1 级	14.27	87.0	8.8	0.7	1.3	0.03	0.35	0.13	0.32	0.20
碎米	加工精米的副产品，1 级	14.35	88.0	10.4	1.1	1.6	0.06	0.35	0.12	0.42	0.22
粟（谷子）	合格，带壳，成熟	12.55	86.5	9.7	6.8	2.7	0.12	0.30	0.09	0.15	0.25
木薯干	木薯干片，晒干，合格	12.51	87.0	2.5	2.5	1.9	0.27	0.09	—	0.13	0.05
甘薯干	甘薯干片，晒干，合格	13.68	87.0	4.0	2.8	3.0	0.19	0.02	—	0.16	0.06
次粉	黑面，黄粉，下面，1 级	13.89	88.0	15.4	1.5	1.5	0.08	0.48	0.15	0.59	0.23
次粉	黑面，黄粉，下面，2 级	13.60	87.0	13.6	2.8	1.8	0.08	0.48	0.15	0.52	0.16
小麦麸	传统制粉工艺，1 级	12.18	87.0	15.7	6.5	4.9	0.11	0.92	0.28	0.63	0.23
小麦麸	传统制粉工艺，2 级	12.10	87.0	14.3	6.8	4.8	0.10	0.93	0.28	0.56	0.22
米糠	新鲜，不脱脂，2 级	13.77	87.0	12.8	5.7	7.5	0.07	1.43	0.20	0.74	0.25
米糠饼	未脱脂，机榨，1 级	11.92	88.0	14.7	7.4	8.7	0.14	1.69	0.24	0.66	0.26
米糠粕	浸提或预压浸提，1 级	10.00	87.0	15.1	7.5	8.8	0.15	1.82	0.25	0.72	0.28
大豆	黄大豆，成熟，2 级	16.36	87.0	35.5	4.3	4.2	0.27	0.48	0.14	2.20	0.56

（续）

饲料名称	饲料描述	消化能 DM (MJ/kg)	干物质 DM（%）	粗蛋白质 CP（%）	粗纤维 CF（%）	粗灰分 Ash（%）	钙 Ca（%）	总磷 P（%）	有效磷 P（%）	赖氨酸 Lys（%）	蛋氨酸 Met（%）
棉籽饼	机榨，2级	13.22	88.0	36.3	12.5	5.7	0.21	0.83	0.28	1.40	0.41
棉籽粕	浸提，1级	13.05	90.0	47.0	10.2	6.0	0.25	1.10	0.38	2.13	0.65
棉籽粕	浸提，2级	12.47	90.0	43.5	10.5	6.6	0.28	1.04	0.36	1.97	0.58
菜籽饼	机榨，2级	13.14	88.0	35.7	11.4	7.2	0.59	0.96	0.33	1.33	0.60
菜籽粕	浸提，2级	12.05	88.0	38.6	11.8	7.3	0.65	1.02	0.35	1.30	0.63
花生仁饼	机榨，2级	14.39	88.0	44.7	5.9	5.1	0.25	0.53	0.16	1.32	0.39
花生仁粕	浸提，2级	13.56	88.0	47.8	6.2	5.4	0.27	0.56	0.17	1.40	0.41
向日葵仁饼	壳仁比 35：65，3级	8.79	88.0	29.0	20.4	4.7	0.24	0.87	0.22	0.96	0.59
向日葵仁粕	壳仁比 16：84，2级	10.63	88.0	36.5	10.5	5.6	0.27	1.13	0.29	1.22	0.72
向日葵仁粕	壳仁比 24：76，2级	8.54	88.0	33.6	14.8	5.3	0.26	1.03	0.26	1.13	0.69
亚麻仁饼	机榨，2级	13.39	88.0	32.2	7.8	6.2	0.39	0.88	—	0.73	0.46
亚麻仁粕	浸提或预压浸提，2级	12.51	88.0	34.8	8.2	6.6	0.42	0.95	—	1.16	0.55
芝麻饼	机榨，CP40%	14.69	92.0	39.2	7.2	10.4	2.24	1.19	0.22	0.82	0.82
玉米蛋白粉	去胚芽、淀粉后的面筋部分，CP60%	18.37	90.1	63.5	1.0	1.0	0.07	0.44	0.16	1.10	1.60
玉米蛋白粉	同上，中等蛋白质产品，CP50%	14.90	91.2	51.3	2.1	2.0	0.06	0.42	0.15	0.92	1.14
玉米蛋白粉	同上，中等蛋白质产品，CP40%	13.73	89.9	44.3	1.6	0.9	0.12	0.50	0.31	0.71	1.04

（续）

饲料名称	饲料描述	消化能 DM (MJ/kg)	干物质 DM（%）	粗蛋白质 CP（%）	粗纤维 CF（%）	粗灰分 Ash（%）	钙 Ca（%）	总磷 P（%）	有效磷 P（%）	赖氨酸 Lys（%）	蛋氨酸 Met（%）
玉米蛋白饲料	玉米去胚芽、淀粉后的含皮残渣	13.39	88.0	19.3	7.8	5.4	0.15	0.70	0.17	0.63	0.29
DDGS	玉米酒精糟及可溶物，脱水	14.64	89.2	27.5	6.6	5.1	0.05	0.71	0.48	0.87	0.56
鱼粉（GP67%）	进口特级	12.93	92.4	67.0	0.2	16.4	4.56	2.88	2.88	4.97	1.86
鱼粉（GP60.2%）	沿海产的海鱼粉，脱脂	12.85	90.0	60.2	0.5	12.8	4.04	2.90	2.90	4.72	1.64
鱼粉（GP53.5%）	沿海产的海鱼粉，脱脂	13.14	90.0	53.5	0.8	20.8	5.88	3.20	3.20	3.87	1.39
血粉	鲜猪血 喷雾干燥	10.04	88.0	82.8		3.2	0.29	0.31	0.31	6.67	0.74
羽毛粉	纯净羽毛，水解	10.63	88.0	77.9	0.7	5.8	0.20	0.68	0.68	1.65	0.59
皮革粉	废牛皮，水解	11.05	88.0	74.7	1.6	10.9	4.40	0.15	0.15	2.18	0.80
肉骨粉	屠宰下脚料，带骨干燥粉碎	11.59	93.0	50.0	2.8	31.7	9.20	4.70	4.70	2.60	0.67
肉粉	脱脂	10.55	94.0	54.0	1.4	22.3	7.69	3.88	3.88	3.07	0.80
苜蓿草粉（GP19%）	一茬盛花期烘干，1级	9.87	87.0	19.1	22.7	7.6	1.40	0.51	0.51	0.82	0.21
苜蓿草粉（GP17%）	一茬盛花期烘干，2级	9.58	87.0	17.2	25.6	8.3	1.52	0.22	0.22	0.81	0.20
苜蓿草粉（GP14%～15%）	3级	7.83	87.0	14.3	29.8	10.1	1.34	0.19	0.19	0.60	0.18
啤酒糟	大麦酿造副产品	10.80	88.0	24.3	13.4	4.2	0.32	0.42	0.14	0.72	0.52
啤酒酵母	啤酒酵母菌粉，QB/T 1940—1994	13.43	91.7	52.4	0.6	4.7	0.16	1.02	0.46	3.38	0.83
乳清粉	乳清，脱水，低乳糖含量	14.35	94.0	12.0		9.7	0.87	0.79	0.79	1.10	0.20

棉籽饼粕中游离棉酚的脱毒方法有加热法、硫酸亚铁法、尿素法、氨处理法、过氧化氢法、微生物发酵法、混合溶剂浸提法等。但是这些方法在不同程度上存在着许多弊端，如化学脱毒法需大量的有机溶剂；物理方法必须在高温下进行，但高温易造成蛋白质变性；生物发酵法生产周期长、投资大。硫酸亚铁脱毒法是目前公认的较为简单有效的脱毒方法，具有工艺简单、成本低、可操作性强的特点。硫酸亚铁可以通过以下两种途径缓解游离棉酚毒性：一方面 Fe^{2+} 与游离棉酚等摩尔螯合后，变成结合棉酚而失去毒性；另一方面补充铁盐可以加速棉酚在体内的排泄，改善棉酚干扰血红蛋白的合成和破坏红细胞结合氧的能力。将 $FeSO_4 \cdot 7H_2O$ 按 Fe^{2+} ：FG＝1 ∶ 1 的比例直接加入日粮的脱酚效果较好。由于反刍动物消化过程中特殊的瘤胃环境，使棉籽饼粕中游离棉酚对于成年的反刍动物危害较小，可以把棉粕作为一种正常的蛋白质饲料而大量饲用。

3. 菜籽饼中毒 主要毒物是噁唑烷硫酮（OZT），又称菜籽毒素。菜籽饼是一种蛋白质饲料，含有硫葡萄糖苷的分解产物，如异硫氰酸酯、硫氰酸酯、噁唑烷硫酮、可在芥子水解酶作用下，产生异硫氰酸丙烯酯等有害物质。异硫氰酸酯可影响菜籽饼的适口性，浓度高时可强烈刺激黏膜，引起胃肠炎、支气管炎，甚至肺水肿。因毒物引起毛细血管扩张，血容量下降和心率减慢，可见心力衰竭或休克。有感光过敏现象，精神不振，呼吸困难，咳嗽。出现胃肠炎症状，如腹痛、腹泻、粪便带血；肾炎，排尿次数增多，有时有血尿；肺气肿和肺水肿。发病后期体温下降，死亡。

通过坑埋法、发酵中和法、浸泡法而使毒素减少。坑埋法：即将菜籽饼用土埋入一定容积的土坑内，经放置两个月后，据测定约可去毒 99.8%。发酵中和法：即将菜籽饼经过发酵处理，以中和其有毒成分，本法可去毒 90%以上。浸泡法：将菜籽饼经清水浸泡漂洗约 0.5d，也可使之减毒，而达到安全饲用的目的。菜籽饼应和其他饲料搭配应用，用量宜逐渐增加，饲喂菜籽饼的量最好不超过日粮的 10%，发霉变质的菜籽饼不能用。

第四节 优质牧草

一、豆科牧草

（一）紫花苜蓿

紫花苜蓿素以“牧草之王”著称，不仅产草量高、草质优良，富含粗蛋白质、维生素和无机盐，而且蛋白质中氨基酸比较齐全，干物质中粗蛋白质含量为 15%～25%，相当于豆饼的一半，比玉米高 1～15 倍。适口性好，可青饲、青贮或晒制干草。

紫花苜蓿为多年生草本植物，根系发达，入土达3～6m，株高100～150cm，茎分枝多。喜温暖半干旱气候，日均温15～20℃最适合生长。对土壤要求不严格，砂土、黏土均可生长，但最适土层深厚、富含钙质的土壤。生长期间最忌积水，要求排水良好，耐盐碱，在氯化钠含量0.2%以下生长良好。

紫花苜蓿种子细小，播前要求精细整地，在贫瘠土壤上需施入适量厩肥或磷肥用作底肥。一年四季均可播种，在墒情好、风沙危害少的地方可春播。春季干旱、晚霜较迟的地区可在雨季末播种。一般多采用条播，行距为30～40cm，深1～2cm。

苗期生长缓慢，易受杂草侵害，应及时除苗。在早春返青前或每次刈割后进行中耕松土，干旱季节和刈割后应及时浇水。

每年可刈割3～4次，一般每亩* 产干草600～800kg，高者可达1 000kg。通常4～5kg鲜草晒制1kg干草。晒制干草应在10%部分植株开花时刈割，留茬高度以5cm为宜。

（二）三叶草

三叶草又名车轴草，多年生草本植物。主要有3种类型，即白花三叶草、红花三叶草和绛叶三叶草。三叶草是优质豆科牧草，茎叶细软，叶量丰富，粗蛋白质含量高，粗纤维含量低。其中白花三叶草，因其植株低矮，适应性强，是最主要的人工草地播种牧草。白花三叶草也叫白车轴草、荷兰翘摇，简称白三叶。白三叶营养丰富，饲用价值高，粗纤维含量低，干物质消化率达75%～80%，干物质中粗蛋白质为24.7%。草质柔嫩，适口性好，牛、羊喜食，是优质高产肉羊的牧地饲草。

白三叶为多年生草本植物。白三叶按叶片的大小可分为三种类型：即大叶型、中叶型和小叶型。寿命长，可达10年以上，主根入土不深，侧根发达，细长，茎匍匐，白三叶喜温暖湿润气候，能耐－20～－15℃的低温，耐热性也很强，在35℃左右的高温不会萎蔫。生长最适温度为19～24℃。喜光，在阳光充足的地方，生长繁茂，白三叶喜湿润，耐短期水淹，不耐干旱，适宜的土壤为中性砂壤，最适土壤pH为6.5～7.0，不耐盐碱。耐践踏，再生力强。

白三叶种子细小，播前需精细整地，翻耕后施入有机肥或磷肥，可春播也可秋播，单播每亩播量为0.25～0.50kg，单播多用条播，也可用撒播，覆土要浅，1cm左右即可。苗期生长慢，要注意防除杂草危害。初花期即可利用。白三叶的花期长，叶子成熟不一致，利用部分种子自然落地的特性。可自行繁

---

* 亩为非法定计量单位，1亩≈667m²。

衍，保持草地长年不衰。

（三）红豆草

红豆草又称驴喜豆，属于豆科植物，饲用价值可与紫花苜蓿媲美，故有“牧草皇后”之称。我国新疆天山和阿尔泰山北麓都有野生种分布。国内种植较多的地区有内蒙古、新疆、陕西、宁夏、青海等。甘肃农业大学等单位还选育出了甘肃红豆草。红豆草性喜温凉、干燥气候，适应环境的可塑性大，耐干旱、寒冷、早霜、深秋降水、缺肥贫瘠土壤等不利因素。与苜蓿相比，抗旱性强，抗寒性稍弱。适宜栽培在年均气温3～8℃、无霜期140d左右、年降水量400mm左右的地区。

红豆草作饲草，可青饲、青贮、放牧、晒制青干草，加工草粉，配合饲料和多种草产品。红豆草营养丰富，干草中粗蛋白质含量16％～22％，还含有丰富的维生素和矿物质。青草和干草的适口性均好，与其他豆科不同的是，它在各个生育阶段均含很高的浓缩单宁，可沉淀在瘤胃中形成大量持久性泡沫的可溶性蛋白质，使羊在青饲、放牧利用时不发生臌胀病。红豆草的产量因地区和生长年限不同而不同。在水热条件较好的地区，红豆草亩产鲜草3 500～5 000kg。

（四）沙打旺

沙打旺也称为直立黄芪、麻豆秧。沙打旺是多年生草本植物，高1.2m，奇数羽状复叶，小叶7～27枚，长圆形。花冠蓝紫色。荚果矩形，内含肾形种子10余粒。

沙打旺根系发达，能吸收土壤深层的水分。在年降水量250mm地区生长良好，适宜生长在无霜期150d的地区，在冬季－25℃时也能安全越冬，耐严寒性强。对土壤要求不严，沙丘、河滩、土层薄的砾石山坡均能生长，但不耐水淹。沙打旺一般生长4～5年即衰老。

沙打旺种子小，种植时要翻耕土地并平整、镇压，播种期可在春季，也可在雨季末，沙打旺营养价值高，干物质中含粗蛋白质17％，还有丰富的必需氨基酸。是牛、羊优质饲草。放牧、制干草、青贮后，各种牲畜都喜食。

沙打旺一般采用条播，行距为60～70cm。每亩播种量0.5kg左右，种子小，播种要浅，覆土1cm左右，随后镇压。大面积飞机播种前种子进行丸衣化处理，地面用拖拉机耕地、除杂草，播后再耙压一次，防止种子在地面不易出苗。

沙打旺生长旺盛时期，每亩产鲜草4 000～5 000kg，刈割时留茬4～6cm。

（五）紫云英

紫云英又称红花草。紫云英茎叶柔嫩，适口性好，开花期干物质中粗蛋白质为25.32%，可青饲、青贮、调制干草粉，与其他精料搭配加工紫云英草粉，饲喂肉羊效果好。紫云英为一年生或越年生草本植物。主根肥大，侧根发达，根瘤多。茎直立或匍匐，高50～100cm，分枝为3～5个。紫云英喜温暖湿润气候，发芽要求温度为20～30℃，生长最适宜温度为15～20℃，不耐旱，不抗涝，适宜在砂质土壤生长，不耐盐碱。较耐阴，可以与高秆作物混种或间种，冬前播种，第二年3～4月开花，5月种子成熟。

紫云英硬实较多，播种前用温水浸泡1d，拌以根瘤菌。一般在10～11月播种，播种量为每亩2～4kg，可条播、点播或撒播。也可套种、间种，每年可刈割2～3次，亩产鲜草为5 000～8 000kg。作为饲草利用多在初花期。紫云英是长江以南冬、春季节重要的青绿饲料之一。

（六）苕子

苕子有两种，即普通苕子和毛叶苕子，均为一年生或越年生植物。普通苕子又叫春箭筈豌豆，毛叶苕子也叫冬苕子、光叶苕子和冬箭筈豌豆。

苕子喜温耐寒，适应性强，特别在冷凉稍干燥的地区，生长良好。抗寒，能耐－30℃的低温，生长最适温度20℃左右。对水分要求较高，生育期内降水500～800mm生长良好，喜光，对土壤要求不严格，在白浆土、轻度盐渍化土壤、红壤土上均可生长，但以砂质壤土为好，耐盐碱（pH5.8～7.8）。

苕子是我国古老的饲草和绿肥作物。苕子叶柔软，据测定普通苕子干物质中含粗蛋白质14.94%，氨基酸和维生素含量也较为丰富。可放牧、青贮或调制干草，是肉羊的优质饲草。

（七）羽扇豆

羽扇豆又称鲁冰花，是豆科中的一个属。这类植物大多为多年生草本植物，高0.3～1.5m；另外也有少数为一年生植物，且有些为灌木，可长到3m以上。羽扇豆也有固氮作用。较耐寒（－5℃以上），喜气候凉爽、阳光充足的地方，忌炎热，略耐阴。根系发达，耐旱，最适宜砂性土壤，利用磷酸盐中难溶性磷的能力也较强。多雨、易涝地区和其他植物难以生长的酸性土壤上仍能生长；但石灰性土壤或排水不良常致生长不良。可忍受0℃的气温，但温度低于－4℃时冻死；夏季酷热也抑制生长。自然条件下秋播较春播开花早且长势好，9～10月中旬播种，花期翌年4～6月。这种草的蛋白质生物学价值很高，在羽扇豆的孕蕾期，蛋白质含量达20%以上。除此之外，羽扇豆草还能长期储存而保持其新鲜度。在混合饲料中可以利用羽扇豆草粉，也可以青贮使用。

（八）草木樨

草木樨也叫香草木樨和甜车轴草，分黄花草木樨和白花草木樨。白花草木樨为两年生草本植物，根系发达，株高可达 2～3m，茎直立。三出复叶，小叶椭圆形或倒卵形，边缘有锯齿。总状花序，花梗长 10～30cm，有白色小花 40～80 朵。荚果倒卵形，有网状皱纹，内有种子 1 粒，种子为长圆形、棕黄色。

喜湿润和半干燥气候，适宜在年降水量 300～500mm 地区生长。耐寒力强，成株能耐－30℃低温。对土壤要求不严，从重黏土到瘠薄土壤都可种植。耐盐碱性强，适宜的土壤 pH 为 7～9。

一年四季均可播种，早春播种，当年即可收草。春旱多风地区宜夏播，也可于立冬前播种。可条播、撒播或穴播，条播行距 40～50cm，播深 1～2cm，每亩播种量 0.5～1kg。播前可用碾子碾轧，使荚壳脱落，种皮发毛为止。春播当年每亩可收青草 500～1 000kg，刈割留茬高度为 10～15cm。

营养期干物质中含粗蛋白质 22%，与苜蓿相近，但因其含有香豆素，味苦，适口性较差，开始时牲畜不喜食，可与禾本科草或苜蓿等混合饲喂，待习惯后再单独饲喂。

二、禾本科饲草

（一）玉米

玉米也叫苞谷、苞米。原产于中、南美洲的墨西哥和秘鲁，栽培历史有 4 000～5 000年之久，世界各地均可种植。

每亩玉米可以获籽粒 400～600kg，干秸秆 600～700kg。每亩青贮玉米，获青绿饲料 2 500～3 500kg。在我国华南，青刈玉米一年可种 2～3 次，总产量每亩可达 5 000～7 000kg。100kg 玉米青贮饲料，含有 6kg 可消化蛋白质，相当于 20kg 精饲料的价值。在较好的栽培条件下，每亩青贮玉米可供 8～10 只羊食用。

玉米为禾本科一年生植物，分早熟、中熟、晚熟三种类型，同一类型在南方生长较矮，北方生长高大。玉米为须根作物，根系发达，入土可达 2m，基部 3～4 节着生不定根，早熟种茎节为 5～7 节，中熟种为 10～12 节，晚熟种为 13 节以上，节数越多，生长期越长，叶片数与节数相同，玉米的叶片宽大、营养丰富，是制作青绿、青贮饲料的主要原料。玉米为同株异花植物，上部为雄花，下部各节都有可能形成雌穗，一株玉米有 1～5 个果穗，做青贮用的玉米，果穗越多越好。籽粒大小、颜色因品种而异，有黄、白、紫、红、花斑等颜色，其中黄、白居多。玉米不耐寒，幼苗遇到－3～－2℃气温会受冻而死，气温在 10～12℃时，出苗最好。生长最适温度为 20～24℃。对水分的要求较高，在年降水量 500～800mm 地区最适宜，玉米需水最多的时期是拔节到抽穗、开花期。

玉米为短日照植物，强光短日照有利于开花结实，若日照延长，营养生长期加长，表现贪青晚熟。由于玉米植株高大，对氮、磷、钾主要营养元素需要量较大，特别在抽穗、开花期，对氮、磷吸收量最大。玉米对土壤要求不严，各种土壤都可以生长，但以土质疏松、保水、保肥能力强的土壤最好，最好的为中性土壤（pH 6.5～7.0）。

玉米根系发达，秋季或早春要深耕土地，并结合施足有机肥料，并要耙平、磨细、表面镇压、注意保墒。基肥应以有机肥料为主，厩肥、人粪尿、堆肥均可，每亩施 2 000～2 500kg，并加入 50～100kg 的过磷酸钙，10～20kg 的硫酸钾或氧化钾。

玉米在地面温度稳定在 10～12℃时方可播种。长江流域在 3 月底，黄河流域 4 月中、下旬，东北地区 5 月上、中旬。北方及山区广泛采用地膜覆盖技术，应提前 10～15d 播种。播种方法，最好采用精量播种，依玉米每亩留苗数，增加 20%的播种量。播种前，种子进行包衣处理，减少苗期病虫害发生。

玉米留苗数依品种和栽培目的而异，青饲用品种为 8 000～10 000 株。在底墒水充足的情况下，追肥、灌水要晚些，在拔节和抽穗时进行，开花后再浇水一次。

此外，要注意病虫害的发生，除种子消毒外，还要随时检查，发现有大、小病斑的病株，要及时拔除，并在田外烧毁，虫害防治以用药为主。

做青贮用的玉米，于蜡熟期与秸秆一块进行收割、粉碎、青贮，收割后当日青贮，以保证青贮质量（图 5-1）。

图 5-1　全株玉米青贮

（二）羊草

又名碱草，我国东北部松嫩平原及内蒙古东部为其分布中心，在河北、山西、河南、陕西、宁夏、甘肃、青海、新疆等省（自治区）亦有分布；俄罗斯、蒙古国、朝鲜、日本也大量种植。羊草最适宜于我国东北、华北诸省（自治区）种植，在寒冷、干燥地区生长良好。春季返青早，秋季枯黄晚，能在较长的时间内提供较多的青饲料。羊草所含营养物质丰富，在夏秋季节是家畜抓膘牧草，为内蒙古草原主要牧草资源，亦为秋季收割干草的重要饲草。这种植物耐碱、耐寒、耐旱，在平原、山坡、砂壤土中均能适应生长。在我国东北、内蒙古，羊草是人工草地建植中首选的草种。

羊草为禾本科多年生草本植物。具有非常发达的地下横走根茎，根深可达1.0～1.5m，主要分布在20cm以上的土层中。茎秆直立，呈疏丛状，具3～7节，株高50～100cm。生育期可达150d左右。生长年限长达10～20年。羊草叶量多、营养丰富、适口性好，各类家畜一年四季均喜食，花期前粗蛋白质含量一般占干物质的11%以上，分蘖期高达18.53%，且矿物质、胡萝卜素含量丰富。每千克干物质中含胡萝卜素49.5～85.87mg。羊草调制成干草后，粗蛋白质含量仍能保持在10%左右，且气味芳香、适口性好、耐贮藏。羊草产量高，增产潜力大，在良好的管理条件下，一般每公顷产干草3 000～7 500kg，产种子150～375kg。以在孕穗至开花初期，根部养分蓄积量较多的时期刈割。割后晾晒1d后，先堆成松疏的小堆，使之慢慢阴干，待含水量降至16%左右，即可集成大堆，准备运回贮藏。切短喂或整喂效果均好。羊草干草也可制成草粉或草颗粒、草块、草砖、草饼，供作商品饲草。

（三）黑麦草

黑麦草属，一年生或多年生草本。是重要的栽培牧草。现新西兰、澳大利亚、美国和英国广泛栽培用作牛羊的饲草。株高70～100cm，有时可达1m以上。黑麦草含粗蛋白质4.93%，粗脂肪1.06%，无氮浸出物4.57%，钙0.075%，磷0.07%。淮河以南宜秋播，北方宜春播。春播黑麦草当年可刈割1～2次，每公顷产鲜草15～30t；秋播的翌年可刈割3～4次，每公顷产鲜草60～75t。每亩播种1～1.5kg最适宜。黑麦草生长快、分蘖多、耐牧，是优质的放牧用牧草，也是禾本科牧草中可消化物质产量最高的牧草之一。常以单播或与多种牧草作物如紫云英、白三叶草、红三叶草、苕子等混播。青刈舍饲应现刈现喂。黑麦草有时被有毒真菌侵染，其种子还含有麻醉性有毒成分，二者对于草地放牧动物十分危险。

黑麦草青贮，可解决供求上出现的季节不平衡和地域不平衡问题，同时也可解决盛产期雨季不宜调制干草的困难，并获得较青刈玉米品质更为优良的青贮料。青贮在抽穗至开花期刈割，应边割边贮。如果黑麦草含水量超过75%，则应填加草粉、麸糠等干物，或晾晒一天消除部分水分后再青贮。

调制干草和干草粉：黑麦草属于细茎草类，干燥失水快，可调制成优良的绿色干草和干草粉。一般可在开花期选择连续3d以上的晴天刈割，割下就地摊成薄层晾晒，晒至含水量在14%以下时堆成垛。也可制成草粉、草块、草饼等。

（四）青燕麦

燕麦也称为铃铛麦，其中裸燕麦叫莜麦。燕麦为禾本科一年生植物，株高为100～150cm，直立。须根发达，秆坚硬，分蘖力强，有较强的再生能力。叶披针形。圆锥花序散生，颖果为纺锤形。

燕麦喜冷凉湿润气候。不耐热，高于30℃停止生长，对水分要求不高，但很敏感，适宜生长在年降水量400～600mm的地区。

燕麦为长日照植物，需18h以上日照方能开花结实。喜阳光，但比大麦耐阴，燕麦对土壤要求不严，在土壤pH 5.5～8.0、含盐量低于0.2%的内陆盐碱地生长良好。燕麦的生育期为75～110d，适宜在无霜期短的北方种植。分冬燕麦和春燕麦两种。华中、华东一带种植冬燕麦，生育期可达200多天，用于青刈最好，也可收种子。

种植燕麦时切不可连作，燕麦的生育期短，生长发育快，需肥料也多。在精细整地的基础上，要施足底肥，在播种时还要施种肥，保证苗期生长良好。种子播前用药剂、肥料和除草剂制成种衣剂。燕麦生长快，要注意追施化肥，并结合施肥灌水1～2次。

燕麦可青刈、青贮、调制干草，青刈可在拔节至开花时刈割。早刈割，品质好，还可利用再生草。在株高为50～60cm时刈割，留茬5～6cm，隔30～40d可再刈割第二次。青刈燕麦，香甜可口，幼嫩期，各种畜禽都喜食。利用燕麦做青贮时在抽穗到蜡熟期刈割，边收割，边切碎，入窖后，压实、封严，当日收割，当时封窖。

燕麦青贮饲料质地柔软，气味芳香，是肉牛、肉羊的优良精饲料。作为干草的燕麦，有收获种子以后的干草，也有与豆科牧草混播供调制干草用的燕麦干草，后者营养高，质量好，是良好的干草，也可打成草粉，供配合饲料用。

（五）苏丹草

苏丹草为暖季一年生草本植物。须根系发达，茎圆形、光滑，基部着生不定根，株高为2～3m。分蘖力强，每株分蘖20～30个。

苏丹草为喜温植物，最适在夏季炎热、雨量中等的地区生长。种子出芽的最适温度为20～30℃，根系发达、抗旱性强，对土壤要求不高，以排水良好、富含有机质的黑钙土和栗钙土为好，耐酸性和耐盐碱力较强，在红壤、黄壤和轻度盐渍化土壤上都能种植。

苏丹草消耗地力较重，不宜连作，播前翻耕整地，深耕 20cm，并施用 1 500kg厩肥作底肥，南方 4 月上旬、北方 5 月上旬播种。播前选种、晒种和药物拌种，条播行距为 40～50cm，每亩播种量为 1～2kg，播深为 4～5cm，及时镇压。苗期注意中耕除草，干旱时适当灌溉。

苏丹草的干草品质和营养价值多取决于收割日期，抽穗期刈割营养价值较高，适口性好，干物质中含粗蛋白质 15.3%，开花后茎秆变硬，质量下降。苏丹草可在孕穗初期刈割青饲或乳熟期刈割青贮，也可调制优质干草。苗期含少量氢氰酸，特别是在干旱或寒冷条件下生长受到抑制，氢氰酸含量增加，应防止放牧牲畜中毒。

苏丹草在温暖地区可获 2～3 次再生草，每亩产鲜草为 3 000～5 000kg。一般留茬 7～8cm 为宜。第一茬草可调制干草、青饲或青贮，第二茬以后株高为 50～60cm 时放牧，或在抽穗开花期再次刈割。

（六）杂交狼尾草

杂交狼尾草为美洲狼尾草和象草 N51 的杂交种。杂交狼尾草为多年生草本植物，植株高为 3.5～4.5m，须根发达，茎秆圆形，直立，分蘖 20 个左右，每个分蘖茎有 20～25 个节，丛生。

杂交狼尾草喜温暖湿润的气候，日平均气温 25～30℃生长最快，在华南南部可自然越冬。抗旱力强同时耐湿，久淹数月不会死亡，但长势差。砂土、黏土、微酸性土壤和轻度盐碱土都可种植。在含盐 0.1%土壤上生长良好，但以土层深厚的黏质壤土最为适宜。

杂交狼尾草对氮肥需求量大，同时对锌肥敏感。分蘖性强，随着刈割次数的增加，肥水充足时草株分蘖可达 100～200 个。

杂交狼尾草主要通过根、茎进行无性繁殖，在江苏、浙江省移入温室，需保根、保茎越冬繁殖。栽培要选土层深厚、疏松肥沃的土地，结合耕翻整地，每亩施厩肥 200～400kg、磷肥 20kg 用作基肥。

在长江以南地区平均气温达 15℃左右时，可进行移栽或扦插。将有节的部分插入土中 1～2cm，行距为 60cm；株距为 30cm 定植，茎芽朝上斜插，以下部埋入土中而上部腋芽刚入土为宜。也可以分根移栽，移栽密度稀少一些，栽植后 60～70d，株高达 1～1.5m 时即可刈割。每次刈割后都要及时追肥、中耕，株高为 120cm 时刈割作牛、羊等家畜的饲料。

杂交狼尾草茎叶柔嫩，适口性好，营养价值较高，营养生长期株高为 1.2m，在茎叶干物质中含粗蛋白质 10%，用作肉羊的青饲料，每年刈割 5～6 次，除青刈外，也可以晒制干草或调制青贮料。供草期 6～10 月。

三、其他科饲草

（一）串叶松香草

串叶松香草也称为菊花草。串叶松香草为菊科多年生草本植物，根系发达、粗壮，支根多，茎直立，具四棱，株高为2～3m。

串叶松香草喜中性或微酸性土壤，不耐盐、碱及贫瘠土壤，有一定耐寒性，生长最适温度为20～28℃，适宜在年降水量450～1 000mm地区种植。

串叶松香草要求高水肥条件，播种前每亩应施3 000～4 000kg腐熟厩肥作底肥，播种期为春、夏两季，密播时行株距为60cm×60cm或60cm×30cm，播深为2～3cm。还可育苗移栽，第二年抽茎后植株达2m以上，产量成倍增长。刈割适期为抽茎到初花期，以后每隔40～50d刈割一次，每年可刈割3～4次，每亩可达10 000～15 000kg。莲座叶丛期干物质中含粗蛋白质22%．且富含维生素，可青刈切碎，也可与燕麦、苏丹草、青饲玉米等混合青贮。

（二）苋菜

苋菜也叫千穗谷、西黏谷、白籼谷和猪苋菜。苋菜为一年生草本植物。株高为2～4m。直根系，主根粗大，侧根多。

喜温暖湿润气候，耐高温，不抗寒。种子在20℃以上发芽出苗快，生长适宜温度为24～26℃，抗旱能力强，对土壤要求不严格，适宜的土壤为pH为7～7.5。苋菜种子细小，播前要求精细整地，每亩施2 500～3 000kg农家肥用做底肥。北方播种期为4月上旬到5月上旬，南方从3月下旬到10月上旬随时可以播种。播种量每亩为0.3～0.5kg。可条播或撒播，条播行距为30cm，播深为1～1.5cm。苋菜消耗地力较大，不宜连作，幼苗生长缓慢，应适时中耕除草，当幼苗生长10～15cm时，若苗过密可间苗，也可移栽。株高为70～80cm时即可刈割利用，留茬高度15～20cm，以后每隔20～30d收割一次，一年可刈割3～5次。每次刈割后要及时追肥、浇水，以氮肥为主。鲜草产量北方每亩为5 000～9 000kg，南方为6 000～12 000kg。苋菜叶片柔软，茎秆脆嫩，粗纤维含量低，气味纯正，适口性好，营养价值高，茎叶中含粗蛋白质12.7%，籽粒中含粗蛋白质14.5%，尤其赖氨酸含量较高，加入配合饲料中可代替部分豆饼或鱼粉，收获种子后的秸秆可制成草粉，也可制成青贮料。

四、块根块茎类作物

（一）胡萝卜

胡萝卜是营养非常丰富的蔬菜作物和多汁饲料，种植和管理都非常简便。产量高，一般每亩产胡萝卜1 500～2 500kg，叶子产量为块根的1/3～1/2。块根中含有丰富的胡萝卜素和其他维生素。

胡萝卜最适发芽温度为18～25℃，能耐－5～－3℃的低温，块根形成期要求温度为6～8℃，生育期为120～140d，年积温为2 000～2 500℃，对光照时数和强度要求较高。胡萝卜对土壤要求也高，结构良好、土质疏松、土层深厚的肥沃土壤最适宜胡萝卜生长，喜中性或弱酸性的土壤。胡萝卜耐旱，但种子萌发期和生长期对水分要求高，块根发育期缺水会影响其膨大。水分过多也会导致生长、成熟延迟，易烂根。

为获得高产，播种前应对土壤深翻，施足底肥，精细平地，保证土壤中有充足的水分。因胡萝卜种子有毛刺，种前要搓去。播期依地区而异，北方地区一般在6月下旬播种，内蒙古在5月下旬至6月中旬。每亩播种量为0.15～0.3kg。播种方法有撒播和条播，深度为2～3cm，播后略加镇压。另外苗期要注意除草、定苗，株距为10～15cm。根据土壤水分状况，可在生长前期和中期各进行一次灌水并结合苗情施肥。

胡萝卜一般在肉质根肥大后收获，过早则块根未充分膨大，过晚则怕霜冻，使质量变差。收获时最好选择晴好的天气，贮藏前将叶子和胡萝卜顶部切掉。饲用时切碎或打浆。

（二）饲用甜菜

饲用甜菜是一种很有价值的多汁饲料，富含糖分、矿物质以及动物生长必需的多种维生素。其根、叶中粗纤维含量低、消化率高、适口性好。饲用甜菜在我国东北、华北、西北及南方的江苏、湖北、上海等地都有栽培。

饲用甜菜种子发芽要求的温度为6～8℃，幼苗在子叶期不耐冷，真叶出现后抗寒力增加，最适生长温度为15～25℃。对水肥的要求严格，在黑土、砂壤土或黏土种植时，如有足够的水肥，也可以获得高产，在轻度盐渍化土壤上也可种植。

饲用甜菜种子发芽需要充足的水分，因此，要做好冬灌工作，并施足底肥、整平地块。要求次年春季播种时土壤疏松，水分充足。播种期，根据气候条件而定，只要日平均温度稳定在5℃时就可以播种，一般西北地区在3月底至4月上旬。播种方法有条播和点播，每亩用种量以1.0～1.5kg为宜。饲用甜菜幼苗出土能力弱，播后如遇土壤板结，应即时疏松表土。同时还应注意防止害虫（如象鼻虫、地老虎等）的危害。

饲用甜菜的饲喂方式有切碎生喂、煮熟后喂、打浆饲喂等几种。叶部可青贮或直接饲喂。因甜菜中含有较多的硝酸钾，闷热发酵时该物质可被还原成亚硝酸盐和氧化氮，家畜食后发生中毒，故饲喂时不宜过多。如煮熟后喂，最好当天饲用，以防中毒。

（三）饲用芜菁

饲用芜菁是十字花科甘蓝属两年生植物，根叶均可作饲料。饲用芜菁叶子和块根含有较丰富的粗蛋白质和碳水化合物，并含有大量的维生素，每100g芜菁中含21～33mg的维生素C，因而是家畜冬、春季补饲的优良多汁饲料。饲用芜菁每亩可产根叶2 500～4 500kg，水肥充足时，仅块根就可达4 000kg。芜菁味美汁多，适口性好，是各类家畜的优质饲料。目前西藏、甘肃、内蒙古和河北等地已有种植，江苏、江西、湖北、四川、广西、贵州和青海等地是其主要栽培地。

芜菁喜冷凉湿润气候，抗寒性较强。在生育期第一年最适温度为15～18℃。低温、湿润条件下叶和块根生长快，根中糖分增加，叶质变厚；温度过高、天气干燥时生长不良。芜菁生长前期和后期对水分要求少，但中期需水较多，如遇干旱生长不良，及时浇灌能恢复生长。土层深厚、土质疏松、通气性好的砂壤土和壤土中生长最为适宜。耐酸性土壤，最适pH 6～6.5，不宜在过于黏重而沼泽化的酸性土壤种植。

饲用芜菁生长快，需要较多的有机肥料作基肥，基肥最好在前一年施入，以便充分腐熟，为稳产、高产打好基础。播种期依气候而异，高寒地区一般在清明、谷雨之间播种。无霜期长的地区，一年可播2次，春播后供夏季收获，夏季紧接着播种供冬季使用。在播种前应检验种子的发芽率，种子发芽率不低于70%。既可单播，也可混播和间播，一般在麦收后与荞麦一起混播。芜菁的播种量为每亩0.25～0.5kg，播种深度为2cm。大面积作业的芜菁一般要间苗3次，保证每亩5 000～7 000株。在生长期追肥效果良好，一般在生长前期追施氮肥，后期施磷、钾肥。苗期注意除杂草，生长期中耕2～3次。

芜菁叶肉肥厚，鲜嫩多汁，是家畜的好饲料。当块根已经长成，外部出现黄叶时可分期采收饲用。块根的收获期一般在霜冻出现之前。饲用芜菁的叶略带苦味，故喂量应由少到多，逐渐增加，或掺入其他饲料。块根饲喂时切碎，用量也不易过大。

第五节 肉羊常用饲料的加工调制技术

一、精饲料加工调制技术

（一）物理加工方法

1. 粉碎与压扁 精饲料最常用的加工方法是粉碎。粗粉与细粉相比，粗粉可提高适口性，提高羊唾液分泌量，增加反刍，所以不宜粉碎过细，稍加破碎即可。将谷物用蒸汽加热到120℃左右，再用压扁机压成1mm厚的薄片，迅速干燥。压扁饲料中的淀粉经加热糊化，用于饲喂羊消化率明显提高。

2. 颗粒化 将饲料粉碎后，根据肉羊的营养需要，进行搭配并混匀用颗粒机制成颗粒形状。使用颗粒料的优点：饲喂方便，便于机械化操作，适口性好，咀嚼时间长，有利于消化吸收，减少饲料浪费，并便于运输。

3. 浸泡 豆类、油饼类、谷物等饲料经浸泡，吸收水分，膨胀柔软，容易咀嚼，便于消化。如豆饼、棉籽饼等相当坚硬，不经浸泡很难嚼碎。浸泡方法：用池子或缸等容器把饲料用水拌匀，一般料水比为1∶(1～1.5)，即手握指缝渗出水滴为准，不需任何温度条件。有些饲料中含有单宁、棉酚等有毒物质，并带有异味，浸泡后毒素、异味均可减轻，从而提高适口性。浸泡的时间应根据季节和饲料种类的不同而异，以免引起饲料变质。

(二) 过瘤胃保护技术

1. 过瘤胃蛋白的概念 过瘤胃蛋白（Rumen escape protein）也称为瘤胃非降解蛋白质（Ruminally undegraded protein，RUP）是指蛋白质饲料在瘤胃中未被微生物降解而直接进入肠道后消化道的部分。过瘤胃蛋白质调控的主要目的是减少蛋白质在瘤胃的降解，提高进入小肠的氨基酸数量和质量。

过瘤胃蛋白是反刍动物氨基酸的重要来源，降低蛋白质在瘤胃内的降解率能提高动物的生产性能，改善氮的利用，增加氮的沉积，从而提高优质蛋白质饲料的利用率。国内外对过瘤胃蛋白做了大量的研究，包括各种化学方法、热处理方法、物理包被、戊糖加热复合保护处理法等。生产性能较高的反刍动物、幼龄及青年反刍动物受日粮中过瘤胃蛋白含量水平限制最为明显。

2. 常用的保护过瘤胃蛋白质的方法

(1) *加热处理* 加热处理是降低饲料中一些抗营养因子作用的一种最常用的方法，加热处理可明显降低优质蛋白质饲料的过瘤胃率。用热喷处理豆粕喂绵羊可降低12h干物质消失率，提高进入小肠内氨基酸总量和赖氨酸数量，增加氮沉积，显著提高日增重和羊毛长度。

(2) *化学方法* 化学保护方法所采用的化学药品很广泛，包括乙醇、氢氧化钠戊二醛、乙二醛、氯化钠、甲醛、单宁等。其作用原理是利用它们与蛋白质分子间的反应，在酸性环境是可逆的特性。用70%的乙醇浸泡豆粕36h可以提高蛋白质的瘤胃非降解率，降低瘤胃内氮的消失率。当50%的氢氧化钠溶液用量占干物质的2%时，可显著降低蛋白质的瘤胃降解率。

(3) *复合保护处理* 用戊糖保护豆粕成功地降低了豆粕蛋白质的瘤胃降解率。戊糖含有多个羰基，加热后可以和蛋白质的氨基酸残基发生美拉德反应(Non-enzymic browning)。所谓美拉德反应，是广泛存在于食品、饲料加工中的一种非酶褐变反应，是如胺、氨基酸、蛋白质等氨基化合物和羰基化合物（如还原糖、脂质以及由此而来的醛、酮、多酚、抗坏血酸、类固醇等）之间发生的非酶反应，也称为羰氨反应（Amino-carbonyl reaction）。不同的糖（戊糖、己酮糖、己醛糖、蔗糖）浓度3%、140℃加热90min条件下，对大豆粕、棉籽粕、菜籽粕蛋白质有保护效果。

（4）鞣酸处理　用1%的鞣酸均匀地喷洒在蛋白质饲料上，混合后烘干。

3. 过瘤胃保护脂肪　许多研究表明，直接添加脂肪对反刍动物效果不好，脂肪在瘤胃中干扰微生物的活动，降低纤维消化率，影响生产性能的提高，所以添加的脂肪采取某种方法保护起来，形成过瘤胃保护脂肪。最常见的是脂肪酸钙产品。脂肪酸钙作为肉羊的能量添加剂，不仅能提高肉羊生产性能，而且能改善羊肉产品质量。

（三）尿素缓释技术

直接饲喂尿素，适口性差，在瘤胃中被分解的速度快，一部分氨通过瘤胃壁进入到血液中，最后排到尿中而浪费掉，最重要的是血液中的氨过多时会引起中毒。

1. 糊化淀粉尿素　将粉碎的高淀粉谷物饲料（玉米、高粱）70%～80%与尿素20%～25%混合后，通过糊化机，在一定的温度、湿度和压力下，使淀粉糊化，尿素则被融化，均匀地被淀粉分隔、包围，也可适当添加缓释剂。粗蛋白质含量60%～70%。每千克糊化淀粉尿素的蛋白质量相当棉籽饼的2倍、豆饼的1.6倍，价格便宜。育肥羊每日每只用量80g。

2. 硬脂酸包膜尿素　将硬脂酸在70℃水浴中溶解，再加入尿素，搅拌、干燥而成。试验表明，用硬脂酸包膜尿素可降低瘤胃内pH和氨氮浓度，并使氨氮浓度峰值由饲喂后1h推迟到2h左右，微生物蛋白含量显著提高78.3%，用量可参照尿素用量。

二、秸秆加工技术

秸秆是一类高纤维、低蛋白质、低能量、缺无机盐的粗饲料，且含有大量的抗营养物质（如稻草中的大量硅酸盐等），因此消化率低。为了提高秸秆的利用率，人们研究过许多秸秆处理加工方法，目前在生产上研究应用较多的有物理处理法、秸秆氨化技术和秸秆微贮技术。

（一）物理处理法

利用人工、机械、热和压力等方法，改变秸秆物理性状，将其切短、撕裂、粉碎、浸泡和蒸煮软化都是物理处理方法。

1. 切短与粉碎　将秸秆用切（粉）碎机切短和粉碎处理后，便于家畜咀嚼，减少能耗，提高采食量，减少饲喂过程中的浪费，也易于和其他饲料配合。因此，是生产实践上常用的方法。试验证明，秸秆经切短或粉碎后饲喂，采食量可增加20%～30%。

动物试验结果表明，粉碎能增加粗饲料的采食量，但缩短了饲料在瘤胃内的停留时间，引起纤维素类物质消化率降低。秸秆粉碎后，瘤胃内挥发性脂肪酸的生成速度和丙酸比例有所增加，同时引起动物反刍次数减少，导致瘤胃pH下降。故对肉羊来说不能太碎，一般切短长度以1～2cm为宜。

2. 浸泡 将秸秆放在一定量的水中进行浸泡处理，质地柔软，能提高其适口性。在生产实践中，一般先将秸秆切细后，再加水浸泡并拌上精料，以提高饲料的利用率。

3. 蒸煮 秸秆放在具有一定压强的容器中进行蒸煮处理，也能提高秸秆的营养价值。据报道，在0.49～0.88MPa的压强下处理30～60min，秸秆的消化率显著提高。用蒸汽来蒸煮秸秆，不同的温度和蒸煮时间，其效果不同。例如，将谷物类秸秆在170℃下煮60min，其消化率为50%，若煮90min，其消化率反而只有57%。

（二）秸秆氨化技术

在秸秆中加入一定量的氨水、无水氨、尿素等溶液进行处理，以提高秸秆消化率和营养价值的方法，称之为秸秆氨化。秸秆氨化的好处，主要表现在氨处理可以使秸秆有机物质消化率提高20%～30%，粗蛋白质含量由3%～4%提高到8%或更高，采食量增加20%。1kg氨化秸秆相当于0.4～0.5kg荞麦的营养价值。氨化可以防止饲料霉变，还能杀死野草籽，能很好地保存高水分含量的粗饲料。氨化处理秸秆成本低、方法简便、容易推广、经济效益高。同时对土壤肥力的保持有一定好处。

1. 原理 秸秆氨化是利用碱和氨与秸秆发生碱解和氨解反应，破坏连接木质素与多糖之间的酯键，提高秸秆的可消化性。氨与秸秆中的有机物质发生化学变化，形成有机铵盐，被瘤胃微生物利用，形成菌体蛋白被消化吸收，提高秸秆的营养价值。氨化还可使秸秆的木质化纤维膨胀、疏松，增加渗透性，提高适口性和采食量。

2. 主要氨源

（1）*液氨* 液氨又叫无水氨，分子式为NH_3，含氮量82.3%，常用量为秸秆干物质重量的3%。它是最为经济的氨源，氨化效果也最好。氨在常温、常压下为气体，需要注意在高压容器内才能使其保持液态。因此，液氨需要在高压容器内贮运（氨罐、氨槽车等），一次性投资较大。此外，液氨属于有毒易爆物质，氨在空气中的含量达20%左右，点火就会发生爆炸。所以在贮存、运输、使用等过程中，要严格遵守技术操作规程，防止意外事件的发生。

液氨置于常温、常压下则迅速气化为氨蒸气（在15.6℃时每千克液氨膨胀为1.36m^3氨蒸气）。气态氨比空气轻，在草垛中以向上运动为主，易溶于水生成氢氧化铵并放出热。氨有特殊的刺鼻气味，在空气中超过200%时，就会遇火爆炸。所以，在操作过程中要严禁烟火。

（2）*尿素*　分子式为NH_2CONH_2，无色或白色结晶体，无臭味，易溶于水。尿素的含氮量为46.67%。在适宜温度和脲酶的作用下，可以分解为二氧化碳和氨。尿素是由氨和二氧化碳合成，是重要的氮肥，用尿素作为氨化秸秆的氨源，其好处在于它可以方便地在常温、常压下运输，氨化时不需要复杂的特殊设备，对人、畜健康无害。氨化秸秆时，对封闭条件的要求也不像液氨那样严格，且用量适当，一般为秸秆干物质量的4%～5%，很适合我国广大农村应用。

（3）*碳酸铵*　碳酸铵的含氮量15%～17%。在适宜的温度条件下，可以分解成氨、二氧化碳和水。按照液氨含氮量和氨化秸秆的适宜用量，碳酸铵氨化秸秆的用量应为14%～19%，但有关试验表明，8%～12%的用量就基本达到高用量的效果。碳酸铵是我国化肥工业的主要产品，价格便宜（相当于尿素售价的1/3左右），使用方便。碳酸铵是尿素分解成氨的中间产物，只要用量适当，碳酸铵处理能够达到尿素处理的类似效果。在南方梅雨季节用尿素氨化的秸秆霉斑较多，而用碳酸铵氨化的霉斑较少，说明在某些特定条件下，碳酸铵有其特殊作用。但碳酸铵分解受温度影响，在北方冬、春寒冷低温季节，碳酸铵在常温水中难以完全溶解。

（4）*氨水*　为气态氨的水溶液，氨易挥发逸出，有强烈的刺鼻臭味。其中有一部分氨分子与水反应而成铵离子和氢氧根离子与秸秆发生化学作用。氨水浓度一般为20%，最大浓度为35.28%，用氨水氨化秸秆的常用量为秸秆干物质重量的12%（浓度20%）。由于氨水是液体，含氮量低，又容易挥发出氨气，所以，贮存、运输需要专门的设备。在秸秆氨化操作过程中也有强烈的刺鼻气味，所以氨水仅适于靠近化工厂的地方应用。

3. 氨化方法

（1）*堆垛法*　堆垛法是指在平地上，将秸秆堆成长方形垛，用塑料薄膜覆盖，注入氨源进行氨化的方法。其优点是不需建造基本设施、投资较少、适于大量制作、堆放与取用方便，适于我国南方和夏季气温较高的季节采用。主要缺点是塑料薄膜容易破损，使氨气逸出，影响氨化效果，在北方仅能在6～8月使用，气温低于20℃时不宜采用。夏季麦收后正值雨季，秸秆不便贮存，可采用堆垛法，其具体操作方法如下：

①选择地址：秸秆堆垛氨化的地址，要选地势高燥、平整，排水良好，雨季不积水，地方较宽敞且距畜舍较近处，有围墙或围栏保护，能防止牲畜危害。

②秸秆处理：麦秸和稻草是比较柔软的秸秆，可以铡碎到2～3cm，也可以整秸堆垛。但玉米秸秆高大、粗硬，体积太大，不易压实，应铡成1cm左右碎秸。边堆垛边调整秸秆含水量。如用液氨作氨源，含水量可调整到20%左右；若用尿素、碳酸铵作氨源，含水量应调整到40%～50%。水与秸秆要搅拌均匀，堆垛法适宜用液氨作氨源。

③堆垛注入液：首先在平地上铺好塑料薄膜，四周要留0.5～0.7m薄膜，以便与罩膜连接。将铡碎并调整好水分的秸秆一层层摊平、踩实，每30～40cm厚及宽度，放一木杠（比液氨钢管略粗一些），待插入液氨钢管时拔出。液氨注入量为秸秆干物质重量的3%。

④塑料薄膜的选用及膜罩制作：对塑料薄膜的要求是无毒、抗老化和密封性好。通常使用聚乙烯膜，膜的厚度随饲草种类而不同。如氨化麦秸、稻草等较柔软的秸秆，可选择厚度在0.12mm以下的薄膜；若为较粗硬的玉米秸，应选择0.12mm以上的薄膜。膜的宽度取决于垛的大小和市场供应情况。膜的颜色，在室外氨化时，应以黑色为佳，有利于缩短氨化时间。如在室内使用，则颜色影响不大。所需薄膜的多少，则视垛的大小而定。

底膜大小：长度＝垛长＋0.5m（余边）

宽度＝垛宽＋0.5m

罩膜大小：长度＝垛长＋高×2＋0.5m

宽度＝垛宽＋高×2＋0.5m

根据底膜和罩膜所需的长度和宽度，将市售的薄膜用烙铁或熨斗烙结在一起，并仔细检查有无破损地方，将罩膜套在秸秆堆上后，迅速注入液氨，最后将四周与底膜联结在一起，用湿土或泥土压好，防止氨气逸出。封闭好后用绳、带在罩膜外横竖捆扎若干道，以防风吹破损。

⑤秸秆堆垛重量的估算：由于秸秆体积大、数量多，不可能用秤称重。因此，应事先测出不同种类秸秆、不同堆垛时间的平均密度和重量。为了准确起见，首先在堆垛前用地秤称出秸秆的重量，然后堆垛，在不同天数（第1、3、5、7、9天等）后测定垛的体积，如此反复5～7次，即可估测出堆垛的秸秆重量。一般新麦秸垛每立方米为55kg，旧垛79kg；新玉米秸垛79kg，旧垛99kg，均为未切碎秸秆。

⑥注入氨量的计量：当秸秆重量估算出后，再计算出应注入的液氨重量。

目前注氨方式有两种：一种是将氨槽车直接开到现场氨化；另一种是将液氨分装入氨瓶后再运到现场。这两种方法都需要用液氨流量测定。目前尚无精确的流量计使用，比较理想的方法是实行“一垛一瓶”，即先计算出每个垛的重量和所需液氨数量，在氨化站分装液氨时即按要求数装入，在现场操作时，每个垛一瓶，用完为止。

（2）窖池法　利用砖、石、水泥等材料建筑的地下或半地下容器称为窖。在地下水位高的地方可建成地上或半地上式窖，在地下水位低的地方，可建成地下窖。

建造永久性的氨化窖、池，可以与青贮饲料轮换使用，即夏、秋季氨化，冬、春季青贮。也可2～3窖、池轮换制作氨化饲料。用水泥挂面的窖池，饲料不受泥土污染，仅封顶时需塑料薄膜，减少薄膜用量。永久窖、池不受鼠虫危害，也不受水、火等灾害威胁，适合我国广大农村小规模饲养户使用。采用窖、池容器氨化秸秆，首先把秸秆铡碎，麦秸、稻草较柔软，可铡成2～3cm的碎草，玉米秸较粗硬，应以1cm左右为宜。

用尿素氨化秸秆，每吨秸秆需尿素40～50kg，溶于400～500kg清水中，待充分溶解后，用喷雾器或水瓢泼洒，与秸秆搅拌均匀后，一批批装入窖内，摊平、踩实。原料要高出窖口30～40cm，长方形窖呈鱼脊式，圆形窖成馒头状，再逐渐向上均匀填压湿润的碎土，轻轻盖上，切勿将塑料薄膜打破，以免造成氨气泄出。

（3）氨化炉法　氨化炉是一种密闭式氨化设备，它可将秸秆快速氨化处理。氨化炉目前在我国有三种形式，即金属箱式（类似集装箱）、土建式和可以拆卸安装的用金属板制成的拼装式。氨化炉是由炉体、加热装置、空气循环系统和秸秆车等组成。对炉体的要求是：保温、密闭和耐酸腐蚀。加热装置视当地情况而定，可以用电、煤等燃料，通过蒸汽加热。对草车的要求是：便于装卸、运输和加热，带有铁轮架可在铁轨上运行。氨化切碎的秸秆时草车应装有网状围栏，便于碎秸秆氨化。

用氨化炉氨化秸秆，使用碳酸铵作氨源较经济。碳酸铵用量为秸秆干物质量的8%～12%（或尿素5%），均匀喷洒在秸秆上，使其含水量达45%，在炉外将碳酸铵溶液与秸秆混拌均匀后，装在草车内，推进炉内，把炉门关严后加热。如果用电加热，开启电热管，用控温仪把温度调整到95℃左右，加热14～15h后，切断电源，再闷炉5～6h，即可打开炉门，将草车拉出，任其自由通风，使余氨散发后即可饲喂。如果用煤或木柴加热，温度达不到95℃时，根据温度高低，适当延长加热时间。

（4）塑料袋氨化法　利用塑料袋进行氨化秸秆方法，适合在我国南方或北方地区的夏季气温较高季节使用，灵活方便，不需特殊设备，适合饲养肉羊较少的农户。对塑料袋的要求是无毒的聚乙烯薄膜，厚度在0.12mm以上，韧性好，抗老化，黑颜色。袋口直径1～1.2m，长1.3～1.5m。用烙铁粘缝，装满饲料后，袋口用绳子扎紧，放在向阳背风、距地面1m以上的棚架或房顶上，以防鼠类咬破塑料袋。氨化方法，可用相当于秸秆风干重量4%～5%的尿素或8%～12%的碳酸铵溶在相当于秸秆重量40%～50%的清水中，充分溶解后与秸秆搅拌均匀装入袋内。昼夜气温平均在20℃以上时，经15～20d即可喂用。此法的缺点是氨化数量少，塑料袋一般只能用2～3d，成本相对较高。塑料袋容易破损，需经常检查修补。

4. 影响氨化质量的因素 秸秆氨化质量的优劣，主要决定于氨的用量、秸秆含水率、环境温度和时间以及秸秆原有的品质等多种因素。

(1) 氨的用量 据研究，氨化秸秆氨的用量从秸秆干物质重量的1%提高到2.5%，秸秆的体外消化率显著提高。氨的用量从2.5%提高到4%，改进秸秆消化率的幅度比较小。超过4%时，其消化率稍有提高。因此认为，氨的经济用量为秸秆干物质重量的2.5%～3.5%为宜。

用不同的氨源氨化秸秆时，其用量可根据各自的含氮量进行换算。例如：液氨的含氮量为82.3%，尿素为46.7%，碳酸铵为15%，氨水为20%左右。氮转换为氨的系数为1.21，所以，不同氨源氨化秸秆时，可用下列公式换算：

$$\text{不同氨源的用量（kg）}=\frac{\text{氨的经济用量}}{\text{氨源的含量}\times 1.21}$$

常用氨源氨化秸秆的理论用量为：液氨2.5%～3.5%；尿素4.5%～6.2%；碳酸铵13.8%～19.3%；氨水10.3%～14.5%。

在生产上的经济用量，每吨秸秆如用液氨为30kg，尿素40～50kg，碳酸铵80～120kg，氨水（含氮20%左右）110～120kg。

(2) 氨化秸秆的含水率 氨水中的NH_4^+和OH^-分别对提高秸秆含氮量和消化率起重要作用。据研究，秸秆含水率从12%提高到50%，无论氨化温度如何，均能提高秸秆消化率。秸秆有机物体外消化率随含水量提高而提高。试验证明，用尿素和碳酸铵氨化秸秆，含水率以45%为宜，含水率过高既不便操作，秸秆还有发霉的危险。

(3) 氨化秸秆的温度与氨化时间 秸秆氨化的时间与环境温度有密切的相关性。大量的实践与试验得出以下参考数据：当环境温度小于5℃时，处理时间应大于8周；当环境温度分别为5～15℃、15～30℃、大于30℃、大于90℃时，处理时间分别为4～8周、1～4周、小于1周、小于1d。

(4) 秸秆品质 通常秸秆氨化后，营养价值提高的幅度与秸秆原有营养价值的高低呈负相关。即品质差的秸秆，营养价值提高幅度大，而品质好的则提高幅度小。所以，如果秸秆的消化率为55%～65%，一般不必氨化。例如，消化率为65%～70%的粗饲料及幼嫩青干草不必氨化。

5. 品质的评定　氨化秸秆品质的评定，主要采用感观评定和化学分析方法。

(1) 感观评定法　氨化后的秸秆质地变软，颜色呈棕黄色或浅褐色。释放余氨后有糊香气味。如果秸秆颜色变白、灰色、发黏或结块等，说明秸秆已经霉变，不能再喂肉羊。如果氨化后的秸秆与氨化前基本一样，证明没有氨化好。这种方法较为直观、简便易行，是当前生产上的主要评定方法。

(2) 化学分析法　通过实验分析，测定秸秆氨化前后营养成分的变化，来判断品质的优劣。据测定，小麦秸、稻草、玉米秸氨化前粗蛋白质含量分别为2.2%、3.86%、3.7%，氨化后分别为7.64%、7.84%、8.72%，分别提高2.47、1.03、1.36倍。干物质消化率也分别提高10.3%、1.0%、18%。这两项指标均高于羊草。

(三) 秸秆微贮技术

秸秆微贮是在秸秆中加入活性菌种，放入一定的容器中进行发酵，使秸秆变成带有酸、香、酒味的家畜喜食的饲料。由于利用微生物使饲料进行发酵，故称微贮。

1. 原理　秸秆在微贮过程中，在厌氧环境下，秸秆发酵活干菌将大量的纤维素类物质转化为可溶性糖类，可溶性糖类又经有机酸发酵菌转化为乳酸和挥发性脂肪酸，使pH降到4.5～5.0，抑制了丁酸菌、腐败菌等有害菌的繁殖。秸秆微贮的含水量一般在60%～70%，当含水量过高时，降低了秸秆中糖和胶状物的浓度，产酸菌不能正常生长，导致饲料腐烂变质。而含水量过少时，秸秆不易被踩实，残留的空气过多，保证不了厌氧发酵的条件，有机酸数量减少，容易霉烂。

发酵活干菌处理秸秆，制作微贮饲料的原理与瘤胃微生物发酵的原理基本相似。秸秆在微贮过程中，由于活干菌的厌氧发酵作用，增加了秸秆的柔软性和膨胀度，使瘤胃微生物能直接与纤维素接触，从而提高了粗纤维的消化率。微贮饲料，可提高瘤胃微生物区系纤维素酶和解酯酶活性，使维生素 B_{12} 达0.33mg/kg。能促进挥发性脂肪酸的生成及提高，其中丙酸提高27.3%。挥发性脂肪酸可为微生物菌体蛋白的合成提供碳架，而丙酸是反刍家畜重要的葡萄糖前体。由于秸秆消化率的增加和采食量的提高（20%～40%），有机物消化量的提高以及动物机体能量代谢物质挥发性脂肪酸的增加，意味着瘤胃微生物菌体蛋白合成量的提高，从而增加了对机体微生物蛋白的供应量，这就是微贮饲料使反刍家畜增重的主要机制。

2. 秸秆微贮饲料的特点

（1）成本低、效益高　每吨秸秆制成微贮饲料只需3g秸秆发酵活干菌，而每吨秸秆氨化则需用30～50kg尿素。微贮饲料的成本仅为尿素氨化饲料的20%。

（2）能提高消化率和营养价值　秸秆在微贮过程中，由于高效复合菌的作用，纤维素类物质多被降解，并转化为乳酸和挥发性脂肪酸，加之所含的酶和其他生物活性物质的作用，提高了牛、羊瘤胃微生物区系的纤维素酶和解酯酶的活性，故提高了秸秆饲料的消化率和营养价值。

（3）适口性好，采食量高　秸秆经微贮处理，使粗硬秸秆变得柔软，并具有酸香味，能刺激家畜的食欲，提高采食量。一般采食速度可提高43%，采食量可增加20%。长期饲喂无毒害作用，安全可靠。

（4）饲料来源广　麦秸、稻草、黄玉米秸、马铃薯秧、甘薯秧、青玉米秸、无毒野草及青绿水生植物等，无论是干秸秆还是青秸秆，都可作为微贮的原料。

（5）不受季节限制　秸秆微贮饲料的制作，与农业不争劳力，不误农时。秸秆发酵处理秸秆的温度为10～40℃，加之无论青的或干的秸秆都可发酵。因此，在我国北方地区除冬季外，春、夏、秋三季都可制作秸秆微贮饲料，南方部分地区全年都可制作秸秆微贮饲料。

（6）制作简便　微贮饲料制作简便，与青贮饲料相比较，容易学会，便于操作，适合广大农村推广使用。

3. 调制的方法

（1）菌种复活　秸秆发酵活干菌每袋3g，可调制干秸秆（麦秸、稻草、玉米秸）1t，或青秸秆2t。在处理秸秆前，先将菌剂倒入200mL水中充分溶解，然后在常温下放置1～2h，使菌复活。复活好的菌剂一定要当天用完，不可隔夜使用。

（2）菌液的配置　将复活好的菌剂倒入充分溶解的0.8%～1.0%食盐水中拌匀。食盐、水、菌种用量的计算如表5-27。

表5-27　菌液中食盐、水和菌种的用量

秸秆种类	秸秆重量（kg）	活干菌用量（g）	食盐用量（kg）	自来水用量（kg）	贮料含水率（%）
稻麦秸秆	1 000	3.0	9～12	1 200～1 400	60～70
风干玉米秸	1 000	3.0	6～8	800～1 000	60～70
青玉米秸	1 000	1.5		适量	60～70

(3) 秸秆铡碎　麦秸、稻草比较柔软，可用铡草机铡碎成 2～3cm 的长度。玉米较粗硬，可用揉碎机加工成丝条状，以提高利用率及适口性。用玉米秸饲喂绵、山羊时，可用锤片式粉碎机加工成粗粉，便于混拌精饲料，并可提高利用率。

(4) 秸秆入窖　在窖底铺放 20～30cm 厚的粉碎秸秆，均匀喷洒菌液水，要有计划地掌握应喷洒的数量，使秸秆含水率达 60%～70%。喷洒后及时踩实，尤其注意窖的四周及角落处。压实后再铺放 20～30cm 厚秸秆，喷洒菌液、踩实等。如此一层层装填原料，直到高出窖口 40cm 时再封口。分层踩实的目的是为了排除窖内多余的空气，给发酵菌繁殖造成厌氧条件。如果当天未装满窖，可盖上塑料薄膜，第 2 天继续装窖。

(5) 封窖　将秸秆分层压实到高出窖口 30～40cm，在最上层均匀洒上食盐粉，盖塑料薄膜。食盐用量为每立方米 250g，其目的是确保微贮饲料上部不发生霉烂变质。盖塑料薄膜后，在上面铺 20～30cm 厚的稻草或麦秸，覆土 15～20cm，密封。

4. 质量鉴别与使用

(1) 感官鉴别方法

①看：优质微贮青玉米秸秆色泽呈橄榄绿，稻草、麦秸呈金黄褐色。如果变成褐色和墨绿色则质量低劣。

②嗅：优质秸秆微贮饲料具有醇香味和果香气味，并具有弱酸味。若有强酸味，表明醋酸较多，这是由于水分过多和高温发酵造成。若有腐臭味，则不能饲喂，这是由于压实程度不够和密封不严，由于有害微生物发酵所造成的。

③手感：优质微贮饲料拿到手里感到很松散，且质地柔软湿润。若拿到手里发黏，或者黏在一起，说明贮料开始霉烂。有的虽然松散，但干燥粗硬，也属于不良饲料。

(2) 使用微贮饲料的注意事项　秸秆微贮饲料，一般需在窖内贮 21～30d 才能取喂，冬季则需要时间长些。取料时要从一角开始，从上到下逐段取用。每次取出量应以当天能喂完为宜。每次取料后必须立即将口封严，以免雨水浸入引起微贮饲料变质。每次投喂微贮饲料时，要求槽内清洁，对冬季冻结的微贮饲料应加热化开后再用。霉变的农作物秸秆，不宜制作微贮饲料。微贮饲料由于在制作时加入了食盐，这部分食盐应在饲喂家畜的日粮中扣除。

三、青贮饲料制作技术

(一) 意义

1. 提高饲草的利用价值　新鲜的饲草水分高、适口性好、易消化，但不易保存，容易腐烂变质。青贮后，可保持青绿饲料的鲜嫩、青绿，营养物质不但不会减少，而且有一种芳香酸味，刺激家畜的食欲，采食量增加，对肉羊的生长发育有良好的促进作用。

2. 扩大饲料来源 青贮原料除大量的玉米、甘薯外，还有牧草、蔬菜、树叶及一些农副产品等，如向日葵头盘、菊芋茎秆等。经过青贮后，可以除去异味和毒素。如马铃薯鲜喂有毒素，木薯也不宜大量鲜食，青贮后可安全食用。

3. 调整饲草供应时期 我国北方饲料生产的季节性非常潮湿，旺季时吃不完，饲草、饲料易霉烂。而淡季则缺少青绿饲料。青贮可以做到常年均衡供应，有利于提高肉羊的生产能力。

4. 青贮是一种经济实惠的保存青绿饲料的方法 青贮可以使单位面积收获的总养分保存达最高值，减少营养物质的浪费。另外，便于实现机械化作业收割、运输、贮存，减轻劳动强度，提高工作效率。

5. 防治病虫害 如玉米、高粱的钻心虫和牧草的一些害虫，通过青贮可以杀死虫卵、病原菌，减少植物病虫害的发生与蔓延。

（二）基本原理

1. 对青贮起影响的主要微生物 收获后的青饲料，表面上带有大量微生物，如腐败菌、乳酸菌、酵母菌、酪酸菌、霉菌等，1kg 青绿饲料中可达10 亿个，如不及时处理，腐败菌就会繁殖，使青饲料发生霉变、腐烂。青贮是一个发酵过程，各种微生物不断发生变北，其中乳酸菌是青贮成功与否的关键性微生物，在青贮时，要促进乳酸菌的形成，抑制其他有害细菌的繁衍。在青贮过程中主要出现以下几种微生物：

（1）乳酸菌 乳酸菌是促使青饲料发酵的主要有益细菌。该菌是革兰氏阳性无芽孢微生物，能使糖分发酵产生乳酸，乳酸可以被家畜吸收利用。乳酸菌是厌氧细菌，在适当的水分和厌氧条件下繁殖旺盛，耐酸力强。并能使单糖和双糖分解生成大量的乳酸。乳酸的形成，一方面为乳酸菌本身生长繁殖创造了有利条件；另一方面酸性环境抑制其他细菌如腐败菌、酪酸菌的繁殖。乳酸菌积累的结果，使酸度增加，乳酸菌自身也受到抑制而停止活动。在品质优良的青贮料中，乳酸含量一般占青贮饲料量的 1%～2%，pH 下降到 4.2 以下，只有少量乳酸菌活动，大量的乳酸菌停止了活动。

（2）酪酸菌 酪酸菌也称为丁酸梭状芽孢杆菌、丁酸菌。革兰氏阳性，能产生芽孢，有游动性。在厌氧条件下生长，能分解糖、有机酸和蛋白质，是青贮饲料中的有害微生物。酪酸菌繁殖后，使饲料发臭变质。在青贮过程中避免大量土壤污染，酪酸菌数量就会减少，而且它严格厌氧，耐酸性差，只要在青贮初期保证严格的厌氧条件，乳酸菌有足量积累，pH 迅速下降，酪酸菌就不能大量繁殖，青贮饲料的质量就可以有保障。

（3）腐败菌　腐败菌的种类多，适应性强，无论厌氧、有氧条件下均能生长繁殖。腐败菌能使蛋白质、脂肪、糖类分解成氨、二氧化碳、甲烷、硫化氢和氢等，不但使饲料失去营养物质，产生臭味、苦味，还使饲料腐烂，导致青贮的失败。

腐败菌在青贮原料中存在数量最多，危害性最大。但它不耐酸，当乳酸菌大量繁殖，pH 下降到 4.4 时，氧气耗尽的情况下，腐败菌受到抑制。所以青贮过程中严禁漏气。若水分过大，酸度不够，腐败菌就会乘机繁殖，使青贮饲料品质变坏。

（4）醋酸菌　醋酸菌为好气性细菌，在青贮初期，空气多时会大量繁殖，使青贮饲料中的乙醇变为醋酸，降低饲料品质。所以在青贮时，应注意保护乳酸菌繁殖环境，控制醋酸菌的繁殖。

（5）酵母菌　一般认为，酵母菌能利用青饲料中的糖分进行繁殖，可增加青贮饲料的蛋白质含量，同时生成乙醇，使青贮饲料有一种清香味。但在青饲料中糖分不足时，酵母菌引起的乙醇发酵会造成糖分减少，影响乳酸菌的生长繁殖，尤其是当青贮装填不紧，酵母菌在有氧的条件下繁殖时，还能分解各种有机酸、乳酸争夺糖分，破坏青贮环境。不过，在正常情况下，酵母菌只在青贮初期繁殖，随着氧气的减少和乳酸菌的繁殖积累，会很快得到控制。

（6）霉菌　霉菌为好气性、喜酸的微生物。霉菌广泛存在于青贮原料的表面，它使纤维素和其他细胞壁成分分解，还能通过呼吸作用分解糖和乳酸。另外，还会产生具有雌激素性质的物质，使羊出现不孕现象。霉菌中的白地霉若大量繁殖，使青饲料产生一种酸败味。但由于青贮时严格的厌氧环境，霉菌一般不能生长，所以青贮时必须压紧、踩实，严格控制空气的进入是保证青贮成功的首要条件。

2. 青贮发酵过程　在正常的青贮中，由于微生物的发酵作用，饲料中的单、双糖可以转化为乳酸、醋酸、琥珀酸等有机酸和醇类，同时放出少量的能量；木质素和纤维素仍然保持不变；蛋白质有一部分被分解成氨化物；胡萝卜素和其他维生素仅有少量损失；脂肪保持不变。总养分损失为 3%～10%。因此，在优良的青贮饲料中，养分损失很少。

青贮饲料在整个发酵过程中，由封存到启用，各种微生物的演替变化是复杂的，一般可以将发酵分三个阶段：

（1）好气性细菌活动阶段　新鲜的青贮原料装入青贮窖后，由于在青贮原料间还有少许空气，各种好气性和兼性厌氧细菌迅速繁殖起来，其中包括腐败菌、酵母菌和霉菌等，由于存在活着的细胞连续呼吸以及各种酶的活动和微生物的发酵作用，使得青贮原料中遗留的少量氧气很快耗尽，形成了厌氧环境。与此同时，微生物的活动产生了大量的二氧化碳、氢气和一些有机酸，如醋酸、琥珀酸和乳酸，使饲料变成酸性环境，这个环境不利于腐败菌、酪酸菌、霉菌等生长，而乳酸菌则大量繁殖占优势。当有机酸浓度积累到0.65%～1.3%，pH下降到5时，绝大多数微生物的活动都被抑制，霉菌也因缺氧而不再活动，这个阶段一般维持2d左右。如果青贮时青饲料压得不实或上面盖得不严，有漏气、渗水现象，窖内氧气量过多，植物呼吸时间过长，好气性微生物活动旺盛，会使窖温升高，有时会达60℃，因而削弱了乳酸菌与其他微生物的竞争能力，使青贮营养成分遭到破坏，降低了饲料品质，严重的会造成烂窖，导致青贮失败。

(2) 乳酸发酵阶段　厌氧条件形成后，乳酸菌迅速繁殖形成优势，并产生大量乳酸，其他细菌不能再生长活动，当pH下降到4.2以下时，乳酸菌的活动也渐渐慢下来，还有少量的酵母菌存活下来，这时的青贮饲料发酵趋于成熟。一般情况下，发酵5～7d时，微生物总数达到高峰，其中以乳酸菌为主，正常青贮时，乳酸发酵阶段为2～3周。

(3) 青贮饲料保存阶段　当乳酸菌产生的乳酸积累到一定程度时，乳酸菌活动受到抑制，并开始逐渐消亡，其乳酸积累量达1.5%～2.0%，pH为3.8～4.2时，青贮料处于缺氧和酸性环境中，青贮得以长期保存下来。

上述三个阶段是青贮的过程，如果在青贮封窖后2～3周，虽然处于厌氧环境，然而青贮原料中糖分较少，乳酸菌活动受营养所限，产生的乳酸量不足，或者原料中水分太多，或者青贮时窖温偏高，都可能导致酪酸菌发酵，使饲料品质下降，严重时能使青贮失败。因此，青贮的关键技术是尽量缩短第一阶段的时间，以减少由于呼吸作用而产生有害微生物的繁殖。

（三）青贮类型

1. 玉米青贮　青贮玉米饲料是指专门用于青贮的玉米品种，在蜡熟期收割，茎、叶、果穗一起切碎调制的青贮饲料。这种青贮饲料营养价值高，每千克相当于0.4kg优质干草。

(1) 青贮玉米的特点

①产量高：每公顷青绿物质产量一般为5万～6万kg，个别高产地块可达8万～10万kg。在青贮饲料作物中，青贮玉米产量一般高于其他作物（北方地区）。

②营养丰富：每千克青贮玉米中，含粗蛋白质20g，其中可消化蛋白质12.04g。维生素含量丰富，其中胡萝卜素11mg，烟酸10.4mg，维生素C

75.7mg，维生素 A18.4IU。微量元素含量也很丰富，分别为铜 9.4mg/kg、钴 11.7mg/kg、锰 25.1mg/kg、锌 110.4mg/kg、铁 227.1mg/kg。

③适口性强：青贮玉米含糖量高，制成的优质青贮饲料，具有酸甜、青香味，且酸度适中（pH 4.2），家畜习惯采食后都很喜食。尤其是反刍家畜中的牛和羊。

（2）调制玉米青贮饲料的技术要点

①适时收割：专用青贮玉米的适宜收割期在蜡熟期，即籽粒剖面呈蜂蜡状，没有乳浆汁液，籽粒尚未变硬。此时收割，不仅茎叶水分充足（70%左右），而且单位面积土地上营养物质产量最高。

②收割、运输、切碎、装贮等要连续作业：青贮玉米柔嫩多汁，收割后必须及时切碎、装贮，否则营养物质将损失。最理想的方法是采用青贮联合收割机，收割、切碎、运输、装贮等各项作业连续进行。

③采用砖、石、水泥结构的永久窖装贮：因青贮玉米水分充足，营养丰富，为防止汁液流失，必须用永久窖装贮。如果用土窖装贮，窖的四周要用塑料薄膜铺垫，不能使青贮饲料与土壤接触，防止土壤吸收水分而造成霉变。

2. 玉米秸青贮　玉米籽实成熟后先将籽实收获，秸秆进行青贮的饲料，称为玉米秸青贮饲料。在华北、华中地区，玉米收获后，叶片仍保持绿色，茎叶水分含量较高，但在东北、内蒙古及西北地区，玉米多为晚熟型杂交种，多数是在降霜前后才能成熟。由于秋收与青贮同时进行，人力、运输力矛盾突出，青贮工作经常被推迟到 10 月中、下旬，此时秸秆干枯，若要调制青贮饲料，必须添加大量清水，而加水量又不易掌握，且难以拌匀。水分多时，易形成醋酸或酪酸发酵；而水分不足时，易形成好氧高温发酵而霉烂。所以调制玉米秸青贮饲料，要掌握以下关键技术环节：

（1）选择成熟期适当的品种　其基本原则是籽实成熟而秸秆上又有一定数量绿叶（1/3～1/2），茎秆中水分较多。要求在当地降霜前 7～10d 籽实成熟。

（2）晚熟玉米品种要适时收获　对晚熟玉米品种要求在籽实基本成熟，在籽实不减产或少量减产的最佳时期收获，降霜前进行青贮，使秸秆中保留较多的营养物质和较好的青贮品质。

（3）严格掌握加水量　玉米籽实成熟后，茎秆中水分含量一般在 50%～60%，茎下部叶片枯黄，必须添加适量清水，把含水率调整到 70%左右。作业前测定原料的含水率，计算出应加水数量。

3. 牧草青贮　牧草不仅可调制干草，而且也可以制作成青贮饲料。在长江流域及以南地区，北方地区的 6～8 月雨季，可以将一些多年生牧草如苜蓿、草木樨、红豆草、沙打旺、红三叶草、白三叶草、冰草、无芒雀麦、老芒麦、披碱草等调制成青贮饲料。牧草青贮要注意以下技术环节：

（1）正确掌握切碎长度　通常禾本科牧草及一些豆科牧草（苜蓿、三叶草等）茎秆柔软，切碎长度应为3～4cm。沙打旺、红豆等茎秆较粗硬的牧草，切碎长度应为1～2cm。

（2）豆科牧草不宜单独青贮　豆科牧草蛋白质含量较高而糖分含量较低，满足不了乳酸菌对糖分的需要，单独青贮时容易腐烂变质。为了增加糖分含量，可采用与禾本科牧草或饲料作物混合青贮。如添加1/4～1/3的水稗草、青刈玉米、苏丹草、甜高粱等，当地若有制糖的副产物如甜菜渣（鲜）、糖蜜、甘蔗上梢及叶片等，也可以混在豆科牧草中，进行混合青贮。

（3）禾本科牧草与豆科牧草混合青贮　禾本科牧草有些水分含量偏低（如披碱草、老芒麦）而糖分含量稍高；而豆科牧草水分含量稍高（如苜蓿、三叶草），二者进行混合青贮，优劣可以互补，营养又能平衡。

4. 秧蔓、叶菜类青贮　这类青贮原料主要有甘薯秧、花生秧、瓜秧、甜菜叶、甘蓝叶、白菜等，其中花生秧、瓜秧含水量较低，其他几种含水量较高。制作青贮饲料时，需注意以下几项关键技术：

（1）高水分原料经适当晾晒后青贮　甘薯秧及叶菜类含水率一般在80%～90%，在条件允许时，收割后晾晒2～3d，以减少水分。

（2）添加低水分原料，实施混合青贮　在雨季或南方多雨地区，对高水分青贮原料，可以和低水分青贮原料（如花生秧、瓜秧）或粉碎的干饲料进行混合青贮。制作时，务必混合均匀，掌握好含水率。

（3）压实　此类原料多数柔软蓬松，填装原料时，应尽量踩踏；封窖时窖顶覆盖泥土，以20～30cm厚为宜。若覆土过厚，压力过大，青贮饲料则会下沉较多，原料中的汁液被挤出，造成营养损失。

5. 混合青贮　所谓混合青贮，是指2种或2种以上青贮原料混合在一起制作的青贮。混合青贮的优点是营养成分含量丰富，有利于乳酸菌的繁殖生长，提高青贮质量。混合青贮的种类及其特点如下：

（1）牧草混合青贮　多为禾本科与豆科牧草混合青贮。

（2）高水分青贮原料与干饲料混合青贮　一些蔬菜废弃物（甘蓝苞叶、甜菜叶、白菜）、水生饲料（水葫芦、水浮莲）、秧蔓（如甘薯秧）等含水量较高的原料，与适量的干饲料（如糠麸、秸秆粉）混合青贮。

（3）糟渣饲料与干饲料混合青贮　食品和轻工业生产的副产品如甜菜渣、啤酒糟、淀粉渣、豆腐渣、酱油渣等糟渣饲料有较高的营养价值，可与适量的糠麸、草粉、秸秆粉等饲料混合贮存。

6. 半干青贮（低水分青贮）　半干青贮是指原料含水率在45%～50%时，半风干的植物对腐败菌、酪酸菌及乳酸菌造成生理干燥状态，使其生长繁殖受到限制。因此，在青贮过程中，微生物发酵微弱，蛋白质不被分解，有机酸形成数量少。虽然霉菌在风干植物体上仍可大量繁殖，但在切碎压实的厌氧环境下，其活动也很快停止。低水分青贮因含水量较低，干物质相对较多，具有较多的营养物质，如1kg豆科和禾本科半干青贮饲料中含有45～55g可消化蛋白，40～50μg胡萝卜素。微酸，有果香味，不含酪酸，pH为4.8～5.2，有机酸含量为5.5%左右。优质的半干青贮呈湿润状态，深绿色，有清香味，结构完好。

半干青贮的调制方法与普通青贮基本相同，区别在于含水量为45%～50%，原料主要为牧草。当牧草收割后，平铺在地面上，在田间晾晒1～2d，豆科牧草含水量应在50%，禾本科为45%，二者在切碎时充分混合，装填入窖必须踩实或压实。如用塑料袋作青贮容器，要防止鼠、虫咬破袋子，造成漏气而腐烂。

半干青贮适于人工种植牧草和草食家畜饲养水平较高的地方应用。近年来，一些畜牧业比较发达的国家如美国、俄罗斯、加拿大、日本等广泛采用。我国的新疆、黑龙江一些地区也在推广应用。

（四）青贮制作的必备条件

根据青贮的基本原理和发酵过程，制作青贮的主要环节是掌握青贮料中微生物繁殖的特性和规律，利用其中有益微生物来控制有害微生物，即利用乳酸菌在厌氧条件下发酵，把糖转变成乳酸作为一种防腐剂长期保存饲料。因此，制作青贮饲料的关键是为乳酸菌创造必要的条件。该条件包括：

1. 青贮原料含有适当水分　青贮原料中最适宜乳酸菌繁殖的水分含量是68%～75%。水分不足，青贮料不易压实，空气不易排出，青贮窖内温度容易上升，乳酸菌不能充分繁殖，使植物细胞呼吸和其他好氧微生物活动持续时间长，并易产生霉菌，造成损失；水分过多，青贮料中的糖分和汁液由于压紧而流失，不能保证发酵后形成的乳酸浓度来抑制腐败菌的生长繁殖，导致青贮料的腐烂。因此，在调制青贮料时应当根据青贮原料适当调整，水分过大时应适当晾晒或掺入适当干饲料；水分低时可加入适量水或与含水量大的原料混贮。

2. 充足的含糖量　青贮原料中应有充足的糖分，青贮原料中糖分充足，乳酸菌就繁殖得快，产生的乳酸就多，乳酸多后整个原料酸度就会很快提高，使有害微生物被抑制而不能生长繁殖。相反，如果青贮原料糖分不足，产生的乳酸少，有害微生物就会活跃起来，青贮就会霉烂变质。因此，青贮原料中的糖分含量与乳酸的迅速形成以及青贮质量有很大关系。青贮原料的含糖量一般不应低于鲜重的1%。一般来说，饲料作物玉米、高粱、甘薯、栽培和野生禾本科牧草的含糖量不会低于1%。而豆科牧草的苜蓿、沙打旺等，由于含糖分较少而蛋白质较多，应搭配容易青贮的原料进行混贮或调制成半干牧草青贮。

3. 必须创造厌氧环境 乳酸菌是厌氧性菌，而腐败菌等有害微生物大多是好氧性菌。如果青贮原料里面含有较多空气时，乳酸菌就不能很好地繁殖，而腐败菌等有害微生物会活跃起来，尽管青贮原料有充足的糖分、适宜的水分，青贮仍会变质。因此，要给乳酸菌创造有利的生存环境，装填时必须压实，排除空气，顶部封严，防止透气，促进乳酸菌迅速繁殖，抑制好氧性微生物的生长繁殖。

4. 掌握青贮的适宜温度 在青贮成熟过程中，温度也是主要因素之一。最理想的温度是25～30℃，温度过高或过低，都会妨碍乳酸菌的生长繁殖，影响青贮质量。在正常青贮条件下，只要踩紧压实，厌氧条件形成以后，青贮窖中的温度一般会在正常范围内，不需要另外采取调节温度的措施。

如果青贮所需条件控制不严，则可能生产出不良的青贮，甚至全部霉变腐烂。例如，即使厌氧条件已经形成，如果青贮原料中糖分不足，乳酸菌发酵不充分，乳酸产生的数量不足，厌氧性的酪酸菌就可乘机大量增殖，转到以酪酸发酵为主的过程。此间青贮中酪酸含量最多，醋酸次之，pH较高，青贮质量下降。

（五）青贮设施及设备

青贮设施是指装填青贮饲料的容器。容器主要有青贮窖、青贮壕、青贮塔及青贮袋等。对这些设施的基本要求是：场址要选择在地势高燥、地下水位较低、距畜舍较近而又远离水源和粪坑的地方。装填青贮饲料的建筑物，要坚固耐用，不透气、不漏水，建筑材料就地取材以节约成本。不同类型的建筑设施具体要求如下：

1. 青贮窖 青贮窖是我国广大农村应用最普遍的青贮设施。在地下水位低的地方可建造地下式青贮窖。在地势低平、地下水位较高的地方，建造地下式窖易积水，可建造半地下式。按照窖的形状，可分为圆柱形窖和长方形窖两种。圆柱形窖占地面积小，圆柱形的容积比同等尺寸的长方形窖较大，装填原料多。但圆柱形窖开窖使用时，需将窖顶泥土全部揭开，窖口大、不易管理，取料时需一层层取用，若用量少，冬季表层易结冻，夏季易霉变。长方形窖适于小规模饲养户，开窖从一端启用，先挖开1～1.5m长，从上向下，一层层取用，但长方形窖占地面积较大。不论圆柱形窖或长方形窖，都应用砖、石、水泥建造，窖壁用水泥挂面，以减少青贮饲料水分被窖壁吸收。窖底只用砖铺地面，不抹水泥，以便使多余水分渗漏。

圆柱形窖的直径2～4m，深3～5m，上下垂直，切不可上大下小，以免影响原料下沉。窖壁要光滑。圆柱形窖的容积为：半径×半径×深×3.14。

长方形窖宽1.5～3m，深2.5～4m，长度根据需要而定。长度超过5m时，每隔4m砌一横墙，以加固窖壁。长方形窖的容积为：长×宽×深。

如果暂时没有条件建造砖、石结构的永久窖，使用土窖青贮时，四周要铺垫塑料薄膜。第二年再使用时，要清除上年残留的饲料及泥土，铲去窖壁旧土层，以防杂菌污染。

2. 青贮壕　青贮壕是指大型的壕沟式青贮设施，适合大规模饲养场使用。青贮壕选择在地方宽敞、地势高燥或有斜坡的地方，开口在低处，以便夏季排出雨水。青贮壕一般宽4～6m，便于链轨拖拉机压实。深5～7m，地上至少2～3m，长20～40m。必须用砖、石、水泥建筑永久窖。青贮壕是三面砌墙，地势低的一端敞开，以便车辆运取饲料。

3. 青贮塔　青贮塔适用于机械化水平较高、饲养规模较大、经济条件较好的饲养场。是一种专业技术设计和施工的砖、石、水泥结构的永久性建筑。塔直径4～6m，高13～15m，塔顶有防雨设备。塔身一侧每隔2～3m留一个60cm×60cm的窗口，装料时关闭，用完后开启。原料由机械吹入塔顶落下，饲料是由塔底层取料口取出。青贮塔封闭严实，原料下沉紧密，发酵充分，青贮质量较高。

4. 青贮塑料袋　采用质量较好的塑料薄膜制成袋，装填青贮饲料，袋口扎紧，堆放在畜舍内，使用很方便。袋宽50cm，长80～120cm，每袋装40～50kg。但因塑料袋贮量小，成本高，易受鼠害，故在我国应用较少。

5. 青贮切碎机械　青贮切碎机械型号很多，根据作业功率大小，可分为大、中、小三种类型。

（1）*大型青贮联合收割机及青贮切碎机*　前者为动力设备，自走式，收割、切碎同步进行，每小时可收割2～4hm^2青贮作物，是目前较为理想的青贮切碎机械。后者是将其安装在青贮窖房，人工搬运原料和喂入。需用电机或大型拖拉机作动力，每小时切碎20～30t。

（2）*中型青贮切碎机*　需要30～40kW电机或拖拉机作动力，如9C-15型青贮切碎机即属此类型，每小时切碎15～20t。

（3）*小型铡草机*　农村常用的风送Ⅱ型铡草机，需8.8kW小型拖拉机作动力，将铡草机安装在拖拉机后座上，其功率为每小时可切碎青贮饲料3～4t。

（六）制作技术和要求

青贮是一项突击性工作，一定要集中人力、机械，一次性连续完成。青贮前要把青贮窖、青贮切碎机准备好，并组织好劳力，以便在尽可能短的时间内突击完成。青贮时要做到随割、随运、随切，一边装一边压实，装满即封。原料要切碎，装填要踩实，顶部要封严。

1. 刈割运输 要注意掌握各种青贮原料适宜的刈割时期，适宜的刈割时期是产量和营养成分的最高时期。一般禾本科牧草在抽穗期刈割，玉米在开花期刈割。收获玉米穗后的秸秆如果青贮，更要及时收割。调制半干牧草青贮时，刈割的牧草可先进行晒制，使水分降到45%～50%，呈半干状态后青贮。

2. 切碎 切碎时要根据饲草的种类正确掌握切碎长度。通常禾本科牧草及一些豆科牧草（苜蓿、三叶草等）茎秆柔软，切碎长度应为3～4cm。沙打旺、红豆草茎秆较粗硬的牧草，切碎长度应为1～2cm。

3. 装贮 装贮饲料时要边装边压实，通常装一层厚30～50cm的原料，立即用链轨拖拉机反复压实，然后再装一层，直至装满。装贮时要注意青贮设施的四周及拐角，边填边踩实。窖装满后，顶部必须装成拱形（圆窖装成馒头形），要求高出窖沿1m左右，以防因饲料下沉造成凹陷裂缝，使雨水流入窖内。在装贮过程中，如果原料偏干（含水量在65%以下），还应适当洒水。禾本科与豆科饲料混贮时，要注意掺和均匀。

4. 封窖 有两种方法。一种是用塑料薄膜封顶，即用双层无毒塑料薄膜覆盖窖顶，四周压严，上部压以整捆稻草或其他重物即可。另一种是用土封顶，即在饲料上覆盖10cm厚的干草（压实后的厚度），再压30cm厚的土。不论哪种方法，一定要踩紧压实，以达到密封的要求，这是调制优良青贮饲料最关键的一环。封顶后1周以内，要经常查看窖顶变化，发现裂缝或凹坑，应及时进行处理。

5. 开窖及取用 封窖后经40d左右即可开窖饲用。开窖面的大小可根据牲畜的日喂量而定，不宜过大，因为开窖后的青贮饲料，在空气作用下仍有霉坏变质的可能。所以最好现取现用，不要存放过夜。另外，开窖后，首先把窖口处霉烂变质的青贮饲料除去。为了保持青贮饲料新鲜卫生，有条件的还应在窖口搭一些活动凉棚，以免日晒雨淋，影响青贮料质量。

（七）青贮饲料添加剂

1. 作用 一是可以抑制窖内有害微生物活动，减少营养成分损失；二是抑制青贮料霉败，提高营养价值。

2. 种类 青贮添加剂主要有三类。一类是发酵促进剂，促进乳酸发酵，达到保鲜贮存的目的，如接种菌体等。另一类是保护剂，抑制饲料中的有害微生物的活动，防止饲料腐败霉变，减少养分流失，如防腐剂（甲醛、亚硫酸与焦亚硫酸等）、有机酸（甲酸、乙酸）、无机酸（硫酸、盐酸、磷酸）。第三类是营养性物质，提高饲料的营养价值，改善饲料风味，如尿素、糖蜜、氨水、食盐、磷酸氢二铵等物质。各种添加剂在使用时应按要求添加。

（八）品质鉴定和分析

青贮饲料品质的优劣与青贮原料的种类、收割时期以及青贮技术、青贮设施的质量等方面都有密切的关系。正常的青贮，只要经过一定时期的发酵过程，即可开窖取用。饲用前，必须经过品质鉴定和分析，以确定其优劣方可使用。

1. 采样 鉴定青贮饲料的品质，首先要正确取样。为了使所采取样品的色、香、味、质地、茎叶的比例、含水量等方面都具有代表性，应从青贮窖（塔、袋）的不同层次选取。取样的方法是先将表面33cm左右的青贮料除去，然后用锋利的刀切一定的饲料块（切忌用手掏取样）。采样后要立即填补封严，以免空气混入使青贮饲料霉变损失。另一种方法是在制作青贮时，将搅拌的原料装入备好的33cm×33cm的布口袋内，放在窖中央深60cm的位置（如果是沟形窖，则放置在沟窖一端的中央），开窖后，将小口袋刨出即可。

2. 鉴定方法 鉴定青贮饲料品质的方法大致有两种。一种是感官鉴定；另一种是实验室鉴定。在一般生产条件下，只进行感官鉴定。

（1）*感官鉴定* 即通过鉴定者的眼、嗅觉、手等器官观察青贮料的色、味、酸状态及结构等，以判断其品质优劣。目前，国内通常使用的感官鉴定主要有以下3种方法。

①闻气味：好的青贮料具有芳香的酒糟味或山楂糕味，酸味浓而不刺鼻，给人以舒适的嗅感，手摸后味道容易洗掉。而品质不好的青贮饲料沾到手上的味道，一次不易洗掉。中等品质的青贮饲料具有刺鼻酸味，芳香味轻，还可以饲喂牲畜，但不适宜饲喂怀孕母畜。品质低劣的青贮饲料，有如厩肥一样的臭味，说明已霉坏变质，这种青贮饲料只能作肥料，不可饲喂家畜。但对整窖饲料来说，有的部位还可利用，要具体掌握。

②看颜色：青贮饲料的颜色因所用原料和调制方法的不同而有差异。如果原料新鲜、嫩绿，制成的青贮料是青绿色；如果所用原料是农副产品或收获时已部分发黄，则制成的青贮料是黄褐色，总的原则是越接近原料的颜色越好。品质好的青贮料，颜色一般呈绿色、茶绿色或黄绿色，具有一定光泽。中等品质的呈黄褐色或暗绿色，光泽差，品质低劣的则呈褐色或灰黑色（在高温条件下青贮的饲料呈褐色），甚至像烂泥一样的深黑色。

③看形状，摸质地：良好的青贮料，压得非常紧密，但拿到手上又很松散，质地柔软、较湿润，茎叶多保持原来状态，茎叶轮廓清楚，叶脉和绒毛清晰可见；相反，青贮料黏成一团，像污泥一样。或者质地软散、干燥而粗硬，或者霉结成干块，说明青贮料的品质低劣。中等品质的青贮，茎、叶、花部分

保持原状，水分稍多。

(2) 实验室鉴定　主要鉴定内容为pH、各种有机酸含量、微生物种类和数量、营养物质含量及消化率等。

①pH（酸碱度）：是衡量青贮饲料品质优劣的重要指标之一。优质青贮饲料的pH要求在4.2以下，超过4.2（半干青贮除外）说明在发酵过程中腐败菌、酪酸菌等活动较强烈。劣质青贮饲料的pH高达5～6。测定pH时，实验室可用精密仪器，在生产现场也可以用石蕊试纸测定。

②有机酸含量：有机酸是评定青贮品质的重要指标。苏联H.C. 波波夫按酸量提出了评定标准（表5-28）。

表5-28　青贮饲料品质等级标准

等级	乳酸（%）	醋酸（%）	酪酸（%）	pH
优质	1.2～1.5	0.7～0.8	—	4.0～4.2
中等	0.5～0.6	0.4～0.5	—	4.6～4.8
劣质	0.1～0.2	0.1～0.15	0.2～0.3	5.5～6.0

注：表中数字代表有机酸含量占青贮饲料鲜重的百分比。

（九）饲喂方法

1. 防止“二次发酵”　青贮饲料封窖后经过30～40d，就可完成发酵过程、开窖使用。圆形窖应将窖顶覆盖的泥土全部揭开堆于窖的四周30cm外，窖口必须打扫干净。长方形窖应从窖的一端挖开1～1.2m长，清除泥土和表层发霉变质的饲料，从上到下一层层取用。为防止开窖后饲料暴露在空气中，酵母菌及霉菌等好氧性细菌活动，引起发霉变质（即所谓“二次发酵”）。应注意以下几点：首先，每天取用饲料的厚度不少于20cm，要一层层取用，决不能挖坑或将饲料翻动。若牲畜少喂量小时，可以联户喂用。其次，饲料取出后立即用塑料薄膜覆盖压紧，以减少空气与饲料接触，窖口用草捆盖严实，防止灰土落入和牲畜误入窖内。此处气温升高后易引起“二次发酵”，所以质量中等和下等青贮饲料，要在气温20℃以下时喂完。

防止“二次发酵”的重要措施是保持饲料中水分含量在70%左右，糖分含量高，乳酸量充足，踩压紧实；每立方米青贮饲料重量在600kg以上。

2. 饲喂方法　青贮饲料具有清香、酸甜味，肉羊特别喜食，但饲喂时应由少渐多。饲喂青贮饲料千万不能间断，以免窖内饲料腐烂变质和牲畜频繁交换饲料引起消化不良或生产不稳定。

在高寒地区冬季饲喂青贮时，要随取随喂，防止青贮料挂霜或冰冻，不能把青贮料放在0℃以下地方。如已经冰冻，应在暖和的屋内化开冰霜后再喂用，绝不可喂结冻的青贮饲料。冬季饲喂青贮料要在畜舍内或暖棚里，先空腹喂青贮料，再喂干草和精饲料，以缩短青贮饲料的采食时间。冬季寒冷且青贮饲料含水量大，牲畜不能单独大量喂用时，应混拌一定数量的干草或铡碎的干玉米秸，每天肉羊混拌量为 2～3kg，饲喂过程中，如发现有腹泻现象，应减量或停喂，待恢复正常后再继续喂用。

四、青干草调制技术

羊的饲料以饲草为主。饲喂时只要无泥土和污物，就可直接饲喂，但冬、春季节青草较为缺乏，特别是北方地区更为突出。因此，青干草的调制就显得更为重要。国外许多畜牧业发达国家十分重视青干草生产，绝大多数国家采用人工干燥方法来调制和贮备青干草，成为发展养羊业的重要措施之一。

1. 青干草的特点

（1）*养分保存好*　品质优良的青干草，色绿芳香，富含胡萝卜素，保留较多的叶片，质地柔软。据研究，人工干燥法制成的青干草，可保存 90%～93%的养分，营养价值高，可提供一定的净能，满足肉羊的营养需要。

（2）*适口性好，消化率高*　优质青干草经合理贮藏、堆积发酵后发出芳香草味，适口性好，肉羊爱吃。

（3）*使用方便*　良好的青干草管理得当可贮藏多年。特别是我国北方地区，冬、春季节长，气候寒冷，作物生长期短，青绿饲料生产受到限制。青干草可常年使用，取用方便，营养保存较完善，尤其对种羊和幼年羊更为重要。

2. 调制的原理　调制干草的目的就是要迅速排除青草中的水分，干燥到能够贮藏的程度。堆贮的干草要求含水量 14%～17%，超过 17%容易霉烂腐败变质。青草在自然条件下干燥时所发生的生物化学变化可分为两个阶段。

（1）*植物饥饿代谢阶段*　刈割后的青草，细胞尚未死亡，继续进行呼吸和蒸腾作用，水分逐渐挥发减少，当水分减少到 40%时，呼吸作用停止。当植物细胞进行呼吸作用时，植物体内一部分可溶性碳水化合物被消耗，同时蛋白质水解产生氨化物。这个阶段受温度、湿度的影响，水分蒸腾的时间长短不一。干燥得愈快，呼吸作用停止得愈早，有机物损失得也愈少。

（2）*植物成分分解阶段*　此时植物细胞已经死去，植物表面水分继续蒸发。受光照部分，植物所含的胡萝卜素和叶绿素被破坏，植物组织内尚有部分氧化酶继续活动，使养分分解。由于微生物的活动也分解部分养分，因此，在这一阶段中植物水分降到 14%～17%的速度越快，养分分解就越少。

青绿饲料在饥饿代谢和成分分解阶段，有一部分养分受到损失。而机械作用、阳光照射等也能使得养分损失一部分。在调制和保藏过程中，由于搂草、翻草、搬运、堆垛等一系列机械操作，使得部分细枝嫩叶破碎脱落，一般叶片损失20%～30%；嫩枝损失6%～10%。豆科牧草的茎较粗壮，干燥不均匀，叶片损失比禾本科严重。所以，因叶片脱落而造成的养分损失比例，远比重量损失的比例大得多。例如，苜蓿损失叶片占全重的12%时，其蛋白质的损失量，可能占蛋白质总量的40%。机械作用造成的养分损失量不仅与植物种类有关，且与晒草技术有关。试验证明，刈割后立即小堆干燥，干物质损失仅占1.0%，以草垄干燥损失占4%～6%，平铺法晒草的干物质损失可达10%～40%。阳光直射使植物体内的胡萝卜素、叶绿素遭受破坏，维生素C也损失许多，但维生素D明显增加，这是由于植物体内的麦角固醇经阳光照射变为维生素D的缘故。

刈割牧草如果受到雨水淋湿，会使机体内的易溶性化合物，如矿物质、水溶性糖和部分蛋白质严重损失，淋湿可使无机物损失67%，其中磷损失达30%，碳酸钠损失65%，这些损失主要发生在叶片上。

3. 调制方法

（1）自然干燥法　这种办法不需要特殊的设备，尽管在很大程度上受天气条件的限制，但仍为我国目前采用的主要干燥方法。自然干燥法又可分为地面干燥法和草架干燥法。

①地面干燥法：牧草在刈割以后，先就地干燥6～7h，使之凋萎，当含水量为40%～50%时，用搂草机搂成草条继续干燥4～5h，并根据气候条件和牧草的含水量进行草条的翻晒，使牧草水分降到35%～40%，此时牧草的叶片尚未脱落，用集草器集成0.5～1m高的草堆，经1.5～2d就可调制成（含水15%～18%）干草。豆科牧草含水量为26%～28%，禾本科牧草含水量为22%～23%。牧草全株的总含水量在35%以下时，牧草的叶片开始脱落，为了保存营养价值较高的叶片，搂草和集草作业应该在牧草水分不低于35%时进行。在干旱地区调制干草时由于气温较高、空气干燥，牧草的刈割与搂草两项作业可同时进行。

②草架干燥法：在牧草收割时多雨或潮湿天气，用地面干燥法调制干草不易成功，可以在专门制造的干草架上进行干草调制。干草架主要有独木架、三角架、铁丝长架等。方法是将刈割后的牧草在地面干燥0.5～1d后放在草架上，遇雨时也可以立即上架。干燥时将牧草自上而下地置于干草架上，并有一定的斜度以利于采光和排水。最低一层牧草应高出地面，以利于通风。草架干燥虽花费一定物力，但制成的干草品质较好，养分损失比地面干燥减少5%～10%。

（2）人工干燥法　这种方法在近六七十年来发展迅速，利用人工干燥可以减少牧草自然干燥过程中营养物质的损失，使牧草保持较高的营养价值。人工干燥主要有常温鼓风干燥法和高温快速干燥法。

①常温鼓风干燥法：这种方法可以改善水分较高牧草的干燥。在堆贮场和干草棚中均安装常温鼓风机，不论是干草捆，经堆垛后，通过草堆中设置的通风机强制吹入空气，达到干燥的目的。

②高温快速干燥法：将牧草切碎，置于牧草烘干机内，通过高温空气，使牧草迅速干燥，干燥时间的长短，由烘干机的型号决定。有的烘干机入口温度为75～260℃，出口温度为60～260℃。虽然烘干机中温度很高，但牧草的温度很少超过30～35℃。这种干燥方法养分损失很小，如早期刈割的紫花苜蓿制成的干草粉含粗蛋白质20%，每千克含200～400mg胡萝卜素和24%以下的纤维素。

此外，利用压裂草茎和施用干燥剂都可加速牧草的干燥，降低牧草干燥过程中营养物质的损失。常用的化学干燥剂如碳酸钾、氢氧化钾、长链脂肪酸甲基酯等。通过喷洒豆科牧草，破坏茎表面的蜡质层，促进牧草体内水分散失，缩短干燥时间，提高蛋白质含量和干物质产量。

（3）打捆　牧草在草条上干燥到一定程度后可用打捆机进行打捆，减少牧草所占的体积和运输过程中的损失，便于运输和贮存，并能保持干草的芳香气味和色泽。根据打捆机的种类不同可分成方形捆和圆形捆。方形草捆，通过不同型号打捆机，可以打成长方形小捆和大捆。小捆易于搬运，重量为14～68kg，而长方形大捆重量为0.82～0.91t，需要重型装卸机或铲车来装卸。柱形草捆，由大圆柱形打捆机打成600～800kg重的大圆形草捆，大草捆长1～1.7m，直径1～1.8m。圆柱形草捆在田间存放时有利于雨水流失，并可抵御不良气候侵害，能在田间存放较长时间。圆柱形单捆可以存放在排水良好的地方，成行排列，使空气易于流通，但不宜堆放过高（不超过3个草捆高度），以免遇雨造成损失。圆柱形草捆可在田间饲喂，也可运往圈舍饲喂。

用捡拾打捆机打捆，可以代替集草工作，为保证干草质量，在捡拾打捆时必须掌握收草的适宜含水量。为了防止贮藏时发霉变质，一般打捆应在牧草含水量15%～20%时进行打捆，如果喷入防腐剂丙酸，打捆时牧草的含水量可高达30%，这样有效地防止了叶和花序等柔嫩部分折断造成的机械损失。

4. 干草的贮藏　干燥适度的干草，必须尽快采取正确而可靠的方法进行贮藏，才能减少营养物质的损失和其他浪费。如果贮存不当，会造成干草的发霉变质，降低干草的饲用价值，完全失去干草调制的目的。而且贮藏不当还会引起火灾。

（1）散干草的堆藏　当调制的干草水分含量达15%～18%时即可贮藏。

干草体积大，多采用露天堆垛的贮藏方法，垛成圆形或长方形草垛，草垛大小视产草量的多少而定。堆垛时应选择干燥地方，草垛下层用树干、秸秆等作底，厚度不少于25cm，避免干草与地面接触，并在草垛周围挖排水沟。垛草时要一层一层地进行，并要压紧各层，特别是草垛的中部和顶部。

散干草的堆藏虽经济，但易遭日晒、雨淋、风吹等不良条件的影响，不仅损失营养成分，还可能使干草霉烂变质。据试验，干草露天堆放，营养物质损失高者达23%～30%，胡萝卜素损失可达30%以上。干草垛贮藏一年后，草垛周围变质损失的干草侧面厚为10cm，垛顶损失25cm厚，基部为50cm，其中以侧面损失最小。适当增加草垛高度可减少干草堆藏中的损失。

(2) *干草捆的贮藏* 干草捆体积小，重量大，便于运输，也便于贮藏。干草捆的贮藏可以露天堆垛或贮存在草棚中，草垛大小以草量大小而定。

调制的干草，除在露天堆垛贮存外，还可以贮藏在专用的仓库或干草棚内。简单的干草棚只设支柱和顶棚，四周无墙，成本低，干草在草棚中贮存损失小，营养物质损失在1%～2%，胡萝卜素损失在18%～19%。干草应贮存在畜舍附近，这样取运方便。规模较大的贮草场应设在交通方便、平坦干燥，离居民区较远的地方。贮草场周围应设置围栏或围墙。

5. 品质鉴定 干草品质的好坏，一般认为应根据干草的营养成分来评定，即通过化学分析方法，测定干草中水分、干物质、粗蛋白质、粗脂肪、粗纤维、无氮浸出物、粗灰分、维生素和矿物质含量以及各种营养物质消化率来评价干草的品质。但在生产实践中，由于条件的限制，不可能根据干草的消化率和化学成分含量来进行评定，而往往采用感官判断的方法，一般情况下是根据干草的主要物理性质和含水量对干草进行品质鉴定和分级工作。

(1) *颜色气味* 干草的颜色是反映品质优劣最明显的标志。优质干草呈绿色，绿色越深，其营养物质损失就越小，所含可溶性营养物质、胡萝卜素及其他维生素越多，保质就越好。适时刈制的干草都具有浓厚的芳香气味。如果干草有霉味或焦灼的气味，说明其品质不佳。

(2) *叶片含量* 干草中叶片的营养价值较高，所含的矿物质、蛋白质比茎秆中多1～1.5倍，胡萝卜素多10～15倍，纤维素为茎秆的1/3～1/2，消化率高40%。干草中的叶量多，品质就好，鉴定时取一束干草，看叶量的多少，就可确定干草品质的好坏。禾本科牧草的叶片不易脱落，优质豆科牧草的干草中叶量应占干草总重量的50%以上。

(3) *牧草发育时期* 适时刈割调制是影响干草品质的重要因素，初花期或初花以前刈割，干草中含有花蕾，未结实花序的枝条较多，叶量也多，茎秆质地柔软，适口性好，品质佳。若刈割过迟，干草中叶量少，带有成熟或未成熟的枝条量多，茎秆坚硬，适口性、消化率都下降，品质变劣。

(4) 牧草组分　干草中各种牧草占的比例也是影响干草品质的重要因素，豆科牧草占的比例大，品质较好，杂草数量多时品质较差。

(5) 含水量　干草的含水量应为15%～18%。含水量较高时不宜贮藏。将干草束握紧或搓揉时无干裂声，干草拧成草辫松开时干草束散开缓慢，并且不完全散开，用手指弯曲茎上部不易折断为适宜含水量。干草束紧握时发出破裂声，草辫松手后迅速散开，茎易折断说明太干燥，易造成机械损伤，草质较差。草质柔软，草辫松开后不散开，说明含水量高，易造成草垛发热或发霉，草质较差。

6. 干草的饲喂　青干草是冬、春季节肉羊的主要饲料。良好的干草所含的营养物质能满足肉羊的维持营养需要并略有增重。但在肉羊生产中，很少以干草作为单一饲料，除补充部分精饲料外，一般用一部分秸秆或青贮饲料代替青干草，以降低饲养成本。为避免粪便污染和浪费，干草通常放在草架上让羊自由采食。目前常采用的方法是把干草切短（3cm左右）或粉碎成草粉进行饲喂，以提高干草利用率和采食量。用草粉饲喂肉羊，不要粉碎得太细，并在饲喂时添加一定量长草，以便使羊进行正常反刍。

第六节　日粮配合

一、日粮配合原则

1. 以饲养标准为依据，满足营养需要　配合日粮首先要了解各品种肉羊在不同生长发育阶段、不同生理状况下的饲养标准，按饲养标准中所规定的养分需要配合日粮，以保证日粮营养的全面，满足肉羊生长与育肥的需要。一套饲养标准包括两部分，一是营养需要表，二是常用饲料成分和营养价值表。在配合日粮时，应在饲养标准的基础上，根据当地的气候条件、羊群的饲养方式酌情增减。

2. 考虑日粮的成本　在肉羊生产中，饲料费用占成本的2/3以上，降低饲料成本，对提高养羊业的经济效益至关重要。在所有的家畜中，羊能利用的饲料资源最为丰富，因此，在配合肉羊的日粮时，要充分利用农作物秸秆、杂草等粗饲料和尿素等非蛋白氮，以降低饲料成本。同时，积极应用科研成果，选用质优价廉的原料，运用计算机配合最低成本日粮，以实现优质、高产、高效益生产的目标。

3. 注意日粮的适口性　饲料的适口性直接影响羊的采食量。羊对有异味的饲料极为敏感，如氨化秸秆喂羊的适口性就很差。羊不喜欢吃带有叶毛和蜡质的植物，如芦苇。

4. 体积要适当 既要保证羊能吃饱，又要满足其营养需要。一般每天青饲料的喂量占羊只体重的1.5%～3%。严禁用有毒或霉烂的饲料喂羊。

5. 饲料原料应多样化 单一饲料所含养分单调，应多种饲料搭配，达到营养互补，提高配合饲料的全价性和饲养效果。

6. 正确确定精、粗比例和饲料用量范围 日粮除了要满足肉羊能量、蛋白质需要外，还应保证供给15%～20%的粗纤维，这对肉羊的健康是必要的。日粮干物质采食量占体重的2%～3%。在肉羊的精料混合料中，一般建议的最高用量为：玉米70%，小麦40%，麸皮30%，米糠20%，大麦胚芽10%，花生饼10%，棉籽饼15%，葵花籽饼10%，尿素1%～2%。

二、日粮配合方法

配合日粮的方法有手算法和计算机法两种。手算法是按照肉羊饲养标准和日粮配合的原则，通过简单的数字运算，设计全价日粮的过程，如试差法、正方形法、代数法等。正方形法适合于所需计算的营养指标较少、饲料种类不多时，而试差法适用于所需计算的营养指标及饲料种类较多时。手算法可充分体现设计者的意图，设计过程清楚，是计算机设计日粮配方的基础。计算机配合日粮过程繁杂，特别是当供选饲料种类多，同时需考虑营养成分的最低成本时，需要很大的工作量，有时还难以得出确定的结果。这里我们介绍常用的手算法。

（一）日粮配合的步骤

1. 查羊的饲养标准，确定羊的营养需要量 主要包括能量、蛋白质、矿物质和维生素等的需要量。

2. 选择饲料，查出其营养价值

3. 确定粗饲料的投喂量 配合日粮时应根据当地的粗饲料，一般成年羊粗饲料干物质采食量占体重的1.5%～2.0%，或占总干物质采食量的60%～70%；颗粒饲料精料与粗料之比以50∶50最好，生长羔羊颗粒饲料与粗料之比可增加到85∶15。在粗饲料中最好有一半左右是青绿饲料或玉米青贮。实际计算时，可按3kg青绿饲料或青贮相当于1kg青干草或干秸秆折算，计算由粗饲料提供的营养量。

4. 计算精料补充料的配方 粗饲料不能满足的营养成分要由精料补充。在日粮配方中，粗蛋白质和矿物质，特别是微量元素最不容易得到满足，应在全价日粮配方的基础上，计算出精料补充料的配方。设计精料补充料配方时，应先根据经验草拟一个配方，再用试差法、十字交叉法或联立方程法对不足或过剩的养分进行调整。调整的原则是：蛋白质水平偏低或偏高，可增加或减少玉米、高粱等能量饲料的用量。

5. 检查、调整与验证 上述步骤完成后，计算所有饲料提供的养分，如果实际营养提供量与营养需要量之比在95%～105%范围内，说明配方合理。

（二）配合日粮应满足的标准

1. 全舍饲时，干物质（DM）采食量代表羊的最大采食能力，配合日粮的干物质不应超过需要量的3%。放牧条件下，干物质表示可提供的饲料量，其采食量依饲喂条件不同而定。

2. 所有养分含量均不能低于营养需要量的95%。

3. 动物利用能量的能力有限，因此，能量的供给量应控制在需要量的100%～103%或更多。

4. 蛋白质饲料价格比较低时，提供比需要量高出5%～10%的蛋白质可能有益于肉羊生产。蛋白质比需要量多25%时，对羊生长发育不利。

5. 实践中有时钙、磷过量，只要不是滥用矿物质饲料，且保证钙、磷比例为（1～2）：1，日粮中允许钙、磷超标。

6. 必须重视羔羊、妊娠母羊、哺乳母羊和种公羊日粮中胡萝卜素的供应。一般情况下，胡萝卜素过量对动物无害。

7. 必须满足羔羊和肥育羊的微量元素需要，一般以无机盐的形式补充。应按照饲养标准和有关试验结果，确定微量元素的适宜补充量。

三、日粮配合示例

现有一批活重30kg、营养状况良好的羔羊，需进行强度肥育，计划日增重为295g，试用现有的野干草、中等品质苜蓿干草、黄玉米和棉籽饼4种饲料，配制育肥日粮。

1. 参照有关饲养标准，确定羔羊营养需要量，同时从有关饲料营养成分表查取上述4种饲料的营养成分。

2. 计算粗饲料提供的养分。设野干草和苜蓿干草的重量比为1∶5，则混合干草的消化能为9.684MJ/kg。同样，可以计算出混合干草的粗蛋白质、钙、磷含量分别为12.12%，1.56%，0.50%。

3. 计算需要补加的精料用量。1.3kg混合干草可提供消化能12.589MJ，与羔羊需要量17.138MJ相比尚缺4.549MJ，能量的不足部分用玉米来补充．玉米能量13.794MJ/kg与干草能量9.684MJ/kg之差为4.110MJ/kg，日粮中玉米需要量为：

$$4.549MJ \div 4.110MJ/kg = 1.11kg$$

则干草用量为：

1.3kg－1.11kg＝0.19kg

0.19kg 的干草能提供的粗蛋白质为 0.023kg，1.11kg 玉米能提供的粗蛋白质为 1.11kg × 6.95% = 0.077kg，二者合计为 0.10kg，与羔羊需要量 0.191kg 相差 0.091kg。蛋白质不足部分可用棉籽饼补充，棉籽饼粗蛋白质含量 42.10%，与玉米粗蛋白质含量 6.95%之差为 35.15%，则日粮中的棉籽饼需要量为：

0.091kg÷35.15%＝0.26kg

已知在满足能量需要的前提下，日粮中精饲料的干物质量为 1.11kg，那么在同时满足能量与蛋白质需要量的条件下，玉米的需要量为：

1.11kg－0.26kg＝0.85kg

即日粮中应含 0.19kg 的干草，0.85kg 的玉米，0.26kg 的棉籽饼。

4. 计算钙、磷的余缺量，并补充相应饲料。

3 种饲料可提供的钙为：

0.19kg×1.56%＋0.85kg×0.05%＋0.26kg×0.39%＝4.4g

与羔羊需要量 6.6g 相比，尚缺 2.2g。

3 种饲料提供的磷为：

0.19kg×0.5%＋0.85kg×0.36%＋0.26kg×1.01%＝6.6g

与羔羊需要量 3.2g 相比，多余 3.4g。

钙不足部分可用石灰石补充，已知石灰石含钙 34%，则日粮中的石灰石需要量为：

2.2g÷34%＝6.5g

5. 饲料干物质换算为实际用的风干饲料量。

干草：0.19kg÷92.41%＝0.21kg。

玉米：0.85kg÷80.0%＝1.06kg。

棉籽饼：0.26kg÷95.26%＝0.27kg。

石灰石：6.5g÷100%＝6.5g。

6. 根据以上计算结果，可知 30kg 体重的羔羊强度肥育，日增重为 295g 时，日粮组成为：干草为 0.21kg，玉米 1.06kg，棉籽饼 0.27kg，石灰石 6.5g。

四、饲料配方的 Excel 设计

饲料配方的计算一般采用手工计算和专用计算机软件计算的方法。手工计算较繁琐，而且计算量大，准确率低。大型专业饲料公司已使用专用的配方软件，运用线性规划等方法设计饲料配方。然而，专用的饲料配方软件价格不菲，加大了饲料生产的成本，因此，在一般养殖场的应用并不普及。Microsoft Office 办公自动化软件是个人电脑上使用最广泛的软件工具，其模块 Excel 电子表格是功能很强的一种计算工具。使用 Excel“规划求解”工具设计饲料配方极为快速，只要输入了配方的原料品种、价格、配比以及要求的约束条件，Excel 就能快速给出计算的结果。而且，利用该方法设计的饲料配方，可以随时方便地进行各种调整，比如调整饲养标准、原料成分或价格，有助于适应市场变化的需要。Excel 设计饲料配方，具有快速、准确的优点，操作简单流畅，易于掌握推广应用。

（一）饲料配方线性规划优化模型

目前的饲料配方软件均采用了线性规划法。“决策变量”是日粮各原料的组成含量，“目标”是日粮的单价最低，“约束条件”为畜禽所需日粮营养标准。假定饲料配方中各种饲料原料的待求用量为 X_j（$j=1, 2, \cdots, m$）。X_j 在线性规划中称为决策变量，要求为非负变量，即 $X_j \geqslant 0$。各种原料的不同营养物质含量是各变量 X_j 的系数 a_{ij}（$i=1, 2, 3, ..., n$），为营养素的指标如能量、蛋白质、钙和磷等。饲养标准中的各种营养物质需要量，则构成线性方程右侧的常数项 b_i（$i=1, 2, 3, ..., n$），b_i 在线性规划中称为约束值。其中 S 为日粮单价，C_1、C_2、$\cdots C_n$ 为组成日粮的各原料单价。约束条件的线性方程式如下：

$$\min S=C_1X_1+C_2X_2+\cdots+C_mX_m$$

$$a_{11}X_1+a_{21}X_2+\cdots+a_{m1}X_m\leqslant, =, \geqslant b_1$$

$$a_{12}X_1+a_{22}X_2+\cdots+a_{m2}X_m\leqslant, =, \geqslant b_2$$

$$\cdots\cdots$$

$$a_{1n}X_1+a_{2n}X_2+\cdots+a_{mn}X_m\leqslant, =, \geqslant b_n$$

其中“$\leqslant, =, \geqslant$”三种关系符号只能取其一。同时饲用原料的选择必须考虑经济划算原则，要求饲料配方的成本最低。为此设定目标函数（S，即饲料配方成本）取最小值。

确定约束条件，如对饲料原料在饲料配方中所占比例给予限定，或者是限定该饲料配方最终为动物提供的营养物质的范围。

求解规划方程组，获取目标函数的最优解。

（二）规划求解操作步骤

1. 安装　在 Excel 选择“工具”、“加载宏”、“规划求解”复选框，在“安装向导”提示下，进行安装即可。

2. 确定营养水平　以育肥羊日粮配合为例，依据我国的羊营养标准，或参考美国 NRC 营养需要量，确定配方的能量、蛋白质等各种营养水平。

3. 目标函数确定与决策变量 目标函数就是饲料的成本，即目标单元格是饲料各自含量与其价格的乘积，一般设定为最小。决策变量相当于饲料配方中待决定配方的各原料比例。

确定日粮的组成原料，根据“饲料成分及营养价值表”，将玉米、豆粕、菜籽粕、麦麸、鱼粉、磷酸氢钙、预混料等饲料所含各营养成分和单价输入 Excel 工作表中，输入的表格见图 5-2：单元格 B10-F10 为实际配方的各种营养成分合计，单元格 B12-F12 和 B13-F13 为饲养标准约束实际配方营养成分的下限和上限，单元格 G10 为配方的最低成本（元/kg）。H2-H9 是实际配方各原料使用量的百分比例，I2- I9 和 J2- J9 是约束各原料使用的最小用量和最大用量。

Microsoft Excel - 羊的饲料配方

B10 =SUMPRODUCT(B2:B9,H2:H9)/100

	A	B	C	D	E	F	G	H	I	J
1	原料名称	消化能MJ	粗蛋白%	钙%	磷%	食盐%	原料价格	配比%	最小量%	最大量%
2	玉米	14.27	8.7	0.02	0.27	0	2.4	66	10	60
3	麦麸	12.18	15.7	0.11	0.92	0	1.6	17.6	5	20
4	豆粕	14.27	44.2	0.33	0.62	0	3.6	7	1	20
5	菜子饼	13.14	35.7	0.29	0.89	0	1.8	5	0	10
6	鱼粉	12.85	60.2	4.04	2.9	0.5	8	2	0	5
7	骨粉	0	0	36.4	16.4	0	1.6	1	1	5
8	食盐	0	0	0	0	98	2	0.4	0.4	5
9	添加剂	0	0	0	0	0	10	1	1	2
10	合计	13.4748	14.5882	0.51496	0.65002	0.402	2.4916	100		
11	饲养标准	13	14.38	0.38	0.25	0.6				
12	标准下限	12.5	14	0.3	0.2	0.4				
13	标准上限	13.5	15	0.6	0.6	0.65				

图 5-2 饲料配方数据表

在各单元格 B10-F10 分别输入函数公式，其中 B10 为“＝SUMPRODUCT（B2：B9，＄H2：＄H9）/100”，C10 为“＝SUMPRODUCT（C2：C9，＄H2：＄H9）/100”，D10 为“＝SUMPRODUCT（D2：D9，＄H2：＄H9）/100”，E10 为“＝SUMPRODUCT（E2：E9，＄H2：＄H9）/100”，F10 为“＝SUMPRODUCT（F2：F9，＄H2：＄H9）/100”，G10 为“＝SUMPRODUCT（G2：G9，＄H2：＄H9）/100”。

以单元格 B10 为例，操作如下：首先选中单元格 B10，点击菜单“插入”，单击函数，出现“插入函数”对话框，选择类别为“数学与三角函数”，选择函数“SUMPRODUCT”函数，单点击“确定”，出现“函数参数”对话框。点击 array1 右边红箭头按钮，按鼠标左键从单元格 B2 拖到 B9 后返回，点击 array2 右边红箭头按钮，按鼠标左键从单元格 H2 拖到 H9 后返回，点击“确定”。选中 B10 单元格，在编辑栏 fx＝SUMPRODUCT（B2：B9，$H2：$H9）后面输入“/100”，B10 单元格公式输入完毕。

在单元格 G10 输入公式“＝SUM（G2：G9）”，同上方法输入完毕。

4. 输入规划求解参数　选择“工具”菜单“规划求解”选项，出现“规划求解参数”对话框（图 5-3）。

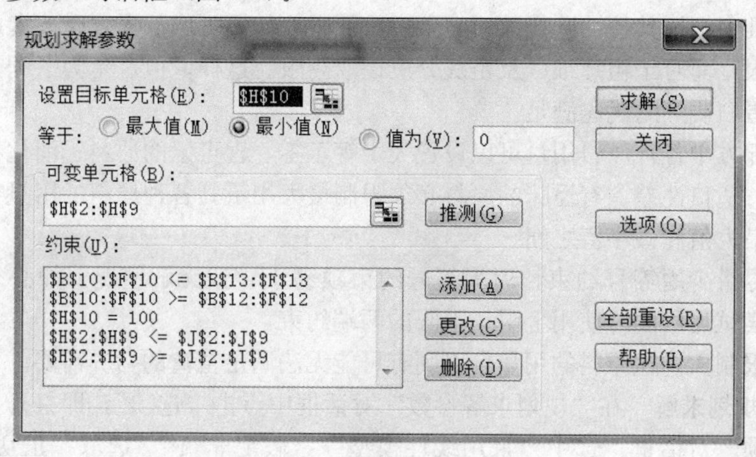

图 5-3　“规划求解参数”对话框

在“设置目标单元格”输入“目标函数”的单元格，即“G10”，用鼠标点击单元格 G10。选择“等于”项目为“最小值”，表示目标单元格为最低成本饲料配方。在“可变单元格”框中输入配方各原料的百分比例，选择“H2：H8”，点击单元格右边红箭头按钮，选择即可。因为添加剂一般是固定量，不参与优化，所以可变单元格不包括 B9 单元格。

在“约束”选项中，单击“添加”按钮。出现“添加约束”对话框。

依次输入以下各项的约束条件，点击“确定”。

（1）饲养标准约束　设置饲料配方的各营养成分在饲养标准上限下限之间，B11：F11≤B13：F13 和 B11：F11≥B12：F12。操作步骤：首先点击“添加”，在“添加约束”的“单元格引用位置”右边红箭头点击，按住鼠标左键从单元格 B11 拖到 F11；中间符号选择<=；然后点击“约束值”右边的红箭头按钮，按住鼠标左键从单元格 B13 拖到 F13；约束条件 B11：F11 ≤ B13：F13 建立完毕。其他约束条件建立同上。

（2）配方中各种原料用量约束　各种原料的用量设置在最大值和最小值之间，即 H2：H9 ≤ J2：J9 和 H2：H9 ≥ I2：I9。

（3）配方　各原料之和为 100，即＄H＄10＝100，在“单元格引用位置”右边红箭头点击，选择＄H＄17 ；中间符号选择＝ ；然后在“约束值”输入 100，点击“确定”即可。

约束条件的确定原则：

①饲料配方的各营养成分可以设置大于等于或小于等于“饲养标准”，在饲养标准中根据其特性选择取用高限还是低限，如钙可取低限，磷、食盐等也可用低限，而对于粗纤维以及粗灰分应该取高限。这样取值，是为了利于保证能量和蛋白质等的优先满足。

②配方中各种原料用量可以设置大于等于零，含毒素的原料、消化性不佳的原料、适口性差、有怪味的原料必须限制最大用量。各种原料的用量也可以设置在最大值和最小值之间。

③尽量少用等号约束，因为等号约束项易于导致无解情况。如必须要使用，可尝试运用同时使用上限、下限的两端约束。

④限制大体积原料的用量，否则有可能无法满足畜禽的营养需要。

5. 规划求解　在“规划求解参数”对话框中点击“选项”，即打开“规划求解选项”对话框，选中“采用线性模型”“假定非负”；选取“正切函数”“向前差分”“牛顿法”，然后单击“确定”，回到“规划求解参数”对话框，点击“求解”→“规划求解结果”对话框：满足条件的，会提示“规划求解找到一解……”，按住 ctrl＋ 左键连续点击“规划求解结果”里边“报告”中的“运算结果报告”“敏感性报告”和“极限值报告”，然后确定，Excel 会出现运算结果和 3 个表格报告，3 个报告用来分析得出的配方。

（三）设计配方的调整及优化

1. 规划求解无解的原因　规划求解过程中常常会出现无解，此时要注意分析可能存在的原因：

（1）所使用的原料要达到约束条件是不可能的，原料种类用量的限定与营养指标值之间有冲突。如粗纤维限定值较小，而糠饼麦麸原料限定用量却较高。

（2）各营养指标的约束条件是否有冲突，如有些限定了蛋白质水平低，而限定的蛋氨酸水平又高，自相冲突。

（3）同一原料的上下约束范围过小，将限制营养指标值的达到。

（4）有时可能由于“规划求解参数”选项中的“最长运算时间”“迭代次数”“精度”“允许误差”等取值不当而造成规划求解无解。

因此，饲料配方中各种原料用量的约束值设定要得当，这需要专业人员既要有动物营养专业知识，还要有一定配方经验，才能较合理地设置各种饲料用量的约束，并且能较快速地得到一定使用价值的饲料配方。

2. 配方调整与优化　如果没有满足条件的解，可适当根据动物营养知识和饲料实际情况调节营养指标和饲料原料上下限，求出最优解。

（1）*从不同角度调整配方*　适当调整原料种类、调整用量的限定，当所得到的配方某一种原料用量为0，而又不想让它为0时，可以尝试减少初步优化结果中用量多而且与该原料同类的其他原料的用量，从而使该原料用量大于0,否则，如果直接去约束该原料的用量，有可能导致无解情况的发生。

（2）*调整两种营养特性相似原料的配比*　原料营养特性相似情况下，如调整它们的配比合适，可以使它们的优缺点互补，从而提高其饲料性价比。

（3）*调整高蛋白质、高能量原料的用量*　用动植物油脂易于增加能量水平，但油脂过多时不宜加工，而且会影响颗粒饲料质量，使配合饲料不易保存，而是易于霉变，一般油脂用量应控制在3%以内。可以依靠其他的能量水平相对较高的原料，放宽对它们的约束条件。例如，可以尝试提高花生饼等的用量。

第一次设计好配方数据框架后，如需再改变饲喂对象（如山羊）或调整饲料原料时，只需改换营养需要量和增减饲料原料即可，饲料配比在求解时可自动得出。

3. 注意事项

（1）设计饲料配方时，一定要考虑动物自身生理特征、营养需求、采食性，也要考虑饲料的成分特点、容重、消化率特性等。

（2）配方设计时要考虑本地的饲料资源，使本地饲料资源充分利用。组成饲料配方的原料种类要适当，一般情况下，饲料配方中使用的饲料原料种类不宜超过15种。

（3）利用Excel设计最佳饲料配方的关键是在于制作准确、及时的原料数据库。只有原料数据库选择合理、准确，才能依靠Excel的规划求解功能，设计出理想的有较高经济价值的饲料配方。

第六章 集约化饲养管理技术

第一节 一般饲养管理

一、抓羊

抓羊是羊场中最频繁的一项工作，在进行羊的鉴定、称重、配种、防疫、检疫和羊的买卖时，都需要抓羊、保定羊和导羊前进等操作。在抓羊时要尽量缩小羊的活动范围，将羊赶到羊圈或运动场的一角，最好用活动围栏将羊圈在一个较小的范围内。抓羊的动作要快、准、出其不备，迅速抓住羊的肷部或飞节上部。因为肷部皮肤松弛、柔软，容易抓住，又不会使羊受伤。抓住羊后，当需要移动羊时就需导羊前进，一手扶在羊的颈下部，以掌握前进方向，另一手在坐骨部位向前推动，羊即前进。切忌用力扳羊角或抱头硬拉。保定羊时，保定人员一般是蹲在羊的右侧，一手扶住羊的颈部或下颌，一手扶住羊的后臀即可。但无角陶赛特羊体重、体大，有时一个人很难将其保定。也可用两腿把羊颈夹在中间进行保定，人的腿部抵住羊的肩部，使其不能前进，也不能后退，以便对羊只进行各种处理。

二、编耳号

编耳号是养羊日常工作中不可缺少的一个重要环节，常用的方法有插耳标法和剪耳法。小羊羔在6月龄或断奶前必须打耳标，尤其是在第一次剪毛或离开出生地等情况下都要打耳标。必须为所有的羊羔都打上耳标，并将耳标号登记注册，去申请家畜识别系统的耳标，标识羔羊出生的年份。为查找方便，可将公羊耳标挂于左耳，末位数字用单数，母羊耳标挂于右耳，末位数字用双数。

1. 插耳标法 耳标用铝或塑料制成，有圆形和长方形两种。也可以采用电子耳标。耳标上面有特制的钢字打的号码。耳标插于羊的耳基下部，避开血管打孔并用酒精消毒。

2. 剪耳法 当羊群规模较小时，编号也可用耳缺法，即用耳缺钳在羊的两耳上剪一定的缺口来代表个体编号。遵循的原则是“左小右大，上3下1”，如上缘一个缺口为3，下缘一个缺口为1，左耳为个位数，右耳为十位数，耳尖为百位或专门用来代表级进杂交的代数。采用耳缺法时，要尽可能用较少的缺口代表编号数字，这种方法简单易行，但生产上很少用。

三、去势

为了减少不必要的繁殖，大多数公羔需要去势。凡不作种用的公羊都应去势，常用方法有结扎去势法和切割去势法。大多数农民选用橡胶圈为绵羊去势。确保在使用橡胶圈时处理的是两个睾丸。也可以采用手术法。

1. 结扎去势法 适用于7～10日龄的小公羔，即将睾丸挤到阴囊里，并拉长阴囊，用橡皮筋或细绳紧紧结扎在阴囊上部，一般经过10～15d，阴囊及睾丸萎缩并自然脱落。去势后要定期检查，防止阴囊部发炎水肿。

2. 切割法 适用于2周左右小公羊或成年公羊，方法是：先用3%石炭酸或碘酊对阴囊术面进行消毒，然后用一手握住阴囊上方，将睾丸挤向阴囊下端，另一手用消毒过的刀在阴囊下1/3处做一切口，以能将睾丸挤出为宜，切开后把睾丸连同精索一起挤出拧断。成年公羊要先将精索结扎后再行剪下，以防造成大出血而发生意外事故。摘除睾丸后，伤口涂上碘酒消毒。

四、剪毛

1. 剪毛次数和时间 无角陶赛特羊羊毛品质优良，毛被厚密，生长较快。通常一年剪1次毛，时间为4月中下旬，夏季炎热地区可于夏季再剪1次。剪毛时间依当地气候变化而定。剪毛过早羊易遭冻害，过迟影响羊体散热，出现羊毛自行脱落而造成经济损失，同时经常会使公羊阴茎部发炎而影响正常采精。

2. 准备工作 剪毛要选择晴天进行。剪毛场地应干燥清洁，地面为水泥地或铺晒席，以免污染羊毛。要提前准备好剪毛用具，如剪子、磨刀石、秤、麻绳、装毛袋以及消毒用碘酒和记录本等。

剪毛前12h停水、停料，以免在剪毛过程中羊排粪尿而污染羊毛，或因饱腹翻转羊体时而发生胃肠扭转，同时也污染场地，给剪毛工作带来不便。

3. 剪毛方法 剪毛方法有人工剪毛和机械剪毛两种。目前无角陶赛特羊剪毛多用人工剪毛。剪毛时先把羊的左侧前后肢用绳子捆紧，使羊左侧卧地，剪毛人员先蹲在羊的背侧，从羊的大腿内侧开剪，然后剪腹部、胸部、体侧、外侧前后腿，直至剪到背中线，再用同样的方法剪完另一侧的毛，最后剪头部毛。

剪毛时，应让羊毛呈自然状态，剪刀要放平，紧贴羊的皮肤，毛茬要整齐，避免重剪。若因不慎，剪破皮肤，要及时涂上碘酒，以防感染。

五、修蹄

羊的蹄形不正或过长，将造成行走不便，影响放牧或发生蹄病。尤其是对于舍饲时间较长的无角陶赛特羊，由于其体格硕大，体重大，放牧运动量小，加之蹄壳生长较快，如不整修，易成畸形，步履艰难，严重时羊跛行，从而影响其生产性能和公羊的配种能力。因此每年至少要给羊修蹄一次。修蹄时间一般在夏秋季节，此时蹄质软，容易修剪。修剪时应先用蹄剪或蹄刀去掉蹄部污垢，把过长的蹄壳削去，再将蹄底的边缘修整到与蹄底齐平，修到蹄可见淡红色的血管为止，并使羊蹄成椭圆形。修蹄时要细心，不能一刀削得过多，以避免损伤蹄肉。一旦发生出血，可涂上碘酒或用烙铁微微一烫，但不可造成烫伤。

第二节　不同用途肉羊的饲养管理

一、种公羊的饲养管理

种公羊在生产中除在配种季节进行本交、人工授精完成纯种繁殖任务外，许多地区在非配种季还进行大规模的冻精生产，以充分利用这一优良肉羊品种。对其饲养管理的好坏不仅影响纯繁和杂种后代的品质，也直接影响生产效益。因此在饲养管理上必须细致周到，应单独组群放牧和补饲，避免公、母羊混养，加强种公羊的运动管理，使其体质结实，体况适中，常年保持在中上等膘情。

（一）非配种期的饲养管理

非配种期的种公羊，除放牧采食外，冬春季节每日可补给混合粗料 400～600g，胡萝卜 0.5kg，干草 3kg，食盐 5～10g，骨粉 5g。夏秋季节应以放牧为主，不补青饲料和粗饲料，每天只补喂精料 500～800g，自由饮水。

非配种期精料参考配方：玉米 51%、麸皮 30%、豆粕 14%、食盐 1%、石粉 1%，磷酸氢钙 2%、预混料 1%。

（二）配种期的饲养管理

羊配种期的饲养又可分为配种准备期（配种前 1～1.5 个月）、配种期和配种后复壮期（配种后 1～1.5 个月）三个不同的阶段。配种准备期应逐渐增加种公羊的精料饲喂量，从按配种期 60%～70%喂量供给开始，逐渐增加至配种期的精料供应。配种期种公羊增加日粮中动物性蛋白质含量，人工授精采集密集期每天补饲一个鸡蛋，尤其日粮中要保证微量元素和维生素 A、维生素 D、维生素 E。每天的饲料补饲量大致为：混合精料 0.8～1.2kg，胡萝卜

0.5～1.0kg 或禾本科、豆科混播牧草 3～4kg 或青干草 2kg，食盐 15～20g，骨粉 5～10g。草料分 2～3 次饲喂，自由饮水。在配种后复壮期，公羊的饲养水平在 1～1.5 个月保持与配种期相同，使种公羊能迅速地恢复体重，并根据公羊的体况恢复情况逐渐减少精料，直至过渡到非配种期的饲养标准。加强运动、锻炼种公羊的体质，逐渐适应非配种期的饲养和管理。

种公羊配种期精料参考配方：

配方 1：玉米 45%、大麦 8%、麸皮 7%、豆粕 20%、棉籽饼 10%、鱼粉（进口）8%、食盐 1%、石粉 1%。

配方 2：玉米 57%、豆粕 32.5%、菜籽饼 6%、食盐 1%、石粉 0.5%，磷酸氢钙 3%。

二、母羊的饲养管理

母羊的饲养管理分为空怀期、妊娠期和哺乳期三个阶段。对每个阶段的母羊应根据其配种、妊娠、哺乳等不同的生产任务和生理阶段对营养物质的需求，给予合理饲养。

（一）空怀期母羊的饲养管理

空怀期母羊的饲养管理相对比较粗放，一般不补饲或只补饲少量的混合精料。对于后备青年母羊，发情配种前仍处在生长发育的阶段，需要供给较多的营养；泌乳力高或带双羔的母羊，在哺乳期内的营养消耗大、掉膘快、体况弱，必须加强补饲。在配种前 1～1.5 个月，应安排繁殖母羊在较好的草地放牧，促进抓膘，使母羊在繁殖季节能正常发情配种。对体况较差的母羊，要单独组群，给予短期补饲（每日补精料 200～300g）。断奶后饲喂青绿饲料的时间越长，达到配种前目标体况的成本也越低。配种时母羊体况应保持在 CS（体况分数）3.0～3.5，以便实现高的繁殖率，并保证能通过最经济有效的方法达到产羔时的优良体况。断奶后，如能最佳利用牧草，母羊将迅速增重至体况达到 3.0。当牧草变干和质量降低后，一旦母羊的体况分数低于 3.0，母羊体况就很难恢复。在母羊体况降低到目标体况之前，要做好饲料预算和补充营养以维持母羊体况的计划。

母羊空怀期精料参考配方：玉米 55%、麸皮 25.3%、豆粕 9%、菜籽饼 6%、食盐 1%、石粉 1%，磷酸氢钙 1%、预混料 0.7%、碳酸氢钠 1%。

（二）妊娠期母羊的饲养管理

妊娠期母羊的营养细节是一个重要的风险管理问题。在胎儿时期营养不良的小羊羔，会出现不良的发育，如小肠、大肠和骨骼发育不良，肌肉减少，断奶时脂肪增多，以及在羊毛生长中也会出现长期营养不良。在怀孕期间的营养不良胎儿肌肉蛋白质的合成抑制，新生羔羊生长障碍，对于骨骼生长和发育的影响似乎比对于肌肉组织沉积更加严重。初生重高的羊羔趋向于食物摄取量减少，更快达到出售的体重，具有优良的胴体，结果是更有效率和效益。要避免母羊妊娠期间体重损失。应保持繁殖母羊的全年体况评分等级为3分，妊娠期间维持母羊的体况等级为3分，产羔开始的时候体况等级应为3.5分。

1. 开始配种（第0天） 受孕这天的体况评分是繁殖率最重要的预测依据。它比配种前体况的变化还重要。配种时母羊体况好，能提高产羔羊数。体况评分目标要求3.0，配种时母羊体况分数提高一个等级，那么每100只母羊会多产20只羔羊。晚产羔羊群比早产羔羊群的反应大，美利奴羊的产羔时间差异为0～40d。牧草贫乏超过35d，母羊就会损失一个体况分数等级。因此，在配种期间维持母羊的体况分数对保证受孕率是非常重要的。

不同羊群配种时体况分数和受孕率之间关系十分密切。从断奶到配种结束，使母羊维持高的体况评分十分重要。在妊娠第90天时，观察母羊中单羔和双羔的情况，并与配种时的体况分数相比较，有助于提高繁殖率。如果配种时母羊体况差（体况分数低于2.0），那么，那些受孕母羊可能在产羔前就不能获得足够的体况，从而就不能保证母羊和羔羊都有高的成活率。如果观察后把这些羊挑选出来，给它们饲喂最好的新鲜青绿饲料，成活率可能会提高。由于体况差，那些母羊不作配种使用，而是把它们作为“空怀母羊”管理。随着配种时体况的提高，产双羔母羊的比例增加，而“空怀母羊”的比例降低。

2. 妊娠早期到中期（第1～90天） 妊娠早期即妊娠前3个月，胎儿增重较缓慢，所需营养与空怀期基本相同。夏秋季节，妊娠早期母羊的饲养一般以放牧为主，不补饲或少量补饲精料，在冬春季节应补些精料或青干草。妊娠早期到中期的体况指数会影响羔羊的体重、羊毛的重量和纤维直径，这些影响在羊毛生产中是持久存在的。体况分数目标要求3.0，妊娠早期到中期营养缺乏会减小胎盘的大小和羔羊的初生重。妊娠早期到中期营养缺乏（体况分数损失1分），羔羊的初生重会减小0.3kg，体重小的羔羊几乎不可能活过出生后的48h。母羊妊娠早期的营养会影响其达到晚期时体况。妊娠开始时，如果母羊体况较差，这将没有足够的时间使其在产羔时的体况得到及时恢复，可能会降低母羊和羔羊的成活率。妊娠早期到中期母羊的营养会影响羔羊羊毛的生产，并且这种影响在羔羊的成长过程中是持久存在的。妊娠早期到中期母羊营养缺乏，会增加后代羊毛纤维的直径和减少羊毛重量，从而降低了后代一生羊毛的价值。相对于体况分数损失0.5的母羊生产的羔羊，妊娠中期维持体况不变的母羊所生产的羔羊，不仅羊毛产量每只增加了0.1kg，且达到了0.2mm

的优质羊毛质量。无论营养水平高低，双羔羔羊的羊毛产量比单羔羔羊显著降低，且纤维直径也变大。妊娠早期到中期体况分数的损失可以通过晚期体况的恢复挽回。

由于维持体况所需补充饲料的成本，只要损失的体况在妊娠晚期可以靠青绿饲料恢复，那么，至妊娠开始时，可控的体况损失（最大为 0.4 个体况分数）是最有效的减小成本的途径。

在第 90 天的时候，检查母羊妊娠情况，确定单羔或双羔母羊，以方便妊娠晚期和哺乳期的单独管理。

3. 妊娠后期（第 90～150 天）　妊娠后期，即妊娠的最后 2 个月，此时胎儿生长迅速，妊娠期胎儿增重的 80%～90%是在此阶段完成的。这一阶段需要给母羊提供营养充足、全价的饲料。如果此期母羊营养不足，母羊体质差，泌乳量降低，会影响胎儿的生长发育，羔羊初生重小，被毛稀疏，生理机能不完善，体温调节能力差，抵抗力弱，易发生疾病，羔羊成活率低。

母羊妊娠后期日粮能量水平应比空怀期高 20%～30%，蛋白质增加40%～60%，钙、磷增加 1～2 倍，维生素增加 2 倍。这一阶段，母羊除放牧外必须补饲一定的混合精料和优质青干草。一般每天可补精料 0.45kg，青干草 1～1.5kg，青贮料 1kg，胡萝卜 0.5kg，骨粉 5g。妊娠后期母羊的体况指数既影响胎儿的成长，也影响次级毛囊，而次级毛囊直接影响到羊毛的密度和细度。

体况分数目标要求是到产羔时单羔母羊的体况分数为 3.0，产羔时双羔母羊的体况分数为 3.0＋。妊娠后期良好的营养能确保最优初生重和其他妊娠指标的实现。大部分小羊在出生前的最后 50d 发育。妊娠后期母羊的营养（体况分数增加 1 分）比妊娠早期对羔羊初生重（大于 0.45kg）的影响更大。妊娠后期和哺乳期饲草的供给影响母羊营养和后代的羊毛品质。产羔时母羊的能量需求产单羔增长 50%，产双羔增加 80%。为增加母羊的采食量，必须供应高质量的饲草。在产羔 90d 之前，可以通过恢复母羊目标体况，克服母羊体况损失对后代初生重、纤维直径和羊毛重量的影响。妊娠后期需要良好营养来增加次级毛囊的密度，这样就可以减小纤维直径，增加羊毛重。

检查羊群的妊娠情况，就能管理好单羔和双羔母羊的特殊营养需求。妊娠期间母羊的营养对单羔和双羔羔羊的影响是相同的，但是由于额外的营养竞争，通常双羔羔羊的生产性能较低。

要防止母羊由于意外伤害而发生早产。应避免羊群吃冰冻饲料和发霉变质饲料，不饮冰碴水；防止羊群受惊吓，不能紧追急赶，出入圈时严防拥挤；要有足够数量的草架、料槽及水槽，防止拥挤造成流产。母羊在预产期前一周左右，可放入待产圈内饲养，适当进行运动。

母羊的妊娠期精料参考配方：

配方1：玉米55%、麸皮10%、豆粕14%、棉籽饼17%、食盐1%、磷酸氢钙3%。

配方2：玉米58%、麸皮14%、豆粕17%、菜籽饼6%、食盐1.2%、石粉1%，磷酸氢钙1%、预混料0.8%、碳酸氢钠1%。

（三）母羊产羔的饲养管理

产羔时母羊的体况分数影响羔羊的初生重和成活率。体况分数目标要求是单羔母羊CS 3.0，双羔母羊CS 3.0+。出生后的48h，羔羊的生命是最脆弱的，从出生到断奶，羊大约90%的死亡都发生在这个时期。初生重影响单羔和双羔羔羊的死亡率。反过来，初生重又受到妊娠期间母羊体况的影响，妊娠后期是最重要的时期。羔羊成活最适宜的初生重为4.0～4.5kg。母羊产羔时体况分数为3.0，保证了成活率和高质量的产品。妊娠晚期母羊的体况对羔羊的初生重影响最大。妊娠早期损失的体况，只要在晚期能全部恢复，也可以产生高的初生重和成活率。然而，只有使用青绿饲料恢复体况才是有效的。

双羔羔羊对母羊体况分数的变化更加敏感。所以，当饲料供应有限时，双羔母羊优先获得较高的营养。产羔时，双羔母羊较高的体况分数（CS 4.0和CS 3.0的比较）可以使羔羊的成活率增加超过10%。相对于母羊CS 2.0～2.5时出生的羔羊，CS3.0～3.5的成活率高15%～20%。

营养缺乏和低的体况分数对母羊和羔羊的生产性能有害，也增加羔羊的死亡率。母羊和羔羊最好待在出生的位置，至少6h。妊娠末期或者产羔时，如果母羊的体况分数低于2.0，母羊的死亡率就是个很严重的问题。在天气条件差和牧草有限的地方，维持母羊足够的体况，从而避免死亡率过高是极其重要的。产羔前体况分数低于2.0的母羊要单独管理，并且要增加优质饲料的补给。双羔母羊比单羔母羊更危险，在相同的体况分数条件下，死亡率高至少2%。母羊的体况分数高于4.0时（尤其是单羔母羊），可能会增加难产的风险。

（四）哺乳期母羊的饲养管理

一般羔羊的哺乳期为3个月左右，哺乳前期约1.5个月，母乳是羔羊的主要营养来源。母乳量多、充足，羔羊才能生长发育快，体质好，抗病力强，存活率就高。如果母羊的哺乳前期处于早春枯草期，放牧条件差，一般都需补饲草料。补饲量应根据母羊体况及哺乳的羔羊数而定。产单羔的母羊每天补精料0.3～0.5kg，青干草、苜蓿干草各1kg，多汁饲料1.5kg。产双羔母羊每天补精料0.4～0.6kg，苜蓿干草1kg，多汁饲料1.5kg。

1. 哺乳期 哺乳期间母羊处于一个高的体况水平，会产生更多的乳汁，使羔羊长得更大，并且成活率和生长速度都高。体况分数目标：CS 2.7～3.0，哺乳期间，牧草质量是影响羔羊生长速度的主要因素。

提高哺乳期间母羊的营养水平，可提高羔羊断奶重和断奶时的成活率。体况好的母羊利用脂肪储备和牧草，提供高的泌乳水平，然后体况趋于损失。体况差的母羊产乳量少，会导致羔羊的生长速度降低。

2. 断奶　断奶重是影响断奶羔羊成活率的主要因素。体况分数目标：CS 2.5～2.7。断奶活重目标为成年羊体重的45%。羔羊应该在14周龄前断奶。推迟到14周后断奶，无论对母羊还是羔羊都没有益处。对体重小于45%成年羊活重的断奶羔羊，应给予特殊照顾。配种和产羔时的体况分数低，会显著降低断奶羔羊的成活率。

母羊泌乳期精料参考配方：玉米66%、麸皮4.7%、豆粕17%、菜籽饼7%、食盐1.5%、石粉1%，磷酸氢钙1%、预混料0.8%、碳酸氢钠1%。

三、羔羊的饲养管理

羔羊的饲养管理是指断奶前的饲养管理，此阶段是羔羊生长发育最重要时期，在饲养管理上应做好以下工作。

（一）加强环境卫生工作

羔羊体质弱、抗病力差、发病率相对较高，发病的原因大多由于羊舍及其周围环境卫生差，使羔羊受到病菌的感染。因此，搞好圈舍卫生，减少羔羊接触病原菌的机会，是降低羔羊发病率的重要措施。

（二）人工哺乳

如果由于母羊产后死亡、患乳房炎或产羔多而又找不到合适的保姆羊时，可人工哺乳。人工乳可用鲜牛奶、羊奶、奶粉、豆浆等代替。用牛奶、羊奶喂羊时尽量用新鲜奶，奶越新鲜，其味道及营养价值越好，病菌及杂质也越少。用奶粉喂羔羊时，应该先用少量温开水把奶粉溶解，然后再加热，防止兑好的奶粉中起疙瘩。有条件时再加些鱼肝油、胡萝卜汁、多种维生素等。用豆浆、米汤、豆面等自制食物喂羔羊时，应添加少量食盐，再添加些蛋黄、鱼肝油、胡萝卜汁等更好。在现代化养殖场中提倡采用自动哺乳机械进行人工哺乳，为饲养工作带来了很多方便。人工哺乳时，一般掌握以下几个环节。

1. 温度　羔羊食用人工乳的温度要适宜。温度高，容易伤害羔羊，或发生便秘；温度低，容易发生消化不良、腹泻、臌胀等。一般冬季1月龄以内的羔羊，奶的温度在38～39℃，夏季35～36℃。随着羔羊月龄的增长，人工乳的温度可适当降低。

2. 浓度　通过观察羔羊的粪尿来确定和调整人工乳的浓度。如果羔羊尿多，羊舍潮湿，说明乳太稀；尿少，粪呈油黑色、黏稠发臭或消化不良，腹泻，说明乳汁太稠。人工乳浓度在羔羊前期应浓一些，后期可适当稀一些。

3. 喂量 羔羊人工哺乳时，应做到少喂多餐，根据羔羊体格健壮程度来确定具体喂量，初生羔羊全天喂量相当于初生重的1/5。喂粥、汤时，其给量应低于喂奶量的标准，尤其是最初几天内，先少给，适应后再加量。羔羊健康、食欲良好时，每隔1周应比上周喂量增加1/4～1/3；如是消化不良时，应减少喂量，加大饮水，并采取相应的治疗措施。

4. 次数 初生羔羊每天应喂6次，每隔3～5h喂1次，夜间睡眠时可延长时间或减少次数。10d以后每天喂4～5次，每隔5～6h喂1次。20d以后羔羊即可采食一定的草料，每天喂奶次数可减少到3～4次。

（三）及时断尾

通常养殖户多采取羔羊断尾的方式来减少蝇蛆感染的危险。一般在羔羊出生后2～3周进行断尾。断尾时选择晴天的早晨，常用断尾铲进行断尾。断尾需要用橡胶圈，一把锋利的刀或一把加热的刀。母羊尾巴断尾后的长度要覆盖外阴部分，公羊断尾的长度要与母羊保持一致。把断尾铲烧至黑热程度，在离尾根4cm左右，在第3至第4尾椎之间，母羊以盖住外阴部为宜，边烙边切，速度不宜太快，以避免出血。断尾后用浓度为2%～3%的碘酒涂抹伤口进行消毒。断尾后几天内要经常检查，如果发现化脓、流血等情况要及时处理，以防感染。

（四）补饲与断奶

从理论上讲，羔羊断奶的月龄和体重，应以能独立生活并能以饲草为主获得营养为准。羔羊瘤胃发育可分为：初生至3周龄的无反刍阶段，3～8周龄的过渡阶段和8周龄以后的反刍阶段。3周龄内羔羊以母乳为饲料，其消化是由皱胃承担的，消化规律与单胃动物相似，3周龄后才能慢慢地消化植物性饲料；当生长到7周龄时，麦芽糖酶的活性才逐渐显示出来；8周龄时胰脂肪酶的活力达到最高水平，此时瘤胃已充分发育，能采食和消化大量植物性饲料。因此，理论认为，早期断奶在8周龄较合理。但有些试验证明，羔羊40d断奶也不影响其生长发育，效果与常规的3～4月龄断奶差异不显著。

1. 常规补饲与断奶法 肉羊的羔羊一般为3月龄左右断奶。条件好的羊场，采取全年频密繁殖时，可2月龄左右断奶。如果自然条件差、饲养管理粗放，过早断奶会增大羔羊的死亡率，造成不必要的损失，但断奶时间过晚（超过4月龄），既不利于羔羊的生长发育，也不利于母羊的生产和繁殖。母羊的泌乳量在羔羊出生后4周左右达到高峰，以后逐渐下降，2月龄以后，仅靠母乳不能满足羔羊快速增重的营养需要，必须进行补饲。一般羔羊生后15d左右开始学习采食一些嫩草、树叶或精料。用豆科籽实补饲时要磨碎，最好炒一下，并添加适量食盐和骨粉。补饲多汁饲料时要切成丝状，并与精料混拌后饲喂。可按下述方法补饲：15～30日龄的羔羊，每天补混合精料20～75g，1～2月龄补100g，2～3月龄补200g，3～4月龄补250g，每只羔羊在4个月哺乳期需补精料10～15kg。羔羊习惯采食草料后，可将青绿饲料或优质青干草放在草架上，任羔羊自由采食。

断奶应根据羔羊生长发育的具体情况，采取不同的断奶方法。常用的有逐渐断奶法、一次性断奶法和分批断奶法。逐渐断奶是指逐渐减少羔羊的哺乳次数，直至不哺乳，一般经过7～10d完成。如果羔羊的发育比较整齐一致，多采用一次性断奶，即将母仔一次性分开，不再让母羊哺乳。如果羔羊的生长发育不一致，可采用分批断奶方法，即将生长发育好的羔羊先断奶，瘦弱的羔羊仍继续哺乳，适当延长断奶时间。在生产中，为使母羊在同一时间内恢复体力，下次在较集中的时间内发情配种，一般采用一次性断奶，便于集中产羔和羊群的统一管理。断奶后应将羔羊留在原羊圈饲养，母羊另外组群，尽量保持羔羊原有的生活环境，饲喂原来的饲料，减少对羔羊的不良刺激，以免影响生长发育。羔羊断奶后要加强补饲，日粮的精粗比应在6∶4，高品质的蛋白质饲料或优质青干草要占一定比例。断奶后羔羊饲喂青绿饲料时，一定要控制采食量，避免腹泻。

常规断奶有如下缺点：①羔羊和母羊同圈饲养，由于母羊产羔后，要哺乳羔羊，因此其体力无法得到恢复，延长了配种周期，降低了母羊繁殖利用率。②母羊产羔后，2～4周达泌乳高峰，3周内泌乳量相当于全期总泌乳量的75%，此后泌乳量明显下降，60d后母羊分泌的母乳营养成分已不能满足羔羊快速生长发育的营养需要，虽然此时已开始补饲，但由于羔羊采食饲料数量少，消化能力弱，补料所含营养物质占总量的份额较小，因此羔羊的发育受到影响，增重受到限制。③常规法断奶，羔羊瘤胃和消化道发育迟缓，断奶过渡期长，影响了断奶后的育肥。④羔羊的常规饲养法，哺乳期长，劳动强度大，而且培养成本高。⑤常规断奶难以适应当前规模化、集约化经营的发展趋势，达不到全进全出的生产要求。⑥难以运用最新的营养学知识来配制高水平的开食料，因而使新的研究成果向实践转化受到影响。

2. 羔羊超早期断奶　目前，有的国家对羔羊采用早期断奶，在出生后1周左右断奶，然后用代乳品进行人工哺乳。超早期断奶是指将羔羊传统断奶时间由2～3月龄提前到3～7日龄。也有采用出生后45～50d断奶的，断奶后饲喂植物性饲料或在优质人工草地放牧。羔羊超早期断奶是肉羊集约化生产的一项新技术，目前多限于全舍饲条件下的采用。

（1）羔羊超早期断奶技术优点　早期断奶可使羔羊尽早适应固体饲料，从而加快其消化道，尤其是瘤胃的发育，使羔羊消化器官和消化腺的功能进一步完善，为其将来能够采食大量饲料，提高生产性能打下良好的基础。哺乳期短，可缩短生产周期，减轻了劳动强度，降低了培育成本。大大缩短了羊的繁殖周期，羔羊由于断奶超前，既避免了羔羊对母乳的留恋，又不会影响羔羊的正常生长，而且能使母羊繁殖生理快速恢复、配种，从而实现母羊尤其是良种母羊一年多胎的目标。该法可大大提高母羊的利用率。如：小尾寒羊的两年三产则可提高到一年两产。早期断奶后，用代乳粉饲喂羔羊，其营养全面，能满足羔羊的生长发育，还能降低常见病的发病率，从而提高羔羊成活率。

（2）代乳料的配制　羔羊代乳料应根据羔羊的消化生理特点，以大豆粉等原料配制。要求羔羊代乳料成本低、易消化、安全无毒、使用方便简便，目前市场上有成品羔羊代乳料出售。如自己配制，配方为：玉米面16.22%，膨化大豆41%，植脂末13.52%，乳清粉12.53%，鱼粉8%，骨粉6.5%，复合维生素添加剂1.23%，甜味剂0.5%，奶香剂0.5%。准备喂羔羊时，每100g代乳粉用85℃以上热水500～700mL溶解，摇匀降温至40℃，装入奶瓶中单个饲喂羔羊。

（3）饲喂方法　羔羊初生后1～3d内一定要吃上初乳，因为初乳中含有丰富的蛋白质、脂肪、氨基酸、维生素、矿物质等，特别是镁多，有轻泻作用，可促进胎便排除。初乳含抗体多，是一种自然保护品，具有抗病作用，能抵抗外界微生物侵袭。因此，吃好初乳是降低羔羊发病率，提高其成活率的关键环节。开食料，供7～15日龄羔羊使用，重点考虑蛋白质含量、适口性、颗粒软化程度，并能在饲料中添加微生物活菌或免疫增强剂、防止羔羊腹泻等生物制剂和药物。一般从断奶开始到75日龄使用代乳料。断奶至20日龄期间，日喂6次，每次喂代乳料50～75mL；20～30日龄，日喂5次，每次100～125mL，同期补饲玉米面与羔羊颗粒拌湿料；30～45日龄，日喂4次，每次150～200mL，同期补饲青干饲草；45～60日龄，日喂3次，每次200～300mL，同期补饲青饲料；60～75日龄，日喂2次，每次300～400mL。羔羊20～75日龄期间，采用在补饲饲料中额外添加的方法，每日逐步增喂粗脂肪0.3～1.05g、粗蛋白质17.8～62.3g、钙9～31g、磷7～24.5g、维生素A 220万～770万IU、维生素D 22万～77IU。76日龄停喂代乳料，改用常规方法饲喂饲料。

3. 影响羔羊早期断奶成功的因素　影响羔羊早期断奶后健康最大的因素是腹泻，引起羔羊腹泻的因素很多，除病原菌、应激等因素外，饲养管理不当、饲料的突然变化、精料采食过多、饲料中粗纤维含量不合适、饲喂发霉变质的饲料等均可导致消化道机能紊乱而引起腹泻的发生。羊乳中无粗纤维成分，而代乳粉中都有一定水平的粗纤维，它能刺激羔羊瘤胃发育，维持羔羊消化道正常的生理功能。当纤维含量适宜时，纤维素在维持食糜密度、正常的消化运输以及粪便的形成上起重要作用，同时防止因进入后肠的淀粉含量过高引起的腹泻现象，当日粮中纤维含量低时，可溶性纤维水平相对提高，一是日粮在消化道滞留时间延长，二是微生物可利用的碳水化合物含量增多，就会引起后肠的过度发酵。配方代乳粉对羔羊质量的提高和对疾病的预防效果可达到或超过母羊奶。采用适宜且质量好的代乳粉和开食料：断奶羔羊体格较小，瘤胃体积有限，瘤胃乳头尚未发育，瘤胃收缩的肌肉组织也未发育，未建立起微生物种群，微生物的合成作用尚不完备。粗饲料过多，营养浓度跟不上；精料过多缺乏饱腹感，因此精粗料比以 8∶2 为宜。羔羊处于发育时期，要求的蛋白质、能量水平高，矿物质和维生素要全面。有试验表明：日粮中微量元素含量不足时，羔羊有吃土、舔墙现象的发生。因此，不论是代乳粉、开食料，还是早期的补料，必须根据羔羊消化生理特点及正常生长发育对营养物质的要求，在保证质量尽量接近母乳的情况下，一要日粮具有较好的适口性，保证吃够数量，易消化吸收；二要营养好，保证羔羊生长发育需要的营养，特别是能量和蛋白质；三要成本低廉，最好采用颗粒饲料。颗粒饲料体积小，营养浓度大，非常适合饲喂羔羊，所以，在开展早期断奶强度育肥时都采用颗粒饲料。实践证明，颗粒料比粉料多提高饲料报酬 5%～10%，适口性好，羊喜欢采食。另外，颗粒饲料良好的流动性和输送特性对于商品化的反刍动物饲料生产非常重要。用代乳粉饲喂羔羊时，要精心饲喂，注意清洁卫生。哺乳水桶等器具务必保持清洁，使用后要及时洗净、杀菌，并干燥存放，以避免羔羊通过消化道感染细菌，引发胃肠道疾病发生，同时还要求羔羊圈舍每 7d 消毒 1 次。可以采取渐进的方法，羔羊均在出生后第 10 日训练进食代乳品，第 15 日完全断奶和母羊分开。所有羔羊均在 30 日龄后开始放牧，补给少量的粉状精饲料。

（五）疫苗注射

羔羊育肥期常见的传染病是肠毒血症和出血性败血症。可在产羔前给母羊注射或断奶前给羔羊注射疫苗。通常来说羔羊在第一次做标记（打耳孔）时都需要注射疫苗。羊快疫－羊猝狙－肠毒血症三联疫苗可以达到短期保护目的，绵羊和山羊需要每年一次加强注射，以维持较高的免疫水平。

（六）羔羊的放牧

为了促进羔羊生长发育，早日采食，以减少母羊负担，便于管理，增强合群性，可在羔羊 1 月龄左右将母仔分开，羔羊单独组群放牧。母仔分开放牧还有利于增重、抓膘和防止寄生虫病的传播。放牧羔羊时要注意远离母羊群，避免互相干扰。刚开始放牧要将羔羊放在圈舍附近的专用优质草场上，时间不宜太长，以后可逐渐远牧，并增加放牧时间。对放牧羔羊也要补给适量的精料、食盐，并给予充足饮水。

四、育成羊的饲养管理

育成羊是指从断奶到第1次配种期的幼龄羊，一般为4～18月龄。公、母羊在发育至近性成熟时应分群饲养，进入越冬舍饲期，以舍饲为主，放牧为辅。冬羔由于出生早，断奶后正值青草萌发，可以放牧采食青草，有利于秋季抓膘。春羔由于出生晚，断奶后采食青草的时间不长即进入枯草期，这时要提前准备充足的优质青干草，并每天补喂混合精料0.2～0.5kg，种用小公羊约0.6kg。

育成羊仍处于快速生长发育期，营养物质需要较多，如果此期营养供应不足，则会出现四肢较高、体狭窄而胸浅、体重小、剪毛量低等问题。生产中往往由于经历从哺乳到完全采食饲料这一过渡期而出现一定时间内的生长发育迟缓现象。应通过加强饲养管理，尽可能减少断奶对育成羊生长发育的影响。

对育成羊要定期称重，检查饲养管理和生长发育情况，可以根据体重大小重新组群，对发育不良、增重效果不明显的育成羊可重新调整日粮配合和饲喂量。

第三节　肉羊集约化育肥技术

一、羔羊育肥技术

羔羊早期生长的特点是生长发育快、胴体组成的增加大于非胴体部分、脂肪沉积少、瘤胃利用精料的能力强等，故早期羔羊育肥既能获得较高屠宰率，又能得到最大的饲料报酬。肥羔肉是指在30～60日龄断奶，然后转入育肥，在4～6月龄体重达32～35kg时屠宰所得的羔羊肉，这种羊肉营养丰富，味道鲜美，易消化，在市场上畅销，价格比大羊肉高30%～50%。近年来，随着人们消费意识的转变，肉羊生产已向优质羊肉尤其是优质羔羊肉的方向转变。

（一）羔羊育肥饲养技术

羔羊断奶后肥育是羊肉生产的主要方式，因为断奶后羔羊除小部分选留到后备群外，大部分要进行出售处理。一般地讲，对体重小或体况差的羊只进行适度育肥，对体重大或体况好的进行强度育肥，均可进一步提高经济收益。

1. 羔羊营养需要的确定　羔羊生长潜在的日增重应该能达到每只每天400～500g，目前平均只有250g。大多数生产者都意识到育种对提高羔羊生产力和瘦肉生长的价值。然而，对羔羊的营养需要和饲养方式等重视不够。

(1) 干物质采食量　是决定羔羊生长率的关键。干物质采食量在商品化规模养羊场难以测定，但是采用自动饲喂设施，或在受控环境中，如研究机构，或采用颗粒饲料，可以比较准确地估计干物质摄入量。羔羊的饲料消耗量将占总成本的58%以上，摄入量的估测对饲料和资金的预算十分重要，同样对控制胴体质量十分重要，控制喂养制度，可以提高饲料利用率和胴体质量。干物质摄入量受许多因素影响，如日粮中饲料的适口性和消化率、瘤胃降解率、蛋白质含量、水分含量、矿物质水平、瘤胃 pH、体重和羔羊年龄等。其他因素包括料槽的空间、通道、饲喂相对位置、环境温度、光照、饲料和羔羊白天饲喂的时间等。

快速生长羔羊每日干物质采食量变化为活重的3.2%～4.2%。

(2) 日粮的蛋白质与能量　饲料中代谢能含量控制有助于大幅度地降低成本。日粮中粗蛋白质水平取决于日粮的能量浓度、动物的年龄和体重。50%的肉羊饲养场羔羊年龄是未知的，因此，这些羔羊生长的粗蛋白质和能量的营养水平难以确定。日粮粗蛋白质水平过高是一种浪费。日粮粗蛋白质水平增加14%以上，血浆尿素水平升高。对年龄不详的羔羊，为保证最佳的生长，日粮的代谢能至少为12MJ，蛋白质为15%～16%。羔羊快速育肥营养需要主要参考中国《肉羊饲养标准》(NY/T 816—2004)、NRC (2007) 的日粮配方。

2. 饲喂方式　集约化饲养羔羊育肥的方式包括：自由采食、限制饲养和选择性饲养。

(1) 自由采食型饲养 (Ad libitum)　自由采食能提高生长速率和喂养效率。快速生长的羔羊进行自由采食，可以采用自动饲喂器或普通料槽饲喂，羔羊每日饲料摄入量有很大的变化，要保证给它们随意的可采食谷物、谷物混合物或者颗粒型饲料。自由采食普遍应用于澳大利亚的舍饲育肥中，尽管总的日采食量很明显有助于运营成本的计算，但自由采食忽略了羔羊每天采食量的计量。

(2) 限制型饲养 (Restricted intake)　当对羔羊进行限制饲养时，饲养者要清楚快速生长羔羊的每日需求量。限制摄入量的喂养方法可以缩减饲料的摄入量并得到更高的产量，还能提高产品胴体质量。限制饲养可以提高羊的饲养效率。Murray等 (1994) 证明限制采食量有助于提高饲料转化率。当将摄入量控制在自由采食量的92.5%时，饲料转化率可以提高20%。当摄入量再减少7.5%时，日增重减少7%，但是饲养转化率提高了7%。相反，对早期断奶的羊羔将摄入量减少到自由采食量的85%以下并不会提高饲养效率。Glimp等用9月龄母羔和羯羔试验表明，饲粮中72.5%精料水平的日增重高于

55%和92.5%精料水平。孙玉国、郝正里（2000）报道，试验羔羊的增重均接近或超过了同等营养水平下NRC羔羊育肥标准中所推荐的日增重值0.25kg/d，用精料水平70%的全饲粮颗粒饲料饲喂4～4.5月龄开始育肥的羔羊，7～7.5月龄出栏体重达到43～44kg，有良好的育肥效果。彭津津、赵克强、张英杰等（2012）研究了不同饲喂水平对无角陶赛特羊与小尾寒羊杂交二代公羔体质量、屠宰性能和组织器官生长发育的影响，选取陶赛特羊×小尾寒羊杂交二代公羔25只随机分为3期（初期100%饲喂水平5只、中期100%饲喂水平5只、末期3个饲喂水平各5只）进行试验，其中末期3组分别给予100%、60%和40%饲喂水平。结果表明，同一饲喂水平下，末期相对生长速率小于中期相对生长速率，除净肉瘦肉率和胴体瘦肉率升高，其余屠宰指标均降低。组织器官随年龄的增长而增长；不同饲喂水平下，体重、相对生长速率为100%饲喂水平>60%饲喂水平>40%饲喂水平，除净肉瘦肉率、骨重增加外，其余屠宰指标均随饲喂水平的降低而降低；除心脏以外的其余组织器官重量减少，血液、皮、肝、肺、脾、肠系膜、消化道、睾丸的器官指数明显降低。许贵善、刁其玉等（2012）研究限饲营养对20～35kg杜泊羊×小尾寒羊杂交公羔组织和器官发育的影响，按照自由采食（AL组）、自由采食量的70%（IR70组）和自由采食量的40%（IR40组）3个水平饲喂，当AL组的试验羊体重达35kg时21只羊全部屠宰，结果表明：AL组瘤胃重占胃总重比例最高，为67.08%，与IR70组差别不显著；肝脏重占宰前活重比例以AL组最高，显著高于IR70组和IR40组，说明限饲营养会显著影响杜泊羊×小尾寒羊杂交公羔内脏器官的增重与发育；对4个胃室的重量与发育比例的影响程度不一致。

有研究认为，限制饲喂期不应该在断奶前进行，否则会使羔羊更轻、脂肪更多（D. Pethick，2006）。断奶羔羊受到3个月的营养限制期后，与对照组相比，其生长速度明显加快（$P<0.01$），采食量更多（$P<0.001$），补偿生长与更高采食量和更有效率的代谢能摄入量有关。羔羊断奶后连续饲喂或限制饲喂保持稳定体重一段时间后再重新饲喂，受限制羔羊的瘦肉率要显著的高（Hodge与Star，1984），这是影响了胴体脂肪的原因。对于各年龄段羔羊的有效补偿，推荐的最低体重是9周龄20kg或14周龄30kg（Ball和Pethick，2006）。

（3）选择性饲养（Choice feeding）　为了提高羔羊集约化饲养的生长速率，给羔羊提供一定范围的食物选择，如果羔羊能够选择自己喜食的食物，并克服日粮的不平衡，那么生长速率将会有明显的提高。给羔羊两种饲料的选择，发现它们根据饲料的特性来选择，而不是根据新陈代谢的蛋白质需要量来选择。加入尿素会对饲料的选择有抑制作用。给羔羊提供高蛋白质和低蛋白质的食物选择，发现自主选择和含有16%粗蛋白质的饲料导致相似的生长速率。饲料的选择性会受到同期供给瘤胃的能量和蛋白质的影响。羔羊既会选择高蛋白质饲料也会选择低蛋白质饲料，并且和那些只提供单一的高能量浓度的饲料相比有相似的生长速率。给羊羔提供相似营养价值的不同饲料或者不同风味的相同饲料，会导致偏食和摄入量的增加。中性洗涤纤维的含量和碳水化合物的降解速度影响羔羊对饲料的选择，因为羊喜欢缓慢分解的食物。让羔羊选择低、中和高的瘤胃降解性的颗粒饲料，摄入中度和高度降解性的颗粒饲料能最有效地促使羔羊生长。

让羔羊在大麦、玉米、甜菜渣、大豆粉、葡萄渣和麦秸的范围内选择食物，与给羔羊含有70%谷物的单一食物相比，它能更有效地将食物转化为肉并且饲料转化率提高。对12周龄的羔羊选择大麦、麦麸、棉籽粉和苜蓿干草进行喂养，与含有17%粗蛋白质的单一饲料进行对比，发现选择饲养有更高的增肉量和更有效的饲料转化率。让羔羊自己选择饲料时，发现每个羔羊之间的选择有很大的差别。给羔羊喂养选择性的颗粒饲料比喂养单一的颗粒饲料有更快的生长速度和更低的腹泻率。

3. 饲料类型与精粗比例 羔羊舍饲肥育的成效不仅与饲粮的营养水平相关，而且与类型、精粗比和饲料组合有密切的关系。相同营养水平而组合不同的饲粮可能产生不同的生产效果，组成饲粮的各饲料间存在正组合效应或负组合效应。评定饲（日）粮配方的优劣，常常通过饲养试验或消化代谢试验，比较不同配方产生的生产性能效果和经济效益、营养物质代谢率，也可检测瘤胃和血液中有关代谢参数。

集约化育肥羔羊的日粮要保证适宜比例的纤维素，在自由采食饲喂中采用高品质粗饲料，或干草颗粒型饲料中提高粒径大小。理想的情况下日粮中粗饲料比例为20%，NDF最低30%，应足以维持瘤胃pH。绵羊和牛最低纤维的需要量是不同的，羊日粮中至少需要10%的粗饲料。

在澳大利亚的西部许多羔羊育肥场，采用以干草型颗粒饲料育肥羔羊，澳大利亚东部各州普遍采用谷物型颗粒饲料，其比干草型颗粒饲料更具价格竞争力。粗饲料是生长羔羊日粮的主要成分，在75%以上的大、中、小型养殖场，在自由采食（Ad libitum）育肥模式中采用干草（或粗饲料源）。在澳大利亚的规模化肉羊饲养场，60%的大、中型生产商和35%的小生产者能为羔羊提供高品质的粗饲料；25%～45%的饲养场只能提供低质量的粗饲料；14%的小型羊场不使用任何粗饲料，而使用精料型颗粒饲料。大多数大中型养殖场在开食料中采用大于50%的粗饲料，而在育肥日粮中粗饲料比例减少。13%的中小型养殖场，在育肥期日粮中保持13%的粗饲料。而50%的大型养殖场和38%的中型养殖场育肥日粮的粗饲料比例低于10%。

(1) 干草型日粮　应以豆科牧草为主（如苜蓿、三叶草），其蛋白质含量不低于14%。也可以采用禾本科如羊草、黑麦草等，那就需要提高精料中高蛋白质饲料的比例。按照渐加慢换原则逐步转到肥育日粮的全饲喂量。按投料方式分为普通饲槽用和自动饲槽用两种。前者把精料和粗料分开喂给，后者则是把精粗料合在一起。为减少饲料浪费，建议集约化肉羊饲养场采用自动饲槽用粗饲料型日粮。

在自由采食的基础上，粗饲料的质量对诱导食欲和采食量十分重要（O'Dempsey,2002；Harpster，2004）。羊的日粮NDF增加，摄入量呈下降趋势。粗纤维在瘤胃的降解率、切铡草段的长度和和使用的粗饲料种类，与日粮中纤维素需求密切相关。粗饲料加工成颗粒型，虽然降低了瘤胃降解率，抑制了咀嚼的效果和唾液分泌，但颗粒饲料在瘤胃中发酵使pH下降，可以通过在谷物型饲料（以玉米、小麦为基础）加入粗纤维饲料来提高pH，从而加快颗粒饲料的发酵。饲料的颗粒长度和颗粒大小影响羊的咀嚼，咀嚼的作用使饲料粒度变小，促进消化。Ruttle发现饲喂羔羊低能量日粮，包括70%的紫花苜蓿干草和30%精料日粮可以提高日增重，提高饲料转化率，减少消化障碍。

由于自由采食型模式给羔羊饲喂干草或稻草，会造成很大的消耗，因此生产者感兴趣的是减少粗饲料需求的饲喂方案。一些集约化的羔羊育肥者在饲喂的日粮中降低纤维素以提高饲料转化效率，但试验发现这种做法没有产生经济效益，相反导致了动物的健康问题，大量使用谷物型精料，常常导致瘤胃疾病、酸中毒。

(2) 青贮饲料型日粮　切碎的青贮饲料直接影响羔羊生长发育，青贮饲料的质量至关重要（Kaiser，2000）。此类型以玉米青贮饲料为主，可占到日粮的67.5%～87.5%，不适用于肥育初期的羔羊和短期强度肥育羔羊，可用于育肥期在70d以上的小羔羊。育肥羔羊开始应喂预饲期日粮10～14d，再转用青贮饲料型日粮。随后适当控制喂量，逐日增加，10～14d内达到全量。

4. 精料定量舍饲与粗饲料自由采食　粗饲料是生长羔羊日粮的主要成分，在85%以上的大、中、小型养殖场，在自由采食育肥模式中采用粗饲料。优质干草是最常用的粗饲料来源，对于羔羊育肥来说，饲喂低能量日粮，包括70%的紫花苜蓿干草和30%精料日粮（相对70%的精料日粮）可以提高日增重，提高饲料转化率，减少消化障碍。青贮饲料也是日粮的重要组成部分，切碎的青贮饲料长度影响羔羊生长发育、消化与饲料转化，青贮饲料的质量至关重要。姚树清等（1994）研究了陶赛特羊×小尾寒羊杂交羊不同营养水平的对比饲喂试验，精料饲喂量：20 日龄至 1 月龄 50～70g，1～2 月龄 100～150g，2～3 月龄200g，3～4 月龄 250g，4～5 月龄 350g，5～6 月龄 400～500g。粗饲料为花生秧、甘薯秧、玉米茎叶等，自由采食。高营养组喂给配制的标准混合饲料，精粗料比例为 1∶1，低营养组喂给低蛋白含量的混合精料，精粗料比例为 1∶1.3。两组经 6 个月饲喂，高营养组羔羊生长发育正常，体重增加显著；低营养组羔羊生长发育缓慢，增重效果差。高营养组 6 月龄体重比低营养组体重增加 9kg，提高 40.91%，达到极显著水平。随着月龄增加两组羔羊体重差距越来越大，高营养组增重十分明显，因此，要保证羔羊最高日增重，就必须有高水平的营养和全价日粮。王志武、毛杨毅等（2010）研究了特克赛尔羊、无角陶赛特羊和萨福克羊为父本与小尾寒羊杂交羊的育肥试验，15 日龄开始后补喂精料和苜蓿草。2 月龄断奶，断奶后羔羊采用全舍饲育肥，粗饲料为干苜蓿和玉米秸秆。羔羊精料的喂量随着日龄增加逐渐增加，10～30 日龄平均每天 50g/只，30 日龄增至 150g/只，60 日龄增至 600g/只，100 日龄增至 800g/只，每天 2 次投放。陶赛特羊与小尾寒羊杂种一代公羔平均日增重 217.13g，母羔平均日增重 204.25g；萨福克羊与小尾寒羊杂种一代公羔平均日增重 215.28g，母羔平均日增重 204.33g；特克赛尔羊与小尾寒羊杂种一代公羔平均日增重 223.33g，母羔平均日增重 209.78g。陶赛特羊与小尾寒羊杂种 F_1 代羔羊 6 月龄体重比小尾寒羊提高了 28.67%～30.03%。萨福克羊与小尾寒羊 F_1 代羔羊 6 月龄体重比小尾寒羊提高了 28.47%～28.84%。杨健、荣威恒（2007）以杜泊羊、无角陶赛特羊、德国美利奴羊、萨福克羊、特克赛尔羊 5 个引进肉用型品种为父本，以蒙古杂种羊为母本，组成 5 个经济杂交组合，另设一个蒙古羊对照组。每只每天饲喂玉米青贮 2kg，青干草 1kg。5 个杂交组合中，德国美利奴羊、萨福克羊、陶赛特羊、杜泊羊、特克赛尔羊×蒙古羊，日增重分别为273g、265g、254g、238g、211g，对照组蒙古羊为155g，日增重以德国美利奴羊×蒙古羊杂交组最高，与对照组及特克赛尔羊×蒙古羊组差异显著，与其他 3 组差异不显著。

5. 颗粒饲料育肥　全混合颗粒饲料是现代集约化舍饲羔羊育肥生产的模式。羔羊舍饲肥育中饲粮配合与采食的全价性，对营养物质的利用和肥羔生产水平起决定作用。除全价性良好外，采用全饲粮颗粒饲料能提高家畜采食量，并且饲喂操作简便，可减少草料抛撒浪费，有效地利用多种饲料资源，尤其使干草等更加均匀，减少动物挑食，可降低饲养成本，提高育肥效益等优点。据当地饲料资源现状，研究不同类型的肥育羔羊全混合饲粮配方和饲养技术对推动我国羔羊育肥向规模化集约化过渡有积极的意义。

颗粒饲料已经在国外养羊业中广泛应用，在我国推广不开的原因是饲料工业起步较晚，加工设备落后，动力费用高。近几年，颗粒饲料饲养羔羊的应用研究发展较快，在牧区牧草压块也有一定的发展，收到了良好的经济效益和社会效益。

（1）羊颗粒饲料的特点　颗粒饲料容易消化，羊采食颗粒饲料咀嚼的时间较长，可使口腔多分泌淀粉酶，使吃到口中的饲料充分和唾液混合，刺激肠道的蠕动，大大提高了饲料中营养物质的消化率。各种饲料组分通过加工处理，更加均匀，减少动物挑食。颗粒饲料在压制过程中，经过短时高温、高压的综合作用，不仅使饲料中的淀粉糊化、蛋白质组织化，使酶活性增强，使饲料中含有的豆类及谷物中的一些阻碍营养物质消化利用的物质（如抗胰蛋白酶因子）钝化，这些都提高了饲料的消化率。可杀灭动物饲料中的沙门氏菌等病菌。另外，颗粒饲料便于饲喂、储存和运输。

颗粒饲料的缺点是：所用设备多，加工电耗高，需要蒸汽，机器易损坏，部分营养成分（如维生素类）受到一定程度的破坏。

（2）加工工艺　根据羊不同时期的营养需求配制，利用颗粒机将混合饲料或配合饲料用饲料颗粒机压制成不同大小条状颗粒。颗粒饲料加工设备有两种，平模饲料颗粒机和环模饲料颗粒机。

颗粒饲料的制粒方法，用的最多的是干挤法和蒸汽调质制粒。

①干挤法制造颗粒饲料：是一般小型饲料厂使用的方法，用一台制粒机将粉料在压力的作用下挤压成颗粒，不加水，不加蒸汽，只是由机器外压制成，没有发生任何化学变化。

②蒸汽调质法制造颗粒饲料：这种方法包括几道工序，如压粒、冷却、粉碎、分级等。调质工艺是制粒过程中最重要的环节，调质的好坏直接决定着颗粒饲料的质量。调质目的是将配合好的粉料用饱和蒸汽调质成为具有一定水分、一定温度、有利于制粒的粉状饲料。制粒工艺是物料在供料区基本不受外力作用，处于原粉料的固结状态。随着模辊的转动，物料进入压紧区。在此区域内，物料受到模辊的挤压作用，粉料间产生相对运动，随着物料向前推进，挤压力逐渐增大，移动速度加快，物料进入挤压区后，挤压力急剧加大，粉料进一步排紧，接触面进一步增大，当挤压力继续增加，超过模孔内料栓的摩擦力时，具有一定密度和连接力的物料则被挤压进入模孔。在模孔内，经过一定时间挤压后，形成颗粒饲料。

在制作羊颗粒饲料的过程中，为保持饲料呈颗粒状，一般应在饲料中添加10%左右的草粉作黏合剂。在用干稻草作草粉添加在颗粒饲料中时，应先将干稻草粉制成丝状，以保证草粉有足够的黏合力。

（3）颗粒饲料使用注意事项　要根据畜禽的生长阶段按饲养标准选择

适合该阶段使用的颗粒饲料。不能将颗粒料作为一种配料少量加入到自配的饲料中混合饲喂，或将全价配合颗粒饲料随意与糠麸等饲料搭配，否则会造成饲料营养不均衡，影响畜禽的生长发育，达不到预期的效果。全价配合颗粒饲料宜直接干喂，不要加水拌成湿料喂，干喂时，可备水槽或自动饮水机，保证供应充足的清洁饮水。颗粒饲料应妥善保管，并注意通风、防潮和防鼠，以防饲料霉变和损失。购买颗粒饲料时，要注意一些低档饲料厂家为迎合客户只重外观的心理，给产品添加色素和香味剂来掩盖其低劣质量。

（4）颗粒饲料的类型与饲喂效果　此类型日粮仅适用体重较大的健壮羔羊肥育用，如绵羊初重35kg左右，经40～55d的强度育肥，出栏体重达到45～50kg。育肥羊的日粮组成要求有较高的能量和蛋白质水平，营养丰富。一般舍饲育肥使用颗粒饲料效果好，饲料报酬高，而且以粗饲料60%～70%（含秸秆10%～20%）和精饲料30%～40%的配合颗粒饲料最佳。

孙玉国、郝正里等（2000）按同质原则将40只4～4.5月龄无角陶赛特羊与藏羊的杂交一代羔羊，分为4个饲粮处理组（每组10只，5只公羔5只羯羔），每只为一个重复，采用三因子（2×2×2）设计，以研究同一营养水平和以精料为主类型饲粮，改变部分能量（饲料A因子）和蛋白质（饲料B因子）饲喂公羔和羯羔（C因子）的影响效果，结果表明，4个处理组日增重依组次为0.238、0.256、0.266、0.245kg，A、B因子及其交互作用和A、B、C因子的交互作用对羔羊采食量、日增重和饲料转化率的影响均不显著，各组间育肥效果没有显著差异。但从试验结果仍可看出饲料组合较低程度的变化也产生了一定的影响，A_2采食量、日增重及A_2B_1、A_1B_2增重和饲料转化效率有略升高的趋势。王文奇、侯广田等（2012）研究了萨福克羊×阿勒泰羊杂交羔羊，试验羊随机均分为自由采食、70%自由采食水平组（70%AL）和40%自由采食水平组（40%AL）等3个处理组，试验羊均采食同一种全混合颗粒饲料，日粮精粗比设计为60∶40。晨饲前称取每只羊前一日的剩料量，保证自由采食组剩料约为饲喂量的10%，并根据自由采食组（AL）的采食量，确定70%和40%两个限饲组每天的饲喂量。不同饲喂水平间，羔羊采食量、体重和全期日增重差异均显著，且随着采食水平的增加，羔羊末体重也呈现直线的上升趋势；羔羊日增重呈上升的趋势，AL组日增重达310g，70%AL组达160g。彭津津、赵克强、张英杰等（2012）研究了无角陶赛特羊×小尾寒羊杂交二代公羔育肥性能，试验分为初期组、中期组、末期组共3组。初期、中期组自由饲喂（100%饲喂水平）全混颗粒饲料（颗粒直径5mm，长度10mm）。末期组的15只羊分为100%饲喂水平组、60%饲喂水平组和40%饲喂水平组。试验羊饲喂同一种全混颗粒饲料，在同一饲喂水平下，中期组体重达 40.96kg 时日增重达到 317.78g。自由采食组末期体重为 45.3kg，日增重 221.88g。

饲养管理要点：应保证羔羊每天每日食入粗饲料 45～90g，可以单独喂给少量秸秆，也可用秸秆当垫草来满足。进圈羊只活重较大，绵羊为 35kg 左右，山羊 20kg 左右，进圈羊只休息 3～5d 注射三联疫苗，预防肠毒血症，隔 14～15d 再注射一次。保证饮水。

在用自动饲槽时，要保持槽内饲料供应不间断，每只羔羊应占有 7～8cm 的槽位。羔羊对饲料的适应期一般不低于 10d。

6. 全混日粮（TMR）育肥　全混合日粮（Total mixed ration，TMR）是根据反刍动物（牛、羊等）营养需要的粗蛋白质、能量、粗纤维、矿物质和维生素等营养成分，把铡切适当长度的粗饲料、精饲料和各种添加剂，按照一定的比例进行充分混合而得到的一种营养相对平衡的日粮。

TMR 对实施舍饲饲养方式、提高饲养草食动物的经济效益十分重要。各种粗饲料被切碎，再与精饲料及其他添加物均匀混合，改善了粗饲料的适口性，提高了家畜采食量；家畜在任何时间采食的饲料都是营养均衡的，瘤胃内可利用碳水化合物与蛋白质的分解利用更趋于同步，从而使瘤胃 pH 更加趋于稳定，有利于微生物的生长、繁殖，改善了瘤胃机能，防止消化障碍；TMR 可以掩盖适口性较差饲料的不良影响，使家畜不能挑食，从而减少了粗饲料的浪费，降低了饲料成本；TMR 搅拌机的使用，使得集约化饲养的管理更轻松，从而提高了养殖业的生产水平和经济效益。

将 TMR 中粗饲料碱化或者氨化处理，可以提高其营养价值。不同长度稻草（1～2cm，5～6cm）的 TMR 饲喂延边半细毛羊，饲料各营养成分消化率随着稻草长度增加而增加，增加了饲料在瘤胃内的滞留时间，使其发酵速度减慢，有利于瘤胃吸收低级脂肪酸和氮。TMR 粒度过细，瘤胃发酵加快，造成瘤胃 pH 过低，长期饲喂有酸中毒的危险。TMR 颗粒化处理可以改善日粮适口性，提高食糜在消化道中的流速，增加羊的干物质采食量，提高日增重和饲料转化率。饲料在制粒过程中的加热可增加过瘤胃蛋白和糊化淀粉的数量，提高能量和蛋白质用于增重的转化效率。有试验证明优化后的饲料配比为全混合日粮中玉米秸 25.25%，混合精料 50.06%，苜蓿草粉 24.69%，精粗比例为 50∶50 时，获得最大日采食量为 1 600g。

史清河、韩友文等（1999）研究了 4 种不同处理的全混合日粮（TMR）对羔羊瘤胃消化代谢的影响。试验期采集瘤胃液，研究其 pH、氨氮、尿素氮、总氮及蛋白质浓度的动态变化规律。试验结果表明，在含玉米秸的 TMR 中，以尿素蛋白精料等氮代替豆饼，对试验羊瘤胃液 pH 及蛋白质含量均无明显影响，虽显著提高了试羊瘤胃液氨氮浓度，但仍未超出瘤胃微生物利用氨的限量范围；在含尿素蛋白精料的 TMR 中，玉米秸的碱化处理，可明显提高试验羊瘤胃液 pH，而其氨氮浓度及蛋白质含量均无显著变化；对含尿素蛋白精料及碱化玉米秸的 TMR 进行颗粒化加工，并未明显影响试验羊瘤胃液 pH、氨氮及蛋白质浓度；各处理组试验羊瘤胃液 pH 及氨氮浓度均处于正常生理范围内。从而证明在全混合日粮中以尿素蛋白精料取代豆饼、玉米秸的碱化处理及 TMR 的颗粒化加工均具有理论可行性。

邓凯东、刁其玉等（2012）研究了德国美利奴羊×内蒙古细毛羊杂交育肥试验，采用全混日粮（TMR）配方为羊草 45.0%、玉米 37.3%、豆粕 16.0%、磷酸氢钙 1.0%、食盐 0.50%、预混料 0.20%，营养水平为代谢能 18.04MJ/kg、粗蛋白质 13.70%、钙 0.82%、磷 0.48%，3 个试验组分别按自由采食量的 100%、75%和 55%饲喂同种 TMR 饲料（精粗比 55∶45），自由采食组羊体重达到 50kg 时，3 组羊同时屠宰。采食量和日增重均随饲喂水平降低而降低，日增重分别达到为 282.3g、180.7g、103.9g。自由采食组的代谢能采食量和能量沉积均显著高于限饲组，而限饲组间则差异不显著。

7. 放牧与补饲的羔羊育肥

放牧与补饲是牧区的羔羊育肥生产的主要模式。牧草产草量、牧草质量是影响家畜干物质采食量及增重的主要因素，补饲作为充分发挥家畜生产增重机能的重要手段，要达到理想的补饲效果必须考虑该地区牧草的数量、产量、生物量变化。Suiter 和 McDonald（1987）研究了舍饲断奶羔羊和放牧围场补饲羔羊间的活体重之间的变化，尽管在舍饲的前 34d 酸中毒是常见的问题，但他们得出结论是饲喂地点（舍饲或是放牧围场）不是影响断奶羔羊生长的重要因素。Savage（2006）调查细毛美利奴羊的生产潜力，无论舍饲还是放牧围栏内采食高品质的牧草加补饲或单独放牧，都没有发现生长率之间的显著差异。然而，当前行业日增重的标准是最低 131g。Savage 发现舍饲羔羊间的生长性能有很大的差异，可能是有的羊胆小影响采食。但是，也有人试验结果完全不一样。Ali 等人（2005）研究早期断奶羔羊（70～94d）从断奶后到活重达 58.5kg 的生长情况时发现，舍饲育肥羔羊（333g/d，4.4∶1）的日增重和饲料转化率比放牧围栏（244g/d，5.1∶1）的显著大。Davidson 与 Peacock（2006）比较美利奴羊分组采食两种颗粒料后的生长性能，结果表明舍饲的日增重比放牧围栏的要高 154g，放牧围栏的日增重是 212g，而舍饲的日增重是 366g，故使用颗粒料要高出 42%的日增重。

张秀陶等（2001）研究了宁夏旱荒漠草场（植被覆盖率只有 20%～40%，牧草萌发迟，年枯草期达 7 个月），萨福克羊 F_1 代在放牧加补饲的饲养方式下，1 月龄开始放牧，归牧后补全价颗粒料 100g /只，断奶后补饲 200g/只，自由采食杂干草。6～7 月龄羯羊育肥期 60d，特别是在 11、12 月份枯草期，用农副产品进行短期舍饲育肥，在高精料组，萨福克羊 F_1 代的日增重为 119.13g，比土羊的 90.5g 提高 31.82%，高精料组的增重效果优于低精料组，而低精料组的饲料报酬高于高精料组，适时屠宰，可实现年内出栏，缩短饲养周期，是农户养羊致富的一条行之有效的途径。

郭天龙、金海等（2012）研究了内蒙古锡林郭勒草原选用杜泊羊和乌珠穆沁羊杂交羊试验，自然放牧的基础上，采用同能量不同蛋白质水平的颗粒饲料（1 号饲料高蛋白质，CP 16.2%，2 号饲料低蛋白质，CP 9.49%），共育肥 69d，育肥期内按照牧草返青情况，试验分前期（20d）、中期（30d）、后期（19d），每天晚上归牧后试验组分别补饲，试验全期平均饲料补饲量为 1 号饲料 427g，2 号饲料 371g。试验组Ⅰ、Ⅱ日增重分别为为 159g 和 119g；在补饲的中期，试验组Ⅰ补饲效果差异显著，日增重 177g，试验组Ⅱ差异不显著；在补饲后期，试验组间差异不显著；羔羊补饲的效果与放牧草场的情况相关，在试验前期，牧草没有返青，为枯草期，羔羊放牧采食量及采食到的营养物质均不能满足增重的需求，所以增重缓慢，此时补饲，增重效果最显著，而到补饲后期，牧草已全部返青，牧草种类增加，羔羊此时补饲与对照组差异不显著，补饲效果差。

新西兰在进行肥羔生产时，育肥方法主要抓哺乳期羔羊的放牧育肥，供育肥的羔羊生后在优质人工草场上放牧，必要时补饲少量的干草、青贮饲料和精料。肥羔 5～6 月龄活重达 36～40kg。

近几年国内羔羊育肥试验情况见表 6-1。

（二）羔羊育肥的管理要点

1. 长途运输时，羔羊在到达目的地之前，可能受到长时间的禁食和压力，首先考虑的是供应充足的饮水和干物质，并提供一个安静、宽松的环境。在羔羊引进前至少 3d 开始以优质豆科干草、谷物或颗粒饲料为主的日粮饲喂，也可以采用高品质的颗粒干草作为粗饲料来源。如果羔羊运输超过 2d，或在炎热、潮湿的条件下运输，需要提供电解质水。羔羊采用颗粒干草，可大大降低引种期间发生酸中毒的风险。

2. 集约化饲养，断奶前补饲的饲料应与断奶后育肥的饲料相同，逐步过渡。因为瘤胃细菌种群需要一段时间才能适应从哺乳转变为饲料为主导的饮食习惯，要避免在生产中乳酸的显著增加。无论是舍饲或优质的牧场放牧，断奶后羔羊面临许多困难，需要精心管理，尤其要注重包括适应周围环境和日粮变换。精心管理，以确保迅速适应饲料和新的环境，以及避免急性发作的胃肠功能紊乱，如酸中毒、肠毒血症和脑灰质软化症。

表 6-1　近几年羔羊育肥试验的效果

品种	饲养方式	饲料配方	体重及育肥期	生长率	作者与时间
萨福克羊×本地绵羊品种杂交一代	1月龄开始放牧，归牧后补全价颗粒料100g / 只。断奶后补200g/ 只。自由采食杂干草甜菜叶，玉米秸。育肥期舍饲	全价颗粒料配方：玉米 67.0%，豆粕 5.0%，棉粕 5.0%，菜粕 5.0%，麸皮 14.5%，食盐 1.5%，预混料 2.0%。 育肥料配方：玉米 65.0%，胡麻饼 22.0%，麸皮 9.5%，预混料 2.0%，食盐 1.5%	6～7 月龄羯羊育肥期 60d	日增重 118.0g	张秀陶等（2001）
杜泊羊×乌珠穆沁羊杂交一代	在自然放牧的基础上，补饲颗粒饲料 427g	1 号饲料（玉米 68.4%、麸皮 6.5%，豆粕 14.2%、棉籽粕 8.5%、石粉 1.4%、食盐 0.5%、预混料 0.5%，营养水平 DM 87.2%、CP 16.2%、ME 11.10MJ/kg、Ca 0.55%、P 0.42%）	5 月 25 日试验开始，8 月 2 日结束，共育肥 69d	试验组Ⅰ、Ⅱ日增重分别为 159g 和 119g	郭天龙、金海等（2012）
陶赛特羊×小尾寒羊杂种一代	每只羔羊日喂量：20 日龄至1月龄为50～70g，1～2月龄为100～150g，2～3 月龄为 200g，3～4 月龄为 250g，4～5 月龄为 350g，5～6 月龄为 400～600g。粗饲料以花生秧为主和其他作物茎叶（草粉），自由采食	精料配方：玉米 55%、麸皮 12%、豆粕 30%、食盐 1%、鱼粉 2%，营养水平 DM 88.0%、ME 11.10MJ/kg、CP 20.57%	3 月龄体重 19.72kg 开始，6 月龄 31.07kg 结束	日增重 126.0g	姚树清等（1995）
萨福克羊×阿勒泰羊杂交羔羊	日粮精粗比设计为 60：40。保证自由采食组剩料约为饲喂量的 10%	玉米 34%、豆粕 21%、葵花粕 2%、红花籽粕 1%、食盐 1%、预混料 1%、苜蓿 30%、小麦秸 10%，营养水平 DM 88.42%、CP 18.84%	试验时间为 2010 年 6～8 月，体重相近（18.03kg±1.02kg）	自由采食组日增重 310g，70%组 160g	王文奇、侯广田等（2012）

（续）

品种	饲养方式	饲料配方	体重及育肥期	生长率	作者与时间
以杜泊羊、陶赛特羊、德国美利奴羊、萨福克羊、特克赛尔羊为父本，以蒙古杂种羊为母本	每只每天饲喂玉米青贮 2kg，青干草 1kg	玉米 62%，麸皮 15%，胡麻饼 12%，豆粕 7%，食盐 1%，预混料 3%。每千克精料中添加 Fe 60mg，Cu 8mg，Mn 57mg，Zn 0.6mg，Co 0.6mg，I 0.3mg，Se 0.2mg，维生素 A 1 000IU，维生素 D 3 200IU，维生素 E 15IU	试验时间 90 日龄、150 日龄，体重相近	德国美利奴羊、萨福克羊、陶赛特羊、杜泊羊、特克赛尔羊×蒙古杂交羊，日增重分别为 273g、265g、254g、238g、211g	杨健、荣威恒等（2007）
特克赛尔羊、陶赛特羊和萨福克羊为父本，与小尾寒羊杂交羊	羔羊精料的喂量：10～30 日龄每天 50g/只，30 日龄 150g/只，60 日龄 600g/只，100 日龄 800g/只，每天 2 次投放	玉米 60%，麸皮 5%，豆饼 30%，预混料 4%，食盐 1%	测定 1～6 月龄体重	日增重陶寒公羔 217.13g，母羔 204.25g；萨寒公羔 215.28g，母羔 204.33g；特寒公羔 223.33g，母羔 209.78g	王志武、毛杨毅等（2010）
陶赛特羊×藏羊杂交一代	全饲粮颗粒饲料（颗粒直径 5mm，长度为 10mm）	配方 1：玉米 44.88%，小麦 4%，棉籽粕 8%，菜籽粕 5.7%，玉米蛋白粉 5.9%，苜蓿干草粉 15%，玉米秸 15%，石粉 0.72%，食盐 0.5%，预混料 0.3%； 配方 2：玉米 44.6%，干甜菜渣 4%，棉籽饼 8%，大豆粕 7.5%，玉米蛋白粉 4.3%，苜蓿干草粉 15%，玉米秸 15%，磷酸氢钙 0.2%，石粉 0.60%，食盐 0.5%，预混料 0.3%	4～4.5 月龄，公羔、羯羔，预试期 21d 和正试期 50d	2、3 号配方日增重分别为 256g 和 266g	郝正里等（2002）

（续）

品种	饲养方式	饲料配方	体重及育肥期	生长率	作者与时间
陶赛特羊×小尾寒羊寒杂交二代公羔	试验分为初期组（5只）、中期组（5只）、末期组（15只）共3组。初期、中期组自由饲喂（100%饲喂水平）全混颗粒饲料（颗粒直径5mm，长度10mm）	干草41.80%、玉米39.18%、豆粕16.35%、磷酸氢钙0.23%、石粉0.60%、食盐0.77%、预混料1.07%，营养成分为干物质1.14kg、代谢能12.40MJ/d、可代谢蛋白质134.17g/d、钙6.58g/d、磷4.37g/d，每千克预混料添加剂中含有维生素A 260IU、维生素E 30IU和维生素D_3 2 200IU，Fe 57.86mg、Zn 42.73mg、Mn 33.65mg、Cu 9.34mg、Se 0.19mg、I 0.76mg和Co 0.23mg	6月龄体重34.54kg，试验期62d，结束体重45kg，中期组18d（40kg）	中期组日增重达到317.78g。自由采食组日增重221.88g	彭津津、赵克强、张英杰等（2012）
德国美利奴羊×内蒙古细毛羊杂交	采用全混日粮（TMR，精粗比55∶45），自由采食量100%，75%	羊草45.0%、玉米37.3%、豆粕16.0%、磷酸氢钙1.0%、食盐0.50%、预混料0.20%，营养水平为代谢能18.04MJ/kg、粗蛋白质13.70%、钙0.82%、磷0.48%	5月龄体重为33.9kg，结束体重达到50kg	自由采食量100%、75%日增重分别达到282.3g、180.7g	邓凯东、刁其玉等（2012）

3. 热应激会增加维持能量的需求，用来生长的能量则相应减少。气温38℃时，羊主要依靠呼吸进行散热，仅有30%的水分从皮肤排出。热应激会引起喘息，从而导致呼吸性碱中毒。观察家畜呼吸频率是判断是否存在热应激的最可靠、最简单和低成本的标志。呼吸消耗能量低、散热效率高，此外羊每分钟呼吸300次以内不会造成呼吸性碱中毒。在极端热负荷的情况下，呼吸变慢变深从而造成严重性碱中毒。提供遮阳可以降低呼吸频率。

对室外集约化育肥的羔羊来说，树荫也是一种最常见的遮阳方式，在栅栏边种树可以遮阳。

4. 育肥期一般为50～60d，此间不能断水和断料。采取自由饮水。

5. 温度每下降1℃，干物质和氮消化就会下降0.14%，当温度下降到18℃以下时，干物质和氮消化率就会下降0.31%。羊毛是一个有效的保温体，但是当羊毛变湿的时候保温效应就会下降，尤其是在有风的季节。适当降低棚内羔羊群的密度以增加羔羊的活动，这样可以减轻冷应激的影响。搭建拱棚是一种很有效的挡风设施，也可以防雨。在多雨的地方，通过减少冷应激引起的死亡，可以有效地使羔羊度过冬季。

（三）羔羊生产性能监控和记录

个体生产性能会影响羔羊育肥的效益，因此应该进行个体识别的称重。规模化羔羊育肥在羊进场和出场时都要进行称重。在生长期对羔羊进行定期称重和脂肪评分有助于剔除那些由于各种原因而不能适应育肥场环境的羔羊。澳大利亚采用了一种高效的自动驱赶和称重系统，可以节约劳动力并使驱赶变得相对简单而高效，大部分自动驱赶称重系统可以下载称重数据进行保存。很多生产者不愿意测定体重是因为有可能造成体增重下降，并且称重设施低效，定期称重费时。澳大利亚绵羊产业创新合作研究中心（CRC）正在试验电子“Walk-through”称重系统。称重对于决定羔羊出售的时间是很重要的，称重并不会对羊的生长起负面作用。羊第一次通过不熟悉设备的时候，会对周围的环境产生恐惧，可能会不好操作，然而到了第二次羊就不会受到称重程序的影响。

二、成年羊育肥技术方案

（一）育肥羊的选择与准备

成年羊育肥来源一般有两种情况，一种是收购来的，这种羊由于品种、年龄、防疫情况不是十分清楚，选择羊时，要逐个看体型外貌、齿龄、健康状况，尽可能选择肉用体型明显、年龄3岁以下、体况评分不低于2分的。购回后要放在隔离舍观察2周，并注射疫苗，然后再转入育肥舍。一种是自繁自养，这种由于品种、年龄、防疫情况都是清楚的，风险较小。肥育羊入圈前进行称重、分群、驱虫。

（二）育肥方式

育肥方式可根据羊只来源和牧草生长季节来选择，成年羊育肥时，应按品种、活重和预期增重等主要指标确定育肥方式和日粮标准。目前，主要的育肥方式有放牧与补饲型和颗粒饲料型两种。

1. 舍饲育肥 舍饲育肥又分为棚舍育肥和敞圈育肥。从长远发展来看，专业化、集约化的肉羊生产经营方式将是发展我国养羊业的一条有效途径，天然草场条件较差的地区种草养羊、对肉羊进行舍饲饲养，是优化农业产业结构、增加农民收入的有效途径。舍饲育肥期通常为60～90d，在饲料充足的条件下，一般羔羊可增重30～40kg。在对于农区来说，充分、合理、科学地利用十分丰富的农作物秸秆和农副加工产品等饲料资源，既解决了由于焚烧秸秆而造成的环境污染，又缓解了发展养羊生产与放牧地紧缺的矛盾。

舍饲肥育的料型以颗粒料的饲喂效果较好，精料可以占到日粮的45%～60%，随着精料比例的增高，羊只育肥强度加大，故要注意在利用精料上给羊一个适应期，预防过食精料引起的酸中毒、肠毒血症和钙磷比例失调引起的尿结石症等。育肥期不宜过长，达到上市要求即可。

2. 放牧补饲育肥 在夏秋季节的北方天然草场上进行短期放牧育肥，不仅可以充分利用天然牧草资源生产优质的羊肉，而且可以加快羊群的周转，减少羊群对冬春草场的压力，降低生产成本，提高经济效益。这是一种应用最普遍、最经济的育肥方法，适合于放牧条件较好的地区。

放牧育肥羊要按年龄和性别分群，必要时按膘情调整。育肥期选择在8～10月份，此时牧草开始结籽，营养充足、易消化，羊只抓膘快，育肥效果好。一般放牧育肥60～120d，成年羊体重可增加25%～40%，羔羊体重可成倍增长。成年羊放牧肥育时，日采食量可达7～8kg，平均日增重100～200g。在放牧的同时，给育肥羊补饲一定的混合精料和优质青干草。在秋末冬初，牧草枯萎后，对放牧育肥后膘情仍不理想的羊，采用补饲精料，延长育肥时间，进行短期强度育肥，育肥期30～40d。

对放牧育肥羊补喂一般要在每天归牧后晚上进行。粗饲料主要利用作物秸秆、树叶、青干草、青贮饲料等，粗料不限，自由采食。精料可由玉米、高粱、麸皮、豆饼、棉籽饼、花生饼、菜籽饼、贝粉、食盐、尿素及矿物质添加剂等组成。每千克风干日粮中含干物质0.87kg，消化能13.5MJ，粗蛋白质12%～14%，可消化蛋白质不低于105g。精料每日每只羊喂量250～500g。

（三）饲养管理要点

1. 饲喂制度 成年羊日粮的日喂量依配方不同而有差异，一般为2.5～2.7kg。每日投料2次，日喂量的调节以饲槽内基本不剩余为宜。喂颗粒料时，最好采用自动饲槽投料，午后适当喂些青干草，以利于反刍。

2. 饲料选择与配制 充分利用天然牧草、秸秆、灌木枝叶、农副产品以及各种下脚料，扩大饲料来源。合理利用尿素和各种添加剂。据资料介绍，成年羊日粮中尿素可占到1%，矿物质和维生素可占到1%～4%。

3. 管理方法 圈舍要保持干燥、通风、安静和卫生，圈内设在足够的水槽和料槽，以保证不断水、不缺盐。

三、国外肉羊的集约化饲喂系统

在羔羊饲养场要使用很多的饲喂设备，大多数的育肥羔羊的饲料加工后，通过自动饲喂系统供应。考虑到减少人力费用，自动饲喂系统被认为是最经济的饲养选择。自动饲喂系统的使用大大提高了工作效率。自动饲喂系统有室内自动饲喂系统与室外饲养场的自动饲喂系统两种。最佳的生长速度和饲料转化效率是集约化羔羊育肥系统主要的利益动力，因此在育肥初期，应该优先激励羔羊提高干物质采食量。当料槽空间受到限制时，羔羊干物质采食量会降低。

大多集约化的饲养场提供高品质的牧草，加或不加谷物补充；或者提供自动加料机来方便自由采食，从而避免了饲料需求的计算。多数饲养场通过自动加料机提供自由采食，提高了劳动效率（Gaison 和 Wallace，2006）。

饲料的不同供给方式可导致浪费，自由采食的干草浪费可高达20%，而自动加料机使谷物的浪费降低至2%。在澳大利亚饲养舍配备有许多配套的饲喂设施（图6-1）。舍饲时，饲喂器应沿中间通路布置，这样便于饲料传送，并

图6-1 室内颗粒料自动传送系统

避免伤害羔羊。饲喂器布置在通道上常常会导致采食量的减少。而在运动场围栏里，饲料槽位于饲养场的中部比位于围栏边更便于羔羊采食。使用自动饲喂器时，采食量和饲喂量的测定不是很精确。当有的羔羊开始接触自动饲喂器时，就出现明显的个体采食量变化。对不熟悉的设备和饲喂器的设置产生的恐惧会影响采食量，抑制生长速度。

自动饲喂器能更容易地把全混合日粮（TMR）饲料传输到开放料槽（图6-2）。许多自动饲喂器是基于饲喂谷物型饲粮来设计的，排放孔太小会导致全混合日粮流动困难。一些饲养场采用牛用的自动饲喂器，但是由于给料盘过大，羔羊能爬到盘上面，妨碍了其他羔羊的采食，并导致饲料浪费。

图 6-2　室外饲养场自动饲喂器

圆形饲喂器的优势是可以防止羔羊采食时触碰设备棱角致伤。一些养殖者在圆形饲喂器的右侧安装隔板，来防止强势羔羊追赶弱势羊而使弱势羊吃不到饲料。

大约20%的大型户外饲养场采用了自动饲养系统。图6-3展示了澳大利亚简单、高效的室外饲养场的自动饲喂系统。

图 6-3　室外颗粒饲料自动传输系统

一个澳大利亚西部饲养场发明了一部既简单又经济的喂食器，这个喂食器由遮阳布和一个手提播种机组合而成。这个系统非常适合于青贮饲料的定量供给，因为过量的水分可以从饲料中自动流出，如图 6-4 所示。

图 6-4 遮阳布自动饲喂系统

饲喂干草的另一种方法，就是采用全混合日粮技术。这个技术通过把干草与谷物、添加剂混合起来，可以减少浪费问题。需要事先做好羔羊的调教，让羔羊学会怎样从饲喂器中获取饲料，如图 6-5 和图 6-6 所示，在羔羊放牧过程中，采用自动饲喂器补饲全混合日粮的情况。

图 6-5 饲喂全混合日粮的自动饲喂器

图 6-6 开放饲槽饲喂羔羊

第四节　无公害羊肉生产技术

生产无公害羊肉，应该从饲料、饲养管理、兽药使用、免疫四个方面着手。

一、饲料

生产无公害羊肉要选用无发霉、变质、结块及异臭、异味的饲料原料，其中有毒有害物质及微生物含量不能超标，不使用除蛋、乳制品外的动物源性饲料，不使用各种抗生素滤渣和违禁药物。其中的饲料添加剂必须是农业部允许使用的饲料添加剂品种目录中所规定的品种和取得批准文号的新饲料添加剂品种。其次，配料过程要求操作规范，投料量准确，饲料产品的生产、运输、使用过程无污染。

二、饲养管理

（一）羊只引进和购入

引进种羊要严格执行国务院《种畜禽管理条例》第 7、8、9 条，并进行检疫。购入羊要在隔离场（区）观察不少于 15d，经兽医检查确定为健康合格后，方可转入生产群。

（二）羊场环境与工艺

羊场生产区要布置在管理区主风向的下风或侧风向，羊舍应布置在生产区的上风向，隔离羊舍、污水、粪便处理设施和病、死羊处理区设在生产区主风向的下风或侧风向。场区内净道和污道分开，互不交叉。按性别、年龄、生长阶段设计羊舍，实行分阶段饲养、集中育肥的饲养工艺。饲养区内不应饲养其他经济用途动物。

羊场环境要充分考虑放牧和饲草、饲料条件，羊场应建在地势干燥、排水良好、通风、易于组织防疫的地方。按规定周围 3km 以内无大型化工厂、采矿场、皮革厂、肉品加工厂、屠宰场或畜牧场等污染源。羊场距离干线公路、铁路、城镇、居民区和公共场所 1km 以上，远离高压电线。羊场周围有围墙或防疫沟，并建立绿化隔离带。

羊舍设计应能保温隔热，地面和墙壁应便于消毒。应通风、采光良好，空气中有毒、有害气体含量低。羊场要设废弃物处理设施。

（三）卫生消毒

1. 选用合理的消毒剂　①火焰消毒：用喷灯对羊只经常出入的地方、产房、培育舍，每年进行1～2次火焰瞬间喷射消毒。②熏蒸消毒：用甲醛等对饲喂用具和器械在密闭的室内或容器内进行熏蒸消毒。③浸液消毒：用规定浓度的新洁尔灭、有机碘混合物水溶液，洗手、洗工作服或对胶靴进行消毒。④紫外线消毒：人员入口处设紫外灯，照射至少5min。⑤喷洒消毒：在羊舍周围、入口、产房和羊床下面撒生石灰或氢氧化钠溶液。⑥喷雾消毒：用规定浓度的次氯酸盐、有机碘混合物、过氧乙酸、新洁尔灭等，进行羊舍消毒、带羊环境消毒、羊场道路和周围以及进入场区的车辆消毒。

2. 消毒制度 ①羊舍消毒：每批羊只出栏后，要彻底清扫羊舍，采取喷雾、火焰、熏蒸消毒。②用具消毒：定期对分娩栏、补料槽、饲料车、料桶等饲养用具进行消毒。在羊场、羊舍入口设消毒池并定期更换消毒液。③人员消毒：人员进入生产区净道和羊舍，要更换工作服、工作鞋、并经紫外线照射5min进行消毒，并遵守场内防疫制度，按指定路线行走。④带羊消毒：定期进行带羊消毒，减少环境中的病原微生物。

（四）病、死羊处理

对可疑病羊要隔离观察、兽医确诊。有使用价值的病羊要隔离饲养、治疗，彻底痊愈后才能归群。因传染病和其他需要处死的病羊，要在指定地点进行扑杀，尸体按《病害动物和病害动物产品生物安全处理规程》（GB 16548—2006）的规定进行处理。病羊和死羊不准出售。

（五）管理

羊场工作人员应定期进行健康检查，有传染病者不应从事饲养工作。场内兽医人员不应对外诊疗羊及其他动物的疾病，羊场配种人员不应对外开展羊的配种工作。要防止周围其他动物进入场区。

不喂发霉和变质的饲料、饲草。育肥羊按照饲养工艺转群时，按性别、体重大小分群，分别进行饲养。群体大小、饲养密度要适宜。每天打扫羊舍卫生，保持料槽、水槽用具干净，地面清洁。使用垫草时，应定期更换保持卫生清洁。

选择高效、安全的抗寄生虫药，定期对羊只进行驱虫、药浴，应对成年种公羊、母羊定期浴蹄和修蹄。应经常观察羊群健康状态，发现异常及时处理。

定点投放灭鼠药，及时收集死鼠和残余鼠药，并应深埋处理。消除水坑等蚊蝇滋生地，定期喷洒消毒药物。

（六）废弃物处理

按照《畜禽养殖业污染物排放标准》（GB 18596—2001）排放羊场污物。羊场废弃物实行无害化、资源化处理。

（七）资料记录

羊场要有完善的养殖资料记录。各种记录要准确、可靠、完整，应长期保存，最少保留 3 年。记录资料包括：羊只引进、购入、配种、产羔、哺乳、断奶、转群、增重、饲料消耗记录，羊群来源、种羊系谱档案和主要生产性能记录，饲料、饲草来源、配方及各种添加剂使用记录，疫病防治记录，以及出场销售记录等。

（八）运输

商品羊运输前，要经动物防疫监督部门根据《畜禽产地检疫规范》(GB 16549—1996) 及国家有关规定进行检疫，并出具检疫证明。运输车辆在运输前和运输后要用消毒液彻底消毒。运输途中，不许在城镇和集市停留、饮水和饲喂。

三、兽药使用

允许使用《中华人民共和国兽药典》（二部）及《中华人民共和国兽药规范》（二部）收载的用于羊的兽用中药材、中药成方制剂。允许使用国家畜牧兽医行政管理部门批准的微生态制剂。优先使用符合《中华人民共和国兽用生物制品质量标准》、《进口兽药质量标准》的疫苗预防羊只疾病。允许使用消毒预防剂对饲养环境、厩舍和器具进行消毒，并应符合相关规定。允许使用国家规定的抗菌药和抗寄生虫药，并应注意严格遵守规定的作用与用途、用法与用量及其他注意事项、严格遵守规定的休药期。所用兽药必须来自具有兽药生产许可证和产品批准文号的生产企业，或者具有进口兽药许可证的供应商。所用兽药的标签必须符合国务院《兽药管理条例》的规定。

建立并保存全部用药的记录，治疗用药记录包括羊只个体编号、发病时间及症状、药物名称（商品名、有效成分、生产单位）、给药途径、给药剂量、疗程、治疗时间等；建立并保存免疫程序记录：预防或促生长混饲用药记录包括药品名称（商品名、有效成分、生产单位及批号）、给药剂量、疗程等。

禁止使用《食品动物禁用的兽药及其他化合物清单》中的药物。

禁止使用未经国家畜牧兽医行政管理部门批准的兽药和已经淘汰的兽药。

抗菌药是指能够抑制或杀灭病原菌的药物，其中包括中药材、中成药、化学药品、抗生素及其制剂，规定允许使用的有氨苄西林钠、头孢氨苄、普鲁卡因青霉素、磺胺二甲嘧啶等 20 种。

生殖激素类药指直接影响或间接影响动物生殖机能的激素类药物。包括甲基前列腺素、促黄体素释放素、黄体酮、缩宫素等 13 种。影响生殖功能及生理功能的激素类药物不允许用，促进繁殖性能的一些生殖激素类药物可以用，比如在种羊场进行冲卵、胚胎移植时就可以低剂量地使用一些前列腺素、黄体酮等药物。

抗寄生虫药指能够杀灭或驱除动物体内、体外寄生虫的药物，其中包括中药材、中成药、化学药品、抗生素及其制剂。规定允许使用的有伊维菌素、阿苯达唑、溴酚磷、三氯苯达唑等12种。

附　禁止在畜禽生产养殖过程中使用的药物和物质清单

为维护人民身体健康，保证动物源性食品安全，规范兽药、饲料和饲料添加剂管理，我国相继出台了《兽药管理条例》、《饲料和饲料添加剂管理条例》，并及时进行了修订，农业部2002年发布了176号和193号公告，2010年发布了1519号公告，向社会公布了禁止在畜禽养殖过程中使用的药物和物质清单。

一、禁止在饲料和动物饮水中使用的药物品种目录（农业部第176号公告公布的5类40种）

（一）肾上腺素受体激动剂

1. 盐酸克仑特罗（Clenbuterol Hydrochloride）：中华人民共和国药典（以下简称药典）2000年二部P605。β_2肾上腺素受体激动药。

2. 沙丁胺醇（Salbutamol）：药典2000年二部P316。β_2肾上腺素受体激动药。

3. 硫酸沙丁胺醇（Salbutamol Sulfate）：药典2000年二部P870。β_2肾上腺素受体激动药。

4. 莱克多巴胺（Ractopamine）：一种β兴奋剂，美国食品和药物管理局（FDA）已批准，中国未批准。

5. 盐酸多巴胺（Dopamine Hydrochloride）：药典2000年二部P591。多巴胺受体激动药。

6. 西马特罗（Cimaterol）：美国氰胺公司开发的产品，一种β兴奋剂，FDA未批准。

7. 硫酸特布他林（Terbutaline Sulfate）：药典2000年二部P890。β_2肾上腺受体激动药。

（二）性激素

8. 己烯雌酚（Diethylstilbestrol）：药典2000年二部P42。雌激素类药。

9. 雌二醇（Estradiol）：药典2000年二部P1005。雌激素类药。

10. 戊酸雌二醇（Estradiol Valerate）：药典2000年二部P124。雌激素类药。

11. 苯甲酸雌二醇（Estradiol Benzoate）：药典 2000 年二部 P369。雌激素类药。中华人民共和国兽药典（以下简称兽药典）2000 年版一部 P109。雌激素类药。用于发情不明显动物的催情及胎衣滞留、死胎的排除。

12. 氯烯雌醚（Chlorotrianisene）药典 2000 年二部 P919。

13. 炔诺醇（Ethinylestradiol）药典 2000 年二部 P422。

14. 炔诺醚（Quinestrol）药典 2000 年二部 P424。

15. 醋酸氯地孕酮（Chlormadinone Acetate）药典 2000 年二部 P1037。

16. 左炔诺孕酮（Levonorgestrel）药典 2000 年二部 P107。

17. 炔诺酮（Norethisterone）药典 2000 年二部 P420。

18. 绒毛膜促性腺激素（绒促性素）（Chorionic Gonadotrophin）：药典 2000 年二部 P534。促性腺激素药。兽药典 2000 年版一部 P146。激素类药。用于性功能障碍、习惯性流产及卵巢囊肿等。

19. 促卵泡生长激素（尿促性素主要含卵泡刺激素 FSH 和黄体生成素 LH）（Menotropins）：药典 2000 年二部 P321。促性腺激素类药。

（三）蛋白同化激素

20. 碘化酪蛋白（Iodinated Casein）：蛋白同化激素类，为甲状腺素的前驱物质，具有类似甲状腺素的生理作用。

21. 苯丙酸诺龙及苯丙酸诺龙注射液（Nandrolone Phenylpropionate）药典 2000 年二部 P365。

（四）精神药品

22.（盐酸）氯丙嗪（Chlorpromazine Hydrochloride）：药典 2000 年二部 P676。抗精神病药。镇静药。用于强化麻醉以及使动物安静等。

23. 盐酸异丙嗪（Promethazine Hydrochloride）：抗组胺药。兽药典 2000 年版一部 P164。抗组胺药。用于变态反应性疾病，如荨麻疹、血清病等。

24. 安定（地西泮）（Diazepam）：抗焦虑药、抗惊厥药。兽药典 2000 年版一部 P61。镇静药、抗惊厥药。

25. 苯巴比妥（Phenobarbital）：镇静催眠药、抗惊厥药。巴比妥类药。缓解脑炎、破伤风、士的宁中毒所致的惊厥。

26. 苯巴比妥钠（Phenobarbital Sodium）。巴比妥类药。缓解脑炎、破伤风、士的宁中毒所致的惊厥。

27. 巴比妥（Barbital）：中枢抑制和增强解热镇痛。

28. 异戊巴比妥（Amobarbital）：催眠药、抗惊厥药。

29. 异戊巴比妥钠（Amobarbital Sodium）：巴比妥类药。用于小动物的镇静、抗惊厥和麻醉。

30. 利血平（Reserpine）：抗高血压药。

31. 艾司唑仑（Estazolam）。

32. 甲丙氨脂（Meprobamate）。

33. 咪达唑仑（Midazolam）。

34. 硝西泮（Nitrazepam）。

35. 奥沙西泮（Oxazepam）。

36. 匹莫林（Pemoline）。

37. 三唑仑（Triazolam）。

38. 唑吡旦（Zolpidem）。

39. 其他国家管制的精神药品。

（五）各种抗生素滤渣

40. 抗生素滤渣：该类物质是抗生素类产品生产过程中产生的工业三废，因含有微量抗生素成分，在饲料和饲养过程中使用后对动物有一定的促生长作用。但对养殖业的危害很大，一是容易引起耐药性，二是由于未做安全性试验，存在各种安全隐患。

二、食品动物禁用的兽药及其他化合物清单（农业部第193号公告公布的21类）

序号1至18所列品种的原料药及其单方、复方制剂产品停止经营和使用。序号19至21所列品种的原料药及其单方、复方制剂产品不准以抗应激、提高饲料报酬、促进动物生长为目的在食品动物饲养过程中使用。

1. β-兴奋剂类：克仑特罗 Clenbuterol、沙丁胺醇 Salbutamol、西马特罗 Cimaterol 及其盐、酯及制剂，所有食品动物所有用途禁用。

2. 性激素类：己烯雌酚 Diethylstilbestrol 及其盐、酯及制剂，所有食品动物所有用途禁用。

3. 具有雌激素样作用的物质：玉米赤霉醇 Zeranol、去甲雄三烯醇酮 Trenbolone、醋酸甲孕酮 Mengestrol，Acetate 及制剂，所有食品动物所有用途禁用。

4. 氯霉素 Chloramphenicol 及其盐、酯（包括琥珀氯霉素 Chloramphenicol Succinate）及制剂，所有食品动物所有用途禁用。

5. 氨苯砜 Dapsone 及制剂，所有食品动物所有用途禁用。

6. 硝基呋喃类：呋喃唑酮 Furazolidone、呋喃它酮 Furaltadone、呋喃苯烯酸钠 Nifurstyrenate sodium 及制剂，所有食品动物所有用途禁用。

7. 硝基化合物：硝基酚钠 Sodium Nitrophenolate、硝呋烯腙 Nitrovin 及制剂，所有食品动物所有用途禁用。

8. 催眠、镇静类：安眠酮 Methaqualone 及制剂，所有食品动物所有用途禁用。

9. 林丹（丙体六六六）Lindane，禁止作为杀虫剂用于所有食品动物。

10. 毒杀芬（氯化烯）Camahechlor，禁止作为杀虫剂、清塘剂用于所有食品动物。

11. 呋喃丹（克百威）Carbofuran，禁止作为杀虫剂用于所有食品动物。

12. 杀虫脒（克死螨）Chlordimeform，禁止作为杀虫剂用于所有食品动物。

13. 双甲脒 Amitraz，禁止作为杀虫剂用于水生食品动物。

14. 酒石酸锑钾 Antimony Potassium Tartrate，禁止作为杀虫剂用于所有食品动物。

15. 锥虫胂胺 Tryparsamide，禁止作为杀虫剂用于所有食品动物。

16. 孔雀石绿 Malachitegreen，禁止作为抗菌、杀虫剂用于所有食品动物。

17. 五氯酚酸钠 Pentachlorophenolsodium，禁止作为杀螺剂用于所有食品动物。

18. 各种汞制剂包括：氯化亚汞（甘汞）Calomel、硝酸亚汞 Mercurous Nitrate、醋酸汞 Mercurous Acetate、吡啶基醋酸汞 Pyridyl Mercurous Acetate，禁止作为杀虫剂用于所有食品动物。

19. 性激素类：甲基睾丸酮 Methyltestosterone、丙酸睾酮 Testosterone Propionate、苯丙酸诺龙 Nandrolone、Phenylpropionate、苯甲酸雌二醇 Estradiol Benzoate 及其盐、酯及制剂，禁止用于所有食品动物的促生长。

20. 催眠、镇静类：氯丙嗪 Chlorpromazine、地西泮（安定）Diazepam 及其盐、酯及制剂，禁止用于所有食品动物的促生长。

21. 硝基咪唑类：甲硝唑 Metronidazole、地美硝唑 Dimetronidazole 及其盐、酯及制剂，禁止用于所有食品动物的促生长。

三、禁止在饲料和动物饮水中使用的物质名单（农业部第 1519 号公告公布的 11 种）

1. 苯乙醇胺 A（Phenylethanolamine A）：β-肾上腺素受体激动剂。

2. 班布特罗（Bambuterol）：β-肾上腺素受体激动剂。

3. 盐酸齐帕特罗（Zilpaterol Hydrochloride）：β-肾上腺素受体激动剂。

4. 盐酸氯丙那林（Clorprenaline Hydrochloride）：β-肾上腺素受体激动剂。

5. 马布特罗（Mabuterol）：β-肾上腺素受体激动剂。

6. 西布特罗（Cimbuterol）：β-肾上腺素受体激动剂。

7. 溴布特罗（Brombuterol）：β-肾上腺素受体激动剂。

8. 酒石酸阿福特罗（Arformoterol Tartrate）：长效型β-肾上腺素受体激动剂。

9. 富马酸福莫特罗（Formoterol Fumatrate）：长效型β-肾上腺素受体激动剂。

10. 盐酸可乐定（Clonidine Hydrochloride）：抗高血压药。

11. 盐酸赛庚啶（Cyproheptadine Hydrochloride）：抗组胺药。

四、免疫

羊场的选址、建筑布局和设施设备应符合相应要求。羊场的环境卫生质量应符合相应的要求，污水、污物处理应符合国家环保要求，防止污染环境。定期对羊舍、器具及其周围环境进行消毒，按《无公害食品　肉羊饲养管理准则》（NY/T 5151—2002）的规定执行。坚持自繁自养的原则，不从有痒病、牛海绵状脑病等高风险传染病的国家和地区引进羊只、胚胎（卵）。必须引进羊只时，应从非疫区引进，并有动物检疫合格证明。羊只引入后至少隔离饲养30d，期间进行观察、检疫，确认为健康者方可合群饲养。羊只在装运及运输过程中不能接触过其他偶蹄动物，运输车辆应彻底清洗消毒。

当地畜牧兽医行政管理部门应依照《中华人民共和国动物防疫法》及其配套法规的要求，结合当地实际情况，制订疫病监测方案。羊场根据免疫规划制定本场的免疫程序，并认真实施，注意选择适宜的疫苗和免疫方法。免疫接种时，当地畜牧兽医行政管理部门应根据《中华人民共和国动物防疫法》及其配套法规的要求，结合当地实际情况，制定疫病的免疫规划。由当地动物防疫监督机构实施，羊场应积极予以配合。羊场应坚持常规疾病监测，同时需注意监测外来病的传入，还应根据当地实际情况，选择其他一些必要的疫病进行监测。

要根据实际情况由当地动物防疫监督机构定期或不定期对羊场进行必要的疫病监督抽查，并将抽查结果报告当地畜牧兽医行政管理部门，必要时还应反馈给羊场。每群羊都应有相关的生产记录，其内容包括：羊只来源，饲料消耗情况，发病率、死亡率及发病死亡原因，无害化处理情况，实验室检查及其结果，用药及免疫接种情况，消毒情况，羊只发运目的地等。所有记录应妥善保存。羊场发生疫病时，应依据《中华人民共和国动物防疫法》及时采取以下措施。

（1）立即封锁现场，驻场兽医应及时进行诊断，并尽快向当地动物防疫监督机构报告疫情。

（2）发生蓝舌病时，应扑杀病羊，如只是血清学反应呈现抗体阳性，并不表现临床症状，需采取清群和净化措施。发生炭疽时，应焚毁病羊，并对可能的污染点彻底消毒。

（3）发生口蹄疫、小反刍兽疫时，羊场应配合当地动物防疫监督机构，对羊群实施严格的隔离扑杀措施。发生痒病时，除了对羊群实施严格的隔离、扑杀措施外，还须追踪调查病羊的亲代。

（4）发生羊痘、布鲁氏菌病、梅迪-维斯纳病、山羊关节炎脑炎等疫病时，应对羊群实施清群和净化措施。全场进行彻底的清洗消毒，病死或淘汰羊的尸体按《病害动物和病害动物产品生物安全处理规程》（GB 16548—2006）进行无害化处理。

第七章　繁殖生理与人工授精

第一节　羊的生殖器官与生理机能

一、母羊的生殖器官及生理功能

母羊的生殖器官主要由卵巢、输卵管、子宫、阴道以及外生殖器等部分组成。

1. 卵巢　卵巢是母羊主要的生殖腺体，位于腹腔肾脏的后下方，由卵巢系膜悬在腹腔靠近体壁处，左右各有1个，呈卵圆形，长0.5～1.0cm，宽0.3～0.5cm。卵巢组织结构分内、外两层，外层叫皮质层，可产生卵泡、卵子和黄体；内层是髓质层，分布有血管、淋巴管和神经。卵巢的主要功能是产生卵子和分泌雌性激素。

2. 输卵管　位于卵巢和子宫之间，为一弯曲的小管，管壁较薄。输卵管的前口呈漏斗状，开口于腹腔，称为输卵管伞，接纳由卵巢排出的卵子。输卵管靠近子宫角一段较细，称为峡部，靠近卵巢的1/3段相对较粗，称为输卵管壶腹部。输卵管的是精子和卵子结合并开始卵裂的场所，随后可将受精卵输送到子宫进行妊娠。

3. 子宫　由两个子宫角，一个子宫体和子宫颈构成。位于骨盆腔前部，直肠下方，膀胱上方。子宫口伸缩性极强，妊娠子宫由于其面积和厚度增加，重量可超过未妊娠子宫10倍。子宫角和子宫体的内壁有许多功能盘状组织，称为子宫小叶，是胎盘附着母体并取得营养的地方。子宫颈为子宫和阴道的通道，不发情和怀孕时子宫颈收缩得很紧，发情时稍微开张，便于精子进入。子宫的生理功能为：一是发情时，子宫借肌纤维有节律、强而有力的收缩作用而运送精液；分娩时，子宫以其强有力的阵缩而排出胎儿。二是胎儿发育生长地方，子宫内膜形成的母体胎盘与胎儿胎盘，一起成为胎儿与母体交换营养和排泄物的器官。三是在发情期前，内膜分泌的前列腺素$PGF_{2\alpha}$，对卵巢黄体有溶解作用，致使黄体机能减退，在促卵泡素的作用下引起母羊发情。

4. 阴道　是交配器官和产道。前接子宫颈口，后接阴唇，靠外部1/3处的下方为尿道口。其生理功能是排尿、发情时接受交配、分娩时胎儿产出的通道。

二、公羊的生殖器官及生理功能

公羊的生殖器官由睾丸、附睾、输精管、副性腺、阴茎等组成。公羊的生殖器官具有产生精子、分泌雄性激素以及交配的功能。

1. 睾丸　主要功能是产生精子和分泌雄性激素。睾丸有两个，呈椭圆形，外部由阴囊包裹。睾丸和附睾表面被白色的致密结缔组织膜包围。白膜向睾丸内部延伸，将睾丸分成许多睾丸小叶，每个睾丸小叶有 3～4 个弯曲的精曲小管，精曲小管到睾丸纵隔处汇合成为精直小管，精直小管在纵隔内形成睾丸网，精细管是产生精子的地方，睾丸小叶的间质组织中有血管、神经和间质细胞，间质细胞可产生雄性激素，成年公羊双侧睾丸重 400～500g。

2. 附睾　是贮存精子和精子最后成熟的地方，也是排出精子的管道。此外，附睾管的上皮细胞可分泌供精子存活和运动所需的营养物质。附睾附着在睾丸的背后，分头、体、尾三部分。附睾的头部由睾丸网分出的睾丸输出管构成，这些输出管汇合成弯曲的附睾管而形成附睾体和附睾尾。

3. 输精管　是精子排出的通道。它为一厚壁坚实的束状管，分左右两条，从附睾尾部开始由腹股沟进入腹腔，再向后进入骨盆腔到尿生殖道起始部背侧，开口于尿生殖道黏膜形成的精阜上。

4. 副性腺　包括精囊腺、前列腺和尿道球腺。副性腺体的分泌物构成精液的液体部分。

精囊腺位于膀胱背侧，输精管壶腹部外侧。与输精管共同开口于精阜上。分泌物为淡乳白色黏稠液体，含有高浓度的蛋白质、果糖、柠檬酸盐等成分，供给精子营养和刺激精子运动。

前列腺位于膀胱与尿道连接处的上方。公羊的前列腺不发达，其分泌物是不透明稍黏稠的蛋白样液体，呈弱碱性，能刺激精子，使其活动力增强，并能吸收精子排出的二氧化碳，保护精子的生存。

尿道球腺位于骨盆腔上方，分泌黏液性和蛋白样液体，在射精前排出，有清洗和润滑尿道的作用。

5. 阴茎　是公羊的交配器官。主要由海绵体构成，包括阴茎海绵体、尿道阴茎部和外部皮肤。成年公羊的阴茎全长为 30～35cm。

第二节　发情与鉴定

一、羊的性成熟

性机能的发育过程是一个发生、发展至衰老的过程。母羊性机能发展过程中一般分为初情期、性成熟期及繁殖机能停止期。

1. 母羊的初情期 母羊幼龄时期的卵巢及性器官均处于未完全发育状态，卵巢上的卵泡在发育过程中多数萎缩闭锁。随着母羊生长、发育的进行，当达到一定的年龄和体重时，发生第一次发情和排卵，即到了初情期。此时，母羊虽有发情表现，但不完全，发情周期也往往不正常，其生殖器官仍在继续生长发育中。此后，垂体前叶产生大量的促性腺激素释放到血液中，促进卵巢的发育，同时卵泡产生雌激素释放到血液中，刺激生殖道的生长和发育。绵羊的初情期一般为4～8月龄。我国某些早熟多胎品种如小尾寒羊、湖羊的初情期为4～6月龄。

2. 母羊的性成熟 母羊到了一定的年龄，生殖器官已发育完全，具备了繁殖能力，称为性成熟期。性成熟后，就能够配种、怀胎并繁殖后代，但此时身体的生长发育尚未成熟，故性成熟时并不意味着已达到最适配种年龄，实践证明，幼畜过早配种，不仅阻碍了其本身的生长发育，而且严重影响后代的体质和生产性能。肉用母羊性成熟一般为6～8月龄。母羊的性成熟主要取决于品种、个体、气候和饲养管理条件等因素。温暖地区较寒冷地区的羊性成熟早，饲养管理好的性成熟也早。母羊初配年龄过迟，不仅影响其遗传进展，而且也会影响经济效益。因此，要提倡适时配种，一般而言，在其体重达成年体重70%时即可开始配种。肉用母羊适宜配种年龄为10～12月龄，早熟品种、饲养管理条件好的母羊，配种年龄可稍早。

3. 公羊的性行为 公羊的性行为主要表现为性兴奋、求偶、交配。公羊表现性行为时，常有扬头，口唇上翘，发出连串鸣叫声，性兴奋发展到高潮时进行交配。公羊交配的动作迅速，时间仅数十秒。

二、母羊的发情和发情周期

1. 发情 母羊能否正常繁殖，往往取决于能否正常发情。发情是指母羊发育到一定阶段所表现的一种周期性的性活动现象。母羊发情包括三方面的变化：一是母羊的精神状态，母羊发情时，常常表现兴奋不安，对外界刺激反应敏感，食欲减退，有交配欲，主动接近公羊，在公羊追逐或爬跨时站立不动。二是生殖道的变化，发情期中，在雌激素的作用下，生殖道发生了一系列有利于交配活动的生理变化，如发情母羊外阴口松弛、充血、肿胀，阴蒂勃起，阴道充血、松弛，并分泌有利于交配的黏液。三是卵巢的变化，母羊在发情前2～3d卵巢的卵泡发育很快，卵泡内膜增厚，卵泡液增多，卵泡部分突出于卵巢表面，卵子被颗粒层细胞包围。

2. 发情持续期 母羊每次发情后持续的时间称为发情持续期，绵羊发情持续期平均为30h，山羊为24～48h。母羊排卵一般多在发情后期，成熟卵排出后在输卵管中存活的时间为4～8h，公羊精子在母羊生殖道内维持最旺盛受精能力的时间约为20h，为了使精子和卵子得到充分的结合机会，最好在排卵前数小时配种。因此，比较适宜的配种时间应在发情中期。在养羊生产实践中，早晨试情后，将发情母羊立即配种，为保证受胎，傍晚应再配1次。

3. 发情周期 发情周期即母羊从上一次发情开始到下次发情的间隔时间。在一个发情期内，未经配种或虽经配种未受孕的母羊，其生殖器官和机体发生一系列周期性变化，到一定时间会再次发情。绵羊发情周期平均为17d（14～21d），山羊平均为21d（18～24d）。

三、发情鉴定

发情鉴定的目的是及时发现发情母羊，正确掌握配种或人工授精时间，防止误配漏配，提高受胎率。母羊发情鉴定一般采用外部观察法、阴道检查法和试情法。

1. 外部观察法 绵羊的发情期短，外部表现也不太明显，发情母羊主要表现为喜欢接近公羊，并强烈摇动尾部，当被公羊爬跨时站立不动，外阴部分泌少量黏液。山羊发情表现明显，发情母山羊兴奋不安，食欲减退，反刍停止，外阴部及阴道充血、肿胀、松弛，并有黏液排出。

2. 阴道检查法 阴道检查法是用开膣器来观察阴道的黏膜、分泌物和子宫颈口的变化来判断发情与否。发情母羊阴道黏膜充血，表面光亮湿润，有黏液流出，子宫颈口充血、松弛、开张并有黏液流出。

进行阴道检查时，先将母羊保定好，外阴部清洗干净。开膣器经清洗、消毒、烘干后，涂上灭菌的润滑剂或用生理盐水浸湿。工作人员左手横向持开膣器，闭合前端，慢慢插入，轻轻打开开膣器，通过反光镜或手电筒光线检查阴道变化，检查完后合拢、转向抽出开膣器。

3. 试情法 鉴定母羊是否发情现在多采用公羊试情的办法。

（1）*试情公羊的准备* 试情公羊必须是体格健壮、无疾病、性欲旺盛、2～5周岁的公羊。为了防止试情公羊偷配母羊，要给试情公羊绑好试情布，也可做输精管结扎或阴茎移位术。

（2）*试情公羊的管理* 试情公羊应单圈喂养。除试情外，不得和母羊在一起。试情公羊要给予良好的饲养条件，保持活泼健康。对试情公羊每隔5～6d排精或本交1次，以保证公羊具有旺盛的性欲。

（3）*试情方法* 试情公羊与母羊的比例要合适，以1∶（40～50）为宜。试情公羊进入母羊群后，工作人员不要轰打和喊叫，只能适当轰动母羊群，使母羊不要拥挤在一处。发现有站立不动并接受公羊爬跨的母羊，要迅速挑出，准备配种。

第三节　配种方法

一、配种时间的确定与频率

配种时间主要是根据不同地区、不同羊场的年产胎次和产羔时间确定。而年产胎次和产羔时间常根据饲草和气候条件确定，一般年产1胎的母羊，有冬季产羔和春季产羔两种，冬季产羔时间在1、2月间，需要在8、9月配种，春季产羔时间在3、4月间，需要在10、11月配种。两年三产的母羊，第1年5月配种，10月份产羔；第2年1月配种，6月产羔；9月配种，次年2月产羔。对于一年两产的母羊，可于4月初配种，当年9月初产羔，第2胎在10月初配种，第2年3月初产羔。

二、自然交配与人工辅助交配

1. 自然交配　自由交配为最简单的交配方式。在配种期内可根据母羊的多少，将选好的种公羊放入母羊群中任其自由寻找发情母羊进行交配。该法省工省事，适合小群分散的生产单位，若公、母羊比例适当，可获得较高的受胎率。但自然交配存在的缺点是：①无法确定产羔时间。②公羊追逐母羊，无限交配，不安心采食，耗费精力，影响健康。③公羊追逐爬跨母羊，影响母羊采食抓膘。④无法掌握交配情况，后代血统不明，容易造成近亲交配或早配，难以实施计划选配。⑤种公羊利用率低，不能发挥优秀种公羊的作用。为了克服以上缺点，应在非配种季节把公、母羊分群放牧管理，配种期内将适量的公羊放入母羊群，每隔2～3年，群与群之间有计划地进行公羊调换，交换血统。

2. 人工辅助交配　人工辅助交配是将公、母羊分群隔离饲养，在配种期内用试情公羊试情，有计划地安排公、母羊配种。这种交配方法不仅可以提高种公羊的利用率，延长利用年限，而且能够有计划地进行选配，提高后代质量。交配时间一般是早晨发情的母羊傍晚进行交配，下午或傍晚发情的羊于次日早晨配种。为确保受胎，最好在第一次交配后间隔12h左右再重复交配1次。

三、人工授精

人工授精是用器械以人工的方法采集公羊的精液，经过精液品质检查和一系列处理，再通过器械将精液输入到发情母羊生殖道内，达到母羊受胎的配种方式。人工授精可以提高优秀种公羊的利用率，与本交相比，所配母羊数可提高数十倍，加速了羊群的遗传进展，并可防止疾病传播，节约饲养大量种公羊的费用。人工授精技术包括采精、精液品质检查、精液处理和输精等主要技术环节。

（一）采精

1. 采精器采精法　采精前应做好各项准备工作，如人工授精器械的准备，种公羊的准备和调教，与配母羊的准备，制订选配计划等。

采精为人工授精的第一步，为保证公羊性反射充分、射精顺利、精液量多，必须做到稳当、迅速、安全。采精前选择健康发情母羊作为台羊。台羊外阴部要用消毒液消毒，再用温水洗净擦干。采精器械（图 7-1）必须经过严格消毒，而后将内胎装入采精器外壳，再装上集精瓶。安装采精器时，注意内胎

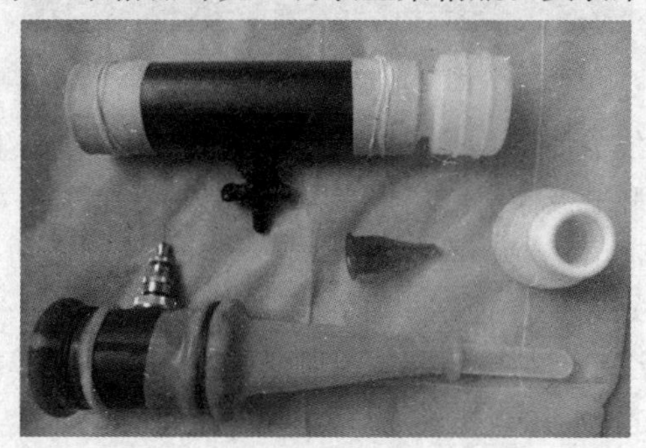

图 7-1　进口采集器和国产采精器

平整，不要出现皱褶。为保证采精器有一定润滑度，用清洁玻璃棒蘸少许经灭菌后的润滑剂（液体石蜡：凡士林为 1：1），均匀涂抹在采精器内胎的前 1/3 处。为使采精器温度接近母羊阴道温度，需向采精器注入 55℃温水约 160mL，即水量约占内外胎空间的 70%，使采精器温度保持在 40～42℃，再通过气门活塞吹入气体，使采精器保持一定压力。吹入气体的量，一般以内胎内表面呈三角形合拢而不向外鼓出为适度，使采精器温度、润滑度和弹性接近母羊的阴道，以利于公羊的射精。

采精操作是将台羊保定后，引公羊到台羊处，采精人员蹲在台羊右后方，右手握采精器，贴靠在台羊尾部，使采精器入口朝下，与地面成 35°～45°角。当公羊爬跨时，轻快地将阴茎导入采精器内。当公羊用力向前一冲即为射精，此时操作人员应随同公羊跳下时，将采精器紧贴包皮退出，并迅速将集精杯口向上，稍停，放出气体，取下集精杯。

2. 电刺激采精法　此法较多地用于性欲差、爬跨困难或不易应用采精器的种公羊采精，它是通过电流刺激有关神经而引起公羊射精。电刺激采精器

(图 7-2) 包括电刺激发生器(电源)和电极探子两个基本部件。发生器具有调节多档的直流变换电路和能够输出足够刺激电流的功率放大器。探子则是电极缠绕空心绝缘胶棒而成的直型电极棒。

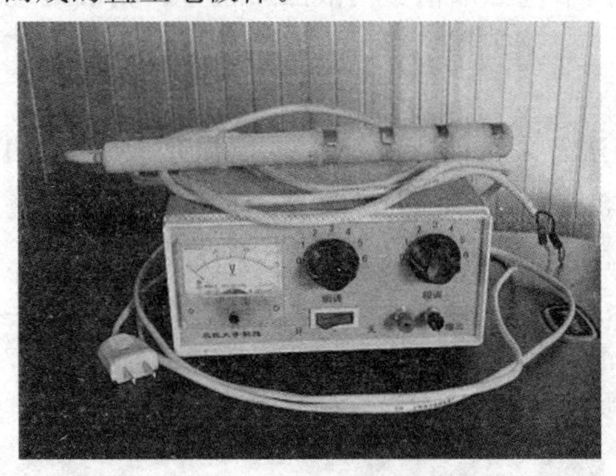

图 7-2　电刺激采精器

采精时，先将公羊侧卧保定，剪去包皮附近被毛并用生理盐水等冲洗拭干。然后即可持直型电极棒由肛门慢慢插入直肠内约 10cm 处。如直肠内有宿粪，可用电极棒先带出，然后重新插入，接着通过旋钮启动、调节电刺激发生器，接通电源，选好频率，控制电压电流，由低开始，按一定时间通电及间歇，在一定范围内逐步增加电压和电流刺激强度，直至公羊排出精液。一般副性腺的分泌物排出起始于低电压，而射精则发生于高电压。用电刺激法采得的精液量较大而精子密度较小。公羊对电刺激反应较好，一般经过 4～7 次间歇性刺激即可引起公羊射精。

(二) 精液品质检查

精液品质和受胎率有直接关系，所采精液必须经过检查与评定后，方可用于输精。通过精液品质检查，确定稀释倍数和能否用于输精，这是保证输精效果的一项重要措施，也是对种公羊种用价值和配种能力的检验。精液品质检查需快速准确，检精室要洁净，室温保持 18～25℃。

1. 精液常规检测

(1) 外观检查　正常精液为浓密的乳白色或乳酪色悬液体，略有腥味。其他颜色或腐臭味的均不能用来输精。

(2) 精液量　用灭菌输精器抽取测量。公羊精液量通常为 0.5～2mL，一般为 1.0mL 左右。

(3) 精子活率　精子活率是评定精液质量的重要指标之一，精子活率的测定是在 37℃左右条件下，检查精液中直线前进运动的精子占总精子的百分率。检查时以灭菌玻璃棒蘸取 1 滴精液，放在载玻片上加盖片，在显微镜下放大

200～400 倍观察。全部精子都做直线前进运动则评为 1，90％的精子做直线前进运动为 0.9，以下依次类推。鲜精活率在 0.7 以上方可适用于输精。鲜精、稀释后以及保存精液的前后都要进行活率检查。

（4）精子密度　密度是指单位体积中的精子数。测定精子密度常用的方法有显微镜观察评定、计数法、以及光电比色法。

① 显微镜观察法：取 1 滴新鲜精液在显微镜下观察，根据视野内精子多少将精子密度分以下几等：

密：视野中精子稠密、无空隙，看不清单个精子的运动。

中：精子间距离相当于 1 个精子的长度，可以看清单个精子的运动。

稀：精子数不多，精子间距离很大。

无：没有精子。

② 计数法：用红细胞计数板进行。先用红细胞稀释管吸取原精液至 0.5 刻度处，用纱布擦去吸管头上沾附的精液，再吸取 3％的氯化钠溶液到刻度 101 处，以拇指及中指按住吸管两端充分摇动，使氯化钠溶液与精液充分混匀。这样把精液稀到 200 倍。吹掉管内最初几滴液体，然后将吸管尖放在计算板中部的边缘处，轻轻滴入被检精液 1 小滴，让其自然流入计算室内，这时即可在 600 倍显微镜下计算精子。有两种计数板，计数时用 16 中格的计数板，要按对角线方位，取左上、左下、右上、右下的 4 个中格（即 100 小格）的精子数；如果是 25 中格计数板，除数上述四格外，还需数中央 1 中格的精子数（即 80 小格）。如果精子（头部）位于中格的双线上，计数时则数上（线）不数下（线），数左（线）不数右（线），以减少误差。

计算方法：每剂量中精子数＝5 个中方格中的精子数×5（即计数室 25 个中方格的总精子数）×10（1mm^3 内的精子数）×1 000（每毫升稀释精液的精子数）×50（精液稀释倍数）×剂量值。

上式可简化为：每剂量中精子数＝5 个中方格精子数×250 万×剂量值

每样品观察上下两个计数室，取平均值。

每剂量中呈前进运动精子数按下式计算：

$$c=s\times m$$

式中：c—— 每剂量中前进运动精子数（个）；

s—— 每剂量中精子数（个）；

m—— 活力（％）。

③ 便携式精子密度测定仪（图 7-3）与光电比色法：先将经过精确计算精子数的原精液样本 0.1mL；加入 5mL 蒸馏水中，混合均匀，在光电比色计中测定透光度，读数记录，做出精子密度表。以后测定精子密度时，只要按上法

测定透光度，然后查表就可知每毫升精子数。目前以此原理制造的便携式精子密度测定仪，体积小，携带方便，价格低，测定准确，可以选用。

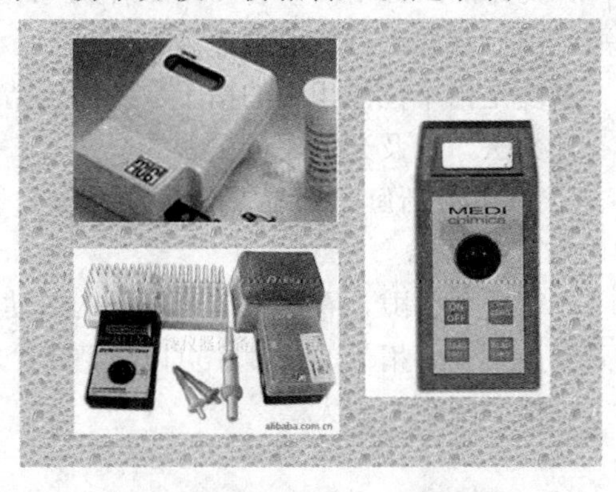

图 7-3 便携式精子密度测定仪

(5) 精子形态 精液中畸形精子过多，会降低受胎率。凡是形态不正常的均为畸形精子，如头部过大、过小、双头、双尾、断裂、尾部弯曲和带原生质滴等。

2. 精液检测新标准

(1) 精子染色质结构完整性 精子染色质结构完整性对于精确传递遗传物质至关重要。精子核高度致密，其DNA与鱼精蛋白紧密结合，这样可以将父方遗传信息准确无误地导入卵，继而传给后代。精子经历冷冻-解冻过程后，其染色质结构的变化或损伤影响精子的存活能力和受精能力。广为使用的权威方法是精子染色质结构分析（Sperm chromatin structure assay，SCSA），采用加热或盐酸处理的方法使其DNA变性，然后用吖啶橙（AO）染色，染色质异常的精子易受热或酸变性成单链DNA，与染料吖啶橙结合发红色荧光（ssDNA）；而染色质正常的精子能保持完整DNA双链结构（dsDNA），与吖啶橙结合发绿色荧光。因而根据这一特性，样品经热或酸变性处理后，若红光值比例增高，则说明染色质结构异常增加。从而借助荧光显微镜测定精子的染色质，然后研究染色质与精子受精能力之间的相关性。

(2) 线粒体活性 线粒体的主要功能是产生能量，为精子运动提供ATP，与精子的运动能力密切相关。线粒体功能状态是评价精子质量的一个关键指标。

常用的检测线粒体功能的荧光探针有：Rhodamine 123（R123）、Mitotracker green FM（MITO）和JC-1。R123可检测精子线粒体有无功能，但不能区别线粒体膜电位的高低。MITO是一种新型线粒体探针，在水溶液中并不发荧光，而当积聚在线粒体内，不论其膜电位如何皆发绿色荧光。JC-1在检测精子线粒体膜电位方面具有重要作用：在精子线粒体膜电位低时，以单体形式存在，发绿色荧光；当膜电位高时，形成J-聚体，发橙色荧光。目前认为JC-1是检测精子线粒体功能最适合的探针。JC-1聚集体的形成依赖于染料浓度、离子强度、温度和pH等化学环境。因此，JC-1似乎比另外两种荧光更能准确区分线粒体的活性状态。这些探针通常和上面所提到的精子活力探针结合使用。

（3）质膜完整性　精子的质膜完整性又称为精子的活力，精子在获能、顶体反应和受精过程中，必须依赖精子膜生化活性。精子细胞膜的一个显著特性是允许精子选择性通过。如果精子质膜受到损伤或者发生变化，则直接导致其活力和受精能力下降。

检测精子活力的探针主要有两类：对死精子特异的荧光染料常用碘化丙啶（Propidium iodide，PI），它是膜不透性的DNA探针，只有对质膜破损的精子，染料才能进入细胞与DNA结合；对活精子特异的荧光染料有Carboxy-SNARF-1和SYTO-17等，它们是膜通透性的染料，能进入细胞膜完整的精子。根据精子膜透性和染色质凝集程度的不同，利用荧光探针碘化丙啶（PI）或溴化乙啶（EB）和Hochest33342或Hochest33258双标记测定，可以鉴别凋亡精子、死精子和活精子。PI或EB可以进入膜损伤的死精子，发出红色荧光；而膜完整的活精子和凋亡精子不发红色荧光。通过特异性DNA荧光探针用紫外光激发后发出蓝色荧光，可用于指示染色质凝集的程度。精子凋亡早期质膜磷脂酰丝氨酸（PS）由膜内侧外翻，利用与AnnexinV结合的异硫氰酸荧光素（FITC）可标记PS外翻情况，再根据活精子拒PI染色，死精子可被PI深染原理，利用PI和FITC-Annexin V双标记精子，借助荧光显微镜进行精子质量的检测。在荧光染色中，绿/红色的SYBR-14/PI染色的精子很亮，在荧光显微镜下更容易分辨。

（4）精子顶体状态　在受精过程中，精子要经过获能和顶体反应，才能穿入卵细胞并与其融合，完成受精。具有完整顶体的精子是受精成功的关键，试验表明顶体的完整性与精子的活力，以及受精率的高低呈正相关。

目前利用FITC标记的外源植物凝集素可以检测精子的顶体状态，如FITC-植物血凝素、FITC-豌豆凝集素（PSA）、FITC-花生凝集素（PNA）和FITC-伴刀豆素（ConA）等。完整的顶体可利用免疫荧光技术进行检测。常用的荧光剂是FITC，而免疫结合物有两类，一类是能深入死精子顶体内与抗原特异结合的金霉素（CTC），一类是非渗透性的、能与活精子顶体相连物特异结合的植物血凝素（PSA，PNA）。这样就可利用探测内部的CTC和外部的FITC-PSA或FITC-PNA荧光探针，借助荧光显微镜检测精子顶体状态，以检测精子的受精能力。

(5) 精子获能情况　精子获能的一个主要事件是 Ca^{2+} 内流到精子细胞内，而这种 Ca^{2+} 内流通常伴随着精子质膜成分的改变和细胞内 pH 升高，最终导致顶体反应的发生，反映精子的受精能力。

检测精子获能情况的方法是金霉素（CTC）染色法，精子用 CTC 染色后，在激发波长 400～440nm、辐射波长 470nm 紫外光激发下，获能精子和不获能精子的染色类型有所不同。

3. 精液质量检测新技术　精液检测的首要目标就是快速准确地确定精子的受精能力。同时具备多种特性和功能完整的精子才能使卵子受精，因而只有同时客观地检测多个指标，才能更好地反映精子使卵子受精的能力。精子检测的传统方法费时费力，检测指标单一，而且易受操作者的主观影响，不能准确地反映精子功能。

近年来，随着生殖生物学的发展和人类对辅助生殖技术的迫切需求，基于精子形态学观察为主的传统检测方法已不能满足人们的需要，于是又研究出了一些快速、准确的精液质量检测方法，主要包括：

(1) 计算机辅助精液分析　计算机辅助精液分析（Computer-assisted semen analysis，CASA）是近些年发展起来的新技术，将现代的计算机技术和先进的图像处理技术运用在精子质量分析上，在分析精子运动能力方面显示了其独特的优越性，自动化程度高，省时、操作简单（图 7-4）。CASA 除可分析精子密度和活动百分率等指标外，尤其能分析与精子运动功能相关的各种参数，如：

图 7-4　计算机辅助精液分析（CASA）

活率（%）——指精子总数中活动（A+B+C 三级）精子所占的比例。

活力（%）——A＋B 级精子数占总精子数的百分率，即精子的运动能力。

A级精子百分率（%）——快速（≥25μm/s）直线向前运动的精子数占总精子数的百分率。是判定精子质量最重要的参数。

B级精子百分率（%）——慢速（<25μm/s）或无定向前向运动的精子数占总精子数的百分率。

C级精子百分率（%）——非前向运动的精子数占总精子数的百分率。

D级精子百分率（%）——不运动的精子数占总精子数的百分率。

曲线速度（μm/s）——也称为轨迹速度，即精子头部沿其实际行走曲线的运动速度，用VCL表示。

平均路径速度（μm/s）——精子头部沿其空间平均轨迹的运动速度，这种平均轨迹是计算机将精子运动的实际轨迹平均后计算出来的，可因不同型号的仪器而有所改变，用VAP表示。

直线运动速度（μm/s）——也称为前向运动速度，即精子头部直线移动距离的速度，用VSL表示。

直线性（%）——也称为线性度，为精子运动曲线的直线分离度，即VSL/VCL，用LIN表示。

侧摆幅度（μm）——精子头部实际运动轨迹对平均路径的侧摆幅度，可以是平均值，也可以是最大值。CASA系统引用的是平均值，用ALH表示。

前向性（%）——也称为直线性，计算公式为VSL/VAP，即精子运动平均路径的直线分离度，用STR表示。

摆动性（%）——精子头部沿其实际运动轨迹的空间平均路径摆动的尺度，即VAP/VCL，用WOB表示。

鞭打频率（Hz）——也称为摆动频率，即精子头部跨越其平均路径的频率，用BCF表示。

平均移动角度（°）——精子沿其运动轨迹瞬间转折角度的绝对值之和对时间的平均值，用MAD表示。

CASA系统识别精子时，需将灰度和阈值调整到可将精子全部采集，而不采集卵磷脂小体等非精子微小颗粒，图像上可以清楚地看到哪些精子被分割出来，对于系统标记为精子的非精子成分，如精原细胞、白细胞和非细胞颗粒等，需要人为计数后输入到原细胞数一栏，系统在分析时会自动将这一部分舍去，因此，其准确性不仅受精液中的细胞和非细胞颗粒的影响而且还与灰度和阈值设置有密切关系。

国外已经建立了标准的精液分析方案，精液冷冻-解冻后直接用计算机进行分析，评估结果客观可靠。CASA具有用量少、成本低、检测速度快、节省人力的特点，更具有高精确性和提供精子动力学量化数据的优点。其重复性、可比性和一致性均优于人工检测。但是，CASA 分析结果仍不能替代传统人工分析，CASA 无法正确反映精子的凝集现象，在精液形态、非精子有形成分的判断上，CASA 的报告结果应予以人工纠正。

市场上的分析系统主要有：德国米尼图公司的 Sperm Vision、以色列 MES 公司生产的 SQA-Vb、美国的 Hamilton-IVOS 精子活力分析仪 HTM Sperm Motility Analyzer 08068281、俄罗斯的 SFA-500 型精子分析仪等。

（2）*流式细胞术*　流式细胞术（Flow cytometry，FCM）是 20 世纪 70 年代发展起来的一种单细胞快速分析技术，已广泛应用于细胞生物学和医学的各个领域。流式细胞术的基本原理是：特异荧光探针标记的单细胞悬液在管道中稳定地流动，细胞一个个依次经过喷嘴，经恒定功率的激光束激发后产生散射光和激发荧光。这两种信号同时被 0°方向的光电二极管和 90°方向的光电倍增管接收，经计算机处理，细胞的一系列特性就被快速准确地测定。在此基础上还可以根据有关参数把所需细胞亚群从整个样品中分选出来。

FCM 在哺乳动物精子研究中发挥着重要作用：通过分析生精细胞的增殖周期可研究精子发生；可根据 X、Y 精子 DNA 含量的差异进行精子性别鉴定，即精子分选；还可检测精液质量。流式细胞术为精子功能试验提供了快速、客观、多指标、大通量的检测手段，弥补了传统方法的缺陷，成为一种检测精液质量的新平台。随着新的荧光探针和染色方法的不断开发和改进，这一新的检测技术在近 20 年来应用越来越广泛。

利用 FCM 检测精子的质膜完整性、顶体状态、染色质结构、线粒体功能以及细胞凋亡等，可以得知精子功能的相关情况。随着新的荧光探针的不断开发，染色方法的改进，试剂盒的广泛使用以及激光技术、电脑技术的迅速发展，FCM 将更加方便快捷，并可将多种染料联合使用，进行多色分析，同时检测多个指标，准确反映精子的功能。

（三）精液的稀释

稀释精液的目的在于扩大精液量，提高优良种公羊的配种效率和精子活力，延长精子存活时间，使精子在保存过程中免受各种物理、化学和生物等因素的影响。

人工授精所选用的稀释液要求配制简单，费用低廉，具有延长寿命、扩大精液量的效果，最常用的稀释液有：

1. 葡萄糖卵黄稀释液　于 100mL 蒸馏水中加葡萄糖 3g，柠檬酸钠 1.4g，溶解后过滤灭菌，冷却至 30℃，加新鲜卵黄 20mL，充分混合。

2. 牛奶（或羊奶）稀释液　用新鲜牛奶（或羊奶）以脱脂纱布过滤，蒸汽灭菌 15min，冷却至 30℃，吸取中间奶液即可作稀释用。

3. 生理盐水稀释液　用0.9%生理盐水作稀释液，简单易行，稀释后马上输精，是一种比较有效的方法。此种稀释液的稀释倍数不宜超过2倍。

各种稀释液中，都应加入青霉素和链霉素以抗菌，并调整溶液的pH为7.0后使用；稀释应在25～30℃下进行，对稀释后的精液经过检查（图7-5）方可输精。

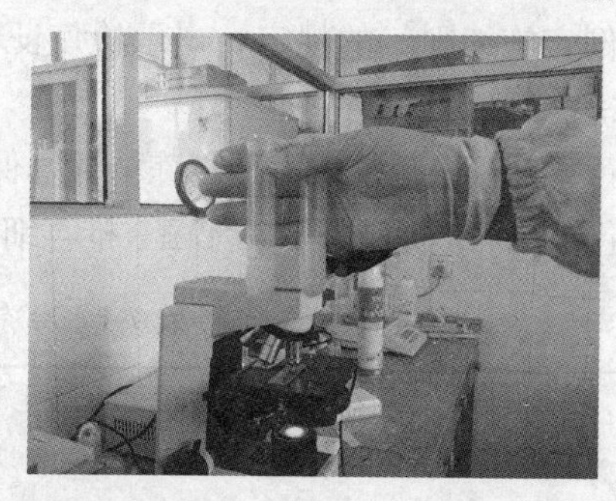

图7-5　精液稀释与检查

（四）精液的保存

为扩大优秀种公羊的利用效率、利用时间和利用范围，需要有效地保存精液，延长精子的存活时间。为此必须降低精子的代谢，减少能量消耗。

1. 常温保存　精液稀释后，保存在15～20℃的环境中，在这种条件下，精子运动明显减弱，在常温下能保存1d。现在可以采用专用精液保存恒温箱（15～17℃），也有车载恒温箱（图7-6）。

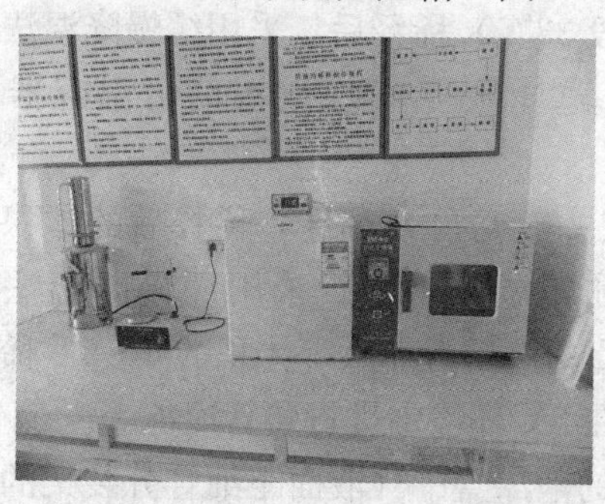
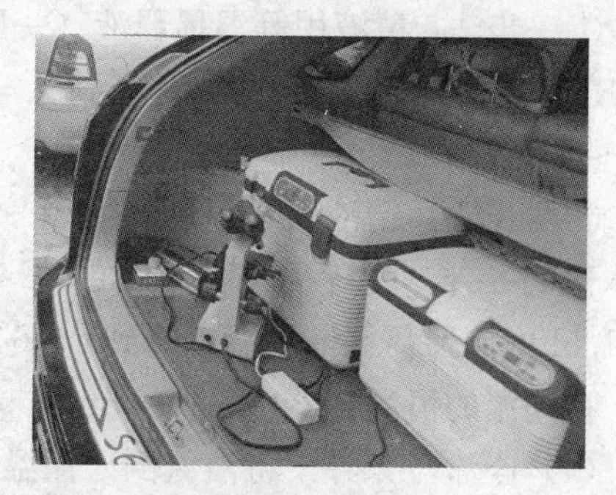

图7-6　精液保存恒温箱和车载恒温箱

2. 冷冻保存　家畜精液的冷冻保存，是人工授精技术的一项重大革新，它可长期保存精液。羊的精子由于不耐冷冻，冷冻精液受胎率较低。国家基因库冻精保存数量要求提供符合品种特征的优秀种公畜10～15只，每只种公畜采集150份冻精，共采集冻精1 500份（每只种公畜冷冻精液制作的实际数量应比保存数量多出10%，以便进行冷冻精液质量检查）。

所选用种公畜个体必须符合其品种特征，供体公畜为特级；选用种公畜应无传染性疾病和遗传疾病；选用种公畜之间至少 3 代以上无血缘关系（种公畜不得少于 6 个血统，且系谱清楚）。种羊要求检疫口蹄疫、布鲁氏菌病、蓝舌病、山羊关节炎脑炎、绵羊梅迪-维斯纳病、羊痘、螨病等（1992 年 4 月 8 日，农业部令第 10 号）。兽医检疫部门对以上疾病的检疫结果必须按《家畜家禽防疫条例实施细则》的规定，出示检疫证明。

冷冻精液的保存过程为：

（1）稀释液的配制　配制冻精稀释保护剂必须用新鲜的双蒸水和卵黄，二级以上化学试剂；保证清洁，无菌。推荐细管冻精用稀释配方如表 7-1 所示。

表 7-1　冷冻稀释液配方

山羊	基础液	葡萄糖 4.8g、柠檬酸钠 2.0g、双蒸水 100mL，充分溶解
	稀释液 Ⅰ	基础液 85mL、卵黄 15mL、青霉素 0.048g、链霉素 0.1g
	稀释液 Ⅱ	稀释液Ⅰ 46mL、甘油 4mL
绵羊	基础液	葡萄糖 2.25g、乳糖 8.25g、蒸馏水 100mL
	稀释液	基础液 75mL、卵黄 20mL、甘油 5mL、青霉素 10 万 U、链霉素 10 万 U

（2）稀释比例　一般最终稀释比例按 1∶（1～4），但必须保证每一剂量中，解冻后所含直线运动精子数的规定。

（3）降温与平衡（预冷）

①一步法：精液用等温稀释液（一般 33℃）稀释后，采用缓慢降温法，在 1～1.5h 内使稀释精液的温度降到 4～5℃；然后再在同温的恒温容器中平衡2～4h。

②两步法：精液用等温稀释液 Ⅰ（一般 33℃）稀释，稀释后的体积为最终体积的一半，之后将精液放在 5℃ 冰箱或冰柜中，采用缓慢降温法，在 1～1.5h内使稀释精液的温度降到 4～5℃；然后再加入等体积的 4～5℃稀释液Ⅱ，在同温的恒温容器中平衡 45min。在 5℃环境中进行装管冷冻。

（4）冷冻与保存　将液氮倒入保温的泡沫盒中（液面距细管分装架的架面 2cm 左右），并放入细管分装架，在－120～－80℃的液氮面上（放入前和细管将到达的位置的温度要在－170～－160℃，细管放入后通过泡沫盒开启调节在－120～－80℃），熏蒸细管 8min 后，将细管投入液氮，然后在液氮内将细管分类装入塑料指形管，指形管上标记公畜号、数量及生产日期。再用灭菌纱布将装有冷冻精液的塑料指形管包装起来，一个灭菌纱布袋一个个体，并有明确标签附在纱布袋上。标签要求标记如下内容：生产站名、品种、种畜个体号、数量、解冻后精子的活力。最后在液氮内保存。

（五）输精

输精是母羊人工授精的最后一个技术环节。适时而准确地把一定量的优质精液输到发情母羊的子宫颈口内，这是保证母羊受胎、产羔的关键。

1. 输精器具的准备　输精前所有的器具（图 7-7）要消毒灭菌，对于输精器及开膣器最好蒸煮或在高温干燥箱内消毒。输精器以每只公羊准备 1 支为宜，当输精器不足时，可将每次用后的输精器先用蒸馏水棉球擦净外壁，再以酒精棉球擦洗，待酒精挥发后再用生理盐水棉球擦净，便可继续输精。

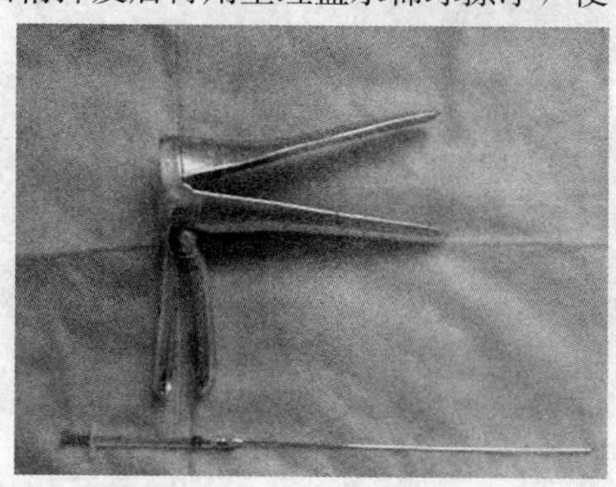

图 7-7　输精器具

2. 输精人员的准备　输精人员穿工作服，手指甲剪短磨光，手洗净擦干，用 75%酒精消毒，再用生理盐水冲洗。

3. 母羊准备　把待输精母羊放在输精室，如没有输精室，可在一块平坦的地方进行。正规操作应设输精架保定母羊，若没有输精架，可以采用横杠式输精架，在地面埋上两根木桩，相距 1m 宽，绑上一根 5～7cm 粗的圆木，距地面高约 70cm，将输精母羊的两后肢提到横杠上悬空，前肢着地，一次可使 3～5 只母羊同时提到横杠上，输精时比较方便。另一种较简便的方法，也可由 1 人保定母羊，使母羊自然站立在地面，输精人员蹲在输精坑内。还可采用两人抬起母羊后肢保定，这也是一种较简便的方法，抬起高度以输精人员能较方便地找到子宫颈口为宜。

4. 输精（图 7-8）　输精前将母羊外阴部用来苏儿溶液擦洗消毒，再用水擦洗干净，或以生理盐水棉球擦洗，输精人员将用生理盐水湿润过的开膣器闭合从母羊阴门慢慢插入，之后轻轻转动 90°，打开开膣器，如在暗处输精，要用头额灯或手电筒光源寻找子宫颈口。子宫颈口的位置不一定正对阴道，子宫颈在阴道内呈一小凸起，发情时充血，较阴道壁膜的颜色深，容易寻找。如找不到，可活动开膣器的位置，或变化母羊后肢的位置。输精时，将输精器慢慢插入子宫颈口 0.5～1.0cm，将精液注入子宫颈口内。输精量应保持直线运动精子数在 5 000 万以上，即原精液需要 0.05～0.10mL。有些处女羊阴道狭窄，开膣器无法充分展开，找不到子宫颈口，这时可采用阴道输精，但精液量至少增加到 0.1～0.2mL。

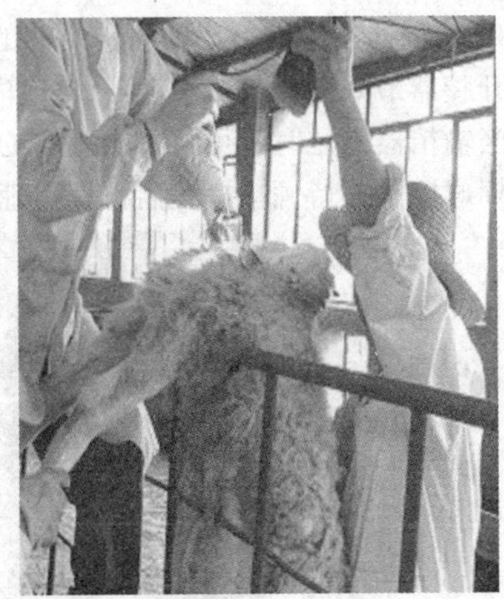

图 7-8　输　精

5. 注意事项　由于羊发情期短，当发现母羊发情时，母羊可能已发情了一段时间，因此应及时输精。早上发现的发情羊，当日早晨输精 1 次，傍晚再输精 1 次。

输精的关键是严格遵守操作规程，操作要细致，子宫颈口要对准，精液量要足够。输精后的母羊要登记，并加强饲养管理，为增膘保胎创造条件。

（六）子宫角输精

腹腔内窥镜子宫角输精技术每次输精量少，受精率高，可以减少多次配种造成的应激。

1. 腹腔内子宫角输精（图 7-9）

（1）输精器制作　取一个外径 4mm、内径 2mm 的 25cm 长的塑料管（无毒性、透明，可用牛用输精硬外套管），用玻璃胶将 5 号针头与一端粘接，另一端用 5cm 的乳胶管和 1mL 注射器相连接即可。

（2）输精操作　供体羊发情后的 24h 左右，用专用的子宫输精器吸入两段 0.1mL 精液，前、中、后段各留一段空气。输精时采用特制羊用手术保定架，由 2 人操作，其中术者 1 人，助手 1 人。将羊固定在保定架上，剪去腹中线到乳房前的羊毛，洗净消毒处理后，在乳房前 8～10cm 处进行局部麻醉。在术部左侧用套管针刺入腹腔，充入适量 CO_2，使内脏前移，并使腹壁与内脏分离，从刺入的套管针中，将腹腔内窥镜伸入腹腔，在右侧相同部位，刺入另一套管针，打开光源后，双手配合观察子宫角及排卵点情况，对有排卵点或滤泡者，取出右侧套管针芯，插入子宫输精器（针头 4mm 左右），借助腹腔内窥镜在两侧的子宫角远端 1/3 处，输入精液。最后给皮肤创口缝合一针，并在臀部肌内注射消炎针，青霉素 100 万 U，输精手术结束。

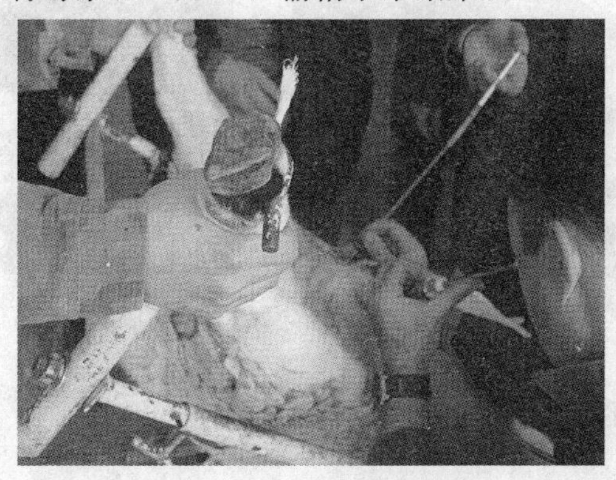

图 7-9　腹腔内子宫角输精

2. 腹腔外子宫角输精　输精时采用羊用手术保定架，由 2 人操作，其中术者 1 人，助手 1 人。将羊固定在保定架上，剪去腹中线到乳房前的羊毛，洗净消毒处理后，在乳房前 8～10cm 处进行局部麻醉。在术部用套管针刺入适量充入 CO_2，使内脏前移，并使腹壁与内脏分离，通过刺入套管针，将腹腔内窥镜伸入腹腔，打开光源后观察子宫角及排卵点情况，在对侧相同部位，用手术刀片刺入一小口约 1.5cm，借助腹腔内窥镜把卵巢上有黄体发育一侧的子宫角用牵引钳拉出，用 1mL 注射器吸入精液（针头剪钝），输入子宫角远端 1/3 处，而后放回子宫角，并缝合一针，臀部肌内注射消炎针，青毒素 100 万 U，输精手术结束。

第四节　妊娠检查与分娩

一、妊娠检查

早期妊娠诊断，对于保胎、减少空怀和提高繁殖率都具有重要的意义。早期妊娠诊断方法的研究和应用，历史悠久，方法也多，但要达到相当高的准确性，并且在生产实践中方便应用，这是直到现在还在探索研究和待解决的问题。

用超声波的反射，对羊进行妊娠检查（图 7-10）。根据多普勒效应设计的仪器，探听血液在脐带、胎儿血管和心脏等中的流动情况，能成功地测出妊娠 26d 的母羊，到妊娠 6 周时，其诊断的准确性可提高到 98%～99%，若在直肠内用超声波进行探测，当探杆触到子宫动脉时，可测出母体心率（90～110 次/min）和胎盘血流声，从而准确地肯定妊娠。

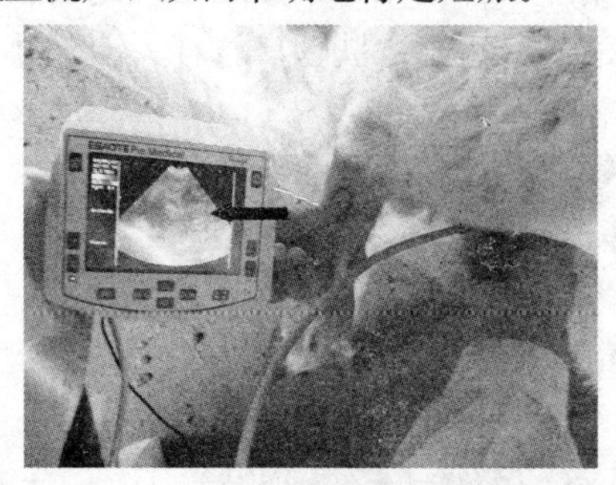
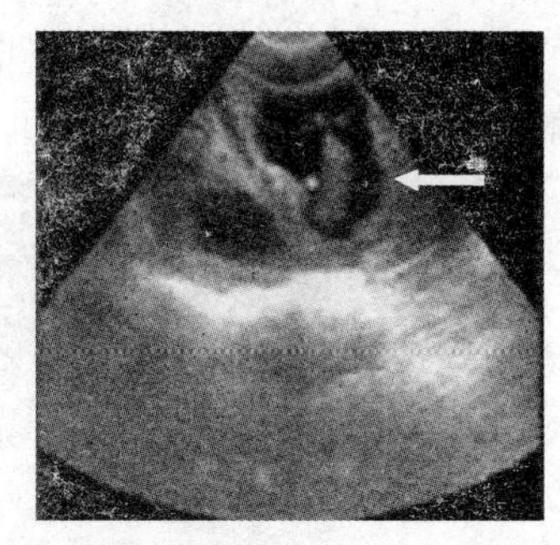

图 7-10　B 超检查妊娠（箭头为胎儿）

二、分娩与接产

（一）分娩

妊娠母羊将发育成熟的胎儿和胎盘从子宫中排出体外的生理过程称为分娩或产羔。

1. 分娩预兆　母羊分娩前，机体的一些器官在组织和形态方面发生显著变化，母羊的行为也与平时不同，这些系列性变化以适应胎儿的产出和新生羔羊哺乳的需要。同时可根据这些征兆来预测母羊确切的分娩时间，以做好接羔等方面的工作。

（1）乳房的变化　母羊在妊娠中期乳房即开始增大，分娩前夕，母羊乳房迅速增大，稍显红色而发亮，乳房静脉血管怒张，手摸有硬肿之感。此时可挤出初乳，但个别母羊在分娩后才能挤下初乳。

（2）外阴部的变化　临近分娩时，母羊阴唇逐渐柔软、肿胀，皮肤上的皱纹消失，越接近产期越表现潮红；阴门容易开张，卧下时更加明显；生殖道黏液变稀，牵缕性增加，子宫颈黏液栓也软化，并经常排出于阴门外。

（3）骨盆韧带　在分娩前 1～2 周开始松弛。

（4）行为变化　临近分娩时，母羊精神状态显得不安，回顾腹部，时起时卧。躺卧时两后肢不向腹下蜷缩，而是呈伸直状态。排粪、排尿次数增多。放牧羊只则有离群现象，以找到安静处，等待分娩。

2. 分娩过程　分娩过程可分为三个阶段，即子宫开口期、胎儿产出期和胎衣排出期。

（1）子宫颈开口期（第一产程）　从子宫角开始收缩，至子宫颈完全开张，使子宫颈与阴道之间的界限消失，这一时期称为开口期。为期 1～

1.5h。母羊表现不安，时起时卧，食欲减退，进食和反刍不规则，有腹痛表现。

(2) 胎儿产出期（第二产程）　从子宫颈完全开张，胎膜被挤出、羊水流出开始到胎儿产出为止，称为产出期。母羊表现高度不安，心跳加速，母羊呈侧卧姿势，四肢伸展。此时胎囊和胎儿的前置部分进入软产道，压迫刺激盆腔神经感受器，除了宫缩以外，又引起了腹肌的强烈收缩，出现努责，于是在这两种动力作用下将胎儿排出。本期为 0.5～1h。羊的胎儿排出时，仍有相当部分的胎盘尚未脱离，可维持胎儿氧的供应，使胎儿不致窒息。

(3) 胎衣排出期（第三产程）　从胎儿产出到胎衣完全排出的时间称为胎衣排出期。本期需要 1.5～2h。当胎儿开始娩出时，由于子宫收缩，脐带受到压迫，供应胎膜的血液循环停止，胎盘上的绒毛遂萎缩。当脐带断裂后，绒毛萎缩更加严重，体积缩小，子宫腺窝紧张性降低，所以绒毛很容易从子宫腺窝中脱离。胎儿产出后，由于激素的作用，子宫又出现了阵缩，胎膜的剥落和排出主要靠宫缩，并且配合有轻微的努责。宫缩是由子宫角开始的，胎盘也是从子宫角尖端开始剥落，同时由于羊膜及脐带的牵引，故胎膜常呈内翻状排出。

（二）接产

母羊正常分娩时，从羊膜破后几分钟至 30min 左右，羔羊即可产出。正常胎位的羔羊，出生时一般是两前肢及头部先出，并且头部紧靠在两前肢的上面。若是产双羔，先后间隔 5～30min，但也偶有长达数小时以上的。因此，当母羊产出第一个羔后，必须检查是否还有第二个羔羊，方法是以手掌在母羊腹部适当用力向上推举，如为双胎，可触感到光滑的羔体。

在母羊产羔过程中，非必要时一般不应干扰，最好让其自行娩出。但有的初产母羊因骨盆和阴道较为狭小，或双胎母羊在分娩第二只羔羊并已感疲乏的情况下，需要助产。其方法是：人在母羊体躯后侧，用膝盖轻压其肷部，等羔羊嘴端露出后，用一手向前推动母羊会阴部，羔羊头部露出后，再用一手托住头部，一手握住前肢，随母羊的努责向后下方拉出胎儿。若属胎势异常或其他原因难产时，应及时请有经验的畜牧兽医技术人员协助解决。

羔羊产出后，首先把其口腔、鼻腔里的黏液掏出擦净，以免呼吸困难、吞咽羊水而引起窒息或异物性肺炎。羔羊身上的黏液，最好让母羊舐净，这样对母羊认羔有好处。如母羊恋羔性弱时，可将胎儿身上的黏液涂在母羊嘴上，引诱它舐净羔羊身上的黏液。如果母羊不舐或天气寒冷时，可用柔软干草迅速把羔羊擦干，以免受凉。碰到分娩时间较长，羔羊出现假死情况时，欲使羔羊复苏，一般采用两种方法：一是提起羔羊两后肢，使羔羊悬空，同时拍及其背胸部；另一种是使羔羊卧平，用两手有节律地推压羔羊胸部两侧。假死的羔羊经过这种处理后即能复苏。羔羊出生后，一般情况下都是由自己扯断脐带。在人工助产下娩出的羔羊，可由助产者断脐带，断前可用手把脐带中的血向羔羊脐部捋几下，然后在离羔羊肚皮3～4cm处剪断并用碘酒消毒。

三、产后母羊和新生羔护理

根据部分牧场的经验，应当做到三防、四勤，即防冻、防饿、防潮和勤检查、勤配奶、勤治疗、勤消毒。接羔室和分娩栏内要经常保持干燥，潮湿时要勤换干羊粪或干土。接羔室内温度不宜过高，高原牧区及羊场，接羔室内的温度要求为－5～5℃。具体要求是：

1. 母子健壮，母羊恋羔性强，产后一般让母羊将羔羊身上的黏液舐干，羔羊吃上初乳以后，放在分娩栏内或室内均可。在高寒地区，天冷时还应给羔羊使用护腹带。若羔羊产在牧地上，吃完初乳后用接羔袋背回。

2. 母羊营养差、缺奶、不认羔，或羔羊发育不良时，出生后必须精心护理。注意保温、配奶，防止踏伤、压死。如天冷，装在接羔袋中，连同母羊放在分娩栏内，羔羊健壮时从袋内取出。要勤配奶，每天配奶次数要多，每次吃奶要少，直到母子相认很好，羔羊能自己吃上奶时再放入母子群。对于缺奶和双胎羔羊，要另找保姆羊。

3. 对于病羔，要做到勤检查，早发现，及时治疗，特殊护理。不同疾病采取不同的护理方法，打针、投药要按时进行。一般体弱腹泻羔羊，要做好保温工作；患肺炎羔羊，住处不宜太热。

第八章　繁殖新技术

第一节　羊的同期发情

同期发情（Estrus synchronization）是利用某些激素制剂人为地控制并调整一群雌性动物发情周期的过程，使之在预定的时间内集中发情，以便有计划地组织配种。

一、同期发情的意义

1. 有利于人工授精技术的推广，能更广泛地应用冷冻精液进行人工授精。

2. 应用同期发情技术使配种、妊娠、分娩等过程相对集中，便于合理组织大规模畜牧业生产和科学化饲养管理，节省人力、物力和费用。

3. 同期发情不但能使具有正常发情周期的动物集中发情，而且还同时能诱导乏情状态的动物发情，因此可以提高繁殖率。

4. 在胚胎移植技术的研究和应用中，应用同期发情可使供体和受体处于相同的生理状态，有利于移植的胚胎正常生长发育。同时，当胚胎长期保存的问题尚未得到很好解决之前，同期发情是在胚胎移植中不可缺少的一种配套技术。

二、同期发情的机制

同期发情处理主要是借助外源激素作用于卵巢，使其按照预定的要求发生变化，使处理动物的卵巢生理机能都处于相同阶段，从而达到发情同期化。雌性动物的发情周期，从卵巢的机能和形态变化方面可分为卵泡期和黄体期两个阶段。在较短的卵泡期，引起发情的原因是卵泡所分泌的雌激素；在较长的黄体期，由于黄体生成的孕激素抑制了卵泡发育，使雌性动物不再发情。如果孕激素一直存在并维持一定的水平，则发情就不会出现。同期发情的一种途径是向一群雌性动物同时施用孕激素类药物来抑制卵泡的生长发育和发情表现，经过一定时间后同时停药，由于卵巢同时摆脱了外源性孕激素的控制，卵巢上周期黄体也已退化，于是同时出现卵泡发育，同时发情。这种情况实际上是人为地延长了黄体期，延长了发情周期。

在自然性周期中，黄体退化后，孕激素急剧减少，下丘脑和垂体前叶摆脱了孕激素的抑制作用，重新分泌促性腺素释放激素（GnRH）和促卵泡激素（FSH）、促黄体素（LH），于是又进入卵泡期，雌性动物开始发情，而黄体退化是由子宫分泌 $PGF_{2\alpha}$所致，故在同期发情技术中的另一途径是向一群处于黄体期的雌性动物施用前列腺素，使一群处于不同阶段黄体期动物的黄体同时消退，使卵巢提前摆脱体内孕激素的控制，于是卵泡得以同时开始发育，同时发情。这种情况实际上是缩短了雌性动物的发情周期。

上述两种途径是通过使黄体的寿命延长或缩短，使雌性动物摆脱内、外孕激素控制的时间一致，而在同一个时期引起卵泡发育以达到同期发情的目的。

三、同期发情方法

同期发情常用方法有孕激素阴道栓塞法和前列腺素注射法两种。

1. 孕激素阴道栓塞法 将孕激素阴道栓放置于母羊子宫颈外口处，绵羊放置 12～14d，山羊放置 16～18d 后，取出阴道栓，2～3d 后处理母羊发情率可达 90%以上。同批次的受体羊比供体羊早撤除栓（考虑成本受体母羊一般用海绵栓）0.5d，并于撤栓同时肌内注射孕马血清促性腺激素（PMSG）400IU（2mL）。

阴道栓可以使用厂家的现成产品，也可以自制。自制阴道栓的方法是：取一块海绵，截成直径和厚度均为 2～3cm 的小块，拴上 35～45cm 长的细线，每块海绵浸吸一定量的孕激素溶液（孕激素与植物油相混）即成。常用的孕激素种类和剂量为：孕酮 150～300mg，甲孕酮 50～70mg，甲地孕酮 80～150mg，18-甲基炔诺酮 30～40mg，氟孕酮 20～40mg。

可用送栓导入器将阴道栓送入母羊阴道内。送栓导入器由一外管和推杆组成。外管前端截成斜面，并将斜面后端的管壁挖一缺口，以便于用镊子将海绵栓置于外管前端。推杆略长于外管，前部削成一个平面，以防送栓时推杆将阴道栓的细线卡住。埋栓时，将送栓导入器浸入消毒液消毒，将阴道栓浸入混有抗生素的润滑剂（经高温消毒的食用植物油）中使之润滑，然后用镊子从导入管的缺口处将阴道栓放入导入管前端，细线从导入管的缺口处引出置于管外，将推杆插入导入管，使推杆前端和海绵栓接触。保定母羊自然站立姿势，将外管连同推杆倾斜缓缓插入阴道 10～15cm 处，用推杆将阴道栓推入子宫颈外口处。将导入管和推杆一并退出，细线引至阴门外，外留长度 15～20cm。如果连续给母羊埋栓，外管抽出浸入消毒液消毒后可以继续使用。

也可使用肠钳埋栓，将母羊固定后，用开膣器打开阴道，用肠钳将沾有抗生素粉的自制阴道栓放入阴道内10～15cm处，使阴道栓的线头留在阴道外即可。幼龄处女羊阴道狭窄，应用送栓导入器有困难，可以改用肠钳，或用手指将阴道栓直接推入。

埋栓时，应当避免现场尘土飞扬，防止污染阴道栓。若发现阴道栓脱落，要及时重新埋植。

撤栓时，用手拉住线头缓缓向后、向下拉，直至取出阴道栓。或用开膣器打开阴道后，用肠钳取出。撤栓时，阴道内有异味黏液流出，属正常情况，如果有血、脓，则说明阴道内有破损或感染，应立即使用抗生素处理。取栓时，阴门不见有细线，可以借助开膣器观察细线是否缩进阴道内，如见阴道内有细线，可用长柄钳夹出。遇有粘连的，必须轻轻操作，避免损伤阴道，撤栓后用10mL 3%的土霉素溶液冲洗阴道。

2. 前列腺素注射法　给母羊间隔10～14d，连续注射2次前列腺素，每次注射剂量为0.05～0.1mg，第2次注射后2～3d母羊发情率可达90%以上。为提高同期发情母羊的配种受胎率，可于配种时肌内注射适量的LRH-A3或LH。前列腺素注射后30～50h发情。

也可先用孕激素处理7～9d，然后注射$PGF_{2\alpha}$和PMSG，此法同期发情率高，受胎率也较高，但较烦琐，费用偏高。

第二节　羊的胚胎移植

自1934年绵羊胚胎移植成功以来，各种家畜以及实验动物的胚胎移植相继成功，特别是牛的胚胎移植发展很快。我国于1974年在绵羊上成功地进行了胚胎移植，1980年在山羊上获得成功。现在，绵山羊的胚胎移植已向着实际应用方向发展，所以越来越受到人们的重视。如果说人工授精技术是提高良种公羊利用率的有效方法，那么胚胎移植则为提高良种母羊的繁殖力提供了新的技术途径。

一、胚胎移植的概念

胚胎移植（ET）是从超数排卵处理的母羊（供体）的输卵管或子宫内取出许多早期胚胎，移植到另一群母羊（受体）的输卵管或子宫内，以达到产生供体后代的目的。这是一种使少数优秀供体母羊产生较多的具有优良遗传性状的胚胎，使多数受体母羊妊娠、分娩而达到加快优秀供体母羊品种繁殖的一种先进繁殖生物技术。

提供胚胎的母羊称为供体，接受胚胎的母羊称为受体。供体通常是选择优良品种或生产性能高的个体，其职能是提供移植用的胚胎；而受体则只要求是繁殖机能正常的一般母羊，其职能是通过妊娠使移植的胚胎发育成熟，分娩后继续哺乳抚育后代。受体母羊并没有将遗传物质传给后代，所以，实际上是以“借腹怀胎”的形式产生出供体的后代。

二、胚胎移植的程序

在自然情况下，母羊的繁殖是从发情排卵开始的，经过配种、受精、妊娠直到分娩为止。胚胎移植是将这个自然繁殖程序由两部分母羊来分别承担完成。供体母羊因只是提供胚胎，做同期发情处理，经超数排卵处理，再用优良种公羊配种，于是在供体生殖道内产生许多胚胎。将这些胚胎取出体外，经过检验后，再移入受体母羊生殖道的相应部位。受体母羊必须和供体母羊同时发情并排卵，而不予配种。这样移入的胚胎才能继续发育，完成妊娠过程，最后分娩产出羔羊。

胚胎移植技术的操作内容为：供体母羊的选择和检查；供体母羊发情周期记载；供体母羊超数排卵处理；供体母羊的发情和人工授精；受体母羊的选择；受体母羊的发情记载；供体、受体母羊的同期发情处理；供体母羊的胚胎收集；胚胎的检验、分类、保存；受体母羊移入胚胎；供体、受体母羊的术后管理；受体母羊的妊娠诊断；妊娠受体母羊的管理及分娩；羔羊的登记。

（一）供、受体的选择

在进行胚胎移植前必须对供体进行选择，这种选择包括有关品种的选择和个体的选择。

1. 个体的选择 所选择个体必须符合我们所需要的品种特征，具有所需要的生产性能和遗传潜力，这点经常被忽略，结果产生的后代品种特征不明显，影响其销售时的价格和销路。

供体的年龄 2～4 岁，身体健康，无遗传疾病、传染性疾病。产后 80～90d，无生殖道疾病，发情周期正常。中等偏上膘情。配种公羊精液品质的活力必须在 0.7 以上。

2. 品种的选择 根据目的选择需要的品种，是选择山羊还是绵羊；如果是绵羊，究竟选择哪个品种，萨福克羊、陶赛特羊、特克赛尔羊，或者其他品种，这需要根据当地的具体情况来定。

3. 受体羊的选择 受体羊的年龄，可以是 12～18 月龄的青年羊，或是 1～4 胎的成年羊。生殖状况、健康状况、营养状况等方面与供体相同。产后时间 80～90d、发情正常，具有正常繁殖机能、无生殖道疾病。

4. 供体羊的饲养管理 放牧羊应在优质牧草的草地放牧，补充高蛋白质饲料、维生素和矿物质，并供给盐和清洁的饮水，做到合理饲养，科学管理。供体羊在采卵前后应保证良好的饲养条件，不得任意变换草料和管理程序，在配种季节前开始补饲，保持中等以上体膘。

（二）供、受体的同期发情和超数排卵处理

采用美国、加拿大及我国宁波生物制品厂生产的FSH，选择适宜剂量对肉羊进行超排，均可获得较好的超排效果。随品种、体重、年龄、超排时期的不同，特别是品种、体重应不同，供体羊用加拿大FSH超排，秋季剂量适宜范围在200～240mg，乏情季节激素用量需增加30～40mg；青年羊每只每次的FSH激素用量应酌情减少2～4mg。宁波产FSH剂量适宜范围为240～300IU。

1. 处理方案一　供体母羊阴道内放孕酮阴道栓（CIDR，内含300g孕酮）13d，同批次的受体羊阴道放海绵栓（内含氟孕酮50g）12d（图8-1）。以放栓日为第0天，供体羊从放栓的第10天开始注射FSH（以加拿大产激素为例），上、下午间隔12h各一次，4d的剂量分别为96mg/只、60mg/只、40mg/只、20mg/只；在第6次注射FSH时肌内注射PG 0.2mg/只（1支），在第7次注射FSH时取出CIDR，在第8次注射FSH后试情，发情则注射促排3号19μg/只或LH 1mL/只。

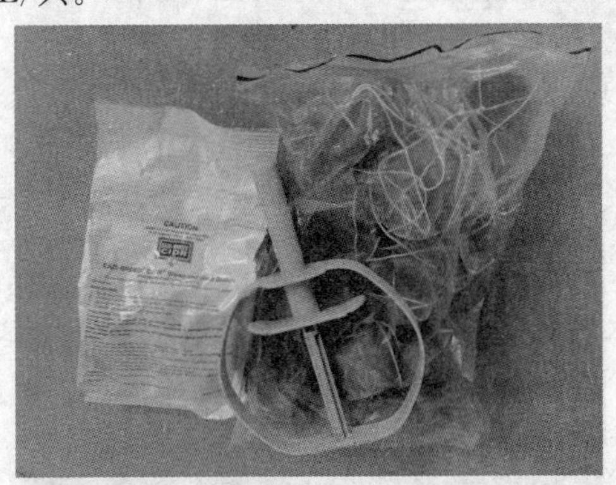

图8-1　羊用孕酮阴道栓（CIDR）和海绵栓

2. 处理方案二　供体母羊阴道内放孕酮阴道栓（内含300g孕酮）13d，同批次的受体羊阴道放海绵栓（内含氟孕酮50g）12d。以放栓日为第0天，供体羊从放栓的第10天开始注射FSH（加拿大产），每天2次，每次25mg（1.25mL），连续注射4d，并分别于第10天、第12天注射PMSG（加拿大产）100IU（0.5mL）和200IU（1mL），并于第二次注射PMSG的同时撤除孕酮阴道栓，撤除孕酮阴道栓后次日开始试情，发情后配种，每隔12h配种一次（人工授精＋辅助交配），连配2d。同批次的受体羊比供体羊早撤除海绵栓

0.5d，并于撤栓同时肌内注射 PMSG 400IU（2mL），次日试情，每日 4 次，不配种。

（三）配种

FSH 注射完毕，随即每天早晚用试情公羊进行试情鉴定供体母羊是否发情。发情 12h 后配种，每隔 12h 配种一次，配 2～3 次。每只公羊配一只供体母羊。公羊不足的情况下采精，做适当稀释后进行常规人工授精或腹腔内窥镜子宫角输精。

（四）采卵

1. 采卵时间 以发情日为 0d，在 6～7.5d 或 2～3d 用手术法分别从子宫或输卵管回收卵。

2. 手术室的要求 采卵及胚胎移植要在专门的手术室内进行，手术室要求干净明亮，光线充足、无尘，地面用水泥或砖铺成。配备照明用电。室内温度保持在 20～25℃。手术室定期用 3%～5%来苏儿或石炭酸溶液喷洒消毒，手术前用紫外灯照射 1～2h，在手术过程中不应随意开启门窗。

3. 器械、冲卵液等药品的准备 手术用的金属器械（图 8-2）放在含 0.5%亚硫酸钠（作为防诱剂）的新洁尔灭液中浸泡 30min，或在来苏儿溶液中浸泡 1h，使用前用灭菌生理盐水冲洗，以除去化学试剂的毒性、腐蚀性和气味。玻璃器皿、敷料和创巾等物品按规程要求进行消毒。经灭菌的冲卵液置于 37℃水浴加温，玻璃器皿置于培养箱内待用。备齐麻醉药、消毒药和抗生素等药物，酒精棉、碘酒棉等物品。手术台应前低后高，前高 60cm，后高 80cm，宽 70cm，长 120cm。

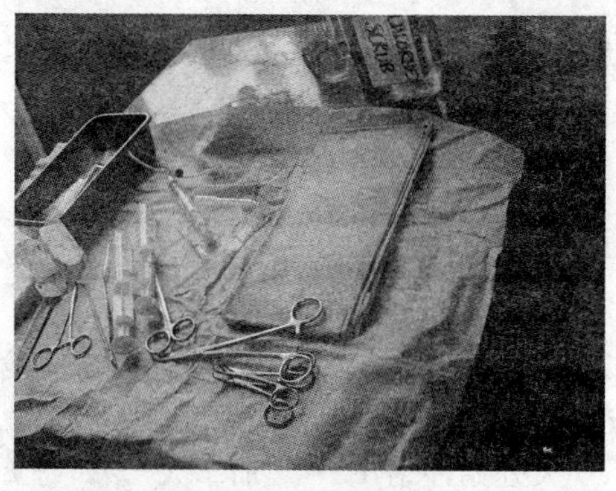

图 8-2 冲卵用具

4. 供体羊准备 供体羊手术前内应停食 24～48h，可供给适量饮水。供体羊仰放在手术保定架上（图 8-3）。四肢固定。肌内注射 2%静松灵 0.5mL，在第一、第二尾椎间做硬膜外麻醉，局部可用 2%普鲁卡因 2～3mL。手术部位一般选择乳房前腹中线或后肢股内侧鼠蹊部。用毛剪剪毛，用清水和消毒液清洗术部，然后涂以 2%～4%的碘酒，待干后再用 70%的酒精棉脱碘。将灭菌巾盖于手术部位。

图 8-3 冲卵手术架

5. 术者的准备 术者应将指甲剪短滑光，清洗干净并消毒。术者需穿清洁的手术服，戴工作帽和口罩。

6. 手术操作

（1）*切口* 切口常用直线形，做切口时要避开较大血管和神经，依皮肤、肌肉的组织层次分层切开，切口边缘与切面要整齐，切口方向与组织走向尽量一致，切开肌肉时采用钝性分离法。切口长为 5～8cm，避开第一次手术瘢痕。切开后，术者将食指及中指由切口伸入腹腔，在与骨盆腔交界的前后位置触摸子宫角，摸到后用二指夹持，引出子宫角、输卵管、卵巢（图 8-4）。不可用力牵拉卵巢，不能直接用手摸卵巢，更不能触摸排卵点和充血的卵泡。观察卵巢表面排卵点和卵泡发育，详细记录。如果排卵点少于 3 个，可不冲卵。

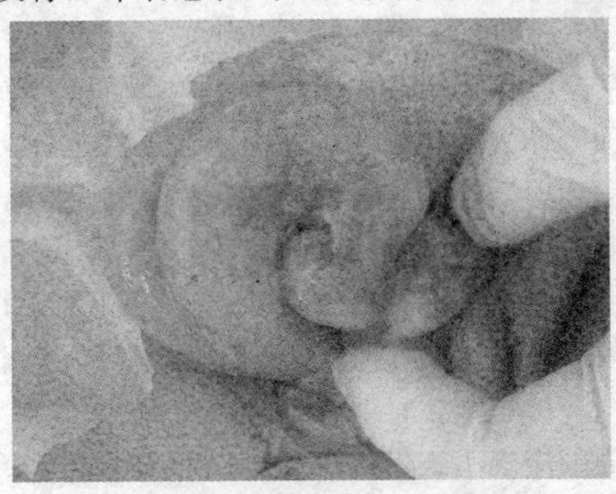

图 8-4 子宫和卵巢

(2) 止血　手术中出血时应及时止血。对常见的毛细管出血或渗血，用纱布敷料轻压出血处即可。小血管出血可用止血钳止血，较大血管出血除用止血钳夹住暂时止血外，必要时还要用缝合线结扎止血。

(3) 缝合　缝合前创口必须彻底止血，用加抗生素的灭菌生理盐水冲洗，清除手术过程中形成的血凝块等。按组织层次分层缝合。采取间断缝合和连续缝合。

7. 采卵

(1) 输卵管采卵法　供体羊发情后 2～3d 采集 2～8 细胞期的胚胎，用输卵管法。将冲卵管一端由输卵管伞部的喇叭口插入 2～3cm 深（用钝圆的夹子固定），另一端接集卵皿。用注射器吸取冲卵液 5～10mL，在子宫角靠近输卵管的部位，将针头朝输卵管方向扎入，一人操作，一只手的手指在针头后方捏紧子宫角，另一只手推注射器（图 8-5）。冲卵液由宫管接合部流入输卵管，经输卵管流至集卵皿。输卵管采卵的优点是卵的回收率高，冲卵液用量少，捡卵省时间。缺点是容易造成输卵管特别是伞部的粘连。

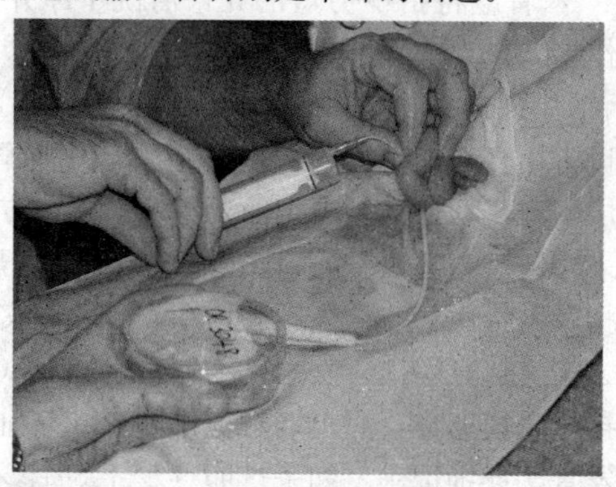

图 8-5　冲　卵

(2) 子宫冲卵管法　用手术法取出子宫，在一侧子宫角中部大弯处用止血钳尖端穿孔，将冲卵管插入，将导管气球固定在子宫角分岔处，使冲卵管尖端靠近子宫角前端，用注射器注入气体 3～5mL。在宫管接合部插入套管针，抽出针芯，由此向宫腔注入 30～60mL 冲胚液，冲胚液由导管排出。最后用手轻轻挤压子宫角，冲完后气球放气，冲卵管插入另一侧，用同样方法冲卵。

8. 术后处理　采卵完毕后，用 37℃灭菌生理盐水湿润母羊子宫，冲去凝血块，再涂少许灭菌液体石蜡，将器官复位。肌肉缝合后，撒一些消炎药。皮肤缝合后，在伤口周围涂碘酒。供体羊肌内注射抗生素 2d。

9. 捡卵

(1) 捡卵前的准备　将 10%或 20%的羊血清 PBS 保存液用 0.22μm 滤器

过滤到培养皿内备用。捡卵操作室温应为 20～30℃。待捡的卵应保存在 37℃条件下，捡卵时将集卵杯倾斜，轻轻倒掉上层液，留杯底约 10mL 冲卵液，倒入表面皿镜检（图 8-6）。

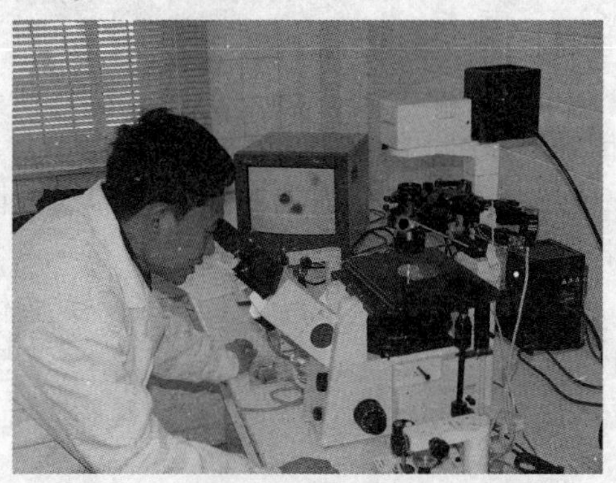

图 8-6 镜检胚胎

（2）*捡卵方法及要求* 用玻璃吸管清除卵外围的黏液、杂质。将胚胎吸至第一个培养皿内，吸管先吸入少许 PBS 再收入卵，在培养皿的不同位置冲洗卵 3～5 次。依次在第二个培养皿内重复冲洗，然后把全部卵移至另一个培养皿。每更换一个培养皿时应换新的玻璃吸管，一只供体的卵放在一个皿内（图 8-7）。

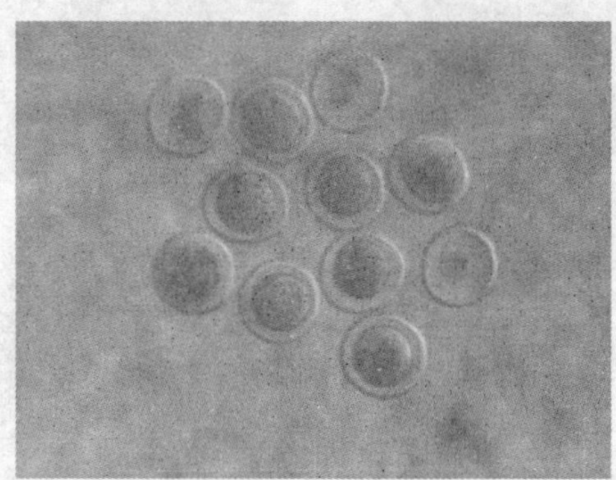

图 8-7 采集的胚胎

10. 胚胎的鉴定 凡卵子的卵黄未形成分裂球及细胞团的，均列为未受精卵。受精后 2～3d 用输卵管法回收的卵，发育阶段为 2～8 细胞期，可清楚地观察到卵裂球，卵黄腔间空隙较大。根据《牛羊胚胎质量检测技术规程》（NY/T 1674—2008）胚胎的发育期划分，6～7d 回收的正常受精卵发育情况如下：

（1）桑葚胚（Morula） 可观察到球状的细胞团，细胞团占透明带内腔50%～60%。

（2）致密桑葚胚（Compacted morula，CM） 卵裂球细胞进一步分裂变小，细胞团占透明带内腔60%～70%。

（3）早期囊胚（Early blastocyst，EB） 内细胞团的一部分出现囊胚腔，但难以分清内细胞团和滋养层，细胞团占透明带内腔70%～80%。

（4）囊胚（Blastocyst，BL） 内细胞团和滋养层界限清晰，囊胚腔明显，细胞充满透明带内腔。

（5）扩张囊胚（Expanded blastocyst，EXB） 囊腔体积增大到原来的1.2～1.5倍，透明带变薄。

（6）孵化囊胚（Hatched blastocyst，HB） 囊胚腔继续扩大，透明带破裂，细胞团脱出。

11. 胚胎的分级 根据《牛羊胚胎质量检测技术规程》（NY/T 1674—2008）胚胎的等级划分为A、B、C、D四个等级，还应考虑到受精卵的发育程度（图8-8）。

桑葚胚胚胎质量示例

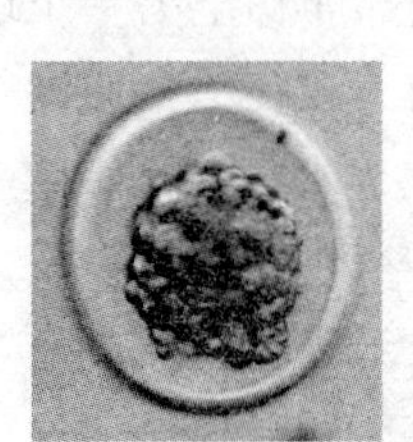
胚胎质量：A

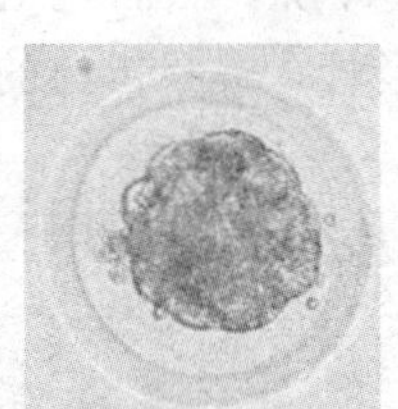
胚胎质量：A

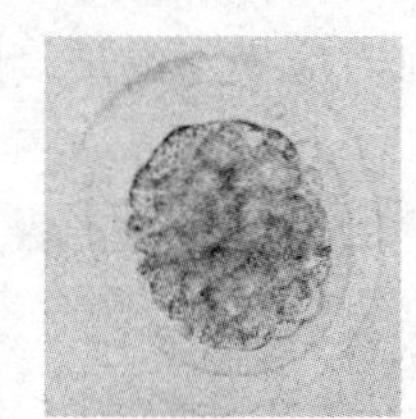
胚胎质量：A

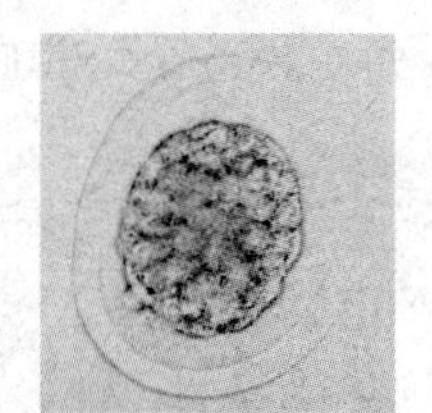
胚胎质量：A

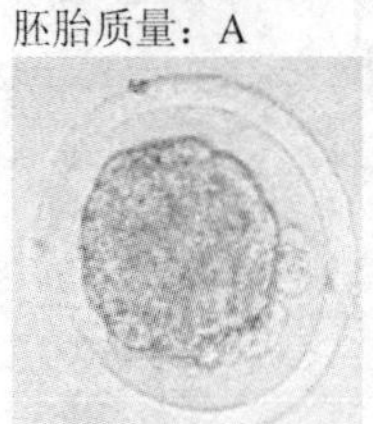
胚胎质量：B

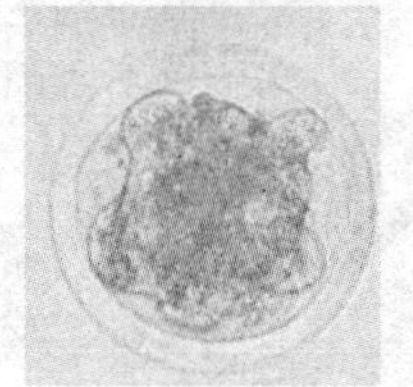
胚胎质量：C

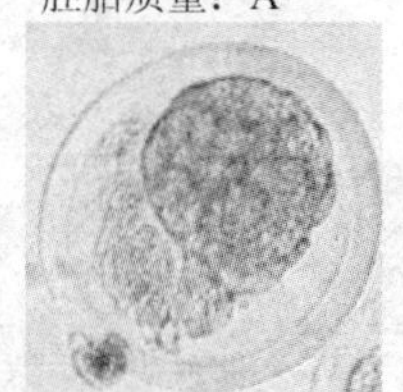
胚胎质量：C

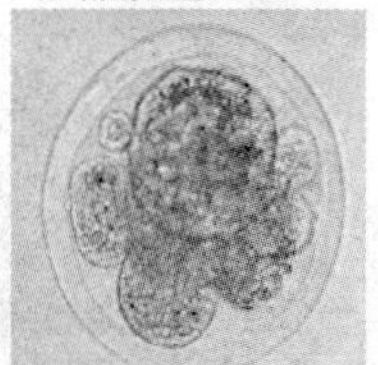
胚胎质量：C

囊胚胚胎质量示例

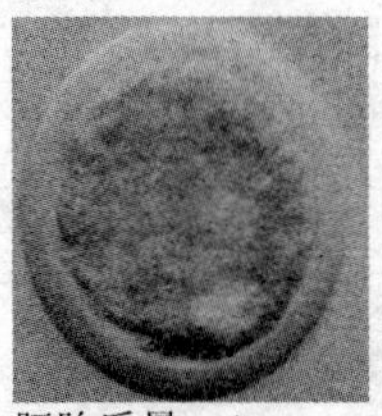
胚胎质量：A

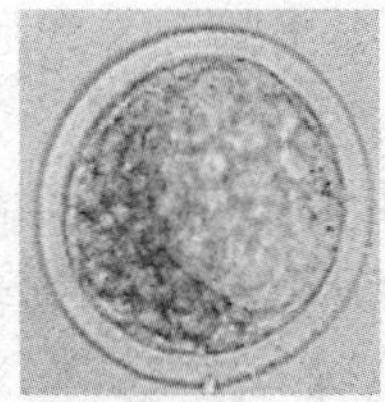
胚胎质量：A

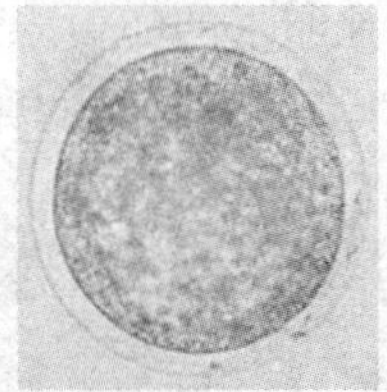
胚胎质量：A

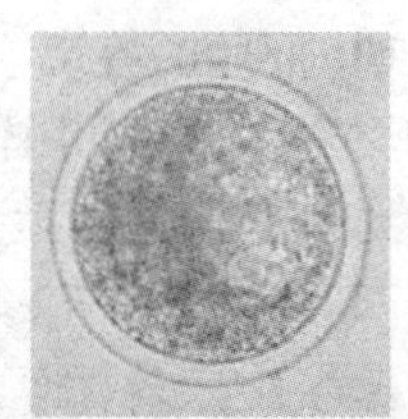
胚胎质量：A

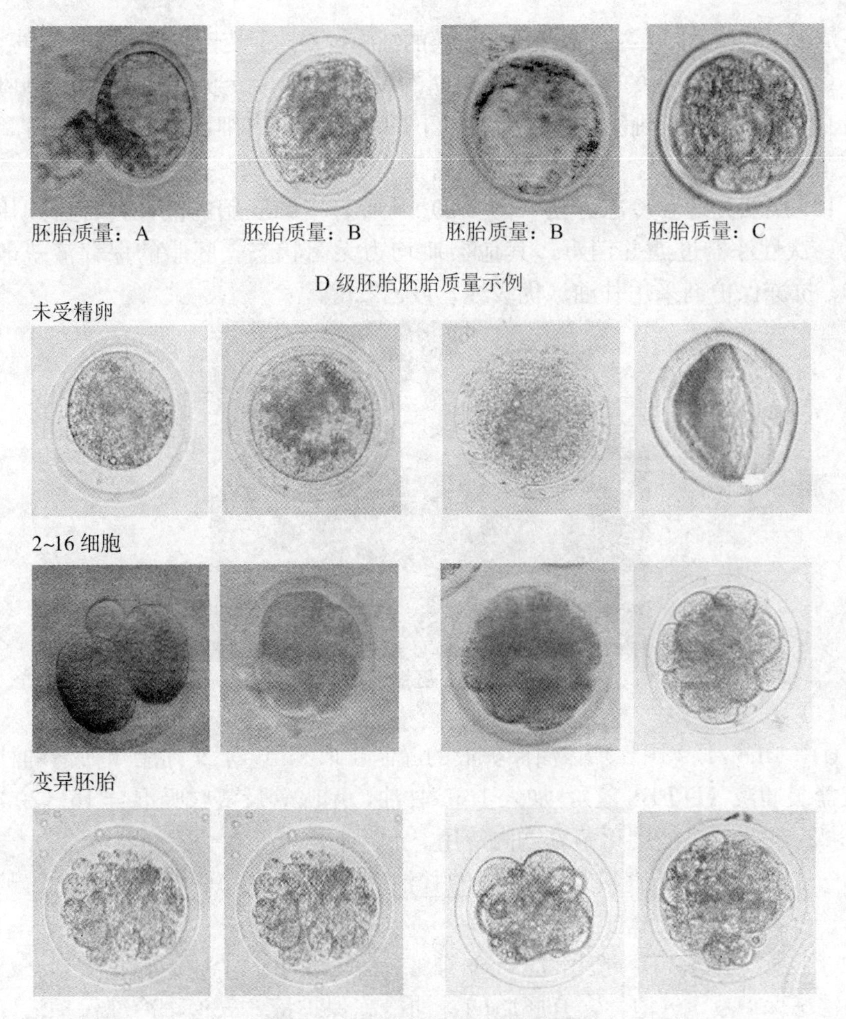

图8-8　不同发育阶段胚胎质量示例

（1）A级　胚胎的发育阶段与预期的发育阶段一致。胚胎形态完整，轮廓清晰，呈球形，分裂球大小均匀，结构紧凑，色调和透明度适中，胚胎细胞团呈均匀对称的球形，透明带光滑完整，厚度适中，不规则的细胞相对较少，变性细胞不高于15％。

（2）B级　胚胎的发育阶段与预期的发育阶段基本一致。胚胎形态较完整，轮廓清晰，色调及细胞密度良好，透明带光滑完整，厚度适中，存在一定数量大小和形状不规则的细胞或细胞团，有一定数量细胞的颜色明暗不一、密度不均匀，但变性细胞不高于50％。

（3）C级　胚胎的发育阶段与预期的发育阶段不一致。胚胎形态不完整，轮廓不清晰，色调发暗，结构较松散，游离的细胞较多，但变性细胞不高于75%。

(4) D级　胚胎的发育阶段与预期的发育阶段不一致。包括退化的胚胎、未受精卵或1细胞胚胎，及16细胞以下的受精卵，内细胞团有较多碎片、轮廓不清晰、结构松散，变性细胞比例高于75%。

12. 胚胎处理和冷冻方法（图8-9）　所有接触胚胎的液体，都必须用进口的一次性滤器过滤并消毒，其他器皿均为无菌状态。胚胎的保存液一般为PBS，抗冻保护剂采用甘油（优级纯）或乙二醇。

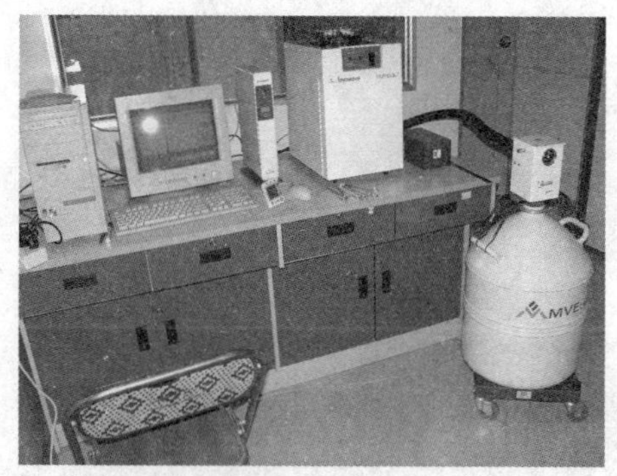

图8-9　胚胎冷冻

(1) 甘油法冷冻

①1.4mol/L（10%）甘油保护液的配制：取9mL含20%胎牛血清的杜氏磷酸盐缓冲液（D-PBS液），加入1mL甘油，用吸管反复吹吸混合15～20次，经0.22μm滤器过滤到灭菌容器内待用。

②平衡：将胚胎直接移入10%的甘油冷冻保存液，平衡10min后，迅速装管冷冻。

③装管（图8-10）：使用0.25mL细管。装管顺序：甘油冷冻保护液，气泡，甘油冷冻保护液，气泡，含有胚胎的甘油冷冻保护液，气泡，冷冻保护液，气

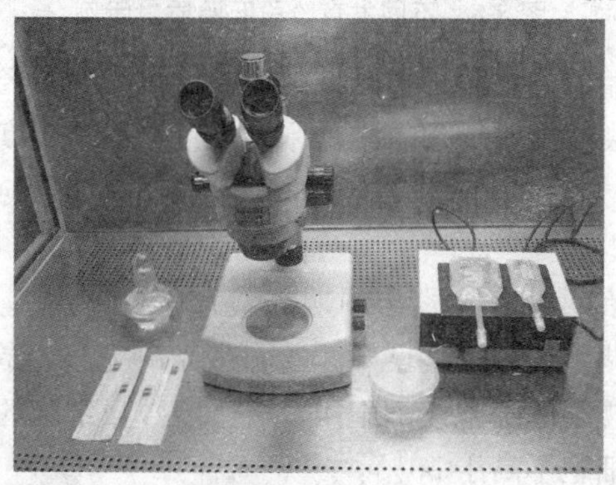

图8-10　胚胎装管

泡，甘油冷冻保护液，每支细管装1～2枚胚胎。用封口塞封口（图8-11）。

图8-11　装管示意图1

④标记：生产单位、品种、公牛号、供体牛号、胚胎发育期、等级、数量和生产时间。

⑤植冰：将装有胚胎的细管放入预冷至－6℃或－7℃的冷冻仪内，平衡5min，用经液氮冷却后的镊子夹塑料细管封口端植冰。

⑥冷冻：植冰后，平衡10min，以0.3℃/min速率降温，降到－35℃时，平衡5min，直接投入液氮中保存。

⑦解冻：从液氮中取出细管，在空气中停留10s，然后投入35℃水浴中解冻10s，用酒精棉球消毒、用灭菌纸巾擦干。剪去封口端，推出细管中的胚胎，在1mol/L蔗糖液中平衡4～10min，然后将胚胎转移至保存液中洗涤5遍。

（2）乙二醇冷冻法

①平衡：将胚胎放入1.5mol/L或1.8mol/L乙二醇冷冻保护液中，平衡10min，迅速装入0.25mL细管。装管顺序：乙二醇，气泡，乙二醇，气泡，含有胚胎的乙二醇液，气泡，乙二醇，气泡，乙二醇，每支细管装1～2枚胚胎。用封口塞封口（图8-12）。

图8-12　装管示意图2

②植冰：将装有胚胎的细管放入预冷至－7～－5℃的冷冻仪内，平衡10min，用经液氮冷却后的镊子夹塑料细管封口端植冰。

③冷冻：植冰后，平衡10min，以0.3～0.6℃/min速率降温，降到－30℃时，平衡10min，直接投入液氮中保存。

④解冻：从液氮中取出细管，空气中停留5s，投入32℃水浴中，待冰晶消失后取出细管，用酒精棉球消毒、用灭菌纸巾擦干。

（3）玻璃化冷冻　可以在无条件地区采用。

（五）胚胎的移植

受体羊术前需空腹12～24h，仰卧或侧卧于手术保定架上，肌内注射0.5mL的2%静松灵。手术部位及手术要求与供体羊相同。

1. 手术法移植（图 8-13） 术部消毒后，拉紧皮肤，在后肢内侧鼠蹊部做 2cm 切口，用 1 个手指伸进腹腔，摸到子宫角引导至切口外，确认排卵侧黄体发育状况并记录，用钝形针头在黄体侧子宫角扎孔，将移植管顺子宫角方向插入宫腔，推出胚胎，随即子宫复位。皮肤复位后，切口用碘酒消毒、缝合。受体羊术后在小圈内观察 1～2d。圈舍应干燥、清洁，防止感染。

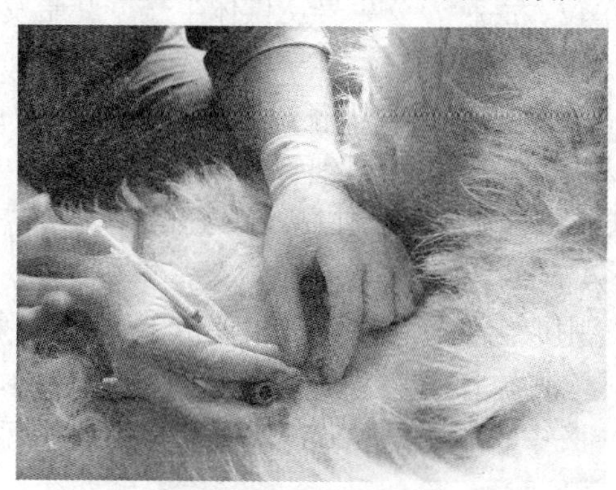

图 8-13 胚胎移植

2. 内窥镜法移植（图 8-14）

（1）移植前准备 手术刀片、消毒桶与消毒液、CO_2 气瓶、套管穿刺器、腹腔内窥镜、肠钳、洗瓶与生理盐水、移植注射器、缝合针线。

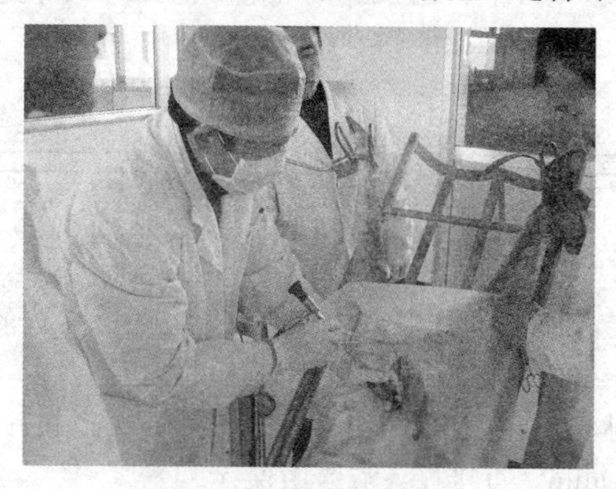

图 8-14 内窥镜法胚胎移植

（2）移植 将羊手术架后端提高。刀口处消毒。刀口位置左侧距左乳房 10～15cm，右侧距右乳房 10～15cm。两侧用刀片切开两个小口，长 1～2cm，左侧刀口再用套管穿刺器穿孔，取出穿刺针，打开气阀充气，插入腹腔内窥镜探头，观察卵巢上黄体的变化以确定可否移植。右侧刀口再用肠钳捅破腹肌，用肠钳将移植侧子宫角拉出，助手用洗瓶喷加有抗生素的生理盐水冲洗子宫角，用回形针刺破子宫角远端 1/3 处，助手将吸入胚胎的移植注射器递给手术者，手术者将移植针插入子宫角，由助手推入子宫角，轻轻放回子宫角，皮肤缝合 1 针。放平手术架，推到手术室外间，注射长效抗生素。器械用完随手放入消毒桶，手术全过程时间 2～5min。

（六）术后的饲养管理

对羊饲养管理得好坏是影响胚胎移植率的一个关键环节。首先从营养上，供、受羊移植前后始终处于增重阶段，移植前后几天，供、受体每天必须保证供应 1kg 左右的精料。使用全价或平衡日粮，其中蛋白质含量不低于 17%，矿物质含量丰富。其次，避免应激，谢绝团队参观，以防受体羊发生大量流产。

（七）影响胚胎移植效果的因素

1. 供体和受体的同期化程度。
2. 受体的黄体发育和孕酮含量。
3. 受体的品种、年龄、一次移植的胚胎数。
4. 术者的技术熟练程度。
5. 饲养管理水平。

第三节　羊的体外受精技术

体外受精技术的研究有着漫长的历史，早在 20 世纪 40 年代，科学家就开始在动物身上进行试验，1947 年英国 Nature 杂志就报告了将兔卵回收转移到别的兔体内，借腹生下幼兔的试验。1959 年美籍华人生物学家张民觉成功地完成兔子体外受精实验，使他成为体外受精研究的先驱。近年来，一系列高新生物技术的发展，如 DNA 图谱的构建、细胞核移植、转基因技术、胚胎干细胞的建立和克隆动物的研究，推动了体外受精技术的发展，国外已从实验室转向商品化生产。1985 年日本花田章获得了世界首例“试管山羊”，1990 年我国钱菊汾等利用输卵管卵母细胞体外受精，成功获得一只“试管山羊”，现经过 20 多年的发展，羊体外受精技术也逐渐在完善成熟。

一、概念

体外受精技术（In vito fertilization，IVF）亦称“试管胚胎”，是从卵巢内取出卵子，在实验室里让它们与精子结合，形成胚胎，然后转移胚胎到子宫内，使之在子宫内着床、妊娠。正常的受孕需要精子和卵子在输卵管相遇，二者结合，形成受精卵，然后受精卵再回到子宫腔，继续妊娠。所以“试管胚胎”可以简单地理解成实验室的试管代替了输卵管的功能。

这项技术可以获得大量的同步发育的早期胚胎；可用于生产大量优良母畜的胚胎，这种方法要比常规超排方法的生产效率高，遗传改良快；也可用于制备转基因动物、诊断遗传疾病。另外，IVF 技术在濒危动物的保护方面也具有重要的应用价值，即使在动物死亡之后也可获得后代。

二、卵母细胞的采集

（一）离体卵巢采卵

从屠宰场所获得的卵母细胞，由于供卵羊系谱、健康状况记录不全、种质较差等原因影响了卵母细胞的质量和获得胚胎的价值。而活体采卵技术对卵巢的功能影响较小，且可以重复采卵，因此活体采卵在生产中应用比较广泛。

离体的卵巢在 30～35℃含有 200U/mL 双抗的灭菌生理盐水中 4h 内送到实验室。到达后，用 30～35℃含有 200U/mL 双抗的灭菌生理盐水洗涤 2～3 次，去除卵巢附带的脂肪，再用灭菌滤纸吸干卵巢表面水分。

1. 抽吸法 在洁净工作台内，用带 12G 针头的 10mL 注射器抽吸卵巢表面上直径在 2～6mm 范围卵泡中的卵泡液。将抽取的卵泡液收集于表面皿中，静止 10min，去除部分上清液后在体视显微镜下捡取卵母细胞。

2. 切割法 将卵巢放入盛有采卵液的平皿中，用组织镊固定卵巢，用刀片轻轻划破卵巢表面的卵泡（图 8-15），用采卵液冲洗卵泡。切割完毕后，静止平皿 10min，收集下层液体捡卵。

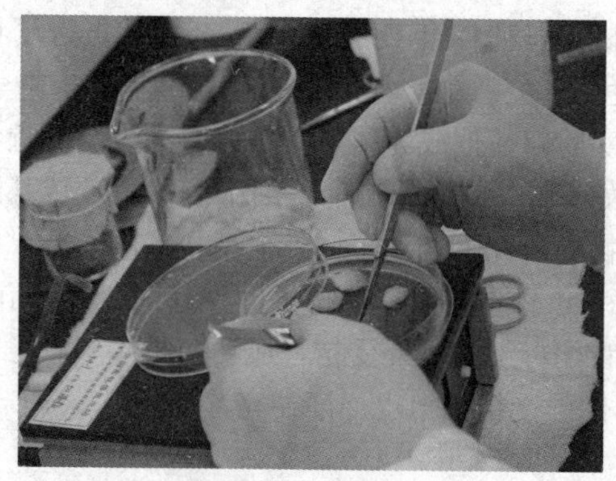

图 8-15 卵母细胞采集

（二）幼羔超排采卵

利用羔羊超数排卵得到的卵子进行体外受精，可以扩大体外受精所需卵子的来源，同时将此技术应用于羊的育种，还可以缩短育种过程的世代间隔。

1. 幼羔超排方法 在利用幼畜超排卵母细胞进行体外受精的研究过程中，

超排处理方法是影响体外受精效果的主要因素，而激素来源对诱导卵泡发育效果影响很大，不同厂家的同种激素对幼羔超排效果不同。近年来羔羊超排试验仍多选用进口激素，其中以加拿大和新西兰生产的激素应用较多。许多报道验证了加拿大 FSH 的高效性，但其价格也是进口激素中最为昂贵的。幼羔超排方法与成年羊超排类似，主要是利用外源促性腺激素（孕激素、促卵泡素和孕马血清等）刺激卵泡发育，进而获取性成熟前羔羊卵母细胞。幼羔超排方法主要有：

（1）*促性腺激素处理* Kelly 等用 FSH（4×40mg）分 4 次等量（间隔 12h）肌内注射方法，最后一次注射 FSH 同时注射孕马血清促性腺激素（PMSG）500IU。最好的处理组平均每只羔羊得到 162.3 枚卵母细胞，各处理组卵裂率为 78.2%～93.7%，每个供体平均产羔 9～13.9 个。

（2）*孕酮+促性腺激素方法* 这种方法是将孕酮以栓剂形式放置于阴道内一定时间后再用促性腺激素刺激，然后撤掉孕酮栓，再进行卵母细胞采集。Ledda 等（1999）对 30～40 d 的羔羊进行激素处理：给羔羊埋栓（栓体积为成年羊的 1/6）6 d，撤栓前 36h 一次性分别注射 120IU GnRH 和 400IU PMSG。撤栓 24h 后采卵，每只羔羊平均得到 86.2 枚卵母细胞，成熟率为 77.9%。Ptak 等给 1 月龄的羔羊放置孕酮栓 8d，第 5、6、7 天每天早晚 2 次注射 2.7mg FSH，第 8 天撤栓采卵，得到 29 枚卵母细胞，49.8 %培养到成熟，囊胚率为 22.9% 。

2. 常用活体采卵方法 有 B 超法、腹腔内窥镜法和手术法，羔羊主要应用腹腔内窥镜法和手术法。

（1）*B 超法* B 超是超声波影像诊断技术之一，是利用超声波的物理学特性和动物体组织结构的声学特点而建立的一种物理学检查方法，能够准确地探测到机体不同的组织和器官。1988 年，荷兰的 Pieterse 等首次利用超声波技术（B 超 ）通过子宫壁从活牛卵巢采集到牛的卵母细胞。此后，经过不断的完善，目前已经成为活体采卵的一种主要方法。B 超法是将带有超声波探头和采卵针的采卵器插入到阴道子宫颈的一侧穹隆处，根据 B 超屏幕上所显示的卵泡位置进行穿刺而将卵母细胞抽出。

（2）*腹腔内窥镜法* 腹腔内窥镜活体采卵法要求有腹腔内窥镜、长采卵针、真空吸引泵等设备，操作复杂，需要两人配合进行，对卵巢的固定较难。在腹壁切开一小口，插入腹腔镜、操作杆和穿刺针，通过操作杆和穿刺针的配合将卵母细胞及卵泡液抽吸出来。使用腹腔内窥镜技术可以直接在腹腔内观察到供、受体卵巢卵泡情况，比传统的手术切口小，无需将卵巢牵引出体外，因此对羊只伤害较轻，利于术后尽快恢复。

（3）*手术法* 手术法是通过手术将卵巢上卵母细胞抽出的方法。试验羊静脉注射静松灵麻醉后，头部朝下倒置仰卧保定于专用手术架，倾斜 30°～45°，采用手术法于腹部切口，暴露两侧卵巢，用数显游标卡尺测量卵泡直径，用带有 18G 针头的 10 mL 一次性注射器抽吸直径大于 2mm 卵泡中的卵母细胞。采卵结束后，用 37℃ 生理盐水冲洗卵巢并滴加适量石蜡油以防止粘连。手术法采卵对供体羊的损伤较腹腔镜法大，容易发生粘连，供体的可利用次数降低，但因为对卵巢的固定比较容易，因此可以对卵泡的发育情况做详细直观的观测，回收卵率也相对较高。

超排方法对超排卵的质量有明显影响，在成年母羊的发情周期中，多量的 FSH 和少量的 LH 协同作用促使卵巢内卵泡生长发育，排卵前 LH 的分泌达到高峰。由于羔羊体内激素水平与成年母羊不同，因此对外源激素的反应可能与成年母羊相比也不尽相同。由此可见，在羔羊的超排处理中，FSH 与 LH 的协同作用是非常重要的，对其作用方式仍需在今后的研究中深入探讨。

活体采卵技术并不会影响卵巢的功能，且可以重复采卵，羔羊卵母细胞经 16h 的体外成熟培养以后可以获得正常的体外受精和卵裂能力，体外培养时间短于 12h 或长于 24h 都会导致卵裂率明显下降。

随着家畜胚胎移植与体外受精研究的飞速发展，动物胚胎工程技术越来越显示出其在未来畜牧业生产中的诱人前景，能够缩短世代间隔，加快遗传进展，产生大量的高价值后代。

3. 采卵步骤 用硫喷妥钠（15mg/kg）麻醉，并用麻醉机吸入三氟溴氯乙烷来维持麻醉，在腹中线开刀暴露出卵巢。用 10mL 的注射器装 12 号的针头刺吸卵母细胞，小心操作避免流血。注射器中吸有大约 2mL 的用 Hepes 缓冲的 TCM199，其中含有 2%（*v*/*v*）热灭活发情羊血清（SS），100 IU/mL 肝素，100μg/mL 硫酸链霉素和 100U/mL 青霉素 G。用体视显微镜（40 倍）在吸卵液中捡出卵丘卵母细胞复合体（COC），采卵后将羔羊放回到母羊身边，在放回牧场前 24h 内进行常规的检查。

（三）卵母细胞的分级

（1）A 级 卵丘细胞致密，不扩散，细胞质均匀，透明带完整，至少包裹有 4 层以上的卵丘细胞。

（2）B 级 卵丘细胞有 1～3 层，基本上包裹卵母细胞。

（3）C 级 半裸卵或部分包被有卵丘细胞。

（4）D 级 裸卵，变形卵，包括退化的卵。

（四）卵母细胞的冷冻保存

1. 常规冷冻

（1）冷冻 卵母细胞冷冻处理液中处理 5min 后分三段装入 0.25mL 细管

中，各段之间用空气隔开，每管装不多于 10 个卵母细胞，封口。然后放入程序化冷冻仪后以 1℃/min 从室温降至－6.5℃后，植冰，平衡 10min 后，以 0.3℃/min 的速度降至－30℃，将细管投入液氮保存。

（2）解冻　冷冻细管在 20℃左右空气中停留 10s 后，在 37℃水浴解冻 15～20s，剪去两端封口处将卵母细胞倒入冷冻液中。脱除冷冻保护剂后在基础液中洗涤卵母细胞 3～5 次。

2. 玻璃化冷冻

（1）细管冷冻　平衡液Ⅰ（10%雌激素＋10%二甲基亚砜＋20%胎牛血清＋60%D-PBS）中处理 5min，平衡液Ⅱ（300g 聚蔗糖＋0.5mol 蔗糖＋1L PBS）中处理 30～45s 后，转入玻璃化冷冻液。分三段装入冷冻细管，细管先吸一段解冻液，然后吸入带有卵母细胞的冷冻液，再吸一段解冻液后封口。各段间用气泡隔开，每管装入 10～15 枚卵母细胞。用液氮蒸气预冷 5s 后直接投入液氮保存。此过程 30s 内完成。

（2）解冻　冷冻细管在空气中停留 5s 后 37℃水浴解冻 10～20s，剪去两端，将卵母细胞移入解冻液中，捡出卵母细胞并移入 0.25mol/L 蔗糖液中平衡处理 5min。脱除冷冻保护剂后用成熟培养液洗涤卵母细胞 2～3 次。

3. OPS 冷冻

（1）OPS 管制备　0.25mL 冷冻细管水平加热软化后，拉伸细管使之内径为原来管径的一半，再用刀片切断细管棉塞端，将细管一分为二，获得两支开放式拉长细管（OPS 管）。OPS 管在酒精中过夜后晾干备用。

（2）冷冻　平衡处理方法同细管冷冻法，利用毛细现象，用 OPS 管吸入带有空气和卵母细胞的冷冻液，每管装 3～5 枚卵母细胞。不用封口，立即投入液氮。卵母细胞在玻璃化液中的暴露时间为 25～30s。

（3）解冻　将带有卵母细胞 OPS 管的一端浸入 37℃的解冻液中，玻璃化液融化，将含卵母细胞的冷冻液吹出。

4. 卵母细胞的成熟培养　由超数排卵采集的卵母细胞已经在体内发育成熟，不需要体外培养可直接受精。对于未成熟的卵母细胞，需要在培养液中进行体外培养成熟。

（1）卵母细胞体外成熟培养基　近年来，人们大都使用合成培养液，如 TCM199、Ham's F10、Ham's F12 等。这些培养液富含氨基酸、水溶性维生素、无机离子、大分子营养物质、激素及能量物质等。试验证明，氨基酸和维生素都是必需的，缺少这些成分会明显影响卵母细胞和早期胚胎的发育。但是仅用这些培养液只能短期维持细胞生存，并不能使细胞长期生长。后来人们在培养液中加入血清，血清在体外成熟培养液中除提供氮源，还可防止透明带硬化，提高卵母细胞受精能力。然而，血清的成分十分复杂，特别在一些基础理论研究中，使用血清可能影响试验结果；另外，血清中含有一定量的有毒物质和抑制物，以及对细胞起去分化作用的成分，能影响细胞功能的表达。因此，对于无血清培养液的研究日益受到重视。

（2）培养条件　不同的温度对体外成熟的影响很大，有时甚至是体外成熟与否的关键。一般而言，稍高一点的温度对细胞有损害，而稍低于体温的温度对体外成熟似乎无甚影响。常用的气相有两种，一种为含5%CO_2的空气，另一种为5%CO_2+5%O_2+90%N_2，这两种气相中CO_2很关键，它是培养基缓冲体系维持正常pH所必需的。CO_2的纯度至关重要，不纯的CO_2气体对卵母细胞和胚胎有毒性。

在体外培养体系中采用饱和湿度（100%），目的是防止培养液水分蒸发，改变培养液的成分或浓度，从而保持稳定的pH和渗透压。pH=7.7时，卵子的发育率（至中期）显著高。在操作中，应及时补充培养箱内水槽中的水，以防止湿度改变。培养液渗透压为300～330mOsm/kg有利于卵子的发育。

（3）培养方式　在培养系统中绝大多数采用经典方式，即微滴培养（例如，每50～100μL培养基放10～20个卵丘-卵母细胞复合体），上面覆盖油层。此法的优点是防止水分蒸发，防止微生物污染，缓和温度或气相波动以及培养期间便于观察操作。以前的研究者一般用石蜡油作为覆盖油，现在有人改用硅酮油，这种油不活泼，不含对卵母细胞和胚胎有毒的因子。

（4）培养时间与成熟鉴别　卵母细胞移入微滴后放入二氧化碳培养箱中培养一定时间后达到成熟。体外培养的时间一般为22～24h，当大于30h时卵母细胞的成熟率显著上升，但同时受精率明显下降。卵母细胞的成熟是以第一极体的排出为标志的。牛、猪、羊等动物的卵母细胞质较暗，必须借助地衣红染色才能判断是否发生了生发泡破裂，卵丘细胞扩散，靠近卵母细胞周围的卵丘细胞呈放射状排列，卵母细胞处于第二次减数分裂中期。大鼠、小鼠和人的卵子比较透明，借助一般实体显微镜或相差显微镜即可判断卵母细胞是否发生了生发泡破裂。

（5）卵母细胞的体外成熟步骤　未挑选的COC用Hepes缓冲的TCM199冲洗3次，然后在含20%（*v*/*v*）的SS、5μg/mL FSH、5μg/mL LH、1μg/mL 17-β雌二醇的培养液中洗涤2次，每孔600μL的培养液、300μL的矿物油中放置约30个COC，在38.5℃、含5%CO_2的空气环境下培养大约24h。

三、精子的体外获能

精卵结合之前，精子必须具备如下能力：有能力到达卵母细胞并穿过透明带；有能力进行获能和顶体反应；成熟过程中获得的结合蛋白结合位点适时暴露给卵细胞以结合透明带；可以与卵细胞融合并进入卵细胞质中。因此精子必须在体外培养液中培养一段时间获能以后才具备使卵细胞受精能力。

（一）精子体外获能的主要途径

精子体外获能主要用高离子强度（高渗透压）处理法、钙离子载体法、肝素处理法、咖啡因处理法等，一般说来，凡能促使钙离子进入精子顶体和使精子内部 pH 升高的刺激，均可诱发获能。现在普遍采用肝素处理和离子载体法。

1. 离子载体法 精子的顶体反应是一个钙离子依赖过程。钙离子载体与钙离子形成复合物，携带钙离子进入精子内，诱发超活化运动和顶体反应并激活顶体酶，处理时添加咖啡因效果更好。羊为 0.5～10mmol/L，按要求配制离子载体保存液，加入悬浮的精子，悬浮液中按 1mL 精子悬浮液中加入 5mL 稀释的离子载体液，把试管在两手掌中急速回转，使内容物充分混合，羊精子为 0.5～2.5min。处理后在试管内精子悬浮液中加入含有 20mg/mL 牛血清白蛋白的 BO 液。

2. 肝素处理法 已知肝素结合蛋白存在于精浆。并且射出精子比附睾精子有更多的肝素结合位点。肝素结合蛋白附着在精子表面，使得雌性生殖道中的肝素样氨基多糖诱导获能。肝素诱导牛精子获能也是一个钙离子依赖性过程。肝素必须首先与精子结合，这种结合发生于顶体帽，并使精子吸收钙离子，去除精子膜甾体，从而诱发顶体反应并激活顶体酶。

（二）精子获能的检测

精子获能后发生一系列明显的变化，如代谢活动显著增加，氧摄入量增加 2～4 倍，运动速度加快，头部膨大，极易发生顶体反应等。可以在显微镜下观测这些变化以判断精子是否获能。精确的判断方法尚待建立。

四、体外受精

成熟的卵母细胞和获能的精子需要在一个合适的体外环境下共同培养一段时间，才能完成受精。

（一）受精前的预处理

1. 受精前卵母细胞的预处理 卵母细胞培养成熟以后，为了提高精子穿透卵母细胞的速度，在受精前可以用尖而细的吸管反复吹吸卵母细胞来部分剥去周围的卵丘细胞。大规模操作需要用 3%乳酸钠来处理卵丘细胞，而对受精率及随后的胚胎发育无不良影响；也可用 1%透明质酸酶处理。无论剥离卵丘与否，从成熟培养液中取出的卵母细胞都要用精子洗涤液或受精液洗涤 3 次。

2. 受精前精子的预处理 精子的活力是一项十分重要的指标，它是精子在雌性生殖道中运行并成功受精的前提。精子头穿过透明带需要精子尾特别剧烈的推进（超激活运动）。因此，精子必须经过以下预处理：

（1）*浮游程序* 将洗涤后的精液加入适当的溶液中（如 TALP）静置培养，可获得高运动力的精子，但可能降低精子的数量。

（2）*玻璃棉过滤程序* 用小玻璃珠过滤稀释精液，死精子滞留，挑选出活精子。

（3）*BSA/Percoll 密度梯度* 将质量优劣不同的精子加以区分，该法的前提是形态好的精子比差的精子密度大。

（二）体外受精的具体操作

选用受精处理基础液如 TALP、BO 液，并备有苯甲酸钠咖啡因、牛血清白蛋白。首先将 5μL 离子载体（或肝素）处理过的精子悬浮液置于灭菌塑料培养皿或多孔试验板上，然后把经过高压蒸汽灭菌处理的石蜡油慢慢注入培养皿，再追加 95μL 的精子悬浮液，并确认液滴表面完全被石蜡油覆盖。从成熟培养后的卵母细胞中选择外形正常且卵丘细胞层明显扩展的卵母细胞，以10～15 个为一组缓缓移入精子悬浮液滴中。受精培养是静置在二氧化碳培养箱中进行的，直至精子进入卵子结束时为止。

（三）受精卵的培养与回收

经过体外受精后，受精卵必须培养至桑葚胚或囊胚阶段才能移植。哺乳动物的受精卵（早期胚胎）存在着发育阻滞现象。现在认为发育阻滞出现的时间与合子基因启动的时间有关。哺乳动物的早期胚胎发育，其前几个细胞周期的合成代谢是由贮存在卵母细胞质中 rRNA 和 mRNA 负责完成的。随着胚胎的发育，合子的基因开始启动转录，其代谢活动逐渐由母源的 mRNA 控制向合子本身的 mRNA 控制过渡。这一过渡时期，胚胎对所处的环境条件特别敏感，稍有不适便表现出发育阻滞，羊为 8～16 细胞期。如何克服早期胚胎体外发育受阻的现象，将体外受精卵培育成具有活力的桑葚胚或囊胚，一直是人们研究的热点。现在可以往培养液中添加生长因子（如 TGF-β 和碱性成纤维细胞生长因子 bFGF 等）或细胞外基质因子（如肝素和纤黏蛋白）来克服，也可以通过改善培养条件或与体细胞共培养来克服。

1. 体内培养 即早期胚胎的异体培养。许多动物的输卵管可用于早期胚胎的培养，家畜的体外卵可以转移到小型动物输卵管进行某些特定阶段的培养。胚胎体内培养系统的建立为获得高质量的胚胎提供方便而有效的工具。它的缺点是容易造成胚胎的丢失，使回收率下降。

2. 体外培养 精子和卵子受精后，受精卵需移入发育培养液中继续培养以检查受精状况和受精卵的发育潜力。提高受精卵发育率的关键因素是选择理想的培养液。在家畜中，胚胎培养液分为复杂培养液和化学成分明确的简单培养液两大类。复杂培养液是在简单培养液中添加其他成分，如血清、各种氨基酸、维生素及微量元素等。另外，有些动物胚胎的培养还需要与体细胞如颗粒细胞、输卵管细胞进行共同培养，利用体细胞生长过程分泌的有益因子，促进胚胎发育，克服发育阻断。

（1）早期胚胎培养系统

①体细胞共培养系统：现在较为成功的培养系统主要有体细胞与胚胎共培养系统，如卵丘细胞/颗粒细胞共培养、输卵管上皮细胞共培养系统。它们能够促进胚胎体外发育而产生出有活力的胚胎。其囊胚发育率一般为45%以上。

②培养液：血清加培养液如TCM199液，血清用量多为10%，所使用的血清有胎犊血清（FCS）、新生犊牛血清（NCS）、犊牛血清（BCS）、胎牛血清（FBS）、发情牛血清（OCS）、阉牛血清（SS）。血清对胚胎发育的影响有两重性，一是抑制第一次卵裂或卵裂前的发育；二是促进桑葚期胚胎致密化及囊胚的形成。血清含有多种肽类、能量物质、生长因子和无机离子等，属于成分不明确的混合物。

（2）早期胚胎培养方法

①微滴培养法：胚胎与培养液的比例为一枚胚胎用3～10μL培养液；一般5～10枚胚胎放到一个小滴中培养，以利用胚胎在生长过程中分泌的活性因子，相互促进发育。胚胎培养的条件与卵母细胞成熟培养条件相同，胚胎在发育过程中要求每48～72h更换一次培养液，每次更换一半原培养液，同时观察胚胎的发育状况。

②四孔培养法：该法是采用四孔培养板作为体外受精的器皿，每孔加入500μL受精液和100～150枚体外成熟的卵母细胞，然后加入经过获能处理的精子［(1.0～1.5)$\times 10^6$个/mL］，而后在培养箱中孵育6～12h。本法操作简单，受精结果不受石蜡油质量的影响，但精子的利用率不高，效果也不如微滴法。当胚胎发育到一定阶段进行胚胎移植或冷冻保存。在进行胚胎移植前，要进行胚胎质量的检测与评价。

（四）影响体外受精的主要因素

哺乳动物的体外受精包括一系列技术环节，如卵母细胞的采集、卵母细胞的体外成熟、精子的体外获能等。同时还要有严格的培养条件，除了来自卵母细胞和精子自身的影响因素外，还受以下因素的影响。

1. 受精液　在准备受精液时，除将有关玻璃容器仔细地冲洗干净并进行灭菌处理外，还应严格监控配制受精液的水的质量。提供受精条件的基础培养液经常使用 TCM199、TALP、BO 液等，加入犊牛血清作为载体蛋白的来源（通常含量为 10%），葡萄糖或丙酮酸作为能量来源。

2. 温度 温度对体外受精很重要，很小的温差可能对体外受精有很大的影响。例如，牛精子穿卵的最适温度为 39℃，如果降低 2℃，受精率下降 15%以上。因此受精温度（37～39℃）会影响早期胚胎的质量，从而影响到随后的囊胚发育率、发育速度及孵化率。

3. 气相 气相与卵母细胞体外成熟相同，但在培养液以外的操作（精子浮游、洗涤和卵丘细胞的去除等）中，培养液只能暴露在空气中。在空气中的操作应尽可能地快。

4. 光 精子和早期胚胎对正常实验室光线有耐受性，太强的光线则对体外受精有负面影响。

5. 体细胞因子 在受精液中添加羊卵泡液，可明显降低羊卵母细胞的卵裂率和囊胚发育率。而在受精液中加入输卵管内膜细胞则可明显提高卵母细胞的囊胚发育率。

6. 异常受精 精卵比例不当会造成多精受精，而乙醇、蛋白质合成抑制剂等物质均可诱导卵母细胞的孤雌激活，这些情况可影响体外受精的效果。

五、显微受精

当透明带完整的卵与获能或未获能的异种精子混合后，精子可以结合至卵透明带，但不能穿过透明带和卵膜使卵受精。只有当卵的透明带去除后，异种精子才表现对卵的高度亲和性，并能穿透卵膜，形成雄原核。因而认为哺乳动物卵细胞的透明带是异种间受精的主要障碍。人工辅助受精克服了在某些情况下精子不能穿过透明带和卵黄膜的缺陷。

（一）显微受精的概念

所谓显微受精就是对哺乳动物精子和卵母细胞进行显微操作，促使其相结合的技术，这可以解除透明带和卵质膜对精子的阻拦作用。这项新技术是体外受精和显微操作技术相结合而形成。所以也称为显微操作协助受精。

Uehara 和 Yanagimachi 是显微操作的开拓者。他们将仓鼠或人的精子在显微操作仪下，通过显微工具，注射到仓鼠卵母细胞的细胞质中，使精子核染色体在卵细胞质中解螺旋形成原核。其后，进一步研究了操作技术，形成了卵细胞质内精子注射、透明带下注射、透明带打孔、透明带部分切口等操作方法。

（二）显微受精的基本方法

1. 显微工具的准备和配子的处理

（1）*显微工具的准备* 注射吸管内径通常为5～10μm，应拉出锋利的尖。透明带溶孔用玻璃针无需拉尖，内口径为2.5μm，外口径4～8μm，固定内径为20～40μm。

（2）*配子的处理* 使精子获能（细胞质注射者可免去）去尾处理后，放入置有石蜡油的小滴中，细胞质内注射用的精子应予以制动处理；卵母细胞以透明质酸酶去除卵丘细胞后，移入培养小滴中。

2. 显微受精的一些基本方法

（1）*细胞质内注射（ICSI）法* 是将精子或精子头部直接注射到卵母细胞质内。此法的优点是可使任何类型的精子，如精子头形不正常、死精子或严重缺陷的精子等，获能和顶体反应似乎都不是必需的，ICSI技术作为治疗男性引起的受精障碍的方法，在全世界已经普遍采用。但是对卵母细胞的机械损伤要大于透明带下注射法。

（2）*透明带下注射法* 将一个或多个精子注入卵周隙的过程称为透明带下注射法受精。此方法是在透明带打孔技术的基础上，为了控制多精受精而采取的办法。透明带下注射时，注射针在第一极体区域穿过透明带，把握注射压力，以保证注射精子的数量。针抽出后，透明带自行封闭，防止精子溢出。精子带下注射数量是此项技术成败的关键，而注射数量常以经验为标准。

（3）*透明带打孔* 为了便于精子进入卵母细胞，在透明带上钻开或打开一个小孔，即透明带打孔技术。打开透明带有两种方法。一种是透明带穿孔，即在微细管中放入一种酸性溶剂（台氏液，pH=2.5），射出稳定酸性溶剂，在透明带溶出一个小孔，另一种是用胰糜蛋白酶软化透明带，然后用纤细的针在透明带上扎孔。此方法适用于精子运动乏力或少精症不育羊的治疗。

（4）*透明带部分切口* 用微细玻璃针或金属微刀片，在透明带上切开或撕开一个口，再进行适当浓度的精子受精。

（三）影响显微受精的因素

影响显微受精的因素很多，其中主要有注射部位、精子的状态、精子发生的阶段、显微操作等。

1. 注射部位 注射方式的选择是依据动物卵母细胞的耐操作能力而定，鼠类的显微受精多采用透明带下注射法，对人类透明带下注射和细胞质内注射都十分有效。

2. 精子状态 精子的获能与否、顶体反应与否、新鲜与否、完整与否等都直接影响显微受精操作的结果。

精子获能和顶体反应与否，对于细胞质内注射并不重要，但在透明带下注射时，往往采用获能精子；精子的新鲜度和运动状态对细胞质内注射受精不产生显著影响，而其运动活性则影响透明带下注射的受精效果。精子核对低温和高温都有很强的耐受性，精子的死活对细胞质内注射的成功与否并不重要。

3. 精子的发生阶段 精子在睾丸中发生、变态并进一步在附睾中成熟而获得正常的受精能力。一般情况下，常规体外受精多选用附睾精子或射出精子，而对于一些患病雄性，通常由于精子活力低或无精子而不能进行传统的体外受精，而只能用睾丸内各级生精细胞来进行细胞质内注射或透明带下注射完成受精。

4. 显微操作的影响 显微受精是一项精细的技术操作，所以操作人员的操作技能、操作工具的质量及环境温度对显微受精有一定的影响。

第四节 性别控制

在 18 世纪 90 年代，人们对半翅目 *Pyrrhocoris* 的精细胞观察时发现，有一半精细胞多一段染色体，首次认识了性别决定与染色体有关。1989 年 Johnson 等人首先报道用流式细胞仪成功地分离兔子活的 X 和 Y 精子，用分离的精子授精并产下后代，性别控制技术的研究取得突破性和实质性的进展。2000 年 7 月，英国的 Cogent 公司成为了世界上第一家将分离精子技术应用于生产的公司。性控精液在国内外步入商业化生产。我国分离精子研究起步较晚，但发展非常迅速，2003—2005 年，内蒙古蒙牛赛科星繁育生物技术股份有限公司和天津 XY 种畜有限公司从美国购入多台流式细胞仪，进行大规模分离生产良种公牛 X、Y 精子，标志着我国分离精子技术的推广应用正式展开，显示出巨大的发展潜力。

一、概述

性别控制（Sex control）是指通过人为地干预并按人们的愿望使雌性动物繁殖出所需性别后代的一种繁殖新技术。一般来说，这种控制技术主要在两个方面进行，一是在受精之前，二是在受精之后。前者是通过体外对精子进行干预，使在受精之前便决定后代的性别。后者是通过对胚胎的性别进行鉴定，从而获得所需性别的后代。

性别控制之所以引起人们浓厚的兴趣，是因为性别控制对人类和动物尤其是家畜的育种和生产有着深远的意义。

（1）可使受性别限制的生产性状（如泌乳性状）和受性别影响的生产性状

（如肉用、毛用性状等）能获得更大的经济效益。

（2）可增强良种选种强度和提高育种效率，以获得最大的遗传进展。对于家畜育种者来说，根据市场需求，可利用性别控制技术以更高的效率繁殖出所需要的性别种畜。同时，对后裔测定来说，性别控制比无性别控制至少可以节省一半的时间、精力和费用。

二、流动细胞分离检索法

在受精之前对精子进行有目的的选择是性别控制最理想的途径，因为通过这样的途径，在受精之前就可知道性别。分离精子的方法很多，有物理分离法、免疫学分离法等，但在众多精子分离方法中，流式细胞仪分离法是目前最具重复性、科学性和有效性的精子分离方法。

（一）流式细胞仪分离精子的原理

X、Y精子的常染色体是相同的，而性染色体的DNA含量几乎总是有所差异。这一差异性奠定了利用流动细胞检索仪分离X和Y精子的理论基础。流式细胞仪的基本结构主要包括5部分：流动室及液流驱动系统；激光光源及光束形成系统；光学系统；信号检测、存储、显示、分析系统；细胞分类纯化系统。其操作方法是将精液与一种相对安全的活体荧光染料Hoechst33342共孵育染色，该染料可以渗入精子的脂质膜，以非嵌入方式特异地定量结合到DNA双链小沟的富含AT区域。精子上的Hoechst33342在被氩离子紫外激光（350nm左右）激发后，产生蓝色激发光（460nm左右）。由于X精子比Y精子含有更多的DNA，X精子就会比Y精子结合更多的荧光染料，因此当精子通过检测仪被定位时，染料经激光束激发而释放出强度不同的荧光信号，仪器和计算机系统扩增和分析荧光信号后做出判断，分辨出哪些是X精子或是Y精子，或是分辨模糊的精子。与此同时，根据判断给每个含有单个精子的液滴赋予正电荷（X精子）或负电荷（Y精子），并让其通过持续电流的偏振电场发生偏转，把X精子和Y精子分别引导流入含有适量缓冲液的收集管中。

准确分辨X和Y精子的关键是精子的正确定位，这是由于放射出的荧光信号最大程度地依赖于精子的定位，而哺乳动物的精子是不对称的，尤其是反刍动物精子头部是椭圆形并稍扁。由于精子核被细胞质包裹着，精子被激光束激发时从精子边缘发射出的荧光则比扁平面更光亮。如精子定位不正确，真正反映X和Y精子DNA差异的荧光则被遮蔽，因而检索系统则很难分辨出本来DNA差异就很微小的X或Y精子。由于这一缘故，当精液样品通过检索系统时，只有一部分定位正确的精子被准确分离，而定位不正确的另一部分则被判为模棱两可精子而被弃掉。因此提高分离过程中精子的定位能力，对于提高分离效率意义重大。后来研制出的高速流式细胞分离仪，在原有技术基础上进行了改进。在速率上，使包含有精子的液滴产率提高；在喷嘴的设计上，检测系统更接近喷嘴处（含有被定位的精子），以使被定位的精子达到了更高的比例。

（二）精子分离效率和准确率

精子分离的准确性及有效性的评估一般可以通过两方面来进行：一是受精前即在实验室条件下分析、评定分离精子的纯度；二是受精后即通过对胚胎性别鉴定的结果或者产出后代的性别比例进行鉴定。受精后评价相对于受精前评价较为精确，但其操作复杂且周期比较长。相对来说，实验室分析具有操作简便、评价时间短等优点，所以在科学研究和生产实践中使用较为广泛。实验室条件下对分离精子准确性评价主要有以下几种方法：

1. 定量PCR鉴定法 该方法通常将单一精子分离进入96孔板，利用针对X或Y染色体特异序列所设计的引物对精子样品的DNA进行扩增，并对扩增产物进行定量分析，以确定精子样本中X精子和Y精子的含量，确定分离样本的纯度。不过此方法操作复杂，耗时较长（一般需要6h），并且受分析仪器灵敏度的影响较大。因此该方法在实际测定分离精子纯度时较少被采用。

2. 流式细胞仪精子样品重分析（Sperm-resorting） 即指利用精子分离机对已分离的精子重新分离以确定分离的准确性。重分析时，精子样品需要超声波处理2～10s去除尾部，以增加精子的定向效率；再用荧光染料Hoechst33342对精子进行重染色，再次使DNA染色，最后通过流式细胞仪重检分离精子样本，该方法比荧光原位杂交（FISH）或PCR分析过程省时，通常只需30min即可完成检测，具有快速、准确的优点，在科研和生产中使用最为广泛。但也有人认为，流式细胞仪有价格昂贵、小型实验室难以配置等问题。

3. 荧光原位杂交（FISH） 该方法利用Y染色体特异性核酸探针与精子上的特定序列杂交，而后标定荧光物质，在荧光显微镜下直接观察并区分X精子和Y精子。该方法特别适用于X精子和Y精子DNA含量差别很微小，精子样品重分析不能保证准确性的情况，比如人类精子（DNA含量差异2.8%）的分离纯度鉴定。不过该方法检测时间较长，试剂价格较高，所以使用也有一定的局限性。

（三）精子分离后的人工授精

由于分离精子速度的提高和人工授精技术的不断改进，用分离精子进行人工授精已收到较好的效果。低剂量深部输精是在精液中有效精子数目较少的情况下保障受胎率的一个重要技术措施。目前生产的性控精液剂量仅为200万～280万/剂，是常规输精剂量的1/5左右，为达到常规精液的输精效果，就要对母畜发情鉴定方法、人工输精的时间、部位进行研究和优化。然而由于家畜生殖道结构的复杂性，低剂量深部输精在实际生产中存在较大困难，目前还主要是依赖于手术法来实现，而以内窥镜低剂量输精检测分离处理后精子的生育力，以期进一步使性别分离精子能够更加有效地应用于肉羊生产。

三、胚胎性别鉴定

鉴定移植前胚胎性别是受精后对后代进行性别选择的一种方法。因为在自然条件下，公母的性别比例接近 50∶50，当选择一种性别胚胎时，必然会弃掉另一半的性别胚胎。尽管鉴定移植前胚胎性别有一定的局限性，但是这种方法对控制后代的性别仍有一定的意义。

四、应用前景

随着科学技术的不断发展，当前世界上畜牧业较发达的国家，无不利用高新生物技术来发展本国的畜牧业生产。尽管流式细胞仪精子分离技术已取得很大进展，但还存在一些亟待解决的问题，改良后分离速度虽然有所提高，但是由于公畜个体、精液本身、流式细胞仪操作者等因素最终能使有效的精子比例降低。同时分离前后的一些处理过程（如高倍稀释、核染色、孵育、紫外线照射、下机进管的高压等）会使分离精子受精力比正常精子低，同时受胎率也会降低，流产率相应有所增高。解冻后的活力和顶体完整率低等。现已证实，分离过程会损伤精子细胞膜，从而使活力、存储能力和受精能力下降。而稀释、分离和分离前洗脱精浆都会降低精子质膜的稳定性，从而导致精子提前获能。虽然质膜稳定性降低可使得精子能够立刻具有受精能力，但另一方面却缩短了精子的寿命，使得精子在到达受精部位前或在体外保存过程中死亡。同时，流式细胞仪价格昂贵，造成精子分离成本高，加之其技术体系的建立以及设备维护等费用也增加了分离精子的成本，这在某种程度上限制了其在畜牧业生产中的大规模推广应用。

然而，大量试验研究发现，流式细胞仪分离法是最科学、可靠的精子分离方法。所以为解决上述缺陷，人们进行了深入的研究。首先，研究发现从采精到进行性别分离这段时间，在环境温度下保存纯精液要优于用稀释液稀释。其次，要提高分离后精子的活力，可在分离前对精子进行筛选。随着流式细胞仪的改进、分离精子速度的提高，将来可以提供足够用于人工授精的分离精子。另一方面，可通过与其他只需少量精子的辅助生殖技术（IVF、ICSI、ET 等）相结合来减少精子的用量。相信随着仪器的改进和各项辅助生殖技术的深入研究，性别分离精子必将在实践中得到广泛的应用，产生巨大的社会、经济效益。

第五节　体细胞核移植

哺乳动物体细胞克隆技术（Mammalian somatic cell cloning）又称体细胞核移植（Somatic cell nuclear transfer），是指通过特殊的人工手段，包括显微操作、电融合、复合活性化处理等技术，以二倍体的体细胞作为核供体，移入到除去单倍体核的成熟卵母细胞中，进行体外重构、体外培养、胚胎移植，从而达到扩繁同基因型哺乳动物种群的目的。自世界上首例体细胞克隆哺乳动物绵羊“Dolly”诞生以来，体细胞核移植技术作为一项新的生物技术得到了迅速的发展，成为当今世界生物技术的研究热点。

一、体细胞核移植的原理

当供体核移植到受体细胞质后，供体核会在细胞质因子的作用下，发生重编程，从而回到合子核的状态，指导重组胚胎发育成一完整的个体。核在重编程中往往会产生如下变化：①转录活性和蛋白质合成水平的改变，细胞卵裂球有强的转录活性，核移植后，它们的转录水平下降至合子期的水平。②核膨胀和原核形成。重组胚中原核形成的比例随着激活后时间的延长而增长，原核是在成熟促进因子（MPF）水平下降时开始形成。

二、体细胞核移植的程序

（一）受核细胞的处理

细胞核移植过去采用去核受精卵和去核2细胞期细胞作为受核细胞，但从1986年Willadsen首次采用去核卵母细胞以后，如今哺乳动物核移植所使用的受核细胞基本上为卵母细胞。采集卵母细胞以后，需进行成熟培养，一般使用TCM199和NCSU-37两种培养液。卵母细胞成熟培养至第一极体后排出，再进行去核处理。卵母细胞的去核有三种方法，即化学处理、紫外光灭活染色体以及显微手术法。其中显微手术法具有较好效果，即在微分干涉差倒置显微镜的高分辨率视野下使卵母细胞轻微旋转，当纺锤体与焦平面垂直时核区域与卵母细胞的折光率略有差别，可准确吸除中期核和少量的细胞质，这种去核效率为100%。

（二）供核细胞的处理

哺乳动物体细胞克隆技术中采用的供核细胞有很多种，如乳腺上皮细胞、胎儿成纤维细胞、卵丘细胞、颗粒细胞、尾部细胞及耳细胞等。但多以胎儿成纤维细胞作为供核细胞，原因是这些细胞能在克隆前进行基因修饰，有利于产生品质优良的克隆动物。一般认为，诱导处于不同分化期的细胞进入静止期是体细胞克隆成功的关键。通常采用血清饥饿法进行处理。血清饥饿法是指用低于0.5%的血清的培养基处理供核细胞。经过研究发现，饥饿处理供核细胞有助于重组胚的发育，但超过48h时会导致细胞产生大量DNA片断。

（三）重组胚的构成及培养

根据供体核移植的部位不同，重组胚的构成可分为卵周隙注射和细胞质内注射两种方法。卵周隙注射是用注射针吸取供核细胞，将一个细胞沿去核时的切口注入卵母细胞的卵周隙中。细胞质内注射是将供体细胞的核直接注入受体细胞的细胞质中。用这两种方法曾先后克隆出了小鼠和转基因牛以及体细胞克隆猪。2001年丹麦科学家Vajta发明了一种新的核移植方法：将成熟培养的卵母细胞，涡旋去掉卵丘细胞，在0.5%的链蛋白酶中培养5min取出卵细胞的透明带，用显微分割刀将卵母细胞平均分成两半，紫外光下挑选不含染色体的胞质体，再培养2～3h，然后分别与一个细胞核供体和另一个不含染色体的胞质体进行融合，形成胞质体-胞质体-体细胞三联体。此方法可简化预备工作，降低实验费用，对实验技术要求低且去核效率高。

激活重组胚后，有体内和体外培养两种方式。体内培养是将激活培养的克隆胚植入同种或异种动物的输卵管中，经数天后检测发育正常的囊胚或桑葚胚，然后进行胚胎移植。体外培养是将激活后的克隆胚在培养液中培养至囊胚或桑葚胚，再挑选优质的胚胎移入到同步发情同种雌性动物的输卵管中。

（四）胚胎的移植

采用常规胚胎移植技术将体内或体外发育的克隆胚胎植入同种同期化雌性动物生殖道内，同时肌内注射孕马血清促性腺激素（PMSG）维持妊娠。

体细胞克隆技术的研究具有重要的意义，不仅可提供遗传上完全一致的实验动物，而且能加快动物改良、生产医用蛋白、为人类提供移植器官以及在转基因动物的培育中起重要作用。但体细胞克隆动物也存在着不足，在品质上根本不可能超过亲本，因此在生物进化上将导致品种退化。同时在医药方面也存在着较多的争论。

三、影响核移植的主要因素

（一）供核细胞

对于动物克隆来说，供核细胞应具备主要的两点生物学特性。首先，供核细胞必须是完整的二倍体细胞；其次，供核细胞核能够在受体细胞质的作用下，产生细胞分化过程的倒转，能使重构胚胎完成一个正常动物发育的全过程。同时，供核细胞所处的细胞周期对核移植的成功有着重要的影响。为了保险起见，一般都选择处于静止期的细胞作为供核细胞。

总之，在体细胞克隆中，细胞的类型和细胞所处的状态对核移植成功率影响很大。目前已有大量的试验证明，卵丘细胞、颗粒细胞、胎儿成纤维细胞、输卵管上皮细胞、乳腺上皮细胞成功率高，而神经细胞等高度专门化的细胞成功率很低。

（二）受核细胞质

在核移植过程中，细胞质的作用主要是提供必要的条件，使已经分化了的细胞重新回到发育过程的原点，完成发育的全过程。因此，核移植中受核细胞质的功能，就是它含有的特定因子可以使基因表达程序发生重新排列。许多试验证明，供核细胞的核和受核细胞的细胞质所处的细胞周期是影响核移植成功的最关键因素。通过多年研究，发现用哺乳动物的减数分裂中期的去核卵母细胞所提供的细胞质，是可以满足以上条件的。

到目前为止，体细胞核移植的成功率还相当低，除了核质间细胞周期的协调是一个重要因素外，还有许多其他因素也严重影响着成功率。这些因素包括受核卵母细胞的质量、重构胚胎激活的方法和时间、胚胎培养体系的好坏等。有时，即使生产出可移植的胚胎，培养成功的机会还是很小，因为胚胎发育的过程还受胚胎的质量、受体母畜的状况和繁殖季节等诸多因素的影响。

（三）受核卵母细胞成熟度与激活

卵母细胞的成熟度取决于两个重要的实用指标：其一是能够被激活的程度；其二是能够支持重构胚胎发育的能力。只有这两者之间达到最佳的平衡点，才是最适宜的卵母细胞。卵母细胞的激活能力与成熟后的时间有关，一般来说，较老的卵母细胞可获得更高的激活率。然而，老龄卵母细胞移植后，其胚胎发育的效率不如新排出的卵母细胞好。现在多采用电脉冲激活的方法，解决了新排出的卵母细胞激活能力低的问题。

卵母细胞的成熟时间和激活的方法因物种的不同而有所差异，在进行核移植时应掌握其差别。

（四）卵母细胞去核的效果

核移植胚胎发育的先决条件之一，就是必须去掉卵母细胞自己的细胞核。去核的时间一般选择在第一极体刚刚排出之时。有人认为，去核对卵母细胞骨架损伤比较大。但是，总的来说，去核过程是一个手工操作的过程，不同的人使用不同的方法，对卵母细胞造成损伤的程度也有所不同。

四、克隆技术的应用前景

克隆技术的建立具有划时代的意义。它在畜牧、医疗、卫生等领域具有广泛的应用前景，因而对人类产生的影响是不容忽视的。

在畜牧业上，通过克隆技术可增加优良品种的群体数量，而且可提供遗传性状均一的实验动物。在医学方面，克隆技术结合转基因技术手段，已产生了可治疗某些疾病的蛋白质产物，使活体药物工厂成为可能，大大提高了转基因的效率。利用克隆技术，可产生人体所需要的内脏器官，以替换人类衰竭或病变的器官。另外，克隆技术与基因疗法相结合，可治疗一些遗传性的疾病。除此之外，对挽救珍稀动物来说，克隆技术是一个最有潜力的手段。然而，克隆技术作为高新技术的产物，本身也面临着巨大的挑战。一方面，克隆技术与DNA重组技术、核能技术等相似，对人类正常的生存、发展构成威胁。另一方面，克隆技术是一项环节多、技术要求高的新技术，距离开发应用还有很长的一段距离。因此，不断完善克隆技术，使其在有法可依、有规可循的情况下朝着造福人类的方向健康发展，将具有特别重要的意义。

第九章　遗传改良与杂交利用

第一节　遗传改良规划

羊遗传改良规划，是指通过品种登记、生产性能测定、后裔测定、育种值遗传评定等手段，提高羊群生产水平，改善羊群健康状况，增强综合生产能力。实施遗传改良计划对促进养羊业发展具有重大意义。

一、澳大利亚羊遗传改良计划（LAMBPLAN）

澳大利亚绵羊产业中遗传改良效果是显著的，特别是在肉羊遗传改良方面。澳大利亚绵羊遗传协会（SGA）是由澳大利亚肉畜饲养协会（MLA）和澳大利亚羊毛改良协会（AWI）发展而来。SGA 包括 MERINOSELECT 和 LAMBPLAN 两个项目。

MERINOSELECT 是用于毛用或非毛用性状的美利奴羊进行澳大利亚绵羊育种值（ASBV）估计的管理系统，同时，MERINOSELECT 提供一些美利奴羊标准指数，可用于毛用和兼用目的育种生产需要。澳洲美利奴是澳大利亚羊毛和肉类产业最重要的遗传资源。在过去数十年里，随着市场需求的变化，羊毛和羊肉对美利奴羊群体经济效益的贡献发生了明显的转变，羊肉价值的提高促进绵羊育种者重视繁殖相关性状的选择。

LAMBPLAN 是国家肉羊品种的遗传评估管理系统，可以大范围提供有关绵羊重要经济性状简单、实用的育种值信息。1989 年，澳大利亚制订了 LAMBPLAN 计划，该计划为以生产销售种母羊或生产销售种母羊和种公羊双重目的终端生产者提供关于其羊群遗传潜能的实用信息。LAMBPLAN 信息以澳大利亚绵羊育种值（ASBV）的形式，给出关于特殊性状育种值的资料，且这些都是以系谱资料和绵羊个体以及有亲缘关系的生产性能为基础得到的。澳大利亚绵羊育种值（ASBV）可以根据相应的产品性能为绵羊进行分级。ASBV可以用于评估公羊的一系列性状的遗传潜能，而这些性状都直接影响着羔羊和羊群产品赢利情况。ASBV 可以用来直接比较品种内个体以及品种的终端父系品种间和品种内的细微差别。这将为育种者提供一个机会，根据产业情况校准他们家畜的生产性能。LAMBPLAN 提供给公羊育种者一定的灵活性，使他们关注那些与育种紧密相关的以及客户需要的性状。LAMBPLAN 中ASBV采用简单实用的术语描述绵羊在产品特征方面的遗传差异。LAMBPLAN 提供有关生长、胴体、毛、繁殖（包括母性能力）和疾病抗性特征等的遗传信息，这些都是在生长和成年阶段的不同年龄段测定得到。在 20 世纪 90 年代，澳大利亚绵羊肉类产业已经在胴体重和质量方面获得显著的改进，这都得益于现代育种技术的广泛应用。1989 年羔羊胴体重的平均水平仅有 17.5kg，而现在羔羊平均胴体重超过 20kg，且胴体脂肪减少。这些都是根据消费者需要对肉羊育种做的调整。

（一）LAMBPLAN 的特点

1. LAMBPLAN 能够使育种者减少种公羊选择的风险，提高羊群的遗传进展，提高群体的繁殖性能。

2. LAMBPLAN 提供了唯一的一个基准系统，使育种者可追踪查询其羊群遗传进展的情况。

3. LAMBPLAN 具有灵活性，使种公羊育种者针对育种目标中需考虑的重要性状以及顾客的需求。

4. 商业购买者可使用 LAMBPLAN 的 ASBV 对公畜进行有目的性的比较，识别哪些最适合自身生产系统和市场导向的公畜。

（二）LAMBPLAN 的信息采集

从 LAMBPLAN 得到成功结果的关键一点是精确性。通过以下三种信息源，ASBV 可准确识别绵羊的育种值。

1. 表型数据 在生产体系和市场中，LAMBPLAN 简单使用一系列表型信息就能帮助识别那些带有最好基因，适合你的生产系统和市场的个体。

（1）*个体自身的表型* 对于特殊性状来说，个体家畜的表现部分取决于其自身基因的表达。例如活重、眼肌厚度和毛重等性状，都是采用标准方法测量的。精确和持久的动物身份识别，这对遗传评估来讲也是必需的，是通过应用行业标准身份识别格式来完成的。

（2）*动物亲属的表型* 血统相近的动物享有共同的基因。通过比较和对比动物亲属的表型，可以得出一个更加精确的遗传评估。

（3）*相关联的性状表型* 一组基因可以影响不止一个性状。例如，影响初生重的基因也影响着动物生命后期的生长情况。

2. 环境因素 不论你对什么样的性状感兴趣，除家畜的基因外，都存在着影响其性能水平的因素。环境效应包含出生时间、母亲年龄、出生类型和饲养方式、后期的断奶等。ASBV 对环境因素的校准有助于完成绵羊的准确育种值资料。

3. 性状的遗传力 为了获得育种值的全面估算，必须考虑性状的遗传力。典型的表型性状遗传力是：体重和生长为20%～40%；脂肪和眼肌厚度为20%～35%；繁殖性状大约为10%。

（三）LAMBPLAN 经济性状育种值评估

LAMBPLAN 为育种者确立了测量和评估重要经济性状的范围。在每组性状中，可在不同的生长发育阶段进行测定。例如，羊的体重测量可以选在出生时、断奶时（2～4月龄）、断奶后早期（4～7月龄）、断奶后（7～10月龄）、周岁时（10～13月龄）、初情期（12～18月龄）、成年时（18月龄或更大）。

评估胴体性状的育种者必须用 SGA 公认的方法来测量脂肪和眼肌厚度值。评估绒毛质量性状必须采用纤维制品度量规定（ON-FARM FIBRE MEASUREMENT，OFFM）中认可的方法。方法说明可以在 SGA 网站找到或通过联系 SGA 来获得。

LAMBPLAN 对以下生产性状的 ASBV 特征进行了描述：

①活体重 ASBV：绵羊生长的遗传特征。活体重 ASBV 越大，意味着这只绵羊是遗传性快速生长的个体。

②脂肪厚度 ASBV：描述羊在体重不变时的脂肪厚度。脂肪厚度 ASBV 越呈负数，意味着这只绵羊是具有遗传性瘦肉率高的个体。

③眼肌厚度 ASBV：描述了在体重不变时绵羊的眼肌厚度，眼肌厚度 ASBV越大意味着这只绵羊是具有遗传性肌肉量多的个体，在高价格的部位拥有更多的瘦肉组织。

④繁殖 ASBV：描述了绵羊在出生羔羊数目和断奶羔羊数目中的遗传性。

⑤蠕虫卵计数 ASBV：描述了绵羊体内蠕虫的数量。

⑥母羊断奶重 ASBV：描述母羊具备更高产奶潜能的评价指标。

⑦剪毛量 ASBV：描述了绵羊产毛量的遗传特性。产毛量 ASBV 高的种公羊将会获得更多剪毛量的后代。

⑧羊毛质量 ASBV：适用于一系列的羊毛质量性状。

LAMBPLAN 数据可记录成册，也可传输到数据管理者或育种者可以将自己的数据输入到牧场的计算机软件项目中。

LAMBPLAN ASBV 能通过分析 LAMBPLAN 数据库中的系谱信息及表型信息来计算出来。数据库拥有的信息量覆盖了整个澳大利亚超过 140 万只绵羊。

对任何饲养目的的育种者来讲，绵羊的育种技巧依赖于选种，即选择可以给后代提供达此目的的优良基因。ASBV 通过估算家畜的遗传优点有助于关键生产性状的提高。LAMBPLAN 报告了两个不同水平的育种值；澳大利亚绵羊育种值（ASBV）和群体育种值（FBV）。ASBV 需要一个整个羊群连锁的最小标准，并且需要报告的精确度。FBV 是群体育种值但不需要提供精确的图片。

通过应用 ASBV，在牧场中证明其能有效提高生产性能。在澳大利亚新南威尔士开展了一个 2 000 只杂交母羊和多组终端公羊参与的试验。以羔羊达到 43kg 或者超过 16 周龄的百分比为指标，试验表明断奶后体重（PWT）高的公羊组，ASBV 数值高（8.9），获得的高于 43kg 目标的羔羊比例显著大（46.6%），断奶后体重（PWT）低的公羊组，ASBV 数值低（1.6），获得的高于 43kg 目标的羔羊比例显著低（11.6%）。由高 PWT 组的公羊繁殖获得的羔羊以 50g/d 的生长速度快于那些由低 PWT 组繁殖的羔羊。

二、美国国家羊群改良计划（NSIP）

美国国家羊群改良计划（National Sheep Improvement Program，NSIP），始于 1986 年，其业务是为绵羊生产者和育种协会估计育种值（EBV），并帮助生产者使用这些 EBV 开展选种。美国国家绵羊改良遗传评估中心设在弗吉尼亚理工大学。性能测定数据由农场和牧场品种协会的数据协调员，传送到美国国家绵羊改良遗传评估中心，使用先进的大型计算机程序产生估计育种值，遗传学家运行复杂的软件（BLUP，最佳线性无偏预测）计算预计后代差异（Expected progeny differences，EPD），然后将 EPD 的结果返回给品种协会的数据协调员，再返回到个体农场和牧场。通过使用 EPD 数据，育种者可以高效和可靠地进行遗传改良。

2010 年 6 月，NSIP 和澳大利亚肉畜饲养协会（Meat & Livestock Australia，MLA）签署了一项协议，组成了 LAMBPLAN 计划，应用于美国羊生产。生产性能如生长率、脂肪和眼肌厚度，羊毛重量和品质，繁殖能力和体内抗寄生虫能力等数据，可以在 2 周内完成处理并交给生产商，从而提升了企业的营利能力和竞争力。羔羊计划-估计育种值（LAMBPLAN EBV）为 NSIP 的客户报告终端父本品种的两个指数，Carcass Plus 和 LAMB2020。

Carcass Plus 是终端品种在 LAMBPLAN 中的原始指数，它是根据断奶后体重（PWT）、脂肪厚度（PFAT）和眼肌厚度（PEMD）为 60∶20∶20 的比例来计算的。Carcass Plus 是一个“预期收益”指标，旨在产生一个上述三部分变化的最理想模式。Carcass Plus 可以提高生长、肌肉厚度和瘦肉率。单纯的追求瘦肉率在 Carcass Plus 中不是最优的，因此，该指数预定值是通过减少脂肪厚度来增加。

LAMB2020 引进于 2008 年 12 月，目的是为了更好地反映澳大利亚羊肉业未来的需求（规划至 2020 年）。一般而言，对终端父本来说，LAMB2020

用于生产 22kg，来自美利奴羊或美利奴羊杂交羊。LAMB2020 是由一个经济指标组成，而不像 Carcass Plus 那样有一个期望收益指标，并且通常有较小的指标值且范围较窄。用于 Carcass Plus 的特征值（断奶后体重、脂肪厚度、眼肌厚度）同样被包含于 LAMB2020。然而，断奶重（WWT）也是澳大利亚销售羔羊的生产者经常考虑的一个指标。出生体重（BWT）和蠕虫卵总数（PWEC）也包括在育种值内。列入出生体重是为了限制未来出生体重的增加，使得增长重（断奶重和断奶后体重）和出生体重呈正相关。列入蠕虫卵总数（WEC）是考虑到抵抗寄生虫害造成的羔羊生产业的重大经济损失。在 LAMB2020 中指数特征和相对重点性状是：初生重（kg）8%，断奶重（kg）24%，断奶后体重（kg）25%，脂肪厚度（mm）9%，眼肌厚度（mm）22%，蠕虫卵总数（%）12%。

相关经济值（REV）能从个体估计育种值中计算出预定值。Carcass Plus 和 LAMB2020 的相关经济值性状见表 9-1。指数计算方法是用各自的估计育种值乘以各自的相关经济值因子，求和，并加到 100。

表 9-1 Carcass Plus 和 LAMB2020 的相关经济值性状表

相关经济值	初生重	断奶重	断奶后重	脂肪厚度	眼肌厚度	蠕虫卵总数
Carcass Plus			5.057	−13.362	7.832	
LAMB2020	−0.21	0.315	0.472 5	−0.55	1.54	−0.04

注：应用 NSIP-萨福克参数分析。

随着时间推移，指数选择的遗传反映一个群体内遗传参数的直接功能，即变异量存在于性状及与那些性状有关联性状的内部。简单地说，当指数选择适应澳大利亚的养羊业和绵羊群体的需求时，这些指标可能会被证明是同样适用于美国绵羊产业或对美国绵羊产业有用的。为了认识 LAMBPLAN 的终端指标应如何最好地被 NSIP 的客户来使用，使用 NSIP-萨福克数据库所产生的遗传参数而进行基本的分析已经完成了。

对 NSIP-萨福克和 LAMBPLAN 二者来说，终端性状估计遗传方差成分是相似的。但断奶后体重（PWT）是例外。美国萨福克断奶后体重（PWT）的遗传变异超过 LAMBPLAN 的终端两倍以上。与澳大利亚终端羊相比，只要生长不是与指数中的其他性状负相关，这种差异将使生长性状对全国绵羊改良育种计划的品种指数影响更大。

然而，性状间的遗传相关的确揭示了 NSIP-萨福克品种的断奶后体重（PWT）和眼肌厚度（PEMD）之间的对立（$r_g=-0.38$），大大高于澳大利亚数据。此外，PWT 和 PFAT 之间的遗传相关为−0.51，相比澳大利亚数据来说，这是较大的（更有利）。因此，在美国萨福克品种中，生长较快的羔羊遗传上讲也是较瘦的，但相同的体重下眼肌厚度也较小，其表型或许可以描述为更多的“极端”。

此外，遗传相关显示为：NSIP-萨福克的瘦（PFAT）和肥（PEMD）之间的对立（$r_g=-0.16$），表明瘦羔羊也稍微有些肌肉。这种负相关在澳大利亚数据里同一性状间形成了鲜明的对立，它们以有更强大和积极的相关值为特点。由于目前美国终端的品种蠕虫卵总数估计育种值的缺乏，将对LAMB2020指数值不会是一个有意义的影响效果，所有的羔羊在这个性状上都假定估计育种值为0。

遗传估计（h^2）是选择指数发展的重要组成部分。在美国和澳大利亚估计之间，没有发现重大的差异，尽管NSIP的估计在BWT、PWT和PEMD指数上略大些。其他性状的遗传率几乎是完全相同的（WWT和PFAT）或是不可用的（PWEC）。

美国和澳大利亚的数据遗传模式显示的差异可能会潜在地导致在不同群体中应用时，不同类型的动物指数加权不同。此外，Carcass Plus和LAMB2020用于相同动物的可能性将会减少。Carcass Plus和LAMB2020之间的遗传相关，使用NSIP-萨福克参数计算（$r_g=0.79$）。

美国羊肉生产与澳大利亚羊肉生产不同，包括不同的市场、切割尺寸、生理类型、遗传参数。性状指数的经济权重在两国之间是不可能完全相同的，重点是关注个体估计育种值。Carcass Plus和LAMB2020都可以以可靠和有效的方式对羔羊排名。在一般情况下，在Carcass Plus中，对没有进行瘦羊优化的指数进行选择将可能对胴体品质造成负面影响，考虑到美国终端父系群体已经是相对比较极端（即生长和脂肪以及脂肪和肌肉之间的遗传对立），针对这种情况，LAMBPLAN对Carcass Plus指数进行了修订。

LAMB2020是在瘦羊优化方面更均衡的指数，NSIP的目标胴体重(22kg)。此外，目前NSIP终端父系品种羊群没有提供粪卵总数的数据，当PWEC（排泄物中蠕虫卵总数）指数被排除时，其他性状的相对权重在LAMB2020中不同。LAMB2020还能估计经济指标，部分反映了美国市场状况。Carcass Plus和LAMB2020指数的使用成为服务NSIP客户的重要工具。

（一）NSIP经济性状的估计育种值

1. 体重性状育种值估计

（1）初生重（BWT）估计育种值（kg）　估计出生时体重的直接遗传效应，正选择初生重估计育种值预计可以增加初生重并对早期羔羊成活率有积极作用，尤其对双胞胎和三胞胎来说。改变出生体重通常不是一个主要的选择目标。正选择可能对多产品种和没有产羔困难的群体是有利的，而负选择可能对低产品种或产羔体重大和难产群体是有利的。初生重估计育种值与断奶重和断奶后重呈正相关。加强对断奶重和断奶后重指数的选择，可以增加初生重，负选择初生重估计育种值结果也会减少断奶重和断奶后重。

（2）母畜出生体重（MBWT）估计育种值（kg） 通过羔羊初生重估计母羊的遗传效应。这个估计育种值主要反映母羊子宫环境质量和母羊妊娠期长度对羔羊造成的影响。母畜出生体重估计育种值为正，说明母羊为羔羊发育提供了良好的子宫环境，而母畜出生体重估计育种值为负，说明母羊提供了一个更具有限制性的子宫环境。母畜出生体重估计育种值不会作为大多数羊群的主要选择重点，但对母畜出生体重估计育种值进行正选择主要是用于小、弱羔羊问题的羊群。

（3）断奶重（WWT）估计育种值（kg） 提供断奶前增长潜力的估计，可能会作为大多数群体的选择重点。在 90～150d 断奶的粗放型管理的羊群，断奶重估计育种值通常估计 45～90d 断奶前的体重。在这样的羊群，真实断奶重是早期断奶后体重的一个记录，遗传差异体现在断奶后体重。

（4）母畜断奶重（MWWT）估计育种值（kg） 估计母性的遗传潜力。该估计育种值主要反映母羊产奶量的遗传差异，但其他母性行为方面也可能会包括其中。如果个别母羊生产的羔羊比预期所产羔羊体重更重或更轻，断奶重估计育种值的计算应基于其父母的断奶重估计育种值。所产羔羊生长速度比预计快的母羊，预计是好的羊奶生产者，而所产羔羊生长速度比预计慢的母羊，预计产羊奶少。选择断奶重估计育种值高的有望提高羊奶产量、母性能力，这对母性品种来说被认为是十分重要的。

总的母畜断奶重估计育种值是 NSIP 提供的由泌乳育种值加上生长育种值。母畜断奶重估计育种值结合断奶重和母乳信息是为了估计母畜对羔羊断奶重总的预期贡献。总的母畜断奶重估计育种值是没有明确在 LAMBPLAN 提供，但可从母畜断奶重和断奶重估计育种值得到，通过下面的公式来计算：

总的母畜断奶重估计育种值（kg）＝母畜断奶重估计育种值＋0.5×断奶重估计育种值

总的母畜断奶重估计育种值就是母羊对其羔羊断奶重的遗传贡献与其泌乳产量（由母性断奶重育种值测量）相关以及其一半基因对断奶前的生长潜力（由断奶重估计育种值测量）有贡献。

（5）断奶后体重（PWWT）估计育种值（kg） 与断奶前后的生长信息相关，可以预测 120 日龄时断奶后体重。需要记录两个断奶后体重：一个在 90～150d 的早期断奶后体重，另一个在 150～305d 的晚期断奶后体重。可以记录一个或两个都记录下来。这两个断奶后体重假设遗传相关性为1.0，对最终的断奶后重估计育种值做出同样的贡献。在90～150d断奶的粗放型管理羊群，断奶重通常记录为早期断奶后体重，断奶后体重估计育种值预测典型的断奶年龄体重的遗传差异。对断奶后体重育种值进行正选择，有利于羔羊快速生长，并受到市场的青睐。

（6）周岁重（YWT）估计育种值（kg）　估计12月龄的增长潜力。周岁重估计育种值高的动物展现持续的断奶后增长，但母羊羊羔周岁重育种值高的，预计将有较重的成年体重和更大的消费需求。

（7）一岁半体重（HWT）估计育种值（kg）　估计18月龄时体重的遗传效应。对一岁半体重进行负选择可以用来控制母羊的成年体重，但将限制断奶重和断奶后体重指数选择的进一步选择。对一岁半体重育种值的选择重点，必须考虑这些相互竞争的目标之间的最佳平衡（主要是针对美国西部品种和母本毛用品种）。

LAMBPLAN还可以记录成年母羊2、3、4、5岁的体重，并使用首次记录的成年母羊体重产生成年体重估计育种值。当前该选项在NSIP中是不常用的。

2. 毛性状估计育种值　羊毛数据可以是断奶时、周岁时、一岁半时及成年母羊在2、3、4、5岁时的记录。NSIP/ LAMBPLAN目前使用来自周岁、一岁半、首次成年毛量（不论母羊年龄多少）的数据来计算周岁、一岁半和成年羊毛性状估计育种值。

毛性状估计育种值主要是针对美国西部品种和母本毛用品种。

（1）羊毛重量（GFW）估计育种值（%）　是基于羊毛重量来估计遗传潜力。羊毛重量的存储和分析以千克计，但是，由于估计育种值的范围有限，羊毛重以平均羊毛重的百分数来记录。纤维直径（FD）的估计育种值（μm）估计羊毛品质的遗传潜力。负纤维直径估计育种值的，羊毛更细、更好，所以这个性状负育种值是有意义的。

（2）纤维直径系数变化（FDCV）估计育种值（%）　估计羊毛均匀度，表现为个别羊毛纤维在羊毛样品之间的变异系数（CV）的遗传潜力。需要更均匀的羊毛（低变异值）的个体时，这个性状负的估计育种值是有意义的。

（3）纤维弯曲（CURV）估计育种值（%）　预测卷曲频率的遗传差异。估计育种值是基于OFDA光纤曲率的光学测量，这是非常准确地预测卷曲度的方法。更高的曲率值，表明更广泛或更大的卷曲。因此，正育种值表示纤维更卷曲，并根据最终产品（针织或精纺面料），可能会被认可或可能不会认可。

LAMBPLAN 也计算周岁、一岁半和成年母羊的清洁羊毛重和强度估计育种值。这些估计育种值可以提供给需要这些变量的 NSIP 生产者。

3. 体况估计育种值

(1) 脂肪厚度 (CF) 的估计育种值 (mm)　是一个在第 12 和第 13 肋骨之间胴体肥胖度的遗传差异指标。据活体动物脂肪厚度的超声波测定，脂肪厚度育种值负值越大，产生后代越瘦、体重更低。然而，个体育种计划中的脂肪厚度育种值的重点，将取决于当前市场的需求和额外费用等（主要是针对美国终端品种、西部品种和母本毛用品种）。

(2) 眼肌厚度 (EMD) 估计育种值 (mm)　是肌肉遗传差异的一个指标。这是来源于对活体动物第 12 和第 13 肋骨间腰的超声波测定。眼肌厚度估计育种值为正说明后代的眼肌面积也大。然而，在个体眼肌厚度育种计划中，重点取决于当前市场的需求和额外费用等。

超声波测定终端品种和母本毛用品种可以在断奶后早期或断奶后晚期。

测量西部品种可以在断奶后期、周岁、或一岁半时。然而，断奶后期和周岁时的测量是首选。所有这 3 个测量值都有助于反映周岁的脂肪厚度和眼肌厚度在西部品种的周岁眼肌厚度育种值。

所有扫描记录必须保证相同体重和相近的时间（或至少在±7d）。

用于扫描在西部品种性状的程序是源于公羊羔羊饲喂，以高标准的营养条件在以下时段：90～150d、断奶后期扫描、周岁或是一岁半时体重（150～120kg）在更轻的重量或降低平台的营养条件下保持的母羊羊羔扫描的记录，预计不会产生有效的估计育种值。

4. 繁殖性状估计育种值

(1) 产羔数 (NLB) 估计育种值 (%)　估计繁殖的遗传潜力。该项数据表示的是产 100 次的产羔数。产羔数估计育种值为“+10.0”的母羊预计将在每次产羔中，平均多产 0.1 个羔羊，或每 100 次产羔多产 10.0 只，这是相比平均母羊产羔数来讲。而且，它们所产的女儿预计将平均多产 0.05 个羔羊，相比平均母羊的女儿产羔数来讲，产羔数估计育种值可用于提高羊群的繁殖力。

(2) 断奶羔羊数 (NLW) 估计育种值 (%)　评估母羊繁殖力和断奶羔羊成活率的综合影响。断奶羔羊数估计育种值以每 100 只母羊的产羔断奶数来表示。断奶羔羊数估计育种值为“+10.0”的母羊的断奶羔羊数预计末次产羔将多断奶 0.1 只羔羊，或每产 100 次羔羊多断奶 10 只羔羊，高于平均水平的母羊；而且在每次产羔时，相比平均母羊的女儿产羔数来讲，它们所产的女儿预计将平均多断奶 0.05 个羔羊。选择断奶羔羊数估计育种值指数预计将提高羊群的断奶率。

（3）阴囊周长（SC）估计育种值（cm） 可用于提高雄性的繁殖能力和雌性的生殖性能。正选择动物的阴囊周长估计育种值，预计不仅在改善母羊羔羊的生殖性能和周岁羔羊的性成熟率方面有十分重要的作用，而且也有可能对老年母羊产羔数和断奶羔羊数有一定作用。阴囊周长可以在断奶、周岁、一岁半时测量记录。然而，NSIP 的目前仅有早熟母畜毛用品种的断奶后阴囊周长估计育种值及晚熟细毛羊品种断奶后和周岁时的阴囊周长估计育种值（适合西部品种和母本毛用品种）。

阴囊周长测量可以在母本毛用品种断奶早期和晚期，西部品种的断奶后期和周岁时进行。只有首次记录的断奶后期阴囊周长测量值才可用于估计该项育种值。因此，育种者应确保断奶后阴囊周长测量值的最翔实资料是首次记录的。

LAMBPLAN 通常以“每只母羊”产羔数和断奶羔羊数的“表型值”来表示，包括这些母羊生产力育种值的遗传差异。相比之下，NSIP 表示该项估计育种值基于“每只母羊产羔基础上”是由于两个原因：①过去有限的 NSIP 母羊生育数据；②涉及不同的繁殖性状（生育、多产、羔羊成活率）与单个估计育种值的遗传差异结合。

5. 抗寄生虫的估计育种值 估计抗蠕虫卵寄生遗传潜力是根据断奶或断奶早期或断奶晚期的虫卵总数记录。有低蠕虫卵总数估计育种值的动物，预计将有更大的抗寄生虫能力，建议对内在寄生虫存在问题的地区进行选择以减少蠕虫卵总数估计育种值。蠕虫卵总数也可以在周岁时、一岁半时、或成年（仅限 2 周岁）时进行测量记录。断奶后蠕虫卵总数估计育种值指数对大多数选择及市场目标是需要的（主要适用毛用品种）。

断奶后蠕虫卵总数可以是断奶早期或断奶晚期的蠕虫卵总数记录。与断奶重指标的情况相反，只有首次记录的断奶后蠕虫卵总数可用于计算断奶后蠕虫卵总数估计育种值。因此，育种者应确保断奶后蠕虫卵总数测量值的最翔实的资料。

（二）NSIP / LAMBPLAN 选择指数

西部指数（%）是由 NSIP 改进了的指数以提高收益，以改善塔基羊（Targhee）羊群，也普遍适用粗放管理的羔羊群和毛用羊群的生产。西部指数估计育种值指数通过以下指数来进行估计：断奶后体重（PWWT）、母羊断奶重（MWWT）、周岁重（YWT）、周岁羊毛重（YFW）、周岁纤维直径（YFD）、产羔数（NLB）估计育种值等。

该指数对早期生长、母羊繁殖力、提高羊毛重量、降低纤维直径方面有重大积极影响。周岁重估计育种为负，说明限制了成年母羊体重的增加，但预计实际上周岁重量不会减少，因为大的断奶重、周岁重估计育种值之间呈正相关。周岁羊毛重量估计育种值在 NSIP/ LAMBPLAN 记录中以百分比表示。

多性状结合到一个指数的母羊生产力指数（%）联合估计育种值旨在最大限度地验证每只母羊所产羔羊的断奶重。该指数最初是源于 NSIP 为卡塔丁山绵羊（KT）和波雷丕羊（PP）品种制定的参数，该项指数的数据与其他的 NSIP 生产力数据估计是在同一时间。按 NSIP/LAMBPLAN 程序，母羊生产力（EP）估计育种值现在可以估计其他性状的育种值。

母羊生产力指数对断奶羔羊数、母羊断奶重、断奶重估计育种值指数有重要影响。一些对产羔数指数进行轻微的负选择将有利于母羊断奶羔羊窝数。产双胞胎并断奶 2 个羔羊的母羊比产三胞胎但只断奶 2 个羔羊的母羊更好。

然而，断奶三胞胎的母羊将始终有相当高的指数值比断奶双胞胎羔羊的母羊。NSIP/LAMBPLAN 计算母羊生产力指数的程序已略有改变，但指标的基本性质、构成性状的基本假设和各部分性状的预期选择压是一样的，因为这是根据原有的 NSIP 系统。西部指数最初是源于每只母羊产羔的断奶重指数，但与所有 LAMBPLAN 指数一样，现都以均值的百分比来表示。

LAMB2020 是为评估用于生产 22kg 胴体的美利奴羊或美利奴羊杂交母羊的终端公羊的遗传潜力而设计的。它包括了比 Carcass Plus 更多的变量，考虑了断奶重育种值正选择指数、初生重负选择指数、断奶后虫卵总数负选择指数。与 Carcass Plus 相比，LAMB2020 也稍微考虑了断奶后脂肪厚度估计育种值，以期进一步降低胴体脂肪。NSIP 网站上的“NSIP 育种者的 LAMBPLAN 终端指数”的情况说明书提供了 Carcass Plus 和 LAMB2020 指数的其他信息。

三、我国肉羊遗传改良规划*

（一）指导思想

以市场为导向，以提高个体生产性能和产品品质为主攻方向，坚持地方品种本品种持续选育和杂交改良并举的育种方针，强化育种规划和指导，明确各主要羊种的育种方向，着力推进人工授精、品种登记、性能测定和遗传评估，组建国家羊核心育种场，促进地方品种的持续选育、新品种培育和引入品种的联合育种，逐步完善羊良种繁育体系，促进羊产业持续健康发展。

* 我国肉羊遗传改良规划为杜立新牵头，魏彩虹、张莉和赵福平参与的 2011—2013 年中国农业科学院北京畜牧兽医研究所养羊课题组的部分研究成果。

（二）总体目标

到2025年，选择150家种羊场组建国家羊核心育种场，重点选育提高50个列入国家级和省级畜禽遗传资源名录的品种，培育10～15个绵、山羊新品种，品种登记覆盖到50个以上品种，实现重点地方品种、肉羊新品种和引入品种、主要细毛羊和绒山羊种公羊的生产性能测定和遗传评估工作，绵、山羊人工授精全面普及和推广，各类羊生产水平和效率明显提高，奠定养羊业发展的优良种源基础。

（三）主要任务

1. 制定遴选标准，严格筛选国家羊核心育种场，作为开展地方良种和引入品种持续选育、新品种培育和提供优秀种公羊的主体力量。

2. 在国家羊核心育种场和主产区开展种羊登记，建立国家羊遗传评估中心和若干区域分中心，健全种羊系谱档案，完善育种信息记录制度。

3. 规范各类种羊生产性能测定和遗传评估，获得完整、可靠的生产性能记录，作为品种选育的依据。

4. 充分合理利用优质地方羊种资源，科学规划，在有效保护的基础上开展杂交利用和新品种（配套系）培育。

（四）主要羊种的遗传改良思路

1. 绵羊　我国地方绵羊品种资源丰富，乌珠穆沁羊、呼伦贝尔羊、苏尼特羊，小尾寒羊、湖羊、滩羊、哈萨克羊、阿勒泰羊、多浪羊和藏羊等群体是我国养羊生产和新品种培育的重要基础群体，具有体格较大、耐粗饲、适应性强等特点。但地方绵羊品种多为毛（裘）用或毛肉兼用，存在生长速度慢、后躯不丰满，肉用体型欠佳等缺陷，同时普遍存在育种群规模小、性能测定制度不完善、选育力度不够、种群遗传进展缓慢等问题。

地方绵羊遗传改良应重点加强乌珠穆沁羊、呼伦贝尔羊、苏尼特羊，小尾寒羊、湖羊、滩羊、哈萨克羊、阿勒泰羊等品种的保护和选育，制订各品种的选育方案，扩大育种群，推进良种登记和性能测定，提高肉用生产性能和种群供种能力。同时，在已有工作基础上，在新疆、甘肃、宁夏、内蒙古、山东、河北、辽宁、吉林、黑龙江等地利用正在培育肉用羊种群或细杂羊群体，制订选育计划，引入杜泊羊或南非（德国）肉用美利奴羊等优良品种的产肉基因，开展肉用羊新品种选育。对已育成的巴美肉羊、昭乌达羊，在扩大育种群的同时，重点选育提高产肉能力和群体整齐度。对于其他兼用品种，在做好本品种选育的同时，可有计划地开展经济杂交或配套系的选育。

2. 山羊　我国地方山羊品种较多，主要集中在中原及南方地区，普遍具有早熟、繁殖力高、适应性强等特点。除绒用山羊和奶用山羊外，大部分兼用型或普通山羊存在生长速度慢、个体偏小、产肉量和饲料转化率低等缺陷。同时繁育体系不完善，缺乏系统选育，品种内个体间生产性能的差异较大。一些地方品种性能退化，杂交改良缺乏长远的规划和科学的选配计划，造成纯种个体数量急剧减少，杂交群体血统不清。

地方山羊遗传改良的重点是，加强黄淮山羊、成都麻羊、川中黑山羊、马头山羊、麻城黑山羊、宜昌白山羊、云岭山羊、贵州山羊、济宁青山羊、雷州山羊等地方品种的本品种选育，扩大育种群，开展性能测定、良种登记，重点选育提高产肉能力。同时，在系统规划的基础上，利用育成品种和引进良种作为杂交父本进行规模化肉羊生产。对已育成的南江黄羊、简阳大耳羊要系统开展性能测定，建立良种登记，提高种群供种能力。在陕西、江苏、安徽、四川、湖北、云南等地对已形成的波尔山羊与地方山羊高代杂种羊群体，建立育种群，针对生长发育速度、早熟性、肉的品质和繁殖性能开展系统选育，培育肉用山羊新品种。

3. 毛肉兼用细毛羊　20 世纪 50 年代后期，我国在从国外引进细毛羊的基础上，先后育成了新疆细毛羊、中国美利奴羊、新吉细毛羊、鄂尔多斯细毛羊等品种，使羊毛产量和质量有了显著提高，也为今后继续提高羊毛质量和发展我国毛用羊产业奠定了遗传基础。但由于持续选育时间和强度不够，净毛产量、毛长度和羊毛细度等羊毛品质不够理想。同时也存在性能测定和遗传评估制度不规范，群体生产性能进展缓慢等问题。

今后，细毛羊遗传改良的重点是，跟踪国际羊毛发展趋势和动态，以细度选育为重点，通过导入澳洲美利奴血液，在保持原有适应性的情况下，降低羊毛细度，提高毛长、净毛产量和剪毛后体重等生产特性。制订统一的育种方案，开展联合育种，实现场间遗传交换和统一的遗传评定，培育中国美利奴羊优质细型毛（毛纤维细度 19.5～21.5μm）和超细毛（毛纤维细度 19.5μm 以下）两个新类型。

4. 毛肉兼用半细毛羊　我国现有的半细毛羊有二类，一是青海毛肉兼用半细毛、内蒙古半细毛羊、云南半细毛羊和西藏彭波半细毛羊等毛肉兼用型；二是甘肃高山半细毛羊和凉山半细毛羊等肉毛兼用型。除提供纺织工业和民族服饰原料外，半细毛羊目前多是向产肉方向选择。由于产品竞争力下降，投入不足，包括产毛量、净毛率和产肉量在内的群体生产性能提高缓慢。

半细毛羊改良要立足现有品种资源，加强对净毛率、产肉量、抗病力等性状的选择。以四川、云南、西藏、甘肃、青海、内蒙古等地为重点，按照工业用毛和民族服饰原料生产两个类别，稳定和提高净毛量等品质性状，加大肉用性能的选育，同时可有计划地利用肉用美利奴羊等品种开展经济杂交。

5. 绒肉兼用山羊　绒山羊是我国名贵的遗传资源，其代表品种辽宁绒山羊和内蒙古绒山羊，以产绒量高、遗传性能稳定和改良其他绒山羊效果显著等著称，被全国17个省（自治区）引入，改良当地山羊，取得了显著效果，并参与了陕北白绒山羊、柴达木绒山羊等新品种的育成。近年来，我国绒山羊在产绒量提高的同时，绒纤维直径普遍增加。良种登记、性能测定和遗传评估工作体系不健全也影响到绒综合品质的提高。新育成的品种育种群规模小，选育强度不高，制种供种能力有限，繁育体系不完善。一些地区利用绒山羊改良本地山羊，缺乏育种规划，杂交改良方向不明确，选育工作不系统。

绒山羊遗传改良的重点是，在兼顾个体产绒量的同时，选育和改良方向应更加注重绒细度、长度指标，努力提高绒毛品质。在内蒙古、新疆、西藏、青海等地，要立足现有优势品种资源，选育和组建优质绒育种核心群，完善良种登记和性能测定工作，加强细纤维直径15.5μm以下群体的选育，以适应绒制品高档产品市场的需求。辽宁及引入辽宁绒山羊改良本地山羊的山西、河北、山东、陕西、甘肃等地，在稳定产绒量的同时，重点选择绒纤维细度、长度和绒密度等性状。通过建立育种核心群，推行良种登记，加快人工授精站点建设等方式，加快改良速度，改进羊群体生产性能。

6. 奶山羊　我国现有奶山羊均是由萨能奶山羊等引入品种杂交改良地方山羊品种培育而成，现存栏约650万只，主要分布在陕西、山东、新疆、河南、河北、山西、四川、云南、广东、广西等省（自治区）。主要育成品种关中奶山羊、崂山奶山羊和文登奶山羊具有适应性好、耐粗饲、产奶性能稳定、产奶量高等特点，但尚未系统开展良种登记、性能测定和遗传评估工作，产奶性能与世界先进水平相比尚有较大差距，且育种群规模较小，选育强度不高，繁育体系不完善，制种供种能力不足。

奶山羊遗传改良的重点是，加强对已育成品种的选育，扩大育种群规模，推进良种登记和性能测定，重点提高产奶量和产羔率。

7. 引进品种　我国引进的绵、山羊品种较多，目前在生产中主要应用的有澳洲美利奴羊、德国肉用美利奴羊、南非肉用美利奴羊、杜泊羊、萨福克羊、无角陶赛特羊、特克赛尔羊、波尔山羊、萨能奶山羊等品种，除作为新品种培育的素材外，经过多年与地方品种杂交，形成了多种类型的杂交群体。但也存在重引进、轻培育和无序杂交等问题。尽管每年都有数量不等的不同品种从国外引进，肉用美利奴羊、杜泊羊、萨福克羊、无角陶赛特羊、特克赛尔羊、波尔山羊等品种在国内也已具有不同规模的群体，但缺乏系统选育和杂交计划，种群退化较为严重，供种能力有限，杂交生产模式不确定，杂种优势未能充分发挥。

引进品种遗传改良的重点是本土化，通过适度引进优质种羊或胚胎、精液等遗传物质，扩大育种群，进行纯种登记，逐步形成连续完整的种羊系谱档案，开展统一、规范场内测定基础上的跨群遗传评估，推动种羊的持续选育，提高供种能力和质量，缩小与国外先进水平的差距，实现种源由依赖进口到以自主选育为主的转变。对于已形成的肉用羊杂交群体，要制订相应的育种技术路线，培育新品种。对于杂交改良地区，要根据当地实际，逐步建立和优化杂交繁育体系，有效利用杂种优势，提高养羊生产水平。

（五）主要工作内容

根据不同生产类型羊的遗传改良现状和今后发展趋势，有选择、有重点地实施部分主要地方品种、培育品种和引进品种的遗传改良工作，制订具体的遗传改良计划，重点加强核心育种场、生产性能测定、品种登记、本品种选育和新品种培育等方面的建设。

1. 遴选国家羊核心育种场 制订国家细毛羊、肉羊、绒山羊等核心育种场遴选标准和实施方案，采用企业自愿、省级畜牧兽医行政主管部门审核推荐的方式，选择150个国家羊核心育种场。

2. 建立种羊生产性能测定和遗传评估体系 完善和实施各类羊生产性能测定标准和管理规程，开展育种场为主的场内生产性能测定。在优势区域建设2个细毛羊、4个肉用羊、2个绒山羊国家级生产性能测定中心和部分省级测定中心，负责相关羊的种公羊生产性能测定。逐步在同品种场间建立遗传联系。建设国家级羊遗传评估中心，制订种羊遗传评估方案，并负责遗传数据的收集、处理和发布。

3. 组织开展良种羊登记 组织开展地方良种、培育品种和引进品种种羊登记，制定各品种的种羊登记技术规范，建立国家种羊数据库。

4. 主要品种的持续选育 选择列入国家级和省级畜禽遗传资源保护名录，在肉质、繁殖性能与适应能力等方面具有优良特性，生产中广泛使用的地方品种，以及主要培育品种和引入的专门化品种，有计划、有步骤地开展本品种持续选育。

5. 新品种培育 选择有培育基础条件的肉用羊种群、细杂羊、绒山羊和奶山羊群体，制订相应的育种实施方案，有计划、有步骤地开展新品种培育工作。

6. 完善人工授精和杂交改良体系 依托国家羊核心育种场和主产区人工授精站，加快普及羊人工授精技术，将核心育种场选育和扩繁的优良种羊精液迅速推广应用到生产中，从而带动商品羊生产水平的提升。在做好国家级和省级畜禽遗传资源保护名录地方羊种的保护和选育工作的同时，鼓励有计划进行地方品种的杂交利用和参与配套系培育，满足多样化的市场消费需求。

（六）保障措施

1. 建立科学完善的组织管理体系　国家羊遗传改良计划是一项系统工程，具有长期性、连续性和公益性。各有关单位和部门要积极争取广泛的支持，确保工作开展的连续性，切实做好全国羊遗传改良计划的组织实施与协调工作。农业部成立全国羊遗传改良计划工作组和专家组，制订主要品种的遗传改良计划。全国畜牧总站具体组织与协调遗传改良计划的实施。各级地方畜牧主管部门和技术支撑部门负责羊遗传改良工作的具体实施，制订地方羊遗传改良计划，组织地方优良羊种资源保护和选育，负责区域内核心育种场的资格审查，组织开展生产性能测定、品种登记、良种推广等工作。充分发挥国家肉羊、绒毛羊产业技术体系、育种协作组等方面的力量，为开展羊遗传改良提供技术、组织支持。

2. 加强国家羊核心育种场管理　公开发布国家羊核心育种场名单，接受行业监督。国家核心育种场实行动态监管，原则上在一定时期保持相对稳定，定期评估并严格按规定淘汰计划实施中不合格企业。国家支持羊核心育种场建设，羊产业政策适当向羊核心育种场倾斜。专家组作为羊核心育种场实施改良计划的技术支撑，在育种方案制订实施、饲养管理、疫病防控、环境治理、国内外技术交流和培训等方面提供技术指导。国家核心育种场要按照改良计划的要求，严格执行科学测定、准确评估、强度选择、适速更新，及时向全国羊遗传评估中心提交育种数据。

3. 加大遗传改良计划实施的资金支持　建立中央和地方财政对我国肉羊遗传改良规划的投入机制，充分发挥公共财政资金的引导作用，吸引社会资本投入，逐步建立以财政投入为导向、以企业投入为主体、以信贷资金为支撑、以吸引外资和社会资金为补充的多元化投入机制。实施羊核心育种场、生产性能测定中心、人工授精站点等重点建设项目，完善育种基础设施，优先支持国家核心育种场改善基础设施条件。加大羊良种补贴、品种登记、生产性能测定等工作的财政补贴力度，建立和完善遗传改良数据库，推广优良遗传物质。

4. 加强宣传培训、科技创新与国际交流　加强对全国羊遗传改良计划的宣传，增强对改良计划实施重要性和必要性的认识。组织开展技术培训，建设一支高素质的羊遗传改良技术人员队伍。建立全国羊遗传改良网站，促进信息交流和共享。充分依托国家核心育种场，集成高等院校、科研院所和技术推广部门等力量，增强技术创新能力，利用现代育种技术，推进群体遗传改良。同时，积极引进国外优良种质资源和先进生产技术，鼓励国内企业与国外进行合作、合资，促进我国羊育种产业与国际接轨。

第二节 种羊登记

种羊登记，是将符合品种标准的种羊，登记在专门的登记簿中或储存于电子计算机内特定数据管理系统中的一项生产和育种措施，是羊改良育种的一项基础性工作。其目的主要是促进羊的遗传育种工作，保存基本育种资料和生产性能记录，并以此作为提高羊业生产和品种遗传育种工作的依据，培育优良种畜，提高种畜遗传质量，向社会推荐优良种畜。

一、登记条件及对象

（一）申请种羊登记单位和个人的条件

1. 取得种羊生产经营许可证资格。
2. 畜牧主管部门备案的养殖场或者养殖小区。
3. 国家和省级畜禽遗传资源保护区内的养殖户。
4. 其他符合条件的单位和个人。

（二）申请登记种羊的条件（满足其一即可）

1. 双亲已登记的纯种。
2. 从国外引进已登记或者注册的原种。
3. 三代系谱记录完整的优良种羊个体。
4. 其他符合优良种羊条件的个体。

（三）注意事项

1. 羔羊出生后 3 个月以上即可申请登记，羔羊应是种羊的后代。
2. 登记羊在其后出售、转移、死亡，以及成年后的生产性能记录、遗传评定结果等均需不断地进行登记。
3. 各省（市、区）将登记种羊资料收集整理后，定期通过网络报送到全国畜牧总站。
4. 每年年底全国畜牧总站公布种羊登记的统计结果。
5. 登记羊转移时需通过当地畜牧技术推广机构，办理转移手续。
6. 进口种羊，应有其出口国“原始登记号及登记材料”。

（四）登记对象

符合品种标准，综合鉴定等级为一级以上的种公羊和二级以上的种母羊。

二、种羊编号

（一）编号原则

1. 方法简单方便，容易掌握，且便于饲养管理和电脑数据库的管理和识别，种羊编号全部由数字或数字与拼音字母混合组成。

2. 种羊编号包含内容比较全面，通过种羊编号可直接得到种羊所属地区、饲养单位和出生年份等基本资料。

3. 编号系统应使用年限长，确保50年内不会出现重号，以保证数据库正常运行。

（二）个体标识和编号的方法

1. 个体标识有耳标、条形码、电子识别标志等。

2. 编码方法采用16位标识系统，即：1位绵、山羊代码+2位品种代码+1位性别代码+12位顺序代码。

（1）绵、山羊代码　绵羊用S表示，山羊用G表示。

（2）品种（遗传资源）代码　采用与羊只品种（遗传资源）名称（英文名称或汉语拼音）有关的两位大写英文字母组成。品种代码参见表9-2。

表9-2　羊品种（遗传资源）代码编号表

品种	代码	品种	代码	品种	代码
滩羊	TA	考力代绵羊	KO	青海毛肉兼用细毛羊	QX
同羊	TO	腾冲绵羊	TM	青海高原毛肉兼用半细毛羊	QB
兰州大尾羊	LD	西藏羊	ZA	凉山半细毛羊	LB
和田羊	HT	子午岭黑山羊	ZH	中国美利奴羊	ZM
哈萨克羊	HS	承德无角山羊	CW	巴美肉羊	BM
贵德黑裘皮羊	GH	太行山羊	TS	豫西脂尾羊	YZ
多浪羊	DL	中卫山羊	ZS	乌珠穆沁羊	UJ
阿勒泰羊	AL	柴达木绒山羊	CD	洼地绵羊	WM
湘东黑山羊	XH	吕梁黑山羊	LH	蒙古羊	MG
马头山羊	MT	澳洲美利奴羊	AM	小尾寒羊	XW
波尔山羊	BG	黔北麻羊	QM	昭通山羊	ZS
德国肉用美利奴	DM	夏洛来羊	CH	重庆黑山羊	CH
杜泊羊	DO	萨福克羊	SU	广灵大尾羊	GD
大足黑山羊	DZ	圭山山羊	GS	川南黑山羊	CN
贵州白山羊	GB	川中黑山羊	CZ	贵州黑山羊	GH
成都麻羊	CM	建昌黑山羊	JH	马关无角山羊	MW
特克赛尔羊	TE	无角陶赛特羊	PD	南江黄羊	NH

（续）

品种	代码	品种	代码	品种	代码
藏山羊	ZS	新疆细毛羊	XX	大尾寒羊	DW
巴音布鲁克羊	BL	晋中绵羊	JZ	泗水裘皮羊	SH
太行裘皮羊	TH	威宁绵羊	WN	迪庆绵羊	DQ
昭通绵羊	ZT	汉中绵羊	HZ	巴什科羊	BS
策勒羊	CL	柯尔克孜羊	KE	塔什库尔干羊	TS
东北细毛羊	DB	内蒙古细毛羊	NM	甘肃高山细毛羊	TG
敖汉细毛羊	OH	中国卡拉库尔羊	ZK	云南半细毛羊	YB
新吉细毛羊	XJ	茨盖羊	CG	波德代羊	BD
林肯羊	LK	罗姆尼羊	LN	西藏山羊	XZ
新疆山羊	XS	内蒙古绒山羊	NR	河西绒山羊	HX
辽宁绒山羊	RN	济宁青山羊	JQ	黄槐山羊	HH
陕南白山羊	XB	宜昌白山羊	YB	板角山羊	BJ
福清山羊	FQ	隆林山羊	LL	雷州山羊	LZ
长江三角洲白山羊	CJ	戴云山羊	DY	赣西山羊	GX
广丰山羊	ZF	沂蒙黑山羊	YM	鲁北白山羊	LU
伏牛白山羊	FN	都安山羊	DA	白玉黑山羊	BY
雅安奶山羊	YA	古蔺马羊	GL	川东白山羊	CD
凤庆无角黑山羊	FQ	临仓长毛山羊	LC	龙陵山羊	LS
云岭山羊	YL	关中奶山羊	GZ	崂山奶山羊	LY
陕北白绒山羊	SR	萨能奶山羊	SS	安哥拉山羊	AG
汉中绵羊	HZ	兰坪乌骨绵羊	LP	南非肉用美利奴羊	SM

（3）性别代码　公羊用 1 表示，母羊用 0 表示。

（4）顺序代码　顺序代码为由 12 位阿拉伯数字，由 4 部分组成，参见图 9-1。

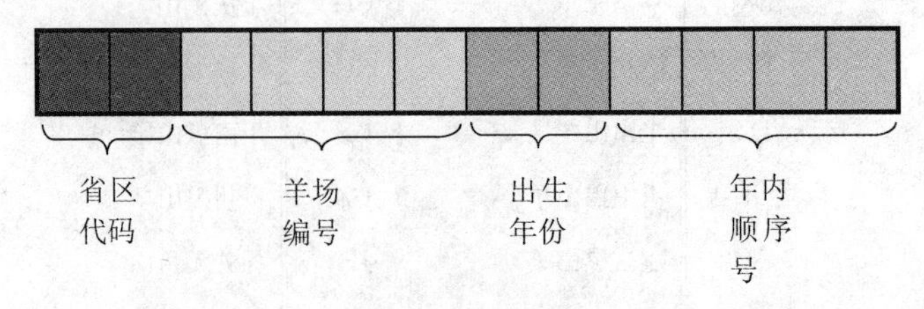

图 9-1　顺序代码

顺序代码中的省（直辖市、自治区）号按照国家行政区划编码确定，由两位数码组成，第一位是国家行政区划的大区号，例如，北京市属华北，编码是1，第二位是大区内省（直辖市、自治区）号，北京市是1。因此，北京编号是11。全国各省（直辖市、自治区）编码参见表9-3。

表9-3　中国羊只各省（直辖市、自治区）编号表

地区	编号	地区	编号	地区	编号
北京	11	安徽	34	贵州	52
天津	12	福建	35	云南	53
河北	13	江西	36	西藏	54
山西	14	山东	37	重庆	55
内蒙古	15	河南	41	陕西	61
辽宁	21	湖北	42	甘肃	62
吉林	22	湖南	43	青海	63
黑龙江	23	广东	44	宁夏	64
上海	31	广西	45	新疆	65
江苏	32	海南	46	台湾	71
浙江	33	四川	51		

（三）个体标识编号的使用

1. 羊场编号为4位数。不足四位数以0补位；羊只出生年度的后2位数，例如2002年出生即写成“02”；种羊年内出生顺序号4位数，不足4位的在顺序号前以0补齐；公羊为奇数号，母羊为偶数号。

2. 在本场进行登记管理时，可以仅使用6位数编号（年号＋顺序号）。种羊编号必须写在种羊个体标示牌上，耳牌佩戴在左耳。

3. 在种羊档案或谱系上必须使用12位标识码。

4. 对现有的在群种羊进行登记或编写系谱档案等资料时，如现有种羊编号与以上规则不符，必须使用此规则进行重新编号，并保留新旧编号对照表。

三、登记种羊的系谱记录工作

系谱应在羊只出生就开始建立，一直到失去种用价值为止。全国统一格式的系谱表格见附录，在填写时应尽可能如实填写。

（一）要求

1. 对于在群种羊，如果能追查到原始资料者，尽量补齐资料；如果无法追查到原始资料者，该种羊登记后至少要在繁殖记录和与配种羊号一栏认真填写，为下一代的登记打下基础。

2. 有条件的单位最好每只种羊谱系要有左或右侧照片，以备羊号与羊不符时辨认和对照查询，

3. 填写谱系由专人负责、手写字迹清楚，不能随意涂改，使用钢笔或签字笔，防止脱色。

（二）登记内容

1. 基本信息登记 包括：场（小区、站、公司、养殖户）名、品种、类型、个体编号、出生日期、出生地、综合鉴（评）定等级、登记时间、登记人等。登记表格参见附录1。

2. 系谱登记 包括：三代系谱完整，并具有父本母本生产性能或遗传评估的完整资料。登记表格参见附录2。

3. 外貌特征 种羊头部正面或左（或右）体侧照片各一张。

4. 种用性能登记 登记表格及内容参见附录1。

5. 种羊转让、出售、死亡、淘汰等情况。

6. 其他信息登记 登记表格及内容参见附录3至附录11。

（三）其他

1. 种羊登记由专人负责填写和管理，登记信息应当录入计算机管理系统，不得随意涂改。

2. 种羊登记和测定等书面资料和电子资料应当长期保存。

3. 登记的种羊淘汰、死亡者，畜主应当在30日内向登记机构报告。

4. 登记的种羊转让、出售者，应当附优良种羊登记卡等相关资料，并办理变更手续。

第三节　羊生产性能测定及外貌评定

一、测定条件、要求及项目

（一）测定条件

1. 待测种羊父、母亲个体号（ID）应正确无误。

2. 待测种羊必须是健康、生长发育正常、无外形缺陷和遗传疾病。

3. 测定前应接受负责测定工作的专职人员检查。

（二）测定要求

1. 饲养管理条件

（1）待测种羊的营养水平应达到相应饲养标准的要求，饲养环境及其卫生

条件符合《畜禽场环境质量标准》(NY/T 388—1999) 和《畜禽场环境质量及卫生控制规范》(NY/T 1167—2006) 中的条件。

(2) 同一试验场、站（公司企业）待测种羊的圈舍、运动场、光照、饮水和卫生等管理条件应基本一致。

(3) 测定单位应具备相应的测定设备和用具，如测尺、背膘测定仪、电子秤等；经过培训并取得技术资格证的人员专门负责测定和数据记录。

(4) 待测羊应由工作认真负责的工人进行饲养，并由具备测定种羊基本知识和饲养管理经验的技术人员进行指导。

2. 卫生防疫

(1) 测定场应有健全的卫生防疫制度，使种羊保持在健康的状况下，特别是要在无传染病的条件下，进行测定工作。

(2) 测定场根据本单位的具体情况，建立健全消毒制度、免疫程序和疫病检疫制度，选择注射疫苗种类。

3. 环境条件　确保空气新鲜、光线充足、饮用水洁净、温湿度适宜、环境整洁卫生。

4. 测定数量　在正常饲养条件下屠宰测定，12 月龄公、母羊至少各 15 只。

(三) 生产性能测定项目（标“*”者为辅助项目）

1. 一般性能测定项目　因不同生产方向和不同品种而异。如羔羊初生重、断奶重、周岁体重、成年体重、公羊繁殖性能、母羊繁殖性能、体尺 (图 9-2) 等。

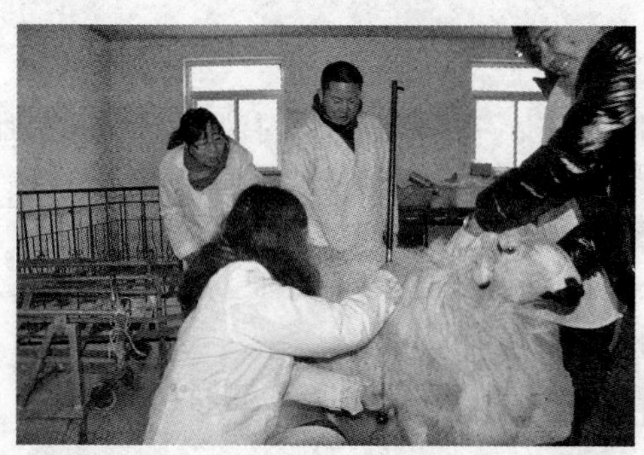

图 9-2　体尺测定

2. 肉用性能测定项目　90 日龄日增重、6 月龄重、宰前活重、胴体重、屠宰率、胴体净肉率、后腿重和腰肉重、背膘厚*、眼肌面积、肋肉厚 (GR 值)、肉骨比、肥育性能*、肉质等。

3. 毛用性能测定项目　剪毛量、净毛率、净毛量、剪毛后体重、被毛密度*、纤维直径、毛丛自然长度、羊毛伸直长度*、羊毛强度*、羊毛伸度*、被毛匀度、羊毛弯曲的形状和羊毛弯曲大小*、羊毛油汗（包括含量和颜色）等。

4. 绒用性能测定项目 抓绒量、抓绒后体重、绒层高度*、自然长度、伸直长度*、纤维直径、羊绒强度*、净绒率、羊绒颜色等。

5. 羔裘皮用性能测定项目 被毛颜色、花纹类型、被毛光泽、花案面积、皮张厚度*、皮板面积、正身面积*、皮重、皮板质量等。

6. 乳用性能测定项目 90d产奶量、泌乳期产奶量、300d产奶量、后代群体泌乳期平均产奶量*、乳干物质率、乳脂率、乳蛋白率、细菌数*等。

二、性能测定

（一）肥育性能

1. 肥育始重 肥育期开始之日的空腹体重（kg），精确到小数点后1位。

2. 肥育末重 肥育期结束之日的空腹体重（kg），精确到小数点后1位。

3. 平均日增重（ADG） 肥育期内平均每天增加的体重（g）。按以下公式进行计算：

$$\mathrm{ADG}=\frac{W-X}{Y}$$

式中，ADG——平均日增重；W——肥育结束时的体重；X——肥育开始时的体重；Y——测定天数。

4. 饲料利用率 用料肉比或饲料转化率表示。按以下公式进行计算：

$$Z=\frac{a}{b}\times100\%$$

式中，Z——料肉比；a——肥育期饲料消耗量；b——肥育期增重量。

$$\mathrm{FCR}=\frac{d}{e}\times100\%$$

式中，FCR——饲料转化率；d——采食量；e——测定期增重。

（二）肉用性能

1. 90日龄前平均日增重 按以下公式进行计算。

$$G=\frac{H-I}{90}\times1000$$

式中，G——90日龄前平均日增重（g/d）；H——90日龄时体重（kg）；I——初生重（kg）。

2. 宰前活重 待测羊在屠宰前空腹24h的体重（kg），精确到小数点后1位。

3. 胴体重 将待测羊只屠宰后，去皮毛、头（由寰枕关节处分割）、前肢腕关节和后肢飞节以下部位，以及内脏（保留肾脏及肾脂），剩余部分静置30min后称重结果（kg），精确到小数点后1位。

4. 屠宰率 胴体重加上内脏脂肪重（包括大网膜和肠系膜的脂肪）与宰前活重的百分比，按以下公式进行计算，精确到小数点后1位。

$$J=\frac{K+L}{M}\times 100\%$$

式中，J——屠宰率；K——胴体重；L——肉脏脂肪重；M——宰前活重。

5. 胴体净肉率 指将胴体中骨头精细剔除后余下的净肉重量与胴体重的百分比。要求在剔肉后的骨头上附着的肉量及耗损的肉屑量不能超过1%。按以下公式进行计算。精确到小数点后1位。

$$N=\frac{O-P}{O}\times 100\%$$

式中，N——胴体净肉率；O——胴体重；P——骨重。

6. 背膘厚

（1）*屠宰后测定* 指第12对肋骨与第13对肋骨之间眼肌中部正上方脂肪的厚度（mm）。用游标卡尺测量，结果精确到小数点后1位。背膘厚评定分5级：1级＜5mm、2级5～10mm、3级10～15mm、4级15～20mm、5级＞20mm。

（2）*活体超声波测定*（图9-3）

①操作规程：根据使用设备说明书进行操作。

②检查与校正：测量前必须对设备进行运行检查和校正。

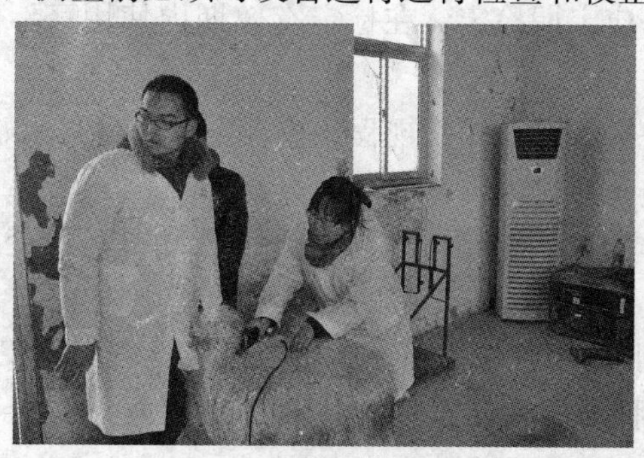

图9-3 B超测定背膘厚

③人员分工：测定人员负责设备准备，记录人员负责记录表格等现场工作准备；保定员负责测试羊只的捕捉与保定。

④操作步骤：

A. 开机检查：连接各部件→接通电源→开机→设置日期与时间→参数基本设置→方法设置→运行检查→确认→关机待用。

B. 确定测膘部位：称量完毕→站立保定并保持腰背相对平直→确定测膘部位。

C. 获取图像：开机→涂超声胶→置探头于测膘部位→保持探头与测定部位紧密结合→观察图像→冻结图像→设置记录个体号。

D. 测量：检查确认个体号→选择并使用测量工具（距离测量或面积测量）进行测量→记录测量结果→保存→测量完毕→打开保定器→赶出被测羊只个体。

E. 关机：重复 B、C 和 D 的操作直至测量完毕→关机→清洁各部件→分离各部件→保存设备。

F. 打印：如需保存某一测定图像，可将电脑与打印机连接，打印出所需图像。

⑤注意事项：

A. 探头：严禁碰撞、摔伤、撞击或损伤探头，使用后要用湿的软布或吸水纸清洁探头的测定区，不能用含有腐蚀性化学试剂或有刺激的物品清洁，也不能在硬性物体上摩擦。

B. 开机：每次使用前必须进行运行检查，如异常则应及时排除，如不能排除则应进行维修。

C. 测定：测定时测定羊应站立保定、保持背腰相对平直，探头应松紧适度，不能过紧也不能过松，保持探头与测定部位密合为宜。

D. 检定：设备应定期检定，在检定有效期内使用；不使用时应做好维护保养工作。

E. 记录：严格执行设备操作规程，按规定认真填写原始记录。

7. 眼肌面积

（1）*屠宰后测定* 在右半片胴体的第 12 根肋骨后缘处横切断，将硫酸纸贴在眼肌横断面上，用软质铅笔沿眼肌横断面的边缘描下轮廓。用求积仪或者坐标方格纸计算眼肌面积，按以下公式进行计算。若无求积仪，可采用不锈钢直尺，准确测量眼肌的高度和宽度，并计算眼肌面积（cm^2）。结果精确到小数点后 2 位。

$$Q=R\times S\times 0.7$$

式中，Q——眼肌面积；R——眼肌的高度；S——眼肌的宽度。

（2）*活体超声波测定（图 9-4 和图 9-5）* 测定方法同背膘厚。

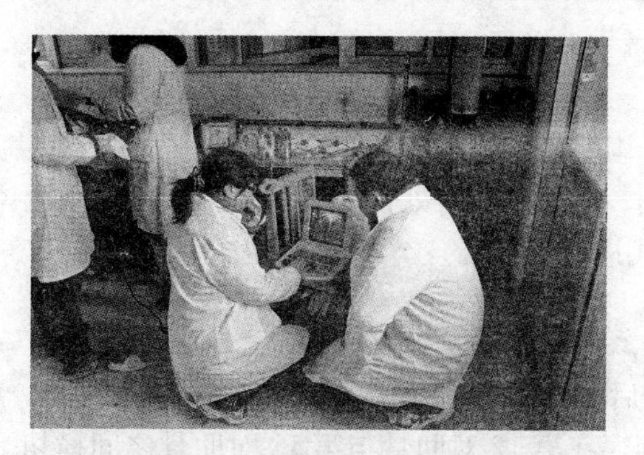

图 9-4 B超测定眼肌面积

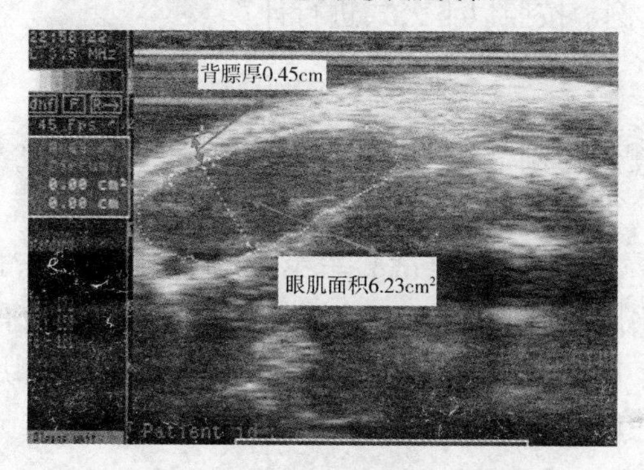

图 9-5 B超眼肌面积测定示意图

8. 肋肉厚（GR值） 指在第12与第13对肋骨之间，距背脊中线11cm处的组织厚度，作为代表胴体脂肪含量的标志。肋肉厚（GR值，mm）大小与胴体膘分的关系：0～5mm，胴体膘分为1（很瘦）；6～10mm，胴体膘分为2（瘦）；11～15mm，胴体膘分为3（中等）；16～20mm，胴体膘分为4（肥）；21mm以上，胴体膘分为5（极肥）（图9-6）。用游标卡尺测量，精确到小数点后1位。

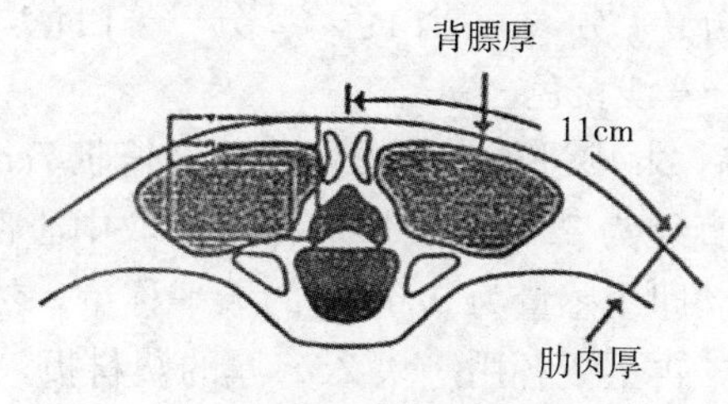

图 9-6 背膘厚和肋肉厚参照图

9. 肉骨比 胴体经剔净肉后，称出实际的全部净肉重量和骨骼重量，按照以下公式进行计算。结果精确到小数点后2位。

$$T=\frac{U}{V}$$

式中，T——肉骨比；U——净肉重量；V——骨骼重量。

10. 后腿比例 在最后腰椎处横切下后腿肉，占整个胴体比例即为后腿比例，按照以下公式进行计算。

$$a=\frac{b}{c}\times100\%$$

式中，a——后腿比例；b——后腿重量；c——胴体重。

11. 腰肉比例 在第12对肋骨与第13对肋骨之间横切下腰肉，占整个胴体比例即为腰肉比例，按照以下公式进行计算。

$$o=\frac{p}{q}\times100\%$$

式中，o——腰肉比例；p——腰肉重量；q——胴体重。

12. 肉质

（1）肉质取样 在每只屠宰试验羊第12根肋骨后取背最长肌15cm左右（约300g），臂三头肌和后肢的股二头肌各300g；8～12肋骨（从倒数第2根肋骨后缘及倒数第7根肋骨后缘用锯将脊椎锯开）肌肉样块约100g。将所得肉样块分别装入尼龙袋中并封口包装好，贴上标签，置于0～4℃贮存，用于测定肉品质各项指标。

（2）肉色 宰后1～2h进行，在最后一个胸椎处取背最长肌肉样，将肉样1式2份，平置于白色瓷盘中，将肉样和肉色比色板在自然光下进行对照，目测评分，采用5分制比色板评分：目测评定时，避免在阳光直射下或在室内阴暗处评定。浅粉色评1分，微红色评2分，鲜红色评3分，微暗红色评4分，暗红色评5分。两级间允许评定0.5分。凡评为3分或4分均属于正常颜色。

（3）脂肪色泽 宰后2h内，取胸腰结合处背部脂肪断面，目测脂肪色，对照标准脂肪色图评分：1分——洁白色，2分——白色，3分——暗白色，4分——黄白色，5分——浅黄色。

（4）失水率 宰后2h内进行，腰椎处取背最长肌7cm肉样一段，平置在洁净的橡皮片上，用直径为5cm的圆形取样器切取中心部分背最长肌样品一块，厚度为1.5cm，立即用感量为0.001g的天平称重，然后夹于上下各垫18层定性中速滤纸中央，再上下各用一块2cm厚的塑料板，在35kg的压力下保持5min，撤除压力后，立即称肉样重量。肉样前后重量的差异即为肉样失水重。按以下公式进行计算：

$$f=\frac{g-h}{g}\times100\%$$

式中，f——肉品失水率；g——压前重量；h——压后重量。

（5）贮藏损失率 宰后2h内进行，腰椎处取背最长肌，将试样修整为长5cm×3cm×2cm的肉样后称贮存前重。然后用铁丝钩住肉样一端，使肌纤维垂直向下，装入塑料食品袋中，扎好袋口，肉样不与袋壁接触，在4℃冰箱中吊挂24h后称贮存后重，按以下公式进行计算：

$$i=\frac{j-k}{j}\times 100\%$$

式中，i——贮藏损失率；j——贮前重量；k——贮后重量。

（6）pH 取背最长肌，第一次pH测定于宰后45min测定，第二次于24h后测定冷藏于4℃冰箱中的肉样。在被测样品上切十字口，插入探头，待读数稳定后记录pH，要求用精确度为0.05的酸度计测定。鲜肉pH为5.9～6.5，次鲜肉pH为6.6～6.7，腐败肉pH在6.7以上。

（7）肌内脂肪含量 在实验室用仪器测定肌肉组织内的脂肪含量。参照《肉与肉制品 总脂肪含量测定》（GB/T 9695.7—2008）标准检测。

（三）毛用性能

1. 剪毛量 被测种羊进剪毛站（场、舍）后，记录其编号，然后进行剪毛。剪毛时，剪毛刀应紧贴皮肤。将全身各部位的毛都剪净，所留毛茬不得超过0.5cm。将所剪的毛全部收集，用秤称量。准确记录称量结果（kg），精确到小数点后1位。

2. 净毛率 分别从被测种公羊的3个部位：肩部（肩胛骨中心点）、体侧（肩胛骨后缘10cm偏上处）、股部（腰角与飞节连线的中点）各取毛样50g；被测种母羊为1个部位，即肩部取毛样50g；填写采样卡，与毛样一并装入采样袋中。将样品混匀后等分为3份，参照《含脂毛洗净率试验方法 烘箱法》（GB/T 6978—2007）或《毛绒净毛率试验方法 油压法》（GB/T 14271—2008）检测。精确到小数点后2位。

3. 净毛量 净毛量按以下公式进行计算（kg），精确到小数点后1位。

$$l=m\times n$$

式中，l——净毛量；m——剪毛量；n——净毛率。

4. 剪毛后体重 被测羊只剪毛后称测的体重（kg）。精确到小数点后1位。

5. 被毛密度 采用手感（用手抓捏和触摸羊体主要部位被毛，以手感密厚程度来判定；或可用皮肤组织切片的方法进行检测。

6. 羊毛纤维直径 分别从被测种公羊的三个部位（肩部、体侧和股部）各取毛样15g；被测种母羊的1个部位（体侧）各取毛样15g；填写采样卡，与毛样一并装入采样袋中。样品参照《羊毛及其他动物纤维平均直径与分布试验方法　纤维直径光学分析仪法》(GB/T 21030—2007)或国际毛纺织组织IWTO TM-47-95标准检测。

7. 羊毛自然长度　是指被毛中毛丛的自然长度。测定时，应轻轻将毛丛分开，保持羊毛的原自然状态，用有毫米刻度单位的钢直尺沿毛丛的生长方向测量其自然长度，精确度为0.5cm，并直接用阿拉伯数字表示，如记录为6.5、7.0、7.5、8.0等。鉴定母羊时只测量体侧部位；鉴定种公羊时，除体侧外，还应测量肩部、股部、背部(背部中点)和腹部(腹中部偏左处)等部位，记录时按肩部、体侧、股部、背部、腹部顺序排列。对育成羊应扣除毛嘴部分长度。当羊毛实际生长期超过或不足12个月时，按以下公式换算成12个月的毛长(cm)。

$$AT=\frac{AU}{AW}\times 12$$

式中，AT——12个月毛长；AU——鉴定时羊毛的实际长度；AW——羊毛生长的实际月份数。

实验室测定时是将剪下的毛样，按其自然状态，置于黑绒板上，用小钢尺沿毛丛平行方向量取其长度。参照《羊毛毛丛自然长度试验方法》(GB/T 6976—2007)和国际毛纺织组织IWTO-5-66标准检测。

8. 羊毛伸直长度　羊毛伸直长度的测定，同质毛可直接量取，若为异质毛则需按纤维类型分开后，再按不同类型量取。

测定时，先将毛样和小钢尺按顺直方向摆在黑绒板上，然后再用尖头镊子由毛丛根部一根一根抽出纤维，每抽出一根后，用镊子夹住纤维两端，拉到弯曲刚刚消失时为止，在小钢尺上量其长度，准确到0.1cm，并记录测定结果。同质毛每个毛样测150根，异质毛每种纤维类型测100根。

9. 羊毛强伸度　羊毛强度是指拉断羊毛纤维时所需用的力；伸度是指将已经拉到伸直长度的羊毛纤维，再拉伸到断裂时所增加的长度占原来伸直长度的百分比。所增加的长度称伸长。具体检测方法参照国际毛纺织组织IWTO-32-82(E)标准检测。

10. 羊毛匀度　羊毛细度的匀度包括单根纤维上、中、下段的均匀程度，不同体躯部位间被毛细度的差异程度，以及同一部位被毛毛丛内毛纤维间细度的差异程度。在我国，现阶段在鉴定羊毛匀度时，主要根据体侧与股部羊毛纤维直径的差异和毛丛内羊毛纤维间的差异来评定。

11. 弯曲大小　鉴定毛弯曲大小，应在毛被主要部位(体侧)，将毛丛分开观察判断和测定，将观察测定部位毛被向两边轻轻按压并使毛丛保持自然状态，测量毛纤维中部2.5cm内弯曲数量并除以2.5，计算出1cm内的弯曲数，精确到小数点后1位。1cm内有4.5个及以下弯曲的为大弯曲；5.0～5.5个的为中度弯曲；6.0个及以上的为小弯曲。按以下公式进行计算：

$$t=\frac{y}{2.5}$$

式中，t——弯曲数；y——2.5cm内弯曲数量。

（四）绒用性能

1. 产绒量　从具有双层毛被的羊身上取得的，以下层绒毛为主附带有少量自然杂质、未经加工的绒毛量（kg），精确到小数点后1位。

2. 剪（梳）绒前体重　被测种羊只空腹剪（梳）绒前称测的活重（kg），精确到小数点后1位。

3. 绒层高度　在肩胛后一掌体侧中线稍上处，用不锈钢直尺测量绒层底部至绒层顶端之间距离（mm），精确到小数点后1位数。

4. 羊绒纤维直径　从被测种羊只左侧体中线偏上方肩胛骨后缘10cm处抓取15g左右的绒。填写采样卡，与样品一并装入采样袋中。样品按《羊毛及其他动物纤维平均直径与分布试验方法　纤维直径光学分析仪法》（GB/T 21030—2007）或IWTO TM-47-95标准检测。

5. 净绒率　参照《毛绒净毛率试验方法　油压法》（GB/T 14271—2008）标准规定测算。

6. 绒毛比　从体侧部随机采取0.5g的毛绒样品洗净、烘干，然后在黑绒板上按形态学特征，将毛、绒纤维分开，统计绒毛纤维的数量百分比或重量百分比。或参照《毛绒纤维类型含量试验方法》（GB/T 14270—2008）方法测算出。

7. 纤维强度　参照《兔毛纤维试验方法　第5部分：单纤维断裂强度和断裂伸长率》（GB/T 13835.5—2009）检测。

8. 净绒量　参照《毛绒净毛率试验方法　油压法》（GB/T 14271—2008）获得净绒率，测算出净绒量。

9. 绒色　指羊绒的天然颜色。参照IWTO-56-03标准检测。

（五）羔裘皮性能

1. 被毛色泽　在室内，被毛朝上，对着自然光线（避开直射光线），观察被毛反射出的光泽程度。

2. 花纹类型　根据品种标准判定花纹类型。

3. 花案面积　将皮张毛面向上平展地铺在操作台上，选取花案分布部位量取长度、宽度并计算花案面积（cm^2），精确到小数点后1位。按以下公式进行计算：

$$AE=AF\times AG$$

式中，AE——花案面积；AF——花案分布长度；AG——花案分布宽度。

4. 皮张厚度 皮张厚度计算方法按 QB/T 1268—1991 标准执行。

5. 正身面积 将皮张毛面向上平展地铺在操作台上，用直尺量取毛皮上前肩横线至尾根横线之间的长度以及两肷之间的宽度，并计算正身面积（cm^2）。按以下公式进行计算：

$$AH=AI\times AJ$$

式中，AH——正身面积；AI——前肩至尾根的长度；AJ——两肷之间的宽度。

6. 皮重 称测加工好的皮张的重量（g），精确到小数点后 1 位。

7. 皮板质量 将皮张板面朝上，毛面朝下平展地放在操作台上，抚摸板面各处厚薄是否适中、均匀和坚韧；有无描刀、破洞等人为加工缺陷。皮板质地可分为良好、略薄、薄弱三种。可对照标样。

8. 毛皮面积 将皮张毛面向上平展铺在操作台上，用直尺量取颈部中间至尾根直线距离作为皮的长度，皮张腰部适当位置两侧的直线距离作为皮宽度，并计算皮面积（cm^2）。精确到小数点后 1 位。按以下公式进行计算：

$$AB=AC\times AD$$

式中，AB——皮张面积；AC——长度；AD——宽度。

（六）乳用性能

1. 泌乳期产奶量 在正常饲养水条件平下，每只产奶种母羊每一泌乳期的产奶量（kg），精确到小数点后 1 位。需注明胎次。

2. 乳脂率 以一个泌乳期的第 2、5、8 个泌乳月第 15 天所产奶的脂肪量之和与这几天产奶量之和的百分比来表示其乳脂率。精确到小数点后 2 位。按以下公式进行计算：

$$AK=\frac{AL}{AM}\times 100\%$$

式中，AK——乳脂率；AL——第 2、5、8 个泌乳月第 15 天所产奶的脂肪量之和；AM——第 2、5、8 个泌乳月第 15 天所产奶量之和。

3. 乳蛋白率 以一个泌乳期的第 2、5、8 个泌乳月第 15 天所产奶的蛋白质量之和与这几天产奶量之和的百分比来表示其乳蛋白率。精确到小数点后 2 位。按以下公式进行计算：

$$AN=\frac{AO}{AP}\times 100\%$$

式中，AN——乳蛋白率；AO——第 2、5、8 个泌乳月第 15 天所产奶的蛋白质量之和；AP——第 2、5、8 个泌乳月第 15 天所产奶量之和。

乳蛋白率要求必须大于或等于 2.8%才合格。

4. 乳干物质率　以一个泌乳期的第 2、5、8 个泌乳月的第 15 天的奶的干物质重量之和与这几天产奶量之和的百分比来表示干物质率。精确到小数点后 2 位。按以下公式进行计算：

$$AQ=\frac{AR}{AS}\times 100\%$$

式中，AQ——干物质率；AR——第 2、5、8 个泌乳月第 15 天所产奶的干物质重量之和；AS——第 2、5、8 个泌乳月第 15 天所产奶量之和。

5. 体细胞数　1mL 生鲜乳中体细胞数小于或等于 50 万个。

6. 细菌菌落数　1mL 生鲜乳中菌落数小于或等于 50 万个。

（七）体尺性能（图 9-7）

1. 体高　鬐甲最高点到地平面的垂直距离（cm），采用杖尺测量。

图 9-7　体尺测定部位

2. 体斜长 由肩端前缘到坐骨结节端的直线距离（cm），采用杖尺测量。

3. 胸围 在肩胛骨后角处垂直于体躯的周径（cm），采用卷尺测量。

4. 最大额宽 两侧眼眶外缘间的直线距离（cm），采用杖尺测量。

5. 胸深 肩胛最高处到胸骨下缘胸突的直线距离（cm），采用杖尺测量。

6. 胸宽 肩胛最宽处左右两侧的的直线距离（cm），采用用杖尺测量。

7. 管围 左前肢管部最细处（约位于上 1/3 处）的水平周径（cm），用卷尺测量。

（八）公羊繁殖性能

1. 射精量 健康公羊一次射出精液的量，单位为 mL。

2. 精子密度 指 1mL 精液中所含有的精子数目。单位：亿个/mL。

3. 精子活率 评定精子的活率，是根据直线前进运动的精子所占的比例来确定其活率等级。将精液样制成压片，在显微镜下一个视野内观察，直线前进运动的精子在整个视野中所占的比率，100%直线前进运动者为 1.0 分，70%直线前进运动者为 0.7 分，以此类推。

4. 精子畸形率 用吉姆萨染色法测定，每次随机测定 200 个精子，用百分率表示。

（九）母羊繁殖性能

1. 初配年龄 羊的初配年龄依据品种和个体发育不同而异，一般情况下体重至少达到成年体重的 70%时即可配种。

2. 性成熟年龄 种羊达到性成熟时的月龄。

3. 繁殖的季节性 指母羊发情配种发生的时间性，一般有常年发情和季节性发情两种，因羊品种和种羊所在饲养地区的生态经济条件不同而异。

4. 产羔率 产羔率是指产活羔羊数占参加配种母羊数的百分比。无角陶赛特羊产羔率为 130%～170%。

$$产羔率=\frac{产活羔数}{参配母羊数}\times 100\%$$

5. 繁殖率 繁殖率是指本年度出生羔羊数占上年度末适繁母羊数的百分比。

$$繁殖率=\frac{本年度出生的羔羊数}{上年度末适繁母羊数}\times 100\%$$

6. 繁殖成活率 繁殖成活率是指本年度内成活羔羊数占上年度末适繁母羊数的百分比。无角陶赛特羊繁殖成活率 130%左右。

$$繁殖成活率=\frac{断奶时成活羔羊数}{适繁母羊数}\times 100\%$$

7. 羔羊成活率 羔羊成活率是指断奶时成活羔羊数占全部出生羔羊数的百分比。无角陶赛特羊羔羊成活率 95%以上。

$$羔羊成活率=\frac{断奶时羔羊成活数}{全部出生的羔羊数}\times100\%$$

8. 双羔率　双羔率是指产双羔母羊数占全部产羔母羊数的百分比。无角陶赛特羊双羔率50%左右。

$$双羔率=\frac{产双羔母羊数}{全部产羔母羊数}\times100\%$$

9. 受胎率和情期受胎率　受胎率是指妊娠母羊数占参加配种母羊数的百分比，情期受胎率是指妊娠母羊数占情期配种母羊数百分比。

$$受胎率=\frac{妊娠母羊数}{参加配种母羊数}\times100\%$$

$$情期受胎率=\frac{情期妊娠母羊数}{参加配种母羊数}\times100\%$$

三、种羊的外貌评定

种羊须符合本品种标准，种公羊须达到一级以上（包括一级）等级标准，种母羊二级以上（包括二级）等级标准。种羊等级综合评定，以个体综合评定为主，根据羊的本品种标准进行综合评定。

（一）肉用种羊外貌评定方法

肉用羊应头短而宽，颈短而粗，鬐甲低平，胸部宽圆，肋骨拱张良好，背腰平直，肌肉丰满，后躯发育良好，四肢较短，整个体形呈长方形。

具体鉴定时首先要看整体结构、外形有无严重缺陷；种公羊是否单睾、隐睾；种母羊乳房发育情况；上、下颌发育是否正常；体况评级为2～4分者方可参加肉用种羊外貌评定（表9-4和表9-5）。

表9-4　肉用种羊外貌评定表

项目	评分标准	标准分
一般外貌	外貌特征、被毛颜色符合品种要求。体质结实，体格大，各部位结构匀称。头大小适中、额宽面平、鼻梁隆起、耳大稍垂、有角或无角。体躯近似圆桶状或长方形。膘情中上	15
前躯	公羊颈短粗、母羊颈略长。颈肩结合良好。胸部宽深、鬐甲低平，肋骨拱张良好	25
后躯	背长、宽，背腰平直、肌肉丰满，后躯发育良好	30
四肢	四肢短粗、结实，肢势端正，后肢间距大，肌肉发达，呈倒U形，蹄质坚实	10
性征	公羊睾丸对称，发育良好。母羊乳房发育良好	20

表 9-5　肉用种羊外貌评分标准

等　级	特　级	一　级	二　级	三级
成年公羊≥	90	85	75	70
成年母羊≥	85	80	70	65

（二）毛用种羊外貌评定方法

1. 被毛覆盖　理想型的毛肉兼用细毛羊，其头部覆盖毛着生至两眼连线，并有一定长度，呈毛丛结构，似帽状；四肢盖毛的着生，前肢到腕关节，后肢达飞节。超过上属界限者为倾向于毛用型，达不到者为倾向于肉用型。

2. 体型特点　毛用羊的头一般较长，颈较长，鬐甲稍高，胸长而深，背腰平直强健但不如肉用羊宽，中躯容积大，后躯发育中等，四肢相对较长。

表示方法：

L：表示符合品种理想型。颈部横皱褶数可标记为 $L_{2.0}$、$L_{2.5}$ 等。

L^{+}：表示倾向于毛用型。

L^{-}：表示倾向于肉用型。

3. 羊毛密度　指单位皮肤面积上着生的羊毛纤维根数，是决定羊毛产量的主要因素之一。用手抓捏和触摸羊体主要部位被毛，以手感密厚程度来判定。一般手感较硬而厚实者则密度大。用手分开毛丛，观察皮肤缝隙的宽度和内毛丛的结构，皮肤缝隙窄，内毛丛结构紧密者，羊毛密度大。观察毛被的外毛丛结构。平顶形毛丛的被毛较辫形毛丛被毛密度大。

表示方法：

M：表示密度中等，符合品种的理想型要求。

M^{+}：表示密度较大。

M^{++}（或 MM）：表示密度很大。

M^{-}：表示密度较小。

$M^{=}$：表示密度很小。

4. 羊毛弯曲形状　鉴定羊毛弯曲形状，应在毛被主要部位（体侧）将毛丛分开观察判断。

表示方法：

W：表示弯曲明显，呈浅波状或近似半圆形，符合理想要求。

W^{-}：表示弯曲不明显，呈平波状。

W^{+}：表示弯曲的底小弧度深，呈高弯曲。

W^{O}：表示体躯主要部位有环状弯曲。

5. 羊毛纤维直径　现场鉴定羊毛细度是在羊只体侧取一毛束，用肉眼凭经验观察，应用羊毛细度标样对照来确定。观察羊毛细度时应注意光线强弱和阳光照射的角度以及羊毛油汗颜色等因素，以免造成错觉。羊毛细度的鉴定结果直接以微米数表示。

6. 羊毛细度的匀度　表示方法：

Y：表示匀度良好，体侧与股部羊毛细度的差异不超过品质支数一级。

Y^{-}：表示匀度较差，体侧与股部羊毛细度品质支数相差二级。

$Y^{=}$：表示细度不匀，体侧与股部羊毛细度品质支数相差在二级以上。

$\hat{Y}$：表示匀度很差，在主要部位有浮现的粗长毛纤维。

$Y^{\times}$：表示被毛中有死毛或干毛纤维。

7. 羊毛油汗　主要观察体侧部位。表示方法：

H：表示油汗量适中，分布均匀，油汗覆盖毛丛长度 1/2 以上。

H^{+}：表示油汗过多，毛丛内有明显可见的颗粒状油粒。

H^{-}：表示油汗过少，油汗覆盖毛丛长度不到 1/3，羊毛纤维显得干燥，尘沙杂质往往侵入毛丛基部。

在绵羊鉴定时对油汗颜色的附加符号为：$\mathring{H}$ 表示白色油汗，$\overset{\vee}{H}$ 表示乳白色油汗，$\hat{H}$ 表示黄色油汗，$\overset{\wedge\wedge}{H}$ 表示深黄色油汗等。

8. 体格大小　根据鉴定时种羊体格大小和一般发育状况评定。以 5 分制登记。

表示方法：5——表示发育良好，体格大，体重显著超过理想型最低要求；4——表示发育正常，体格较大，体重达到理想型最低要求；3——表示发育一般，体格中等，体重接近理想型最低要求；2——表示发育较差，体格较小。

9. 外貌　用长方形代表羊只身体，各部位表现突出的优缺点，可用下列符号表示：

胸宽　　背腰长

胸狭　　凹背

后躯丰满　　X形腿（前肢或后肢）

后躯发育不良

10. 腹毛和四肢毛着生状况　腹毛和四肢毛着生状况可在总评圈下标记，以中间的圈代表腹毛，前面的圈代表前肢毛，最后的圈代表后肢毛。

表示方法：

O：表示腹毛和四肢毛着生基本符合理想型。

$\underline{O}$：表示腹毛着生良好。

O̭：表示腹毛稀、短、不呈毛丛结构。

O̽：表示腹毛有环状弯曲。

11. 综合评定 总评根据上面鉴定结果给予综合评定，按5分制评定，用圆圈数表示。

○○○○○：表示综合品质很好，可列入特等。

○○○○：表示综合品质符合理想型要求。

○○○：表示生产性能及外貌属中等。

○○：表示综合品质不良。

（三）绒用种羊外貌评定方法

绒用种羊鉴定时着重观察体型结构、被毛颜色、有无明显缺陷；应毛长绒细，被毛洁白有光泽，体大头小，颈粗厚，背平直，后躯发达。种公羊是否单睾、隐睾；种母羊乳房发育情况。根据绒用种羊所属品种标准，进行外貌评定（表9-6和表9-7）。

表9-6 绒用种羊外貌评定表

项目	评分标准	标准分
一般外貌	外貌特征符合品种要求。公羊头大颈粗，母羊头轻小，公、母羊均有角。体格中等，结实紧凑。额顶有长毛，颌下有髯，面部清秀，眼大有神，公、母羊均有角。体质结实，各部结构匀称。尾瘦而短，尾尖上翘	15
被毛	毛绒混生，清晰易辨。外层着生长而稀的有髓毛和两型毛，内层着生密集的无髓绒毛。绒层高度、绒纤维直径和绒毛颜色符合品种要求	35
前躯	公羊颈宽厚、母羊颈较细长，与肩结合良好，胸深背直、肋骨拱张	10
后躯	背腰平直、腹部与胸近平直，后躯发达	10
四肢	四肢粗壮端正、结实、蹄质坚实	15
性征	公羊睾丸对称，发育良好。无单睾、隐睾 母羊外阴正常，乳房发育良好	15

表9-7 外貌评分标准

等级	特级	一级	二级	三级
成年公羊≥	85	80	75	70
成年母羊≥	80	75	70	65

（四）乳用种羊外貌评定方法

乳用种羊应具有乳用家畜的楔形体型，轮廓鲜明，细致紧凑。选种的主要性状包括强壮度、乳用特征、尻角、尻宽、后腿侧观、前乳区附着、后乳区高度、后乳区宽度和形状、乳房深度等。根据乳用种羊所属品种标准，进行外貌评分评定。现以西农萨能山羊为例说明（表 9-8 至表 9-10）。

表 9-8 公羊外貌鉴定标准

项目	满分标准	标准分
一般外貌	体质结实、结构匀称、雄性特征明显。外貌特征符合品种要求。头大、额宽，眼大突出，耳长直立，鼻直，嘴齐，颈粗壮。前躯略高，皮肤薄而有弹性，被毛短而有光泽	30
体躯	体躯长而宽深，鬐甲高。胸围大，前胸宽广，肋骨拱圆，肘部充实。背腰宽平，腹部大小适中，尻长而不过斜	35
雄性特征	体躯高大，轮廓清晰，目光炯炯，温驯而有悍威。睾丸大、左右对称，附睾明显、富于弹性。乳头明显、附着正常、无副乳头	20
四肢	四肢健壮，肢势端正，关节干燥，肌腱坚实、前肢间距宽阔，后肢开张，系部坚强有力，蹄形端正，蹄缝紧密，蹄质坚韧，蹄底平正	15

表 9-9 母羊外貌鉴定标准

项目	满分标准	标准分
一般外貌	体质结实、结构匀称、轮廓明显，反应灵敏。外貌特征符合品种要求。头长、清秀，鼻直、嘴齐，眼大有神，耳长、薄并前倾、灵活，颈部长。皮肤柔软、有弹性。毛短，白色有光泽	25
体躯	体躯长、宽、深，肋骨拱张、间距宽，前胸突出且丰满，背腰长而平直，腰角宽而突出，肷窝大，腹大而不下垂，尻部长而不过斜，臀端宽大	30
泌乳系统	乳房容积大，基部宽广、附着紧凑，向前延伸、向后突出。两叶乳区均衡对称。乳房皮薄、毛稀、有弹性，挤奶后收缩明显，乳头间距宽，位置、大小适中，乳静脉粗大弯曲，乳井明显，排乳速度快	30
四肢	四肢结实、肢势端正，关节明显而不膨大、肌腱坚实、前肢端正，后肢飞节间距宽，利于容纳庞大的乳房，系部坚强有力，蹄形端正、蹄质坚实、蹄底圆平	15

表 9-10　外貌评分标准

等　级	特　级	一　级	二　级	三　级
成年公羊≥	85	80	75	70
成年母羊≥	80	75	70	65

第四节　绵山羊体况评分

绵山羊体况评分（Body condition scoring of sheep and goats，BCS）是一个非常有用的工具，它可以指导育种、选择、管理及营销决策。体况评分在养羊发达的澳大利亚、美国、加拿大等国家已应用多年，通过增加生产者对绵山羊的体况条件评价，可以提高绵羊和山羊的生产力。体况评分对提高绵羊和山羊的生产效率和生产者的利益是十分重要的。

一、体况评分的作用

体况评分是根据动物肌肉和外部脂肪来评估动物的一种方法。BCS 是一种简单、实用的程序，生产者可以用于做出与所需饲料质量、数量、动物健康优化等有关的管理决策。身体状况会随饲料供应的变化而波动。如果动物身体状况不佳，动物可能是吃不饱或有某种疾病问题。如果动物的体况条件过于良好，可以减少饲料量。这个工具的使用，有助于生产者评估其所饲养的动物，对其做出是继续养殖或是对其进行淘汰的决定，并可以对销售和购买的动物做出评估。通过评估动物，生产者可以防止生产大幅亏损。体重本身并不能反映动物的体况，即一个体躯构架大的个体可能在身体低储备时体重比一个体躯构架小但储备丰富的动物体重要大；大的总活重变化，也可能因为肠道填充、怀孕和分娩的变化而发生。在一定的时期里，如果羊营养水平比较低，暴露出的是脂肪或肌肉储存程度减少，这是视觉上可以评估体况得分的依据。

二、进行体况评分的时间

动物体况评分的重要时期包括繁殖前、妊娠中期、泌乳早期、断奶时、出售前。动物在交配时的身体条件是重要的，体况很差的动物可能妊娠困难，并有可能产仔较少。如果雌性动物在怀孕中期太瘦的话，其后代更可能弱小、存活力低，并泌乳越来越少。管理人员应改变并试图解决这一问题。如果动物在泌乳早期受到营养不足的制约，它们将出现产奶量低、断奶时羔羊更小的情况，这些母畜将利用身体储备，体况更加变差。断奶时母羊体况评分低，将需要更长的时间才能繁殖，并且受孕率低，这将延长产羔间隔，这意味着生产损失及潜在利润的损失。生产者在动物出售前进行体况评分，可以在市场交易时获得较好的收益。

三、体况评分的规则

对绵羊和山羊评分（表 9-11）是使用体况评分分值范围 1.0～5.0，以 0.5 递增。得分为 1.0 的动物是非常瘦，而且没有脂肪储备的；体况评分得分为 5.0，是过于肥胖的个体。在大多数情况下，健康的绵羊和山羊应该有 2.0 至 3.5 的体况评分值。分值低于 2.0 表示有管理或健康问题。正常的管理条件下，得分为 4.5 或 5 的情况几乎比较少见（图 9-8）。

表 9-11　体况评分的标准

状态	评分	腰　区	胸　廓	胸　骨
非常瘦	1	棘突明显隆起且尖凸；横突也尖凸，手指容易通过末端下部，能感觉到两个突起之间的部分；眼肌面积浅薄且无脂肪包裹	肋骨清晰可见	容易抓住胸骨脂肪，且能从一边移动到另一边
瘦	2	棘突稍隆起但平滑，用手能细微地感到每个突起；横突光滑且呈圆形，施加一点压力手指则可通过末端下部；眼肌面积中等深，但几乎无脂肪覆盖	能看见部分肋骨，上面有少量的脂肪，肋骨仍能触摸到	胸骨脂肪宽、厚，但仍可用手抓住，且轻微能从一边移动到另一边
中等	3	棘突略有隆起，且光滑呈圆形，通过施压可感觉到每块骨骼；横突光滑且包裹较好，末端需用力触摸；眼肌面积充实且有中等适量的脂肪覆盖	几乎看不见肋骨，有一层脂肪均匀覆盖上面，肋骨之间需触压才能感觉到	胸骨脂肪宽、厚，仍可用手抓住但几乎不能移动
肥	4	棘突通过施压才能在覆盖眼肌的脂肪层中感觉到一条硬直线；摸不到横突的末端；眼肌面积充实，被一厚层脂肪覆盖	看不见肋骨	胸骨脂肪很难被抓住，且不能从一边移动到另一边
非常肥	5	用力压也感觉不到棘突，能正常觉察棘突的地方，脂肪层少；看不到横突；眼肌面积充实且由厚厚的脂肪包裹；在臀部和尾部可能贮存着更多的脂肪	看不见肋骨，其被过多的脂肪覆盖着	胸骨脂肪延伸且包裹了胸骨，不能被抓住

体况评分时，必须触及和感觉动物。对绵羊体况评分时，腰部是做出评分决定的关键部位，而对山羊评分时，胸廓和胸骨也是重要部位。

（一）腰区

此区域包含腰肌，是位于最后一根肋骨之后和髋骨前的区域。对这个区域

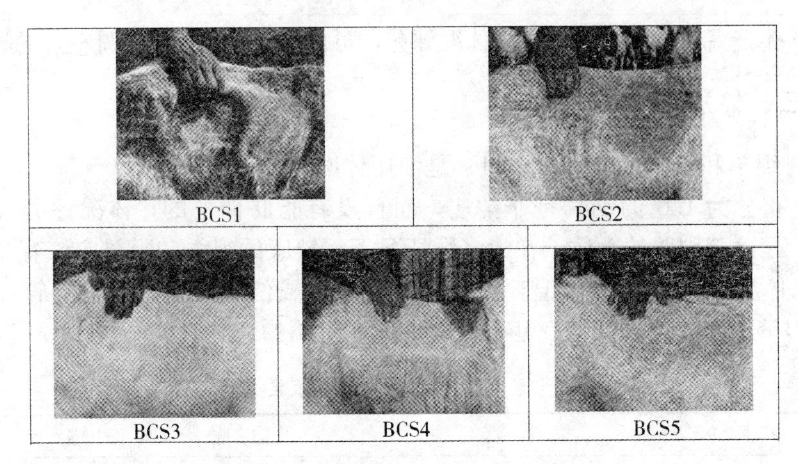

图 9-8　肉羊体况评分（BCS）示意图

评分的基础是确定腰椎上和椎骨周围的脂肪和肌肉覆盖总量。腰椎有两个突起，垂直突起称为棘突，两侧横突起称为横突。应该在这个区域快速游动你的手，并用你的指尖和手试图把握这些部位。对锐利或钝圆的程度进行评估，并进行体况评分。

虽然对绵羊和山羊身体状况评分的原则是类似的，但重要的是要注意绵羊和山羊之间存在的不同。相比绵羊来讲，山羊在腰部区域皮下脂肪覆盖少得多的（山羊脂肪沉积最多的部位在内部，肠道和肾脏周围）。然而，山羊在肩部后方肋的上方存有一些皮下脂肪。尾脂或肥臀的绵羊品种，可以把尾部作为身体状况的额外评估部位。山羊不存在这些。

胸骨可以作为评估山羊体况的一个额外的区域。但对绵羊来讲，这将是困难的，因为有长毛。

评分时可遵循以下过程：

（1）*感受脊柱棘突*　感受绵羊、山羊的最后一根肋骨之后和髋骨前面的区域，并尝试以解答以下问题作为对动物排名的基础，是锐利的或是钝圆的?

（2）*评估腰肌*　感觉脊柱棘突两侧（骨干两侧）的肌肉和脂肪覆盖的丰满度，并确定脊柱是否超过肌肉水平。是腰肌浅、中度或圆满?

（3）*感觉横突*　感觉横突末端。是尖锐或是圆润流畅的? 手指尖能到横突下多远?

（二）胸廓

第二个用于评估的区域，尤其是对山羊来讲，是胸廓和肋上和肋间脂肪的覆盖。触摸此区域，并确定是否能感受到每一根肋骨。

（三）胸骨

胸骨是用于评估第三部位。在山羊来讲，胸骨是评估的一个重要区域。根据胸骨的脂肪覆盖量，评判是基于可以捏抓的脂肪总量。

实践中，评估动物的体况评分只需要 10～15s。把定期对动物进行体况评分加入一个管理计划，可以更有效地监测羊群饲养情况，以得到一个健康和有生产力羊群。

四、体况评分的应用

体况评分是随动物的生理状态而不断变化的。在交配时母羊应该有 3 分，而 2 分到 3 分是可以接受的。必须确保怀孕母畜在这一时期接近 3 分。

在羔羊出生后和哺乳期间，母羊体况评分不发生变化是正常的，要确保其体况评分不能从 3 分下降到 2 分或 1 分。哺乳期的营养需求必须得到保证。如果在哺乳期得不到充足的营养，体内储备将被动员，结果导致母羊身体状况不佳。在此期间缺乏重视的话，将影响羔羊的护理及羊奶产量的增长。

在理想的条件下，母羊体况评分不应该低于 2 分，母羊不应该高于 4 分。母羊分值体况评分过低和过高往往影响繁殖。甚至在泌乳早期，母羊就可以饲喂充足、质量好饲料以增加体重。然而，在大多数情况下，在泌乳早期羊奶产量高时，体重下降，而体重增加却是在羊奶产量下降后。后备公羊体况评分 3 分为宜，配种期公羊体况评分不能超过 3.5 分，种公羊体况评分大于 4 分，否则影响精子活力和畸形率。

体况评分的实际用途之一是向上或是向下调整补充营养方面。

体况评分是对绵羊和山羊日常管理决策方面的一个有用程序。生产商可以使用该技术提高农场的盈利。体况评分是一个操作简单易行的程序，随着大量经验和实践，体况评分将会越来完善。

第五节　种羊的选择方法

一、遗传评定

从生产和育种学的角度可将羊的性状划分为生物学性状和经济性状。羊的生物学性状，是使羊群或个体能生产一种或数种可供人们利用的产品的性状；经济性状是指包含羊产品具备经济价值的性状，例如羊的剪毛量、产绒量、产肉量、产奶量和产羔数等，经济性状与养羊业生产的经济效益关系最为密切。从遗传学的角度可将羊的性状分为质量性状和数量性状。

（一）质量性状

质量性状的表现型只受一对或少数几对基因控制，这些性状的基因表现呈非加性的，即非线性的，也就是说，给基因型增加一个基因并不使表现型增加一个相等的量。这种非加性基因的作用机制，主要表现为等位基因间的显性和隐性、或不完全显性、或超显性，以及任何非等位基因间的各种非线性的相互作用等。质量性状的表现型界限分明，容易区分，有明显的质的区别，变异不连续，可以用简单的计数方法测定，如羊角、毛色、羊尾类型、肉髯的有无、母羊奶头数及某些遗传缺陷等。它们的表现绝大多数遵循孟德尔遗传规律。因此，了解和掌握质量性状的特征特性及遗传规律，在羊的选种、制订育种方案、预测杂交效果等方面，都具有十分重要的意义。

1. 毛色的遗传 绵羊、山羊被毛颜色种类很多，其遗传现象也十分复杂。绵、山羊被毛纤维的颜色是由直径 $0.1\sim0.3\mu m$ 的深色素颗粒形成的。绵羊毛、山羊绒、羔皮、裘皮等的颜色均具有重要的经济意义，毛色还是品种的重要标志，有些品种的毛色对适应自然环境还起着重要的作用。

绵羊毛色的表现型主要有三种：白色、黑色和褐色。绵羊存在有六种毛色类型：隐性白色（具有隐性毛色基因的双亲间杂交而产生的个体），黑色（亚洲品种、威尔士山地品种），白色（显性白色——英国长毛种、美利奴等），隐性褐色（挪威古老的“红色绵羊”），显性褐色（亚洲品种），隐性黑色（多数欧洲绵羊品种）。

人们可以在现代绵羊育种工作中利用毛色遗传的规律，培育和生产毛色符合理想要求的品种或个体。对毛色的选择可以为两个方面：一是保持或者消除与直接的经济意义相关的毛色；二是根据毛色与性状间的联系进行选择。当毛色与性状间出现矛盾时，就要正确应用其遗传规律，科学地组织选种选配。

2. 角的遗传 角可分成有角羊和无角羊两大类。角的有无是绵羊、山羊品种外形特征之一，有角羊中，角形态和大小、长短、宽窄、扭曲方向、角纹因品种和性别而有差异。角的形状从直角到弯曲成螺旋状的，从扁平状到圆锥状的；角的重量，有的只有几十克，有的可达几千克；羊角的长短，短的只有几厘米，而长的可达几十厘米或更长；角的方向有向前的、向后的、朝向两侧的和向上的等。控制羊角有无的遗传基因，是具有显隐性性质的复等位基因。纯合无角基因型公羊其后代不可能有角，杂合无角基因型公羊则可产生有角后代。如果要消除羊群中的有角羊只，就必须选择纯合无角公羊作种用。选择可以通过测交方法进行，即用无角公羊与有角母羊交配，若所生公母羔羊均无角者，则证明被测公羊是纯合无角基因型的公羊。

3. 畸形的遗传 遗传缺陷由致死基因或非致死有害基因引起。携带有遗传缺陷基因的个体，严重者在早期或生后未发育成熟前就会死亡，即使未死亡也会发生各种遗传疾病，或者由于正常的生理功能遭到破坏而导致生产性能下降，造成严重的经济损失。

绵、山羊比较常见的遗传畸形有以下几种：

（1）运动失调 受损羔羊四肢运动不协调，并常伴随体重轻小，这种遗传缺陷可能还受加性遗传基因的影响。

（2）上颌过短或下颌过短 这种羊采食困难，影响放牧。根据对特克赛尔羊品种的研究，凡属上颌短的个体几乎都伴随有羔羊体重小、头短，以及心脏间壁发育不全等缺陷。上颌短受隐性基因控制。

（3）肢端缺损 新生羔羊在球关节以下缺损，遗传模式尚未确定。

（4）肌肉挛缩 羔羊出生时四肢僵硬地处在多种不正常方位上，许多关节不能活动或仅能做少量的活动，常常造成分娩困难，羔羊几乎经常在出生时死亡。肌肉挛缩受隐性基因控制，属隐性致死基因。

（5）侏儒症 鹦鹉嘴侏儒症已在南丘羊的品系中发现过。所有病羔羊在出生后1个月内死亡。受隐性基因控制，属隐性半致死基因。

（6）灰色致死 纯合灰色个体死于胚胎期或生后早期，这种灰色的出现是由于部分显性基因所造成。

（7）阳光过敏症 受影响的羔羊，肝脏不能正常活动，不能分解叶绿胆紫素（叶绿素新陈代谢的最后产物）而造成血液中该物质过剩，导致感光性提高。由于这种产物在血液和皮肤的某些部位积累，在那里被日光激化，而通常引起面部和耳部产生湿疹。如果对羔羊不防护白天的光线，经2～3周即可死亡；但如果把它们放在室内，并在晚上放牧，症状就不会发展。对南丘羊的研究表明，这种遗传畸形是由隐性基因控制。

（8）隐睾 即公羊的一侧或两侧睾丸留在腹腔内，这种公羊不可留作种用。根据对有角陶赛特羊×无角美利奴羊杂种的研究，隐睾是受一个隐性基因或一个不完全的显性基因控制。

绵山羊的遗传畸形多数为隐性遗传，表型正常的种羊也可能携带某种隐性有害基因，因此在组织绵山羊的繁殖时，应仔细观察研究，并做好记录。当发现畸形遗传现象时，要通过系谱和后裔审查，坚决地把那些带有有害隐性基因的个体从羊群中淘汰出去。从而不断地降低羊群的隐性有害基因频率，提高羊群的整体遗传素质。

（二）数量性状

数量性状常常受多对基因控制，基因型之间没有明显的区别，而在两个极端之间存在着许多中间等级，它主要是受加性基因作用的结果。其特点是没有一个基因是显性或隐性，而是每个贡献基因都在某一数量性状上添加一些贡献，各个基因的作用又累加在一起，故称为加性基因作用。数量性状大多数为具有重要经济价值的经济性状，所以数量性状又称为经济性状，其特点是性状之间变异呈连续性界线不清，不能明确区分，不易分类，无法用简单的计数方法测量，例如羊的体重、毛长度、毛纤维细度及产奶量、产毛量、产绒量等。为了解释数量性状的遗传规律，有人提出了聚合基因的模型学说。根据这个模型，控制数量性状的多对基因所起的作用是同样的和加性的，即遗传属于中间型遗传；同时，在进一步研究数量性状遗传的过程中查明，聚合基因模型需要补充和完善，即除了加性基因的作用外，不同程度的显性基因、上位基因以及影响两个性状的两个非等位基因的连锁等都可能影响到数量性状的遗传。另外，数量性状的表型值还强烈地受环境因素影响，因此，在研究数量性状遗传时，应当尽可能区分遗传因素和环境因素在数量性状表型值中各自所占的比重。从遗传角度上讲，在绵、山羊杂交改良和育种过程中，由于所应用的选择方式和选配程序的不同，受多对基因控制的数量性状在其表型表现上所受加性基因作用、非加性基因作用以及二者兼备的基因作用的类型是不同的。

遗传力高及性别差别大的数量性状受加性基因作用大，而受非加性基因作用较小；也就是说，加性基因作用影响大的经济性状是高度可遗传的，很少或没有杂种优势和近交衰退；与杂种优势和近交衰退相关的数量性状，则主要受非加性基因的影响大，与单一加性基因无关，但在一定程度上还受加性和非加性二者兼备的基因的影响。

1. 遗传力 是指亲代将其经济性状传递给后代的能力。它既反映了子代与亲代的相似程度，又反映了表型值和育种值之间的一致程度。绵、山羊数量性状表型值是受遗传因素与环境因素共同制约的，同时遗传因素中由基因显性效应和互作效应所引起的表型变量值在传给后代时，由于基因的分离和重组很难固定，而能够固定的只是基因加性效应所造成的那部分变量，因此，我们把这部分变量称为育种值变量。常用亲属间性状表型值的相似程度来间接地估计遗传力。方法有两种，即子亲相关法和半同胞相关法。

（1）子亲相关法是采用公羊内母女相关法　即以女儿对母亲在某一性状上的表型值相关系数或回归系数的两倍来估计该性状的遗传力。子亲相关法计算遗传力，方法比较简单，但母女两代环境差异大，影响精确性。

（2）半同胞相关法　是利用同年度生的同父异母半同胞资料估计遗传力。即以某一性状的半同胞表型值资料计算出相关系数（r_{HS}），再乘以 4，即为该性状的遗传力。

用半同胞资料计算遗传力的过程较为复杂，但因半同胞数量一般较多，而且出生年度相同，环境差异较小，所以求得的遗传力较为准确。

遗传力的用途是：第一，决定选种方法。当一个性状的遗传力高时，表明其表现型和基因型之间的相关性就高，可直接按表型值选择，对低遗传力性状，表型选择的效果就差，需采用家系选择，也就是说，要使低遗传力性状在选择中取得进展，必须更多地注意旁系和后代的性能。第二，预测选择效果。根据选择差的大小就可预测选择效果。在同样的条件下，加大选择差，就可提高选择效果。第三，预测每年的遗传进展。

2. 重复率　是指同一个体的同一性状在其一生的不同时期所表现的相似程度。重复率高的性状，可用一次度量值进行早期选择。绵、山羊的数量性状，在其一生中往往要进行多次度量，衡量某一性状各次度量值之间的相关程度就要用重复率值。

重复率的计算方法是采用组内相关法进行计算，以组间变量在总变量中所占的比例来反映组内相关。

绵、山羊性状重复率值的特点：①绵、山羊性状重复率值受性状的遗传特性、群体遗传结构及环境等因素的影响而变化，所以所测定的重复率值只能代表被测羊群在其特定条件下的重复率；②绵、山羊性状重复率值高低区分界限是：0.6 以上是高重复率；0.3～0.6 为中等重复率；0.3 以下为低重复率。

重复率的主要用途有：第一，确定对性状度量的次数。重复率高的性状可根据一次度量值做结论进行选择，重复率低的性状则需要多次度量值的平均值才具有代表性。第二，可以作为判断遗传率值是否正确的参考，重复率是遗传率的上限，遗传率最高等于重复率，若大于重复率，则表明遗传率估计有误。

3. 遗传相关　绵山羊的许多性状之间，相互是有联系的，即具有一定的相关性。表型相关是由遗传相关和环境相关二者组成。当性状遗传力高时，表型相关主要决定于遗传相关，反之，则决定于环境相关。在绵山羊遗传改良和育种工作中，主要掌握遗传相关，它是选择公羊时的一项重要依据。

遗传相关是指两个性状间的育种值的相关，也就是亲代某一性状的基因型与子代另一性状基因型的相关。例如，净毛量与原毛重是正遗传相关，按净毛量高选择亲代，就可提高后代的原毛量；皮肤皱褶多少与产羔数量呈负遗传相关，选择皮肤皱褶少的亲代，就可提高后代产羔数。所以，遗传相关用于间接选择，并可以间接估计选择效果。特别是只能在一个性别上度量的经济性状，如母羊的产奶量、产羔数等，在选择公羊时，就要通过公羊亲代与这些性状的遗传相关的计算结果进行。

二、个体表型选择

种羊个体品质鉴定的内容和项目，随品种生产方向不同而有不同侧重。其基本原则是以影响品种代表性产品的重要经济性状为主要依据进行鉴定。具体讲，细毛羊以毛用性状为主，肉用羊以肉用性状为主，羔裘皮羊以羔裘皮品质为主，奶用羊以产奶性状为主，毛绒山羊则以毛绒产量和质量为主。鉴定时应按各自的品种鉴定分级标准组织实施。

（一）鉴定方式

根据育种工作的需要可分为个体鉴定和等级鉴定两种。两者都是根据鉴定项目逐只进行，只是等级鉴定不做个体记录，依鉴定结果综合评定等级，作出等级标记分别归入特级、一级、二级、三级和四级，而个体鉴定要进行个体记录，并可根据育种工作需要增减某些项目，作为选择种羊的依据之一。个体鉴定的羊只包括种公羊、特级、一级母羊及其所生育成羊，以及后裔测验的母羊及其羔羊，因为这些羊只是羊群中的优秀个体，羊群质量的提高必须以这些羊只为基础。

（二）鉴定方法和技术

鉴定开始前，鉴定人员要熟悉掌握品种标准，并对要鉴定羊群情况有一个全面了解，包括羊群来源和现状、饲养管理情况、选种选配情况、以往羊群鉴定等级比例和育种工作中存在的问题等，以便在鉴定中有针对性地考察一些问题。鉴定开始时，要先看羊只整体结构是否匀称，外形有无严重缺陷，被毛有无花斑或杂色毛，行动是否正常，待羊接近后，再看公羊是否单睾、隐睾，母羊乳房是否正常等，以确定该羊有无进行个体鉴定的价值。凡应进行个体鉴定的羊只要按规定的鉴定项目和顺序严格进行。

（三）个体表型选择

除按个体品质鉴定和生产性能测定结果进行外，随着羊群质量的提高，育种工作的深入，为了选择出更优秀的个体，提高表型选择的效果，可考虑采用以下选择指标：

1. 性状率（*T*） 性状率（T）是指个体 x 性状的表型值（P_X）与其所在羊群整体同一性状平均表型值（$\overline{P}_X$）的百分比。

$$T=P_X/\overline{P}_X\times 100\%$$

性状率可用以比较不同环境或同一环境中种羊个体间的差别。

2. 育种值 育种值是根据被选个体某一性状的表型值与同群羊同一性状在同一时期的平均表型值，和被选性状的遗传力值进行估算。其公式是：

$$\hat{A}_X=(P_X-\overline{P})h^2+\overline{P}$$

式中：$\hat{A}$——被选个体 X 性状的估计育种值；

P_X——被选个体 X 性状的表型值；

$\overline{P}$——同群羊群 X 性状的平均表型值；

h^2——X 性状的遗传力。

个体表型值超过群体表型值越多，以及被选性状的遗传力值越高，则个体估计育种值越高。育种值同样可用以比较不同环境、或同一环境中种羊个体之间的差别。

（四）系谱选择

系谱选择，主要考虑影响最大的是亲代，即父母代的影响，随血缘关系越远，对子代的影响越小。用系谱资料估计被选个体的育种值，其公式是：

$$\hat{A}_X=\left[\frac{1}{2}(P_F+P_M)-\overline{P}\right]h^2+\overline{P}$$

式中：$\hat{A}$——个体 X 性状的估计育种值；

P_F——个体父亲 X 性状的表型值；

P_M——个体母亲 X 性状的表型值；

$\overline{P}$——与父母同期羊群 X 性状平均表型值；

h^2——X 性状的遗传力。

（五）半同胞测验成绩选择

利用同父异母的半同胞表型值资料来估算被选个体的育种值而进行的选择。用半同胞资料估计个体育种值的公式是：

$$\hat{A}_X=(\overline{P}_{HS}-\overline{P})h^2_{HS}+\overline{P}$$

式中：$\hat{A}$——个体 X 性状的估计育种值；

$\overline{P}_{HS}$——个体半同胞 X 性状平均表型值；

$\overline{P}$——与个体同期羊群 X 性状平均表型值；

h^2_{HS}——半同胞均值遗传力。

因所选个体的半同胞数量不等，而对遗传力需做加权处理，其公式是：

$$h^2_{HS}=\frac{0.25Kh^2}{1+(K-1)0.25h^2}$$

式中：K——半同胞只数；

0.25——半同胞间遗传相关系数；

h^2——X 性状遗传力。

（六）后裔测验成绩选择

通过后代品质的优劣来评定种羊的育种价值。

母女对比法：

（1）直接对比　母女生产性能指标直接对比列表比较。

（2）公羊指数对比　公羊指数是以女儿性状值在遗传来源上由父母各提供一半为依据计算得出，由于 $D=\frac{F+M}{2}$，得到：

$$F=2D-M$$

式中：F——公羊指数；

D——女儿性状值；

M——母亲的性状值。

（3）同期同龄后代对比　公羊女儿数（n_1）和被测各公羊总女儿数（n_2）加权平均后的有效女儿数（W）计算被测公羊的相对育种值来评定其优劣，相对育种值的计算公式是：

$$A_X=\frac{Dw+\overline{X}}{\overline{X}}\times 100$$

式中：A_X——相对育种值；

Dw——某公羊女儿某性状平均表型值（X_1）与被测公羊全部女儿同性状平均表型（$\overline{X}$）之差（$X-\overline{X}$）；

W——有效女儿数，其计算公式：$W=\frac{n_1\times (n_2-n_1)}{n_1+(n_2-n_1)}$

$\overline{X}$——各公羊女儿某性状的总平均表型值。

第六节　羊新品种培育与审定

一、育成杂交与羊新品种培育

育成杂交是利用两个或两个以上各具特色的品种，进行品种间杂交，培育新品种的杂交方法。当原品种不能满足需要时，则利用两个或两个以上的品种进行杂交，最终育成一个新品种。用两个品种杂交育成新品种的称为简单育成杂交，用3个或3个以上品种杂交育成新品种的称为复杂育成杂交。在复杂育成杂交中，各品种在育成新品种时的作用并非相等，其所占比重和作用必然有主次之分，这要根据在杂交过程中杂种后代的具体表现而定。育成杂交的基本出发点，就是要把参与杂交的品种的优良特性集中在杂种后代身上，从而创造出新品种。

应用育成杂交创造新品种时一般要经历3个阶段，即杂交改良阶段，横交固定阶段和发展提高阶段。当然这3个阶段有时是交错进行的，很难截然分开。当杂交改良进行到一定阶段时，会出现理想的杂种个体，这样就有可能开始进入第二阶段即横交固定。所以，在实施育成杂交过程中，当进行前一阶段的工作时，就要为下一阶段工作准备条件。这样可以加快育种进程，提高育种工作效率。

（一）杂交改良阶段

这一阶段的主要任务是以培育新品种为目标，选择参与育种的品种和个体，较大规模地开展杂交，以便获得大量的优良杂种个体。在我国大规模群众性绵羊杂交改良时，通常对母羊选择的可能性很少，全部母羊几乎都用于繁殖，这种情况对培育新品种来讲，必然会影响育种进度。因此，在培育新品种的杂交阶段，选择较好的基础母羊，就能缩短杂交过程。

（二）横交固定阶段（自群繁育阶段）

这一阶段的主要任务是选择理想型杂种公母羊互交，固定杂种羊的理想特性。此阶段的关键在于发现和培育优秀的杂种公羊，往往个别杰出的公羊在品种形成过程中起着十分重要的作用，这在国内外绵羊育种中已不乏先例。

横交初期，后代性状分离比较大，需严格选择。凡不符合育种要求的个体，则应归到杂交改良群里继续用纯种公羊配种。有严重缺陷的个体，则应淘汰出育种群。在横交固定阶段，为了尽快固定杂种优良特性，可以采用一定程度的亲缘交配或同质选配。横交固定时间的长短，应根据育种方向、横交后代的数量和质量而定。

（三）发展提高阶段

这一阶段是品种形成和继续提高的阶段。这一阶段的主要任务是，建立品种整体结构，增加肉羊数量，提高肉羊品质和扩大品种分布区。杂种羊经横交固定阶段后，遗传性已较稳定，并已形成独特的品种类型，只是在数量、产品品质和品种结构上还不完全符合品种标准，此阶段可根据具体情况组织品系繁育，以丰富品种结构，并通过品系间杂交和不断组建新品系来提高品种的整体水平。

当今世界上为数众多的绵羊、山羊育成品种，多半是通过育成杂交培育出来的。我国正是采用此法培育出不少新品种和新品种群。

二、新品种审定的条件

1. 基本条件

（1）血统来源基本相同，有明确的育种方案，至少经过 4 个世代的连续选育，并有系谱记录。

（2）体型、外貌基本一致，遗传性比较一致和稳定。

（3）经中间试验增产效果明显或者品质、繁殖力和抗病力等方面有一项或多项突出性状。

（4）提供由具有法定资质的畜禽质量检验机构最近 2 年内出具的检测结果。

（5）健康水平符合有关规定。

2. 数量条件 群体数量在 15 000 只以上，其中 2～5 岁的繁殖母羊 10 000 只，特一等级羊占繁殖母羊的 70%以上。

3. 应提供的外貌特征和性能指标

（1）外貌特征描述 毛色、角型、尾型及肉用体型以及作为本品种特殊标志的特征。

（2）性能指标 初生、离乳、周岁和成年体重，周岁和成年体尺，毛（绒）量，毛（绒）长度，毛（绒）纤维直径，净毛（绒）率，6 月龄和成年公（羯）羊的胴体重、净肉重、净肉率，屠宰率，骨肉比，眼肌面积，肉品质、泌乳量，乳脂率，产羔率等。

4. 遗传资源鉴定条件

（1）血统来源基本相同，分布区域相对连续，与所在地自然及生态环境、文化及历史渊源有较为密切的联系。

（2）未与其他品种杂交，外貌特征相对一致，主要经济性状遗传稳定。

（3）与已知遗传资源的外貌特征有明显区别，具有独特特征。

（4）具有一定的数量和群体结构，群体数量应在 3 000 只以上。

第七节 羊的杂交优势利用与配合力测定方法

充分利用杂交优势是搞好养羊生产的重要环节。杂交能提高生产力，尤其是繁殖力、羔羊成活率和羔羊生长速度。试验表明，两品种杂交，子代产肉量比父母代平均值提高 12%；三品种杂交，更能显著地提高产肉量和饲料报酬，同时提高产奶量、体重和剪毛量。在生产肥羔上已广泛采用杂交方法。

一、主要的杂交方法

（一）级进杂交

级进杂交就是两个品种进行杂交后，以后各代所产的杂种母羊继续用改良公羊交配，到 3～5 代其杂种后代的生产性能基本上与改良品种相似。

（二）导入杂交

一个品种基本上符合要求，只在某些方面有自身不能克服的重大缺点，或用纯种繁育难以提高某些品质时，可以用与该品种生产方向一致、能克服该品种缺点的其他品种进行杂交，杂交后代公、母羊与原品种进行回交。

（三）经济杂交

经济杂交又称商品杂交。利用两个或两个以上品种的杂种后代供商品生产之用，而不作种用。经济杂交主要是利用杂交产生的杂种优势，即利用杂种后代所具有的生活力强、生长速度快、饲料报酬高、生产性能高等优势。应用经济杂交最广泛、效益最好的是肉羊商品生产，特别是舍饲肥羔生产。

在绵羊、山羊生产中广泛应用经济杂交这一繁育手段，目的在于生产更多更好的肉、毛、绒、奶等羊产品，而不是为了生产种羊。它是利用不同品种杂交，以获得第一代杂种，即利用第一代杂种所具有的生活力强、生长发育快、饲料转化率高、产品率高等优势，而在商品养羊业中被普遍采用，尤其是在羊肉产品的生产方面。但是，这种杂种优势并不是总是存在的，所以经济杂交效果的好坏也要通过不同品种杂交组合试验来确定，以发现最佳组合。不能认为任何两个品种杂交都会获得满意结果。

经济杂交过程中，杂种优势的产生是由于非加性基因作用的结果，包括显性、不完全显性、超显性、上位以及双因子杂交遗传等因素。实践证明，采用具有杂种优势的杂种个体间交配来固定杂种优势的做法都未见成功，所以固定杂种优势很困难，甚至是不可能的。经济杂交的方式有：

1. 二元杂交　就是以两个不同品种的公、母羊杂交，专门利用一代杂种优势生产商品肉羊。这是在生产中应用较多而且比较简单的方法，一般是用本地品种的母羊与外来的优良种公羊交配，所得的一代杂种全部育肥。

2. 三元杂交　是从甲品种母羊与乙品种公羊杂交的杂种一代中选留优秀的母羊，再与丙品种公羊杂交。由于杂交来自具有杂种优势的畜群，因而可望获得更高的杂种优势。一般比两品种杂交育肥效果更好。

3. 四元杂交　一般有两种形式，即用三品种杂交的杂种羊作为母本，再与另一品种的公羊杂交，或者先用四个品种分别两两杂交，然后再两杂种间杂交。这种杂交方式，由于遗传基础广，能获得较大的杂种优势，不但可利用杂种母畜的优势，还可利用杂种公畜的优势，如配种能力强，第一次杂交所产生的杂种，有的作第二次杂交的父本，有的作母本，其余家畜均供育肥。

4. 轮回杂交　可分为两品种轮回杂交和多品种轮回杂交，均以杂种母羊逐代分别与其亲本品种的公羊轮回杂交为特点。以三品种轮回杂交为例，先以甲品种母羊与乙品种公羊交配，在其杂种一代中选优势率强的母羊再与丙品种公羊交配，其余较差的杂种母羊和杂种公羊全部育肥，然后在杂种二代母羊中选留部分优秀的母羊与甲品种羊交配，再在杂种三代中选留部分优秀的母羊与乙品种公羊交配。

二、影响杂交效果的因素

生产实践中利用杂种优势的有效做法是，必须形成和保留大量的各自独立的种群（品种或品系），以便能够不断地组织它们之间进行杂交，才能不断地获得具有杂种优势的第一代杂种。还必须指出，绵羊、山羊的所有经济性状并不是以同样程度受杂种优势的影响。一般说来，在个体生命早期的性状如断奶存活率、幼龄期生长速度等受的影响较大；近亲繁殖时受有害影响较大的性状，杂种优势的表现程度相应地也较大；同时，杂种优势的程度还决定于进行杂交时亲代的遗传多样性的程度。羊的杂种优势利用与杂交亲本的选育提高和杂交组合的选择密切相关。杂种是否有优势，有多大优势，在哪些方面表现优势，杂交羊群中每个个体是否都能表现程度相同的优势等，取决于多方面的因素，其中最主要的是杂交用的亲本品种群及其相互配合的情况。如果亲本羊群缺乏优良基因或亲本群纯度很差，或两亲本羊群在主要经济性状上起作用的基因显性与上位效应都很小，或杂种缺乏充分发挥杂种优势的饲养管理条件等，都不能产生理想的杂种优势。

（一）母本品种的选择

母本品种应以当地品种或群体为基础进行经济杂交。当地品种往往对当地生态条件有很好的适应性，同时便于组织较大规模生产。尽量选择繁殖性能高的品种，这样可以使单位羊群提供更多的杂种后代。母本品种包括地方品种、杂交种（如绵羊中的细毛杂交种和山羊中的奶山羊杂交种）、培育品种等。如母本品种各方面的生产性能低，可以考虑采用多元经济杂交方式，用肉用种作终端父本，以克服不同的缺点。

（二）父本品种的选择

在肉羊生产中，经济杂交父本品种的选择应遵循以下原则。第一，应选择肉用绵、山羊品种或品系，因为肉用品种具有生长发育快、产肉量多、肉质好的特点。第二，要考虑父本品种的适应性，如适应性差，不仅本身发育受到影响，还会影响杂种后代的适应性及生长发育。第三，要考虑肉用种羊在国内的分布，即获取肉用种羊的可能性。第四，根据母本品种的优缺点情况，选择合适的父本，使杂交组合达到最佳。

（三）杂交方式

杂交方式有两品种杂交和三品种杂交，还有两品种、三品种轮回杂交等，其效果是不同的，在两品种杂交时，正反交的效果不一。正反交之间的差异可能是母羊效应的影响。三品种杂交比两品种杂交效果还要好。因为三品种杂交时不仅利用了杂种羊生长快的特点，还利用了两品种杂交产生的母羊的生活力强、产仔多、哺育率高的优势。

（四）饲养条件

最好在同一条件下比较不同的杂交组合的饲喂效果，才可以确定适宜本地或本场真正最优的杂交组合。根据改良后代的生理和生长发育特点，采取科学的饲养管理制度，使改良后代的遗传潜力得到充分发挥，实现杂交改良的经济效果。

（五）亲本母羊的持续作用

杂交用父本品种数量少，一般不易遭到抛弃。而母本品种数量大，生产性能较差，容易被淘汰，故生产中为了能长久地利用杂种优势，应保护好亲本母羊。

（六）杂交亲本的早熟性

羊的品种有早熟和晚熟之分。肉羊品种中有角陶赛特羊、南丘羊是适合生产肥羔的父本品种，而晚熟的美利奴羊之间杂交后代则比较晚熟，必须再用早熟品种杂交一次，才能用于肥羔生产。林肯羊与美利奴母羊杂交，后代更晚熟，不适合用来生产肥羔。

（七）个体差异

在经济杂交中，有了好的品种和杂交组合并不能完全获得最大的杂种优势，即使是同一种组合不同个体交配，所生后代有的表现较好，有的则不好，因为个体间的差异对杂交效果是有一定影响的。壮年母羊与青年母羊相比，前者后代的初生重、断奶羔羊成活率均高。可见壮年母羊比青年母羊的杂种优势显著，这在杂种优势利用上是一个值得注意的问题。所以，杂交组合必须有正确的个体选择和选配，方能获得具有强大杂种优势的后代。

（八）杂交后代的适应性

一个优秀的引入品种不能完全替代本地品种的主要原因是适应性差，而连续数代杂交可能也产生同样问题，故经济杂交代数应根据杂种后代的表现加以适当控制，否则杂种优势的潜力就难以发挥出来。

（九）明确改良方向

根据自身羊群的现状特点及当地的自然经济条件，有针对性地选择改良品种。根据不同情况选择不同的杂交方式，应优先解决羊群所存在的最突出问题。

（十）建立杂交改良繁殖和生产性能记录，监测改良进度和效果

杂交方法与配套系生产杂交是养羊业中广泛采用的繁育方法之一。杂交可以将不同品种的特性结合在一起，创造出亲代原本不具备的表型特征，并且还能提高后代的生活力。因此，杂交在绵、山羊生产上被广泛用来改良低产品种、创造新品种和最有效、最经济地获得羊产品等方面。

三、配合力与杂交优势评定

配合力包括一般配合力与特殊配合力。一般配合力，是基因的可加效应，

称为一般育种值；特殊配合力，是基因的非加性效应，主要是显性、超显性、上位等基因互作的表型值，称为特殊育种值，即根据杂种后代的平均性能估计父、母本的种用价值。

一般配合力是指一个种群与其他各个种群杂交所获得的后代平均效果，用符号 $G.C.A$ 或 $g.c.a$ 表示：

一般配合力＝同一父（母）本的各杂交组合的均值－总均值

特殊配合力是指两个特定种群之间的杂交后代超过一般配合力的杂种优势，用符号 $S.C.A$ 或 $s.c.a$ 表示：

特殊配合力＝指定杂交组合的均值－（总均值＋父本一般配合力＋母本一般配合力）

用符号代替各项，即：

$$S_{ij}=X_{ij}-(\mu+g_i+g_j) \text{ 或 } X_{ij}=S_{ij}+\mu+g_i+g_j$$

式中：S_{ij}——j 母本与 i 父本杂交组合的特殊配合力效应；

X_{ij}——j 母本与 i 父本杂交组合的平均产量；

μ——总均值；

g_i——i 亲本的一般配合力；

g_j——j 亲本的一般配合力。

配合力测定方法：由于使用的父、母本数量不同，试验设计的方法不同，配合力测定及其分析方法也不同。但多数使用完全双列杂交（又称经纬杂交、纵横杂交）、不完全双列杂交。

1. 完全双列杂交 用一组具有 P 个亲本系群，并使这些系群间相互杂交，如此可得到 P^2 个杂交组合，由这些组合的资料可以组成 P^2 双列表。

P^2 个杂交组合可以分为三类：①P 个亲本系群（或近交系）；②一套 $\frac{1}{2}P(P-1)$ 个正交 F_1 组；③一套 $\frac{1}{2}P(P-1)$ 个反交 F_1 组。因此，双列杂交的分析方法，根据是否包括亲本组和反交组而有所不同，可以归纳为四种方法：

（1）包括亲本组，同时包括正交 F_1 和反交 F_1 组，即有 P^2 个组。

（2）包括亲本组和一套正交 F_1 组，不考虑反交 F_1 组。

（3）包括正交和反交的 F_1 组，而不考虑亲本组，只有 $P(P-1)$ 个组合。

（4）只有一套正交 F_1 组，而不包括亲本组和反交 F_1 组。

2. 不完全双列杂交 不完全双列杂交是数量不相等两套不相同的亲本杂交，分析用的后代不包括正、反交，也不包括“自交”。

四、国内肉用羊杂交利用

目前我国已从国外引进了无角陶赛特羊、萨福克羊、特克赛尔羊、德国肉用美利奴羊、杜泊羊、波德代羊、夏洛来羊等肉用绵羊品种和肉用波尔山羊品种，这些品种可以作为经济杂交的父本品种。在农区的肉用绵羊生产中，可以用繁殖力高的地方绵羊品种与上述肉羊品种进行二元经济杂交，对于繁殖力低的地方品种，可以用国内繁殖力高的品种与之杂交，杂交后代再用肉羊品种作终端父本，进行三元经济杂交。由于国内的地方山羊品种一般具有较高的繁殖力，要选择肉用山羊品种进行二元经济杂交或级进杂交。近 10 年，各地开展了大规模的用引进的肉羊品种与当地羊杂交试验，试验表明，杂交一代表现出良好的杂种优势和当地饲养条件的适应性，生长快，耐粗饲，体躯丰满，很适宜农户饲养，特别是在 11、12 月份枯草期，利用农副产品进行短期舍饲育肥，适时屠宰，即可实现年内出栏，缩短饲养周期，提高商品率，已成为了农户养羊致富的有效途径。

肉用羊杂交研究主要以多品种二元杂交比较试验为主，目前固定的三元及以上配套杂交模式报道较少。姚树清等（1995）用无角陶赛特品种公羊与小尾寒羊杂交，目的是在中原农区舍饲条件下，筛选出生长发育快、早熟、体大、产肉性能和繁殖性能高的杂交组合，同时探索培育我国多胎高产肉羊品种及舍饲集约化饲养途径。

试验结果发现：陶赛特羊×小尾寒羊一代杂种体重，公羊 6 月龄为 40.44kg，周岁体重为 96.7kg，2 岁体重为 148.0kg；母羊体重则分别为 35.22kg、47.82kg 和 70.17kg。6 月龄公羔宰前活重 44.41kg，胴体重 24.20kg，屠宰率 54.49%，胴体净肉率 79.11%。产羔率，陶赛特羊×小尾寒羊一代母羊为 223.8%，二代母羊为 200.0%，接近母本，显著高于父本。试验结果为中原农区舍饲集约化饲养肉羊提供了经验，为培育我国多胎高产肉羊新品种奠定了基础。

2000 年，由赵有璋教授将波德代羊品种首次引入我国，投放在甘肃省永昌肉用种羊场。波德代羊与地方绵羊杂交改良，杂种羊肉用体型明显，生长发育快，耐粗抗逆，受到广大养羊户的欢迎。根据孙志明的试验资料（2002），波德代羊与地方羊杂交一代 4 月龄体重 32.47kg，比同龄当地羊提高 50.32%；胴体重 16.59kg，胴体净肉重 13.51kg，眼肌面积 14.2cm^2，与同龄当地羊相比，胴体重提高 79.35%，胴体净肉重提高 105.01%。

王德芹等（2006）利用杜泊羊、特克赛尔羊与小尾寒羊杂交试验，表明杜泊羊、小尾寒羊、杜泊羊×小尾寒羊杂种一代初产母羊的产羔率分别为

136%、207%、185%，杜泊羊×小尾寒羊杂种一代母羊的产羔率比杜泊羊提高49个百分点，杂交一代繁殖性能优于父本。3月龄杜泊羊×小尾寒羊杂种一代断奶体重33.5kg，比杜泊羊32.3kg和小尾寒羊23.9kg分别提高3.72%、40.17%；特克赛尔羊×小尾寒羊杂种一代断奶体重31.0kg比小尾寒羊23.9kg提高29.71%；杜泊羊×小尾寒羊杂种一代比特克赛尔羊×小尾寒羊杂种一代提高8.06%。

王志武（2010）以山西省农业科学院畜牧所种羊场引进的特克赛尔羊、无角陶赛特羊和萨福克羊为父本，以小尾寒羊作母本，随机分成特克赛尔×小尾寒羊、陶赛特羊×小尾寒羊、萨福克羊×小尾寒羊和小尾寒羊4组。试验采用全舍饲饲养方式，通过综合比较各杂交组合试验羊的产羔率、羔羊成活率、羔羊初生重、1～6月龄体重以及6月龄体尺指数等指标。结果表明，用肉用羊品种杂交小尾寒羊后，杂种后代的生长发育速度明显高于小尾寒羊。

李占斌等（2008）在内蒙古利用无角陶赛特羊和特克赛尔羊为父本，小尾寒羊为母本进行杂交试验，同一营养水平条件下，采用全颗粒料饲喂，结果表明，陶赛特羊×小尾寒羊组的平均日增重306g，饲料报酬4.25：1，分别比小尾寒羊提高20%和21.17%；特克赛尔羊×小尾寒羊组增重和饲料报酬比小尾寒羊提高8.63%和5.97%；陶赛特羊×小尾寒羊和特克赛尔羊×小尾寒羊杂交效果接近，屠宰率和净肉率两项指标，陶赛特羊×小尾寒羊分别比小尾寒羊高3.2和2个百分点。

孙占鹏（2006）利用萨福克羊、无角陶赛特羊和杜泊羊，与小尾寒羊杂交，试验结果表明，各杂种一代羔羊和小尾寒羊，6月龄的平均日增重分别为：萨塞羊杂种一代208.6g、杜泊羊×小尾寒羊杂种一代200.11g、陶赛特羊×小尾寒羊杂种一代193.33g、小尾寒羊144.11g，各杂种一代羔羊与小尾寒羊羔羊相比，分别提高44.76%、38.85%、34.15%。

杨健、荣威恒（2007）以蒙古杂种羊为母本，以杜泊羊、无角陶赛特羊、德国美利奴羊、萨福克羊、特克赛尔羊5个引进肉用型品种为父本，5个杂交组合中，德国美利奴羊×蒙古羊、萨福克羊×蒙古羊、陶赛特羊×蒙古羊、杜泊羊×蒙古羊、特克赛尔羊×蒙古羊日增重分别为273g、265g、254g、238g、211g，对照组蒙古羊为155g。日增重以德国美利奴羊×蒙古羊组最高，与对照组及特克赛尔羊×蒙古羊组差异显著，与其他3组差异不显著。德国美利奴羊×蒙羊组杂种一代断乳日增重较高；陶赛特羊×蒙古羊组、德国美利奴羊×蒙古羊组杂种一代胴体重、屠宰率及净肉率较高。

钱建共等（2002）利用特克赛尔羊等国外5个肉用绵羊品种作父本，分别与江苏湖羊进行杂交，观察各组合杂一代羔羊6月龄的生长发育和7月龄的产肉性能。结果：特克赛尔羊×湖羊组为39.22kg，平均日增重初生至2月龄为 290g，初生至 6 月龄为 190g，比湖羊分别提高 30.6%、48.72%和 29.25%。7 月龄羔羊屠宰结果，宰前活重 38.5kg，胴体重 19.063kg，其中宰前活重、胴体重比湖羊分别提高 37.98%、48.56%；萨福克羊×湖羊组为 38.02kg，平均日增重从初生至 2 月龄为 285g，初生至 6 月龄为 183g，比湖羊分别提高 26.61%、46.15%和 24.49%；7 月龄羔羊屠宰结果，宰前活重为 37.330kg，胴体重 18.45kg，其中宰前活重提高 33.75%，胴体重提高 43.8%；陶赛特羊×湖羊组为 32.75kg，平均日增重从初生到 2 月龄为 232g，初生到 6 月龄为 159g，比湖羊分别提高 9.06%、18.97%和 8.16%；7 月龄羔羊屠宰结果，宰前活重（33.27±0.30）kg，胴体重（16.57±0.05kg），与湖羊相比，其中宰前活重提高 19.20%，胴体重提高 29.15%；德国肉用美利奴羊×湖羊组 6 月龄平均体重为 39.3kg；夏洛来羊×湖羊组 6 月龄平均体重为 34.04kg。在净肉率和骨肉比性状方面，特克赛尔羊×湖羊组、陶赛特羊×湖羊组、德国美利奴羊×湖羊组，均极显著地高于对照组。试验结果表明，利用优秀外种肉用绵羊与湖羊杂交能提高湖羊的产肉性能。

任守文等报道（2002）用波尔山羊、萨能山羊与安徽白山羊杂交，波尔山羊×安徽白山羊杂种一代 6 月龄体重 25.0kg，日增重 123g，与安徽白山羊相比，分别提高 119.9%和 133.84%；胴体重 12.95kg，屠宰率52.95%±5.56%，与安徽白山羊相比，分别提高 143.23%、4.82%。波尔山羊×安徽白山羊杂种一代 8 月龄体重 29.06kg，日增重 108.33g，分别比同龄安徽白山羊提高 114.15%和 124.52%。说明，用波尔山羊改良安徽白山羊，杂种一代体重、日增重、胴体重和屠宰率都有显著提高，特别是在 6 月龄以前表现突出。用波尔山羊与萨能山羊×安徽白山羊杂种一代母羊进行三元杂交试验，杂种二代到 6 月龄时体重为 20.71kg，日增重 102.06g，分别比安徽白山羊提高 80.72%和 93.99%，胴体重 13.47kg，屠宰率 50.69%，分别比安徽白山羊提高 62.29%和 2.22%。

周占琴等（2001）研究了波尔山羊与关中奶山羊进行级进杂交，随着级进代数的增加，各阶段体重不断提高，但从级进到三代开始，各阶段体重逐渐下降，波尔山羊×关中奶山羊杂种一代、波尔山羊×关中奶山羊杂种二代、波尔山羊×关中奶山羊杂种三代、波尔山羊、关中奶山羊 6 月龄体重分别是 23.17、26.67、24.76、、25.64、18.25kg，12 月龄体重分别是 36.35、41.64、38.67、40.15、27.05kg，在体型外貌上，杂种二代的毛色和体型结构已接近波尔山羊，到了杂种三代则已与波尔山羊十分接近。

为了提高广东雷州山羊的产肉性能，刘艳芬等（2002）引入波尔山羊、努比山羊和隆林山羊为父本，对雷州山羊进行杂交，6 月龄波尔山羊×雷州山羊杂种一代羊体重公羊 19.2kg，母羊 19.21kg，分别比对照组雷州山羊提高

83.75%和 74.0%，8 月龄波尔山羊×雷州山羊杂种一代羔羊公羊体重 24.33kg，母羊 24.42kg，比雷州山羊分别提高 47.45%和 93.04%。努比山羊的杂种生产性能虽略低于波尔山羊的杂种，但努比山羊引种成本低，后代毛色为黑色或红棕色，群众易于接受，便于大面积推广。

熊朝瑞（2010）用波尔山羊、努比山羊与简阳大耳羊、仁寿山羊进行杂交改良，波尔山羊×简阳大耳羊杂种一代公羊 10 月龄的体重 43.36kg，比同龄简阳大耳羊公羊分别提高了 60.53% ，波尔山羊×仁寿山羊杂种一代公羊 10 月龄的体重 42.36kg，比同龄仁寿本地公羊分别提高了 85.55% ，努比山羊×简阳大耳羊杂种一代公羊 10 月龄的体重 34.32kg，比同龄简阳大耳羊公羊分别提高了 21.5% 。

云南省采用努比山羊与地方山羊杂交改良，对体重、体尺等性状有了显著提高，经过 15 年培育了“肉用黑山羊新品系群”（胡忠仁，2012）。

大量的二元杂交试验工作为三元配套模式的提出提供了理论依据和生产经验，为肉羊配套系的研发打下了坚实的基础。而在澳大利亚的肥羔生产过程中，通常都是美利奴母羊与长毛边区莱斯特公羊交配，获得杂交一代母羊。杂交一代母羊接着与短毛肉羊品种开展三元杂交，如陶赛特羊或萨福克羊，进而获得澳大利亚肥羔羊肉。这些杂交一代母羊和它们的后代大约占澳大利亚绵羊群体 12%或更多的数量。

第八节　引　　种

科学引种，是发展肉羊业的关键环节。一个地区、一个企业、一个农户要根据国内外养羊的发展情况、根据当地的畜牧业发展规划，研判当前和今后可能的市场变化情况，制订引种计划。要明确引种的目的和目标，明确为什么要引种，引什么品种，从哪里引种，引进后如何利用等问题。但由于某些养羊者对于引种工作的一些规律缺乏认识，盲目引种，结果也造成了一些不应有的损失。

一、引种计划的制订

在引种前要根据当地农业生产规划、地理位置、饲草饲料等因素加以分析，认真对比供种地区与引入地区的生态、经济条件的差异，有针对性地考察所需品种羊的特性及对当地的适应性，进而确定引进山羊还是绵羊，引进什么品种。结合自身的实际情况，根据种群更新计划，确定所需品种和数量，有选择性地购进能提高本地种羊某种性能、满足自身要求。如果是加入核心群进行育种的，则应购买经过生产性能测定的种羊。新建种羊场应从所建羊场的生产规模、产品市场和羊场未来发展的方向等方面进行计划，确定所引进种羊的品种、数量。农户应结合自己所处的地理位置、环境条件、饲料条件确定引入羊的品种，根据圈舍、设备、设施、技术水平和财力等情况确定引进羊只数量，做到既有钱买羊，又有钱养羊。

近年来，养羊生产方式已从毛用和毛肉兼用逐渐向肉用方向转变，我国从国外引进了大量的优良肉用羊品种，如陶赛特羊、萨福克羊、杜泊羊、特克赛尔羊、波尔山羊等。在杂交利用方式上，对于农村的小型养殖户来讲，可以选择二元杂交，可以参照父本选用萨福克羊、陶赛特羊、杜泊羊等，母本选用本地羊的方式。

二、从国外引进优良种羊及遗传物质

从境外引进种羊及遗传物质应遵守《中华人民共和国畜禽遗传资源进出境和对外合作研究利用审批办法》（国务院令第533号）和《中华人民共和国进出境动植物检疫法实施条例》（国务院令第206号）。

（一）从境外引进种羊及遗传物质应当具备的条件

1. 引进的目的明确、用途合理。

2. 符合畜禽遗传资源保护和利用规划。

3. 引进的种羊及遗传物质来自非疫区。

4. 符合进出境动植物检疫和农业转基因生物安全的有关规定，不对境内羊遗传资源和生态环境安全构成威胁。

（二）拟从境外引进种羊及遗传物质时提交的材料

拟从境外引进种羊及遗传物质的单位，应当向其所在地的省、自治区、直辖市人民政府畜牧兽医行政主管部门提出申请，并提交买卖合同或者赠予协议。

还应当提交下列资料：

1. 种畜禽生产经营许可证。

2. 出口国家或者地区法定机构出具的种畜系谱或者种禽代次证明。

3. 首次引进的，同时提交种用种羊的产地、分布、培育过程、生态特征、生产性能、群体存在的主要遗传缺陷和特有疾病等资料。

三、从国内引进种羊

1. 供种单位的选择　引进种羊时要对供种单位进行认真选择。引进外来的肉羊品种时，由于外来的肉羊品种大都集中饲养在科研部门及育种场内，一般要直接到这些部门及育种场去引种，最好到国家级、省级核心育种场引种。引种时，要了解该羊场是否有畜牧兽医部门签发的种畜禽生产许可证、种羊合格证、系谱耳号登记及动物防疫合格证，系谱档案是否齐全。然后了解该羊场的发展历史、种羊情况、种羊生产情况、推广销售情况、售后技术服务等情况。尤其要考察疫病状况，了解该种羊场的免疫程序及其具体免疫情况，疾病治疗记录档案。经过认真考察，选择管理严格、质量优良、纯种规模大、技术档案齐全、信誉好、售后服务完善的大型种羊企业引入种羊。引入国内地方品种时，应主动与当地畜牧主管部门联系，一般到该品种的主产地区的保种场、保护区去引种。

2. 选择引羊时间　引羊最适季节为春秋两季，这是因为这两个季节气温不高，也不是太冷，冬季在华南、华中地区也能进行，但要注意保温设备。引羊最忌在夏季，6～9 月天气炎热、多雨，大都不利于远距离运羊。如果引羊距离较近，不超过 1d 的时间，可不考虑引羊的季节。对于引地方良种羊，这些羊大都集中在农民手中，所以要尽量避开“夏收”和“三秋”农忙时节，农户顾不上卖羊，选择面窄，难以挑选出好的种羊。

3. 做好引种准备　引种前应建好羊舍，羊舍应建在干燥、排水良好、背风向阳的地方，每只羊所需的羊舍面积按公羊 1.5～2.0m^2，母羊 1.0～1.5m^2 计算为宜。还应设隔离羊舍，隔离羊舍距离原羊场距离 300m 以上的，并在种羊到场 1 周前对隔离羊舍进行全面、彻底、严格消毒。要备足饲草，至少要准备 5d 的草料，青干草或农作物秸秆可按每只羊每天 2.5 ～3.0kg、混合精料每只每天 200g 为宜。

4. 羊只的选择　羊只的挑选是关键的环节，必须把好质量关。核查生产记录和系谱档案，对引入品种来说，选择的个体是品种群中生产性能较高者，各项生产指标高于群体平均值，如体重、毛长、体尺、产肉性能、剪毛量等，最好能结合种羊综合选择指数进行选择。对于本身生产性能好的个体还要看父、母、祖父、祖母的生产成绩，特别是父、母的生产成绩。挑选时，要看它是否符合品种标准，羊的品种体型外貌特征、整体结构是否符合要求，背腰是否平直、四肢是否端正等，选择的个体体质健壮，精神饱满，两眼有神，四肢运动正常，行动敏捷，食欲旺盛，被毛光亮，皮肤有弹性，鼻孔、嘴唇周围干净。公羊不能为单睾或隐睾，手摸睾丸富有弹性，手摸有痛感的多患有睾丸炎。母羊体高体长适中，强壮，乳头整齐，发育良好。不应有其他缺陷，无任何传染病。公羊要选择 1～2 岁，母羊多选择 1 周岁左右，这些羊多半正处在配种期。5 岁以上的羊繁殖力开始下降，不宜再作种用。膘情中上等但不要过肥过瘦，肉羊体况评分 2.5～3.5 为宜。群体大小的确定，关键是公羊数量。建立育种核心群公羊不少于 15 个血统，公母比例一般要求 1∶（15～20），群体越小，可适当增加公羊数，以防近交。对于选定的羊只，可用塑料耳标、喷漆等做好标记。

选好种羊后，必须到当地县级畜牧兽医主管部门申报对羊群进行检疫，经检疫人员检疫后开具产地检疫证、出县境动物检疫合格证、非疫区证明、车辆消毒证明。

5. 羊只的运输　运羊前的准备：要办好各种手续，如检疫证、种羊调运许可证、购羊发票等，以备途中检查；应根据气候条件和路途远近，备足草料和饮水用具，寒冷、雨季季节运羊汽车应加盖篷布；随车应准备铁锨、扫帚、手电及常用药品（特别是外伤用药）等。运羊的工具，2 000km 以内采用汽车运输较好，不需要转车，途中时间短，羊的应激小。

（1）车辆准备　运输车辆车况要好，防止因车辆抛锚耽误行程，造成不必要的麻烦。车厢边帮要加高，以防途中羊只跳出。运载种羊的车厢隔成若干个隔栏，每 $10m^2$ 为一个隔栏，隔栏最好用光滑的水管制成，避免刮伤种羊，每个隔栏安排 15～20 只羊。可将车辆用木棒、竹竿或钢管做成双层，可以提高装运数量，降低运输成本。在运羊前 24h，使用高效的消毒剂对车辆和用具进行 2 次以上的严格消毒。消毒后最好能空置 1d 再装羊，在装羊前再用刺激性较小的消毒剂彻底消毒 1 次。长途运输的车辆，车厢最好能铺上垫料，可铺上稻草、谷壳等，以降低种羊肢蹄损伤的可能性。

（2）装车　装车前要给羊饮足水，不宜让羊吃得过饱，应当空腹或半饱，不宜放牧后装车，以防腹部内容物多，车上颠簸引起不良反应。装车时，车辆应停放在装羊台处，让羊自行上车，上车驱赶速度不宜过快，以防互相拥挤造成挤伤、跌伤。每辆车上装羊的数量以羊能自由活动为宜，太少易挤倒；太多时，体弱羊若被挤倒则很难站起，容易引起踩、踏伤或致死，若夏季运输时由于羊过多拥挤，通风散热不畅容易中暑。根据经验，4m 长的车辆双层可以运输 15kg 左右的羔羊 100 只左右，9m 长的车辆可以运输 300 只左右。将种羊按性别、大小、强弱进行分群装车。达到性成熟的公羊应单独隔开。装车时买卖双方应安排专人负责清点羊数，以免出现差错。

（3）羊只的运输　长途运输每辆车应配 2 名驾驶员，轮换开车，途中做到人休息（司机轮流休息）车不休息，尽量缩短途中运输时间，特别在夏季中午行车，车更不能停下，以防日晒拥挤造成中暑，而在车行驶中由于有风速加快散热，可减少中暑的可能。运输途中车速不能过快，车速要平稳，不能急加速或急减速、紧急制动，过坑和在路面不平的道路上行驶车速要慢，以防羊前后拥挤、踩踏和倒伏。每走一段路程要停车检查羊有无趴卧的，并及时将趴卧的羊拉起，否则会因踩、压造成伤亡。远途运羊应让羊饮水，并多喂胡萝卜等多汁块根饲料，以缓解饥渴。运程在 1d 之内的不需喂草料，运程 1d 以上的，每天应喂草2～3次，饮水不少于2次，保证每只羊都能饮到水吃到草料。

6. 引进后的饲养管理 羊运到目的地后，卸车时应搭建跳板，特别是种公羊体重大更应注意安全，以免伤亡。长途运输羊易渴，下车后即可让其饮水，但应控制饮水量，不能暴饮，在饮水中要添加口服补液盐和抗应激的维生素C和维生素E，使种羊尽快恢复正常状态。羊刚引回应先舍饲，可先给予优质易消化的青草和适量的麸皮，也可将铡碎的青干草放入饲槽让其采食，前2周让羊吃八成饱，尤其是精料不能过量。羊舍要清洁卫生、干燥，通风良好，温度适宜。由于长途运输，羊只体质很弱，加之草料的改变和环境的变化，易引起羊只的消化不良，饲养人员应经常观察羊只情况，对停食、乏弱、发病的羊及时进行治疗或人工补饲。

7. 隔离与强化免疫 种羊引进后必须在隔离舍隔离饲养30d，必须采血送兽医检疫部门检测，监测口蹄疫、布鲁氏菌病、伪狂犬病、传染性胸膜肺炎等。种羊引进后1周开始，根据当地羊病的发生情况，应按免疫程序接种注射羊快疫、猝疽、羊肠毒血症、羔羊痢疾、细小病毒病、乙型脑炎等疫苗。羊运回半个月后进行一次驱虫，可使用长效伊维菌素或阿维菌素等广谱驱虫剂皮下注射进行驱虫。隔离期结束后，对种羊进行体表消毒，方可转入生产区投入正常生产。

第九节 分子育种

分子育种技术是利用现代生物育种技术，基于重要功能基因发掘、鉴定、标记和定位，采用标记辅助选择、全基因组选择和转基因等手段，改良现有品种和培育新品种的新的育种技术体系。

一、标记辅助选择育种

自20世纪80年代以来，先后开发出基于Southern杂交的第一代分子标记（以限制性内切片段长度多态性，RFLP为代表）和基于PCR的第二代分子标记（以简单重复序列，SSR为代表），以及基于基因序列的第三代分子标记（以编码区简单重复序列cSSR、SNP、表达序列标签EST、miRNA为代表）和基因芯片检测技术。利用分子标记技术，相继构建出主要动物的高密度基因连锁图，极大地促进了以作图为基础的新基因发掘。标记辅助选择的理论、方法与传统的数量遗传学方法及计算机模拟技术相结合，为动物育种提供了新的选择策略。

分子标记辅助育种的核心是借助与目标基因紧密连锁的分子标记，直接选择目标基因型个体，培育优良品种。分子标记辅助育种不受环境影响，能够同时聚合多个目标基因，可大大提高选择效率、缩短育种周期、提高育种水平。特别是对根据表型难以选择的性状和限性性状，如优质性状和抗病性等，分子标记辅助育种技术更有事半功倍之效。随着各种动物连锁图谱的日趋饱和以及与各种动物重要性状连锁的标记的发现，分子标记辅助选择（MAS）已成功应用于品质育种、提高繁殖力及抗病育种实践。在我国，目前猪的氟烷敏感基因分子诊断方法已被应用于种猪培育与生产，鸡的矮小基因已在配套系选育中发挥作用，在小尾寒羊中发现的 FecB 突变已被用于高繁品种的培育，在中国猪的肉质基因、脂肪蓄积基因；牛的“双肌”基因、流产基因、高产奶量基因、奶中蛋白质量基因、抑肌素基因等方面都已发现了相应的 DNA 或基因标记，部分还获得了自主的知识产权。

1. 新型分子标记的开发与应用　动物育种目标的大多数重要性状都是数量性状。因此，从这个意义上讲，对数量性状的遗传操纵能力决定了动物育种的效率。利用分子标记技术对目的基因进行精细定位，筛选与目的基因紧密连锁的分子标记，并结合目标性状表型值分析二者的关联度，从而实现对重要经济性状的标记辅助选择是进行分子育种的关键。以往的标记选择都是利用与目标基因连锁的分子标记对基因进行选择。随着动物基因组学研究的发展，基因表达序列标签（EST）及全长 cDNA（互补 DNA）数量迅猛增长，成为开发新型分子标记（cSSR、SNP 及其单倍型等）的宝贵资源。这类分子标记除具有数目多、适于高通量检测的优点外，更重要的是标记来自于基因序列，对标记的选择就是对基因进行直接选择。此外，因不同动物基因结构上的保守性，从一种动物上获得的标记也可用于其他同类动物，从而大大促进比较基因组学与分子育种的有机结合。开发与应用新型分子标记，建立分子遗传标记和功能基因的大规模检测技术，研制与开发出可用于动物育种实践的基因诊断方法及其试剂盒，是发展分子育种技术的重要方向。

2. 分子育种与常规育种技术的有机结合　常规育种技术在实现畜禽杂种优势利用、性能测定、遗传评估及优良品种培育方面取得了显著成就。但其选择周期长、遗传进展慢等问题一直是培育突破性新品种的技术瓶颈。通过常规育种方法在品种改良上所获得的遗传增益日趋平缓，尤其在聚合高产、优质、抗逆等多个优良性状的品种选育方面进展不大。另一方面，在过去的五十年中，我国培育了一大批畜禽品种，但多以产量为主选目标。优质专用是当今动物育种的发展趋势，在保证产量的同时，实现产量、品质和抗性的同步改良，已成为动物育种的主要方向。

随着全球经济一体化和市场竞争的加剧，发达国家越来越重视畜产品的质量，包括商品品质、营养品质、加工品质和卫生品质（食物安全性）等。在市场流通和国际贸易中，畜产品的商品质量和加工品质及其标准化越来越重要。随着加工业的发展，各种专用动物新品种应运而生，需求量也越来越大。近年来，发达国家政府已经发现了分子育种潜在的巨大效益，例如美国、英国、法国、德国、日本、澳大利亚、加拿大、新西兰、印度、韩国等国纷纷出台国家级研究计划，在这一新领域展开竞争。其特点是发达国家纷纷建立动物分子遗传改良工程中心，这些中心一方面承担着国家动物基因组研究计划、免疫抗病育种、性状改良的分子生物学等基础研究；另一方面又将这些研究成果迅速地转化为动物分子育种产品。畜禽重要经济性状基因定位、标记辅助选择和基因诊断研究已成为欧洲各国、美国、澳大利亚、日本等国的研究热点。标记辅助选择的理论、方法与传统的数量遗传学方法及计算机模拟技术相结合，为动物育种提供了新的选择策略。随着各种动物连锁图谱的日趋饱和以及与各种动物重要性状连锁的标记的发现，将MAS应用于品质育种、提高繁殖力及抗病育种，将在未来持续增加动物产品和改进质量、提高效益中发挥愈来愈重要的作用。随着计算机技术、各种高通量、自动化标记分析仪器的使用和成本不断下降，分子育种技术日趋实用化。动物育种已进入分子育种的新阶段，分子育种技术与常规育种技术有机结合将成为取得动物育种水平新突破的重要途径。

二、全基因组选择育种

研究表明，我国的大多数地方绵羊品种在肉质、抗病、抗逆和免疫力方面明显优于国外品种，即使在相同品种内，肉质、抗病和免疫力相关性状也存在一定程度的遗传变异。利用高密度SNP芯片技术，分析正向选择导致品种内遗传变异和品种间遗传差异，通过对选择信号区域（Selection sweep）候选基因分析，可挖掘和检测与肉羊相关的生长、抗病力等性状相关基因，也可实现在全基因组水平的选择。

全基因组选择研究目前尚处于初级阶段，但发展迅速。目前，由于大量基因的功能和功能通路已在分子水平得到相应的证明和报道，大量的基因数据库、QTL（数量性状基因座）数据库被建立起来，对开展全基因组选择的研究提供了有效的基础。在我国的肉羊育种领域，随着近年来肉羊生产性能测定体系的逐步建立和完善，已积累了大量可靠的生产性能测定数据，从而为估计SNP标记效应奠定了基础，由此为肉羊全基因组关联分析提供了良好条件。

三、转基因育种

转基因育种则是通过向受体动物转移有重要功能的基因或一组功能相关的

基因来提高动物的生产性能的育种技术。DNA 标记辅助选择技术不能创造变异，也不能够在不同物种间进行优良功能基因的转递，而转基因技术则能够达到这个目标，因此，这两种育种技术有很强的互补性，合称为分子育种技术，并将成为未来动物品种改良的关键技术。

转基因育种技术是优质、抗病动物新品种培育的主要途径之一，转基因动物技术在 1991 年第一次国际基因定位会议上被公认为是遗传学上继连锁分析，体细胞遗传和基因克隆之后的第四代技术，被列为生物学发展史上 126 年中第 14 个转折点。转基因畜禽技术的成熟将导致畜牧业上育种方法的革命性变革。目前常规技术培育的动物新品种，高产、抗病和优质经常存在矛盾，加之理想的优质育种材料缺乏，难以实现定向的优异性状聚合育种。转基因技术可以打破不同生物物种之间的界限，把来自任何一种生物的基因转移到另一种受体生物中去进行表达，因而可将优良外源基因直接引入动物品种中，能够大幅度缩短育种周期，快速培育出优质、高抗新品种。特别是将体细胞克隆技术与细胞转基因技术结合生产转基因动物，用于改造个体，创造优质品种，或利用个体作为生物反应器，生产生物制剂已成为国际上研究重点。转基因畜禽的生产涉及环节众多，包括从目的基因的选择，打靶载体的构建，各种细胞系的建立、畜禽繁殖技术的应用，转基因畜禽的外源基因的表达检测和监测，转基因畜禽的生物安全性评价，转基因畜禽产品的食用、药用安全性评估，转基因畜禽的建系等。因此，开展转基因动物研究，不仅会推动动物生产性状快速地遗传改良，降低传统育种方法的成本；提高畜禽抗病力；生产人用医药蛋白以及提供异种器官移植供体等非常规畜牧产品，同时也会推动细胞冷冻技术、转染技术、核移植或胚胎移植技术、克隆技术、检测技术等生物技术产业的进步。

四、基因聚合分子育种

基因聚合分子育种与常规育种技术相结合的育种方式已成为今后育种的主流方向。基因聚合分子育种（Gene pyramiding molecular breeding），简单地说，就是在常规育种的基础上通过分子生物学手段实现 2 个或 2 个以上优良基因整合到同一个体的育种方法。主要包括两种方式：分子标记辅助选择基因聚合分子育种和遗传转化基因聚合分子育种。

分子标记辅助选择基因聚合分子育种方法通过对杂交、回交、合成杂交等技术，将有利基因聚合到同一个基因组中，在后代中通过分子标记选择出含有多个目标基因的个体，实现有利基因的聚合。

遗传转化基因聚合分子育种方法结合常规育种技术，运用显微注射法、DNA 质粒或病毒介导法、电刺激法、基因枪轰击法等相关生物学方法，采用不同策略将人工分离和修饰的 2 个或 2 个以上的外源基因导入受体，因外源基因的表达而引起生物体性状的可遗传性修饰，从而培育具有特异目标性状的新品种。

基因聚合分子育种研究已经取得了较大的进展，但是，该方法育成的能在生产上应用的品种很少，大多数基因聚合分子育种研究仍停留在实验室阶段。目前，通过基因聚合分子育种以培育高产优质的品种还有许多方面的研究需要探索。在分子标记辅助选择进行基因聚合分子育种方面：①到目前为止，真正可用于分子标记的候选基因数量有限，还需寻找与目标性状紧密连锁的分子标记；②寻找新型的分子标记检测方法，实现检测过程的自动化、规模化。在遗传转化基因聚合分子育种方面：①在多基因单载体共转化聚合研究中，可承载大容量目的基因的载体还很少，同样高效的转化技术还有待进一步研究；②如何保证外源基因的高表达，同时防止其他潜在风险的发生，如干扰素效应和同源基因的沉默，这是多基因单载体共转化聚合研究中一个尚待解决的关键问题。

随着分子生物学的不断发展及其与传统育种技术结合的日益紧密，采取基因聚合分子育种方法改良更多生产性状，创造优良种质资源，快速培育高产、优质、抗病新品种，将产生较大的经济效益和社会效益。

第十章 羊肉品质与质量控制

第一节 羊肉的品质

一、羊肉的理化特性及其评定

（一）膻味

膻味是绵、山羊所固有的一种特殊气味，是代谢的产物。膻味的大小因羊种、品种、性别、年龄、季节、遗传、地区、去势与否等因素不同而异。我国北方广大农牧民和城乡居民，长期以来有喜食羊肉的习惯，对羊肉的膻味也就感到自然，有的甚至认为是羊肉的特有风味；而江南有相当多的城乡居民特别不习惯闻羊肉的膻味，因而不喜欢吃羊肉。

鉴别羊肉的膻味，最简便的方法是煮沸品尝。取前腿肉0.5～1.0kg放入铝锅内蒸60min，取出切成薄片，放入盘中，不加任何佐料（原味），凭咀嚼感觉来判断膻味的浓淡程度。

（二）肉色

肉色是指肌肉的颜色，是由组成肌肉中的肌红蛋白和肌白蛋白的比例所决定。但与肉羊的性别、年龄、肥度、宰前状态，放血的完全与否、冷却、冻结等加工情况有关。成年绵羊的肉呈鲜红或红色，老母羊肉呈暗红色，羔羊肉呈淡灰红色；在一般情况下，山羊肉的肉色较绵羊肉色红。

评定方法，可用分光光度计精确测定肉的总色度，也可按肌红蛋白含量来评定。在现场多用目测法，取最后一个胸椎处背最长肌（眼肌）为代表，新鲜肉样于宰后1～2h，冷却肉样于宰后24h在4℃左右冰箱中存放。在室内自然光度下，用目测评分法评定肉新鲜切面，避免在阳光直射下或在室内阴暗处评定。灰白色评1分，微红色评2分，鲜红色评3分，微暗红色评4分，暗红色评5分。两级间允许评0.5分。具体评分时可用美式或日式肉色评分图对比，凡评为3分或4分者均属正常颜色。

（三）酸碱度（pH）

羊肉酸碱度是指肉羊宰杀停止呼吸后，在一定条件下，经一定时间所测得的pH。肉羊宰杀后，其羊肉发生一系列的生化变化，主要是糖原酵解和三磷酸腺苷（ATP）的水解供能变化，结果使肌肉中聚积乳酸和磷酸等酸性物质，使肉pH降低。这种变化可改变肉的保水性能、嫩度、组织状态和颜色等性状。

测定方法：用酸度计测定肉样pH，按酸度计使用说明书在室温下进行。直接测定时，在切开的肌肉面用金属棒从切面中心刺一个孔，然后插入酸度计电极，使肉紧贴电极球端后读数；捣碎测定时，将肉样加入组织捣碎机中捣3min左右，取出装在小烧杯中，插入酸度计电极测定。

评定标准：鲜肉pH为5.9～6.5；次鲜肉pH为6.6～6.7；腐败肉pH在6.7以上。

（四）大理石纹

指肉眼可见的肌肉横切面红色中的白色脂肪纹状结构，红色为肌细胞，白色为肌束间的结缔组织和脂肪细胞。白色纹理多而显著，表示其中蓄积较多的脂肪，肉多汁性好，是简易衡量肉含脂量和多汁性的方法。要准确评定，需经化学分析和组织学测定。现在常用的方法是取第一腰椎部背最长肌鲜肉样，置于0～4℃冰箱中24h后取出横切，以新鲜切面观察其纹理结构，并借用大理石纹评分标准图评定。只有大理石纹的痕迹评为1分，有微量大理石纹评为2分，有少量大理石纹评为3分，有适量大理石纹评为4分，若是有过量大理石纹的评为5分。

（五）系水率

系水率是指肌肉保持水分能力，用肌肉加压后保存的水量占总含水量的百分数表示。它与失水率是一个问题的两种不同概念，系水率高，则肉的品质好。测定方法是取背最长肌肉样50g，按食品分析常规测定法测定肌肉加压后保存的水量占总含水量的百分数。

系水率＝（肌肉总水分量－肉样失水量）/肌肉总水分量×100%

（六）失水率

失水率是指羊肉在一定压力条件下，经一定时间所失去的水分占失水前肉重的百分数。失水率越低，表示保水性能强，肉质柔嫩，肉质越好。

测定方法：截取第一腰椎以后背最长肌5cm肉样一段，平置在洁净的橡皮片上，用直径为2.532cm的圆形取样器（面积约5cm^2），切取中心部分眼肌样品一块，其厚度为1cm，立即用感量为0.001g的天平称重，然后放置于铺有多层吸水性好的定性中速滤纸，以水分不透出，全部吸净为度，一般为18层定性中速滤纸的压力计平台上，肉样上方覆盖18层定性中速滤纸，上、下各加一块书写用的塑料板，加压至35kg，保持5min，撤除压力后，立即称重肉样重量。肉样加压前后的重量差即为肉样失水重。按下列公式计算失水率：

失水率 =（肉样压前重量－肉样压后重量）/肉样压前重量×100%

（七）嫩度

指肉的老嫩程度，是人食肉时对肉撕裂、切断和咀嚼时的难易，嚼后在口中留存肉渣的大小和多少的总体感觉。影响羊肉嫩度的因素很多，如绵、山羊的品种、年龄、性别、肉的部位，肌肉的结构、成分、肉脂比例、蛋白质的种类、化学结构和亲水性、初步加工条件、保存条件和时间，热加工的温度、时间和技术等。很多研究还指出，羊胴体上肌肉的嫩度与肌肉中结缔组织胶原成分的羟脯氨酸有关，羟脯氨酸含量越高，肌肉的强度越大，肉的嫩度越小。

羊肉嫩度评定通常采用仪器评定和品尝评定两种方法。仪器评定目前通常采用C-LM型肌肉嫩度计，以千克为单位；数值愈小，肉愈细嫩，数值愈大，肉愈粗老；如中国农业科学院畜牧研究所测定，无角陶赛特公羊与小尾寒羊母羊杂交的第一代杂种公羔背最长肌的嫩度（剪切值）为6.0kg，股二头肌的嫩度为6.25kg。口感品尝法通常是取后腿或腰部肌肉500g放入锅内蒸60min，取出切成薄片，放于盘中，佐料任意添加，凭咀嚼碎裂的程度进行评定，易碎裂则嫩，不易碎裂则表明粗硬。

（八）熟肉率

指肉熟后与生肉的重量比率。用腰大肌代表样本，取一侧腰大肌中段约100g，于宰杀后12h内进行测定。剥离肌外膜所附着的脂肪后，用感量0.1g的天平称重（W_1），将样品置于铝蒸锅的蒸屉上用沸水在2 000W的电炉上蒸煮45min，取出后冷却30～45min或吊挂于室内无风阴凉处，30min后再称重（W_2）。计算公式为：

$$熟肉率 = W_2/W_1 \times 100\%$$

二、羊肉的营养价值

羊肉纤维细嫩，其所含主要氨基酸的种类和数量，能完全满足人体的需要，特别是羔羊肉具有瘦肉多、肌肉纤维细嫩、脂肪少、膻味轻、味美多汁、容易消化等特点，颇受消费者欢迎。我们中华民族的祖先，在远古时代发明的一个字——“羹”，意思是用肉和菜等做成的汤，从字形上来看，还可以这样来解释：即用羔羊肉做的汤是最鲜美的。冬春季节，我国北方几乎所有的大中城市，都有香味扑鼻、味美可口的涮羊肉出售，而北京东来顺饭庄的涮羊肉更是驰名中外。涮羊肉的主要原料是羔羊肉。现代涮羊肉的调制家也确认羔羊肉肥瘦相宜，色纹美观，到火锅中一涮即刻打卷，味道鲜美，肉质细嫩，为成年羊肉所不及。可见，古往今来，羔羊肉一直受到我们民族的青睐。在国外，许多国家大羊肉和羔羊肉的产量不断变化，羔羊肉所占的比例增长较快，甚至有不少国家羔羊肉的产量远远超过大羊肉。如美国，现在的羔羊肉产量占全部羊肉总产量的70%，新西兰占80%，法国占75%，英国占94%。

当前，除信奉伊斯兰教的民族以牛肉、羊肉为主外，许多国家的消费者也趋向于取食牛羊肉，目的是减少动物性脂肪的取食量，以避免人体摄入过多的胆固醇，减少心血管系统疾病的威胁。羊肉中的胆固醇含量在日常生活食用的若干种肉类中是比较低的。如每100g可食瘦肉中的胆固醇含量：羊肉为65mg，牛肉为63mg，猪肉为77mg，鸭肉为80mg，兔肉为83mg，鸡肉为117mg。在蛋白质含量方面，羊肉比牛肉低，比猪肉高；在脂肪含量和产热方面超过牛肉而不及猪肉；羊肉含有丰富的钙、磷、铁，在铜和锌的含量方面，也显著地超过其他肉类。

三、影响羊肉品质的因素

（一）年龄和体重

家畜随着年龄的增长体重不断增加一直到成年。因此，年龄和体重这两个因素有密切的关系。不同品种绵羊、山羊的年龄和体重的变异范围很大。绵羊胴体中脂肪的比例通常是随着体重的增加而增加的。

羊肉的嫩度受年龄的影响很大，但从羔羊到周岁年龄内变化不是很大。因此，随着年龄增长，肌肉组织中脂肪减少，肌纤维显著变硬而降低胴体品质。如果绵羊胴体在屠宰以后进行处理，例如在僵死前迅速冷冻或早期冷冻，可以避免羊肉变老。经过这样处理后的羔羊肉，周岁羊肉或较大年龄的母羊均可用来烤羊肉。不同年龄的羊肉之间的嫩度有明显差异，年龄较大的绵羊肉嫩度就差一些。

皮下脂肪薄的胴体比脂肪覆盖厚的胴体在冷冻以后羊肉容易变老。家畜屠宰放血后，通电进行电刺激，可增加肉的嫩度。

（二）品种

国外在羊肉生产中，多年来已摸索出一些经验和规律。如小型的南丘羊做父本时，后代胴体较肥，如与萨福克羊作父本的胴体比较，脂肪比例高3%～6%。因此南丘羊的杂种羔羊在体重较小时，早期屠宰胴体品质较好。当体重太大时，屠宰后的胴体过肥。如果萨福克羊和南丘羊的杂种后代在同一体重时屠宰，那么南丘羊的后代就较肥。新西兰肥羔生产原来用南丘羊，因为胴体太肥，所以改用萨福克羊作父本。

在胴体重量相同的南丘羊杂种对比萨福克和罗姆尼羊杂种，其骨重所占比例小。不同品种之间羊肉适口性没有明显差异。但细毛羊的胴体比半细毛羊或粗毛品种的嫩度稍差。细毛羊的肉膻味较大。

我国一般不是按传统习惯方式用淘汰老残母羊或羯羊来生产羊肉。很少直接用公羊育肥来生产羊肉。在国外有不少国家，对以产肉为目的公羊一般还是采取去势后育肥的传统方法。但是近些年来欧洲的一些国家，提倡小公畜不去势直接育肥，这种公畜肉在某些国家肉品供应中有较大的比重，例如瑞典每年屠宰的肉牛中58%是公牛。究竟去势和没有去势的公畜在肉的品质方面有哪些不同，还待今后进一步研究证实。生长速度：一些研究报道，公羊与羯羊相比，具有生长速度快、饲料利用率高、胴体瘦肉多等特点。这些特点是受睾丸激素，特别是睾酮的刺激所致。研究表明，在相同饲养管理条件下，公绵羊平均日增重为230g，而羯羊为200g。公羊饲料转化效率比羯羊高12%～15%，比母羊高13%左右。胴体特性：研究认为，虽然公羊的屠宰率比羯羊低，但瘦肉率和肌肉切块产量较高，据试验测定，公绵羊平均屠宰率为49.6%，脂肪厚度为5.2mm，而羯羊相应为51.3%和6.9mm。研究还认为，公羊、羯羊瘦肉分布情况也与雄激素有关。肉品香味：公羊肉柔软，嫩度比羯羊小，相同年龄的公羊和羯羊肉的芳香性没有差别，食用特性也无差异。其肉的多汁性和肉味差别很小。就消费者来说对羊肉的评价，主要是从肉的嫩度和味道的浓度考虑较多。

（三）营养和饲料

营养问题实际上是由于饲料和气候所决定的，在比较同龄羊时，营养水平和日粮成分可以使胴体成分差异很大。但是胴体重相同的个体受营养水平和日粮成分影响不大。有人认为相同品种和性别相同的个体胴体组成决定于体重，实际上是决定于营养状况。改变饲料成分，在饲料中适当增加蛋白质，就能增加体内脂肪的沉积量，改善肉的品质。因此，营养对胴体品质的影响，主要是日粮的营养水平、饲喂量及次数和羊的发育阶段等因素的相互作用的结果。

采食特殊牧草可以改变绵羊肉的味道，有些试验已经证明某些羔羊肉的味道是和芳香族的野生牧草有关。我国不少地区的羊肉膻味很小，可能也和某些牧草有关。例如滩羊肉可能与贺兰山的药草有关，但没有得到试验的证实。国外有些试验证明，白三叶、苜蓿、油菜、燕麦等会影响羊肉的味道。吃了有气味的饲草以后7～14d，再喂不带气味的饲草，气味可以消除。

（四）肥度

肉用品种羊或经过育肥后的羊胴体中，脂肪掺入肋间的瘦肉内，在体侧肌肉内、臀部、腰部肌肉上有条纹状脂肪，这种胴体比脂肪少的胴体品质好。此外，胴体上还覆盖一层脂肪，这层脂肪对屠宰以后的冷冻起着隔离层的作用，可以减少羊肉老化，并能保持一定温度，有助于酶的作用。

第二节　胴体品质的评定

一、胴体解剖与测定

（一）胴体解剖

绵、山羊的胴体大致可以分成八大块，这八大块可以分成三个商业等级：属于第一等的部位有肩背部和臀部，属于第二等的有颈部、胸部和腹部，属于第三等的有颈部切口、前腿和后小腿。

将胴体从中间分切成两片，各包括前躯及后躯肉两部分。前躯肉与后躯肉的分切界限，是在第 12 对与第 13 对肋骨之间，即在后躯肉上保留着一对肋骨。前躯肉包括肋肉、肩肉和胸肉，后躯肉包括后腿肉及腰肉。

肩肉：从第 4 对肋骨处起，包括肩胛部在内的整个部分。

胸肉：包括肩部及肋软骨下部和前腿肉。

腹肉：整个腹下部分的肉。

后腿肉：从最后腰椎处横切。

腰肉：从第 12 对肋骨与第 13 对肋骨之间横切。

肋肉：从第 12 对肋骨处至第 4 对与第 5 对肋骨间横切。

胴体上最好的肉为后腿肉和腰肉，其次为肩肉，再次为肋肉和胸肉。

（二）肉羊产肉力的测定

1. 屠宰率　指胴体重与羊屠宰前活重（宰前空腹 24h）之比，用百分率表示。

屠宰率 ＝ 胴体重/宰前活重×100％

2. 胴体重　指屠宰放血后，剥去毛皮、除去头、内脏及前肢腕关节和后肢飞节以下部分后，整个躯体（包括肾脏及其周围脂肪）静置 30min 后的重量。

3. 净肉率　一般指胴体净肉重占宰前活重的百分比。若胴体净肉重占胴体重的百分比则为胴体净肉率。

净肉率 ＝ 净肉重/宰前活重 ×100％

胴体净肉率 ＝ 净肉重/胴体重 ×100％

4. 净肉重　指用温胴体精细剔除骨头后余下的净肉重量。要求在剔肉后的骨头上附着的肉量及耗损的肉屑量不能超过 300g。

5. GR 值　指在第 12 对与第 13 对肋骨之间，距背脊中线 11cm 处的组织厚度，作为代表胴体脂肪含量的标志。

6. 眼肌面积　测量倒数第 1 对与第 2 对肋骨之间脊椎上眼肌（背最长肌）

的横切面积，因为它与产肉量呈高度正相关。测量方法：一般用硫酸绘图纸描绘出眼肌横切面的轮廓，再用求积仪计算出面积。如无求积仪，可用下面公式估测：

$$眼肌面积（cm^2）= 眼肌高度 \times 眼肌宽度 \times 0.7$$

也有用B超仪来测眼肌面积的。

7. 骨肉比 指胴体骨重与胴体净肉重之比。

二、商品肉分级

胴体各切块部位的肉，以后腿肉和腰肉为最好，其次为颈肩肉，腹下肉质量较差。按商品性评价，分为三级：

一级肉：后腿肉（占30.65%）和腰肉（17.64%）两部位合占胴体净肉的48.29%。

二级肉：肋肉（15.38%）和肩颈肉（占27.78%）两部位合占胴体净肉的43.16%。

三级肉：腹下肉占胴体净肉的8.55%。

三、中国肉羊屠宰试验方法

准备屠宰的肉羊，宰前必须进行健康观察，凡发现口、鼻、眼有过多的分泌物，呼吸困难，行为异常等，一般暂不能作为生产商品肉羊屠宰；另外，注射炭疽芽孢杆菌疫苗的羊，在14d内也不得屠宰产肉出售。只有经过临床检查健康的羊，才能屠宰，并生产商品羊肉。

一般肉羊在屠宰前24h，应停止放牧和补饲，宰前2h停止饮水。除肉类联合加工厂采用机械、半机械化屠宰外，目前我国广大农村、牧区宰杀绵、山羊，多采用"大抹脖"的方法，这种方法简单易行，但影响皮形完整，同时血迹容易污染毛皮，降低了毛皮的品质和价值。比较好的宰杀方法，是在羊的颈部，纵向切开皮肤，切口8～12cm，然后用刀伸入切口内向右偏，挑断气管和血管，放血，但避免刺破食管。放血时注意把羊固定好，防止血液污染毛皮。放血完毕，应及时剥皮。

剥皮时，将羊四肢朝上放在清洁平整的地面上，用尖刀沿腹中线挑开皮层，向前沿脚部中线挑至嘴角，向后经过肛门挑至尾尖，再从两前肢和两后肢内侧，垂直于腹中线向前后肢各挑开两条横线，前肢到腕部，后肢到飞节。剥皮时，先用刀沿挑开的皮层向内剥开5～10cm，然后用"拳揣法"将整个羊皮剥下。剥下的羊皮，要求毛皮形状完整，不可缺少任何一部分，特别是羔皮，要求保持全头、全耳、全腿，并去掉耳骨、腿骨及尾骨，公羔的阴囊也应留在羔皮上。剥皮时，要防止人为伤残毛皮，避免刀伤，甚至撕裂。

第三节　肉羊制品与质量监控

一、制品加工

（一）羊肉的冷藏

羊热鲜肉的的温度在38℃左右，需尽快降温，及时冷藏。鲜肉的合理冷藏条件是：冷库温度不应高于－15℃，以保证－18℃的稳定温度为好。库内温度升降幅度一般不宜超过±1℃，在大批量进出货时，昼夜升温不宜超过4℃，库内相对湿度以80%～90%为宜。空气流速采取自然对流。

长期冷藏的羊肉应堆成方形堆，下面用不通风的木板衬垫，使肉距地面30cm以上，堆高为2.5～3.0m。肉堆与墙壁、天花板之间保持30～40cm的距离。距冷却排气管40～50cm，肉堆间距离应保持在15cm左右。为了减少干耗，肉堆四周可用防水布遮盖，定期用预冷至1～3℃的清洁饮用水喷洒于遮布上，连续进行2～3次，使冰层厚度达到1～1.5mm为止。

（二）干制品

干制品是指以新鲜的纯精羊瘦肉为原料，经高温煮透，脱水加工而成的产品，主要产品类型有肉松、肉干和肉脯。产品具有独特风味，食用方便，易携带，且保质期长的特点。生产羊肉干制品，尤其肉脯的加工，由于对原料肉要求太苛刻，使整羊的利用率低，加大了产品的成本。目前，已有科研人员将传统肉脯加工工艺只使用坐臀部位纯精瘦肉的选料原则，改为利用全身瘦肉，经绞碎、斩拌、拌馅、铺片、定型和熟制过程，使肉的利用率及经济效益大幅度提高，初步实现了传统产品工业化生产的要求。

（三）腌腊制品

腌腊制品是指以新鲜羊肉为原料，配以各种辅料，经过腌制、晾晒过程而得的产品。它具有色泽金黄光润、香味浓郁、肥而不腻、耐久藏等特点，这种羊肉属低温制品，很有发展前途。

（四）软包装快餐全羊

软包装快餐全羊的技术原理是：将羊肉剔除筋膜、肥脂后同羊肝、心脏、肾及羊骨同煮，至断血后捞出，分别切片，羊骨继续煮至酥烂，汤呈乳白色，将羊骨捞出烘干粉碎成粉末状，将煮羊骨的汤过滤，加调味品并加适量明胶，使之冷却后凝成块状，然后将羊肉、羊肝、心、肚、肾、肺及生羊血按一定比例称量好后装入铝箔袋中，再将适量羊骨冻块装入上述袋中，真空包装后送入高温高压杀菌锅中，经121℃、30min杀菌后迅速冷却至室温即可。

（五）酱卤制品

酱卤制品是指以新鲜羊肉为原料，在加入配料的汤中煮制而成的肉制品，其产品具有酥软多汁的特点，由于传统酱卤制品的酥软多汁的特点只适用于就地生产，就地销售，不宜久藏和运输，因此，目前随着肉类现代加工技术的发展，厂商多采用软包装技术，即将煮制七八成熟的酱卤制品根据消费者的要求，进行质量不等的真空包装，大大延长保质期，又方便了运输和食用。

（六）羊副产品

山西农业大学科研人员开发的羊副产品的加工工艺，将羊下脚料处理后，经腌制、煮制、真空包装、高温高压杀菌等工艺，生产出风味独特的羊蹄、羊舌、羊耳、羊头肉、羊肝等副产品。还将羊油经脱膻和乳化处理生产油茶。

二、肉品加工中的危害分析及关键点控制

（一）污染来源

生产羊肉过程中污染来自于以下几个方面：

1. 饲草料及饲料添加剂因素。
2. 羊肉贮存、运输、销售过程中的污染。
3. 兽药使用及停药期。
4. 排泄物及病畜污染。
5. 活畜运输过程中污染。
6. 羊只屠宰加工过程中污染。
7. 饲养环境，包括养殖场空气、饮水、土壤等。
8. 羊只本身的健康因素。
9. 饲养过程。

（二）生产中的要求

为了保证生产无公害羊肉及其制品，肉羊原料来源符合无公害食品的有关要求，要注意以下问题。

1. 羊只引进和购入

（1）应做临床检查和实验室检疫的疫病有：口蹄疫、布鲁氏菌病、蓝舌病、山羊关节炎脑炎、绵羊梅迪-维斯纳病、羊痘、螨病等。

（2）依照《种畜禽调运检疫技术规范》（GB 16567—1996）和《畜禽产地检疫规范》（GB 16549—1996）调运种羊并开展产地检疫。

（3）购入羊要在隔离场（区）观察不少于 15d，经兽医检查确定为健康后，方可转入生产群。

2. 羊场环境与工艺

（1）羊场周围1km以内无大型化工场、采矿场、皮革场、肉品加工场、屠宰场或畜牧场等污染源。羊场距离干线公路、铁路、城镇、居民区和公共场所1km以上，远离高压电线。羊场周围有围墙或防疫沟，并建立绿化隔离带。

（2）羊场环境要符合《无公害食品产地环境评价准则》（NY/T 5295—2004）的规定。场址用地应符合当地土地利用规划的要求，根据《无公害食品产地环境评价准则》和《畜禽场环境质量标准》（NY/T 388—1999）设计建造肉羊舍饲养殖场。羊场应建在地势干燥、排风良好、通风、易于防疫的地方。

（3）羊场生产区要布置在管理区主风向的下风或侧风向，羊舍布置在生产区的上风向，隔离羊舍、污水、粪便处理设施和病、死羊处理区设在生产区主风向的下风或侧风向。场内不得饲养其他家畜家禽，并应防止周围其他畜禽进入场区，以防止疾病的传播。

（4）生产区和生活区严格分开。生产区门口设消毒室和消毒池。消毒室内应装紫外灯、洗手用消毒液（或消毒器）；消毒池内放置2%～3%氢氧化钠液或0.2%～0.5%过氧乙酸等药物，药液应定期更换，以保持有效浓度。应设醒目的防疫须知标志。场区内应定期或在必要时进行除虫灭害，清除杂草，防止害虫滋生。

（5）按羊只年龄、性别、生长阶段设计羊舍，实行分段饲养，集中育肥的饲养工艺。按饲养规范饲喂，不堆槽，不空槽，不喂发霉变质和冰冻的饲料。应拣出饲料中的异物，保持饲槽清洁卫生。

（6）羊舍设计能保温隔热，地面和墙壁应便于消毒。

（7）场内要设立净道和污道，净道和污道分开，互不交叉。

（8）羊场要设有废弃物处理设备。每天应清洗羊舍槽道、地面、墙壁，除去褥草、污物、粪便等废弃物。并及时将废弃物运送到贮粪场。运动场羊粪派专人每天清扫，集中到贮粪场。

（9）羊舍为前开放式。每只成年公羊所需面积为4～6 m^2；每只母羊所需面积为1.5～2 m^2；断奶羔羊为0.2～0.4 m^2；育肥羊0.6 m^2。

（10）羊舍设计要通风、采光良好，空气质量应符合无公害食品产地环境要求。

3. 饲料和用药

（1）饲料和饲料原料应符合《无公害食品　畜禽饲料和饲料添加剂使用准则》（NY 5032—2006）。主要饲草为苜蓿、作物秸秆、青贮玉米、胡萝卜，精料原料为玉米、油饼、麸皮，主要饲料添加剂为食盐、磷酸氢钙。饲草料生产过程严格按照无公害食品有关规定执行。

（2）不应在羊体内埋植或者在饲料中填加镇静剂、激素类等违禁药物。

（3）肉羊育肥后期使用药物治疗时，应根据使用药物执行休药期。达不到休药期的，羊肉不应上市。

（4）发生疾病的种羊在使用药物治疗时，在治疗期或达不到休药期的不应作为食用淘汰羊出售。

（5）治疗使用药剂时，应符合《无公害食品　畜禽饲养兽药使用准则》（NY 5030—2006）的规定。

4. 饮水

（1）细菌学指标主要是大肠杆菌，总大肠菌群成年羊 100mL 不得超过 10 个，后备羊不得超过 1 个。

（2）毒理学指标如下。

①总汞每升不得超过 0.01mg。

②铅每升不得超过 0.1mg。

③以氟离子计氟化物每升不得超过 2mg。

④以氮计硝酸盐每升不得超过 30mg。

⑤氰化物每升不得超过 0.2mg。

⑥总砷每升不得超过 0.2mg。

⑦六价铬每升不得超过 0.1mg。

⑧镉每升不得超过 0.05mg。

（3）水质符合《无公害食品产地环境评价准则》（NY/T 5295—2004）畜禽养殖用水要求。色度不超过 30 度，浑浊度不超过 20 度，不得有异臭、异味，不得含有肉眼可见物，总硬度以 $CaCO_3$ 计每升不超过 1 500mg，pH 为 5.5～9，溶解性总固体物每升不得超过 4 000mg，以氯离子计氯化物每升不得超过1 000mg。以硫酸根离子计硫酸盐每升不得超过 500mg。

（4）在饮水前将水槽清洗干净，每周消毒饮水设备。

（5）每只羊日饮水 9～14L。羊喝水有早晨和下午两个高峰期，集中供水时可将需要量分为两等份分别在早晨和下午供给。

（6）每升饮用水中农药限量如下。

①甲基对硫磷不得超过 0.02mg；

②对硫磷不得超过 0.003mg；

③林丹不得超过 0.004mg；

④百菌清不得超过 0.01mg；

⑤甲萘威不得超过 0.05mg；

⑥内吸磷不得超过 0.03mg；

⑦马拉硫磷不得超过 0.25mg；

⑧乐果不得超过 0.08mg。

5. 有毒有害气体含量规定

每立方米空气中氨气不超过 20mg，硫化氢不超过 8mg，二氧化碳不超过 1 500mg，总悬浮颗粒物（TSP，即空气动力学当量直径≤100μm 的物质）不超过 4mg，可吸入颗粒物（PM10，即空气动力学当量直径≤10μm 的物质）不超过 2mg，恶臭稀释倍数不超过 70。

6. 疫苗和使用

（1）羊群的防疫符合防疫规程的规定。

（2）防疫器械在防疫前应彻底消毒。

（三）卫生消毒

1. 消毒制度

（1）人员消毒　工作人员进入生产区净道和羊舍，要更换工作服、工作鞋，并经紫外线照射 5min 进行消毒。外来人员必须进入生产区时，应更换场内工作服、工作鞋，并经紫外线照射 5min 进行消毒，并遵守场内防疫制度，按指定路线行走。

（2）带羊消毒　定期进行带羊消毒，减少环境中的病原微生物。

（3）环境消毒　羊舍周围环境定期用 2%的氢氧化钠溶液或撒生石灰消毒。羊场周围及场内污染地、排粪坑、下水道出口，每月用漂白粉消毒 1 次。在羊场、羊舍入口设消毒池并定期更换消毒液。

（4）用具消毒　定期对分娩栏、补料槽、饲料车、料桶等饲养用具进行消毒。

（5）羊舍消毒　每批羊只出栏后，要彻底清扫羊舍，采用喷雾、火焰、熏蒸消毒。

2. 消毒剂　选用的消毒剂符合《无公害食品　畜禽饲养兽药使用准则》（NY 5030—2006）的规定。标准规定，要定期对饲喂用具、料槽和饲料车等进行消毒，可用 0.1%新洁尔灭或 0.2%～0.5%过氧乙酸消毒。

3. 消毒方法

（1）浸液消毒　用规定浓度的新洁尔灭、有机碘混合物、甲酚的水溶液洗手、工作服或胶靴进行消毒。

（2）喷雾消毒　用规定浓度的次氯酸盐、有机碘混合物、过氧乙酸、新洁尔灭、甲酚等进行羊舍消毒、带羊环境消毒、羊场道路和周围以及进入场区的车辆消毒。

（3）喷洒消毒　在羊舍周围、入口、产房和羊床下面撒生石灰或氢氧化钠溶液进行消毒。

(4) 紫外线消毒　人员入口处设紫外线灯照射至少5min。

(5) 熏蒸消毒　用甲醛等对饲喂用具和器械在密闭的室内或容器内进行熏蒸消毒。

(6) 火焰消毒　用喷灯对羊只经常出入的地方，如产房、培育舍等，每年进行1～2次火焰瞬间喷射消毒。

(四) 管理

1. 日常管理

(1) 防止周围其他动物进入场区。

(2) 场内兽医人员不能对外诊疗羊及其他动物的疾病，羊场配种人员不能对外开展羊的配种工作。

(3) 羊场工作人员每年进行健康检查，患有下列疾病之一者不得从事饲草、饲料收购、加工、饲养工作：痢疾、伤寒、弯杆菌病、病毒性肝炎等消化道传染病（包括病原体携带者）；活动性肺结核、布鲁氏菌病；化脓性或渗出性皮肤病；其他有碍食品卫生、人畜共患的疾病。

2. 饲喂管理

(1) 每天打扫羊舍卫生，保持料槽、水槽用具干净，地面清洁。使用垫草时，要每日更换，保持卫生清洁。

(2) 育肥羊按照饲养工艺转群时，按性别、体重大小分群，分别进行饲养。群体大小、饲养密度要适宜。

(3) 不喂发霉和变质的饲料、饲草。

3. 羊只管理

(1) 对成年公羊、母羊每季节进行浴蹄和修蹄。

(2) 选择高效、安全的抗寄生虫药，每年春秋两季对羊只进行驱虫、药浴，控制程序符合《无公害食品　畜禽饲养兽药使用准则》(NY 5030—2006)的要求。

(3) 场内兽医每日早晚观察羊群健康状态，饲养人员经常观察，发现异常及时处理。

4. 灭鼠、灭蚊蝇

(1) 消除水坑等蚊蝇滋生地，夏季定期喷洒消毒药物。

(2) 定期定点投放灭鼠药，及时收集死鼠和残余鼠药，并做深埋处理。

第四节　羊肉质量安全控制与可追溯体系

畜产品安全不仅关系到人民群众的身体健康与生命安全，而且关系到畜牧业经济是否能实现可持续发展、农民增产增收和国家政治经济社会的稳定等一系列问题，并成为国际贸易中的主要技术壁垒，引起了全社会的广泛关注。完善畜产品安全管理体系，加大监管机构建设投入，全面提升监管能力和水平，是畜牧生产持续发展根本措施。畜产品可追溯系统作为质量安全管理的重要手段，有效地解决了畜产品的溯源问题，越来越受到有关部门和消费者的普遍关注。羊肉是重要的畜产品，借鉴国外经验，建立我国羊肉产品安全信息追溯系统十分重要。

一、国外畜产品安全信息追溯系统

可追溯性定义为“通过登记的识别码，对商品或行为的历史和使用或位置予以追踪的能力”，是一种危险管理的制度，在一旦发现危害健康问题时，可按照从原料上市至成品最终消费过程中各个环节所必须记载的信息，追踪流向，回收未消费的食品，撤销上市许可，切断源头，消除危害减少损失。当前各国建立跟踪与追溯体系常用的技术主要是条形码技术和射频识别（Radio-frequency identification，RFID）技术。RFID是一种非接触式的自动识别技术，可分为无源RFID技术和有源RFID技术。

1. 美国 美国农业部食品安全与检查局（Food Safety and Inspection Service，FSIS）从1967年即开始制订并执行国家年度残留监测计划（Notional residual project，NRP），该年度计划列出了对美国国内的畜禽产品和进口畜产品的检测数量、检测重点等，并根据动物所接触的化合物产品的潜在危险对人体健康的影响，进行综合性评价。NRP计划主要解决三个方面的问题，一是对市场销售的畜产品中兽药残留情况进行评价并对残留超标的进行通报；二是组织屠宰超过限量的可食用动物；三是阻止超过残留的畜禽产品进入市场。

1996年美国农业部食品安全检查署颁布了《美国肉禽屠宰工厂（场）食品安全管理新法规》，目的是提高肉禽产品的安全程度，使该行业持之已久的现代肉禽加工安全监测体系行之有效。在畜产品质量安全管理方面，主要有以下特点：①通过立法保障畜牧业发展和畜产品的质量安全。在19～20世纪的100多年里，国会通过了大量有关畜牧业发展、畜产品质量等级标准、畜产品进出口检疫检验、畜产品生产环节控制等的法律文件，形成了比较完善的指导畜牧业发展和畜产品质量安全管理的法律体系。②有一套完整的质量安全管理的检测体系。仅联邦谷物检测系统，就包含样本检测和主观测评、市场监控和早期预警计划等，可谓机构组织严密，手段先进；美国除了联邦畜产品检测体系外，还有各州畜产品检测体系、各行业协会质量监测体系以及各畜牧业生产单位、家庭农场主质量自检中心，美国农业部主要从技术、规划与发展等方面提供支持，同时对畜牧业发展和其产品质量安全予以管理和控制，由此形成了较为严密的畜产品质量安全体系。③强化生产源头控制和进出口检疫。美国畜牧业主要以家庭农场为生产单位，通过质量认证体系和标准等级制度严格控制与管理进入市场的畜产品；在进出口中，通过联邦海关和动植物检疫机构进行严格检验，对检疫检验不合格的畜产品坚决予以销毁，保证了畜产品的进出口安全。④完善的动物疫病及产品质量的可溯源体系，追溯体系可加快质量安全调查速度，提高从农场到加工厂的追踪鉴别能力，在48h内完成鉴别。标识制度要求零售商、加工厂商和农民认真做好家畜跟踪记录，以便建立家畜标识，帮助消费者了解家畜的出生、养殖和屠宰加工过程。所有牛、羊和其他家畜都要从出生之日起戴上耳标。目前采用的耳标与超市中的条形码功能差不多，这个身份标识将伴随动物终生。在编码体系中，养殖场的编码为养殖场标识码（Product indentification number，PIN）。当动物从一个养殖场转移到另外一个养殖场时，动物将用单独的动物标识码（Animal identification number，AIN）进行标识。如果动物是一群，作为生产链来进行管理，则用群体标识码（Group identification number，GIN）进行标识。PIN、AIN、GIN标识码是有机结合起来的，并主要推广条形码结合数字编码的耳标，将电子识别与传统的肉眼识别结合起来，动物个体的识别号码由15位数字组成，前3位为国家代码，后12位为动物在本国的顺序号，而对组群的识别则由13位数字组成。

2. 澳大利亚　作为世界上最大的肉类和畜牧业出口国家之一，澳大利亚肉类和畜牧产业的基础是以食品安全、产品质量和动物健康和福利为坚定承诺。澳大利亚在国际上被认作为没有重大疾病的地方。澳大利亚不存在所有由OIE定义的“目录A”内的疾病。政府和行业一起努力建立了强硬的标准和管理系统，是世界上控制最严厉的肉类产业之一，拥有独立审核的食品安全系统，贯穿着整个供应链，包括动物生产、运输、加工和出口。

（1）家畜生产保证（LPA）　LPA食品安全（1级水平）为生产者提供了一套指导原则和供应商声明，宣称其家畜的食品安全地位。LPA指导生产者做好动物生产和动物源食品安全生产的相关规定的记录。在LPA食品安全下，家畜生产者必须遵守食品安全管理的模块，包括5个要素：产权风险评估，安全和负责的动物处理，库存食品、饲料作物、谷类和牧草处理，调度准备，家畜交易和转运。

LPA质量保证（2级水平）包括2个部分，分别包括5个要素，称作系统管理和家畜管理。系统管理包括培训，内部审核和校准措施，质量记录，文件控制，化学品清单。家畜管理包括畜牧生产和介绍，家畜处理设施，家畜运输，动物福利，经认证的家畜。

LPA 质量保证项目已经将牛和羊的项目整合成一个项目。澳大利亚国家饲养场认证目录同样也是一个 LPA 质量保证项目，并由澳大利亚饲养场协会单独管理。家畜出口产业也已经发展成一个以产业为基础的质量保证系统，确保澳大利亚国内农场内的活家畜出口到目的地的安全和有效运输。这个保证系统，称为家畜出口认证项目（LEAP），是由澳大利亚家畜出口有限公司（The Australian livestock export Co. Ltd，LiveCorp）所有，同样也经澳大利亚肉类品质规格管理局（AUS-MEAT）独立审核。

（2）追踪系统　随着食品安全对全球顾客重要性的增加，具备能将产品追踪到其原产地的能力是澳大利亚牛羊肉产业保持进入市场状况所不可或缺的。国家家畜识别系统（National Livestock Identification Scheme，NLIS）是澳大利亚国内对家畜识别和追踪的一套系统，该系统在全国范围内 2006 年 1 月 1 日开始对绵羊和山羊执行。NLIS 是一套永久的整个生命周期识别系统，能将家畜从出生追踪至加工处理，可快速追踪和发生疾病事件时的隔离。

NLIS 在牛上使用仪器可读的无线电频率识别（RFID）设备来鉴别个体家畜。NLIS 批准的设备以耳标或者瘤胃/耳标相结合的形式，并且牛在它们的生命中都使用 NLIS 设备的耳标。由于牛群在家畜链条中的移动，NLIS 设备识别的牛可通过电子阅读。在读取的时候，每个所有者的产业识别代码记录并连接到 NLIS 设备中。这些交易信息就会储存在 NLIS 安全中心的数据库中。一旦完整的交易记录存储完毕，这个家畜的居住记录以及其他与它相接触的家畜的记录都会被建立起来。在疾病暴发或化学品残留事件中，可快速准确地追踪到存储的有关个体动物居住的历史记录，进而降低此类事件的经济和社会影响。

3. 英国　启动了基于互联网的家畜跟踪系统（CTS），这套家畜跟踪系统是家畜辨识与注册综合系统的四要素之一。在 CTS 系统中，与家畜相关的饲养记录都被政府记录下来，以便这些家畜可以随时被追踪定位。家畜辨识与注册综合系统的四要素是：

（1）标牌　家畜必须有唯一的号码，家畜号码一般通过两只耳朵的耳标来进行记录。

（2）农场记录　农场必须记录有关家畜出生、转入、转出和死亡的信息。

（3）身份证　1996 年 7 月 1 日出生后的家畜必须有身份证来记录它们出生后的完整信息，在此之前的家畜由 CTS 来颁发认证证书。

（4）家畜跟踪系统（CTS）　记录了获得身份证的家畜从出生到死亡的转

栏情况。农场主可以通过 CTS 在线网络来登记注册新的家畜，也可以查询他们拥有的其他家畜的情况。

这套目前运行良好的 CTS 系统可以查询目前在栏的家畜情况，查询任意一头家畜的转栏情况，对处于疾病危险区的家畜进行跟踪，为家畜购买者提供质量担保，并以此来提供消费者对肉食品的信心。

二、我国羊肉产品安全信息追溯系统的现状

我国对于畜产品从农场到餐桌的全过程中的安全监测问题也越来越重视，部分地区已率先制定了有关政策法规开始操作。上海出台了《上海市动物免疫标识管理办法》，上海市畜牧部门将为猪、牛、羊等畜类建立档案。牛、羊实行一畜一标一证，猪实行一猪一标、一窝一证。目前，上海部分畜牧场已开始为猪、牛、羊建立档案，明年起将全面铺开。为猪、牛、羊建立档案，就要对猪、牛、羊生长的周期进行全程监控，如放养条件是否是无污染的自然环境，水土、空气等指数是否达标；喂的是什么饲料，是否受到过农药或残留添加剂的污染；并为猪、牛、羊建立免疫标识，包括耳标和免疫证。耳标为一次性使用，全市统一编号。编号表示猪、牛、羊等动物所在的区县乡镇区域，凡免疫动物的左耳均须配挂免疫耳标。上海市畜牧兽医站负责免疫耳标和免疫档案的管理，区（县）畜牧兽医站负责免疫耳标、免疫证和免疫档案的具体工作。为猪、牛、羊建立档案，有利于从源头抓起。档案记载了猪、牛、羊生长过程中饲料、兽药和添加剂的使用情况，以及其防疫和免疫等情况，保证了畜产品安全的可追溯性，使更多、更安全的猪、牛、羊肉类产品进入市民的“菜篮子”和“餐桌”。上海市实施食品流通安全信息追溯系统，根据“批发控产地准入和商品流向、零售控商品准入”的总体要求，在批发环节逐步推行食品产销对接和电子化结算，在零售环节推广使用追溯电子秤的基础上，推进食品流通管理的规范化、信息化和现代化建设，提升食品质量安全保障水平。

成都 2009 年开始启动生猪产品质量安全可追溯体系建设。生猪产品质量安全可追溯信息系统以互联网技术为平台，本着网络监管为主，同时辅以成都市生猪产品质量安全溯源身份识别卡的手段。流程为：第一步，当食品生产加工企业从本地定点屠宰企业购买生猪产品时，由生猪定点屠宰企业在系统中录入所交易猪肉的相关信息，并刷食品生产加工企业安全溯源身份识别卡。第二步，食品生产加工企业及时在系统中对交易信息进行验证、确认。第三步，市、县两级质监部门通过网络对企业生猪产品交易情况实时监管，并结合现场实地抽查企业的索证索票、购销记录，查验数据是否相符。

山东 2010 年通过了《山东省畜禽养殖管理办法》，规定县级以上人民政府

畜牧兽医行政主管部门应当建立畜禽标识信息数据库及养殖档案信息化管理网络，健全畜禽及畜禽产品可追溯制度；健全畜禽养殖者诚信档案制度，对畜禽养殖者的违法活动、不良行为等情况予以记录并公布。

湖北省在在财政部的大力支持下，在武汉、宜昌、鄂州、恩施、仙桃等城市进行了肉品质量安全追溯系统的探索，取得了一定的成效。

三、建立羊肉质量安全可追溯体系的方法

总体目标：羊肉产品流通必须全过程跟踪、信息清晰、追溯快捷，以保障消费安全为宗旨，以追溯到责任主体为基本要求，以标识为载体，以信息化为手段，建立全国共享的羊肉产品质量安全追溯信息平台，实现追溯信息通查通识，基本达到“产品有标识、过程有记录、信息可查询、责任可追溯”的目标。

可追溯体系建设的主要内容：以羊肉生产、加工、流通的生产经营企业和检测中心信息采集系统为基础，整合各流通环节企业现有信息资源，通过对基础数据的采集、整合、处理、存储，形成从牧场、加工、批发到零售的全过程、全方位的畜产品安全监管信息网络。

（一）建立与完善肉产品可追溯体系相关法规

规范市场。参考发达国家相关法规，结合我国实际情况，构建与国际接轨的可追溯法规和制度规范，并制定相关追溯技术标准。

（二）健全畜产品安全监管体制

加强综合协调联动，落实从牧场到餐桌的全程监管责任，加快形成符合国情、科学完善的畜产品安全管理的可追溯体系。

（三）加大监管机构建设投入

全面提升生产过程的监管能力和水平。严格畜牧投入品生产经营使用管理，加强对饲料兽药的监控。建设各级肉产品安全检测机构、肉产品批发市场食品安全检测室（站）。强化羊肉生产过程监测，不仅要抽查产品质量，而且要经常检查生产过程，只有过程规范，产品才能合格。要依靠基层畜牧兽医站点，增加对散养畜禽的免疫服务，控制疫病传播。加强对圈舍卫生的指导和检查，预防病害，同时要指导养殖户科学饲养，合理用药，减少兽药残留。

（四）建立统一电子标识

建立肉羊档案，建立完善的羊肉生产安全信息追溯技术平台。耳标为一次性使用，统一编号，包括耳标和免疫记录，编号表示羊等动物所在的区县乡镇区域，凡免疫动物的左耳均须配挂免疫耳标。就要对羊生长的周期进行全程监控记录，并对饲料是否受到过农药或残留添加剂的污染，饲养条件水、气体等

指数是否达标进行记录。

（五）开展对肉羊生产企业规范化的监管

饲养企业在生产技术和管理方面要符合规范，运用良好作业规范（Good Manufacturing Practice，GMP）、危害分析关键控制点（Hazard Analysis and Critical Control Poin，HACCP），从原料开始对生产环节进行监控，多种规范整合运用，通过 ISO 质量管理体系作为推广平台，用 GMP 作保证、HACCP 进行监控和纠正，从而保证畜产品质量。

第十一章　肉羊场建设与环境控制

第一节　羊场设计基本要求

羊场设计应符合农业行业标准《标准化养殖场　肉羊》（待发布）的规定。

一、场址选择

选择场址除要充分考虑羊场的饲草料条件外，应当符合当地土地利用规划的要求，还要考虑饲养规模和肉羊的生活习惯及当地的社会条件和自然条件。因此，场址选择是关系到养羊成败和经济效益的重大问题。

（一）地势要平坦高燥

羊舍场地要求地势较高，这种场地排水良好，可防止地表积水，舍内、舍外容易干燥，符合羊喜干厌湿的生活习性。如果土质黏性过大，透气性差，不易排水，不适于建场。羊长期生活在低洼潮湿的地方，就容易发生寄生虫病和腐蹄病。在山区则应选择背风向阳，面积较宽敞的缓坡地建场。

（二）交通要便利

放牧育肥羊场、舍饲育肥羊场要求交通方便，便于饲草运输，但同时又不能在车站、码头或交通要道的旁边建场。羊场距离干线公路、铁路、城镇居民区和公共场所应在 1 000m 以上，远离高压线。羊场周围 2 500m 以内无肉品加工厂、大型化工厂及畜牧场等污染源。羊场周围要建立绿化隔离带。

（三）充足的水源、良好的水质

羊场要保持水质干净，羊场的水中固体物总含量、大肠杆菌数、亚硝酸盐和硝酸盐的总含量都要符合卫生标准。在建场前应考察当地有关地下水资源和地表水的情况，防止因水质有问题而导致疾病发生。要远离屠宰场和排放污水的工厂，防止这些水污染羊场。

（四）利于预防疾病

不要在传染病和寄生虫的疫区建场，建羊场时要了解周围养殖场的疫情状况，羊场要远离居民居住点，一旦发生疫情要对羊场进行隔离封锁。

二、羊场的布局

羊场各区布局的原则，利于搞好灭菌防病工作，规划时充分考虑主导风向和各区间的上下风关系；也利于管理和提高工作效率，照顾各区间的相互关系；方便生产区按作业的流程顺序安排（图 11-1）。

图 11-1　羊场的布局与绿化

（一）羊场的分区

羊场一般分为三个区。即管理区、生产区和病羊区。管理区包括职工生活福利建筑物与设施等；生产区内包括羊舍及饲料加工调制、贮存建筑物等；病羊区包括隔离舍、兽医室以及粪尿处理场地。各区间距要保持一定距离。羊舍的布局次序应是种公羊、母羊、羔羊、育肥羊。管理区安排在最高处，其他依次为生产区、病羊区。

（二）运动场

运动场应有坡度，以便排水和保持干燥，四周设置围栏或墙舍外运动场应选择在背风向阳的地方。运动场设有遮阳设施，运动场面积每只羊平均为2～4m^2。

（三）道路

场内道路设置：主干道因与场外运输线路连接，其宽度为 5～6m，支干道为 2.5～3m。路面坚实、排水良好。道路两侧应有排水沟，并植树。场内净道与污道分开，互不交叉。

三、羊舍类型及羊舍建筑

为了给羊创造适宜的生活环境，保障羊的健康和生产的正常运行。要合理设计羊舍，羊舍建筑符合当地的具体情况。

（一）羊舍类型

羊舍类型按照墙体封闭程度，可划分为开放式、半开放式、封闭式和棚舍四类。半开放式羊舍，采光和通风好，但保温性能差，我国南北方普遍应用。封闭式羊舍，羊舍的四周封闭比较严，具有保温性能强的特点，多用于气候条件不太好的地区，冬季能防风，适合寒冷北方地区采用。全开放式棚舍，防太阳辐射能力强，保温性差，适合炎热地区。我国西北、东北地区采用塑膜暖棚羊舍，属封闭式棚舍。

按羊舍类型的形状，分为单坡和双坡式，单坡式屋顶用于单列式羊栏的小型农户羊场。单坡式羊舍跨度小，自然采光好。双坡式屋顶多用于双列式羊栏的中型羊场。双坡式羊舍跨度大，保温性强，但采光和通风差，占地面积少。南方地区种羊场多为楼式羊舍，山羊饲养户采用高床养羊，还有许多类型的经济适用的简易羊舍。

羊舍的长度、跨度和高度应根据所选择的建筑类型和面积确定。

1. 单列式羊舍（图 11-2） 单列式羊舍一般应坐北朝南排列，单坡式羊舍跨度一般为 5.0～6.0m。运动场应设在羊舍的南面。

图 11-2 北方单列式简易羊舍

南方地区多采用漏粪地板羊舍（图 11-3 和图 11-4），洁净、干燥、不残留粪便和便于清扫。漏粪地板可用木条或竹片制作，木条宽 3.2cm、厚 3.6cm，

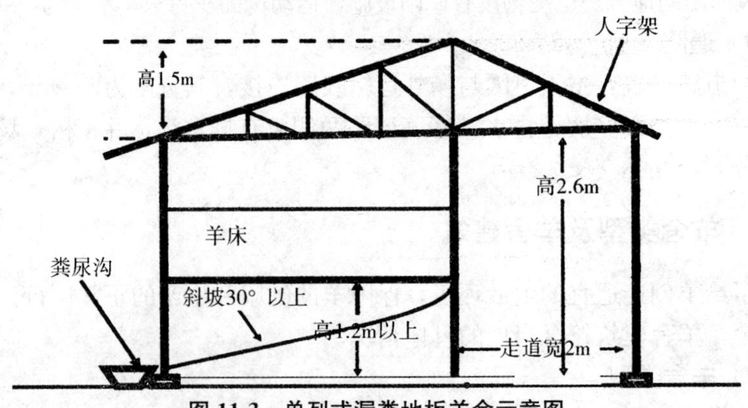

图 11-3 单列式漏粪地板羊舍示意图

缝隙宽要略小于羊蹄的宽度，以免羊蹄漏下折断羊腿。羊床大小可根据圈舍面积和羊的数量而定。也有商品漏缝地板材料出售。羊舍前檐高 300cm，羊床漏粪地板长 400cm，宽 4cm，厚 4cm，板间距 2～3cm，距地面 120cm，羊床前栏杆高100～120cm，羊舍底部用水泥抹平，沿蓄粪池方向成 30°以上坡度，羊粪经排粪沟排到舍外蓄粪池，如图 11-3。

图 11-4　南方单列式简易羊舍

2. 双列式羊舍（图 **11-5** 和图 **11-6**）　双列式羊舍应南北向排列，双列式羊舍一般舍宽度为8.0～12.0m；羊舍檐口高度一般为 2.4～3.0m。舍内走廊宽 130cm 左右。

图 11-5　拱顶式双列式羊舍

运动场设在羊舍的东西两侧，以利于采光。运动场地面应低于羊舍地面，并向外稍有倾斜，便于排水和保持干燥。运动场墙高：绵羊 130cm，山羊 160cm，两低侧有排尿沟，水泥地面，有倾斜角。

双列式漏缝地板式羊舍（图 11-7）：单层砖木结构，长 30m，宽 7.5m（含 1.5m 饲喂通道），高 5m，运动场位于羊舍后方宽 4m，砖砌高 1.5m。羊舍圈

图 11-6 三角形屋顶双列式羊舍

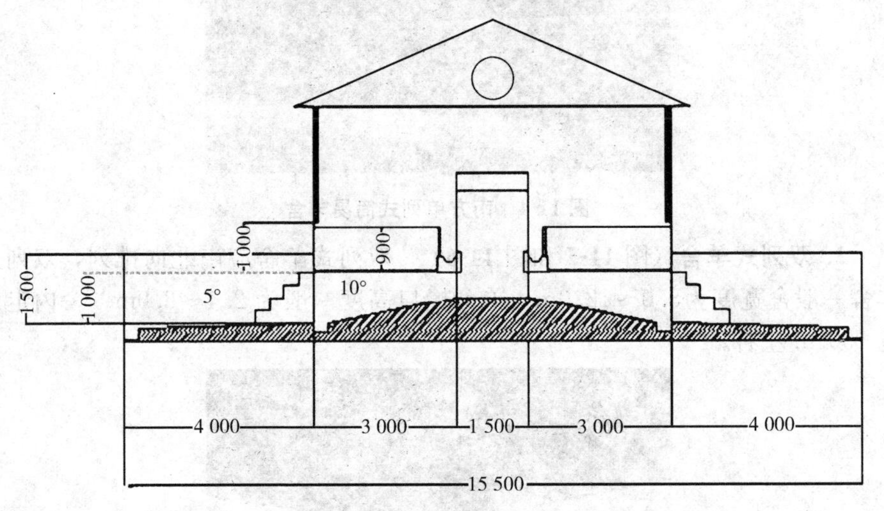

图 11-7 双列式漏缝地板羊舍示意图（单位：mm）

内地板采用漏缝地板设计，根据羊的不同年龄大小，木条间隔小羊 1.5～2cm，大羊 2～2.5cm。漏缝地板距地面 1m，下方地面坡度为 10°，后接粪尿沟。羊舍内和运动场要排水性能好，漏缝地板下方地面为水泥地面、平滑、坡度为 10°接粪尿沟，运动场地面坡度为 5°。粪尿沟深 20cm，宽 30cm。运动场地面为水泥或砖地面，较粗糙，坡度 5°。

3. 暖棚式羊舍 这种羊舍灵活机动、方便实用，能充分利用白天太阳能的蓄积和羊体自身散发的热量，因而可提高夜间羊舍的温度。使用农膜暖棚养羊，要注意在出牧前打开进气孔、舍门、排气窗，逐渐降低室温，使舍内气温大体一致后再出牧。这种暖棚式羊舍在北方冬季气温降至 0～3℃时，棚内温度可比棚外高 5～10℃；待中午阳光充足时，在关闭舍门及进、出气口，提高棚内温度。

（二）羊舍建筑

1. 面积 羊舍的占地面积应根据羊群规模大小、品种、性别、生理状况和当地气候等情况确定。一般以保持舍内干燥、空气新鲜，利于冬季保暖、夏季防暑为原则。面积过小，不利于饲养管理和羊的健康；面积过大，浪费土地和建筑材料，单位面积养羊的成本会升高。各类羊每只所需羊舍面积如下：成年种公羊为4.0～6.0m^2；产羔母羊为1.5～2.0m^2；产羔舍按基础母羊占地面积的20%～25%计算，断奶羔羊为0.2～0.4m^2；其他羊为0.7～1.0m^2。运动场面积一般为羊舍面积的1.5～3倍。

2. 地面 地面是羊休息、运动、采食、排泄和生产的地方。羊舍的地面是羊舍建筑中重要组成部分，对羊只的健康有直接的影响。最少应有1%～1.5%坡度，便于排粪和排尿液。

羊舍地面要便于消毒，一般有实地面和漏缝地面两种类型。饲料间、人工授精室、产羔室可用水泥地面，以便消毒。一般按建筑材料不同有土、砖、水泥和木质地面等。由于中国南方和北方气候差异很大，地面的选材必须因地制宜就地取材。通常情况下羊舍地面要高出舍外地面20cm以上。羊舍地面有以下几种类型：

（1）*土质地面* 属于暖地面（软地面）类型。土地面造价低廉，但遇水易变烂，羊易得腐蹄病，只适合于干燥地区。土质地面，可混入石灰增强黄土的黏固性，粉状石灰和松散的粉土按3∶7或4∶6的体积比加适量水拌合而成灰土地面。也可用石灰∶黏土∶碎石、碎砖或矿渣按1∶2∶4或1∶3∶6的比例拌制成三合土。一般石灰用量为石灰土总重的6%～12%，石灰含量越大，强度和耐水性越高。

土质地面柔软，富有弹性也不光滑，易于保温，造价低廉。缺点是不够坚固，容易出现小坑，不便于清扫消毒，易形成潮湿的环境。只能在干燥地区采用。

（2）*砖地面和水泥地面* 较硬，对羊蹄发育不利，但便于清扫和消毒，应用最普遍。砖砌地面属于冷地面（硬地面）类型。因砖的孔隙较多，导热性小，具有一定的保温性能。用砖砌地面时，砖宜立砌，不宜平铺。成年母羊舍粪尿相混的污水较多，容易造成不良环境，而且砖砌地面易吸收大量水分，破坏其本身的导热性，地面易变冷变硬。砖地易磨损，吸水后，经冻易破碎，容易形成坑洼，不便于清扫消毒。

水泥地面属于硬地面。为防止地面湿滑，可将表面做成麻面。水泥地面的羊舍内最好设木床，供羊休息、宿卧。优点是结实、不透水、便于清扫消毒。缺点是造价高，地面太硬，导热性强，保温性差。

（3）漏缝地面　能给羊提供干燥的卧地，集约化羊场和种羊场可用漏缝地板。国外大型羊场和国内南方一些羊场已普遍采用。国外典型漏缝地面羊舍，为封闭双坡式，跨度为 6.0m，地面漏缝木条宽 50mm，厚 25mm，缝隙 22mm。有的地区采用活动的漏缝木条地面，以便于清扫粪便。木条宽 32mm，厚 36mm，缝隙宽 15mm。或者用厚 38mm、宽 60～80mm 的水泥条筑成，间距为 15～20mm。漏缝或镀锌钢丝网眼应小于羊蹄面积，以便于清除羊粪而羊蹄不至于掉下为宜。

3. 墙体　墙体对畜舍的保温与隔热起着重要作用，一般多采用土、砖和石等材料。土墙造价低、保暖好，但易湿，不易消毒。砖墙有半砖墙、一砖墙、一砖半墙等，墙越厚，保暖性能越强。墙要坚固、保暖。在北方墙厚为 24cm 或 37cm。栅式羊舍后墙高 1.8m 或 2.2m。

近年来建筑材料科学发展很快，许多新型建筑材料如金属铝板、彩钢板等，已经用于各类畜舍建筑中，这些材料建造的畜舍，不仅外形美观，性能好，而且造价也不比传统的砖瓦结构建筑高多少，是未来大型集约化羊场建筑的发展方向。

4. 门、窗　舍门以羊能顺利通过不致拥挤为宜。大群饲养的舍门，冬、春怀孕母羊和产羔母羊经过的舍门以 3m 宽、2m 高为宜；羊只数少或分栏饲养的舍门可为 1.5m×2.5m；育肥羊舍门为 1.2m×2m。寒冷地区的羊舍，在大门外添设套门能防冷空气直接侵入。

羊舍窗户面积一般约为舍内地面面积的 1/15，窗户应向阳，距地面 1.5m 以上。我国南方气候炎热、多雨、潮湿，门窗以敞开为好。羊舍南面或南、北两面可加修 0.9～1m 高的矮墙，上半部敞开，可保证羊舍干燥通风。

5. 舍顶　要求选用隔热保温性好的材料，并有一定厚度，结构简单，经久耐用。屋顶应具备防雨和保温隔热功能，挡雨层可用陶瓦、石棉瓦、金属板和油毡等制作。在挡雨层的下面，应铺设保温隔热材料，常用的有玻璃丝、泡沫板和聚氨酯等保温材料。半封闭式羊舍屋顶多用水泥板或木椽、油毡等，棚式羊舍多用木椽和芦席。

6. 羊舍高度　一般高度为 2.5m 左右，单坡式羊舍后墙高度约 1.8m 左右，前高 2.2m。根据羊舍类型及所容纳羊只数量决定，羊只数量多，可以建的高点。南方羊舍可适当提高高度，以利于防潮、防暑。一般农户饲养量较少时，圈舍高度可略低些，坡度倾斜，以利排水。便于清除粪便，节约化羊场和种羊场可用漏缝地板。

第二节　羊舍的环境控制与粪污处理技术

一、环境因素的控制

（一）温度控制

羊舍冬季产羔舍，温度最低应保持在8℃以上，一般羊舍在0℃以上，夏季羊舍温度则不宜超过30℃。

1. 羊舍的降温和防暑　我国南方夏季气温高，且持续时间长，对肉羊繁育和生产极为不利，故解决羊舍的降温和防暑问题对提高肉羊生产的经济效益十分重要。

（1）建筑结构　采取减少结构内表面温度波动的方法来控制羊舍温度，可使舍外热量向内传播受阻，而舍温高时则能使热量迅速向外散失，上层采用导热系数大的材料，中层采用蓄热系数大的材料，下层用导热系数小的材料。

（2）通风　羊舍前后墙留较大的窗户，在羊舍靠近地面处设进风和排风口，或安装排风扇、电风扇。

（3）绿化和遮阳　增大绿化面积，利用植物光合作用和蒸腾作用，消耗部分太阳辐射热，降低舍外温度。窗户设挡板遮阳，阻止太阳光入舍。屋外种植花草，蓄水养鱼也可降温。

（4）降温　如果用隔热、遮阳、通风等措施不能降低大气温度，则采用冷水喷淋屋顶，进气口可以安装空调使入舍空气温度降低。

2. 冬季羊舍的保温　针对我国北方冬季气候寒冷的情况，北方的羊舍可采用塑料膜大棚式羊舍、羊舍内设置取暖设备，冬季南方可采用塑料编织布、草帘封遮办法，提高舍温。

（二）通风控制

要保持舍内空气新鲜，通风的目的是降温，换气的目的是排出舍内污浊空气。

1. 自然通风　夏季炎热时开启门窗，通风换气。

2. 机械通风　风机装置于侧壁或屋顶，用机械驱动空气产生气流，用风机把舍内污浊空气往外抽，舍外空气由进气口入舍；另外还可以强制向舍内送风，使舍内气压稍高于舍外，污染空气被排出舍外。

（三）采光控制

羊舍要求光照充足，采光系数是指窗户有效采光面积与舍内地面面积之比，羊只昼夜需要的光照时间：公母羊舍8～10h，怀孕母羊舍16～18h。一般羊舍采用自然光照，无窗则全部要用人工光照。

（四）湿度控制

羊舍应保持干燥，地面不能太潮湿，为控制羊舍湿度，应重点做好羊舍内的排水，羊舍内的排水系统应由降口、排尿沟、地下排出管和粪水池构成。降口指连接排尿沟和地下排水管的小井。排尿沟设于羊栏后端，紧靠降粪便道。在降口下部设沉淀井，以沉淀粪水中的固形物，防止堵塞管道。

为了提高劳动生产率，节省人力，也可以建漏缝地板式排水设施。材料有用钢筋混凝土或竹木板制成。漏缝地板式排水设施设于粪沟之上，多采用拼接式，便于清扫和消毒，粪沟相通。大型羊场也可用机械刮板或高压水冲洗等。

（五）羊舍及运动场面积

羊舍及运动场应有足够的面积，使羊在舍内不拥挤，可以自由活动。羊舍面积过大过小都不利于饲养管理。各类羊所需羊舍面积为：春季产羔母羊 1.1～1.6m^2/只，冬季产羔母羊 1.4～2.0m^2/只，群养公羊 1.8～2.25 m^2/只，种公羊（独栏）4～6m^2/只，成年羯羊和育成公羊 0.7～0.9m^2/只，一岁育成母羊 0.7～0.8m^2/只，去势羔羊 0.6～0.8m^2/只，3～4 月龄的羔羊占母羊面积的 20%。产羔室可按基础母羊数的 20%～25%计算面积。运动场面积一般为羊舍面积的 2～2.5 倍。成年羊运动场面积可按 4m^2/只计算。

二、环境保护与卫生设施

为避免羊场一切可能的污染和干扰，保证防疫安全，应建立必要的环境保护与卫生设施。

1. 给水设施 必须采用混凝沉淀及砂滤净化法和消毒法来改善水质。主要是给水方式和水源保护。集中式给水，通常为自来水，把统一由水源取来的水，集中进行净化与消毒处理，然后通过配水管网将清洁水送到羊场各用水点。分散式给水是指各排羊舍内可打一口浅水井，但地表水一般比较混浊，细菌含量较多，集中给水的水源主要以水塔为主，在其周围设有卫生保护措施，防止水源受到污染。

2. 排水设施 场内排水系统，一般采用大口径暗管埋在冻土层以下，以免受冻。大多设置在各种道路的两旁及运动场周边，如果距离超长，应增设深井，以减少杂物污染及人、畜损坏。

3. 场界的防护 羊场四周应建较高的围墙或坚固的防疫沟，以防止外界人员及其他动物进入场区。在羊场大门及各羊舍入口处，应设立消毒池或喷雾消毒室、更衣室、紫外线灭菌灯等。

4. 绿化带 在生产区、住宅区及生产管理区的四周都应有这种隔离绿化带。有害气体通过绿化带后，每公顷阔叶林在生长季节，每天可吸收二氧化碳约1 000kg，生产氧约750kg。绿化带具有改善场区小气候、净化空气、减少尘埃的作用。另外，绿化还可以减少噪声、美化环境。所以，要加强场区的绿化建设。

三、粪污处理

羊粪清理一般采取人力清扫比较可行。就是平时清扫，定期水冲清理消毒。大型集约化羊场，可以采取机械清理粪便（图 11-8）。

图 11-8　机械清理粪便

（一）用作肥料

新鲜粪尿不能直接上地作肥料，要经过腐熟后再行施肥。

1. 好氧发酵干燥处理法　此项技术是利用好氧发酵产生的高温杀灭有害的病原微生物、虫卵、害虫，降低粪的含水率，从而将粪便转化为性质稳定、能储存、无害化、商品化的有机肥料，或制造其他商品肥的原料。通过创造适合发酵的环境条件，来促进粪便的好氧发酵，使粪便中易分解的有机物进行生物转化，性质趋于稳定。此方法具有投资省、耗能低、没有再污染等优点，是目前发达国家普遍采用的粪便处理的主要方法，也应成为我国今后处理的主要形式。

2. 有机无机型复合肥的开发利用　工厂化高温好氧发酵处理畜禽粪便，可得到蛋白质稳定的有机肥，这种有机肥为生产有机-无机型复合肥提供了良好的有机原料。有机无机型复合肥养分全面、有机质含量高、养分释放慢。有机无机型复合肥是一种适合现代农业，给土壤补充有机质，消除有害有机废物，发展有机农业、生态农业、自然农业的重要手段。

3. 还原土地法　羊粪尿不仅供给作物营养，而且还能增加土壤中有机质含量，促进土壤微生物繁殖，改良土壤结构，提高肥力。这是把家畜粪尿作为肥料直接施入农田的方法。实行农牧结合，就不会出现因粪便而形成畜产公害的问题。

4. 发酵堆肥法 系利用好气性微生物分解家畜粪便与垫草等固体有机废弃物的方法。好气性微生物在自然界到处存在，它们发酵需以下一些条件：要有足够的氧，为此要安置通气的设备，经通气的腐熟堆肥比较稳定，没有怪味。粪便经腐熟处理后，其无害化程度通常用两项指标来评定。一是外观上呈暗褐色，松软无臭。如测定其中总氮、速效氮、磷、钾的含量，肥效好的，速效氮有所增加，总氮和磷、钾不应过多减少。二是观察苍蝇滋生情况，如成蝇的情况，还有大肠杆菌值及蛔虫卵死亡率，还须定期检查堆肥的温度。

（二）用粪便产生沼气

沼气是一种无色、略带臭味的混合气体，可以与氧混合进行燃烧，并产生大量热能。利用家畜粪便及其他有机废物与水混合，在一定条件下产生沼气，可代替柴、煤、油供照明或作燃料等用（图 11-9）。

图 11-9 沼气生物发电

四、合理处理羊场污水

污水的处理主要经沉淀、净化、分离、分解、过滤等过程。污水中还含有病原微生物，直接排至场外或施肥，危害大。如果将这些污水在场内经适当处理，并循环使用，不但可减少对环境的污染，也可大大节约水费的开支。

1. 沉淀 沉淀也是一种净化污水的有效手段。粪液或污水沉淀的主要目的是使一部分悬浮物质下沉。试验结果表明，沉淀可以在较短的时间去掉可沉淀固形物。

2. 净化 通过生物滤塔将污水中的有机物浓度大大降低，得到相当程度的净化。生物滤塔是依靠滤过物质附着在滤料表面所建立的生物膜来分解污水中的有机物，以达到净化的目的。用生物滤塔处理畜牧场的生产污水，在国外也已从试验阶段进入实用阶段。

3. 分离　将污水中的固形物与液体分离，一般用分离机。污水中的固形物一般只占1/6～1/5，将这些固形物分出后，一般能成堆，便于储存，可做堆肥处理。液体中的有机物含量下降，从而减轻了生物降解的负担，也便于下一步处理。

4. 淤泥沥水　通过以上对污水采用的4个环节的处理，如系统结合，连续使用，可使羊场污水大大净化，使其有可能重新利用。

污水要想为家畜饮用，必须进一步减少生化需氧量及总悬浮固形物，大大减少氮、磷的含量，使之符合饮用水的卫生标准。污水经过机械分离、生物过滤、氧化分解、沥水沉淀等一系列处理后，可以去掉沉下的固形物，也可以去掉生化需氧量及总量及总悬浮固形物的75%～90%。达到这一水平即可作为生产用水，但还不适宜作家畜的饮水。

第三节　羊场的主要设备

一、饲槽与饲喂系统

在饲喂场内用砖、石、水泥等砌成的固定饲槽（图11-10），一般上宽下窄。饲槽通常有固定式、移动式（图11-11）两种。运动场可以制作移动式饲槽，移动方便，多用于冬季舍内饲喂及转场途中补盐。

图11-10　舍饲饲槽

大型集约化养羊场，需要使用大容量饲喂器（Large capacity feeder），利用饲料的重力传送，这种饲喂设备容重规格100～1 500kg。羔羊采用自动饲喂器（图11-12和图11-13）进行喂养，尽管摄入量和投入量都不是很精确，但是由于喂养系统的使用，可以减少饲料浪费，提高劳动效率。许多自动饲喂器仅依据饲粮比例而设计，由于出口的狭隘导致全混合日粮的流动困难。饲料的投给也可采用自制的简易自动饲槽，以防止羔羊四肢踩入槽内，造成饲料污染

图 11-11　哺乳羔羊补饲槽

而降低饲料摄入量和扩大球虫病与其他病菌的传播；饲槽离地高度应随羔羊日龄增长而提高，以饲槽内饲料堆积不溢出为宜。

图 11-12　自动饲喂器（Lan McFarLand 等，2006）

图 11-13　圆形自动饲喂器（Lan McFarLand 等，2006）

饲槽的长度建议，槽长根据羊群的规模而定，小规模饲槽一般长 1.5～2m，一般按每只成年羊 30cm、羔羊 20cm 来计算饲槽的长度。大规模舍内自由采食饲养时，要保证最大化增长率，需要提供每只羊 12.4cm 槽位空间（Knee，2005）。对于每个圈内 500 只羊的集约化羊场，槽位空间需要 62m（Bell，1994）。限制饲养时需要更大的饲槽位置，一般建议为 25～30cm，因为要保证所有的羊都可以尽快接近饲槽。然而自动饲喂器空间的需要比较低，因为羊一直可以获取饲料。

二、草料架

草料架的形式有多种（图 11-14 至图 11-16），有活动草架，有单面固定草架，可根据不同的饲养对象、饲养方式及羊舍结构进行合理设置。利用草架喂羊，可以减少饲草浪费，避免草屑污染羊毛，羊粪尿不易沾染饲草，减少羊病的发生。

图 11-14　小型草架

图 11-15　适合于矩形草捆的饲喂架

单面草架，利用羊舍的一面墙角，将数根木棍或木条下端埋入墙根，上端向外倾斜一定角度，并将各个竖棍的上端固定在一横棍上，或用砖、石头或土

图 11-16 适合于大型方形草捆的饲喂架

坯砌成一堵墙，或横棍两端分别固定在墙上即可。双面联合草架，是先制作一个长方形立体框，再用铁条或木条制成 V 或 U 形装草架，然后将装草架固定在立体框之间即成。

国外还有用圆形草架，是先制作一个高 1.5m、直径 2～3m 的圆形框架，再用铁条制成 V 形装草架，然后将装草架固定在立体框之间即成。

三、分羊栏

分羊栏由许多栅板或网围栏组成，其规模视羊群的大小而定。分羊栏供羊称重、打耳号、分群、防疫、驱虫时使用。沿分羊栏的一侧或两侧，可设置 3～4 个或更多的可以向两边开门的小圈。可以按生产管理的不同需要把羊分成若干小群，既方便又省事。

四、母仔栏

母仔栏用木板或钢筋制成，将两块栅板用铰链连接而成（图 11-17）。为了对产羔母羊进行哺饲和羔羊哺乳，提高羔羊成活率，常设母仔栏将产羔母羊与其他羊隔开，以便于进行特殊护理。使用时将活动栅栏在羊舍一角成直角展开，并固定在羊舍墙壁上。

五、药浴池

药浴池一般用水泥筑成，形状为长方形水沟状（图 11-18），也有喷淋式药浴池（图 11-19）。在大型羊场或养羊较为集中的乡镇，可建造永久性药浴设施；在牧区或养羊较少而且分散的农区，可采用小型药浴池或活动药浴设备。羊药浴后，应在出口端停留一段时间，使身上的药液流回浴池。

图 11-17　母仔栏

图 11-18　池浴式药浴池

图 11-19　喷淋式药浴池

六、青贮设备

在冬春季节，青贮饲料是羊的主要饲草之一，与其他草料混合饲喂，能提高采食量。在大多数地区，羊场都应有青贮设备。常用的青贮设备有以下几种：

（一）青贮窖和青贮壕

青贮窖和青贮壕的结构简单，成本低，易推广，是最实用、经济的一种青贮设备（图 11-20）。青贮窖多为地上式、地下式或半地下式，而地上式青贮窖可以有效防止雨水倒灌。在制作青贮窖或青贮壕时，必须考虑到其周边要排水方便，以免夏季雨水或冬春季雪水融化而造成集水导致青贮料发生霉烂。

（二）青贮塔

青贮塔分为全塔式和半塔式两种。塔身用木材、砖或石料砌成。塔基坚固、塔壁牢实、表面光滑，不透水、不漏气。塔顶和塔侧壁开有可密闭的填料口，塔底设取料口。全塔式的直径通常为 4～6m，高 6～16m，容量 75～200t。

图 11-20　地上式青贮窖（背部依坡，前方设排水沟）

半塔式埋在地下的深度为 3～3.5m，地上部分高 4～6m。

（三）青贮袋

袋装青贮技术在国内一些地区得到推广和应用。采用袋装青贮时，要注意防止鼠害。青贮袋一般用 1.6～2.0mm 的厚型聚乙烯塑料压制而成，直径 2.5～2.7m，长度可达 30m 以上。

七、供水系统

羊场的供水系统应该完善，既用于养羊，又可用于草地灌溉。在羊舍饲槽对面，设有饮水池，有条件的羊场，可装自动饮水器，既清洁卫生，又省工省事。

如果羊场没有自来水，应自打水井。

饮水系统的选择除了传统的圆形、混凝土和塑料水槽（图 11-21），一些生产商在降低建设成本和浪费上创新研发了一些新产品，也可以选择比较简单的

图 11-21　放牧简易饮水槽

解决方案。羊羔拥有水槽的空间也是一个很关键的问题。饲养500只羔羊的群体，喂养羔羊的水槽空间建议为最小长度30cm，每只羊1.5cm的长度。

八、饲草饲料加工设备

（一）铡草机和青贮饲料切碎机

我国生产的铡草机主要有滚筒式铡草机和圆盘式铡草机。铡草机主要用于切短茎秆类饲草，以提高秸秆饲料的利用率。同时机型又分为大、中、小三种，设备简单，成本较低。

（二）牧草收获机

牧草收获机是现代化养羊尤其是种草养业中的重要机械之一。如草捆收获机械系统，由割草机、搂草机，捡拾压草机，如果是大型号系统的还有大圆捆机和大圆捆装载车等组成。使用牧草收获机，运作方便，工作效率高。

（三）粉碎机

粉碎机是舍饲养羊必备的饲料加工设备，主要用于粉碎精饲料和粗饲料。常见的粉碎机有劲锤式、锤片式、爪式和对辊式四种类型。劲锤式粉碎机有较强的粉碎能力；锤片式粉碎机的特点是生产效率高，既能粉碎谷物等精饲料，又能粉碎青粗饲料；爪式粉碎机结构紧凑、体积小、重量轻，适于粉碎含纤维较少的精饲料；对辊式粉碎机主要用于粉碎饼粕饲料，生产上可以根据实际需要来选择不同类型的粉碎机。

（四）颗粒饲料机

将混合饲料制成粒状饲料。粗饲料经粉碎后可以与精饲料、微量元素饲料及矿物质饲料等混合后制成颗粒，这样不仅可以提高饲料的利用率，同时颗粒饲料体积小、运输方便、易贮存，适于规模化羊场使用，还有利于羊的采食和改善饲料的适口性，避免羊挑食，减少饲料的浪费。颗粒饲料加工设备有两种，平模饲料颗粒机和环模饲料颗粒机两种机型。

平模颗粒机适合作为农村饲养专业户及小型饲养场的中小型颗粒饲料加工设备，且能够加工牧草、秸秆颗粒。主要性能特点：①结构简单、适应性强、占地面积小，噪声低，这种小型饲料颗粒机价格也非常便宜。②粉状饲料、草粉不需（或少许）液体添加即可进行制粒。③制成的颗粒硬度高，可提高营养的消化吸收，又能杀灭一般致病微生物及寄生虫。④备有直径1.5～20mm多种孔径模具，适应不同物料造粒，达到最佳效果。小型饲料颗粒机的电动机功率：5.5～22kW，平模直径：150～320mm，膜孔规格：直径2.5～15mm，颗粒含水量：原物料小于10%，颗粒产量：100～1 200kg/h。

环模饲料颗粒机结构简单，压制的颗粒硬度高、密度大，因而可以广泛适用于中、小型养殖场。该机型加工饲料具有以下特点：①饲料经该机型加工，温升适中，能很好地保持原料内各种微量元素，适口性好，动物采食量大，有利于消化吸收各种营养。②颗粒成分均匀，外形整齐，表面光滑，直径可在1.5～6mm范围内变换（需要更换模具），长度可在5～20mm范围内调节，而且颗粒密度大，便于储存和运输，适宜于各种养殖对象在不同生长期的需要。③对物料的适应性很广，可加工各种不同要求的全价配合饲料。④可加工含水率低的粉状饲料。配套电动机功率15～55kW。压膜内径200～350mm，颗粒饲料直径3～8mm，生产能力1～5t/h。

（五）**TMR饲喂设备**

TMR饲料搅拌车将喂入或自动摄取的粗饲料、青绿饲料、青贮饲料、能量饲料、蛋白质饲料、矿物质饲料、维生素饲料、添加剂（不包括矿物质饲料、维生素饲料和氨基酸在内的所有添加剂），能在数分钟之内完成切割、搅拌、揉搓、运输、卸料等一系列的工作。TMR设备包括卧式自走式搅拌车、卧式固定式搅拌车、立式牵引式搅拌车（图11-22）、卧式牵引式搅拌车、立式自走式搅拌车等，各有其优缺点，需根据条件和现场情况选择。一台5t的TMR混料饲喂车，可以饲喂3 000只以上的羊。

图11-22　立式牵引式TMR搅拌车

九、放牧设施

（一）放牧围栏及辅助设施

为了控制载畜量，保持畜草间的季节平衡、年度平衡和营养平衡，应用围栏放牧，对牲畜实现各种轮牧制，如分区轮牧、季节轮牧、混牧等。围栏放牧不但可以便于草场资源的计划使用，防止草地过度放牧，有利于牧草再生，有效地提高草原利用率和放牧效率，防止草场退化，保护自然环境，而且可以节省放牧劳力，减少牲畜传染疾病，避免牲畜奔跑而利于其发育等许多优点。

围栏的种类一般有灌木植物围栏、铁丝围栏、网围栏和电围栏4种。

目前仍以铁丝围栏为主。铁丝围栏的形式各国不一：如新西兰的铁丝围栏拉6～7根，澳大利亚一般不用刺铁丝，或仅在上部用一根刺铁丝，用料较少，美国多用五道铁丝，上面两道是刺铁丝，下面三道是网状。

网围栏采用高强度镀锌钢丝编结，强度高、拉力大，能经得起羊的猛烈冲击。安全可靠。钢丝表面镀锌，其他零件均采取防锈防腐蚀措施，可适应恶劣工作环境，并具有极强的防腐蚀、抗氧化能力，寿命可达20年。结构简单，维护方便，建设周期短，体积小重量轻，易于运输安装；通风透光，不影响地貌植被。

太阳能电围栏是由太阳能电源和围栏两部分组成。太阳能电源，包括太阳能发电板、蓄电池、脉冲器和阳光自动跟踪器等；围栏部分，包括线桩、栏线、绝缘子等。其工作原理，是利用太阳能发电板把太阳光直接转变为电能，再经过脉冲器把直流电压变为脉冲高电压，根据需要调为1s或3s产生一次脉冲电压。当家畜接触围栏导线时，脉冲器产生的高压电流通过畜体对地构成回路，使家畜产生难以忍受的恶性刺激，建立起不敢再触及围栏的条件反射。这样就可以把围栏内的草场封育起来进行建设或实行划区轮牧，达到保护草场的目的。

在围栏内一般只设饮水设备，多数再无其他设备，而有的在围栏内放置添加饲料槽和盐砖让羊只舔食。饮水设备多靠近水井，上方设风力提水或电力提水装置，也有利用各种容器贮存雨水及山洪径流。

（二）放牧遮阳棚

在放牧草原搭设临时遮阳棚，供放牧羊群防风避雨和补料饮水用。遮阳凉棚可以建成移动式、拆卸式。棚顶结构可以是圆拱形（图11-23）、平顶形、三

图11-23　圆拱形放牧遮阳凉棚

角形。凉棚离地面要有1.5～1.8m，地势高燥、卫生、通风，要求宽敞，面积（羊只数量×3m²）适宜。

十、测定设备

（一）称重测定设备

1. 普通称重 为了定期称量羊只体重，及时掌握羊的生长发育及饲养管理情况，羊场应备有小型电子地秤。动物电子秤是专为畜牧业、屠宰行业设计的专用电子秤，电子秤由高精度传感器、微处理器、动态称重显示仪表及钢结构秤台、围栏、密封型防水接线盒等组成，仪表采用动物模式，称量迅速，数字直观易读，性能稳定可靠，操作维护简便，耐腐蚀，方便冲洗。也可以采用普通磅秤上外加一个钢筋制的长方形羊笼改造而成，羊笼规格一般为长1.4m、宽0.6m、高1.0m。两端装有活动门，以便在称重时，羊从一侧进入，从另一侧出去。因无角陶赛特羊体大、体重，为节省抓羊时间，可用栅栏设置一个连接羊圈的狭长通道，也可直接把带有羊笼的磅秤放在分群栏的通道入口处。

2. 智能化电子称重系统 它采用先进的数字式称重传感器技术、微电子技术和智能化称重控制技术，能准确、快速、自动化地实现活体动物的称重（图11-24）。智能化电子称重系统能快速称量，数秒即可准确测定重量；快速

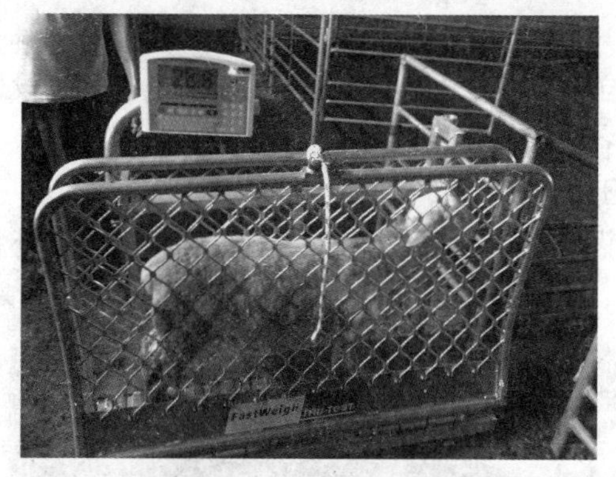

图11-24 智能化电子称重（北京东方联鸣供图）

地定期称重有助于对动物的生产性能进行监测，提高养殖效益；初生重及断奶体重监控，可以准确衡量饲喂量的转化效率及日增重；了解动物不同育成阶段的体况变化，及时调整日粮和管理；售前称重，可使动物在最好的重量时出售，保证获利最大化；可准确进行个体称重和群体称重，可与现代计算机系统连接，进行数据化管理，有利于育种值的估测。

新西兰Tru-Test公司研究开发的羊用快速称重栏（Fastweigh），这是一种称量羊的便携式装置，在常规的羊分群通道、便携式场地和场地侧边的围栏

上都可以安装，活体羊只行走通过称重台，就能准确称量，快速称重栏的挤压机制既保证了称重准确又能快速通过，并能通过电子耳标扫描，自动记录数据，传送到计算机。

智能化电子称重系统组成：①显示器：获取数据并记录数据。②传感器和电路：提供稳定、正确的数据。包括传感器电路、单片机电路、显示电路以及各种智能电路。③动物站立平台。

图 11-25　自动挑选与称重系统

澳大利亚开发了“Walk-through”称重系统，羔羊通过电子耳标被识别，这种系统的优点在于羔羊可以在去水槽饮水的时候通过系统，这样可以保证对个体记录数据的持续性，而且人力投入少。在完成挑选与鉴定时，称重的数据被即时记录下来，传输到中央数据库（图 11-25）。

（二）便携式动物 B 超仪（图 11-26）

1. 用途　适用于羊妊娠诊断、背膘厚、眼肌面积及肋肌厚（GR 值）测定。

2. 特点

（1）整机图像清晰、稳定、分辨率高。

（2）可显示实时和冻结的图像。

（3）可选配多种探头并可变频，充分满足临床诊断需求。

（4）视频输出，可外接显示器、视频图像打印机等设备。

（5）采用轻触式键盘和鼠标操作，快捷、

图 11-26　便携式动物 B 超仪

方便、灵活。

(6) 动物B超为注塑外壳便携式结构，交流电源适配器和内置电池相结合的方式供电，使仪器可在野外和没有供电的情况下方便使用。

(7) 整机集成化程度高、体积小、重量轻。

3. 仪器组件 由主机、探头、电源适配器三部分组成。标准配置3.5MHz机械扇扫探头，可选配2.5MHz /5 MHz机械扇扫探头。背膘厚、眼肌面积测定需要选用弧形探头。

4. 注意事项

(1) 仪器应尽可能避免溅水、湿度过高、通风不良、日光直射、化学药物或气体、强烈震动和碰撞等环境。

(2) 严禁将探头浸入任何液体中。

(3) 严禁加热探头。

(4) 严禁强行牵拉或弯曲探头电缆，以免损坏电缆。

(5) 应使用合乎国家标准要求的超声耦合剂，其他物质如油会损坏探头及探头电缆。保持探头清洁，每次使用后要用中性洗洁剂或清水擦净探头上的超声耦合剂。

(6) 动物B超使用的环境要求，环境温度范围10～40℃；相对湿度范围30%～75%。

第四节 肉羊标准化示范场验收评分标准

为加快畜牧业生产方式转变，深入推进畜禽标准化规模养殖，农业部开展了畜禽养殖标准化示范创建活动。制定了肉羊标准化示范场验收评分标准（表11-1)。

必备条件：

1. 场址不得位于《中华人民共和国畜牧法》明令禁止区域，并符合相关法律法规及区域内土地使用规划。

2. 具备县级以上畜牧兽医部门颁发的《动物防疫条件合格证》，两年内无重大疫病和产品质量安全事件发生。

3. 具有县级以上畜牧兽医行政主管部门备案登记证明；按照农业部《畜禽标识和养殖档案管理办法》要求，建立养殖档案。

4. 农区存栏能繁母羊250只以上，或年出栏肉羊500只以上的养殖场；牧区存栏能繁母羊400只以上，或年出栏肉羊1 000只以上的养殖场。

表 11-1　肉羊标准化示范场验收评分标准

验收项目	考核内容	考核具体内容及评分标准	满分	最后得分	扣分原因
选址与布局（20分）	选址（4分）	距离生活饮用水源地、居民区和主要交通干线、其他畜禽养殖场及畜禽屠宰加工、交易场所 500m 以上，得 2 分，否则不得分	2		
		地势较高，排水良好，通风干燥，向阳透光得 2 分，否则不得分	2		
	基础设施（5分）	水源稳定、水质良好，得 1 分；有储存、净化设施，得 1 分，否则不得分	2		
		电力供应充足，得 2 分，否则不得分	2		
		交通便利，机动车可通达得 1 分，否则不得分	1		
	场区布局（8分）	农区场区与外界隔离，得 2 分，否则不得分。牧区牧场边界清晰，有隔离设施，得 2 分	2		
		农区场区内生活区、生产区及粪污处理区分开得 3 分，部分分开得 1 分，否则不得分。牧区生活建筑、草料贮存场所、圈舍和粪污堆积区按照顺风向布置，并有固定设施分离，得 3 分，否则不得分	3		
		农区生产区母羊舍，羔羊舍、育成舍、育肥舍分开得 2 分，有与各个羊舍相应的运动场得 1 分。牧区母羊舍、接羔舍、羔羊舍分开，且布局合理，得 3 分，用围栏设施作羊舍的减 1 分	3		
	净道和污道（3分）	农区净道、污道严格分开，得 3 分；有净道、污道，但没有完全分开，得 2 分，完全没有净道、污道，不得分。牧区有放牧专用牧道，得 3 分	3		
设施与设备（28分）	羊舍（3分）	密闭式、半开放式、开放式羊舍得 3 分，简易羊舍或棚圈得 2 分，否则不得分	3		
	饲养密度（2分）	农区羊舍内饲养密度≥1m²/只，得 2 分；＜1m² 且≥0.5m² 得 1 分；＜0.5m²/只不得分。牧区符合核定载畜量的得 2 分，超载酌情扣分	2		
	消毒设施（3分）	场区门口有消毒池，得 1 分；羊舍（棚圈）内有消毒器材或设施得 1 分	2		
		有专用药浴设备，得 1 分，没有不得分	1		

（续）

验收项目	考核内容	考核具体内容及评分标准	满分	最后得分	扣分原因
设施与设备（28分）	养殖设备（16分）	农区羊舍内有专用饲槽，得2分；运动场有补饲槽，得1分。牧区有补饲草料的专用场所，防风、干净，得3分	3		
		农区保温及通风降温设施良好，得3分，否则适当减分。牧区羊舍有保温设施、放牧场有遮阳避暑设施（包括天然和人工设施），得3分，否则适当减分	3		
		有配套饲草料加工机具得3分，有简单饲草料加工机具的得2分；有饲料库得1分，没有不得分	4		
		农区羊舍或运动场有自动饮水器，得2分，仅设饮水槽减1分，没有不得分。牧区羊舍和放牧场有独立的饮水井和饮水槽得2分	2		
		农区有与养殖规模相适应的青贮设施及设备得3分；有干草棚得1分，没有不得分。牧区有与养殖规模相适应的贮草棚或封闭的贮草场地得4分，没有不得分	4		
	辅助设施（4分）	农区有更衣及消毒室，得2分，没有不得分。牧区有抓羊过道和称重小型磅秤得2分	2		
		有兽医及药品、疫苗存放室，得2分；无兽医室但有药品、疫苗储藏设备的得1分，没有不得分	2		
管理及防疫（30分）	管理制度（4分）	有生产管理、投入品使用等管理制度，并上墙，执行良好得2分，没有不得分	2		
		有防疫消毒制度，得2分，没有不得分	2		
	操作规程（5分）	有科学的配种方案，得1分；有明确的畜群周转计划，得1分；有合理的分阶段饲养、集中育肥饲养工艺方案，得1分，没有不得分	3		
		制定了科学合理的免疫程序，得2分，没有则不得分	2		
	饲草与饲料（4分）	农区有自有粗饲料地或与当地农户有购销秸秆合同协议，得4分，否则不得分。牧区实行划区轮牧制度或季节性休牧制度，或有专门的饲草料基地，得4分，否则不得分	4		
	生产记录与档案管理（15分）	有引羊时的动物检疫合格证明，并记录品种、来源、数量、月龄等情况，记录完整得4分，不完整适当扣分，没有则不得分	4		
		有完整的生产记录，包括配种记录、接羔记录、生长发育记录和羊群周转记录等。记录完整得4分，不完整适当扣分	4		

（续）

<table>
<tr><th>验收项目</th><th>考核内容</th><th>考核具体内容及评分标准</th><th>满分</th><th>最后得分</th><th>扣分原因</th></tr>
<tr><td rowspan="4">管理及防疫（30分）</td><td rowspan="3">生产记录与档案管理（15分）</td><td>有饲料、兽药使用记录，包括使用对象、使用时间和用量记录，记录完整得3分，不完整适当扣分，没有则不得分</td><td>3</td><td></td><td></td></tr>
<tr><td>有完整的免疫、消毒记录，记录完整得3分，不完整适当扣分，没有则不得分</td><td>3</td><td></td><td></td></tr>
<tr><td>保存有2年以上或建场以来的各项生产记录，专柜保存或采用计算机保存得1分，没有则不得分</td><td>1</td><td></td><td></td></tr>
<tr><td>专业技术人员（2分）</td><td>有1名以上经过畜牧兽医专业知识培训的技术人员，持证上岗，得2分，没有则不得分</td><td>2</td><td></td><td></td></tr>
<tr><td rowspan="5">环保要求（12分）</td><td rowspan="2">粪污处理（5分）</td><td>有固定的羊粪储存、堆放设施和场所，储存场所要有防雨、防溢流措施。满分为3分，有不足之处适当扣分</td><td>3</td><td></td><td></td></tr>
<tr><td>农区粪污采用发酵或其他方式处理，作为有机肥利用或销往有机肥厂，得2分。牧区采用农牧结合良性循环措施，得2分，有不足之处适当扣分</td><td>2</td><td></td><td></td></tr>
<tr><td rowspan="2">病死羊处理（5分）</td><td>配备焚尸炉或化尸池等病死羊无害化处理设施，得3分</td><td>3</td><td></td><td></td></tr>
<tr><td>病死羊采用深埋或焚烧等方式处理，记录完整，得2分</td><td>2</td><td></td><td></td></tr>
<tr><td>环境卫生（2分）</td><td>垃圾集中堆放，位置合理，整体环境卫生良好，得2分</td><td>2</td><td></td><td></td></tr>
<tr><td rowspan="3">生产技术水平（10分）</td><td rowspan="2">生产水平（8分）</td><td>农区繁殖成活率90%或羔羊成活率95%以上，牧区繁殖成活率85%或羔羊成活率90%以上，得4分，不足适当扣分</td><td>4</td><td></td><td></td></tr>
<tr><td>农区商品育肥羊年出栏率180%以上，牧区商品育肥羊年出栏率150%以上，得4分，不足适当扣分</td><td>4</td><td></td><td></td></tr>
<tr><td>技术水平（2分）</td><td>采用人工授精技术得2分</td><td>2</td><td></td><td></td></tr>
<tr><td colspan="3">合计</td><td>100</td><td></td><td></td></tr>
</table>

第十二章　肉羊保健与疫病防治

第一节　肉羊保健

一、加强饲养管理

1. 有计划地合理安排各个生产环节　提前做好剪毛、配种、产羔和育羔、断奶、分群及免疫接种和药物预防等各个生产环节的时间安排。每一生产环节应尽可能在较短的时间内完成，保证种羊正常的生产和繁殖。

2. 加强饲养管理，增强抵抗力　改善饲养条件，加强饲养管理，增加羊体质是预防疾病发生的最根本条件。在生产中，应根据不同生理阶段羊的营养需要严格进行饲养和管理，使其营养丰富全面。同时要重视饲料的品质和饮水卫生，禁止饲喂霉变、冰冻及被农药污染的草料，不饮死水、污水等。

3. 合理放牧和适时补饲　为减少羊群感染寄生虫的机会，减轻草场的压力和保持草原生态，应推行轮牧制度。具体应根据农区、牧区草场饲养的不同情况，合理地组织放牧。按照羊的年龄、性别分别组群。在冬春草场牧草缺乏季节，必须对不同生理阶段的羊只进行适量补饲。

4. 坚持自养自繁的原则　要尽可能做到自繁自养，不得从划为疫区的国家和地区引进羊只、冷冻精液或胚胎。必须引进羊只时，只能从非疫区的国家或地区购入，并进行严格的检疫，且获得检疫合格证。严格执行兽医检疫检验制度，减少疾病发病率，特别要防止在引进种羊的同时引进疫病，运输车辆应经过彻底清洗消毒。

二、严格消毒

羊场必须建立严格的消毒制度，按规定经常、定期和随时对羊场环境、羊舍、场地、仓库、用具、车间、设备、工作衣帽、病羊的排泄物与分泌物及污染的饲料进行消毒，消灭老鼠、蚊、蝇，对粪便、污水及时处理。清除外界环境中各种病原微生物的传播。

1. 主要消毒对象　在羊场、羊舍入口设消毒池并定期更换消毒液。对羊舍周围环境要定期用2%氢氧化钠溶液、生石灰或其他消毒剂消毒。羊场周围及场内污水池、排粪坑、下水道出口，每月用漂白粉消毒一次。定期对分娩栏、补料槽、饲料车、料桶等饲养用具进行消毒。每批羊只出栏后，要彻底清扫羊舍，采用喷雾、火焰、熏蒸消毒。外来人员必须进入生产区时，应更换场区工作服、工作鞋，经紫外线照射5min，并遵守场内防疫制度，按指定路线行走。工作人员进入生产区净道和羊舍，要更换工作服和工作鞋，并经紫外线照射5min进行消毒。

2. 主要消毒方法

（1）*浸液消毒*　用规定浓度的新洁尔灭、有机碘混合物或甲酚的水溶液，洗手、洗工作服或胶靴。

（2）*喷雾消毒*　用规定浓度的次氯酸盐、过氧乙酸、有机碘混合物、新洁尔灭、甲酚等，对羊舍、带羊环境、羊场道路和周围以及进入场区的车辆进行消毒。

（3）*熏蒸消毒*　用甲醛和高猛酸钾对饲养器具等在密闭的室内或容器内进行熏蒸消毒。

（4）*喷洒消毒*　在羊舍周围、入口、产房和羊床下面撒生石灰或氢氧化钠溶液进行消毒。

（5）*紫外线消毒*　入口处设紫外线灯，进入人员需照射5min。

（6）*火焰消毒*　用喷灯对羊只经常出入的地方、产房、培育舍，每年进行1～2次火焰瞬间喷射消毒。

三、定期药浴

药浴是为了预防和治疗羊体外寄生虫如蜱、疥螨和羊虱等病。根据药浴方式，分为池浴、淋浴和喷雾三种。在我国现有条件下，无角陶赛特等羊多采用池浴，山羊多采用淋浴。

1. 药浴药液　药浴常选用蝇毒磷乳粉或乳油制剂，成年羊所用的药液浓度为0.05%～0.08%；羔羊用药浓度为0.03%～0.04%；也可选用0.5%敌百虫水溶液等。

2. 药浴时间　一般在剪毛后7～10d进行，每年春秋各进行一次药浴；如果冬季有羊发病，可直接对发病部位进行擦浴；第一次药浴后，最好间隔一周，再重复一次。

3. 药浴注意事项　选择天气晴好的上午进行，药浴前停止放牧和喂料，浴前1～2h给足饮水，以防止因口渴而误饮药液。药浴时，工作人员应带口罩和橡皮手套，以防中毒。药浴后，残余药液按照规定处理，不得随意倾倒。药浴持续时间一般为2～3min。先浴健康羊，后浴病羊，有外伤的羊只暂不药浴。药池内药液高度可根据羊体高度而适当增减，一般以没及羊体为宜。

四、定期体内驱虫

常用驱体内寄生虫的药物为丙硫苯咪唑，按每千克体重 10～15mg 给药。在有寄生虫病流行的地区，每年春、秋季节要进行预防性体内驱虫两次。断奶后的羔羊要进行驱虫一次。可以拌在饲料中让羊只自由采食，也可制成 3%的丙硫苯咪唑悬浮剂口服，口服方法为：用 3%的肥儿粉加热水煎熬至浓稠状做成悬乳基质，再均匀拌入 3%的丙硫苯咪唑纯药，制成悬浮剂，用 20～40mL 的去掉针头的金属注射器灌服。对于体外寄生虫感染，可进行定期药浴治疗。

五、遵守兽药使用准则

在对羊场环境进行消毒或对羊病进行预防和治疗时，严格按照药品说明中所指定的用法用量使用，必须遵循兽药使用准则，避免用药过量发生药物中毒，或药量不够无法达到预防和治疗的目的。以下是主要常用药物的基本使用方法。

（一）抗菌类药

1. 土霉素 盐酸土霉素，广谱抗菌药，治疗革兰氏阳性菌和阴性菌、支原体等。内服，羔羊用量：每千克体重 30～50mg，分 2～3 次服用，连用 3～5d。成年羊禁用。

2. 青霉素类

（1）青霉素钾 对革兰氏阳性球菌作用强。治疗炭疽、气肿疽、创伤感染、肺炎、破伤风等疾病。肌内注射，每千克体重用量 1 万～1.5 万 U，每天 2～3 次，连用2～3d。

（2）青霉素钠 作用同青霉素钾。肌内注射，每千克体重用量 1 万～1.5 万 U，每天 2～3 次，连用 2～3d。

（3）普鲁卡因青霉素 作用同青霉素钾，用于敏感菌引起的慢性感染。肌内注射，每千克体重用量 1 万～2 万 U，每天 2 次，连用 2～3d。

（4）氨苄西林钠 广谱抗生素，肌内注射，每千克体重用量 4～15mg。休药期 12d。

3. 链霉素 硫酸链霉素对于布鲁氏菌、结核杆菌、鼠疫杆菌、土拉杆菌等有良好的抗菌作用。肌内注射，每千克体重用量 2～5U，每天 2 次，连用2～3d。

4. 恩诺沙星 用于敏感菌所致肠道、泌尿道、皮肤等感染。肌内注射，每千克体重用量 2.5mg，每天 1～2 次，连用 2～3d。

5. 磺胺嘧啶、磺胺甲基嘧啶、磺胺二甲基嘧啶 三种药物的作用基本相似。首次量每千克体重0.2g，维持量为每千克体重0.1g。10%、20%的钠盐注射液可供肌内或静脉注射，每千克体重50～100mg，每日2次。

6. 磺胺噻唑 又叫消治龙，抗菌作用强，适用于全身感染治疗。吸收快，排泄快，可每日用药3次。首次量每千克体重0.2g，维持量为每千克体重0.1g。10%、20%的磺胺噻唑也用于肌内或静脉注射，每千克体重70mg。

7. 磺胺脒 又叫克痢定，一般作为肠道感染治疗用药。内服每日每千克体重0.1～0.3g，分2～3次服用。

8. 磺胺甲氧嗪 又叫长效磺胺，适用于全身感染，体内作用维持时间较长。内服首次剂量每千克体重0.1g，维持量为每千克体重25～50mg。

（二）抗寄生虫药

指能够杀灭或驱除动物体表或体内寄生虫的药物，包括中药材、中成药、化学药品、抗生素及其制剂。

1. 硫双二氯酚 又叫别丁。驱吸虫、绦虫药，毒性小，使用安全。治疗用量为每千克体重75～100mg。

2. 吡喹酮 治疗血吸虫和脑囊虫病等。内服，每千克体重用量10～35mg。

3. 伊维菌素 广谱驱虫药，皮下注射，每千克体重用量0.2mg。

4. 阿苯达唑 即丙硫苯咪唑、丙硫咪唑，用于驱除各种线虫、血吸虫、绦虫以及囊尾蚴。内服，一次量每千克体重10～15mg。

5. 二嗪农 广谱杀虫药。药浴，初液：每升水250g；补充液：每升水750g（均按二嗪农计）。

6. 左旋咪唑 即左咪唑，常用盐酸左旋咪唑，广谱肠道驱虫药。内服，一次量每千克体重7.5mg，休药期3d。皮下、肌内注射，每千克体重7.5mg。

7. 噻苯咪唑 广谱抗寄生虫药，内服，一次量每千克体重50～100mg。

8. 溴氰菊酯及灭螨灵 均用于杀灭羊体表的螨、虱、蚤、蜱及吸血昆虫等。治疗量：灭螨灵药浴时稀释2 000倍，局部涂擦时稀释1 500倍；溴氰菊酯用于药浴，每升水5～15mg。

（三）防腐消毒剂

指用于抑制或杀灭外界环境、羊舍、动物排泄物、用具、手术器械等中的病原微生物防止疾病传播的药物。常用消毒剂有次氯酸盐、过氧乙酸、有机碘混合物、新洁尔灭、甲酚、生石灰、氢氧化钠溶液、甲醛等。

第二节　羊传染病的防治原则及防疫

一、防治原则与主要措施

当羊场发生重大疫情时，应及时采取如下紧急措施：一是立即封锁现场，针对不同疫情，兽医应采取果断有效措施，并尽快向当地动物防疫监督机构报告疫情，必要时采取病料样品，送附近兽医实验室化验诊断，确定病原。二是病死或淘汰羊的尸体按国家有关规定进行无害化处理，原则上进行焚烧或深埋。三是在发生传染病时，还应对健康羊进行紧急接种相应菌苗或疫苗，增强羊群的免疫力。四是当确诊发生疫情时，羊场应配合当地动物防疫监督机构，对羊群实施严格的隔离措施，使全部病羊与健康羊分开，病羊的粪便、垫草和圈舍要进行严格彻底的消毒；当发生重大疫情，如炭疽、口蹄疫时，应当立即扑杀病羊，采取封锁等综合措施。

二、免疫程序及防疫规程

定期预防接种是羊群防疫工作的最重要内容，也是羊场日常管理中的一个重要生产环节，是预防传染病发生的必要防治措施。常用的免疫接种疫苗有：

1. 羊大肠杆菌灭活疫苗　预防羊大肠杆菌病，怀孕母羊禁用。3 月龄以上羊皮下注射 2mL；3 月龄以下羊如需注射，每只用量 0.5～1.0mL。免疫持续期为 5 个月。在 2～8℃保存，有效期 18 个月。

2. O 型-亚洲Ⅰ型口蹄疫灭活疫苗　疫苗为乳状液，2～8℃避光贮存，严防冻结，注射前应充分摇匀。成年羊一年免疫两次（每年 3 月和 9 月），每次肌内注射 2mL/只。羔羊 2～3 月龄进行首免，肌内注射 1mL/只，30d 后加强免疫一次，肌内注射 2mL/只。以后按成年羊免疫程序进行免疫。发生疫情时，要对疫区、受威胁区所有羊进行一次强化免疫，最近 1 个月内免疫过的可以不用强化免疫。

3. 炭疽疫苗

（1）*无荚膜炭疽芽孢苗*　预防羊炭疽。皮下注射 0.5mL/只。注射后 14d 产生免疫力，免疫期 1 年。在2～8℃保存，有效期 2 年，山羊忌用。

（2）*Ⅱ号炭疽芽孢苗*　预防羊炭疽。山羊皮内注射 0.2mL，绵羊皮下注射 1mL 或皮内注射 0.2mL。注射后 14d 产生免疫力，绵羊免疫期为 1 年，山羊免疫期为 6 个月。在 2～8℃保存，有效期 2 年。

（3）*抗炭疽血清*　预防和治疗绵羊炭疽。预防时皮下注射，用量 16～

20mL；治疗时静脉注射，并可增量或重复注射，用量为50～120mL。在2～8℃保存，有效期3年。

4. 布鲁氏菌病疫苗

（1）布鲁氏菌病活疫苗（M5或M5-90株） 预防羊布鲁氏菌病。采用口服、滴鼻、气雾或皮下注射法接种。皮下注射每只羊10亿CFU活菌，滴鼻10亿CFU活菌，室外气雾免疫50亿CFU活菌，口服250亿CFU活菌。免疫持续期为3年。冻干苗在2～8℃保存，有效期1年。

（2）布鲁氏菌病活疫苗（S2株） 预防羊布鲁氏菌病。适于口服免疫，绵羊不论大小，每只一律口服100亿CFU活菌，也可皮下或肌内注射免疫，用量为绵羊50亿CFU活菌，山羊25亿CFU活菌。免疫持续期为3年。在2～8℃保存，有效期2年。

5. 绵羊痘活疫苗 预防绵羊痘。使用时按瓶签注明的头份用生理盐水稀释到每头份0.5mL，振荡均匀，尾内侧或股内侧皮内注射。3月龄以内哺乳羔羊在断奶后加强注射一次。注射后6d产生免疫力，免疫持续期为1年。冻干苗在－15℃以下保存，有效期2年；在2～8℃保存18个月；在16～25℃保存2个月，稀释后疫苗需当天用完。

6. 羊梭菌病疫苗

（1）羊黑疫、快疫灭活疫苗 预防羊黑疫和快疫。不论年龄大小，一律皮下或肌内注射5mL。免疫期为1年。在2～8℃保存，有效期2年。

（2）羊快疫、猝疽、肠毒血症三联灭活苗 预防羊快疫、猝疽、肠毒血症。皮下或肌内注射5mL。免疫持续期为6个月。在2～8℃保存，有效期2年。

（3）羊梭菌病四联氢氧化铝浓缩苗 预防羊快疫、猝疽、肠毒血症和羔羊痢疾。皮下或肌内注射5mL。免疫持续期为6个月。在2～8℃保存，有效期2年。

（4）羊厌氧菌氢氧化铝甲醛五联灭活苗 预防羊快疫、猝疽、肠毒血症、羔羊痢疾和黑疫。不论年龄大小，皮下或肌内注射1mL。注射后14d产生免疫力，免疫期为12个月。在2～8℃保存，有效期5年。

（5）羔羊痢疾灭活苗 预防羔羊痢疾。怀孕母羊分娩前20～30d第一次皮下注射2mL；第二次于分娩前10～20d皮下注射3mL。第二次注射后10d产生免疫力。免疫期：母羊5个月，经乳汁可使羔羊获得母源抗体。

7. 羊传染性脓疱皮炎活疫苗

预防羊传染性脓疱皮炎，有GO-BT冻干苗和HCE冻干苗两种。适于各种年龄的羊只，免疫剂量均为0.2mL，可进行股内侧划痕免疫。前者免疫期为5个月，后者为3个月。在2～8℃保存期为5个月，－20～－10℃保存期10个月，10～25℃保存2个月。

8. 破伤风疫苗

（1）*破伤风类毒素* 用于紧急预防或防治破伤风。皮下注射0.5mL，每年注射一次。羊受伤时，再用相同剂量注射一次，若羊受伤严重，应同时在另一侧颈部皮下注射破伤风抗毒素，以防止破伤风的发生。注射后1个月产生免疫力，免疫持续期为1年，第二年再注射1mL，免疫期为4年。在2～8℃保存，有效期3年。

（2）*破伤风抗毒素* 用于预防和治疗羊破伤风。皮下、肌内或静脉注射均可。免疫期2～3周。预防用量1 200～3 000U；治疗量为5 000～20 000U。在2～8℃冷暗处保存，有效期2年。

9. 抗羔羊痢疾血清 预防及早期治疗产气荚膜梭菌引起的羔羊痢疾。在本病流行地区，给1～5日龄羔羊皮下或肌内注射血清1mL，治疗时可增加到3～5mL，必要时4～5h后再重复注射一次。在2～8℃保存，有效期5年。

第三节 常见病的防治

一、前胃弛缓

前胃弛缓是前胃兴奋性降低、收缩力减弱所引起的疾病。临床症状为消化障碍，食欲减退、反刍减退，嗳气紊乱，胃蠕动减弱或停止等，可继发酸中毒。在冬末、春初饲料缺乏时容易发生。

（一）症状

急性病症表现为食欲减退或废绝，反刍停止。瘤胃内容物发酵腐败，产生大量气体，左腹增大，触诊柔软。粪便初期呈糊状或干硬，附着黏液，后期排出恶臭稀粪。慢性病例表现为精神沉郁，倦怠无力，喜卧地，被毛粗乱，食欲减退，反刍缓慢，瘤胃蠕动减弱。如果因为采食有毒植物或刺激性饲料而发病，则瘤胃和真胃敏感性增高，触诊有疼痛反应，有的羊体温升高。若为继发性前胃弛缓，则常伴有原发病的症状。

（二）病因

原发性前胃弛缓主要由于羊体质衰弱，长期饲喂不易消化的饲料（如秸秆、豆秸）或单一饲料，缺乏刺激性的饲料（如麦麸、豆面和酒糟等），或突然改变饲养方法，供给精料过多，运动不足，饲料品质不良、霉败冰冻、虫蛀染毒等所致。也可继发于瘤胃臌气、瘤胃积食、创伤性网胃炎、真胃变位、肠炎、腹膜炎、酮病、外科及产科疾病和肝片吸虫病等。

（三）防治

1. 预防　合理配合日粮，防止长期饲喂过硬、难以消化或单一劣质的饲料，切勿突然改变饲料或饲喂方式。供给充足的饮水，防止运动过度或不足，避免各种应激。

2. 治疗　治疗原则为消除病因，加强护理，增强瘤胃机能，防腐止酵。病初可用饥饿疗法，禁食2～3次，多饮清水，然后供给易消化的多汁饲料，适当运动。

用促泻制酵药，成年羊用硫酸镁20～30g或人工盐20～30g，加石蜡油100～200mL、马钱子酊2mL、大黄酊100mL、加水500mL，1次灌服。或用酵母粉10g、红糖10g、酒精10mL、陈皮酊5mL，混合加水适量，灌服。也可用乙酰胆碱2mg，1次肌内注射，或用2%毛果芸香碱1mL，皮下注射，以刺激瘤胃蠕动。防止酸中毒可灌服碳酸氢钠10～15g。另外，还可用大蒜酊20mL、龙胆末10g，加水适量，1次内服。

二、瘤胃臌气

瘤胃臌气是由于羊采食了大量易发酵的草料，迅速产生大量气体积聚于瘤胃内，使其容积增大，内压增高，胃壁扩张并严重影响心、肺功能的一种疾病。多发生于春末夏初放牧的羊群。

（一）症状

病羊表现为不安，回顾腹部，弓背伸腰，呻吟，反刍、嗳气停止，瘤胃蠕动音减弱，肷窝突起，高于髋结节或背水平线，腹围急剧膨大，触诊瘤胃紧张而有弹性，叩诊呈鼓音，听诊瘤胃蠕动力量减弱，次数减少。黏膜发绀，心率增快，呼吸困难。重者步态不稳，如不及时治疗，可因窒息或心脏麻痹而死亡。继发于食道阻塞、前胃弛缓、肠阻塞及创伤性网胃炎等。

（二）病因

由于采食了大量易发酵的饲料，如幼嫩的紫花苜蓿、豆苗、麦草等。冬春两季补饲精料时，群羊抢食过量、秋季放牧羊群在草场采食大量的豆科牧草、舍饲羊群因采食霜冻、霉变的饲料或酒糟喂量过多均可发病。也可继发于羊肠毒血症、食管阻塞、食管麻痹、前胃弛缓、创伤性网胃炎、瓣胃阻塞、肠扭转、慢性腹膜炎及某些中毒性疾病等。

（三）防治

1. 预防　加强饲养管理，严禁在幼嫩的苜蓿地放牧，不喂霉烂或易发酵的饲料和露水草，少喂难以消化和易臌胀的饲料。合理贮藏饲草饲料，防止霉变。

2. 治疗 治疗原则为排除瘤胃气体，缓泻制酵，清理胃肠，恢复瘤胃机能。可插入胃管放气，缓解腹压。或用5%碳酸氢钠溶液1500mL洗胃，以排出气体及胃内容物。也可用石蜡油100mL、鱼石脂2g、酒精10mL，加水适量，1次灌服。或者灌服50～100mL植物油；或用氧化镁30g，加水300mL，灌服。也可灌服100mL 8%的氢氧化镁混悬液。

中药治疗可用莱菔子30g、芒硝20g、滑石10g，煎水，另加清油30mL，1次灌服。或用干姜6g、陈皮9g、香附9g、肉豆蔻3g、砂仁3g、木香3g、神曲6g、莱菔子3g、麦芽6g、山楂6g，水煎，去渣后灌服。

三、瘤胃积食

瘤胃积食又称前胃积食，中兽医称之为宿草不转，是瘤胃充满多量食物，胃壁急性扩张，食糜滞留在瘤胃引起的严重消化不良的疾病。特征为反刍、嗳气停止，瘤胃坚实，疝痛，瘤胃蠕动极弱或消失。

（一）症状

病初不断嗳气，反刍消失，随后嗳气停止，腹痛，精神沉郁。左侧腹下轻度膨大，肷窝略平或稍凸出，瘤胃蠕动音消失，触诊硬实。后期呼吸迫促，脉搏增数。黏膜呈深紫红色，全身衰弱。重者发生酸中毒和胃肠炎，若无继发症，则体温正常。

（二）病因

饲养管理不当，使羊采食过多质量不良、粗硬且难于消化的饲草或容易膨胀的饲料，或采食多量干料（如大豆、豌豆、麸皮、玉米）而饮水不足、缺乏运动以及突然更换饲料等导致瘤胃内容物大量积聚而发生此病。继发于前胃弛缓、创伤性网胃炎、瓣胃阻塞、真胃阻塞、真胃扭转、腹膜炎等疾病。

（三）防治

1. 预防 加强饲养管理，避免大量饲喂干硬而不易消化的饲料，饲料搭配要适当，不要突然更换饲料，饮水充足，加强运动。

2. 治疗 治疗原则为消导下泻，兴奋瘤胃蠕动，止酵防腐，纠正酸中毒，健胃补液。

消导下泻，排除瘤胃内容物，可用鱼石脂1～3g、陈皮酊20mL、石蜡油100mL、人工盐50g或硫酸镁50g，芳香氨酯10mL，加水500mL，1次灌服。

解除酸中毒，可用1次静脉注射5%碳酸氢钠100mL，5%的葡萄糖溶液200mL，或1次静脉注射11.2%乳酸钠30mL。

止酵防腐，可用鱼石脂1～3g、陈皮酊20mL，加水250mL，1次灌服。也可用煤油3mL，加水250mL，摇匀呈油悬浮液，1次内服。

当发生急性瘤胃积食，用药物疗效无效时，应采取瘤胃切开术，取出内容物，并用1%的温食盐水冲洗。

中药治疗：选用大承气汤（大黄12g、芒硝30g、枳壳9g、厚朴12g、玉片1.5g、香附子9g、陈皮6g、千金子9g、木香3g、二丑12g），煎水1次灌服。

心脏衰竭时，可用10%安钠咖5mL或10%樟脑磺酸钠4mL，静脉或肌内注射。呼吸系统和血液循环系统衰竭时，用尼可刹米注射液2mL，肌内注射。

四、口炎

（一）症状

口炎是口腔黏膜表层和深层组织的炎症。以口腔黏膜和齿龈发炎，造成采食和咀嚼困难，口流清涎，痛觉敏感性增高为特征。原发性口炎表现为采食减少或停止，咀嚼缓慢，流涎，口腔黏膜肿胀、潮红、疼痛，严重者有出血、糜烂、溃疡等症状，进而引起消瘦。继发性口炎除表现口腔局部症状外，多见体温升高。如霉菌性口炎，常有采食发霉饲料的病史，除口腔黏膜发炎外，还表现腹泻、黄疸等。

（二）病因

原发性口炎多由外伤引起，因采食尖锐的植物枝杈、秸秆、饲料中混进金属片、铁钉等刺伤口腔，或因接触氨水、强酸、强碱损伤口黏膜而发病。继发性口炎常见于羊口疮、口蹄疫、羊痘及霉菌性口炎、过敏反应和羔羊营养不良等。

（三）防治

1. 预防　加强饲养管理，防止因口腔受伤而发生原发性口炎。饲喂富含维生素的青绿、多汁、柔软的饲草饲料，防止损伤口腔黏膜。不喂发霉腐烂的草料，饲槽经常用2%碱水消毒。

2. 治疗　治疗原则为消除病因、净化口腔，对症治疗，防止感染。轻度病症，可用2%～3%的碳酸氢钠溶液或0.1%高锰酸钾溶液或2%食盐水冲洗口腔。发生溃疡时，用2%龙胆紫溶液或1∶9的碘甘油涂擦。全身反应明显时，应肌内注射青霉素40万～80万U，链霉素100万U，1次肌内注射，每天2次，连用3～5d。

中药疗法，可用青黄散：青黛100g、冰片30g、黄柏150g、五倍子30g、硼砂80g、枯矾80g，共为细末，蜂蜜调和，涂擦疮面。或用柳花散：黄柏50g、青黛12g、肉桂6g、冰片2g，研成细末，和匀，擦于疮面。

五、羊中暑症

羊中暑症是日射病、热射病的统称。热射病是因天气高温湿润的环境，机体产热大于散热，使体内积热而引起中枢神经功能紊乱的疾病。日射病是指羊在酷热的时候头部受到日光直射时，导致的脑及脑膜充血和脑实质的急性病变，然后造成中枢神经系统机能严重障碍的现象。

（一）症状

病羊初期表现精神极度沉郁，食欲减退或废绝，步态不稳，摇晃不定，心跳亢进。脉搏快速而弱，呼吸次数增多，呼吸困难，体温升高，可视黏膜潮红，肌肉震颤，全身出汗；有的在发病后出现兴奋状态，后期常因虚脱而卧地不起，或突然倒地不动，呈昏迷状态，体温降低，陷于窒息，最后因心脏麻痹发生死亡。

（二）病因

日射病是由于夏季天气炎热，日照强烈，阳光直晒头部引起的。热射病是由于外界温度过高，羊舍内潮湿、闷热、拥挤、狭小，或车船运动时通风不良，热在体内蓄积所致的热射病。

（三）防治

1. 预防 夏季天气炎热，要做好羊舍的防暑降温工作，实行早晚放牧，午间到阴凉处或树荫下休息。还要保证充足的饮水。

2. 治疗 发现病羊立即将羊移到通风良好的阴凉处，用凉水淋浴，或用凉水灌肠。当病羊昏迷不醒时，可于颈静脉放血，放血量视病羊大小及身体状况而定，一般放血 80～100mL，静脉注射氯化钠注射液 500～1 000mL；病羊心脏衰弱或严重水肿时，应静脉注射强心药物。

六、胃肠炎

胃肠炎是胃肠表层黏膜及其深层组织发生出血性或坏死性炎症的疾病。临床特征为食欲减退或废绝，体温升高、腹泻、脱水、腹痛等严重的胃肠功能障碍和不同程度的自体中毒。

（一）症状

急性发病时，病羊精神沉郁，体温升高，食欲减退或废绝，口干臭，舌苔重，反刍减少或停止，腹部有压痛或呈现轻度腹痛症状。肠音初期增强，后期减弱或停止，排水样稀粪，气味腥臭或恶臭，粪中混有血液、脓液及坏死的组织片。脱水严重时，尿少色浓，眼球下陷，皮肤弹性降低，迅速消瘦，腹围紧缩。随着病情发展，体温升高，脉搏细数，四肢冷凉，昏睡。严重时循环障碍，搐搦而死。

慢性发病症状与急性病例相似，病程长，病势缓慢。

（二）病因

原发性胃肠炎主要见于饲养管理不当，饲料品质不良，或采食了大量冰冻、霉变的饲草饲料；饲料中混入具有刺激性的药物、化肥等（如过磷酸钙、硝铵）；治疗便秘和瘤胃积食时应用蓖麻油、芦荟和芒硝量过大；羊舍潮湿、卫生不良，羊只春乏、营养不良等。亦可继发于传染病（如副结核、炭疽、巴氏杆菌病、羔羊大肠杆菌病）、胃肠寄生虫病和内科病（急性胃扩张、便秘、肠变位等）。

（三）防治

1. 预防 加强饲养管理，合理饲喂精料，禁喂霉变、污秽不洁的草料和饮水，预防寒冷，定期驱虫，发现羊排粪异常时，应及时治疗，加强护理。

2. 治疗 治疗原则是清理胃肠，抗菌消炎，强心补液，防止酸中毒。可用药用炭 7g、次硝酸铋 3g，加水适量灌服，同时肌内注射青霉素、链霉素进行抗菌消炎。

严重脱水时强心补液，可用 5%葡萄糖 300mL、生理盐水 200mL、5%碳酸氢钠 100mL，混合后静脉注射，必要时可以重复使用。心力衰竭时肌内注射 10%樟脑磺酸钠 3mL 或皮下注射尼可刹米注射液 2mL。

中药疗法用黄连 4g、黄芩 10g、黄柏 10g、白头翁 6g、枳壳 9g、砂仁 6g、猪苓 9g、泽泻 9g，水煎去渣，候温灌服。急性肠炎可用白头翁 12g、秦皮 9g、黄连 2g、黄芩 3g、大黄 3g、山栀 3g、茯苓 6g、泽泻 6g、郁金 9g、木香 2g、山楂 6g，1 次煎水灌服。

七、感冒

感冒（俗称伤风）是由于气温骤变，受寒冷的袭击而引起的一种以咳嗽、流鼻液、体温升高为特征的急性发热性疾病。

（一）症状

病羊精神不振，食欲减少，低头耷耳，流泪，初期体温不均，耳尖鼻端发凉，继而体温升高，呼吸加快，伴有咳嗽，鼻液初为浆液性，后变为黏液性、脓性。背毛凌乱，反刍次数减少，鼻镜干燥。严重时继发气管炎、支气管炎，甚至诱发肺炎。

（二）病因

多发生在早春、秋末气温骤变和温差大的季节。由于人员管理不当，使羊只受寒冷的突然袭击或发生营养不良、体质瘦弱以及患有其他疾病时均易发生感冒，且以幼羊多发。

（三）防治

1. 预防 加强饲养管理，增强抗病能力，冬春季做好羊舍的保暖工作，防止贼风侵袭，雨雪天气不出牧。

2. 治疗 肌内注射30%安乃近、穿心莲、柴胡、安痛定均可。为防止继发感染，肌内注射青、链霉素，每日两次，连用3～5d。

中药治疗，用板蓝根20g、葛根15g、鲜芦根40g，加水煎汁200mL，候温，1次灌服；或用羌活15g、防风15g、苍术15g、白芷10g、细辛5g、川芎10g、生地10g、黄芩10g、甘草5g，共研为末，开水冲，候温，1次灌服。

八、酮病

酮病（妊娠毒血症）是由于蛋白质、脂肪和糖代谢紊乱而发生的以酮血、酮尿、酮乳、低血糖及视力障碍为特征的代谢性疾病。本病多见于妊娠后期和哺乳前期。

（一）症状

初期病羊掉群，食欲减退，前胃蠕动减弱，黏膜苍白或黄疸，视力减退，呆立不动，驱赶强迫运动时步态摇晃。后期意识紊乱，视力消失。头部肌肉痉挛，耳、唇震颤，空嚼，口流泡沫状唾液，头后仰或偏向一侧，有时转圈。病羊呼出气体及尿液有丙酮味。重者全身痉挛，突然倒地死亡。用亚硝基铁氰化钠法检验酮尿液，呈阳性反应。

（二）病因

主要是由于饲养管理不当、饲料单一、碳水化合物和蛋白质含量过高、粗纤维不足所引起。怀孕后期或大量泌乳时，特别是母羊怀双胎、多胎或胎儿过大时，母体糖耗过高，引起代谢机能紊乱。继发性酮病见于微量元素钴缺乏和多种疾病引起的瘤胃机能、内分泌机能紊乱。

（三）防治

1. 预防 加强饲养管理，避免母羊在妊娠早期肥胖，在妊娠后期应给予足够的精料。春季补饲青干草，适当补饲精料（以豆类为主）、食盐及多种维生素等。冬季防寒，补饲胡萝卜和甜菜根等。

2. 治疗 静脉注射25%葡萄糖50～100mL，每天1～2次，连用3～5d，也可与胰岛素5～8U混合注射。

九、氢氰酸中毒

氢氰酸中毒是由于羊采食富含氰苷的青饲料，在体内水解生成氢氰酸而引起的中毒性疾病。临床特征为发病急促，呼吸困难，同时伴有肌肉震颤。

（一）症状

发病突然，多于采食含有氰苷的饲料后15～20min出现症状。病羊腹痛不安，瘤胃臌气，可见黏膜鲜红，呼吸极度困难，口流白色泡沫唾液。先呈兴奋状态，很快转入沉郁状态，出现极度衰弱，步行不稳或倒地。重者体温下降，后肢麻痹，肌肉痉挛，眼球颤动，瞳孔散大，全身反射减少乃至消失，心动徐缓，脉搏细弱，呼吸浅微，终因呼吸麻痹而死亡。

（二）病因

由于羊采食过量的胡麻苗、玉米苗、高粱苗等含氰苷的作物而突然发作。饲喂机榨的胡麻籽、胡麻饼、木薯，也易发生中毒。中药方剂中杏仁、桃仁用量过大时，亦可致病。此外，接触氰化物、误食或吸入氰化物农药等均可引起中毒。

（三）防治

1. 预防　禁止在含有氰苷作物的地方放牧。若用含有氰苷的饲料喂羊时，宜先加工调制。妥善保管氰化物农药，严防误食。

2. 治疗　治疗原则为解毒、排毒与对症、支持疗法。发病后迅速用亚硝酸钠每千克体重15～25mg，溶于5%葡萄糖溶液中，配成1%的亚硝酸钠溶液，静脉注射。或静脉注射硫代硫酸钠溶液，1h后可重复应用1次。排毒与防止毒物吸收可合用催吐、洗胃和口服吸附剂。

十、羔羊白肌病

羔羊白肌病又称硒和维生素E缺乏症，以骨骼肌和心肌发生变性和坏死为特征。以出生后数周至2月龄羔羊多发，常呈地方性同群发病，严重时死亡率高达40%～60%。

（一）症状

病羔表现为精神不振，心动过速，运动无力，站立困难，行走不便，共济失调，喜卧地。有时呈现强直性痉挛状态，随即出现麻痹、血尿。后期昏迷，终因呼吸困难而死亡。也有些病羔表现为弓背、步态僵硬、经常躺卧不愿活动，驱赶时可引起呼吸、心跳急剧加快，有时突然死亡。剖检可见骨骼肌和心肌变性、色淡，似煮过样或石蜡样，呈灰黄色、黄白色的点状、条状或片状。

（二）病因

母羊在妊娠期或妊娠前期饲喂缺硒饲料所产出的羔羊易出现肌营养不良，由于硒和维生素E有加成作用，所以也称硒和维生素E缺乏症。在缺硒地区，羔羊发病率很高。据研究，本病还与母乳中钴、铜和锰等微量元素缺乏有关。

（三）防治

1. 预防 加强母羊饲养管理，供给豆科牧草，孕羊产羔前补硒。在缺硒地区，给怀孕羊皮下注射0.2%亚硒酸钠4～6mg，新羔在出生后20d左右，皮下或肌内注射亚硒酸钠液1mL，间隔20d后再注射1.5mL。

2. 治疗 0.2%亚硒酸钠溶液2mL，每月肌内注射1次，连用2次；病情严重者，每5d一次，连用2～3次。或用亚硒酸钠维生素E注射液1～2mL，肌内注射。如果饲料中含有维生素E的颉颃物（如多聚不饱合脂肪酸），则应将其除去或加入适量的抗氧化剂。也可适当使用维生素A、B族维生素、维生素C及其他对症治疗。

十一、流产

流产是指母羊妊娠中断，或胎儿不足月就排出子宫外而死亡。

（一）症状

突然发生流产者，产前一般无明显迹象。发病缓慢时表现为精神不佳，食欲废绝，腹痛起卧，努责咩叫，阴门流出羊水，待胎儿排出后稍为安静。发生隐性流产时，胎儿不排出体外，在体内自行溶解，溶解物排出体外或形成胎骨残留于子宫内，受伤的胎儿常因胎膜出血、剥离，多于数小时或数天后排出。

（二）病因

普通病、传染病和寄生虫病等均可引起流产。见于子宫畸形、胎盘坏死、胎膜炎和羊水过多等产科病；肺炎、肾炎、有毒植物中毒、食盐中毒、农药中毒等内科病；无机盐缺乏，微量元素不足或过剩，维生素A、维生素E不足等营养代谢病；外伤、蜂窝织炎等外科病；布鲁氏菌病、弯杆菌病、毛滴虫病等疫病。此外，饲喂冰冻霉败饲料、长途运输、过于拥挤、水草供应不均等，也可诱发流产。

（三）防治

1. 预防 加强怀孕羊的饲养管理，重视传染病和寄生虫病的防治。疑为传染病时，应取羊水、胎膜及流产胎儿的胃内容物进行检验，深埋流产物，消毒污染场所。

2. 治疗 如母羊有流产先兆，先用黄体酮注射液15mg 1次肌内注射进行保胎。中药治疗宜用四物胶艾汤加减：当归6g、熟地6g、川芎4g、黄芩3g、阿胶12g、艾叶9g、菟丝子6g，共研末，开水调服，每天1次，灌服两剂。

对已经发生流产的母羊，应尽快促使子宫内容物排出。死胎滞留时，应采用引产或助产措施。胎儿死亡，子宫颈未开时，应先肌内注射雌激素，也可用苯甲酸雌二醇2～3mg，促使子宫颈开张，然后从产道拉出胎儿。母羊出现全身症状时，应对症治疗。

十二、乳房炎

乳房炎是乳腺、乳池和乳头的局部炎症。多发生于泌乳期。临床特征为乳腺发生各种不同性质的炎症，乳房发热、红肿、疼痛，影响泌乳和产乳量。

（一）症状

轻症者不表现临床症状，仅乳汁有变化。多为急性发病，乳房局部肿胀、硬结、热痛，乳量减少，乳汁中混有血液、脓汁或褐色、淡红色絮状物。炎症发展时，体温升高，可达41℃，母羊拒绝哺乳。脓性乳房炎可形成脓腔，使腔体与乳腺相通，若穿透皮肤可形成瘘管。

（二）病因

多由于挤乳人员技术不熟练，损伤乳头、乳腺体；或因挤乳人员手臂不卫生，使乳房受到细菌感染；或羔羊吮乳咬伤乳头。也见于结核病、口蹄疫、子宫炎、羊痘、脓毒败血症等病程中。

（三）防治

1. 预防　保持圈舍卫生，经常清扫污物，在母羊产羔季节要经常检查乳房。

2. 治疗　病初可用青霉素40万U、0.5%普鲁卡因5mL，溶解后用乳房导管注入乳孔内，然后轻揉乳房腺体部，使药液在腺体中分布均匀。也可用青霉素、普鲁卡因溶液进行乳房基部封闭，或应用磺胺类药物抗菌消炎。为促进炎性渗出物吸收和消散，除在炎症初期冷敷外，2～3d后热敷，用10%硫酸镁溶液1 000mL，加热到45℃，每日清洗后外敷1～2次，每次30min，连用4次。

中药疗法，用当归15g、蒲公英30g、栀子6g、生地6g、金银花12g、川芎6g、连翘6g、赤芍6g、瓜蒌6g、龙胆草24g、甘草10g，共研细末，开水调服，每日1剂，连用5d，也可将中药煎水内服，同时治疗继发病。

对脓性乳房炎及开口于乳池深部的脓肿，可向乳房脓腔内注入0.1%～0.25%的雷佛奴耳液，或用3%的过氧化氢溶液及0.1%的高锰酸钾溶液冲洗消毒脓腔，引流排脓。

十三、子宫炎

子宫炎是包括子宫内膜炎、子宫周炎和子宫旁炎在内的整个子宫及其外周组织发生炎症的产科疾病，为母羊常见的生殖系统疾病之一，可导致母羊不孕。

（一）症状

临床分为急性和慢性两种。急性炎症初期病羊食欲减退，精神不振，体温升高，磨牙，呻吟，弓背，前胃弛缓，努责，时常出现排尿姿势，阴门流出污红色内容物。严重时昏迷，甚至死亡。慢性炎症病程较长，子宫分泌物少，若不及时治疗可发展为子宫坏死，继而全身恶化，发生败血症或脓毒败血症而死亡。有时继发腹膜炎、肺炎、膀胱炎、乳房炎等。

（二）病因

子宫炎是由于分娩、助产、子宫脱出、阴道脱出、胎衣不下、腹膜炎、胎儿死于腹中，或由于配种、人工授精、胚胎移植及接产过程中消毒不严等因素，导致细菌感染而引起子宫黏膜发生炎症。此外，生殖器官的结核也可引起子宫旁炎及子宫周炎。

（三）防治

1. 预防 保持羊舍和产房的清洁卫生。在配种、人工授精、胚胎移植及助产时，应注意环境、器具、术者手臂和母羊外生殖器的消毒。临产前后，对阴门及其周围组织应进行消毒。及时正确地治疗流产、难产、胎衣不下、子宫脱出及阴道炎等产科疾病，以防感染。

2. 治疗 清洗子宫，用0.1%高锰酸钾溶液300mL冲洗子宫，每天1次，连续3～4次。冲洗后进行消炎，向子宫内注入碘甘油3mL，或投放土霉素（0.5g）胶囊，或肌内注射青霉素、链霉素。用10%葡萄糖溶液100mL、复方氯化钠溶液100mL、5%碳酸氢钠溶液30～50mL，1次静脉注射以解除自体中毒。

中药疗法，急性病例，可用银花10g、连翘10g、黄芩5g、赤芍4g、牡丹皮4g、香附5g、桃仁4g、薏苡仁5g、延胡索5g、蒲公英5g，水煎候温，1次灌服。慢性病例，可用蒲黄5g、益母草5g、当归8g、五灵脂4g、川芎3g、香附4g、桃仁3g、茯苓5g，水煎候温加黄酒20mL，1次灌服，每天1次，2～3d为一个疗程。

十四、瘤胃酸中毒

瘤胃酸中毒是由于瘤胃内容物异常发酵，生成大量乳酸，发生以乳酸中毒为特征的消化机能紊乱性疾病。

（一）临床症状

特别急性症状，常在无任何症状的情况下，于采食后3～5h内突然死亡。

急性病例，病羊行动迟缓，步态不稳，呼吸急促，心跳加快，气喘，常于发病后1～3h死亡。

慢性病例通常在进食大量精料后6～12h出现症状。病初精神沉郁，食欲废绝，反刍停止，鼻镜干燥，无汗，眼球下陷，肌肉震颤，走路摇晃。有的排黄褐色或黑色、黏性稀粪，有时含有血液，少尿或无尿，常卧地不起，最后昏迷而死。

（二）病因

主要是由于采食过量精料、谷类饲料、酸类渣料等，或者由放牧或粗料突然转为精料型日粮、或长期饲喂酸度过高的青贮饲料，引起瘤胃内酸过多，酸碱平衡失调所致。

（三）防治

1. 预防　加强饲养管理，精料量不宜过多。青贮饲料酸度过高时，要经过碱处理后再饲喂。饲料中精料较多时，可加入2%的碳酸氢钠、0.8%的氧化镁或适量的碳酸钠。羔羊进入肥育期后，改换日粮不宜过快，应有一个过渡期。加强临产羊和产后羊的健康检查，避免发生此病。

2. 治疗　治疗原则为排除内容物，中和瘤胃中的酸性物质，补充体液，对症治疗。可灌服制酸剂（碳酸氢钠、碳酸镁等），用450g制酸剂与等量活性炭混合，加温水4L，胃管灌服，每只每次0.5mL，可同时灌服100万U青霉素10mL，以预防或消除炎症。也可用5%的碳酸氢钠溶液300～500mL，5%的葡萄糖生理盐水300mL和0.9%的氯化钠溶液1 000mL静脉注射。

十五、小叶性肺炎及化脓性肺炎

小叶性肺炎是支气管与肺小叶或肺小叶群同时发生的炎症。临床特征为呼吸困难，呈现弛张热，叩诊胸部有局灶性浊音区，听诊肺区有捻发音。

（一）诊断

小叶性肺炎初期呈急性支气管炎症状。病羊咳嗽，发热达40℃以上，呈弛张热型。呼吸浅表、增数，呈混合性呼吸困难。胸部叩诊出现不规则的半浊音区。听诊区肺泡音减弱或消失，初期为干啰音，中期出现湿啰音、捻发音。

化脓性肺炎是小叶性肺炎没有治愈、化脓菌感染的结果。肺炎病灶常呈散在性，体温呈现间歇热，体温升高至41.5℃。咳嗽，呼吸困难。肺区叩诊，常出现固定的似局灶性浊音区，病区呼吸音消失。其他症状同小叶性肺炎相似。

（二）病因

小叶性肺炎多因受寒感冒、理化因素刺激，或因条件性致病菌（如巴氏杆菌、葡萄球菌、链球菌、坏死杆菌、绿脓杆菌、放线菌等）感染和羊肺线虫的侵害所致。也可继发于口蹄疫、羊鼻蝇病、放线菌病、创伤性心包炎、胸膜炎、子宫炎、乳房炎、肋骨骨折等疾病。化脓性肺炎常继发于小叶性肺炎。

（三）防治

1. 预防 加强饲养管理，保持羊舍卫生，保暖防寒，预防感冒，杜绝疫病引发的感染，防止吸入灰尘。投送胃管时，防止误入气管。

2. 治疗 治疗原则：消炎止咳，解热强心。肌内注射青霉素、链霉素。或用氯化铵1～5g、酒石酸锑钾0.4g、杏仁水2mL，加水混合灌服。亦可用青霉素40万～80万U、0.5%普鲁卡因2～3mL，气管注入。解热强心药用安痛定注射液进行肌内注射。

第四节　羊的寄生虫病防治

一、痒螨病

痒螨病是由于痒螨寄生于羊的体表而引起的一种接触性高度传染性皮肤病，以患部脱毛、皮肤发生炎症为特征。

（一）流行特点和临床症状

1. 流行特点 病羊为主要传染源，健康羊通过与被痒螨及其卵污染的圈舍、饲料、饮水、用具等也可引起感染。多发于冬季、秋末和初春。

2. 临床症状 痒螨主要侵害有毛部位，如背部、臀部、尾根等处。羊感染螨病后，皮肤剧痒，不断在围墙、栏柱等处摩擦，患部皮肤出现丘疹、结节、水疱，甚至脓疱。渗出液增多，结痂，最后皲裂，毛束脱落，甚至全身脱毛。病羊食欲降低，日渐消瘦，贫血和极度营养障碍，常引起羊只大批死亡。

3. 实验室诊断 对可疑病羊，刮取皮肤组织检查病原体，即可确诊。

（二）病原

痒螨寄生于皮肤长毛处，呈长圆形，较大，长0.5～0.9mm，肉眼可见。口器长，呈锥形，足较长。卵呈椭圆形，灰白色。

（三）防治

1. 预防 每年定期对羊群进行药浴。加强检疫，对新引进的羊，经隔离检查，确定无螨后再混群饲养。保持圈舍干燥、通风，定期清扫和消毒。严格隔离病羊，饲养员接触病羊后，必须彻底消毒，更换衣物后再离去。

2. 治疗 皮下注射伊维菌素。在病羊数量多且气候适宜的条件下，用二嗪农溶液或溴氰菊酯等抗寄生虫药进行药浴，既可治疗，也可预防。当病羊少、患部面积小，特别是寒冷季节，可涂擦药物治疗，每次涂药面积不得超过体表的1/3。涂药前，先剪毛去痂，然后擦干患部用药。

可用干烟叶硫黄治疗（干烟叶90g、硫黄末30g、加水1 500g），先将干烟叶在水中浸泡一昼夜，煮沸，去掉烟叶，然后加入硫黄，使之溶解，涂抹患部；也可用苦参250g、花椒60g、地肤子9g，水煎取汁，擦洗患部。

二、消化道线虫病

消化道线虫病是由多种线虫寄生于羊的消化道内所致的一类寄生虫病。本病在全国各地均有不同程度的发生和流行，以西北、东北和内蒙古的广大牧区流行更为普遍，一旦发病将为养羊业带来严重损失。

（一）流行特点和临床症状

1. 流行特点　各种消化道线虫均为土源性发育，发育过程中不需要中间宿主，羊由于吞食了被虫卵感染的饲草、饲料及饮水而致病，幼虫在外界的发育难以控制，往往会造成所有羊只不同程度感染发病。

2. 临床症状　主要症状为腹泻，消瘦，贫血。严重者下颌水肿，发育受阻。少数病例体温升高，呼吸、脉搏频数，心音减弱，可因极度衰竭而死亡。

3. 实验室诊断　取粪便，用饱和盐水漂浮法或直接涂片法检查虫卵。

（二）病原

寄生于羊消化道的线虫种类很多，多数情况下属于混合感染。常见的消化道线虫主要有寄生于真胃的捻转血矛线虫、奥斯特线虫、马歇尔线虫；寄生于小肠的毛圆线虫、细颈线虫、仰口线虫、古柏线虫；寄生于盲肠的毛首线虫；寄生于大肠的食管口线虫和夏伯特线虫，其中以捻转血矛线虫带来的危害最为严重。

（三）防治

1. 预防　每年秋末由放牧转入舍饲后和春季放牧前，各驱虫1次。粪便要堆积发酵。注意放牧和饮水卫生，实施轮牧，夏季避免吃露水草，不在潮湿低洼地放牧。合理补饲精料，增强羊的抗病力。

2. 治疗　可使用左旋咪唑，内服、皮下或肌内注射，每千克体重10～15mg；或硫化二苯胺，每千克体重600mg，用面汤做成悬浮液灌服；或甲苯咪唑每千克体重5～10mg，口服；或用蒸馏水将硫酸铜配成1%的溶液，每千克体重50～80mL灌服。

三、裸头绦虫病

裸头绦虫病是由莫尼茨绦虫、曲子宫绦虫和无卵黄腺绦虫寄生于羊及其他反刍动物的小肠而引起的寄生虫病。三种绦虫既可单独感染，也可混合感染，以莫尼茨绦虫危害最为严重。

（一）流行特点和临床症状

1. 流行特点 以2～5月龄羔羊感染率最高，成年羊的感染率低。本病分布于全国，在牧区广为流行。

2. 临床症状 由于虫体在小肠内吸取营养，分泌毒素，并引起机械阻塞，使羊食欲减退，消瘦、贫血、淋巴结肿大、水肿，腹部疼痛和臌气，下痢和便秘交替出现，粪便中混有绦虫节片。后期衰弱而卧地不起，抽搦，头部向后仰或经常做咀嚼运动，口流泡沫，终至死亡。

3. 实验室诊断 取粪便检查虫体节片，亦可用饱和盐水漂浮法检查虫卵。

（二）病原

扩展莫尼茨绦虫呈乳白色，长1～5m，最宽处16～26mm。卵呈三角形、方形或圆形，直径50～60μm，内含一个六钩蚴的梨形器。贝氏莫尼茨虫体长6m，最宽处26mm。

（三）防治

1. 预防 粪便进行堆置发酵，定期驱虫。消灭中间宿主地螨。避免早晨、黄昏或雨天地螨活动较强的时间放牧，以减少羊与地螨接触的机会。

2. 治疗 氯硝柳胺，每千克体重50～75mg；丙硫苯咪唑（抗蠕敏），每千克体重10～15mg；吡喹酮，每千克体重10～35mg，以上药物均一次性内服。

四、肝片吸虫病

肝片吸虫病亦称肝蛭病，是由肝片吸虫寄生于羊的肝脏和胆管内所引起的一种人兽共患病。以肝实质、胆管发炎或肝硬化为特征。

（一）流行特点和临床症状

1. 流行特点 羊因吞食含囊蚴的饲草饲料或饮用被污染的水而感染，感染率高达50%。多发于温暖潮湿的夏秋季节。

2. 临床症状 肝片吸虫能引起急性或慢性肝炎和胆囊炎，并伴发全身性中毒现象和营养障碍。急性症状表现为发热，精神沉郁，贫血、黄疸和肝肿大，重者3～5d内死亡。慢性症状表现为贫血、眼睑及下颌间隙、胸下、腹下等部位发生水肿，被毛干燥易断，无光泽，食欲减退，逐渐消瘦，并伴有肠炎，最后死亡。

3. 实验室诊断 取粪便置于生理盐水中，沉淀后检查虫卵。急性感染期用皮内试验、间接血凝、免疫荧光试验等免疫学方法诊断。

（二）病原

肝片吸虫属片形科、片形属，为大型吸虫。成虫扁平，呈叶片状，暗红色，寄生于哺乳动物胆管内，幼虫在土蜗螺或萝卜螺体内经胞蚴、雷蚴发育为尾蚴后逸出，附着于水生植物或其他物体上形成囊蚴。虫卵呈长卵圆形，金黄或黄褐色。

（三）防治

1. 预防　不到潮湿或沼泽地放牧，定期驱虫，消灭中间宿主螺蛳。加强人、畜粪便管理，防止污染水源。

2. 治疗　硝氯酚，每千克体重 4mg，一次性口服；丙硫苯咪唑，每千克体重 15mg，每日 1 次，连用 2d。还可内服吡喹酮或阿苯达唑。

中药治疗，苏木 15g、贯众 9g、槟榔 12g，水煎去渣，加白酒 60g 灌服。

五、羊狂蝇蛆病

羊狂蝇蛆病又称鼻蝇幼虫病，是由羊狂蝇的幼虫寄生于羊的鼻腔及鼻窦内所引起的以慢性鼻炎为特征的疾病。主要危害绵羊，严重流行地区感染率高达 80%以上。

（一）流行特点和临床症状

1. 流行特点　羊狂蝇的成虫在 5～9 月份活动，以夏季最多。雌蝇在炎热清朗无风的天气活动频繁。

2. 临床症状　成虫侵袭羊群产幼虫时，羊群骚动，惊慌不安，表现为摇头、喷鼻、低头或以鼻孔抵于地面，或以头部藏在其他羊只的腹下或腿间，严重影响羊只的采食和休息。当羊狂蝇的幼虫钻进鼻腔或额窦时，刺激损伤黏膜，引起鼻黏膜肿胀和发炎，有时出血，分泌浆液性鼻液。临床表现为呼吸不畅，打喷嚏，甩鼻，磨牙，摇头，食欲减退，消瘦，眼睑浮肿和流泪等急性症状。个别幼虫还会进入颅腔，引发神经症状，患羊表现为运动失调，经常发生转圈运动，或发生痉挛、麻痹等症状。

（二）病原

羊狂蝇又称羊鼻蝇，属于节肢动物门、昆虫纲、狂蝇科、狂蝇属，是一种中型的蝇类。成虫呈淡灰色，略带金属光泽，形如蜜蜂，体长 10～12cm，在羊鼻孔中生产幼虫。

（三）防治

1. 预防　鼻蝇活动季节，在羊鼻孔周围涂上木焦油等，可驱赶鼻蝇。发现有鼻蝇幼虫寄生的病羊应及时治疗，并消灭喷出的幼虫。

2. 治疗　将螨净配成 0.3%的水溶液，鼻腔喷注，每侧鼻孔 6～8mL；2%～3%来苏儿溶液冲洗鼻腔，用喷雾器向鼻孔内喷洒。或用敌百虫内服，每千克体重 0.1g，加水适量，1 次内服；或口服碘醚柳胺，或者皮下注射伊维菌素。

六、脑包虫病

脑包虫病又称脑多头蚴病，是由多头绦虫的幼虫——多头蚴寄生于羊、人和多种动物的脑与脊髓内所致的人兽共患绦虫病。以脑炎和脑膜炎症状为特征。

（一）流行特点和临床症状

1. 流行特点 2岁内的羊多发，无季节性。犬是主要传染源，散发于全国各地，以犬活动频繁的地方多见。

2. 临床症状 主要表现为急性脑炎和脑膜炎症状，出现流涎、磨牙、垂头呆立、前冲后退或向虫体寄生的一侧转圈、对侧视力障碍、甚至失明。病羊体质逐渐消瘦，易惊恐，共济失调，后肢瘫痪，卧地不起，可因极度衰竭而死亡。

3. 实验室诊断 常用变态反应诊断，也可用X光或超声波设备确诊。

（二）病原

脑包虫成虫寄生在狗、狼等肉食动物的小肠内，虫卵随粪便排出，污染牧地，羊采食牧草时感染。成虫长40～80cm，节片200～500个，头节有4个吸盘，顶突上有22～32个小钩，分两圈排列。成熟节片呈方形。虫卵为圆形，直径20～37μm。多头蚴呈囊泡状，囊体由豌豆至鸡蛋大，囊内充满透明液体；囊内膜附有100～250个原头蚴，直径2～3mm。

（三）防治

1. 预防 加强对牧羊犬的管理，消灭野犬。深埋或焚烧犬粪，禁用病羊的脑和脊髓喂犬。

2. 治疗 手术摘除，根据羊转圈方向和运动状态，确定虫体寄生的部位。术部剪毛消毒，用刀片对皮肤做V形切口，在切开V形口的正中用圆骨钻或外科刀将骨质打开一个直径约1.5cm的小洞，用针头将脑膜轻轻划开，一般情况下，包虫即可向外鼓出，摘除即可，也可用注射器吸出囊中液体，囊体缩小后，再摘除虫体。最后在V形切口下端做一针缝合，消毒后纱布或绷带包扎。术后3d内连续注射青霉素。

第五节 羊的常见传染病防治

一、羊痘

羊痘又称为羊天花或羊出花，是由痘病毒引起的一种急性、热性、接触性传染病。特征是皮肤和黏膜上出现斑疹、丘疹、水疱、脓疱，最后干结成痂，脱落后痊愈。绵羊痘只发生于绵羊，不传染山羊及其他家畜。

（一）临床诊断和流行特点

1. 临床症状　临床上可分为典型和非典型经过，以典型羊痘最为常见。病初体温升至40～42℃，伴以可见黏膜的浆液性或脓性炎症。1～2d后，皮肤无毛或少毛部位发生痘疹。初为红斑，1～5d后形成灰白色或淡红色隆起的结节，突出于皮肤表面，坚实而苍白，为丘疹期，之后5～7d内结节形成水疱，后变为脓疱，干燥成痂块，脱落遗留下苍白的瘢痕。

非典型羊痘仅有体温升高和黏膜卡他性炎症，无或仅有少量痘疹，或痘疹出现硬结状，而不形成水疱和脓疱。有些病例可见痘疱内出血，呈黑色痘。也有病例的痘疱发生化脓和坏疽，常呈恶性经过，病死率高达20%～50%。

2. 流行特点　病羊和带毒羊是主要传染源，可从呼吸道分泌物、痘疹渗出液、脓汁、脱落的上皮和痘痂散播病毒。饲养员、饲养用具、饲料、垫草和外寄生虫等也可成为传播媒介，可通过呼吸系统感染，也可经皮肤或黏膜感染。羔羊病死率高，怀孕羊可发生流产。多发于冬末春初，气候严寒、饲料缺乏和饲养管理不当等因素皆可促使发病或加重病情。

3. 实验室诊断　取丘疹组织涂片，莫洛佐夫镀银法、姬姆萨染色或苏木紫-伊红染色，镜检，即可确诊。

4. 病理变化　咽喉和支气管黏膜常见痘疹，肺部有干酪样结节和卡他性肺炎病灶。前胃和真胃黏膜有大小不等的结节，单个或融合存在，严重者有糜烂或溃疡病灶。

（二）病原

绵羊痘病毒主要存在于病羊皮肤与黏膜的丘疹、脓疱及痂皮内、鼻分泌物和发热期血液中。对直射阳光、高热较为敏感，但耐干燥，在干燥的痂皮中可存活6～8周。

（三）防治

1. 预防　加强饲养管理，抓好膘情。定期预防接种。严禁从疫区引进羊只和购入畜产品。若需引进羊只，则应隔离检疫21d以上。发生疫情应及时采取有效措施，对病羊进行单独隔离，疫区封锁2个月，对尚未发病或受威胁的羊群，进行紧急免疫接种。对周围环境及圈舍等进行彻底消毒，消毒剂可选用2%苛性碱、10%～20%石灰乳剂或含2%有效氯的漂白粉液等。病死羊的尸体应深埋或焚烧。

2. 治疗　治疗应在严格隔离的条件下进行，防止病原体扩散。皮肤上的痘疮涂以碘酊或紫药水；黏膜上的病灶用0.1%高锰酸钾溶液冲洗，涂以碘甘油或紫药水。并发感染时，肌内注射青霉素 80 万～160 万 U，连用 2～3d；也可用 10%的磺胺嘧啶钠 10～20mL，肌内注射 1～3 次。有条件的可用羊痘免疫血清治疗，每只羊皮下注射 10～20mL，必要时可重复用药 1 次。

二、口蹄疫

口蹄疫（又称口疮、蹄癀）是由口蹄疫病毒引起的一种人兽共患的急性、热性、高度接触性传染病。以口腔黏膜、蹄部及乳房皮肤发生水疱和溃烂为特征。

（一）流行特点和临床诊断

1. 临床症状 病羊体温升高，精神不振，肌肉震颤，食欲减退，呈弥漫性口膜炎，水疱发生于硬腭和舌面，疼痛流涎，涎水呈泡沫状。有时见于乳房。成年羊 2～3 周后可痊愈，一般呈良性经过，死亡率 1%～2%。羔羊有时表现为出血性胃肠炎，常因心肌炎而死，死亡率高达 20%～50%。

2. 流行特点 口蹄疫病毒可感染多种动物，主要侵害偶蹄兽。病畜是主要传染源，畜产品、饲料、草场、饮水、饲养管理用具和交通工具等污染病毒后也可成为传染源。主要经消化道感染，也通过黏膜、皮肤和呼吸道感染。口蹄疫传染性很强，一旦发生往往呈流行性，新疫区发病率可达 100%，老疫区在 50%以上。本病发生无明显季节性。

3. 实验室诊断 有病原学检查和血清学诊断两种。病原学检查可取水疱皮或水疱液，用补体结合试验或微量补体结合试验鉴定毒型。血清学诊断可取恢复期血清，用乳鼠中和试验、病毒中和试验、琼脂扩散试验或放射免疫、免疫荧光抗体、被动血凝试验等鉴定毒型。

4. 病理变化 口腔、蹄部和乳房等部位出现水疱、溃疡和糜烂，重者咽喉、气管、支气管和前胃黏膜也有烂斑和溃疡。真胃和肠道黏膜可见出血性炎症。心包膜有散在出血点。心肌松软，似熟肉状，切面呈灰白色或淡黄色的斑点或条纹，似老虎身上的斑纹，俗称“虎斑心”。

（二）病原

口蹄疫病毒有 A、O、C、SAT1、SAT2、SAT3（即南非 1、2、3 型）和 Asia1（亚洲 1 型）7 个血清型。病毒主要存在于病羊的水疱皮及淋巴液中，发热期病羊的血液中病毒的含量高，退热后，乳汁、口涎、泪液、粪便、尿液等分泌物和排泄物中均含有一定量的病毒。病毒对外界环境抵抗力强，对光、热、酸、碱敏感，在自然情况下，含毒组织和污染的饲料、牧草、皮毛及土壤等可保持数周至数月的传染性。

（三）防治

1. 预防　无疫病发生地区严禁从有疫病国家或地区购进种羊。日常管理中根据毒型选用疫苗，定期预防接种。发生疫情后，应立即向当地动物防疫监督机构报告，严格执行封锁、隔离、消毒、紧急预防接种等综合措施。病羊扑杀后深埋或焚烧。对疫区和受威胁区尚未发病的羊，进行紧急预防接种。彻底消毒被污染的环境和器具，可选用2%氢氧化钠溶液、1%～2%甲醛溶液、0.2%～0.5%过氧乙酸、20%～30%草木灰水、4%碳酸钠溶液等作为消毒剂。

2. 治疗　可用清水、食醋或0.1%高锰酸钾冲洗口腔，糜烂面涂以1%～2%明矾溶液或碘酊甘油（碘7g、碘化钾5g、酒精100mL，溶解后加入甘油10mL）；也可外敷冰硼散（冰片15g、硼砂150g、芒硝18g，共为末）。蹄部用3%的来苏儿或3%克辽林洗涤，干后涂擦松馏油或鱼石脂软膏等，用绷带包扎。乳房用肥皂水或2%～3%硼酸洗涤，再涂擦青霉素软膏或其他防腐软膏，并定期挤乳以防发生乳房炎。

三、布鲁氏菌病

布鲁氏菌病是由布鲁氏菌引起的一种人兽共患病。以妊娠母羊流产、胎衣不下、生殖器官和胎膜发炎、关节发炎，公羊发生睾丸炎为特征。

（一）临床诊断和流行特点

1. 临床症状　多为隐性感染。怀孕羊发生流产是本病的主要症状，流产多发生于妊娠3～4个月内。其他症状可能有乳房炎、支气管炎、关节炎和滑液囊炎。公羊发生睾丸炎和附睾炎，前期睾丸肿大，后期睾丸萎缩。

2. 流行特点　病羊及带菌者为主要传染源，尤其是受感染的怀孕羊，在流产或分娩时，可随胎儿、胎水和胎衣排出大量布鲁氏菌，受感染公羊的精囊中也含有布鲁氏菌。主要通过消化道感染，也可经皮肤、结膜和配种感染。此外，吸血昆虫可以传播本病。

3. 实验室诊断　取流产胎儿组织、羊水、胎盘、阴道分泌物、乳汁、精液及有病变的组织器官制作涂片，革兰氏或柯兹洛夫斯基染色镜检。也可用免疫学诊断方法诊断。

4. 病理变化　胎衣呈黄色胶样浸润，其中有部分覆有纤维蛋白絮片和脓液，有的增厚并有出血点。胎儿呈现败血症病变，胃肠和膀胱浆膜下有点状或线状出血，皮下有出血性浆液性浸润，肝脏、脾脏和淋巴肿大，有些存在散在的坏死灶。公羊的精囊、睾丸和附睾可能出现出血、坏死和化脓灶。

（二）病原

布鲁氏菌是革兰氏阴性需氧杆菌，非抗酸性，无芽孢、无荚膜、无鞭毛，呈球杆状。姬姆萨染色呈紫色。该菌对外界环境抵抗力较强，但对湿热的抵抗力不强，消毒药能很快将其杀死。

（三）防治

1. 预防 通过检疫、隔离来控制传染源、切断传播途径、培养健康羊群，对羊群进行主动免疫接种，采用自繁自养的管理模式和人工授精技术。引进种羊时，要严格检疫，将引入羊只隔离饲养 2 个月后再次检疫，全群 2 次检查阴性者，才可与原群接触。健康的羊群，每年至少检疫 1 次。发现布鲁氏菌病，应采取措施，将其消灭。彻底消毒被污染的用具和场所。销毁流产胎儿、胎衣、羊水和产道分泌物、尿液及粪便。同时，羊场工作人员应注意个人防护，以防感染。

2. 治疗 一般无治疗价值，不予治疗。

四、炭疽

炭疽是由炭疽杆菌引起的一种人兽共患的急性、热性、败血性传染病。以发病突然，可视黏膜发绀，天然孔出血，尸僵不全、血液凝固不良，剖检脾脏肿大、皮下和浆膜下结缔组织出血性胶样浸润为特征。

（一）临床诊断和流行特点

1. 临床症状 急性发病时，病羊突然倒地，痉挛，昏迷，磨牙，摇摆，呼吸困难，结膜发绀，天然孔流出带有气泡的黑红色液体，常于数分钟内死亡。慢性发病时，表现为兴奋不安或精神沉郁，行走摇摆，呼吸迫促，心跳加速，黏膜发绀，进而全身痉挛，天然孔出血，数小时后死亡。

2. 流行特点 病羊是主要传染源，可通过其粪便、尿液、唾液及天然孔出血进行排菌。若尸体处理不当，炭疽杆菌形成芽孢污染土壤、水或牧场，则可使这些地区成为长久的疫源地。主要感染途径为消化道感染，也可经呼吸道或吸血昆虫叮咬而感染。呈散发或地方性流行，多发于夏季，从疫区输入骨粉、皮革或羊毛等可引起本病的暴发流行。

3. 实验室诊断 取耳静脉血或疑为肠型炭疽羊的粪便做涂片，瑞氏或姬姆萨染色，镜检。若发现单个、成对、成短链排列、竹节状有荚膜的粗大杆菌，即可确诊。环状沉淀反应操作简便，可快速诊断本病，适宜于检测腐败病料。此外，也可用琼脂扩散和荧光抗体染色试验诊断。

4. 病理变化 尸体迅速腐败而极度肿胀，尸僵不全，天然孔流出煤焦油样凝固不良的血液，黏膜发绀或有点状出血。

（二）病原

炭疽杆菌属于芽孢杆菌科、芽孢杆菌属，革兰氏阳性，两端平直，呈竹节状，无鞭毛。在病料内多单个散在或2～3个菌体相连，有荚膜；在培养基或自然界中，菌体呈长链状排列，一般不形成荚膜。在适宜条件下可形成芽孢，位于菌体中央，抵抗力很强，但在病羊体内和未剖检的尸体内不形成芽孢。

（三）防治

1. 预防 受威胁地区的易感羊群，每年应进行预防接种。发生炭疽时，应立即上报疫情，划定和封锁疫区。严禁剖检病羊、死羊，应将其焚毁。对病羊、死羊接触过的羊舍、用具及地面必须彻底消毒，可用10%热氢氧化钠液或20%漂白粉连续消毒3次，间隔1h。

2. 治疗 对未表现症状的羊，肌内注射青霉素。抗炭疽血清与青霉素合用效果更好。

五、羔羊痢疾

羔羊痢疾又称羔羊梭菌性痢疾，是以剧烈腹泻、小肠发生溃疡为特征的一种羔羊毒血症。本病常可使羔羊发生大批死亡，给养羊业带来巨大损失。

（一）临床诊断和流行特点

1. 临床症状 病羔表现为精神委顿，低头弓背，食欲降低。继而腹泻，粪便恶臭，有些后期粪便带血或血便。病羔虚弱，卧地不起，常于1～2d内死亡。

2. 流行特点 主要发生于7日龄内的羔羊，尤以2～5日龄羔羊多发，纯种羊的发病率及死亡率高，流行范围广。主要经消化道感染，也可通过脐带或创伤感染。母羊妊娠期营养不良，羔羊体质瘦弱，气候骤变，寒冷袭击，春乏饥饿，哺乳不当，饥饱不均等为诱因。特别在气候寒冷多变的季节，发病率和病死率高。

3. 实验室诊断 生前取粪便，死后采肝脏、脾脏及小肠内容物等，涂片镜检。也可进行分离培养，或用小肠内容物滤液接种小鼠或豚鼠进行毒素检查和中和试验，以确定毒素的存在和菌型。

4. 病理变化 真胃内有未消化的乳凝块，胃黏膜水肿、充血，有出血点。小肠尤其回肠黏膜充血发红，常见小溃疡病灶。肠系膜淋巴结肿胀充血。心包积液，心内膜有时见出血点。肺脏常有充血区或瘀斑。

（二）病原

主要由B型产气荚膜梭菌引起。

（三）防治

1. 预防 对怀孕羊产前抓膘增强体质，产后保暖，防止受凉。合理哺乳，避免饥饱不均。羔羊出生后12h内灌服土霉素可以预防。每年秋季按时注射羊快疫—羊猝疽—肠毒血症—羔羊痢疾—羊黑疫五联苗进行免疫，必要时于产前2～3周再接种1次。一旦发病应立即隔离病羔，对尚未发病的羊要及时转圈饲养。

2. 治疗 对病羔要做到及早发现，仔细护理，积极治疗。可使用磺胺脒0.5g、次硝酸铋0.2g、鞣酸蛋白0.2g、碳酸氢钠0.2g，加水适量，混合后1次服用，每日3次，同时肌内注射青霉素20万U，每4h 1次，至痊愈为止。也可用土霉素0.2～0.3g，或再加胃蛋白酶0.2～0.3g，加水灌服，每天2次。如果并发肺炎，可肌内注射青霉素、链霉素。同时要适当采取对症治疗，如强心、补液，食欲不好者灌服人工胃液10mL等。

可用中药加减乌梅汤：乌梅（去核）9g、黄芩9g、郁金9g、炒黄连9g、炙甘草9g、诃子肉12g、焦山楂12g、猪苓9g、神曲、泽泻各7g、干柿饼（切碎）一个，共研碎，加水400mL，煎汤150mL，红糖50g为引，灌服。也可用加味白头翁汤：白头翁9g、黄连9g、生山药30g、甘薯肉12g、秦皮12g、诃子肉9g、茯苓9g、白芍9g、白术15g、干姜5g、甘草6g，将以上药水煎2次，每次煎汤300mL，混合后灌服每次10mL，每天2次。

六、羊快疫

羊快疫是由腐败梭菌引起的一种急性传染病。以发病突然，真胃出血、炎性损害为特征。

（一）临床诊断和流行特点

1. 临床症状 急性发病突然，往往来不及出现临床症状就突然死亡。慢性发病表现为不愿行走，运动失调，腹痛，腹胀，磨牙抽搐，最后极度衰弱昏迷，体温升高到41℃，口、鼻流带血泡沫，多于数小时至1d内死亡。

2. 流行特点 绵羊最易感，多见于6～18月龄、营养较好的羊。主要经消化道感染。秋冬或早春气候骤变、阴雨连绵、寒冷、饥饿或采食了冰冻带霜的草料，抵抗力下降时可诱发本病。多呈散发流行，发病率低但病死率高。

3. 类症鉴别

（1）*羊快疫与羊肠毒血症* 羊快疫的发病季节为秋、冬和早春，多见于低洼潮湿地区，有明显的真胃出血性炎性损害；而羊肠毒血多在夏秋之交发病，农区多发于夏秋收割季节，真胃损害轻微，多见肾脏软化。

（2）*羊快疫与羊黑疫* 羊黑疫病羊肝脏多见坏死灶，涂片检查能见到两端钝圆、粗大的诺维氏梭菌；羊快疫病羊肝脏被膜涂片多为长丝状的腐败梭菌。

（3）*羊快疫与羊炭疽* 二者临床症状和病理变化极为相似，必须进行炭疽Ascoli沉淀反应加以区别，或从病原体形态上鉴别。

4. 病理变化 尸体迅速腐败、膨胀。真胃出血，胃底部及幽门部黏膜有大小不等的出血斑点及坏死区，黏膜下组织水肿。肠道和肺脏的浆膜下有出血。胸腔、腹腔和心包积液，暴露于空气易凝固。心内膜及心外膜可见点状出血。胆囊多肿胀，也称为“胆胀病”。

（二）病原

腐败梭菌是革兰氏阳性厌氧菌，在体内外均能形成芽孢，无荚膜，可产生4种毒素。病羊血液或脏器涂片，可见单个或2～3个相连的粗大杆菌，有的呈无关节的长丝状，其中一些可能断为数段。

（三）防治

1. 预防　必须加强防疫工作。在常发区，每年定期接种1～2次单苗，或羊快疫和羊猝疽二联苗，或快疫、猝疽、肠毒血症三联苗，或厌氧菌七联苗（快疫、猝疽、肠毒血症、黑疫、羔羊痢疾、肉毒中毒和破伤风）。加强饲养管理，转地放牧，早晨出牧不宜太早，防止受寒，避免采食冰冻饲料。隔离病羊，彻底消毒圈舍，用3%～5%氢氧化钠溶液或用20%石灰乳消毒2～3次。对尚未发病的羊，进行紧急免疫接种。

2. 治疗　对于病程较长的羊，可肌内注射青霉素80万～160万U，每日2次；或内服磺胺嘧啶，每次5～6g，连服3～4次；或内服10%～20%石灰乳50～100mL，连服2次；也可将10%的安钠咖10mL与5%葡萄糖溶液500～5 000mL混合静脉注射。

七、传染性脓疱

传染性脓疱也称传染性脓泡性皮炎或口疮，是由传染性脓疱病毒引起的一种人兽共患的急性接触性传染病。以口唇等部位的皮肤和黏膜形成丘疹、脓疱、溃疡以及疣状厚痂为特征。

（一）临床诊断和流行特点

1. 临床症状　潜伏期为4～8d，临床上一般分为唇型、蹄型和外阴型3种病型，也有混合型感染病例。

（1）唇型　病羊首先在口角、上唇或鼻镜上出现散在的小红斑，很快变为小结节，继而形成水疱或脓疱，破溃后结成疣状硬痂。若为良性经过，1～2周后痂皮干燥、脱落而康复。重者患部继续发生丘疹、水疱、脓疱、痂垢，并互相融合，波及整个口唇周围及颜面、眼睑和耳郭等部位，形成大面积龟裂、易出血的污秽痂垢。而后痂垢不断增厚，造成采食、咀嚼和吞咽困难，日趋衰弱。

（2）蹄型　仅侵害绵羊，多见一肢患病。蹄叉、蹄冠或系部皮肤上出现水疱、脓疱，破裂后形成由脓液覆盖的溃疡。病羊跛行，长期卧地，病情缠绵。

肺脏、肝脏以及乳房有时有转移性病灶。重者衰竭而死亡，或因败血症死亡。

（3）外阴型　较为少见。阴道有黏性或脓性分泌物，肿胀的阴唇及其附近皮肤上出现溃疡，乳房和乳头皮肤发生脓疱、烂斑和痂垢。公羊阴囊鞘肿胀，出现脓疱和溃疡。

2. 流行特点　病羊和带毒羊为主要传染源。主要经损伤的皮肤和黏膜感染。自然感染是由于引入病羊或带毒羊，或使用病羊污染的圈舍和牧场而引起的。多见于3～6月龄的羔羊，常为群发性流行。成年羊也感染，但呈散发性流行。

3. 实验室诊断　可采集水疱液、水疱皮、脓疱皮及较深层痂皮分离培养或电镜观察病毒，或用补体结合试验、琼脂扩散试验、反向间接血凝试验、酶联免疫吸附试验、免疫荧光技术和变态反应等方法诊断。

（二）病原

传染性脓疱病毒对外界环境抵抗力强，干痂内的病毒暴露于夏季日光下经20～60d才失去传染性，散落地面的病毒可以越冬，第二年春天仍有感染性。

（三）防治

1. 预防　禁止从疫区引进羊或购入饲料及畜产品。引进羊须进行严格检疫，隔离观察2～3周，经检疫无病，将蹄部彻底清洗和消毒后方可混入大群饲养。在本病流行区进行免疫接种，所用疫苗株型应与当地流行毒株相同。加强日常饲养管理，饲料中加喂适量的食盐和矿物质，避免羊啃土、啃墙，以保护黏膜和皮肤勿受损伤。发病时做好环境的消毒，特别是羊舍和饲管用具，可用2%氢氧化钠溶液、10%石灰乳溶液进行消毒。

2. 治疗　对唇型和外阴型病例，先用0.1%～0.2%高锰酸钾溶液冲洗创面，然后涂2%龙胆紫、5%碘甘油或5%土霉素软膏，每天2～3次，至痊愈。对蹄型，隔日用3%龙胆紫溶液或土霉素软膏涂拭患部。为防止合并感染，可同时应用抗生素和磺胺类药物。

八、破伤风

破伤风又称锁口风、强直症，是由破伤风梭菌引起的人兽共患的一种创伤性、中毒性传染病。以全身肌肉强直性痉挛，对外界刺激的反射兴奋性增高为特征。

（一）临床诊断和流行特点

1. 临床症状　潜伏期1～4周，病初症状不明显。随着病情的发展，表现为不能自由起卧，采食、吞咽困难，眼睑麻痹，瞳孔散大，两眼呆滞。随后体温升高，四肢强直，运步强拘，牙关紧闭，头颈伸直，角弓反张，尾直，四肢开张站立，呆若木马，流涎，不能饮水，反刍停止，常伴有腹泻。死亡率甚高。

2. 流行特点 多见于去势、断脐、断尾、剪毛损伤皮肤、产后感染、公羊斗殴致伤或术后消毒不严及放牧时蹄或头部被刺伤等情况，破伤风梭菌芽孢在伤口深处厌氧生长后产生毒素引起发病。无明显季节性，多散发。

3. 实验室诊断 取创伤部的分泌物或坏死组织进行细菌学检查，分离鉴定细菌，也可取血清或所分离的细菌培养物滤液检查毒素。

4. 病理变化 尸体僵硬，心肌变性，肺瘀血、水肿，脊髓和脊髓膜充血、出血，实质器官和肠浆膜有出血点。

（二）病原

破伤风梭菌为两端钝圆、细长、正直或略弯曲的杆菌，多单在，周生鞭毛，无荚膜。能形成圆形芽孢，位于菌体一端，芽孢体呈鼓槌状。革兰氏阳性，培养48h后常呈阴性染色。本菌可产生多种毒素，芽孢体抵抗力强，在土壤表层能存活数年。

（三）防治

1. 预防 防止外伤，一旦发生外伤，可用2%～5%的碘酊严格消毒。保持地面干燥，定期清理羊圈，加强消毒。定期注射预防破伤风类毒素或肌内注射破伤风抗血清。

2. 治疗 加强护理，将病羊置于安静处，避免强光刺激。彻底清除伤口内的脓汁、坏死组织及污物，用5%～10%碘酊、3%过氧化氢或1%高锰酸钾消毒，缝合伤口。病初可肌内或静脉注射破伤风抗毒素。也可静脉注射25%硫酸镁40～60mL，同时肌内注射青、链霉素各100万～200万U，每日2次，连用3～5d。也可用中药防风散（防风8g、天麻5g、羌活8g、天南星7g、炒僵蚕7g、清半夏4g、川芎4g、炒蝉蜕7g），连用3剂，隔日1次，能缓解症状。

九、腐蹄病

腐蹄病是由坏死杆菌引起的一种传染病。以蹄部发炎、坏死为主要特征。

（一）临床诊断和流行特点

1. 临床症状 病羊出现跛行，蹄高抬不敢着地，蹄冠和趾间发生肿胀、热痛，而后溃烂，挤压肿烂部有发臭的脓样液流出，随病变的发展，可波及腱、韧带和关节，有时蹄盖脱落，在蹄底部发现小孔或大洞。有时也会发生唇疮，在鼻、唇、眼部甚至口腔发生结节和水疱，随后成棕色痂块。本病影响放牧和采食，病羊身体逐渐消瘦。轻症病羊能很快恢复，重症如不及时治疗，往往由于内脏形成转移性坏死灶而死亡。

2. 流行特点 坏死杆菌在自然界中分布很广，动物的粪便、死水坑、沼泽和土壤中均有存在，通过损伤的皮肤和黏膜感染。地面长期潮湿，日粮中钙、磷不平衡，使蹄部角质疏松，或被铁屑、玻璃碴等刺伤蹄部，受细菌侵害后即发病。多发生于低洼潮湿地区和多雨季节，呈散发性或地方性流行。

3. 实验室诊断 从病灶与健康组织的交界处取病料做涂片，用稀释石炭酸复红或碱性美蓝加温染色，镜检，发现着色不匀，如串珠状细长丝状菌即可确诊，必要时也可进行分离培养及动物试验诊断。

（二）病原

坏死杆菌也称坏死梭杆菌，革兰氏阴性、严格厌氧。无鞭毛、无芽孢，也不产生荚膜。本菌可产生两种毒素，外毒素皮下注射可引起组织水肿，静脉注射则数小时内死亡；内毒素皮下或皮内注射可致组织坏死。坏死杆菌对理化因素抵抗力不强，对热及常用消毒剂敏感，对4%的醋酸敏感，但在污染的土壤中会存活很长时间。

（三）防治

1. 预防 加强饲养管理，勤换垫草，经常保持羊圈的清洁干燥，避免发生外伤。日粮中应添加适量的矿物质，及时清除圈舍中的积粪和尿液等，圈门处放置10%的硫酸铜溶液消毒草袋。

2. 治疗 先清除坏死组织，用食醋、3%来苏儿或1%的高锰酸钾溶液冲洗，或用6%甲醛溶液或5%～10的硫酸铜蹄浴，然后用抗生素软膏涂抹，必要时可将患部用绷带包扎。也可用香油500g，煮开后冷却，加入黄连粉7.5g，搅拌均匀制成黄连香油液，涂抹蹄部，3～7d可治愈。当发生转移性病灶时，应进行全身治疗，可注射磺胺嘧啶或土霉素，连用5d，并配合应用强心和解毒药，可提高治愈率。

十、蓝舌病

蓝舌病是由蓝舌病毒引起的反刍动物的一种传染病。以发热、消瘦，口、鼻和消化道黏膜的溃疡性炎症变化为特征。

（一）临床诊断和流行特点

1. 临床症状 潜伏期3～10d。体温高达40.5～41.5℃，稽留5～6d。精神委顿，厌食，流涎，掉群。双唇水肿，常蔓延至面颊、耳郭，甚至颈部、胸部和腹部。舌及口腔黏膜充血、发绀。重者唇面、齿龈、颊部黏膜、舌黏膜出现溃疡和糜烂，致使吞咽困难。继而溃疡部位渗出血液，唾液呈红色。鼻黏膜和鼻镜糜烂出血。病羊消瘦、衰弱，少数便秘或腹泻，便中带血，最终死亡。

怀孕羊感染，胎儿畸形。有些病羊痊愈后被毛脱落。病程 1～2 周，发病率达 30%～40%，死亡率 2%～3%，高者达 90%。

2. 流行特点　蓝舌病主要感染绵羊，以 1 岁左右最易感，哺乳期羔羊有一定的抵抗力。病羊和带毒羊为主要传染源，隐性感染的其他反刍动物也是危险的传染源。多发于湿热的夏季和早秋，特别是池塘、河流分布较多的潮湿低洼地区，由库蠓传播。

3. 实验室诊断　发热期可采病羊血液或从新鲜尸体中采集淋巴结、脾脏、肝脏等病料进行人工感染或动物试验分离病毒，或用补体结合试验、琼脂扩散试验、中和试验、免疫荧光抗体技术等方法进行诊断。

4. 病理变化　病羊各脏器和淋巴结充血、水肿和出血；颌下、颈部皮下出血性胶样浸润。口腔黏膜糜烂并有深红色区，舌、齿龈、硬腭和颊部黏膜水肿、出血。呼吸道、消化道、泌尿系统黏膜以及心肌、心内膜和心外膜有出血点。重者消化道黏膜有坏死和溃疡病灶。脾脏、肾脏和淋巴结肿大。有时蹄叶发炎并溃烂。

（二）病原

蓝舌病毒隶属呼肠孤病毒科、环状病毒属，主要存在于病羊的血液以及各脏器，在康复羊的体内可存活 4～5 个月。抵抗力强，在 50%的甘油中能存活多年，对 2%～3%的氢氧化钠溶液敏感。

（三）防治

1. 预防　严禁从有此疫病发生的国家和地区引进羊。严禁用带有病毒的精液进行人工授精。夏季应选择高地放牧，以减少感染机会。每年进行免疫接种，可选用弱毒苗、活毒苗或亚单位疫苗，以前者较为常用。非疫区一旦传入本病，应立即采取措施，隔离病羊和与其接触过的所有易感动物，并进行彻底消毒，采取清群和净化措施。新发病地区，用疫苗进行紧急接种。

2. 治疗　可用刺激性小的消毒液冲洗口腔和蹄部，发生继发感染时，用磺胺类药物和抗生素进行治疗。

附　　表

附表 1　种羊生产性能测定信息登记表

编号：____________　登记日期：______年____月____日

场（小区、站、公司、户）名：________________

地点：______省（自治区、直辖市）______县（区、市）______乡（镇）______村

联系人：____________　联系方式：____________

基本情况					
品种		类型		个体编号	
出生日期		性别		出生地	
引入日期		来源地		毛色	
综合鉴（评）定等级					

体重、体尺							
体重（kg）		体高（cm）		体斜长(cm)		胸围（cm）	
胸宽（cm）		胸深（cm）		管围（cm）			

生长肥育性能							
羔羊初生重（kg）		90 日龄平均日增重（g/d）		初测日期		终测日期	
耗料量（kg）		肥育始重（kg）		肥育末重（kg）		平均日增重（g）	
饲料利用率		眼肌面积（cm^2）		背膘厚（mm）		肋肉厚（mm）	

毛用性能					
剪毛量（kg）		净毛率（kg）		剪毛后体重（kg）	
密度（根/cm^2）		纤维直径（μm）		毛丛自然长度(cm)	
伸直长度（cm）		羊毛强度（g）		羊毛伸度（%）	
羊毛匀度		羊毛弯曲大小		羊毛油汗	

绒用性能					
抓绒量（kg）		抓绒后体重（kg）		净绒率（%）	
绒层高度（mm）		绒自然长度（cm）		绒纤维直径（μm）	

（续）

羔裘皮用性能							
被毛颜色		被毛光泽		花纹类型			
毛皮面积（cm^2）		正身面积（cm^2）		花案面积（cm^2）			
皮重（g）		皮板质量		皮张厚度（mm）			
乳用性能							
个体泌乳期产奶量（kg）		后代群体平均产奶量（kg）		乳干物质率（%）			
乳脂率（%）		乳蛋白率（%）		体细胞数		细菌菌落数	
繁殖性能							
精液量（mL）		精子密度（亿个/mL）		精子畸形率（%）		产羔率（%）	
初配月龄		性成熟月龄		繁殖成活率（%）			
变动信息							
离群日期	离群去向	离群原因					
		转让	出售	死亡	淘汰		

记录人： 电话： E-mail：

附表 2 系谱登记表

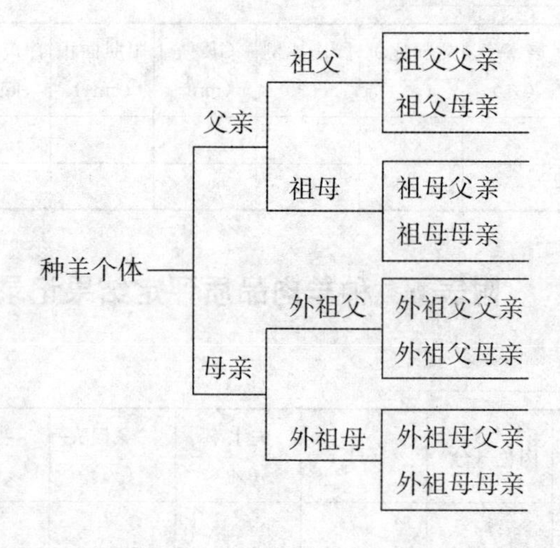

附表 3　羊剪毛（抓绒）量记录表

种羊场名：______________

序号	种羊号	品种	年龄	性别	体重（kg）	日期	剪毛量（抓绒量）（kg）	毛长（cm）	等级	测定员

附表 4　种羊生长发育登记表

品种：__________　种羊号：______________

发育阶段	体重（kg）	体重测定日期	体尺（cm）						体尺测定日期	测定员
			体高	体斜长	胸围	胸宽	胸深	管围		
初生										
断奶日龄										
12 月龄										
18 月龄										
24 月龄										

附表 5　种羊屠宰测定结果记录表

种羊场：______________

羊号	宰前活重（kg）	胴体重（kg）	屠宰率（%）	后腿比例（%）	腰肉比例（%）	GR 值（mm）	眼肌面积（cm^2）	净肉重（kg）	净肉率（%）	肉骨比（%）

附表 6　种羊肉品质评定结果记录表

种羊场：______________

羊 号	时间（h）	肉色（分）	pH	失水率（%）	贮藏损失（%）	熟肉率（%）	肌内脂肪（%）

附表 7 种羊超声波测定记录表

种羊场：____________

羊 号	月龄	背膘厚（mm）	眼肌面积（cm^2）	GR 值（mm）	测定日期	测定员

附表 8 种公羊采精记录表

种羊场：____________

公羊号	采精日期	精液量（mL）	密度（亿个/mL）	活 力	畸形率（%）	测定员

附表 9 种母羊配种记录表

种羊场名：____________

母羊号	品种	毛色特征	第一次配种时间	与配公羊号	第二次配种时间	与配公羊号	第三次配种时间	与配公羊号	预产期

附表 10 种母羊产羔记录表

种羊场名：____________

母羊号	品种	胎次	与配公羊号	产羔日期	羔羊编号	羔羊性别	羔 羊初生重	羔羊毛色	产羔难易度				记录员
									正产	助产	引产	剖宫产	

附表 11　毛用种羊外貌评定登记表

编号：______________　日期：________年____月____日

地点：________省（自治区、直辖市）________县（区、市）________乡（镇）________村

联系人：____________________　联系方式：____________________

羊号	鉴定	等级	备注
	L　M　W　H　Y　☐		
	L　M　W　H　Y　☐		
	L　M　W　H　Y　☐		
	L　M　W　H　Y　☐		
	L　M　W　H　Y　☐		
	L　M　W　H　Y　☐		
	L　M　W　H　Y　☐		
	L　M　W　H　Y　☐		
	L　M　W　H　Y　☐		
	L　M　W　H　Y　☐		

记录人：　　　　　　　　电话：　　　　　　　　E-mail：

鉴定人：　　　　　　　　电话：　　　　　　　　E-mail：

主要参考文献

邓凯东，刁其玉，姜成钢，等．2012. 德国美利奴杂交育肥绵羊的净能和代谢能需要量研究［J］．中国草食动物科学．

董卫民，张少敏，李凤兰，张志强，何岩．2002. 秸秆饲料开发利用现状及前景展望［J］．草业科学，19（3）．

杜立新，曹顶国．2003. 小尾寒羊微卫星与 RAPD 标记的研究［J］．遗传学报（11）．

冯建忠．2004. 羊繁殖实用技术［M］．北京：中国农业出版社．

冯涛，赵有璋．2004. 肉用羔羊肥育试验［J］．甘肃农业大学学报（5）：478－482.

郭天龙，金海，阿拉腾苏和，斯琴，李秉龙，薛建良．放牧羔羊补饲育肥技术及经济效益评价［C］//全国养羊生产与研讨会议论文集．

郭志明，李和国．2011. 不同肉羊品种与小尾寒羊杂交一代羔羊肉用性能比较［J］．畜牧兽医杂志（3）．

国春艳，刁其玉．2009. 过瘤胃蛋白质饲料保护技术研究进展［J］．饲料与畜牧（5）．

国家畜禽遗传资源委员会．2011. 中国畜禽遗传资源志　羊志［M］．北京：中国农业出版社．

郝正里，郭天芬，孙玉国，李发弟，张力等．2002. 采食不同组合全饲粮颗粒料羔羊的瘤胃液代谢参数［J］．甘肃农业大学学报，37（2）：145－152.

胡钟仁，洪琼花，武红得，汤水平，毕兴红，颜敦志．2012. 云南黑山羊新品系生长发育规律的研究［C］//中国畜牧兽医学会养羊学分会．2012 年全国养羊生产与学术研讨会议论文集．

黄玉富．2013. 不同肉羊品种与小尾寒羊杂交试验研究［J］．畜牧兽医杂志．

贾少敏，张英杰，刘月琴．2012. 羔羊代乳粉在羊生产中的应用［C］//全国养羊生产与学术研讨会议论文集．

贾志海．1999. 现代养羊生产学［M］．北京：中国农业大学出版社．

李满玉，陈兆英，朱玉璋．2000. 超声断层扫描对湖羊胚胎—胎儿发育的研究［J］．中国兽医杂志，26（1）．

李瑞丽，张薇，等．2012. 不同营养水平对辽宁绒山羊空怀母羊生产性能的影响［J］．中国草食动物科学．

李占斌，郭建平，马智山，李淑敏，张永庭．2008. 无角多赛特、特克赛尔肉羊与小尾寒羊杂交育肥试验［J］．当代畜禽养殖业（10）．

刘金祥，高前兆，姚树清，程大志，谢忠奎．1999. 多×寒×滩羊三元杂交羔羊育肥效果研究初报［J］．中国草食动物（3）．

刘艳芬．2002. 不同品种山羊与雷州山羊杂交一代生长发育研究［J］，中国草食动物（3）：20－23.

柳淑芳，姜运良，杜立新．2003．BMPR-IB和BMP15基因作为小尾寒羊多胎性能候选基因的研究［J］．遗传学报（8）．

毛鑫智，R.S．康姆林，A.L．福藤．1987．怀孕后期绵羊胎儿生长发育、生理特点及其与母羊营养状态的关系［J］．畜牧兽医学报，8（3）：145－151．

庞鹤鸣，崔晓琴，高海霞，任宏远．2012．不同良种肉羊与小尾寒羊杂交效果对比试验［J］．中国草食动物科学．

彭津津，赵克强，张英杰，刘月琴．2012．不同饲喂水平对无角陶赛特羊和小尾寒羊杂交二代公羔羊体质量、屠宰性能和组织器官生长发育的影响［J］．中国草食动物科学．

钱建共．2003．湖羊品种保护、开发在产业化发展中的作用［C］//中国羊业高峰会暨中国畜牧业协会羊业分会成立大会会刊．

任守文．2001．二元杂交对安徽白山羊的影响［C］//2001国际波尔山羊利用与发展论坛论文集，204－207．

任守文．2001．三元杂交对安徽白山羊的影响［C］//2001国际波尔山羊利用与发展论坛论文集，219－222．

任婉丽，贾志海，朱晓萍等．不同蛋白质水平对辽宁绒山羊种公羊生产性能和精液品质的影响［C］//全国养羊生产与研讨会议论文集．

石国庆，万鹏程，管峰，茆达干，张红琳，曹少先，代蓉，沈涓，魏彩虹．2010．绵羊繁殖与育种新技术［M］．金盾出版社．

史清河，韩友文．1999．全混合日粮对羔羊瘤胃代谢产物浓度变化的影响［J］．动物营养学报，11（3）：51－57．

孙五洋，张英杰，刘月琴．2012．羔羊早期断奶研究进展［C］//全国养羊生产与学术研讨会议论文集．

孙占鹏，王凤，钱磊，张伟英，刘立新，曹忠良．2007．不同肉羊品种与小尾寒羊杂交一、二代羊毛品质分析［J］．中国草食动物．

孙占鹏，吴智广，王凤，张伟英，曹忠良，刘立新．2006．不同肉羊品种羔羊与其级进二代羔羊哺乳期生长速度的研究［C］//2006中国羊业进展——第三届中国羊业发展大会论文集（S826）．

孙占鹏，吴智广，王凤，张伟英，曹忠良，刘立新．2007．两肉羊品种羔羊与其杂二代羔羊哺乳期生长速度的研究［J］．中国草食动物（1）．

孙占鹏，谢志鹏，李如冲，李学仁．2006．不同肉羊品种杂一代羔羊经济效益分析［J］．中国草食动物（1）．

孙志明．2002．波杂、道杂一代生产性能测定［J］，中国草食动物（5）：28－29．

谭建华，郭江鹏，袁玖，李冲．2011．TMR技术在养羊业中的研究进展［J］．中国草食动物（2）．

谭支良，卢德勋，胡明，牛文艺，等．2000．绵羊日粮不同碳水化合物比例对瘤胃内环境参数的影响［J］．动物营养学报，12（1）：42－47．

王德芹，王金文，张果平，等．2006．杜泊羊、特克赛尔羊与小尾寒羊杂交对比试验［J］．

中国草食动物，26（1）：7-9.

王红娜，张英杰，刘月琴，等．益生素的研究进展及其在羊生产中的应用［C］//全国养羊生产与学术研讨会议论文集．

王加启，卢德勋，杨在宾，等．2004．肉羊饲养标准［S］．中华人民共和国农业行业标准，NY/T816-2004.

王建民．2002．动物生产学［M］．北京：中国农业出版社．

王睦生，刘桂莲，苏文焕．1984．半细毛杂种公羯羔羊产肉性能的研究［J］．内蒙古畜牧科学（4）：18-21.

王文奇，侯广田，卡纳提，刘艳丰，罗永明．不同饲喂水平对杂交羔羊生产性能和养分消化的影响［C］//全国养羊生产与研讨会议论文集．

王玉琴．2004．无角陶赛特羊养殖与杂交利用［M］．北京：金盾出版社．

王志刚，刘丑生，朱玉林．2008．牛羊胚胎质量检测技术规程［S］．中华人民共和国农业行业标准，NY/T1674-2008.

王志武，毛杨毅，李俊，田晖．2009．不同配方代乳料对羔羊生长发育的影响［J］．中国草食动物．

王志武，毛杨毅，李俊，田晖．2010．不同肉羊品种与小尾寒羊杂交效果观察［J］．中国草食动物（6）．

魏彩虹，杜立新，李发弟，等．2012．乌珠穆沁羊成肌细胞的诱导分化及相关基因表达［J］．农业生物技术学报，20（3）：283-288.

魏彩虹，杜立新，刘长春，等．2012．肉羊标准化养殖技术图册［M］．中国农业科学技术出版社．

魏彩虹，杜立新．2012．我国肉用绵羊育种现状与未来发展方向［J］．中国草食动物科学．专辑，454-457.

魏彩虹，李宏滨，刘涛，李善刚，杜立新．2011．应用超声波技术快速预测羊背膘厚和眼肌面积的研究［J］．中国畜牧兽医，38（1）：236-237.

魏彩虹，刘刚，杜立新，等．2012．DLK1和MSTN基因在绵羊妊娠中后期胎儿中的表达分析［J］．畜牧兽医学报，43（4）：527-533.

魏彩虹，路国彬，孙丹，杜立新．2010．无角道赛特、特克赛尔和小尾寒羊夏季生长发育性能的比较分析［J］．中国畜牧兽医，37（12）：120-123.

肖玉琪，钱建共，张有法，杨若飞，陆建荣．2003．湖羊不同杂交组合产肉性能的研究［J］．中国畜牧杂志（2）．

熊本海，庞之洪，罗清尧．2011．中国饲料成分及营养价值表［J］．中国饲料，22：32-34.

熊朝瑞，陈天宝．2010．肉山羊舍饲养殖高效杂交模式研究［C］//中国畜牧兽医学会养羊学分会全国养羊生产与学术研讨会议论文集．

徐廷生，邹继业，陈自刚．1994．河南小尾寒羊产肉性能与羊肉品质的分析研究［J］．中国养羊（2）：39-41.

许贵善，刁其玉，邓凯东，姜成钢，等 . 2012. 限饲对肉用羔羊组织器官生长发育的影响 [J] . 中国草食动物科学 .
杨健，荣威恒，王丽芳，郝根锁，李占斌 . 2007. 不同品种肉羊与蒙古杂种羊杂交效果研究 [J] . 广东畜牧兽医科技 (3) .
姚树清，阎奋民，游稚芳，李梦考，王振成，孔凡礼，窦勤伟 . 1994. 杂种肉羔产肉性能及肉品营养成分分析 [J] . 中国养羊 (3) .
姚树清，阎奋民，游稚芳，李梦考，王振成，孔凡礼 . 1995. 多胎肉羊杂交组合筛选及肥育高效饲养技术研究 [J]，中国养羊 (4) .
姚树清，阎奋民，张文远，张力，游稚芳，李梦考，王振成，孔凡礼，窦勤伟 . 1994. 饲料配方和饲养水平对提高舍饲肉羊生产性状影响的研究 [J] . 中国养羊 (3) .
尹君亮，芦晓峰，陈周田 . 1997. 放牧地区晚春羔当年育肥效果试验 [J] . 新疆畜牧业，(1)：38 - 40.
于国庆，胡鹏飞，赵立仁，李亚男 . 2007. 三个肉羊品种与小尾寒羊杂交效果观察 [J] . 现代畜牧兽医 .
岳文斌 . 2000. 现代养羊 [M] . 北京：中国农业出版社 .
张宏福 . 2010. 动物营养参数与饲养标准 [M] . 北京：中国农业出版社 .
张金龙，冯建忠，杨昇，刘海军，刘玉堂，张效生，史卫兵 . 2004. 饲养方式及营养状况对受体羊同期发情、受胎率的影响 [J] . 中国草食动物 (4) .
张立岭 . 1996. 乌珠穆沁羊 Homeobox 基因突变与椎骨数变异的研究 [J] . 内蒙古农牧学院学报，17 (3)：29 - 31.
张立涛，刁其玉，姜成钢，李艳玲 . 2012. 饲料中结构性碳水化合物指标的变革及其反刍动物需要量的研究进展 [J] . 中国草食动物科学 .
张灵君 . 2003. 科学养羊技术指南 [M] . 北京：中国农业大学出版社 .
张秀陶 . 2001. 萨福克羊与宁夏土种绵羊杂交一代育肥试验 [J]，中国草食动物，(3)：21 - 24.
张玉 . 2005. 肉羊高效配套生产技术 [M] . 北京：中国农业大学出版社 .
赵有璋 . 1998. 肉羊高效益生产技术 [M] . 北京：中国农业出版社，213 - 215.
赵有璋 . 2002. 波德代品种绵羊及其种质特性研究 [J]，中国草食动物 (5) .
赵有璋 . 2011. 羊生产学 [M] . 北京：中国农业出版社 .
郑中朝 . 2002. 新编科学养羊手册 [M] . 郑州：中原农民出版社 .
周恩库 . 2011. 利用 Excel “线性规划” 求解设计特种经济动物饲料配方 [J] . 饲料与畜牧 (3) .
周占琴 . 2001. 布尔山羊与关中奶山羊级进杂交效果研究 [J]，中国草食动物，专刊 .
朱靖，杜立新 . 2004. 小尾寒羊多胎性能候选基因的研究进展 [J] . 动物科学与动物医学 (9) .
Committee on the Nutrient Requirements of Small Ruminants. 2007. Nutrient Requirements of Small Ruminants：Sheep，Goats，Cervids，and New World Camelids [J] . National Academies Press.
Glimp H A Hart S P Votungeln D. 1989. Effect of altering nutrient density and restricting en-

ergy intake on rateeffciency and composition of growing lambs [J] . J. Anim. Sci，67 (4)：865-871.

http：//www. nsip. org/ National Sheep Improvement Program (NSIP) .

http：//www. sheepgenetics. org. au/Breeding-services/LAMBPLAN-Home. Ian McFarland，Mandy Curnow，Mike Hyder，Brian Ashton. Danny Roberts . 2006. Feeding and Managing Sheep in Dry Times [S] . The Department of Agriculture and Food Western Australia (DAFWA) and Primary Industries and Resources South Australia (PIRSA)，ISSN 1833-7236. December 2006.

Jennifer M. Kelly，David O. Kleemann，Simon K. Walker. 2005. Enhanced efficiency in the production of offspring from 4to8-week-old lambs [J] . Theriogenology，63：1876-1890.

Merchen N R，J L Firkins，L L Berger . 1986. Effect of intake and forage level on ruminal turnover rates，bacterial protein synthesis and duodenal amino acid flows in sheep [J] . J A nim . S ci，62：216-225.

San Jolly & Ann Wallace. 2007. Best practice for production feeding of lambs：a review of the literature [M] . Productive Nutrition Pty Ltd .

T. A. Gipnon，R. C. Merkel，K. Williams，and T. Sahlu. 2007. Meat Goat Production Handbook [M] . Langston：Langston University.

图书在版编目（CIP）数据

现代肉羊生产技术大全/魏彩虹，刘丑生主编．—北京：中国农业出版社，2014.11

ISBN 978-7-109-19333-8

Ⅰ.①现… Ⅱ.①魏… ②刘… Ⅲ.①肉用羊-饲养管理 Ⅳ.①S826.9

中国版本图书馆CIP数据核字（2014）第138863号

中国农业出版社出版

（北京市朝阳区麦子店街18号楼）

（邮政编码 100125）

责任编辑 刘 玮 黄向阳

北京万友印刷有限公司印刷 新华书店北京发行所发行

2016年1月第1版 2016年1月北京第1次印刷

开本：720mm×960mm 1/16 印张：28.75

字数：510千字

定价：80.00元